船舶与海洋工程翻译出版计划

Springer

U0292715

Computational Methods for Fluid Dynamics

流体力学计算方法

〔美〕乔尔·H. 费齐格（Joel H. Ferziger）
〔德〕米洛万·佩里奇（Milovan Peric） 著
〔美〕罗伯特·L. 斯特里特（Robert L. Street）
边浩志 梁辉 刘丰 译

哈尔滨工程大学出版社
Harbin Engineering University Press

黑版贸登字 08-2024-038 号

图书在版编目(CIP)数据

流体力学计算方法 / (美) 乔尔 · H. 费齐格 (Joel H. Ferziger), (德) 米洛万 · 佩里奇 (Milovan Peric), (美) 罗伯特 · L. 斯特里特 (Robert L. Street) 著 ; 边浩志, 梁辉, 刘丰译. 哈尔滨 : 哈尔滨工程大学出版社, 2025. 1. -- ISBN 978-7-5661-4606-9

Ⅰ. O35

中国国家版本馆 CIP 数据核字第 2024NP7829 号

流体力学计算方法
LIUTI LIXUE JISUAN FANGFA

选题策划 石　岭
责任编辑 姜　珊
封面设计 李海波

出版发行 哈尔滨工程大学出版社
社　　址 哈尔滨市南岗区南通大街 145 号
邮政编码 150001
发行电话 0451-82519328
传　　真 0451-82519699
经　　销 新华书店
印　　刷 哈尔滨午阳印刷有限公司
开　　本 787 mm×1 092 mm　1/16
印　　张 26
字　　数 663 千字
版　　次 2025 年 1 月第 1 版
印　　次 2025 年 1 月第 1 次印刷
书　　号 ISBN 978-7-5661-4606-9
定　　价 188.00 元

http://www.hrbeupress.com
E-mail:heupress@hrbeu.edu.cn

前　言

计算流体力学(CFD),近年来一直保持着强劲的发展态势。流体流动的相关问题已能够采用多种软件加以求解,并且相应的软件包已在数以千计工程师的工作中得到了广泛应用。在众多应用领域的驱动下,计算流体力学软件行业增速迅猛,年增速高达 15%左右。如今,大量行业已将 CFD 软件作为一种重要设计工具,其不仅可用于求解问题,还可为各种产品的设计与优化提供关键辅助作用,逐渐成为科学研究过程中不可或缺的工具。在《流体力学计算方法-第一版(1996 年)》发布之后,商用 CFD 软件在用户使用友好性方面已经得到了显著改善,但是要想可靠且高效地应用这些工具,用户依旧需要具备有关"流体力学"和"CFD 方法"方面的深厚知识。本书假设读者在学习本书内容之前已经掌握了有关"理论流体力学"的相关知识,将直接围绕"流体动力学的计算方法"进行论述。

本书所涵盖内容在一定程度上与笔者过去在斯坦福大学、埃尔朗根-纽伦堡大学和汉堡-哈尔堡工业大学的课程,以及一些短期课程中的授课材料有关;这些内容为本书的撰写打下了坚实基础,同时也反映了笔者在开发数值计算方法,编写 CFD 程序,并用其解决地球物理与工程问题上所具有的丰硕经验。书中提供了众多示例,既包含采用矩形网格的简单示例,也包含采用非正交网格和重叠网格的复杂示例。对于示例所对应的代码,感兴趣的读者可通过附录中提供的方法在相关网站上获取。这些代码可进行扩展并可用于许多流体力学问题的求解之中。在练习这些代码时,读者可以尝试对其进行修改(例如,使用不同的边界条件、插值方案、微分和积分近似等)来获得不同的结果。这一过程十分必要,因为很多读者在编写和运行这些代码时可能并不真正明白相应的方法。我们已经了解到,许多研究人员过去曾将这些代码作为他们研究项目的基础工具。

尽管本书提供了一些有关"有限差分法"的详细描述,但是"有限体积法"依旧是本书的重点内容。而本研究并没有着重于"有限元法",因为在本书出版之前,已经存在有关该方法的详细描述。

为便于读者理解,笔者将用尽可能简单直白的方式来描述每一个"主题",会尽量避免使用冗长的数学分析。一般情况下,在对一个想法或方法进行一般性描述之后,本书将给出能够代表该主题较好方法的一个或两个数值描述(其中包括必要的方程),并会简要介绍其他可能的方法和扩展形式。本书将尽可能突出一类方法的共同特征(而不是它们的差异),并提供一些可用于建立各种变形的基础信息。

需要指出的是,对数值误差进行估计是一个十分必要的过程,因此在本书中,几乎所有示例均具有误差分析相关内容。对于一个定性结论不正确的问题,其数值结果可能看起来是合理的,甚至其对于另外一个问题而言可能是很好的结果。但如果接受这个解就会产生十分严重的后果。除此之外,如果考虑得足够细致,在一些情况下,一些精度相对较低的解也具有一定的意义。因此对于使用商业代码的行业用户而言,在相信求解结果之前先判断结果的合理性是十分必要的。并且对于研究人员而言,这同样是一种需要掌握的"技能"。笔者希望,该书能够帮助读者认识到,数值解总是近似值,因此需要对其进行合理的评估。

本书将尽可能涵盖所有当代最新的数值方法,其中包括任意多面体和重叠网格、多重网格与并行计算方法、移动网格与自由表面流动方法、湍流的直接与大涡模拟等。不过,显然由于篇幅和精力有限,本书无法涵盖所有有关这些主题的详尽内容,但笔者希望,本书所包含信息能够为读者提供相关主题的一般性知识;若读者想要获得更多相关信息,笔者建议大家去查阅本书推荐的相关资料。

之所以本书的第四版与第三版之间相隔很长一段时间,主要是因为本书的共同作者 Joel H. Ferziger 于 2004 年突然去世。尽管上一版其他合著者在 Bob Street 上找到了一个继续该项目的优秀合作伙伴,但由于各种原因(主要是因为缺少时间),新一版的完成确实耗费了大量的时间。与上一版相比,新版本中增添了新的专业知识,并且其中的大多数章节也进行了大幅调整。值得注意的是,前一版中有关求解 Navier-Stokes 方程的方法在本版本中分成了两章内容,其中笔者对广泛用于大涡模拟的"分步法"进行了详细描述,并推导出了 Navier-Stokes 方程的一种新型隐式格式。相应地,基于"分步法"的代码也被添加到了本书线上资源的下载中心,读者可通过网站 www. cfd-peric. de 下载相关代码。在后面的章节中,大多数示例均使用数值软件进行了重新计算,并且与这些示例相对应的模拟文件(附带有说明性文件)也可从上述网站上下载。

尽管笔者已经在尽力避免打字错误、拼写错误和其他错误的出现,但是其中依旧可能会存在一些错误。因此,如果您发现了其中存在的任何错误,并对本书未来版本提出改进意见和建议,笔者将不胜感激。为此,本书将在以下部分提供有关笔者的电子邮件地址。并且大家可在上述网站上下载涉及某些实例更正的报告以及其他扩展报告。除此之外,本书亦希望得到那些因无意疏忽而未得到引用的同行的原谅,因为这一切确非故意行为。

笔者衷心感谢我们的学生(无论是现在的学生,还是以前的学生)、同事和朋友对本工作提供的重要帮助。由于完整的名单过长,本书将不在此一一展示。不过,笔者将在这里提及一些在本工作中做出了突出贡献的人士,他们分别为 Steven Armfield、David Briggs、Fotini (Tina) Katapodes Chow、Ismet Demirdžić、Gene Golub、Sylvain Lardeau、Željko Lilek、Samir Muzaferija、Joseph Oliger、Eberhard Schreck、Volker Seidl 和 Kishan Shah 博士。除此之外,笔者亦衷心感谢那些创建和提供 TEX、LATEX、Linux、Xfig、Gnuplot 和其他工具的人士,因为这些工具,我们的工作才变得更为容易。特别感谢 Rafael Ritterbusch,其在第 13 章中提供了有关流固耦合的示例。

笔者的家人也对这项工作给予了极大的支持；笔者特别感谢 Eva Ferziger、Anna James、Robinson、Kerstin Perić 和 Norma Street。

本项工作最初得到了 Alexander von Humboldt 基金会(JHF)和德国国家研究基金会的资助，没有他们的支持就没有这项工作，因此我们对他们的感激无以言表。合著者 Milovan Perić 特别感谢已故的 Peter S. MacDonald(CD-Adapco 的前总裁)以及西门子经理(Jean-Claude Ercolanely、Deryl Sneider 和 Sven Enger)的支持，后者为本工作提供了支持和 Simcenter STAR-CCM+软件，使得笔者能够在第 9~13 章中创建相应示例。Robert L. Street 十分荣幸能够继续编写和完善他的挚友兼同事 Joel Ferziger 的著作。

德国杜伊斯堡 **Milovan Perić**

美国斯坦福 **milovan.peric@t-online.de Joel H. Ferziger**

美国斯坦福 **Robert L. Street**

street@stanford.edu

目　录

缩略词

1D	一维(One-dimensional)
2D	二维(Two-dimensional)
3D	三维(Three-dimensional)
ADI	交替方向隐式(Alternating direction implicit)
ALM	致动线模型(Actuator line model)
BDS	向后差分格式(Backward difference scheme)
CDS	中心差分格式(Central difference scheme)
CFD	计算流体力学(Computational fluid dynamics)
CG	共轭梯度法(Conjugate gradient method)
CGSTAB	共轭梯度稳定(CG stabilized)
CM	控制质量(Control mass)
CV	控制体(Control volume)
CVFEM	基于控制体的有限元法(Control-volume-based finite element method)
DDES	延迟分离涡模拟(Delayed detached-eddy simulation)
DES	分离涡模拟(Detached-eddy simulation)
DNS	直接数值模拟(Direct numerical simulation)
EARSM	显式代数雷诺应力模型(Explicit algebraic Reynolds-stress model)
EB	椭圆混合(Elliptic blending)
ENO	本质无振荡格式(Essentially non-oscillatory)
FAS	全近似格式(Full approximation scheme)
FD	有限差分(Finite difference)
FDS	向前差分格式(Forward difference scheme)
FE	有限元(Finite elements)
FFT	快速傅里叶变换(Fast Fourier transform)
FMG	全多重网格法(Full multigrid method)
FV	有限体积(Finite volume)
GC	全局交互(Global communication)
GS	高斯-赛德尔法(Gauss-Seidel method)
ICCG	基于不完全 Cholesky 方法预处理的 CG(CG preconditioned by incomplete Cholesky method)

IDDES	改进延迟分离涡模拟(Improved delayed detached-eddy simulation)
IFSM	隐式分步法(Implicit fractional-step method)
ILES	隐式大涡模拟(Implicit large-eddy simulation)
ILU	不完全 LU 分解(Incomplete lower-upper decomposition)
LC	局部传递(Local communication)
LES	大涡模拟(Large-eddy simulation)
LU	LU 分解(Lower-upper decomposition)
MAC	标记网格法(Marker-and-cell)
MG	多重网格(Multigrid)
MPI	信息传递界面(Message-passing interface)
ODE	常微分方程(Ordinary differential equation)
PDE	偏微分方程(Partial differential equation)
PVM	并行虚拟机(Parallel virtual machine)
RANS	雷诺平均纳维-斯托克斯(Reynolds averaged Navier-Stokes)
rms	均方根(Root mean square)
rmp	转速每分(Revolutions per minute)
RSFS	可解亚滤波尺度(Resolved sub-filter scale)
RSM	雷诺应力模型(Reynolds-stress model)
SBL	稳定边界层(Stable boundary layer)
SCL	空间守恒定律(Space conservation law)
SFS	亚滤波尺度(Sub-filter scale)
SGS	亚格子尺度(Subgrid scale)
SIP	强隐式过程(Strongly implicit procedure)
SOR	逐次超松弛(Successive over-relaxation)
SST	切应力输运(Shear stress transport)
TDMA	三对角矩阵算法(Tridiagonal matrix algorithm)
TRANS	瞬态雷诺平均纳维-斯托克斯(Transient RANS)
TVD	总变差递减格式(Total variation diminishing)
UDS	迎风差分格式(Upwind difference scheme)
URAN	非定常雷诺平均纳维-斯托克斯(Unsteady RANS)
VLES	超大涡模拟(Very-large-eddy simulation)
VOF	流体体积(Volume of fluid)

第1章　流体流动的基本概念

1.1 引　　言

根据定义可知,流体是一种受任何微小剪切力作用都能连续变形的物质。尽管液体和气体之间存在明显差异,但是这两种流体的运动却遵循相同的定律。在大多数情况下,流体可以被看作连续体,即连续物质。

众所周知,流体流动离不开外力的作用,常见的外力包括压差、重力、剪切力、旋转力和表面张力。根据外力的作用方式,外力可分为表面力(如风在海面吹动产生的剪切力或刚性壁面相对于流体运动产生的压力和剪切力)和体积力(如重力和旋转力)。

虽然所有流体在力的作用下行为相似,但它们的宏观性质却存在显著差异。因此,如果要研究流体的运动,就需要首先知道流体的相关“宏观性质”;对于简单流体系统而言,其最重要的性质是密度和黏度。而诸如普朗特数、比热和表面张力之类的其他参数只有在特定条件(当存在较大温差时)下才会对流体流动产生影响。流体性质是其他物理量(如温度和压力)的函数;虽然可基于统计力学或运动学理论估算出一些流体的物性,但一般情况下,大家多通过实验测量获得相关物性。

尽管流体力学是连续介质力学的一门分支,但流体力学是一个非常广泛的领域。该领域所涉及的所有主题的知识量几乎可以装满一个小型图书馆。尽管本书所涉及的主题主要与工程领域有关,但是其所涵盖的内容量依旧十分庞大,其中所涉及的方面也非常多,其中包括“从风力涡轮机到燃气轮机”“从纳米级到空中客车级”及“从暖通空调到人体血液流动”等。不过,为节省篇幅,本书将尝试对其中的问题类型进行归纳分类。相关内容更偏向于数学描述,但不太完整的版本见本书第1.8节。

对于流体的流动而言,流速会对其特性产生明显影响,并且这种影响可以体现在多个方面。当流速非常低时,那么流体的流动惯性就可以忽略不计,即表现为“蠕动流”。这种流动方式对于含有小颗粒(悬浮物)的流体流动、在多孔介质中的流体流动或在狭窄通道(涂层技术、微型设备)中的流体流动均具有重要意义。随着流速增加和流体惯性增加,每个“流体颗粒”都遵循“平滑”的轨迹,而这种流动就被称为“层流”。当流速进一步增加时,流体内部可能变得不稳定,这时“流体颗粒”的运动轨迹就会变得更具随机性,这时的流动就被称为“湍流”。其中,层流-湍流转变过程则是一个重要的研究领域。最后,通过流体流速与声速之比(马赫数,Ma)的大小可以决定是否需要考虑运动动能和内部自由度之间的交换。具体而言,当马赫数较小($Ma<0.3$)时,流体的流动可被视为“不可压缩流动”;否则,流体流动则可被视为“可压缩流动”。当 $Ma<1$ 时,流动被称为“亚音速”。当 $Ma>1$ 时,流动被称为“超音速”,并且可能产生激波。最后,当 $Ma>5$ 时,流体压缩可产生足够高的温度,这种高温会导致流体化学性质发生变化,这种流动被称为“高超音速”。这种区别会对问题的数学性质产生影响,进而得到的“答案”也会存在差异。需要指出的是,尽管可压缩性是流体的一种基本特性，我们通常依据马赫数来判断流体是否可压缩。这是因为，即使对于可压缩流体而言，当 Ma 很小时，其流动在本质上表现出不可压缩的属性。

如今，工程师经常需要处理一些有关地球物理流动的问题（例如海洋和大气环境）。在深海环境中，许多情况下流体密度会随压力的变化而发生变化，甚至在静止条件下流体也具有较强的可压缩性。然而，对于深海的问题除外，尽管海水的密度取决于海洋温度和盐浓度，但由于海水中的音速非常大，也可以认为海水是一种不可压缩系统。而大气环境则不同，大气压和大气密度会随高度呈指数型下降规律，因此流体可能需要被视为可压缩流体，不过，需要指出的是，地球表面附近的大气边界层则更适合被视为一种不可压缩流体。

需要指出的是，在许多流体流动体系中，黏性影响仅限于壁面附近的薄层（即边界层），对于离开表面较远的区域，则可视为理想流体（无黏流体）。在本书所涉及的流体系统中，可以利用“牛顿黏性定律”来近似衡量黏性影响。符合牛顿运动定律的流体称为牛顿流体，反之则称为非牛顿液体。需要指出的是，尽管非牛顿流体对某些工程应用具有重要意义，但本书将不对其进行相关探讨。

此外，其他许多现象（包括由温差传热引起的密度差及其产生的浮力效应）也会对流体流动产生影响。这些现象和溶质浓度差异均可能会对流体流动产生显著影响，甚至在一些条件下是流体流动产生的根源。除此之外，当流体发生相变（沸腾、冷凝、熔化和凝固）时，其流动模式也会发生显著变化，并形成多相流。再者，诸如黏度、表面张力之类物性的变化也可能在流体流动特性上发挥决定性作用。需要指出的是，除了极少数特例外，上述影响因素本书将不予讨论。

在本章中，有关控制流体流动和相关现象的基本方程将通过以下几种形式给出：(i)无坐标形式，其可进行特殊变化进而适用于各种坐标系；(ii)有限控制体积的积分形式，其为一类重要的数值方法的起点；(iii)笛卡尔坐标系中的微分（张量）形式，其为另一种重要方法的基础。用于推导这些方程的基本守恒原理与定律在这里仅做简要总结；更详细的推导可以在许多关于流体力学的经典教科书中找到（例如，Bird 等，2006 年；White，2010 年）。笔者假定读者已经在一定程度上了解流体流动的物理过程和相关现象，因此本书内容将围绕控制方程的数值求解方法进行论述。

1.2 守恒原理

通过考虑给定的物质的量或控制质量（CM）及其广延性质（例如质量、动量和能量）可以推导出相应的守恒定律。这类方法可用于固体动力学相关研究，并且在固体系统中，人们可以很容易得到有关 CM（有时被称为“系统”）的数据。但是，在流体流动中，这些数据难以得到。需要指出的是，处理我们称为“控制体（CV）”的特定空间区域内的流动情况比处理快速通过感兴趣区域的“一团物质”的流动要更为方便。而这种分析方法被称为“控制体积法”。

本书将着重关注两个非常关键的广延量，分别为“质量”和“动量”。需要指出的是，这些物理量和其他物理量的守恒方程有需要提前考虑的共同项。

广延量的守恒定律与给定系统中的物理量的变化率以及外部影响因素有关。对于质量而言，在工程领域中所关心的流体流动过程中既不产生也不消失的质量的守恒方程可以写成如下形式：

$$\frac{\mathrm{d}m}{\mathrm{d}t}=0 \tag{1.1}$$

另一方面，动量在外力的作用下会发生改变，其相应的守恒方程即如下所示的牛顿第二运动定律：

$$\frac{\mathrm{d}(m\boldsymbol{v})}{\mathrm{d}t}=\sum \boldsymbol{f} \tag{1.2}$$

其中，t 代表时间，m 代表质量，v 代表速度，f 代表作用在控制质量上的力。

需要注意的是，在本书后面的内容中，我们将把这些定律转化为一种基于“控制体”的形式。基本变量将采用与物质的量无关的强度量，而不是广延量。例如密度 ρ（单位体积的质量）和速度 v（单位质量的动量）。

如果 φ 是任意一种强度量（对于质量守恒，$\varphi=1$；对于动量守恒，$\varphi=v$；对于标量守恒，φ 表示单位质量的守恒参数），则相应的广延量 φ 可以表示为如下形式：

$$\boldsymbol{\Phi} = \int_{V_{\mathrm{CM}}} \rho\varphi \mathrm{d}V \tag{1.3}$$

其中，V_{CM} 代表 CM 占用的体积。通过此定义，可以将控制体的每个守恒方程的左侧写成如下形式：

$$\frac{\mathrm{d}}{\mathrm{d}t}\int_{V_{\mathrm{CM}}} \rho\varphi \mathrm{d}V = \frac{\mathrm{d}}{\mathrm{d}t}\int_{V_{\mathrm{CV}}} \rho\varphi \mathrm{d}V + \int_{S_{\mathrm{CV}}} \rho\varphi(\boldsymbol{v}-\boldsymbol{v}_{\mathrm{s}})\cdot \boldsymbol{n}\mathrm{d}S \tag{1.4}$$

其中，V_{CV} 代表 CV 体积，S_{CV} 代表包络 CV 的曲面，$\boldsymbol{n}$ 代表与 S_{CV} 正交并指向外侧的单位向量，$\boldsymbol{v}$ 代表流体速度，$\boldsymbol{v}_{\mathrm{s}}$ 代表 CV 曲面的移动速度。对于固定的 CV，我们大部分时间都会考虑 $v_{\mathrm{s}}=0$，右侧的第一个导数变成偏导数。该方程表示，系统中物理量的变化率 φ 等于控制体内物理量的变化率加上由于流体相对于 CV 边界的运动而通过 CV 边界的净流量。最后一项通常称为 φ 通过 CV 边界的对流（有时称为平流）通量。如果 CV 发生移动，并导致其边界与系统的边界重合，则 $v=v_{\mathrm{s}}$，此项将根据需要定为“0”。

需要指出的是，由于涉及该方程的详细推导过程已在许多流体力学教科书中给出（例如，Bird 等，2006 年；Street 等，1996 年；Pritchard，2010 年），因此本书不再赘述。在后续的 3 节中，本书将分别介绍质量守恒方程、动量守恒方程和标量守恒方程。为方便起见，本研究将考虑固定的 CV；V 表示 CV 体积，而 S 表示其表面。

1.3 质量守恒

通过设置 $\varphi=1$，质量守恒（连续性）方程的积分形式可直接基于控制体方程得到：

$$\frac{\partial}{\partial t}\int_{V} \rho \mathrm{d}V + \int_{S} \rho\boldsymbol{v}\cdot \boldsymbol{n}\mathrm{d}S = 0 \tag{1.5}$$

通过将“Gauss 散度定理”应用于对流项，可以将表面积分转化为体积积分。令控制体趋于无穷小可以得到连续性方程的微分无坐标形式：

$$\frac{\partial\rho}{\partial t}+\nabla\cdot(\rho\boldsymbol{v})=0 \tag{1.6}$$

若给出特定坐标系中散度算子的表达式，则上式可转换为特定坐标系下的形式。常见坐标系（如笛卡尔坐标系、柱面坐标系和球坐标系）的表达式可从相应教科书中获得（例如，Bird 等，2006 年）；并且一些教科书中还给出了适用于一般非正交坐标系的表达式（例如，Aris，1990 年或 Chen 等，2004 年）。本书后续将使用张量和展开符号来表示笛卡尔坐标形式。并且全文采用"爱因斯坦求和约定（即每当同一指数在任何项内出现两次，这就隐含着该指数范围内的总和）"。

$$\frac{\partial\rho}{\partial t}+\frac{\partial(\rho u_i)}{\partial x_i}=\frac{\partial\rho}{\partial t}+\frac{\partial(\rho u_x)}{\partial x}+\frac{\partial(\rho u_y)}{\partial y}+\frac{\partial(\rho u_z)}{\partial z}=0 \tag{1.7}$$

其中，$x_i(i=1,2,3)$ 或 (x,y,z) 是笛卡尔坐标，而 u_i 或 (u_x,u_y,u_z) 是速度矢量 $\boldsymbol{v}$ 的笛卡尔分量。本书更倾向于采用笛卡尔形式的守恒方程。对于非正交坐标下的微分守恒方程，笔者将在书中第 9 章进行介绍。

1.4 动量守恒

我们可以通过多种方法来推导动量守恒方程。其中一种方法是使用第 1.2 节中描述的"控制体积法"；在该方法中，使用公式（1.2）和公式（1.4），并用 $\boldsymbol{v}$ 代替 φ。例如，对于空间体积固定且含流体的控制体：

$$\frac{\partial}{\partial t}\int_V \rho\boldsymbol{v}\mathrm{d}V+\int_S \rho\boldsymbol{v}\boldsymbol{v}\cdot\boldsymbol{n}\mathrm{d}S=\sum\boldsymbol{f} \tag{1.8}$$

要用强度量表示方程右侧项，则必须考虑可能作用于 CV 中流体上的应力，具体包括：

- 表面力（压力、法向应力与剪应力、表面张力等）；
- 体积力（重力、离心力与科里奥利力、电磁力等）。

从分子的层面来看，由"压力"和"应力"产生的表面力是穿过表面的微观动量通量。如果这些通量不能用控制方程中相关的守恒参量（密度和速度）来表述，那么方程组就无法封闭；也就是说，方程数量少于变量的数量，因此无法进行求解。这种情况可通过提出某些假设来加以避免。其中最简单的假设是假设流体为牛顿流体；并且幸运的是，牛顿流体假设适用于绝大多数的实际流体。

对于牛顿流体，应力张量 T（即分子动量输运速率）可以写成如下形式：

$$\mathrm{T}=-\left(p+\frac{2}{3}\mu\,\nabla\cdot\boldsymbol{v}\right)\mathrm{I}+2\mu\mathrm{D} \tag{1.9}$$

其中，μ 为动力粘度，I 为单位张量，p 为静压力，且 D 为应变（变形）张量：

$$\mathrm{D}=\frac{1}{2}\left[\nabla\boldsymbol{v}+(\nabla\boldsymbol{v})^{\mathrm{T}}\right] \tag{1.10}$$

这两个方程式可以用笛卡尔坐标的"指标表述法"写成如下形式：

$$T_{ij}=-\left(p+\frac{2}{3}\mu\frac{\partial u_j}{\partial x_j}\right)\delta_{ij}+2\mu D_{ij} \tag{1.11}$$

$$D_{ij}=\frac{1}{2}\left(\frac{\partial u_i}{\partial x_j}+\frac{\partial u_j}{\partial x_i}\right) \tag{1.12}$$

其中，δ_{ij} 是克罗内克符号（如果 $i=j$，$\delta_{ij}=1$，否则 $\delta_{ij}=0$）。对于不可压缩流动，根据连续性方

程的性质，式(1.11)括号中的第二项为零。文献中经常使用如下的形式来描述应力张量的黏性部分：

$$\tau_{ij}=2\mu D_{ij}-\frac{2}{3}\mu\delta_{ij}\ \nabla\cdot\boldsymbol{v} \tag{1.13}$$

对于非牛顿流体，应力张量和速度之间的关系通常由偏微分方程组定义，同时相关问题也要复杂得多(例如，参见 Bird 和 Wiest，1995 年)。对于采用与上文相同本构关系，同时仅需要可变黏度(通常是速度梯度和温度的非线性函数)或与第 10 章中描述的雷诺应力模型相当的应力模型的非牛顿流体，则可以使用与牛顿流体相同的方法。然而，不同类型的非牛顿流体需要不同的本构方程(例如，参见 Bird 和 Wiest，1995 年)，这些方程反过来可能需要专门的求解方法。由于这个问题十分复杂，因此本书在第 13 章仅对其进行了简要介绍。

当体积力(单位质量)由 $\boldsymbol{b}$ 表示时，动量守恒方程的积分形式如下所示：

$$\frac{\partial}{\partial t}\int_V \rho\boldsymbol{v}\mathrm{d}V+\int_S \rho\boldsymbol{v}\boldsymbol{v}\cdot\boldsymbol{n}\mathrm{d}S=\int_S \boldsymbol{T}\cdot\boldsymbol{n}\mathrm{d}S+\int_V \rho\boldsymbol{b}\mathrm{d}V \tag{1.14}$$

通过将 Gauss 散度定理应用于对流和扩散通量项，即可很容易得到动量守恒方程(1.14)的无坐标矢量形式：

$$\frac{\partial(\rho\boldsymbol{v})}{\partial t}+\nabla\cdot(\rho\boldsymbol{v}\boldsymbol{v})=\nabla\cdot\boldsymbol{T}+\rho\boldsymbol{b} \tag{1.15}$$

第 i 个笛卡尔分量的相应方程式如下所示：

$$\frac{\partial(\rho u_i)}{\partial t}+\nabla\cdot(\rho u_i\boldsymbol{v})=\nabla\cdot\boldsymbol{t}_i+\rho b_i \tag{1.16}$$

由于动量是一个矢量，因此它通过 CV 边界的对流和扩散通量为二阶张量($\rho\boldsymbol{v}\boldsymbol{v}$ 和 $\boldsymbol{T}$)与表面矢量 $\boldsymbol{n}\mathrm{d}S$ 的标量积。上述方程的积分形式可以表示为如下形式：

$$\frac{\partial}{\partial t}\int_V \rho u_i\mathrm{d}V+\int_S \rho u_i\boldsymbol{v}\cdot\boldsymbol{n}\mathrm{d}S=\int_S \boldsymbol{t}_i\cdot\boldsymbol{n}\mathrm{d}S+\int_V \rho b_i\mathrm{d}V \tag{1.17}$$

式中(详见方程(1.9)和方程(1.10))：

$$\boldsymbol{t}_i=\mu\ \nabla u_i+\mu(\nabla\boldsymbol{v})^{\mathrm{T}}\cdot\boldsymbol{i}_i-\left(p+\frac{2}{3}\mu\ \nabla\cdot\boldsymbol{v}\right)\boldsymbol{i}_i=\tau_{ij}\boldsymbol{i}_j-p\boldsymbol{i}_i \tag{1.18}$$

其中，b_i 代表体积力的第 i 个分量，上标 T 表示转置，而 $\boldsymbol{i}_i$ 是坐标 x_i 方向上的笛卡尔单位向量。在笛卡尔坐标中，可以将上面的表达式写成如下形式：

$$\boldsymbol{t}_i=\mu\left(\frac{\partial u_i}{\partial x_j}+\frac{\partial u_j}{\partial x_i}\right)\boldsymbol{i}_j-\left(p+\frac{2}{3}\mu\ \frac{\partial u_j}{\partial x_j}\right)\boldsymbol{i}_i \tag{1.19}$$

矢量场可用多种方式表示。定义向量所依据的基向量可以是局部基向量或全局基向量。在曲线坐标系中(当边界很复杂时，通常需要曲线坐标系(见第 9 章))，人们可以选择协变基或逆变基(图 1.1)。前者使用其沿局部坐标的分量来表示向量；后者使用法线投影到坐标曲面。在笛卡尔坐标系中，二者完全相同。除此之外，基向量可以是无量纲向量，也可以是有量纲向量。需要指出的是，基于当前使用的各类方法(包括上述方法在内)，可以得到超过 70 种不同形式的动量方程。在数学上，所有的动量方程均等价；从数值分析的角度来看，有些会比另一些更难处理。

如果所有项均具有散度形式的向量或张量，则动量方程称为“强守恒型”动量方程。若采用方程的分量形式，且使用的分量方向固定时，这类强守恒可以实现。若以坐标为导向的矢量分量沿着坐标方向转动，并且需要一个“视示力”来产生转动；这些力基于上面的定义均为非守恒力。例如，在柱面坐标中，径向和圆周方向发生了改变，因此空间常向量(例如，均匀速度场)的分量会随 r 和 θ 而变化，并且在坐标原点处是奇异的。为考虑这一问题，以这些分量表示的方程包含“离心力项”和“科里奥利力项”。

图 1.1 给出了一个向量 $\boldsymbol{v}$ 及其逆变分量、协变分量和笛卡尔分量。从图中可以明显地看出，即使矢量 $\boldsymbol{v}$ 保持不变，逆变分量和协变分量也会随着基矢量的变化而发生变化。对于速度分量的选择对数值求解方法的影响，笔者将在第 9 章做进一步探讨。

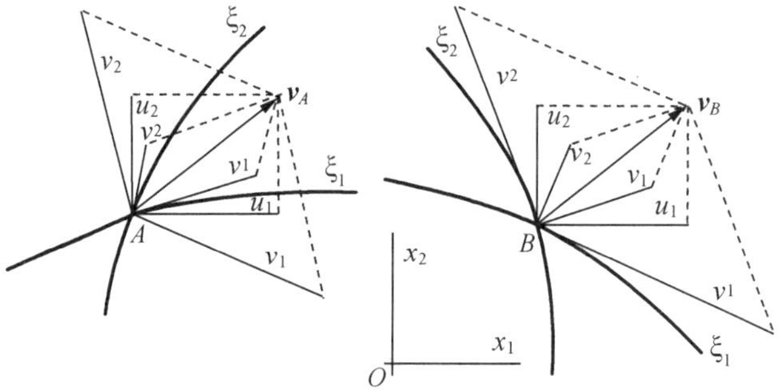

图 1.1　通过不同分量表示的向量

当强守恒型方程与有限体积法结合使用时，可以确保计算中的整体动量守恒。这是守恒方程的一个重要性质，并且该性质在数值解中同样十分重要。保留这一性质有助于确保数值方法在求解过程中不会发散，并可被视为一种“可实现性”。

对于某些流动而言，可以在空间不同方向上对动量进行分解。例如，线涡流中的速度在圆柱坐标下只有一个分量 u_θ，但在笛卡尔坐标下有两个分量。在极-柱坐标系下，无涡轴对称流动分析是一个二维(2D)问题，而在笛卡尔坐标系下，这一问题则属于一个三维(3D)问题。一些使用非正交坐标的数值计算方法需要使用逆变速度分量。这些方程包含所谓的“曲率项”，需要注意的是，由于这些项包含难以近似的坐标变换的二阶导数，因此很难进行精确计算。

在整本书中，笔者将使用速度矢量和应力张量的笛卡尔分量，并且本书将使用笛卡尔动量方程的守恒形式。

方程(1.16)为强守恒型方程。利用连续性方程可以得到该方程的非守恒形式：

$$\nabla \cdot (\rho \boldsymbol{v} u_i) = u_i \nabla \cdot (\rho \boldsymbol{v}) + \rho \boldsymbol{v} \cdot \nabla \boldsymbol{u}_i$$

因此可得

$$\rho \frac{\partial u_i}{\partial t} + \rho \boldsymbol{v} \cdot \nabla \boldsymbol{u}_i = \nabla \cdot \boldsymbol{t}_i + \rho b_i \tag{1.20}$$

$\boldsymbol{t}_i$ 中包含的压力项也可以表示为以下形式：

$$\nabla \cdot (p \boldsymbol{i}_i) = \nabla p \cdot \boldsymbol{i}_i$$

那么压力梯度可视为“体积力”，这相当于对压力项进行了非守恒处理。由于非守恒型方程比较简单，因此其在有限差分法中非常常见。需要注意的是，在非常细的网格范围内，所有的方程形式和数值求解方法所得出的解均相同；但是，在粗网格上，非守恒型方程所具有的附加误差可能会产生显著影响。

如果将应力张量的黏性部分的方程式(1.13)代入用指标表述法和笛卡尔坐标写成的方程(1.16)，并且如果重力是唯一的体积力，则可以得到

$$\frac{\partial(\rho u_i)}{\partial t}+\frac{\partial(\rho u_j u_i)}{\partial x_j}=\frac{\partial \tau_{ij}}{\partial x_j}-\frac{\partial p}{\partial x_i}+\rho g_i \tag{1.21}$$

其中，g_i 是笛卡尔坐标 x_i 方向上的重力加速度 $\boldsymbol{g}$ 的分量。对于密度和重力恒定的情况，$\rho\boldsymbol{g}$ 项可以表示为$\nabla\cdot(\rho\boldsymbol{g}\cdot\boldsymbol{r})$，其中 $\boldsymbol{r}$ 为位置向量，$\boldsymbol{r}=x_i\boldsymbol{i}_i$（通常假设，重力沿负 z 方向作用，即 $\boldsymbol{g}=g_z\boldsymbol{k}$，$g_z$ 为负；在这种情况下，$\boldsymbol{g}\cdot\boldsymbol{r}=g_z z$）。然后$-\rho g_z z$ 为静水压力，将 $\tilde{p}=p-\rho g_z z$ 定义为压头并用它来代替压力（其数值解方便且更有效），然后，ρg_i 项从上面的方程式中消失。如果需要实际压力，只需将 $\rho g_z z$ 加到 $\tilde{p}$ 即可。

因为在方程中只出现压力梯度，除了可压缩流动（包括大气和一些海洋流动）以及具有暴露在大气中的自由面上的流动外，压力绝对值并不重要。

在变密度流体流动中（在本书所考虑的所有流体流动中可以忽略重力的变化），可以将 ρg_i 项分为两部分：$\rho_0 g_i+(\rho-\rho_0)g_i$，其中 ρ_0 为参考密度。第一部分则可包含在压强中，如果密度变化只保留在重力项中，我们就可以得到 Boussinesq 近似（详见第 1.7 节）。

1.5 标量守恒

描述标量 φ 的守恒的方程的积分形式与前文的方程类似，如下所示：

$$\frac{\partial}{\partial t}\int_V \rho\varphi \mathrm{d}V+\int_S \rho\varphi\boldsymbol{v}\cdot\boldsymbol{n}\mathrm{d}S=\sum f_\varphi \tag{1.22}$$

其中，f_φ 表示该标量除了对流与任何源或汇以外的 φ 的输运机制。需要指出的是，扩散传输总是存在（即使在静止的流体中也是如此），并且通常使用梯度近似来描述（例如，对于热扩散，使用傅里叶定律；对于质量扩散，使用斐克定律）：

$$f_\varphi^{\mathrm{d}}=\int_S \Gamma\,\nabla\varphi\cdot\boldsymbol{n}\mathrm{d}S \tag{1.23}$$

其中，Γ 是量 φ 的扩散系数。例如，能量方程对于大多数工程流而言，其可以写成如下形式：

$$\frac{\partial}{\partial t}\int_V \rho h \mathrm{d}V+\int_S \rho h\boldsymbol{v}\cdot\boldsymbol{n}\mathrm{d}S=\int_S k\,\nabla T\cdot\boldsymbol{n}\mathrm{d}S+\int_V(\boldsymbol{v}\cdot\nabla p+S:\nabla\boldsymbol{v})\mathrm{d}V+\frac{\partial}{\partial t}\int_V p\mathrm{d}V \tag{1.24}$$

其中，$h=p/\rho+e$，是单位质量流体的焓或比焓，其是系统总能量的量度，且 e 表示内能。除此之外，T 为温度，k 为导热系数，其中 $k=\mu c_p/Pr$，S 为应力张量的黏性部分，其中 $S=T+pI$。Pr 为普朗特数，其物理意义为动量扩散系数与热扩散系数之比，c_p 为定压比热。"源项"表示压力和黏性力所做的功；在不可压缩流动中，该项可以忽略。通过考虑具有恒定比热的流体，可以对方程做进一步的简化，在这种情况下，温度的对流/扩散方程如下所示：

$$\frac{\partial}{\partial t}\int_V \rho T\mathrm{d}V+\int_S \rho T\boldsymbol{v}\cdot\boldsymbol{n}\mathrm{d}S=\int_S \frac{\mu}{Pr}\nabla T\cdot\boldsymbol{n}\mathrm{d}S \tag{1.25}$$

组分浓度方程具有相同的形式，使用浓度 c 代替 T，使用 S_c 代替 Pr（其中，S_c 是动量扩

散系数与质扩散系数的比率)即可。

由于上述所有守恒方程均具有共同项,因此可以将守恒方程写成通用形式。然后,可以以通用形式对其进行离散和分析,同时对守恒方程中存在的特殊项进行单独处理。

一般守恒方程的积分形式可以通过公式(1.22)和公式(1.23)直接得到:

$$\frac{\partial}{\partial t}\int_V \rho\varphi \mathrm{d}V + \int_S \rho\varphi \boldsymbol{v}\cdot\boldsymbol{n}\mathrm{d}S = \int_S \Gamma\,\nabla\varphi\cdot\boldsymbol{n}\mathrm{d}S + \int_V q_\varphi \mathrm{d}V \tag{1.26}$$

其中,q_φ 是 φ 的源或汇。该方程的无坐标向量形式可以表示为

$$\frac{\partial(\rho\varphi)}{\partial t}+\nabla\cdot(\rho\varphi\boldsymbol{v})=\nabla\cdot(\Gamma\,\nabla\varphi)+q_\varphi \tag{1.27}$$

在笛卡尔坐标和张量表示方法中,一般守恒方程的微分形式可以表示为如下形式:

$$\frac{\partial(\rho\varphi)}{\partial t}+\frac{\partial(\rho u_j\varphi)}{\partial x_j}=\frac{\partial}{\partial x_j}\left(\Gamma\,\frac{\partial\varphi}{\partial x_j}\right)+q_\varphi \tag{1.28}$$

本书将首先介绍一般守恒方程的数值计算方法。之后,作为对一般方程的扩展,本书将进一步介绍连续性和动量方程(通常称为 Navier-Stokes 方程)的特殊形式。

1.6 无量纲方程

对于流体流动而言,相关的试验研究多在模型上开展,并且所得结果以无量纲形式呈现,因此可以通过对其进行模化分析以得到真实流动条件下的数据。在数值计算研究中也可以采用同样的方法。通过进行适当的归一化处理,可将控制方程转化为无量纲形式。例如,可以通过参考速度 v_0 对速度进行归一化处理,通过参考长度 L_0 对空间坐标进行归一化处理,通过某个参考时间 t_0 对时间进行归一化处理,通过 ρv_0^2 对压力进行归一化处理,并且通过某个参考温差 T_1-T_0 对温度进行归一化处理。然后,这些无量纲变量可以表示为如下形式:

$$t^*=\frac{t}{t_0};\quad x_i^*=\frac{x_i}{L_0};\quad u_i^*=\frac{u_i}{v_0};\quad p^*=\frac{p}{\rho v_0^2};\quad T^*=\frac{T-T_0}{T_1-T_0}$$

如果流体物性不变,则连续性、动量和温度方程可以转化为以下无量纲形式:

$$\frac{\partial u_i^*}{\partial x_i^*}=0 \tag{1.29}$$

$$St\,\frac{\partial u_i^*}{\partial t^*}+\frac{\partial(u_j^*u_i^*)}{\partial x_j^*}=\frac{1}{Re}\,\frac{\partial^2 u_i^*}{\partial x_j^{*2}}-\frac{\partial p^*}{\partial x_i^*}+\frac{1}{Fr^2}\gamma_i \tag{1.30}$$

$$St\,\frac{\partial T^*}{\partial t^*}+\frac{\partial(u_j^*T^*)}{\partial x_j^*}=\frac{1}{RePr}\,\frac{\partial^2 T^*}{\partial x_j^{*2}} \tag{1.31}$$

方程中还包含以下无量纲数:

$$St=\frac{L_0}{v_0t_0};\quad Re=\frac{\rho v_0L_0}{\mu};\quad Fr=\frac{v_0}{\sqrt{L_0g}} \tag{1.32}$$

它们分别称为斯特劳哈尔数、雷诺数和弗劳德数。γ_i 是归一化重力加速度矢量在 x_i 方向上的分量。

对于“自然对流”,通常使用 Boussinesq 近似,该情况下,动量方程中的最后一项如下

所示：

$$\frac{Ra}{Re^2Pr}T^*\gamma_i$$

其中，Ra 为瑞利数，其定义式为：

$$Ra=\frac{\rho^2 g\beta(T_1-T_0)L_0^3}{\mu^2}Pr=GrPr \tag{1.33}$$

其中，Gr 是另一个无量纲数（被称为格拉晓夫数），β 为热膨胀系数。

在简单流体流动中，可以很容易确定出归一化参量；例如，v_0 为平均速度，L_0 为几何长度尺度；T_0 和 T_1 分别为冷壁温度和热壁温度。如果存在复杂的几何形状，流体物性不为常数，或者边界条件不稳定，那么可能需要使用大量的无量纲参数才能描述流动，因此这时就可能无法继续使用无量纲方程。

无量纲方程在分析方法研究和确定方程中各项的相对重要性方面具有重要意义。例如，通道或管道中的定常流动只取决于雷诺数；然而，如果几何形状发生变化，那么流动也会受到边界形状的影响。由于本书中特别关注一些复杂几何中的流动情况，因此将使用输运方程的量纲形式。

1.7 简化的数学模型

质量和动量守恒方程的复杂程度要比其看起来复杂得多。因为它们存在非线性、耦合、难以求解的问题。仅仅依据现有的数学工具确实难以证明这些方程在特定边界条件是否存在唯一解。经验表明，Navier-Stokes 方程能够对牛顿流体流动进行精确描述。但是，几乎只有在几何形状简单、流动充分发展（管内、平行板间的流体流动）的情况下才能获得 Navier-Stokes 方程的解析解。需要指出的是，这些简单的几何和流动模式对研究流体动力学的基本原理非常重要，但是它们的实际应用价值有限。

在上述方程存在解析解的各类工况中，方程中的许多项均为零。需要指出的是，对于一些流体流动，有些项可能并不重要，并且我们可能会直接省略这些项；但是这种简化很可能会导致求解误差。并且在大多数情况下，即使是简化也不能得到相应解析解，这时就必须使用数值方法。在数值计算中进行方程简化是十分必要的，主要是因为这种处理可以有效减少计算工作量。笔者在下文列出了一些可以简化流体运动方程的流动模式。

1.7.1 不可压缩流动

需要指出的是，本书第 1.3 和 1.4 节中介绍的质量守恒方程和动量守恒方程是最通用的表达形式；它们假定所有流体的物性和流动特性在空间和时间上是发生变化的。不过，在许多应用中，流体密度可以假定为一个恒定值。这不仅适用于大多数情况下确实可以不考虑可压缩性的液体的流动，而且如果 $Ma<0.3$，其也适用于气体流动。这种流动称为不可压缩性流动。如果流动还是等温流动，则黏度为一个恒定值。在这种情况下，质量守恒方程（1.6）和动量守恒方程（1.16）可以分别简化为

$$\nabla\cdot\boldsymbol{v}=0 \tag{1.34}$$

$$\frac{\partial u_i}{\partial t}+\nabla\cdot(u_i\boldsymbol{v})=\nabla\cdot(\nu\nabla u_i)-\frac{1}{\rho}\nabla\cdot(p\boldsymbol{i}_i)+b_i \tag{1.35}$$

其中,$\nu=\mu/\rho$ 为运动黏度。需要指出的是,该方程即使经过了这种简化处理,同样难以获得解析解,因此这种简化通常不具有很大的价值。然而,它确实对数值计算求解具有一定帮助。

1.7.2 无黏性(欧拉)流动

除此之外,在远离固体表面的流动中,黏度也不会对流动特性产生明显影响。那么如果完全忽略黏性效应(即假设应力张量减小到 $\boldsymbol{T}=-p\boldsymbol{I}$),则 Navier-Stokes 方程可以简化为欧拉方程。该连续性方程与方程(1.6)相同,且相应的动量方程可以写成如下形式:

$$\frac{\partial(\rho u_i)}{\partial t}+\nabla\cdot(\rho u_i\boldsymbol{v})=-\nabla\cdot(p\boldsymbol{i}_i)+\rho b_i \tag{1.36}$$

由于流体忽略黏性,因此与壁面接触的流体层就不会固定不动,而是会相对于壁面边界发生滑移。欧拉方程常用于研究高 *Ma* 下的可压缩流动。在高流速下,雷诺数很高,黏性和湍流效应只会在靠近壁面的一小部分区域内起重要影响。因此使用欧拉方程通常可以很好地对这些流动特性进行预测。

虽然欧拉方程同样不易求解,但由于不需要对壁面附近的边界层进行求解,因此可以使用较粗的网格。不过,正如 Hirsch(2007)所述,自 20 世纪 90 年代中期以来,随着求解方法及计算机性能的不断发展,对涉及整个飞机、船舶、车辆等以及通过多级压缩机和泵等系统中的流体流动进行全三维 Navier-Stokes 模拟已经成为可能。并且自 20 世纪 80 年代初以来,基于整个欧拉体系进行数值模拟就已成为可能。如今,即便工程师使用最高效工具来完成相关计算分析,其中欧拉方程仍然是基本工具集中的一个重要组成部分(例如,Wie 等,2010 年)。

当前在求解可压缩欧拉方程方面已提出很多方法。在本书的第 11 章中,笔者将就其中的一些典型方法进行概述,关于这些方法的更多细节可在相关著作中找到(例如,Hirsch,2007 年;Fletcher,1991 年;Knight,2006 年和 TannHill 等,1997 年)。除此之外,本书第 11 章中所描述的求解方法也可以用来求解可压缩欧拉方程,这些方法的能力可与专为求解可压缩流动而设计的特殊方法相媲美。

1.7.3 势流

最简单的流动模型之一是势流。假设流体为欧拉流体,并对流动施加一个附加条件,即速度场必须无旋,其可以表示为

$$\mathrm{rot}\ \boldsymbol{v}=0 \tag{1.37}$$

基于该条件可知,存在速度势 Φ,使得速度矢量可定义为 $\boldsymbol{v}=-\nabla\Phi$。不可压缩流动的连续性方程"$\nabla\cdot\boldsymbol{v}=0$"就变成了速度势 φ 的拉普拉斯方程:

$$\nabla\cdot(\nabla\Phi)=0 \tag{1.38}$$

然后可以通过对动量方程积分得到伯努利方程,对于该方程而言,只要知道速度势,那么就可以对代数方程进行求解。因此,势流可使用拉普拉斯标量方程进行描述。需要指出

的是,尽管通过该方程可以得到一些简单的解析解(均匀流、源、汇、涡),并且这些解析解也可以组合在一起以产生更为复杂的流动(例如,圆柱绕流),但是标量拉普拉斯方程并不能对任意几何形状进行解析求解。

对于每个速度势 φ,还可以定义相应的流函数 Ψ。速度矢量与流线(恒定流函数线)相切;流线与恒定势线垂直,因此这些线族能够形成一个正交的流网。

需要指出的是,在一些情况下,势流并不能与实际情况很好地相符,例如,对于沿物体外部绕流的流动而言,使用势流动理论会产生 D'Alembert 悖论(即物体在势流中既不产生阻力,也不产生升力)(例如,见 Street 等,1996 年,或 Kundu 和 Cohen,2008 年)。然而,势流理论在多孔介质流动中有许多应用,基于势流动理论的计算方法在许多领域(如造船,用于波浪阻力、螺旋桨性能、浮体运动等)均能够发挥重要作用。用于预测势流动的数值方法通常以边界元方法或面元方法为基础(Hess,1990 年;Kim 等,2018 年);当然也有一些为特定应用场景专门开发的特殊方法。不过,由于篇幅有限,本书将不对这些内容进行介绍,感兴趣的读者可以在 Wrobel(2002)的著作或期刊 *Engineering analysis with boundary elements* 中获得相关信息。

1.7.4 蠕动(斯托克斯)流动

当流体流动速度很小、黏性很大或几何尺寸很小时(即当雷诺数很小时),Navier-Stokes 方程中的对流(惯性)项的作用就很小,并且可以忽略(参见动量方程的无量纲形式,公式(1.30))。这种流动主要受黏性力、压力和体积力的影响,其称为“蠕动流动”。如果流体物性可认为恒定不变,动量方程变成线性方程,这类方程通常被称为斯托克斯方程。由于蠕动流动速度较低,非定常项也可以忽略,这是一个实质性的简化。其连续性方程与等式(1.34)相同,而动量方程则变为

$$\nabla\cdot(\mu\,\nabla u_i)-\frac{1}{\rho}\nabla\cdot(p\boldsymbol{i}_i)+b_i=0 \tag{1.39}$$

针对蠕动流动开展的研究对于多孔介质、涂层技术、微器件等领域具有重要意义。

1.7.5 Boussinesq 近似

当流体流动与传热过程同时存在时,流体的物性通常会随温度的变化而发生变化。尽管变化可能很小,但其依旧会对流体的流动产生影响。如果密度变化幅度不大,那么可以在“非定常项”和“对流项”中将密度视为常数,而仅在“重力项”中将其视为变量,该方法称为 Boussinesq 近似。通常认为流体密度随温度呈线性变化。如果将体积力对平均密度的影响归于第 1.4 节所述的“压力项”中,则剩余项可以表示为以下形式:

$$(\rho-\rho_0)g_i=-\rho_0 g_i\beta(T-T_0) \tag{1.40}$$

其中,β 为体积膨胀系数。如果温差小于 2 ℃(水)和 15 ℃(空气),则该近似会引入 1%量级的误差。当温差较大时,误差可能会更大;并且由此近似求得的解可能不是一个正确解(例如,参见 Bück le 和 Periüc,1992 年)。

1.7.6 边界层近似

当流体的流动存在主导方向(即不存在倒流或回流),且几何形状的变化是一种渐进式

变化(例如,槽道和管道中的流体流动,以及在平面或轻微弯曲的固体壁上的流体流动),那么流动状态就会受到上游状态的显著影响。这种流动状态被称为"薄剪切层"或"边界层流动"。对于这类状态的流体流动,Navier-Stokes 方程可以进行如下简化:

- 主流方向下的动量扩散远小于对流输运,可以忽略不计;
- 主流方向下的速度分量远大于其他方向的速度分量;
- 垂直于流动方向的压力梯度比沿主流方向的压力梯度小得多。

二维边界层方程可以简化为如下形式:

$$\frac{\partial(\rho u_1)}{\partial t}+\frac{\partial(\rho u_1 u_1)}{\partial x_1}+\frac{\partial(\rho u_2 u_1)}{\partial x_2}=\mu\frac{\partial^2 u_1}{\partial x_2^2}-\frac{\partial p}{\partial x_1} \tag{1.41}$$

需要注意的是,其必须与连续性方程一起求解,对于垂直于主流方向的动量方程,其可以简化为$\partial p/\partial x_2=0$。而压力作为 x_1 的函数,其必须通过计算边界层外部的流动(通常假定为势流)来获得,因此仅靠边界层方程本身并不能实现对流动的完整描述。简化的方程可以用类似于求解具有初始条件的常微分方程组的"步进法"进行求解。这些方法尤其适用于空气动力学研究。不过,需要指出的是,这类方法仅适用于不存在分离现象的流体流动。

1.7.7 复杂流动现象建模

需要指出的是,很多实际流体流动系统(包括湍流、燃烧和多相流)都难以通过数学方程准确描述,这也就意味着获得相关问题的解析解就会更加困难。但是对这些流体流动进行研究又具有非常重要的意义。由于一般无法对这类流动进行精确描述,因此人们通常使用半经验模型(例如湍流模型(将在第 10 章详细讨论)、燃烧模型、多相模型等)来描述这些现象。不过这些模型以及上述简化过程都会影响解的精度。由各种近似引入的误差可能会导致误差累加,当然也可能相互抵消,因此,当对使用这些模型得到的计算结果进行分析时,应持谨慎态度。由于各种误差对于数值解精确性而言非常重要,因此本书将着重对其进行相关探讨,并在相应位置对误差类型进行定义和描述。

1.8 流体流动的数学分类

具有两个自变量的拟线性二阶偏微分方程组主要由三个类组成,分别为双曲型偏微分方程、抛物型偏微分方程和椭圆型偏微分方程。这些偏微分方程之间的区别由特征属性(即携带有关解的信息的曲线)的差异造成。需要指出的是,每一种类型的方程都有两组特征(例如,详见 Street,1973 年)。

对于双曲型偏微分方程的情况,其特征集为两个不同的实数集。这意味着信息在两组方向上以有限速度传播。一般情况,信息在特定方向上传播,因此需要在每个特征的初始点处给出一个数据;因此,两组特征需要两个初始条件。如果存在侧边界,那么每个点一般只需要一个条件,这是因为一个特征是将信息带出计算域,另一个特征是将信息带进计算域。然而,这条规则也存在例外情况。

在抛物型偏微分方程中,其特征会变为一个实数集。因此,通常只需要一个初始条件。在侧边界上,每个点均需要一个条件。

最后,对于椭圆型偏微分方程而言,其不存在真实特征信息;这两组特征为两个不同的虚集(复数集)。因此其信息传播不存在特定方向。实际上,信息在各个方向上的传播基本不会存在显著差异。在一般情况下,在边界上的每一点均需要一个边界条件,并且求解的区域通常闭合,不过,部分区域可能会延伸到无穷远。非定常问题一定不是“椭圆型问题”。

这些方程在属性方面的差异可以反映在相应的求解方法上。需要注意的是,数值方法应尊重它们所求解的方程的属性。

由于 Navier-Stokes 方程是一个涉及四个自变量的二阶非线性方程组,因此无法对其进行直接分类。不过,该方程确实存在上述许多属性,并且在求解两个独立变量的二阶方程时使用的许多思想都适用于这类方程的求解,但必须持谨慎态度。

1.8.1 双曲型流动

首先,考虑非定常无黏可压缩流动类型。众所周知,可压缩流体可以支持声波和激波的分析,因此方程在本质上具有双曲特性。大多数用于求解这些方程的方法都是基于双曲型方程,如果在使用过程中足够谨慎,就可以得到很好的结果。

对于定常可压缩流动,其特征依赖于流体流动速度。如果流动属于超音速流动,则方程是双曲型方程,而如果流动属于亚音速流动,则相应的方程基本上属于椭圆型方程。针对这一问题,本书将在下文进行进一步的探讨。

不过,需要注意的是,用于描述黏性可压缩流动的方程仍然会更加复杂。这种流体流动的特征是上述所有类型的混合,因此这类问题不能很好地符合上述分类方案,并且相应的数值方法也会更难构造。

1.8.2 抛物型流动

通过上述边界层近似可以得到一组在实质上具有抛物线特征的抛物型方程。在这些方程中,信息只向下游传播,它们可以用适合于抛物型方程的方法进行求解。

不过,需要指出的是,边界层方程需要指明一般需要通过求解势流问题获得的压力。在流动为亚音速势流的情况下,其由椭圆型方程控制(在不可压缩的限制下,拉普拉斯方程就已足够),因此整个问题实际上具有抛物型-椭圆型混合特征。

1.8.3 椭圆型流动

当流体流动存在一个回流区时(即存在与主流方向相反的流动时),信息既可以向上游传播,也可以向下游传播。因此,不能仅在流动上游端应用条件。则这类问题所对应的流动就是典型的椭圆型流动。这种情况通常会在亚音速(包括不可压缩)流动中出现,并且会导致方程的求解变得十分困难。

需要注意的是,非定常不可压缩流动实际上同时具有椭圆型流动和抛物型流动的特征。这是因为在空间中信息能够双向传播;而在时间上,信息只能向前传播。这种问题被称为“不完全抛物型流动问题”。

1.8.4 混合流动类型

如上所述,对于一种流动而言,其可能无法通过一种特定类型的流动模型进行描述。

例如,在定常跨音速流动中,其同时包含超音速和亚音速区域的定常可压缩流动。其中,超音速区域为双曲型流动,亚音速区域为椭圆型流动。因此,可能有必要对将方程近似为局部流动性质的函数的方法进行调整。除此之外,更糟糕的是,在求解方程之前根本无法确定区域。

1.9 本书的规划

本书共包含 13 章内容,以下为余下 12 章内容的简要总结。

第 2 章介绍了数值求解方法。该章节讨论了数值方法的优缺点,并分别简要介绍了相关计算方法的可能性和局限性,随后介绍了数值求解方法的组成部分及其特性;最后简要介绍了基本的计算方法,其中包括有限差分法、有限体积法和有限元法。

第 3 章介绍了有限差分方法。该部分介绍了通过泰勒级数展开和多项式拟合法来逼近一阶、二阶和混合导数的方法,并讨论了高阶方法的推导,以及非线性项和边界的处理方法。除此之外,本章内容还考虑了网格不均匀对截断误差以及离散化误差的影响,并且还对“谱方法”进行了简要介绍。

第 4 章介绍了有限体积(FV)法,其中包括曲面积分和体积积分的近似,以及在“网格单元中心”以外的位置通过使用插值法获得变量值和导数。本章内容还描述了如果构建高阶格式和所得代数方程的延迟修正方法的简化,并重点分析了插值法和积分逼近法引起的离散化误差,最后讨论了各种边界条件的实现。

本章还介绍了基本的 FD 和 FV 方法的应用,并在第 3 章和第 4 章中分别演示了它们在结构化笛卡尔网格中的应用。这一限制条件使我们将几何复杂性相关的问题同离散化技术的概念分开。对于复杂几何的处理将在后面的第 9 章中介绍。

第 5 章描述了对离散后的代数方程组的求解方法。本章简要介绍了直接求解方法,主要对迭代求解方法进行了详细说明,重点讨论了“不完全 LU 分解法”“共轭梯度法”和“多重网格法”。此外,本章内容还描述了耦合与非线性系统求解方法(其中包括亚松弛方法与收敛准则)。

第 6 章介绍了时间积分的方法。首先介绍了常微分方程组的求解方法,包括基本方法、预估-校正、多点方法及 Runge-Kutta 法,然后介绍了这些方法在非定常流动方程中的应用,并进行了相应的稳定性分析和精度分析。

第 7 章和第 8 章分别讨论了 Navier-Stokes 方程的复杂性以及不可压缩流动的特殊性。本部分内容详细介绍了不可压缩流动的交错和同位变量排布、压力方程,以及采用分步算法和 SIMPLE 算法的压力-速度耦合。除此之外,本部分还介绍了其他方法,包括“PISO 算法”“流函数涡量法”“人工压缩性方法”。本部分对交错和同位的笛卡尔网格的求解方法进行了详细的描述,以便能够编写计算机代码;相应代码可以在特定网址获得。最后,本章给出了用基于分步和 SIMPLE 算法的程序计算定常与非定常层流的算例,并包含了对迭代误差和离散化误差的讨论。

第 9 章针对复杂几何的处理进行了分析和讨论。本章内容讨论了网格类型的选择,以及复杂几何条件下的网格生成方法、网格属性、速度分量和变量排布。本章回顾了 FD 和 FV 方法,以及复杂几何(如非正交、块结构和非结构网格、非共形网格交界面、任意形状的控制体、重叠网格等）所特有的特征，并对其进行了讨论，重点讨论了压力修正方程和边界条件。本章还介绍并讨论了基于“分步算法”和“SIMPLE 算法”的定常和非定常、二维和三维层流流动的算例，以及对不同网格类型（笛卡尔剪裁网络和任意多面体网格）的离散化误差的评估和结果的比较。

第 10 章主要针对湍流计算问题。本章内容讨论了湍流的本质及其三种模拟方法：“直接数值模拟”“大涡模拟”和基于“雷诺平均的 Navier-Stokes 方程”的方法。本章描述了后两种方法中广泛使用的一些模型，其中包括与边界条件有关的细节。最后本章给出了这些方法的应用实例，并对它们的性能进行了比较。

第 11 章中考虑了可压缩流动。本章内容简要讨论了针对可压缩流动设计的方法，并将基于“分步法”和“SIMPLE 算法”的压力修正方法推广到“可压缩流动”。除此之外，本章内容还讨论了处理激波的方法（例如，网格自适应方法、总变差递减方法和本质无振荡方法），并描述了各种类型的可压缩流动（亚音速、跨音速和超音速）的边界条件。最后，本章给出了应用实例，并进行了讨论。

第 12 章介绍了提高精度和效率的方法。首先对通过多重网格算法实现更高效率的方法进行了描述，然后举例说明，另一小节主要介绍了“自适应网格方法”和“局部网格细化方法”。最后，本章还对并行计算进行了讨论。本章重点研究了基于区域分解的隐式方法在空间和时间上的并行处理，并对并行处理的效率进行了分析。最后，使用实例进行了说明与讨论。

最后，笔者在第 13 章中针对一些特殊问题（其中包括共轭换热、自由表面流动、需要动网格的移动边界的处理、空化和流固耦合）进行了介绍，并就具有热质传递、两相流动和化学反应的流动中的特殊效应进行了简要讨论。笔者将以简短语句结束本介绍性章节。需要指出的是，“计算流体力学（CFD）”可以看作流体力学或数值分析的一个子领域，要想理解本章内容，读者需要在这两个领域都有相当扎实的背景知识。我们希望读者能注意到这一点，并针对性地学习相关知识。

第 2 章　数值方法导论

2.1　流体动力学问题求解方法

正如第 1 章所述,早在 100 多年前,人们就已经知道流体动力方程仅对有限数量的流动系统具有可解性。尽管这类解析解有助于人们理解流体流动,但是在工程分析或设计方面,其并不具有十分重要的参考价值。一般情况下,工程师不得不采用其他方法进行工程分析或设计。

在最常见的方法中,大家采用了方程的简化形式。这些简化通常结合了近似和量纲分析原理,并且几乎总是需要经验值。例如,相关量纲分析表明,作用在物体上的阻力可以表示为如下形式:

$$F_D = C_D S \rho v^2 \tag{2.1}$$

其中,S 为"物体"迎流面的面积;v 为流速;ρ 为流体密度;参数 C_D 为阻力系数,其为与该问题有关的其他无量纲参数的函数,并且几乎全是基于实验数据回归得到的。当系统可以用一两个参数来描述时,这种方法非常有用,但这也意味着其不适用于复杂几何(不得不用许多参数来描述)条件下。

需要指出的是,对于许多流动,由于 Navier-Stokes 方程的无量纲化,雷诺数是唯一的独立变量。如果形状保持不变,就可以在具有该形状的比例模型上进行实验,进而获得所需的结果。若要获得所需的雷诺数,需要仔细选择流体种类和流动参数,或者通过雷诺数的外推来获得,但后者若使用不当则可能导致严重的后果。上述方法非常有价值,乃至当今仍是实际工程设计的主要方法。

问题是,对于许多类型的流动(例如飞机或船只周围的流体绕流)而言,需要多个无量纲参数进行构建,而且很可能无法进行相应的流动测量实验。为能够在较小的模型上获得相同的雷诺数,就必须提高流体速度。对于飞机而言,如果使用相同的流体(空气),这可能会给出过高的雷诺数结果;人们试图找到一种允许两个参数相匹配的流体。对于船只而言,要同时匹配雷诺数和弗劳德数,这几乎是不可能的事情。

在其他情况下,相应试验的实施也可能十分困难。例如,测量设备可能会干扰流动或可能无法进入流体(例如,晶体生长设备中的液态硅流动),并且有些量根本无法使用当前技术进行测量,或者存在测量精度较低的问题。

众所周知,通过实验可以有效对阻力、升力、压降或换热系数等全局(整体)参数进行测量。在很多情况下,细节非常重要,了解流体在流动过程中是否发生了流动分离或壁温是否超过某一极限可能具有重要意义。但是,由于实验技术的改进需要更仔细的优化设计,或者当用于预测流通流动的高新技术应用所需的数据库不足时,实验的开发可能会过于昂贵和耗时,因此有必要找到一个合理的替代方案。

在计算机技术的支持下,人们拥有了另外一种选择(或者至少是一种补充方法)。尽管早在 100 多年前人们就已经提出了偏微分方程数值求解方法的许多关键思想,但是这些思想直到计算机出现之后才真正展现了其作用。自 20 世纪 50 年代以来,计算机性价比一直以惊人的速度增长,而且没有任何放缓的迹象。虽然 20 世纪 50 年代出现的第一台计算机每秒只执行几百次运算,但截至 2017 年 6 月,TOP 500 榜单上排名第一的计算机(https://www.top500.org)的测试性能峰值为每秒 93 个 Pflop(Petaflops = 每秒 10^{15} 次浮点运算);它拥有超过 10^6 个处理核心,内存大小为 1.3 PB(PB = 10^{15} 字节)。即使是笔记本电脑,其也有多个核心和多个处理器,而且 GPU 也可以用来完成大规模并行计算(Thibault 和 Senocak,2009 年;Senocak 和 Jacobsen,2010 年)。除此之外,与以前相比,计算机的存储数据的能力也得到了大幅提高。在 20 年前,超级计算机的存储硬盘的容量仅为 10 GB(10 GB = 10^{10} 字节或字符),而现在笔记本电脑的硬盘大小就达到了 1 TB。智能手机大小的硬盘的容量就可以达到 500 GB 或更多。1980 年,一台计算机耗资数百万美元,占据一个大房间,需要永久维护和操作人员,其性能如今在一台笔记本电脑上就可以轻松实现!尽管我们无法知道未来的计算机会达到一个什么水平,但是可以肯定的是,未来计算机不仅依旧不会为人们带来经济负担,其在计算速度和内存方面还将得到大幅提高。

计算机技术的发展一定会为流体流动研究提供更大的助力。在认识到计算机在该领域中的作用之后,我们就可以对 CFD 这一领域进行简单介绍,该领域包含了许多子专业。经过几十年的发展,CFD 已经从一个专门的研究领域发展成为一个强大的工具,并且几乎在每个行业中都可以看到其身影,对于研究人员而言,其被视为一种研究流体流动的本质的强有力工具,正在得到广泛应用。

本书将详细讨论用于求解描述流体流动及相关现象的方程的几个典型方法;其他方法将简要提及,并在适当的地方给出参考文献以便进一步参考学习。

2.2 什么是 CFD?

如第 1 章所述,我们可以使用偏微分方程组(或积分-微分方程组)对流动和相关现象进行描述,但是只有在特殊条件下才能得到具体的解析解。为能够在数值上获得近似解,就必须通过离散方法将微分方程组近似为一个代数方程组,然后利用计算机对其进行求解。需要指出的是,这种近似适用于空间和(或)时间上的小区域。因此,数值解能够在离散化的空间位置上提供相应结果。正如实验数据的准确性很大程度上取决于所使用的测量工具的质量那样,数值解的准确性也取决于所使用的离散化方法的质量。

在计算流体力学的广泛应用的领域中涵盖了从成熟的工程设计方法的自动化到使用 Navier-Stokes 方程的详细解代替实验研究复杂流动的本质。一方面,对于一些流动问题,人们可以购买管道系统设计软件包,在个人计算机或工作站上花几秒钟或几分钟的时间得到问题的解。而另一方面,在一些流动问题中,即使使用功能最为强大的超级计算机,求解过程依旧可能需要花费数百个小时。由于 CFD 的范围和流体动力学本身一样大,因此一本书不可能涵盖 CFD 的所有内容。除此之外,这一领域发展如此之快,以至于我们面临着在短时间内就处于“落伍地位”的风险。

本书内容将不涉及自动化的简单求解方法的讨论,因为这些方法的基础非常简单,且相应的程序包相对容易理解和使用。

本章针对用于求解二维或三维流体运动方程的方法进行了详细介绍。需要指出的是，这些方法是一些在非标准应用中用到的方法，也就是说无法在教科书或手册中找到求解方法（或者无法得到近似解的方法）。虽然这些方法在被开发之初就被用于高科技工程（如航空航天领域），但它们当前正越来越多地用于几何形状复杂或一些重要特征（如污染物浓度的预测）无法通过标准方法处理的工程领域。

当前，在机械、加工制造、化学、土木工程和环境工程领域，我们都可以看到 CFD 的身影，并且当前其已经成为大气科学（从天气预报到气候变化）各个方面的主要组成部分。这些领域的优化不仅可以有效节省设备和能源成本，还可以优化相应模型对洪水和风暴的预测性能，并可以在降低环境污染方面发挥重要作用。

2.3 数值方法的可行性与局限性

当前我们已经注意到一些与实验工作有关的 CFD 问题，其中的一些问题可以很轻松地解决。例如，如果想要在风洞中模拟移动汽车周围的气体流动，那么就需要固定汽车模型并向其吹风（但地板需保持和风速相等的移动速度，这一点实际很难做到），而这在数值模拟中并不是一件难事，采用数值模拟方法还可以很容易设定其他类型的边界条件。例如，流体的温度或不透明度的设定将不是问题，如果能够准确求解非定常三维 Navier-Stokes 方程（就像在湍流的直接模拟中那样），那么就可以得到一个完整的数据集，从这个数据集可以推导出任意的具有物理意义的量。

这一点听起来有点难以置信，但不可回避的是采用 CFD 精确求解 Navier-Stokes 方程是有前提条件的，而且对于大多数工程应用所涉及的流动而言极为困难。笔者将在第 10 章中针对“为何高雷诺数流动难以获得 Navier-Stokes 方程的精确数值解”这一问题进行详细说明。

如果无法获得所有流动下的精确解，那么就必须知晓能得到什么样的结果，并对其进行分析和判断。首先，必须知道的是，数值结果一定是一个近似值。计算结果与“实际”之间一定会存在一定的差异，这是因为用于产生数值解的过程的每个部分都会产生误差：

- 如第 1.7 节所讨论的那样，微分方程可以包含近似或理想值；
- 离散化过程存在近似；
- 在求解离散方程时，采用了迭代方法。除非它们运行时间足够，否则就难以获得离散化方程的精确解。

对于精确解已知的控制方程（例如，不可压缩牛顿流体的 Navier-Stokes 方程），原则上可以获得任何所需精度的解。然而，对于许多流动现象（如湍流、燃烧和多相流），不是无法建立精确的方程，就是无法获得相应的数值解。这种情况下，引入额外的模型就显得十分必要。即使能够对方程进行精确求解，但是所得解也不能准确代表实际情况。这种情况下必须依靠实验数据来验证模型计算的准确性。还有一些情况下，相关方程即便有可能进行精确求解，往往也需要通过进入模型来降低计算成本。

通过使用更精确的插值法（或近似法）或将近似法应用于较小的区域可以有效减少离散误差，但这种处理通常会增加求解的时间和成本。因此，要对上述两个方面进行必要权衡。笔者将在后续章节详细介绍一些求解方案，并给出一些能够得到更准确近似解的方法。

除此之外，在求解离散方程的过程中也需要进行必要权衡。由于能够获得精确解的直接数值模拟求解器的计算成本昂贵，因此人们很少使用这种工具。相比之下大家更倾向于使用迭代方法，但如果迭代过程过早停止，则可能会产生较大的误差。

本书将着重讨论误差及其估计，同时笔者将给出一些示例的误差估计。需要指出的是，分析和评估数值误差是一个非常必要的环节。

对于结果的后处理分析而言，使用非定常流动的矢量、等高线或其他类型的图形或视频对数值解进行可视化处理非常重要。这种手段在解释计算产生的海量数据方面最为有效。但是，尽管一些误差解看起来似乎没有什么问题，但其可能不符合实际的边界条件、流体性质等。笔者就遇到过由不正确的数值解产生的流动特征，这些流动特征可能并且已经被解释为物理现象。使用商用 CFD 软件的工业用户尤其应该小心，因为销售人员往往会夸大这些工具的性能。信息丰富的彩色图片会让人印象深刻，但是如果定量结果存在问题，那么就不具有应有的价值，在接受结果之前，对结果进行严格审查以判断其是否具有重要意义。

2.4 数值求解方法的组成部分

鉴于本书的读者不仅包括商业软件的用户，也包括开发新代码的年轻研究人员，因此笔者将在本节就数值求解方法的重要组成部分进行简要介绍，更多细节详见余下章节。

2.4.1 数学模型

需要指出的是，任何数值方法的起点都是数学模型（即偏微分方程组或积分-微分方程组和边界条件）。第 1 章已经介绍了几个可用于流量预测的方程组。并且，如前所述，人们可以为目标应用选择合适的模型（不可压缩流动模型、无黏流动模型、湍流流动模型、二维或三维流动模型等），该模型可能需要对精确的守恒定律进行必要简化处理。求解方法通常是为特定方程组而设计的。需要明确的是，获得一种通用型求解方法即一种适用于所有流体流动的方法往往不切实际，而且就像大多数通用工具一样，它们通常难以得到实际应用。

2.4.2 离散化方法

在选择数学模型后，必须选择一种合适的离散方法。其为一种利用空间和时间上某一离散位置的变量的代数方程组来逼近微分方程组的方法。在离散方面可以使用的方法有很多，其中有限差分法（finite difference method，FD）、有限体积法（finite volume method，FV）和有限单元法（finite element method，FE）最为常见。本章在最后部分介绍了这三种离散化方法的重要特点。需要指出的是，诸如谱方法、边界元方法和 lattice-Boltzmann 方法之类的其他方法也可以在 CFD 得到应用，但是它们仅限于对特殊类型的问题的求解。

如果网格足够精细，那么通过每种类型的方法都可以得到相同解。但是针对某些问题，其可能更适合通过某种特定的方法进行求解。这种方法上的倾向性通常由开发人员的态度决定。笔者稍后将讨论各种方法存在的优缺点。

2.4.3 坐标和基矢量系统

如第1章所述，守恒方程可以以许多不同的形式进行表示，具体取决于所使用的坐标系和基向量。例如，人们可以在笛卡尔坐标系、柱坐标系、球坐标系、曲线直角坐标系或非直角坐标系中构建守恒方程。坐标系的选择取决于目标流动模式，并可能对将使用的离散方法和网格类型产生影响。

除此之外，还必须选择定义向量和张量的基准（固定或可变、协变或逆变等）。根据这一选择，速度矢量和应力张量可以用例如笛卡尔、协变或逆变、物理或非物理坐标的分量进行表示。基于第9章所述的原因，本书将专门采用笛卡尔分量进行表示。

2.4.4 数值网格

要计算变量的离散位置由数值网格定义，数值网格本质上是要解决问题的几何域的离散表示。它将解域划分为有限数量的子域（元素、控制体等）。以下是一些可用的选项。

- 结构化（规则）网格——结构化（规则）网格由网格线族组成，其特征是单个族的网格线不会彼此交叉，并且与其他族的网格线只交叉一次。这允许对给定的网格线集进行连续编号。域内的任何网格点（或控制体）的位置由两个（2D）或三个（3D）索引数（例如(i,j,k)）的集合进行唯一标识。

这是最简单的网格结构，因为它在逻辑上等同于笛卡尔网格。每个点在二维空间上有四个最近相邻点，在三维空间上，其有六个最近相邻点；点 P 的每个相邻点的一个索引数 (i,j,k) 与 P 的相应索引数相差±1。结构化2D网格示例如图2.1所示。这种邻域连通性简化了编程，并且代数方程组的矩阵具有规则的结构，可以在开发求解方法时加以充分利用。事实上，大量高效的求解器只适用于结构网格（详见第5章）。而结构网格的一个缺点是它们只能用于几何简单的解域；另一个缺点是很难控制网格点的分布：出于精度的原因，将某一个区域中的网格点加密时，会导致其他计算域的网格产生不必要的加密，这将浪费计算资源。这一问题在3D几何图形中会尤为突出。细长网格单元也可能会对收敛产生不利影响。

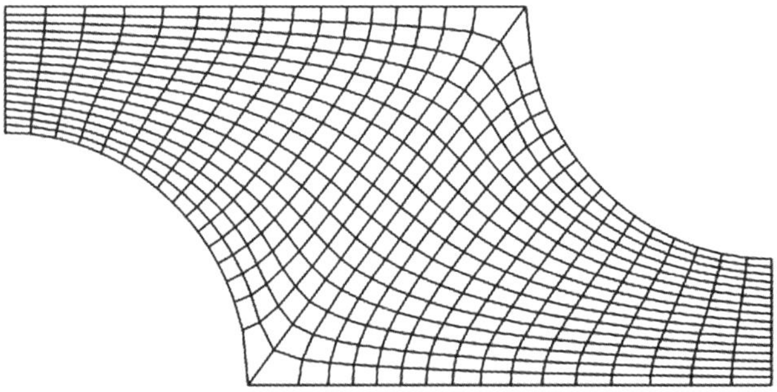

图2.1 结构化2D网格示例

结构网格可以是H型网格、O型网格或C型网格，其中不同的结构网格具有不同的求解域边界拓扑结构。图 2.1 显示了一个 H 型网格，从图中可以看出，当网格映射到一个矩形上时，它就具有明显的东、西、南和北边界。在 O 型网格中，两个相对的边界相互连接（例如，从东到西，或从南到北）。一个示例就是绕圆柱体流动的网格（图 9.22）：如果圆柱壁是南边界，外缘是北边界，那么西边界和东边界被合并，在圆柱体周围创建无穷无尽的网格线（它们可能是圆形，也可能不是圆形）。对索引数 i 的计算从一条代表西方和东方边界之间的界面的任意径线开始。网格在该界面上可能是共形的，也可能不是共形的，如何处理这样的界面将在第 9 章中描述。

在 C 型网格中，部分边界将落在其自身上。其中一个典型的示例就是机翼周围的网格：一组网格线环绕机翼，而另一组网格线与机翼（几乎）垂直。例如，如果翼壁是南边界，则它从机翼后缘延伸到机翼后面一段距离；出口是从机翼后缘延伸的双南线下方的西边界和双南线上方的东边界，而北边界覆盖求解域的底部、左侧和顶部。而对于 O 型网格，接触的两部分南边界之间的界面可以是连续性网格，也可以是非连续性网格。

- 块结构网格——在块结构网格中，求解域存在两级（或更多）的细分。在粗网格层面，有一些块结构是求解域相对较大的划分；它们的结构可能不具有规则性，并且它们之间可能存在重叠。在细网格层面，在每个块内定义了一个结构网格。且块界面需要进行必要的特殊处理。第 9 章描述了这类方法中的一些示例。

图 2.2 显示了一个专门设计的具有共形交界面的块结构网格，其流动模式和几何形状与图 2.1 相同。从图中可以看出，块界面最初为规则面（圆柱体或平面段），但经过一些旨在提高网格质量的平滑操作之后，它们变成了曲面。借助良好的块结构设计可以创建一个质量很好的网格，但需要指出的是，这可能需要投入较大的时间成本。实际应用过程中，对于中等复杂的几何图形而言，生成这种类型的高质量网格可能需要工程师一到两周的时间。

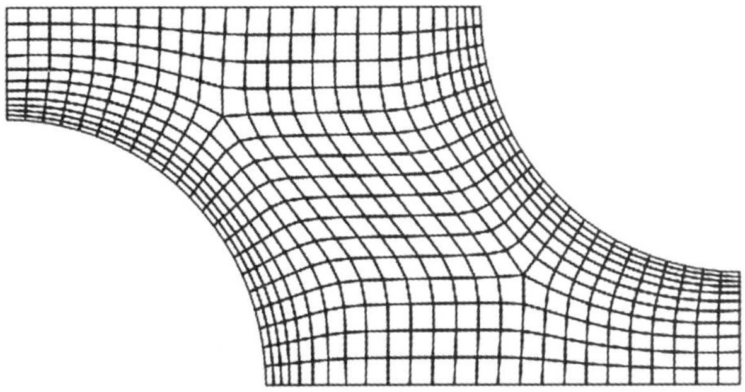

图 2.2　一个与图 2.1 具有相同流动模式和几何形状且专门设计的有共形交界面的块结构网格

图 2.3 显示了一个带有非共形交界面的块结构网格，其与图 2.2 中的网格相似，不同之处在于网格在管子周围的块中更为精细。与以前的网格相比，这种网格允许在需要更高分辨率的区域被使用（例如，在希望准确捕捉热传递过程的管子周围），因此其更具灵活性。需要指出的是，非共形分界面可以使用完全守恒的方式来处理，也可以用“悬挂节点（hanging node）”来进行处理（详见第 9 章）。通过比较图 2.2 和图 2.3 中的网格可知，网格平滑只能在每个块内应用；交界面通常保持其原始形状。与上一类网格相比，这类网格的编程会更难。由于这类结构化网格的求解器可以分块应用，这使其可用于处理更复杂的流

动区域。局部细化是可能的块式解决方式(即网格可以在某些块中进行细化)。

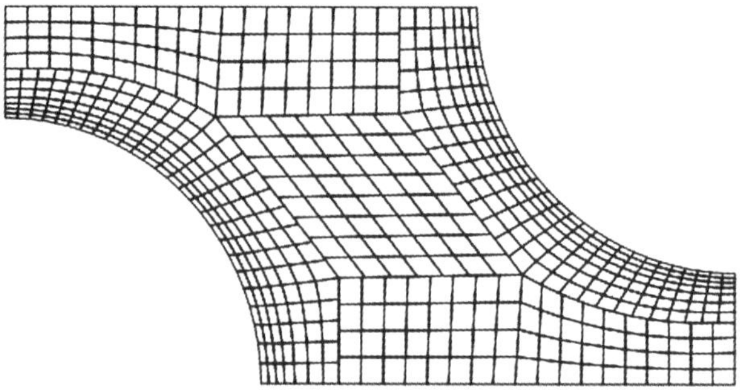

图 2.3　一个带有非共形交界面的块结构网格

包含重叠块的块结构网格(图 2.4)有时称为"Chimera 网格"或"嵌套网格"。在重叠区域中,一个块的边界条件可以通过对另一个(重叠)块的解进行内插得到。不过,这类网格存在一个明显的缺点,那就是在块边界上难以保证强制守恒。而这种方法所具备的优点是可以更容易处理复杂的区域,并且可以用来跟踪运动的物体,其机制是使用一个块附着在物体上并随其移动,而停滞的网格覆盖物体的四周。

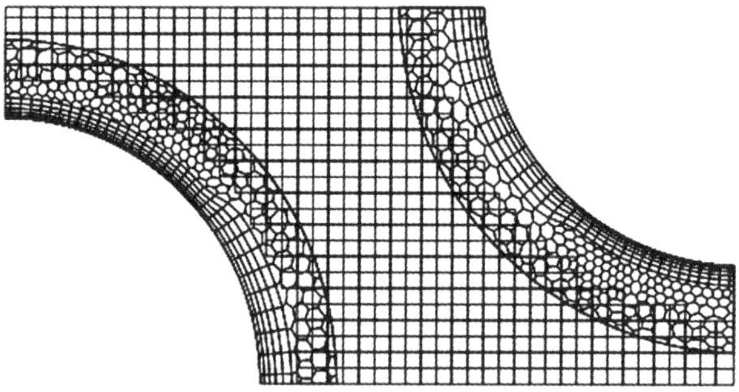

图 2.4　包含重叠块的块结构网格

重叠网格的使用方法在 20 世纪 80 年代末和 90 年代初就已出现(Tu 和 Fuchs,1992 年;Perng 和 Street, 1991 年; Hinatsu 和 Ferziger, 1991 年; Zang 和 Street, 1995 年; Hubbard 和 Chen,1994 年, 1995 年)。其中这类方法已经在多个半商业化代码(例如 SHIPFLOW、CFDShip-Iowa 和 OVERFLOW (NASA))中得到了应用。21 世纪初,人们对这些方法再次产生了浓厚的兴趣,因为这些方法在处理运动物体周围的流动问题方面具有独特的应用价值。一种典型的构建重叠结构网格方法由 Hadžic 于 2005 年开发,商业化软件"STAR-CCM+"中提供了适用于任意多面体网格的版本(详见第 9 章)。

- 非结构网格——对于非常复杂的几何图形,最灵活的网格类型应是一种能够适应任意计算域边界的网格。在原则上,这种网格可用于任何离散化方法,但它们最适合于有限体积和有限元方法。单元或控制体可以具有任何形状,并且对相邻单元或节点的数量也没有限制。在实践中,人们最常用的网格是由二维的三角形、四边形或任意多边形组成的网格,以及三维的四面体、六面体或任意多面体组成的网格。图 2.5 给出了三个典型非结构化网格的示例,这些网格沿壁面存在"棱柱体"层。

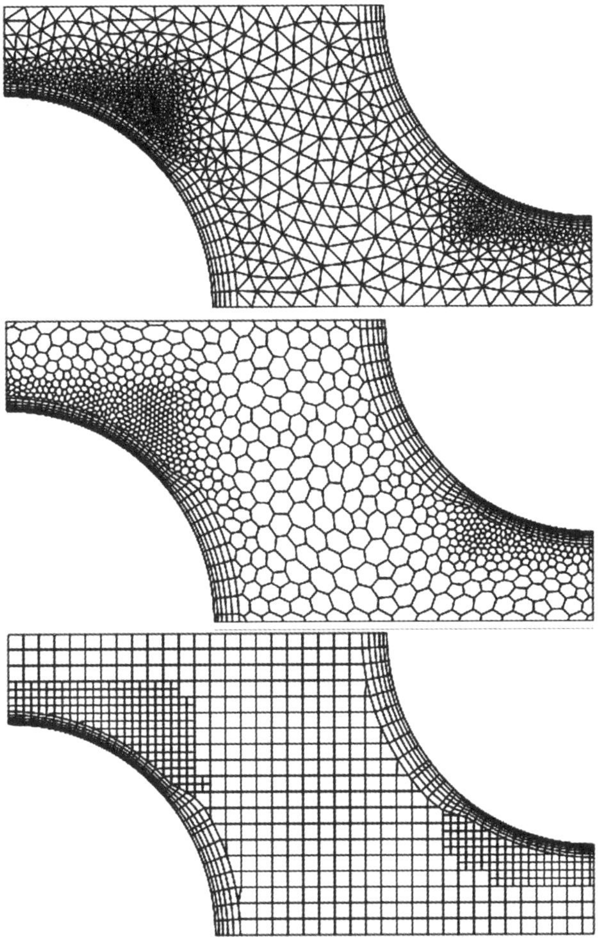

图 2.5 三个典型非结构网格示例,这些网格沿壁面存在“棱柱体”层

最近,人们开始愈加关注由任意多面体单元组成的网格,因为与四面体网格相比,前者的性能更佳,与由六面体组成的非结构网格相比,这种由任意多面体控制体组成的网格自动生成也更为容易,并且这类网格可由商业化网格生成工具自动生成。如果需要,可以对网格进行正交性优化,实现对于纵横比的控制,也可以对网格进行局部细化。需要指出的是,灵活性的优点会被数据结构的不规则性所抵消。因为在这类网格中,需要明确指定节点位置及其与相邻网格点的连接情况。这导致代数方程组的矩阵不再具有规则的对角结构,需要通过点的重新排序来减小带宽。由于使用了间接寻址方法,代数方程组的求解器通常比结构网格的求解器慢。例如,这类网格会使得图形处理器(GPU)的计算效率低于结构化网格;对于向量处理器的情况也是如此。

非结构网格通常用于有限元方法,并且越来越多地用于有限体积法。与结构化网络相比,非结构网格的计算机代码更加灵活。这体现在当对网格进行局部加密,或者采用了不同单元/控制体形状时,不需要对代码进行修改。

随着复杂几何网格的自动生成方法的出现,非结构网格在工业中已经得到了广泛应用。为保留结构网格在近壁区域所具有的优势,大多数现代网格生成工具还可以沿边界创建棱柱层网格。那么网格沿壁面为非结构网格,但在壁面法向上为分层结构(结构化)并且几乎正交,因此可以更精确地求解边界层。本书中介绍的有限体积法适用于非结构网格,更多细节将在第9章给出。

需要指出的是,受篇幅限制,笔者在此处并没有详细介绍网格生成方法。不过,本书在第9章中简要讨论了网格的性质和一些基本的网格生成方法。截至目前,已有大量著作涉及块结构网格和非结构网格的生成,因此感兴趣的读者可以参考 Thompson 等(1985年)和 Arcilla 等(1991年)所著成果。但是,在当前可用的文献中,人们可能无法获得很多有关商业网格生成和优化工具的信息;在某种程度上,网格生成方法就像是一门艺术,并且用于处理特殊情况的许多步骤无法在数学上进行描述。本书将在第12章中就网格质量问题(在非结构网格的情况下尤其重要)进行讨论。

2.4.5 有限逼近

在选择网格类型之后,我们必须选择要在离散过程中使用的近似方法。在有限差分法中,必须选择网格点上导数的近似方法。在有限体积法中,必须选择近似计算曲面和体积积分的方法。在有限元方法中,必须选择形状函数(单元)和权函数。

尽管有多种方法可供选择,但本书仅对一些最常用的方法进行介绍,其中一些方法笔者将一笔带过,而另外一些方法将给出详细的信息。需要注意的是,选择的方法不仅会影响近似值的精度,也会对求解方法的开发、编码、调试难度和代码运行的速度产生影响。要想获得更为精确的近似结果,则需要使用更多的节点,并需要给出更完整的系数矩阵。对内存需求的增加将导致不得不选用更粗的网格,这在一定程度上会抵消这类方法在具备更高求解精度方面的优势。因此,人们必须在简单、易实现、准确性和计算效率之间做好权衡。而本书中提出的二阶方法就是一种在经过上述权衡后得到的求解方法。

2.4.6 求解方法

离散处理过程可以得到一个大的非线性代数方程组。问题的求解方法取决于问题本身。具体而言,对于非定常流体流动,适合采用基于常微分方程组初值问题(时间推进)的方法,在每个时间步都要求解一个椭圆型流动问题。而定常流问题通常采用虚拟时间推进或等效迭代格式来进行求解。由于方程为非线性方程,所以可以采用迭代方法进行求解。这些方法使用方程的逐次线性化,所得到的线性方程组几乎总是通过迭代技术来求解。求解器的选择取决于网格类型和每个代数方程中涉及的节点数。一些求解器将在第5章进行介绍。

2.4.7 收敛准则

最后,我们需要设置迭代方法的收敛准则。通常存在两级迭代,分别为内部迭代和外部迭代,其中内部迭代负责求解线性方程,而外部迭代负责处理方程的非线性和耦合。从精确度和效率的角度来看,决定何时停止每个级别上的迭代过程都很重要。这些问题将在第5章和第12章进行讨论。

2.5 数值解法的性质

这类求解方法应具有一定的性质。在大多数情况下,不可能对完整求解方法进行分析。人们需要对方法的某一部分进行分析,如果该部分内容不具备所需的性质,则完整求解方法也不会具有相关性质,反之亦然。关于数值解法的最重要的性质总结如下。

2.5.1 一致性

需要指出的是,当网格间距趋于零时,离散应该变得精确。离散后的方程与精确方程之间的差异称为"截断误差"。一般情况下,这类误差通常通过将离散近似中的所有节点值替换为关于单点的泰勒级数展开值来进行估计。也就是在原始的微分方程式的基础上加上添加了表示截断误差的余数。若方法能够具有一致性,则当 $\Delta t \to 0$ 和(或)网格间距 $\Delta x_i \to 0$ 时,截断误差必须为零。截断误差通常与网格间距 Δx_i 和(或)时间步长 Δt 的幂成正比。如果最重要的项与$(\Delta x)^n$ 或$(\Delta t)^n$ 成比例,我们称该方法为 n 阶近似;$n>0$ 是一致性的一个必要条件。在理想条件下,所有项都应以相同精度的近似进行离散;然而,某些项(例如,高雷诺数流动中的"对流项"或低雷诺数流动中的"扩散项")可能在特定流动中占主导地位,因此采用比其他项更高的精度来进行处理可能更为合理。

一些离散方法会使截断误差成为 Δx_i 与 Δt 之比的函数,或者反向的比值。在这种情况下,只有在特性条件下才能满足一致性的要求:Δx_i 与 Δt 在减小过程中必须确保二者合适的比值趋于零。在接下来的两章中,笔者将证明几种离散格式的一致性。

即使方法的近似具有一致性,也不一定意味着离散后的方程组的解在小步长的条件下就等同于微分方程组的精确解。要做到这一点,还要确保求解方法必须稳定(定义详见下文)。

2.5.2 稳定性

如果数值求解过程中出现的误差没有被放大,则称数值求解方法是稳定的。对于与时间相关的问题,稳定性可以保证只要精确方程的解有界,该方法就能产生有界解。对于迭代方法而言,稳定的方法可以确保其不发散。需要指出的是,在存在边界条件和非线性时稳定性问题分析的难度会很大。因此,稳定性问题的研究方法多集中在无边界条件的常系数线性问题。经验表明,以这种方式获得的结果往往可以应用于更复杂的问题,但也有明显的例外情况。

在数值求解方法数值格式稳定性方面,应用最为广泛的一种方法为 Von Neumann 方法。笔者将在第 6 章中对这一方法进行简要介绍。需要指出的是,本书中将要介绍的大多数方法都已经完成了对稳定性的分析,我们在介绍各方法的计算格式时只介绍与稳定性相关的重要结论。然而,在求解具有复杂边界条件的复杂非线性耦合方程时,很少能得到稳定结果,这时可能需要依靠经验和直觉。许多求解方法要求时间步长小于某一限值或采用亚松弛方法。笔者将在第 6 章、第 7 章和第 8 章讨论这些问题,并给出时间步长和亚松弛因子的取值的指南。

2.5.3 收敛性

当网格间距趋于零时,如果离散化方程的解趋于微分方程组的精确解,则称数值方法收敛。对于线性初值问题,Lax 等价定理(Richtmyer 和 Morton 1967,或 Street 1973)指出:"对于一个适定的线性初值问题,若其有限差分近似满足一致性条件,则稳定性是收敛的充要条件"。显然,除非求解方法收敛,否则一致性将毫无价值。

对于受边界条件影响较大的非线性问题,很难证明方法的稳定性和收敛性。因此,通常通过数值实验来检验收敛情况,即在一系列连续细化的网格上重复计算。如果方法稳定,并且离散过程中使用的所有近似都一致,我们通常会发现结果确实会收敛到一个与网格无关的解。对于足够小的网格,收敛速度取决于主截断误差分量的阶数,这使我们能够估计求解过程中的误差。笔者将在第 3 章和第 5 章对这类问题进行详细介绍。

2.5.4 守恒性

因为要求解的方程为守恒方程,所以数值方程也应该(在局部和全局的基础上)遵守这些定律。这意味着,在稳态和无源的情况下,离开封闭体积的守恒量等于进入该体积的量。如果使用强守恒型方程和有限体积法,则对于每个单独的控制体和整个计算域都应保证守恒性。如果选择合适的近似条件,其他离散方法同样可以变得守恒。源项或汇项的处理应该是一致的,以便区域中的总源项或汇项等于守恒量通过边界的净通量。

守恒性是数值计算法方法中非常重要的一个性质,主要是因为其对计算结果的误差引入了限制条件。如果能够保证质量、动量和能量守恒,误差只能在求解域上以不适当的方式进行分配。非守恒方法可能会产生人为的源和汇,从而难以保证局部以及全局的守恒性。然而,非守恒方法可以具有一致性和稳定性,因此在非常细的网格条件下可以得到正确解。在大多数情况下,非守恒性引起的误差只在相对粗糙的网格上可察觉到。问题是,很难知道这些误差在哪套网格上能够变得足够小。因此,我们首选守恒方法。

2.5.5 有界性

数值解应落在适当范围之内。物理上的非负量(如密度、湍流动能)必须始终为正;其他量(如浓度)必须介于 0~100%。在没有热源的情况下,一些方程(例如,没有热源时温度的热方程)要求在区域边界上找到变量的最小值和最大值。这些条件应该通过数值近似来"承载"。

首先需要知道的是,我们很难保证方程满足有界性,因为只有某些一阶格式才能满足这一性质,这一点笔者将在后文中进行证明。所有高阶方法都可能产生无界的解;幸运的是,这种情况通常只发生在过于粗糙的网格上,所以带有欠冲和超调的解通常表明解中的误差很大,网格需要进一步的优化(至少在局部进行优化)。问题是,容易产生无界解的方法可能同样会存在稳定性和收敛问题。因此如果条件允许,应避免使用这些方法。

2.5.6 可实现性

对于过于复杂而无法直接处理的现象(例如湍流、燃烧或多相流)的模型,在设计求解方法时应优先保证结果在物理上是符合实际的。尽管这本身不是一个数值问题,但若一些模型无法实现则可能会导致非物理解或导致数值方法发散。尽管笔者不会在这本书中处理这些问题,但如果想要在 CFD 代码中嵌入模型,就必须注意这个性质。

2.5.7 准确性

需要指出的是,对于流体流动和传热问题而言,所得的数值解只是近似解。这是因为,在开发求解算法的过程中可能会引入误差,而且在编程或设置边界条件时,还会向数值解中引入以下三种系统误差:

- 模型误差:实际流量与数学模型的精确解之间的差值;
- 离散误差:守恒方程的精确解与通过离散这些方程获得的代数方程组的精确解之间的差值;
- 迭代误差:代数方程组的迭代解和精确解之间的差值。

其中,“迭代误差”通常被称为“收敛误差”。然而,“收敛”一词不仅适用于迭代求解方法中的误差减小过程,而且经常与数值解网格无关性检验的过程联系在一起,在这种情况下,它与离散误差之间存在紧密关系。为避免混淆,我们将坚持上述误差的定义,并在讨论收敛问题时,始终指明我们谈论的是哪种类型的收敛。

重要的是要意识到这些误差的存在,以及准确区分这些误差。各种误差可能会相互抵消,因此有时在粗网格上得到的解与实验结果符合得更好。

模型误差取决于在推导变量的输运方程时所做的假设。当研究层流流动时,这些误差可以忽略,因为 Navier-Stokes 方程能够给出层流流动足够精确的解。然而,对于湍流、两相流、燃烧等,模型误差可能很大(模型方程的精确解可能存在定性误差)。简化求解域的几何形状、简化边界条件等也会引入模型误差。这些误差属于先验未知误差,它们只能通过将离散化和迭代误差可以忽略的解与准确的实验数据或通过更精确的模型获得的结果(例如,来自湍流直接模拟的结果等)进行比较来评估。在决定物理现象的计算模型(如湍流模型)之前,控制与估计迭代和离散化误差是必不可少的环节。

如上所述,由离散近似引入的误差会随着网格的细化而减小,并且近似的阶数可用来衡量精度。然而,在给定的网格上,相同阶数的方法可能会产生相差一个数量级的求解误差。这是因为通过该阶数,我们只能知道误差随着网格间距的减小而减小的速率,然而无法获得单个网格上的误差的大小。我们将在下一章介绍估计离散误差的方法。

由迭代求解过程和舍入过程引入的误差更容易控制;笔者将在第 5 章介绍(与迭代求解方法相关)相关控制方法。

由于计算方法有很多类型,CFD 代码开发人员可能难以确定应该使用哪种方法。需要指出的是,无论使用哪种方法,我们的最终目标都是用最少的努力获得所需的求解精度,或者通过可用的资源获得最大的求解精度。笔者在介绍某种特定的求解方法时,同时也会指出其优缺点。

2.6 离散方法

2.6.1 有限差分法

有限差分(Finite Difference,FD)法是一种最古老的偏微分方程数值求解方法,由欧拉于18世纪提出。对于简单的几何形状,这一方法也是最容易使用的求解方法。

其起点是微分形式的守恒方程。相应计算域由网格覆盖。在每个网格点上,通过方程在节点上的近似值来代替偏导数,以此近似求解偏微分方程。这使得每个网格节点具有一个代数方程,其中该节点的变量值和一定数量的相邻结点的变量值未知。

原则上,FD法可以应用于任意类型的网格。然而,在笔者已知的FD法的所有应用中,它都被应用于结构网格。其中,网格线被用作局部坐标线。

利用泰勒级数展开或多项式拟合法可以获得变量在相应坐标下的一阶和二阶导数的近似。必要时,我们还可以使用这些方法来获取网格节点以外位置的变量值。有关利用有限差分逼近导数的最常用方法将在第3章介绍。

在结构网格上,FD法既简单又有效。该方法能够很容易地在规则网格上获得高阶格式;笔者将在第3章中对其进行介绍。FD方法的一个缺点是,其不具有强制守恒性,因此需要特别注意。除此之外,在复杂流动中,其只适用于简单几何形状的限制是另一个显著缺点。

2.6.2 有限体积法

有限体积(Finite Volume,FV)法以守恒方程的积分形式为起点。求解域被细分为有限数量的连续控制体(control volumes,CV),并将守恒方程应用于每个CV。在每个CV的质心处具有一个计算节点,在该节点上计算各类变量值。同时,利用插值法根据节点(CV中心)值来表示CV表面处的变量值。表面积分和体积积分使用适当的求积公式来近似。经过上述步骤,我们就可以得到每个CV的代数方程,其中具有多个相邻节点值。

由于FV法适应于任何类型的网格,因此也适用于复杂的几何结构。需要指出的是,网格仅定义控制体边界,不需要与坐标系相关。只要公共边界的CV的表面积分(表示对流和扩散通量)相同,则该方法在结构上是守恒的。

FV法可以认为是一种最容易理解和编程的方法。由于所有需要近似的项都有物理意义,因此在工程领域,其应用非常广泛。

与FD法相比,FV法的缺点是二阶以上的方法在三维中更难开发。这是因为FV方法需要三个层次的近似(内插、微分和积分)。我们将在第4章对FV法进行详细的介绍,同时该方法也是本书使用最多的一种方法。

2.6.3 有限元法

有限元(FE)法在许多方面都与FV法相似。求解域被分解为一组离散的体积或有限元,并且这些离散的体积或有限元一般为非结构化;在2D中,它们通常为三角形或四边形,而在 3D 中,最常用的则是四面体或六面体。FE 法的显著特点是,在对整个区域进行积分之前,将方程乘以一个权函数。在最简单的 FE 法中,解由每个单元内的线性形状函数来近似,以确保解在单元边界上的连续性。这样的函数可以从元素角点处的值构造。权函数通常具有相同的形式。

然后将这种近似代入守恒定律的加权积分,通过要求积分相对于每个节点值的导数为“0”来推导出要求解的方程;这对应于在允许的函数集中选择最佳解(具有最小残差的解)。由此得到的是一组非线性代数方程。

对于有限元法而言,其所具有的一个重要优点是能够对任意几何形状进行处理;因此截至目前,人们围绕这种方法的网格构造问题开展了大量的工作。目前网格可以很容易地进行细化;每个元素都能简单地细分。除此之外,有限元法相对容易进行数学分析,并且已经证实,有限元法对于某些类型的方程而言是一种最优方法。但是需要注意的是,任何涉及非结构网格的方法都存在一个共同问题,那就是线性化方程矩阵的构造要差于规则网格的矩阵,因此在寻找高效的求解方法方面,这种方法存在更大的难度。有关有限元方法及其在 Navier-Stokes 方程中的应用的更多细节,请参见 Oden (2006 年)、Zienkiewicz 等(2005 年)、Donea 和 Huerta (2003 年)、Glowinski 和 Pironneau (1992 年)或 Fletcher (1991 年)等的著作。

笔者认为,在这里还有必要介绍一种称为基于“控制体积有限元网格(control-volume-based finite element method,CVFE)”的混合方法。其中,“形状函数”用于表征变量在有限元上的变化。通过连接元素质心,该方法可以在每个节点周围形成“控制体积”。守恒方程(积分形式)能够以与“有限体积法”相同的方式应用于这些 CV。通过 CV 边界和源项的通量则是按单元逐步计算得到的。笔者将在本书第 9 章对这种方法进行简要介绍。

第3章　有限差分法

3.1　简　　介

通过回顾第1章的内容可知,所有守恒方程在结构上非常相似,因此可将公式(1.26)、公式(1.27)或公式(1.28)作为流体力学基本输运方程的基础。为此,本章及后续章节将仅围绕一个通用(基本)守恒方程展开论述,该方程用于说明所有守恒方程(对流项、扩散项和源项)通用项的离散化方法。此外,本章还将针对 Navier-Stokes 方程的特征和求解耦合的非线性问题的方法进行介绍。为简单起见,本章暂时不考虑非定常项,这表示所考虑的问题不存在与时间的依赖关系。

简单起见,本部分将仅使用笛卡尔网格,需要求解的方程如下所示:

$$\frac{\partial(\rho u_j\varphi)}{\partial x_j}=\frac{\partial}{\partial x_j}\left(\Gamma\frac{\partial\varphi}{\partial x_j}\right)+q_\varphi \tag{3.1}$$

需要注意的是,此处假定 ρ、u_j、Γ 和 q_φ 各项均是已知的。但是实际上速度项是未知的,并且流体物性及湍流模型分别会受到温度及速度场的影响。为了便于求解,此处仅将 φ 视作唯一未知数,其他所有变量都取上一次迭代中得到的数值,在不断的迭代中逐渐逼近真值,从而得到精确解。

本书将在第9章对非正交化网格和非结构网格的特点进行讨论。此外,受篇幅限制,尽管离散化方法很多,但本章将阐述少数几种具有代表性的方法。如需了解其他方法,可阅读相应参考文献。

3.2　基本概念

一般来说,得到数值解的第一步是采用适当方法对几何域进行离散化处理(即必须定义一个"数值网格")。其中,在有限差分(FD)离散化方法中,网格通常是局部结构化的,即每个网格节点视为一个轴线与网格线重合的局部坐标系的原点。此外,这也表明属于同一族(例如 ξ_1)的两条网格线不会发生相交,而属于不同族(例如 $\xi_1=\text{const}$ 和 $\xi_2=\text{const}$)的任何一对网格线都仅相交一次。在三维空间中,三条网格线在每个节点上相交;这些网格线不会在其他点上彼此相交。图3.1展示了 FD 法中使用的一维(1D)和二维(2D)笛卡尔网格的示例。

每个节点都由一组索引唯一标识,这些索引是在2D中的(i,j)和在3D中的(i,j,k)处相交的网格线。相邻节点则是通过增加或减少其中一个索引来定义的。

需要指出的是,在 FD 法中,式(3.1)是微分形式的基础守恒方程。由于式中 φ 是线性变化的,因此可以将其近似为一个网格节点上的未知变量值,从而构建线性代数方程组。而该方程组的解近似于偏微分方程(PDE)的解。

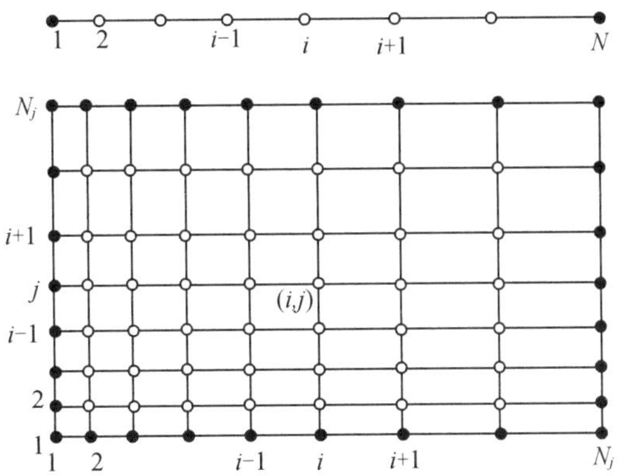

图 3.1 FD 法中使用的一维(1D)和二维(2D)笛卡尔网格的示例

因此,每个节点均存在一个未知变量解,并且存在一个可用于表示该节点的变量值与相邻节点的变量值关系的代数方程。其中,后者是通过使用有限差分近似替代特定节点处的偏微分方程的每一项得到的。当然,方程与未知数的个数必须相等。需要注意的是,对于变量值给定的边界节点(Dirichlet 条件),不需要有关方程。而当边界条件涉及导数时(如 Neumann 条件),必须对边界条件进行离散化处理,以此构建出一个用于求解方程组的方程。

有限差分近似方法类似于导数的定义:

$$\left(\frac{\partial\varphi}{\partial x}\right)_{x_i}=\lim_{\Delta x\to 0}\frac{\varphi(x_i+\Delta x)-\varphi(x_i)}{\Delta x} \tag{3.2}$$

图 3.2 给出了一种关于"有限差分近似方法"的常见几何解释。其中,对于某一点而言,其一阶导数$\partial\varphi/\partial x$是曲线 $\varphi(x)$在该点处切线的斜率,为图中标有"精确"的直线。该点斜率可通过曲线上两个邻近点连接而成的直线斜率近似得到。其中,点线表示向前差分的近似,即在 x_i 处的导数由点 x_i 和点 $x_i+\Delta x$ 的直线斜率近似得到。虚线则表示 x_i 与 $x_i-\Delta x$ 之间直线斜率的向后差分近似。标记为"中心"的直线表示中心差分近似,该近似方法是基于求导点两侧的两个点连接而成的直线斜率进行近似。

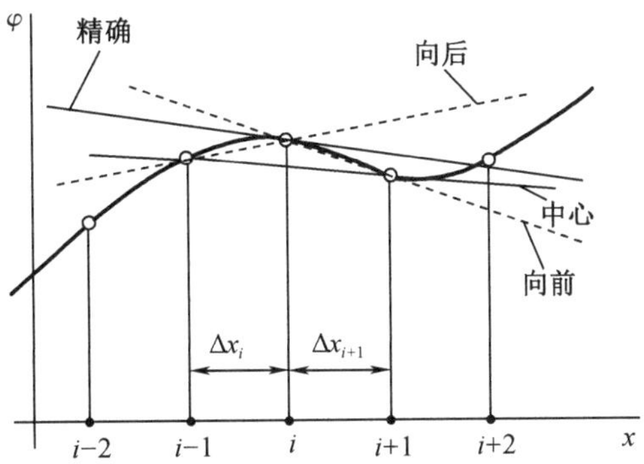

图 3.2 一种关于"有限差分近似方法"的常见几何解释

由图 3.2 可以明显看出,对于特定点的导数,一些近似方法可以获得较其他方法更好的结果。例如,通过使用中心差分近似方法,求得的“目标点”两侧“附近点”连接而成的直线的斜率与目标点的斜率非常接近;如果函数 $\varphi(x)$ 是二次多项式,并且点在 x 方向上等距,那么斜率将会非常接近真实值。

除此之外,由图 3.2 还可以明显看出,当选取的另一点与 x_i 更接近时,近似质量会得到提高,即随着网格细化,近似质量会随之提高。需要指出的是,该图所示近似只是众多方法中的示例,以下几节内容将针对推导一阶和二阶导数近似的主要方法分别进行概述。

需要指出的是,以下两节仅考虑一维情况,并且坐标可以是笛卡尔坐标,也可以是曲线坐标,因为这并不会对结果产生显著影响。而在多维有限差分中,每个坐标通常需要单独分析,因此该方法同样适用于更高的维度的分析。

Fornberg(1988 年)给出了可用于各种导数阶和精度阶差分公式的一般方法与实用的导数表达式。

3.3 一阶导数近似

在方程(3.1)中,对流项的离散化处理需要通过一阶导数 $\partial(\rho u\varphi)/\partial x$ 近似求解。本章将介绍一些对变量 φ 的一阶导数进行近似求解的方法,并且该方法适用于描述任何变量的一阶导数。

上一节已经介绍了一种一阶导数近似的推导方法。不过,还存在一些更精确的近似推导方法,下文将对其中的一些方法进行描述。

3.3.1 泰勒级数展开式

在点 x_i 附近,任何连续可微函数 $\varphi(x)$ 都可以表示为以下形式的泰勒级数:

$$\varphi(x)=\varphi(x_i)+(x-x_i)\left(\frac{\partial\varphi}{\partial x}\right)_i+\frac{(x-x_i)^2}{2!}\left(\frac{\partial^2\varphi}{\partial x^2}\right)_i+\frac{(x-x_i)^3}{3!}\left(\frac{\partial^3\varphi}{\partial x^3}\right)_i+\cdots+\frac{(x-x_i)^n}{n!}\left(\frac{\partial^n\varphi}{\partial x^n}\right)_i+H \tag{3.3}$$

其中,H 代表“高阶项”。在该方程中,通过使用 x_{i+1}(向前)或 x_{i-1}(向后)替换点 x,就可以得到这些点处的变量值的表达式,其形式是变量及其在 x_i 处的导数,并且可以扩展到 x_i 附近的任意其他点,例如,x_{i+2} 和 x_{i-2}。

利用这些展开式,可以得到点 x_i 处一阶导数和更高阶导数的近似表达式,其形式为相邻点处的函数值。例如,采用公式(3.3)来表示 x_{i+1} 处的 φ,可以得到

$$\left(\frac{\partial\varphi}{\partial x}\right)_i=\frac{\varphi_{i+1}-\varphi_i}{x_{i+1}-x_i}-\frac{x_{i+1}-x_i}{2}\left(\frac{\partial^2\varphi}{\partial x^2}\right)_i-\frac{(x_{i+1}-x_i)^2}{6}\left(\frac{\partial^3\varphi}{\partial x^3}\right)_i+H \tag{3.4}$$

同样,可以采用 x_{i-1} 处的级数表达式(3.3)来推导出另一表达式:

$$\left(\frac{\partial\varphi}{\partial x}\right)_i=\frac{\varphi_i-\varphi_{i-1}}{x_i-x_{i-1}}+\frac{x_i-x_{i-1}}{2}\left(\frac{\partial^2\varphi}{\partial x^2}\right)_i-\frac{(x_i-x_{i-1})^2}{6}\left(\frac{\partial^3\varphi}{\partial x^3}\right)_i+H \tag{3.5}$$

此外,还可以通过在 x_{i-1} 和 x_{i+1} 处使用公式(3.3)来获得另一种形式的表达式:

$$\left(\frac{\partial\varphi}{\partial x}\right)_i=\frac{\varphi_{i+1}-\varphi_{i-1}}{x_{i+1}-x_{i-1}}-\frac{(x_{i+1}-x_i)^2-(x_i-x_{i-1})^2}{2(x_{i+1}-x_{i-1})}\left(\frac{\partial^2\varphi}{\partial x^2}\right)_i-\frac{(x_{i+1}-x_i)^3+(x_i-x_{i-1})^3}{6(x_{i+1}-x_{i-1})}\left(\frac{\partial^3\varphi}{\partial x^3}\right)_i+H \tag{3.6}$$

如果保留了展开式右侧所有项，则上述三种表达式均可以获得精确结果。但由于高阶导数未知，这些表达式并不具备实用性。然而，如果网格点之间的距离很小（即 x_i-x_{i-1} 和 $x_{i+1}-x_i$ 均很小），除非在高阶导数局部非常大的异常情况下，否则高阶项的值都将非常小。忽略上述异常情况，一阶导数近似可以通过截断右侧第一项之后的每个级数得到，即

$$\left(\frac{\partial\varphi}{\partial x}\right)_i \approx \frac{\varphi_{i+1}-\varphi_i}{x_{i+1}-x_i} \tag{3.7}$$

$$\left(\frac{\partial\varphi}{\partial x}\right)_i \approx \frac{\varphi_i-\varphi_{i-1}}{x_i-x_{i-1}} \tag{3.8}$$

$$\left(\frac{\partial\varphi}{\partial x}\right)_i \approx \frac{\varphi_{i+1}-\varphi_{i-1}}{x_{i+1}-x_{i-1}} \tag{3.9}$$

上述三种表达式分别对应于向前差分格式（FDS）、向后差分格式（BDS）和中心差分格式（CDS）。其中，从右侧删除的项称为截断误差，主要用于衡量近似精度，并可用于指示误差随着点之间的间距减小而减小的速率。特别地，第一个截断项通常是误差的主要来源。

截断误差是点之间的间距与点 $x=x_i$ 处的高阶导数的乘积之和。

$$\varepsilon_\tau=(\Delta x)^m\alpha_{m+1}+(\Delta x)^{m+1}\alpha_{m+2}+\cdots+(\Delta x)^n\alpha_{n+1} \tag{3.10}$$

其中，Δx 是点与点之间的间距（假设目前所有点都相等），而 α 由高阶导数乘以常数因子得到的。由公式（3.10）可以看出，对于间距较小的情况，包含 Δx 较高幂的项就较小，因此首（前导）项（具有最小指数的项）是主导项。当 Δx 减小时，上述近似收敛到精确导数，误差与 $(\Delta x)^m$ 成正比，其中 m 是前导截断误差项的指数。近似值的阶数表示细化网格时误差减小的速度，但其并不表示误差的绝对大小。对于一阶、二阶、三阶或四阶近似，误差分别减小了两倍、四倍、八倍或十六倍。此规则仅适用于间距足够小的情况，其中，“足够小”的确切意义需要取决于函数 $\varphi(x)$ 的曲线特征。

公式（3.7）和公式（3.8）表示一阶近似，其同时适用于网格间距均匀和非均匀的情况，因为截断误差中的前导项与网格间距成正比（详见公式（3.4）和公式（3.5））。而网格间距均匀时，公式（3.9）的前导项消失；其余的前导项与网格间距的平方成正比，因此该差分格式属于二阶精度的差分格式。而对于网格不均匀的情况，其不均匀性对截断误差的影响将在本书第 3.3.4 节进行更为详细的讨论。

3.3.2 多项式拟合

另一种导数近似方法是将函数拟合到一条插值曲线上，然后对得到的插值曲线进行微分处理，即可得到目标点的导数值。例如，如果使用分段线性插值方法，则根据第二个点位于点 x_i 的左侧还是右侧，即可得到点 x_i 处导数的 FDS 或 BDS 近似结果。

首先根据点 x_{i-1}、x_i 和 x_{i+1} 处的数据对抛物线进行拟合，然后使用插值法计算 x_i 处的一阶导数，可以得到

$$\left(\frac{\partial\varphi}{\partial x}\right)_i=\frac{\varphi_{i+1}(\Delta x_i)^2-\varphi_{i-1}(\Delta x_{i+1})^2+\varphi_i[(\Delta x_{i+1})^2-(\Delta x_i)^2]}{\Delta x_{i+1}\Delta x_i(\Delta x_i+\Delta x_{i+1})} \tag{3.11}$$

其中，$\Delta x_i=x_i-x_{i-1}$。需要指出的是，无论使用哪种类型的网格，该近似都具有二阶截断误差。利用泰勒级数方法，通过去掉公式（3.6）中包含的二阶导数项，可以得到相同的二阶近似函数（详见公式（3.26））。对于间距均匀的情况，上式可以简化为公式（3.9）中给出的 CDS

近似。

其他多项式、样条法等也可以用于构建插值函数，然后得到导数近似值。一般而言，一阶导数近似具有与用于近似函数多项式阶数相同的截断误差。下面给出两个对四阶的三次多项式拟合得到的三阶近似和一个四次多项式在均匀网格上拟合四到五次多项式得到的四阶近似：

$$\left(\frac{\partial\varphi}{\partial x}\right)_i=\frac{2\varphi_{i+1}+3\varphi_i-6\varphi_{i-1}+\varphi_{i-2}}{6\Delta x}+o((\Delta x)^3) \tag{3.12}$$

$$\left(\frac{\partial\varphi}{\partial x}\right)_i=\frac{-\varphi_{i+2}+6\varphi_{i+1}-3\varphi_i-2\varphi_{i-1}}{6\Delta x}+o((\Delta x)^3) \tag{3.13}$$

$$\left(\frac{\partial\varphi}{\partial x}\right)_i=\frac{-\varphi_{i+2}+8\varphi_{i+1}-8\varphi_{i-1}+\varphi_{i-2}}{12\Delta x}+o((\Delta x)^4) \tag{3.14}$$

上述近似分别为三阶 BDS 近似、三阶 FDS 近似和四阶 CDS 近似。在非均匀网格中，上述表达式中的系数是网格增长比的函数。

其中在 FDS 和 BDS 近似中，近似值的精确度主要受方程一侧的影响。在对流占主导的问题中，当流体从节点 x_{i-1} 局部流向 x_i 时，使用 BDS 进行近似；而当流动方向为相反方向时，则使用 FDS 进行近似。这种近似方法被称为迎风格式（UDS），这同样是一种“标准”差分格式。其中，一阶迎风格式存在非常大的误差，因为其截断误差受假扩散的影响（即数值解对应于一个更大的扩散系数，有时该扩散系数会远远大于实际扩散系数）。而采用迎风格式的高阶形式则可以获得更为精确的结果，但通常不会用到高阶迎风格式方法，主要原因是获得更高阶的 CDS 近似并不困难，因此并不需要使用需要判断流体流动方向的迎风格式方法（详见上述表达式）。

本节仅介绍了一维多项式拟合方法，但该方法可与一维、二维或三维中的任何类型的形状函数或插值法一起使用。不过该方法的使用需要满足一个前提条件，那就是用于计算形状函数系数的网格点的数目必须与可用系数的数目相等。特别地，该方法在面对不规则网格的求解时更具优势，因为其可以避免使用坐标变换（详见第 9.5 节）。

3.3.3 紧凑格式

对于均匀间距的网格，可以推导出许多特殊格式，其中就包括“紧凑格式”（Lele，1992 年；Mahesh，1998 年）以及将在下文介绍的“谱方法”。本节将仅对“Padé 格式”展开描述。

紧凑格式可以通过多项式拟合推导得到。具体地，这种方法不仅可以使用计算节点上的变量值来推导多项式的系数，而且还可以使用一些点上的导数值来完成推导。本研究将依照这一思路来推导一个“四阶 Padé 格式”。具体是指仅使用来自邻近点的信息来完成上述推导；这样不仅可以使所得方程的解可以更简单得出，并且还会显著降低在区域边界附近寻找近似解的难度。在“Padé 格式”中，将通过使用节点 i、$i+1$ 和 $i-1$ 处的变量值以及节点 $i+1$ 和 $i-1$ 处的一阶导数，来获得节点 i 处的一阶导数的近似值。因此，首先需要在节点 i 附近定义一个四次多项式，其构造如下所示：

$$\varphi=a_0+a_1(x-x_i)+a_2(x-x_i)^2+a_3(x-x_i)^3+a_4(x-x_i)^4 \tag{3.15}$$

通过将上述多项式与三个变量和两个导数值进行拟合，可以得到系数 $a_0,\cdots,a_4$。然而，由于目标是推导出节点 i 处的一阶导数，因此仅需对系数 a_1 进行计算。与公式（3.15）

不同,其构造如下所示:

$$\frac{\partial\varphi}{\partial x}=a_1+2a_2(x-x_i)+3a_3(x-x_i)^2+4a_4(x-x_i)^4 \tag{3.16}$$

因此可得

$$\left(\frac{\partial\varphi}{\partial x}\right)_i=a_1 \tag{3.17}$$

通过列写关于 $x=x_i$, $x=x_{i+1}$ 和 $x=x_{i-1}$ 的公式(3.15),以及关于 $x=x_{i+1}$ 和 $x=x_{i-1}$ 的公式(3.16),经过重新排列后,可以得到

$$\left(\frac{\partial\varphi}{\partial x}\right)_i=-\frac{1}{4}\left(\frac{\partial\varphi}{\partial x}\right)_{i+1}-\frac{1}{4}\left(\frac{\partial\varphi}{\partial x}\right)_{i-1}+\frac{3}{4}\frac{\varphi_{i+1}-\varphi_{i-1}}{\Delta x} \tag{3.18}$$

如果添加节点 $i-2$ 和 $i+2$ 处的变量值,则可以使用六次多项式,如果继续使用这两个节点处的导数,则可以使用八次多项式。如公式(3.18)所示。实际上,完整的方程组是网格点上导数的三对角方程组。为计算导数,必须对该方程组进行求解。

基于以上可以得出高至六阶的紧凑中心近似表达式:

$$\alpha\left(\frac{\partial\varphi}{\partial x}\right)_{i+1}+\left(\frac{\partial\varphi}{\partial x}\right)_i+\alpha\left(\frac{\partial\varphi}{\partial x}\right)_{i-1}=\beta\frac{\varphi_{i+1}-\varphi_{i-1}}{2\Delta x}+\gamma\frac{\varphi_{i+2}-\varphi_{i-2}}{4\Delta x} \tag{3.19}$$

基于参数 α、β 和 γ 的选择,可以分别得到二阶和四阶 CDS 格式,以及四阶和六阶“Padé 格式”;参数及相应截断误差如表 3.1 所示。

表 3.1 紧凑格式:参数和截断误差

格式	截断误差	α	β	γ
CDS-2	$\frac{(\Delta x)^2}{3!}\frac{\partial^3\varphi}{\partial x^3}$	0	1	0
CDS-4	$\frac{13(\Delta x)^4}{3\cdot 3!}\frac{\partial^5\varphi}{\partial x^5}$	0	$\frac{4}{3}$	$-\frac{1}{3}$
Padé-4	$\frac{(\Delta x)^4}{5!}\frac{\partial^5\varphi}{\partial x^5}$	$\frac{1}{4}$	$\frac{3}{2}$	0
Padé-6	$\frac{4(\Delta x)^6}{7!}\frac{\partial^7\varphi}{\partial x^7}$	$\frac{1}{3}$	$\frac{14}{9}$	$\frac{1}{9}$

显然,对于相同的近似阶数,“Padé 格式”使用的计算节点数量更少,因此与中心差分近似相比,其具有更紧凑的格式。如果所有网格点的变量值均已知,则可通过求解三对角线方程组来得到网格线上所有节点的导数(详见第 5 章相关内容)。在第 5.6 节中,可以得出,这种格式同样适用于隐式方法。这一问题将在第 3.7 节得到进一步的讨论。

此处推导得到的格式仅仅是众多方法中的一小部分,也可将其进一步扩展到更高阶和多维近似格式。并且也可以推导出适用于非均匀网格的格式,但需要注意其系数会因网格的变化而发生变化(详见 Gamet 等,1999 年)。

3.3.4 非均匀网格

由于截断误差不仅取决于网格间距，而且还与变量的导数相关，因此无法通过均匀网格直接得到呈均匀分布的离散化误差。为此，需要通过非均匀网格来解决这一问题。其背后的思想是，在函数导数较大的区域使用较小的 Δx，而在函数曲线平滑的区域使用较大的 Δx。通过这种处理，将误差几乎均匀地分布到整个域上，从而对于给定数量的网格点，可以获得更为精确的解。本部分将围绕非均匀网格上的有限差分近似的精度问题展开讨论。

特别地，在某些近似方法（例如，CDS 近似（详见公式（3.6）））中，当点间距均匀（即 $x_{i+1}-x_i=x_i-x_{i-1}=\Delta x$）时，截断误差表达式中的前导项会变为零。对于非均匀间距的网格，即使不同的近似形式具有相同的阶次，它们也不具有相同的截断误差。此外，当 CDS 方法应用于非均匀网格时，随着网格的细化，误差减小的速率会逐渐趋于稳定。

为避免混淆，需要注意 CDS 的截断误差是（比较公式（3.9）和公式（3.6））：

$$\varepsilon_\tau=-\frac{(\Delta x_{i+1})^2-(\Delta x_i)^2}{2(\Delta x_{i+1}+\Delta x_i)}\left(\frac{\partial^2\varphi}{\partial x^2}\right)_i-\frac{(\Delta x_{i+1})^3+(\Delta x_i)^3}{6(\Delta x_{i+1}+\Delta x_i)}\left(\frac{\partial^3\varphi}{\partial x^3}\right)_i+H \tag{3.20}$$

其中，我们使用了以下符号（图 3.2）：

$$\Delta x_{i+1}=x_{i+1}-x_i,\Delta x_i=x_i-x_{i-1}$$

首项与 Δx 成正比，但当 $\Delta x_{i+1}=\Delta x_i$ 时，首项变为零。这表明网格间距越不均匀，相应的误差就越大。

假设网格能够以恒定系数 r_e 膨胀或收缩（“compound interest 网格”），由此可得

$$\Delta x_{i+1}=r_e\Delta x_i \tag{3.21}$$

在这种情况下，可以将 CDS 的主导截断误差项重写为以下形式：

$$\varepsilon_\tau\approx\frac{(1-r_e)\Delta x_i}{2}\left(\frac{\partial^2\varphi}{\partial x^2}\right)_i \tag{3.22}$$

一阶 FDS 或 BDS 格式的主导误差项如下所示：

$$\varepsilon_\tau\approx\frac{\Delta x_i}{2}\left(\frac{\partial^2\varphi}{\partial x^2}\right)_i$$

可以看出，当 r_e 接近 1 时，CDS 的一阶截断误差比 BDS 的一阶截断误差小得多。

此处将围绕网格细化的影响展开讨论。主要考虑了两种可能性：将两个粗网格点之间的间距减半，并插入新点，以使得细网格也具有恒定的间距比率。

在第一种情况下，新点周围的间距均匀，而旧点处的“增长”系数 r_e 保持与粗网格上的“增长”系数相同。经过多次重复细化，除在最粗的网格点附近之外，网格其他部分均具有均匀间隔，CDS 中的主导误差项消失。网格经过以上细化后，其中间距不均匀的点的数量将很少。因此，与真正的二阶格式相比，全局误差的减小速度会稍慢一些。

而在第二种情况下，细网格的膨胀因子小于粗网格。其主要通过以下简化形式来表示：

$$r_{e,h}=\sqrt{r_{e,2h}} \tag{3.23}$$

其中，h 表示细化网格，而 $2h$ 表示粗网格。假设两个网格共有的一个节点，那么在两个网格上的节点 i 处的主导截断误差项的比率为（详见公式（3.22））

$$r_\tau = \frac{(1-r_e)_{2h}(\Delta x_i)_{2h}}{(1-r_e)_h(\Delta x_i)_h} \tag{3.24}$$

上述两个网格上的网格间距之间存在以下关系(图3.3)：

$$(\Delta x_i)_{2h} = (\Delta x_i)_h + (\Delta x_{i-1})_h = (r_e+1)_h(\Delta x_{i-1})_h$$

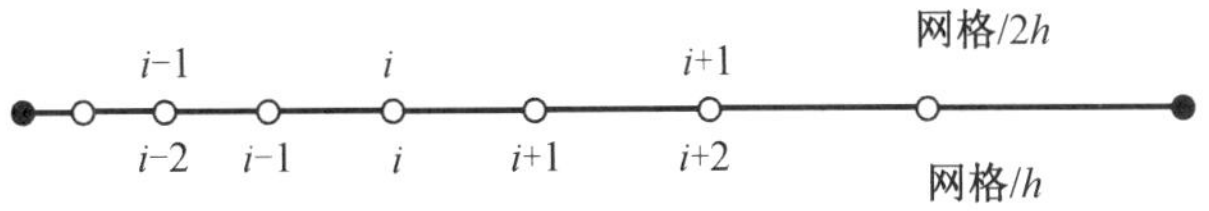

图3.3 根据常数 r_e 展开的非均匀网格的细化

当这些关系式被插入式(3.24)中,并结合式(3.23),可以得出,当对网格进行细化处理时,CDS的一阶截断误差会减小,减小因子为

$$r_\tau = \frac{(1+r_{e,h})^2}{r_{e,h}} \tag{3.25}$$

当 $r_e=1$ 时,即网格均匀时,$r_\tau=4$。当 $r_e>1$(扩展网格)或 $r_e<1$(收缩网格)时,$r_\tau>4$,这表明一阶误差项比二阶误差项减小得更快。主要原因是随着网格细化,$r_e\to1$,收敛到渐近的二阶。这一点将在后文中通过实例进行实际演示。

对于其他具有相同结论的格式,都可以采用该方法进行类似分析:通过对非均匀网格进行系统的细化,可得到与均匀网格具有相同阶数的截断误差的减小速率。

如果网格点数量给定,那么非均匀网格几乎总能得到较小的误差,这也正是相应近似方法的目标。为了能够充分发挥网格的作用,使用者必须知道在何种情况下需对网格进行细化,也有必要知道方便求解的自适应网格方法。有经验的使用者可以辨别需要细化网格的区域;相应的问题讨论详见第12章。需要强调的是,随着维度的增加,网格生成会变得更加困难。事实上,截至目前有效网格的生成依旧是流体力学计算中最困难的问题之一。

通过使用更多的点来消除上述表达式中的截断误差项,可以获得一阶导数的高阶近似。例如,使用 φ_{i-1} 获得 x_i 处的二阶导数的表达式,并将该表达式代入公式(3.6)中,可以得到以下二阶近似(对于任何网格,其前导截断误差项(已给出)与网格间距的平方成正比):

$$\left(\frac{\partial\varphi}{\partial x}\right)_i = \frac{\varphi_{i+1}(\Delta x_i)^2-\varphi_{i-1}(\Delta x_{i+1})^2+\varphi_i[(\Delta x_{i+1})^2-(\Delta x_i)^2]}{\Delta x_{i+1}\Delta x_i(\Delta x_i+\Delta x_{i+1})} - \frac{\Delta x_{i+1}\Delta x_i}{6}\left(\frac{\partial^3\varphi}{\partial x^3}\right)_i + H \tag{3.26}$$

对于等间距网格的情况,上述方程可以进行简化(详见公式(3.9))。

3.4 二阶导数近似

可以看出,在扩散项内存在二阶导数(详见式(3.1))。为了估计某一点的二阶导数,可以使用一阶导数的近似。当流体物性可变时,这是唯一可能的方法,因为这一过程需要扩散系数和一阶导数乘积的导数。接下来,我们考虑二阶导数的近似,而应用到守恒方程中的扩散项将在后面讨论。

几何上,二阶导数是指与一阶导数曲线相切的直线的斜率,详见图3.2。通过在点 x_{i+1} 和 x_i 处插入一阶导数的近似,二阶导数的近似表示如下:

$$\left(\frac{\partial^2\varphi}{\partial x^2}\right)_i \approx \frac{\left(\frac{\partial\varphi}{\partial x}\right)_{i+1}-\left(\frac{\partial\varphi}{\partial x}\right)_i}{x_{i+1}-x_i} \tag{3.27}$$

其中,所有这些近似值都涉及至少三个点的数据。

在上述方程中,外导数由 FDS 估计。对于内导数,则使用不同的近似方法(例如,BDS)进行估计,由此可得以下表达式:

$$\left(\frac{\partial^2\varphi}{\partial x^2}\right)_i = \frac{\varphi_{i+1}(x_i-x_{i-1})+\varphi_{i-1}(x_{i+1}-x_i)-\varphi_i(x_{i+1}-x_{i-1})}{(x_{i+1}-x_i)^2(x_i-x_{i-1})} \tag{3.28}$$

当已知 x_{i-1} 和 x_{i+1} 处的一阶导数时,还可以使用 CDS 方法。在 x_i 和 x_{i+1} 以及 x_i 和 x_{i-1} 之间的点处计算$\partial\varphi/\partial x$ 可得到更好的结果。这些一阶导数的 CDS 近似结果可分别表示为如下形式:

$$\left(\frac{\partial\varphi}{\partial x}\right)_{i+\frac{1}{2}} \approx \frac{\varphi_{i+1}-\varphi_i}{x_{i+1}-x_i} \text{和} \left(\frac{\partial\varphi}{\partial x}\right)_{i-\frac{1}{2}} \approx \frac{\varphi_i-\varphi_{i-1}}{x_i-x_{i-1}}$$

二阶导数的结果表达式如下所示:

$$\left(\frac{\partial^2\varphi}{\partial x^2}\right)_i \approx \frac{\left(\frac{\partial\varphi}{\partial x}\right)_{i+\frac{1}{2}}-\left(\frac{\partial\varphi}{\partial x}\right)_{i-\frac{1}{2}}}{\frac{1}{2}(x_{i+1}-x_{i-1})} \approx \frac{\varphi_{i+1}(x_i-x_{i-1})+\varphi_{i-1}(x_{i+1}-x_i)-\varphi_i(x_{i+1}-x_{i-1})}{\frac{1}{2}(x_{i+1}-x_{i-1})(x_{i+1}-x_i)(x_i-x_{i-1})} \tag{3.29}$$

对于点间距等距的情况,公式(3.28)和公式(3.29)可以进一步改写为如下形式:

$$\left(\frac{\partial^2\varphi}{\partial x^2}\right)_i \approx \frac{\varphi_{i+1}+\varphi_{i-1}-2\varphi_i}{(\Delta x)^2} \tag{3.30}$$

泰勒级数展开方法提供了另一种用于推导二阶导数近似的方法。即使用 x_{i-1} 和 x_{i+1} 处的级数式(3.6),可以基于方程(3.28)重新推导出具有以下误差的显式表达式:

$$\left(\frac{\partial^2\varphi}{\partial x^2}\right)_i = \frac{\varphi_{i+1}(x_i-x_{i-1})+\varphi_{i-1}(x_{i+1}-x_i)-\varphi_i(x_{i+1}-x_{i-1})}{\frac{1}{2}(x_{i+1}-x_{i-1})(x_{i+1}-x_i)(x_i-x_{i-1})} - \frac{(x_{i+1}-x_i)-(x_i-x_{i-1})}{3}\left(\frac{\partial^3\varphi}{\partial x^3}\right)_i + H \tag{3.31}$$

尽管主导截断误差项为一阶,但当点间距均匀时,该主导截断误差项会消失,从而使近似结果达到二阶精度。然而,即使在网格不均匀的情况下,从 3.3.4 节中给出的论证可以得出,当网格进行细化处理时,截断误差也会以二阶形式减小。当使用嵌套网格时,误差会以与一阶导数的 CDS 近似相同的方式减小(详见方程(3.25))。

二阶导数的高阶近似可以通过包含更多的数据点(例如 x_{i-2} 或 x_{i+2})来获得。

最后,可以使用插值法通过 $n+1$ 个数据点来拟合 n 次多项式,根据该插值,可以通过微分获得第 n 个导数的近似值。对三点使用二次插值即可得出上述方程,并且利用如第 3.3.3 节所述的方法也可以扩展得到二阶导数。

一般来说,二阶导数近似的截断误差是插值多项式的阶数减 1(抛物线为一阶、立方为二阶等)。当间距均匀时,则可以采用偶数阶多项式,可得到一阶导数近似。例如,四次多项式通过五个点拟合可得到均匀间隔网格上的四阶近似:

$$\left(\frac{\partial^2\varphi}{\partial x^2}\right)_i=\frac{-\varphi_{i+2}+16\varphi_{i+1}-30\varphi_i+16\varphi_{i-1}-\varphi_{i-2}}{12(\Delta x)^2}+o((\Delta x)^4) \tag{3.32}$$

此外,还可以通过使用二阶导数的近似来提高一阶导数的近似精度。例如,对一阶导数使用 FDS 表达式(3.4),只在右侧保留两项,并对二阶导数使用 CDS 表达式(3.29),可得到如下关于一阶导数的表达式:

$$\left(\frac{\partial\varphi}{\partial x}\right)_i\approx\frac{\varphi_{i+1}(\Delta x_i)^2-\varphi_{i-1}(\Delta x_{i+1})^2+\varphi_i[(\Delta x_{i+1})^2-(\Delta x_i)^2]}{\Delta x_{i+1}\Delta x_i(\Delta x_i+\Delta x_{i+1})} \tag{3.33}$$

需要指出的是,对于任意网格来说,该表达式均具有二阶截断误差,而在均匀网格上,其可以简化为一阶导数的标准 CDS 表达式。该近似值与公式(3.26)相同,并且可以通过消除主导截断误差项中的导数来进一步提高,因此在上述两个方面上进行权衡分析具有重要意义。在工程应用中,二阶近似通常提供易用性、准确性和成本效益的良好组合。当网格足够精细但难以使用时,对于给定数量的点,三阶和四阶格式可以获得更高的精度。但更高阶的方法只在特殊情况下使用。

对于扩散项式(3.1)的保守形式,必须首先近似内一阶导数$\partial\varphi/\partial x$,然后将其乘以 Γ,再对乘积进行求导。如上所述,对内导数和外导数使用相同的近似并不是一个强制性要求。

最常用的方法是二阶中心差分近似:内导数在节点之间的中点近似,然后使用网格大小为 Δx 的中心差分。可得

$$\left[\frac{\partial}{\partial x}\left(\Gamma\frac{\partial\varphi}{\partial x}\right)\right]_i\approx\frac{\left(\Gamma\frac{\partial\varphi}{\partial x}\right)_{i+\frac{1}{2}}-\left(\Gamma\frac{\partial\varphi}{\partial x}\right)_{i-\frac{1}{2}}}{\frac{1}{2}(x_{i+1}-x_{i-1})}\approx\frac{\Gamma_{i+\frac{1}{2}}\frac{\varphi_{i+1}-\varphi_i}{x_{i+1}-x_i}-\Gamma_{i-\frac{1}{2}}\frac{\varphi_i-\varphi_{i-1}}{x_i-x_{i-1}}}{\frac{1}{2}(x_{i+1}-x_{i-1})} \tag{3.34}$$

对于内一阶导数和外一阶导数,通过使用不同的近似方法可以更为容易地获得其他近似结果,并且可以使用上一节中给出的所有近似方法。

3.5 混合导数近似

只有当输运方程在非正交坐标系中表示时(示例见第 9 章),才会出现混合导数。混合导数$\partial^2\varphi/\partial x\partial y$ 可以通过组合一维近似进行处理,相应的处理方法与对二阶导数的处理方式相似。其可以表示为

$$\frac{\partial^2\varphi}{\partial x\partial y}=\frac{\partial}{\partial x}\left(\frac{\partial\varphi}{\partial y}\right) \tag{3.25}$$

通过以上方式首先评估(x_{i+1},y_j)和(x_{i-1},y_j)处的关于 y 的一阶导数,然后再评估该新函数关于 x 的一阶导数,即可使用 CDS 来估算(x_i,y_j)处的混合二阶导数。

其中,微分阶数可以改变,数值近似取决于该阶数。随着网格细化,该方法所得近似值会趋于精确值,两种近似解的差异源于离散化误差存在的差别。

3.6 其他项的近似

3.6.1 非差分项

在标量守恒方程中,可能会存在非微分项(将它们集中在源项 q_φ 中),而这些项也必须进行求解。在 FD 法中,通常只需要节点上的值。如果非微分项涉及因变量,则可以用变量的节点值进行表示。但当相关性是非线性时,需要谨慎处理。这些项的处理取决于方程具体特征,相关内容详见第 5 章、第 7 章和第 8 章。

3.6.2 边界附近的差分项

当使用高阶导数近似时,可能会出现问题,主要原因是需要三个以上点的数据,所以内部节点的近似需要边界以外的点的数据,之后需要对接近边界的点处的导数使用不同的近似;一般情况下,这些近似的阶数低于内部节点的近似阶数,并且可能是单侧差分。例如,根据对边界值和三个内点的三次拟合,可以为下一个边界点的一阶导数推导出公式(3.13)。通过边界和四个内点拟合四次多项式,在第一个内点 $x=x_2$ 处,一阶导数的近似结果如下所示:

$$\left(\frac{\partial\varphi}{\partial x}\right)_2=\frac{-\varphi_5+6\varphi_4+18\varphi_3+10\varphi_2-33\varphi_1}{60\Delta x}+o((\Delta x)^4) \tag{3.36}$$

使用相同的多项式近似二阶导数可得出以下方程:

$$\left(\frac{\partial^2\varphi}{\partial x^2}\right)_2=\frac{-21\varphi_5+96\varphi_4+18\varphi_3-240\varphi_2+147\varphi_1}{180(\Delta x)^2}+o((\Delta x)^3) \tag{3.37}$$

通过类似的方法,可以在第一个内部网格点上利用该点、边界点和一定数量的内部网格点上的变量值来推导出任意阶的单侧导数近似。

3.7 边界条件的实现

在每一个内部网格点上,都需要对偏微分方程进行有限差分近似处理。为获得唯一解,连续问题需要关于区域边界处的解算方案的信息。一般情况下,可以给出变量在边界(Dirichlet 边界条件)或其在特定方向(通常垂直于边界-Neumann 边界条件)的梯度值,或者两个量的线性组合形式。

边界条件可以通过多种方式实现。例如,可以利用内部网格点来求解输运方程。如果边界值在边界处未知(Neumann 或 Robin 条件)则可以通过内部网格点的值使用离散化的边界条件来表示。而在另一种方法中,在边界外使用虚拟点,对未知边界值求解输运方程,而在虚拟点处的值则由离散化的边界条件得到。

3.7.1 用内部网格点实现边界条件

如果变量值在某个边界点处已知,则无须对其进行求解。在包含该点所对应数据的 FD

方程中,可以使用已知值进行求解,而无须更多的条件。

如果边界存在梯度信息,则可以对边界进行 FD 近似处理(如果只使用内部网格点,则必须是单边近似),进而计算变量的边界值。例如,如果法线方向的零梯度已知,则通过简单的 FDS 近似处理可以得到(图 3.1):

$$\left(\frac{\partial\varphi}{\partial x}\right)_1=0\Rightarrow\frac{\varphi_2-\varphi_1}{x_2-x_1}=0 \tag{3.38}$$

其中,通过给定 $\varphi_1=\varphi_2$ 可允许边界值被边界点旁边的节点所对应的值替换,并作为未知数消除。这是一次近似,而高次近似可以通过高次多项式拟合获得。

对于边界处的一阶导数,利用边界节点以及两个内部节点进行抛物线拟合,可获得以下适用于所有网格的二阶近似:

$$\left(\frac{\partial\varphi}{\partial x}\right)_1\approx\frac{-\varphi_3(x_2-x_1)^2+\varphi_2(x_3-x_1)^2-\varphi_1[(x_3-x_1)^2-(x_2-x_1)^2]}{(x_2-x_1)(x_3-x_1)(x_3-x_2)}$$

对于均匀网格的情况,该表达式可以简化为如下形式:

$$\left(\frac{\partial\varphi}{\partial x}\right)_1\approx\frac{-\varphi_3+4\varphi_2-3\varphi_1}{2\Delta x}\Rightarrow\varphi_1=\frac{4}{3}\varphi_2-\frac{1}{3}\varphi_3-2\Delta x\left(\frac{\partial\varphi}{\partial x}\right)_1 \tag{3.39}$$

此处对应于内部网格节点的任何离散化项内的边界值均由点 2 与点 3 处的节点和指定的边界梯度的组合形式取代。这需要对边界附近节点的系数矩阵的元素进行调整(如果使用高阶近似,还可能调整到节点的下一层),但要求解的方程组依旧会保持不变。

通过对四个点的三次拟合,可获得等距网格上的三阶近似值:

$$\left(\frac{\partial\varphi}{\partial x}\right)_1\approx\frac{2\varphi_4-9\varphi_3+18\varphi_2-11\varphi_1}{6\Delta x} \tag{3.40}$$

在某些情况下,需要在给定变量边界值的点处计算垂直于边界的一阶导数(例如,计算通过等温面的热通量)。此时可使用上面给出的单边近似方法。需要指出的是,结果精度不仅取决于所用的近似值,还取决于内部节点值的精度。基于上述两个目的,建议使用具有相同阶次的近似。

特别地,如果要使用第 3.3.3 节所涉及的“紧凑格式”,则必须获得对应于边界节点的变量值和导数。通常,其中的一个为已知条件,而另一个则需要通过内部给出的信息计算得出。例如,当给定变量值时,则可以采用对应于边界节点处的导数的单侧近似(如方程(3.40))。另一方面,如果导数已知,则可以使用多项式插值方法来计算边界节点的变量值。利用三次拟合方法,通过四个点可以获得相应的边界值,其表达式如下所示:

$$\varphi_1=\frac{18\varphi_2-9\varphi_3+2\varphi_4}{11}-\frac{6\Delta x}{11}\left(\frac{\partial\varphi}{\partial x}\right)_1 \tag{3.41}$$

当然也可以通过类似方法获得更低或更高阶的近似结果。

3.7.2 用虚拟点实现边界条件

基于上一节策略的替代格式,可以通过使用中心差分及虚拟点(即问题边界之外的点)来实现基于导数的边界条件。与公式(3.38)相比,这种方法的优势在于其将具有更高的精度。在此,我们仅针对通量边界条件的实现问题展开讨论。其主要原因是对于 Dirichlet 边界条件,变量的值在边界上均为已知值,因此对前者进行相关介绍是足够的。

例如,如果在法线方向上规定了第三类边界条件(即 Robin 条件),则可以获得以下简单的 CDS 近似方程:

$$\left(\frac{\partial\varphi}{\partial x}+c\varphi\right)_1=0\Rightarrow\frac{\varphi_2-\varphi_0}{2(x_2-x_1)}+c\varphi_1=0 \tag{3.42}$$

其中,可知 $\varphi_0=\varphi_2+2(x_2-x_1)c\varphi_1$。由图 3.4 可以看到,节点 0 不在计算区域之内;然而,导数项居中,因此这种边界条件的近似具有二阶精确性。

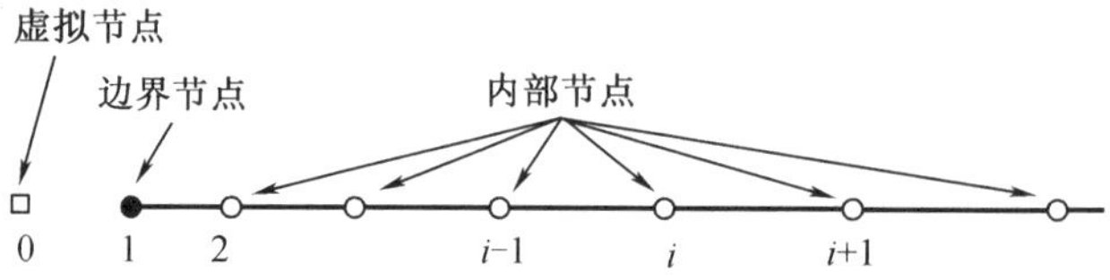

图 3.4　显示 $i=0$ 处的虚拟节点的一维 FD 网格的示例

采用该方法有以下两种方式:首先,写出节点 1 的差分方程,然后使用 $\varphi_2+2(x_2-x_1)c\varphi_1$ 替换 φ_0。这表明在施加 Neumann 或 Robin 边界条件的情况下,尽管也可以为边界节点求解输运方程,但所有的未知数都在计算域内。另外一种方式是在施加导数边界条件的区域,将虚拟节点处的变量值视为未知数,并且在方程组中添加到等同于方程(3.42)的方程之中。这种处理方式会导致方程结构发生变化,例如,尤其在使用直接矩阵(而不是三对角线)求逆的某些情况下,这种情况会更为明显,导致这种方法并不太受欢迎。然而在迭代求解方法中,第二种方法具有易于编程且效率高的优点。

3.8　代数方程组

对于每个网格节点,有限差分近似方法均可以提供一个代数方程;该方程由相应节点上的变量值以及相邻节点上的变量值组成。如果微分方程是非线性的,近似将包含一些非线性项。数值求解过程需要对其进行线性化处理,求解这些方程的方法将在第 5 章进行讨论,此处仅考虑线性情况,所述方法同样适用于非线性方程。对于线性方程,通过离散化处理可以得到如下形式的线性代数方程组:

$$A_{\mathrm{P}}\varphi_{\mathrm{P}}+\sum_{l}A_l\varphi_l=Q_{\mathrm{P}} \tag{3.43}$$

其中 P 表示近似偏微分方程的节点,索引 l 在有限差分近似中涉及的相邻节点上运行。节点 P 和它的相邻节点组成了计算单元(computational molecule);图 3.5 分别展示了由二阶和三阶近似得到的示例。系数 A_l 不仅与几何量和流体物性相关,对于非线性方程,其还取决于变量值本身。Q_{P} 包含所有不包含未知变量值的项,并且被假定为一个已知值。

方程和未知数的个数必须相等,即每个网格节点必须对应一个方程。由此将得到大量的线性代数方程组,因此只能通过数值方法进行求解。不过,该方程组属于稀疏方程组,这意味着每个方程只包含几个未知量。该方程组可以用矩阵表示为如下形式:

$$\boldsymbol{A}\boldsymbol{\varphi}=\boldsymbol{Q} \tag{3.44}$$

其中,$\boldsymbol{A}$ 为平方稀疏系数矩阵,$\boldsymbol{\varphi}$ 是包含网格节点处变量值的向量(或列矩阵),$\boldsymbol{Q}$ 是包含式(3.43)右侧项的向量。

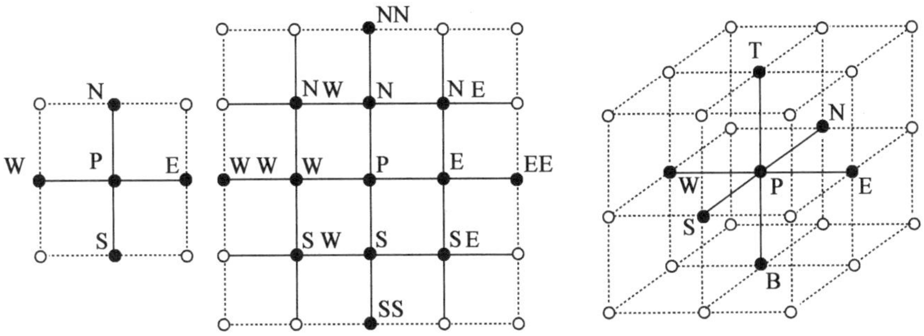

图 3.5 由二阶和三阶近似得到的示例

矩阵 $\boldsymbol{A}$ 的结构取决于向量 $\boldsymbol{\varphi}$ 中变量的排序情况。例如,对于结构网格,如果变量被标记为从一个角开始,并以规则的方式(字典排序)逐行遍历,则矩阵具有多对角线结构。对于五点计算单元(five-point computational molecule)的情况,所有的非零系数均位于主对角线上(两个相邻的对角线,以及与主对角线相距 N 个位置的另外两个对角线),其中 N 是一个方向上的节点数,所有其他系数均为零。这种结构允许使用高效的迭代求解器。

为保持一致,本书首先将从域的西南角对向量 $\boldsymbol{\varphi}$ 中的条目进行排序,然后沿着每条网格线向北依次排序,并向东跨域(在三维情况下,将从底部计算表面开始,以上述方式在每个水平面上进行,从下到上依次进行排序)。这些变量一般会以一维数组的形式存储在计算机中。网格位置、指针符号及存储位置之间的转换如表 3.2 所示。

表 3.2 网格位置、指针符号及存储位置之间的转换

网格位置	指针符号	存储位置
i,j,k	P	$l=(k-1)N_jN_i+(i-1)N_j+j$
$i-1,j,k$	W	$l-N_j$
$i,j-1,k$	S	$l-1$
$i,j+1,k$	N	$l+1$
$i+1,j,k$	E	$l+N_j$
$i,j,k-1$	B	$l-N_iN_j$
$i,j,k+1$	T	$l+N_iN_j$

因为矩阵 $\boldsymbol{A}$ 是一个稀疏矩阵,所以在计算机中将其存储为 2D 或 3D 数组并不会获得更好的效果,并且没有意义。对于 2D 情况,将每个非零对角线的元素存储在 $1\times N_iN_j$ 维的单独数组中。其中,N_i 和 N_j 是两个坐标方向上的网格点数目,仅需要 $5N_iN_j$ 个储存词,而全数组存储将需要 $N_i^2N_j^2$ 个储存词。对于三维情况,这两个的数量分别为 $7N_iN_jN_k$ 和 $N_i^2N_j^2N_k^2$。特别地,对角线存储格式和全阵列格式之间存在非常大的差异,对角线存储格式可以允许问题保留在主存储器中,而全阵列格式则不允许。

如果使用网格索引(例如 2D 中的 $\varphi_{i,j}$)引用节点值,则类似于张量的矩阵元素或分量。由于这些节点值实际上是向量 $\boldsymbol{\varphi}$ 的组件,所以仅具有表 3.2 中所示的单个索引。

在二维情况下,线性化处理的代数方程可以表示为以下形式:

$$A_{l,l-N_j}\varphi_{l-N_j}+A_{l,l-1}\varphi_{l-1}+A_{l,l}\varphi_l+A_{l,l+1}\varphi_{l+1}+A_{l,l+N_j}\varphi_{l+N_j}=Q_l \tag{3.45}$$

如上所述,将矩阵以数组形式进行储存意义不大。相反,如果对角线以单独数组进行保存,则最好为每个对角线单独指定名称。由于每条对角线表示与位于相对于中心节点的特定方向节点处变量的连接,所以将它们称为 A_W、A_S、A_P、A_N 和 A_E;对于具有 5×5 个内部节点的网格,在矩阵中的位置如图 3.6 所示。通过这种节点排序方式,每个节点用索引 l 标识,该索引也是相对存储位置。在该符号中,公式(3.45)可以表示为如下形式:

$$A_W\varphi_W+A_S\varphi_S+A_P\varphi_P+A_N\varphi_N+A_E\varphi_E=Q_P \tag{3.46}$$

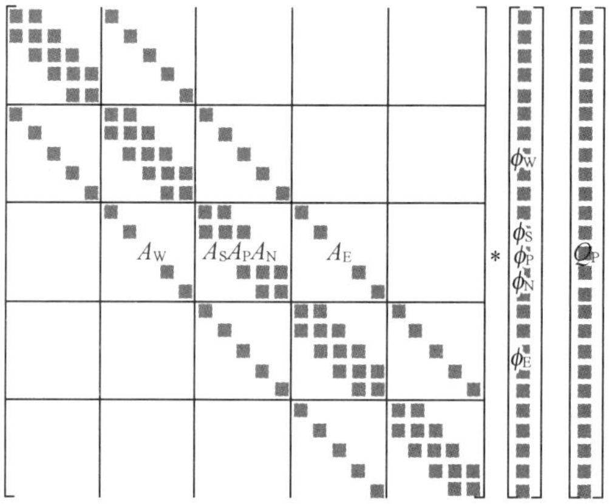

图 3.6 五点计算单元的矩阵结构

可以看出,索引 l 表示式(3.45)中的行,其中用于指示向量中的列或位置的索引已被相应的字母替换。为清晰起见,可以插入该索引,并且类似方法也适用于处理三维问题。

对于块结构网格和嵌套网格,这种结构能够在每个块中得以保留,并且可以使用规则结构网格的求解器。这一部分将在第 5 章进行进一步讨论。

对于非结构网格,尽管系数矩阵会保持稀疏,但其不再具有"带状"结构。对于只使用四个相邻节点的四边形和近似的 2D 网格,在任何列或行中只有五个非零系数,且主对角线上无零元素,其他非零系数位于主对角线的一定范围内,但不一定在确定的对角线上。对于这类矩阵,必须使用不同类型的迭代求解器,这将在第 5 章进行进一步讨论。非结构网格的存储方案将在第 9 章进行介绍,因为非结构网格主要用于使用 FV 法的复杂几何图形之中。

3.9 离散误差

由于使用离散化方程来表示微分方程近似,因此后者精确解(记为"Φ")不满足差分方程式。这种由泰勒级数截断引起的不平衡被称为截断误差。对于具有参考间距 h 的网格,截断误差 τ_h 定义如下所示:

$$\mathcal{L}(\Phi)=L_h(\Phi)+\tau_h=0 \tag{3.47}$$

其中,$\mathcal{L}$表示微分方程的符号运算符,L_h 表示通过在网格 h 上离散化处理而获得的代数方程组的符号运算符(详见公式(3.44))。

在网格 h 上，离散化方程的精确解 φ_h 满足以下方程：

$$L_h(\varphi_h)=(A\varphi-\boldsymbol{Q})_h=0 \tag{3.48}$$

上述精确解 φ_h 与偏微分方程的精确解之间存在差异源于离散化误差 $\varepsilon_h^{\mathrm{d}}$，即

$$\Phi=\varphi_h+\varepsilon_h^{\mathrm{d}} \tag{3.49}$$

由方程(3.47)和方程(3.48)可以看出，对于线性问题，下列关系式成立：

$$L_h(\varepsilon_h^{\mathrm{d}})=-\boldsymbol{\tau}_h \tag{3.50}$$

该式表明，截断误差是离散化误差的来源，由算子 L_h 对流和扩散产生。对于非线性方程，无法对其进行精确分析，但如果误差足够小，就可以得到局部线性化的精确解。而关于截断误差的大小和分布的信息可以作为网格细化的指南，并有助于实现在解域的任何位置都具有相同水平的离散化误差的目标。然而，由于精确解 Φ 未知，因此无法实现对截断误差的精确计算。但仍可以通过另一个(更细或更粗的)网格的解来得到该解的近似值。而通过这种方式得到的截断误差可能存在精确度较低的问题，但是可以使用其找出误差较大且需要更细化网格的区域。

对于足够精细的网格，截断误差(及离散化误差)与泰勒级数中的前导项成正比：

$$\varepsilon_h^{\mathrm{d}}\approx\alpha h^p+H \tag{3.51}$$

其中，H 代表高阶项，α 取决于给定点的导数，与 h 无关。离散化误差可以通过系统细化(或粗化)网格上得到的解之间的差异估计得到。考虑到精确解可表示为如下形式(公式(3.49))：

$$\Phi=\varphi_h+\alpha h^p+H=\varphi_{2h}+\alpha(2h)^p+H \tag{3.52}$$

而作为格式的阶数的指数 p 可以通过如下形式进行估计：

$$p=\frac{\log\left(\dfrac{\varphi_{2h}-\varphi_{4h}}{\varphi_h-\varphi_{2h}}\right)}{\log 2} \tag{3.53}$$

此外，由方程(3.52)还可以得出，网格 h 上的离散化误差可由以下方程进行近似处理：

$$\varepsilon_h^{\mathrm{d}}\approx\frac{\varphi_h-\varphi_{2h}}{2^p-1} \tag{3.54}$$

如果连续网格上的网格大小比率不是“2”，则最后两个方程中的因子“2”需要用该比率进行代替(有关网格未被系统地细化或粗化时的误差估计的详细信息，请参见 Roach，1994 年)。

当多个网格上的解可用时，通过将误差估计(3.54)加到 φ_h 上，可以得到比最优网格上的解 φ_h 更精确的近似解 Φ；这种方法被称为“Richardson extrapolation 方法”(Richardson，1910 年)。这种方法不仅简单，并且当单调收敛时，还可以通过该方法得到精确解。在存在多个解时，可以重复该过程来进一步提高近似解的精度。

如上所述，在细化网格时，误差减小的速率(而不是由截断误差中的前导项定义的格式的阶数)是一个需要着重考虑的因素。方程(3.53)考虑了这一点，并得到了正确的指数 p。估算该方法的阶数在代码验证中也是一个有用的工具。如果一个方法应具有二阶精度，但公式(3.53)发现它仅具有一阶精度，那么这就意味着该代码中可能存在误差。

需要指出的是，根据公式(3.53)估计的收敛阶仅当单调收敛时才有效，而只有在足够精细的网格上才能期望存在单调收敛。以下将在示例中表明，当网格粗糙时，网格大小对误差的影响可能是无规律的。因此，在比较两个网格上的解时应特别注意：当非单调收敛

时，即使存在较大误差，两个连续网格上的解也可能不存在太大差异。在确定解是否收敛时，使用第三个网格是必要的。此外，当解不平滑时，通过泰勒级数近似方法得到的误差估计可能会产生误导。例如，在湍流行为模拟中，解会在很大范围内发生变化，这时求解方法的阶数可能无法作为一个用来衡量解质量的良好指标。在第 3.11 节中，将通过示例表明，对于这些类型的模拟，四阶格式的误差可能并不比二阶格式情况下的误差小很多。

3.10 有限差分示例

为证明在一个具有解析解的简单问题中，FD 离散化技术具有重要作用，作为示例，本书对一维定常对流扩散方程（两端均具有 Dirichlet 边界条件）进行了求解。

要求解的方程式为（参见公式（1.28））：

$$\frac{\partial(\rho u\varphi)}{\partial x}=\frac{\partial}{\partial x}\left(\Gamma\frac{\partial\varphi}{\partial x}\right) \tag{3.55}$$

该问题的边界条件为：在 $x=0$ 处，$\varphi=\varphi_0$；而在 $x=L$ 处，$\varphi=\varphi_L$（图 3.7）；在这种情况下，可以使用普通导数代替偏导数。假设密度 ρ 和速度 u 为常数。该问题具有一个精确解：

$$\varphi=\varphi_0+\frac{e^{xPe/L}-1}{e^{Pe}-1}(\varphi_L-\varphi_0) \tag{3.56}$$

其中，Pe 为佩克莱数，其定义如下：

$$Pe=\frac{\rho uL}{\Gamma} \tag{3.57}$$

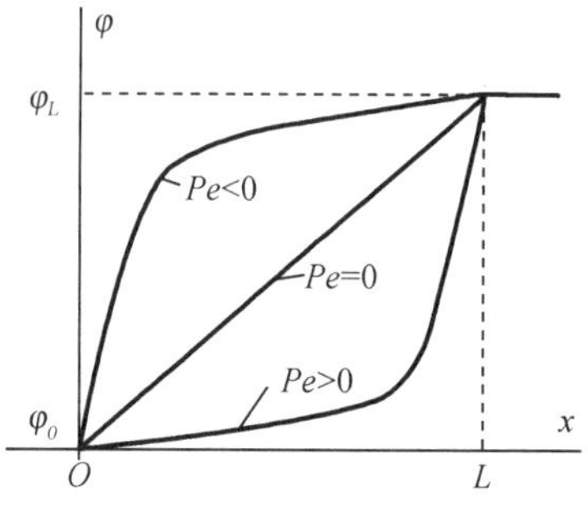

图 3.7 问题边界条件

由于该问题相对简单，因此一般将其作为数值方法（包括离散化格式和求解格式）性能测试中一个示例。物理上，该问题代表的是对流与扩散平衡的状态。不过，这种平衡很少会在实际流体流动中发挥重要作用。通常，对流是通过压力梯度或垂直于流动方向的扩散实现平衡的。通过查阅文献可知，很多方法的目的都是求解方程（3.55），也有很多方法适用于 Navier-Stokes 方程的求解。但是所得结果精度往往很差，这就意味着其中的很多方法都不具有实用性。实际上，该求解方法可能并不适用于其他相关问题，但由于该问题涉及一些值得关注的问题，本部分将对其进行分析。

之所以我们会首先考虑 $u\geqslant0$ 和 $\varphi_0<\varphi_L$ 的情况，是因为其他情况很容易处理。在小速度（$u\approx0$）或大扩散系数 Γ 的情况下，佩克莱数趋于零，对流行为可以忽略；那么该问题的解

在 x 中是线性的。当佩克莱数较大时，φ 随 x 缓慢增长，然后在接近 $x=L$ 的较短距离上突然上升到 φ_L。φ 梯度的突然变化使得离散化方法变得更为困难。

之后使用三点计算单元(three-point computational molecule)的 FD 格式对公式(3.55)进行离散化处理。在节点 i 处，得到的代数方程如下所示：

$$A_{\mathrm{P}}^{i}\varphi_i+A_{\mathrm{E}}^{i}\varphi_{i+1}+A_{\mathrm{W}}^{i}\varphi_{i-1}=Q_i \tag{3.58}$$

在一般情况下，我们会使用 CDS 离散化扩散项。因此，对于外导数，可得

$$-\left[\frac{\partial}{\partial x}\left(\Gamma\frac{\partial\varphi}{\partial x}\right)\right]_i\approx-\frac{\left(\Gamma\frac{\partial\varphi}{\partial x}\right)_{i+\frac{1}{2}}-\left(\Gamma\frac{\partial\varphi}{\partial x}\right)_{i-\frac{1}{2}}}{\frac{1}{2}(x_{i+1}-x_{i-1})} \tag{3.59}$$

内导数的 CDS 近似如下所示：

$$\left(\Gamma\frac{\partial\varphi}{\partial x}\right)_{i+\frac{1}{2}}\approx\Gamma\frac{\varphi_{i+1}-\varphi_i}{x_{i+1}-x_i};\left(\Gamma\frac{\partial\varphi}{\partial x}\right)_{i-\frac{1}{2}}\approx\Gamma\frac{\varphi_i-\varphi_{i-1}}{x_i-x_{i-1}}. \tag{3.60}$$

扩散项对代数方程(3.58)的系数的贡献如下所示：

$$A_{\mathrm{E}}^{\mathrm{d}}=-\frac{2\Gamma}{(x_{i+1}-x_{i-1})(x_{i+1}-x_i)}$$

$$A_{\mathrm{W}}^{\mathrm{d}}=-\frac{2\Gamma}{(x_{i+1}-x_{i-1})(x_i-x_{i-1})}$$

$$A_{\mathrm{P}}^{\mathrm{d}}=-(A_{\mathrm{E}}^{\mathrm{d}}+A_{\mathrm{W}}^{\mathrm{d}})$$

如果使用一阶迎风差分(UDS-FDS 或 BDS，取决于流动方向)对对流项进行离散化处理，可得

$$\left[\frac{\partial(\rho u\varphi)}{\partial x}\right]_i\approx\begin{cases}\rho u\dfrac{\varphi_i-\varphi_{i-1}}{x_i-x_{i-1}},u>0\\[2ex]\rho u\dfrac{\varphi_{i+1}-\varphi_i}{x_{i+1}-x_i},u<0\end{cases} \tag{3.61}$$

其对方程(3.58)的系数的贡献如下所示：

$$A_{\mathrm{E}}^{\mathrm{c}}=\frac{\min(\rho u,0)}{x_{i+1}-x_i}$$

$$A_{\mathrm{W}}^{\mathrm{c}}=-\frac{\max(\rho u,0)}{x_i-x_{i-1}}$$

$$A_{\mathrm{P}}^{\mathrm{c}}=-(A_{\mathrm{E}}^{\mathrm{c}}+A_{\mathrm{W}}^{\mathrm{c}})$$

需要指出的是，根据流动方向的不同，$A_{\mathrm{E}}^{\mathrm{c}}$ 或 $A_{\mathrm{W}}^{\mathrm{c}}$ 为零。

通过 CDS 近似可得

$$\left[\frac{\partial(\rho u\varphi)}{\partial x}\right]_i\approx\rho u\frac{\varphi_{i+1}-\varphi_{i-1}}{x_{i+1}-x_{i-1}} \tag{3.62}$$

对方程(3.58)系数的 CDS 贡献如下所示：

$$A_E^c = \frac{\rho u}{x_{i+1} - x_{i-1}}$$

$$A_W^c = -\frac{\rho u}{x_{i+1} - x_{i-1}}$$

$$A_P^c = -(A_E^c + A_W^c) = 0$$

总系数则是对流和扩散贡献之和(A^c+A^d)。

指定边界节点处 φ 的值:$\varphi_1=\varphi_0$ 和 $\varphi_N=\varphi_L$,其中 N 为包含边界处的两个节点的节点数。这意味着,对于 $i=2$ 的节点,可以计算 $A_W^2\varphi_1$,将其添加到右侧的 Q_2 上,并且将该方程中的系数 A_W^2 设置为零。类似地,本研究将节点 $i=N-1$ 的乘积 $A_E^{N-1}\varphi_N$ 与 Q_{N-1} 相加,并设置系数 $A_E^{N-1}=0$。

由此得到的三对角线方程组很容易求解。我们在此将仅对求解方法展开讨论,并将在第 5 章对相关求解器进行介绍。

为证明与 UDS 相关的假扩散行为和使用 CDS 时振荡的可能性,本部分将考虑 $Pe=50$ ($L=1.0, \rho=1.0, u=1.0, \Gamma=0.02, \varphi_0=0$ 和 $\varphi_L=1.0$)的情况。为此,本部分将从使用具有 11 个节点(10 个相等细分)的均匀网格获得的结果开始,分别使用 CDS 和 UDS 计算对流的 $\varphi(x)$,以及 CDS 计算扩散项的 CDS(图 3.8)。

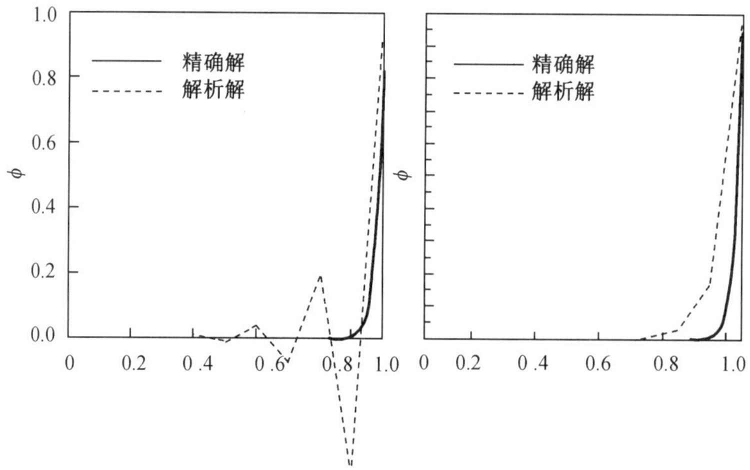

图 3.8 用 CDS(左)和 UDS(右)和 11 节点均匀网格求解 $Pe=50$ 的一维对流扩散方程

很明显,UDS 解为过度扩散;对于 $Pe\approx18$(而不是 50)的情况,该 UDS 解为一个精确解。可以看出,假扩散要比真扩散行为更强。除此之外,CDS 解表现出了强烈的振荡现象。通过分析可知,该振荡的出现源于 φ 在最后两个点处出现的梯度突变。在每个节点上,基于网格间距的局部佩克莱数($Pe_\Delta=\rho u\Delta x/\Gamma$)等于 5。

如果网格被细化,CDS 振荡情况就会得到有效改善,但当使用 21 个点时,所得解依旧存在振荡现象。经过第二次细化(41 个网格节点)后,CDS 解再无振荡现象,并且非常精确(详见图 3.9)。通过网格细化,UDS 解的精度也得到了显著改善,但当 $x>0.8$ 时,它依旧存在较大误差。

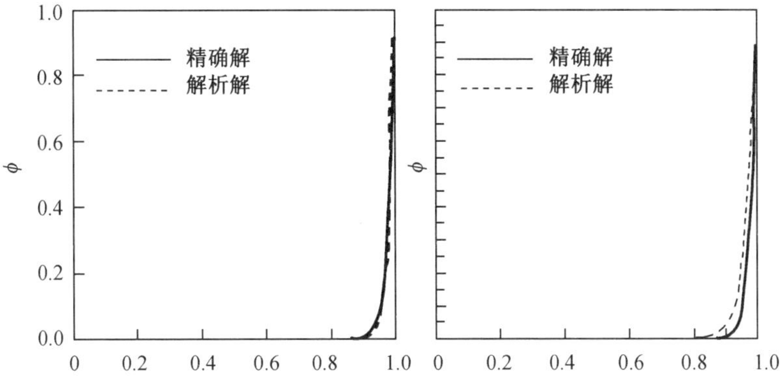

图 3.9 对于对流项和具有 41 个节点的均匀网格,使用 CDS 和 UDS 求解 $Pe=50$ 的一维对流扩散方程

CDS 振荡依赖于局部佩克莱数。可以证明,如果在每个网格节点上的局部佩克莱数为 $Pe_{\Delta}\leqslant 2$,则 CDS 解不会出现振荡(Patankar,1980 年),这是关于 CDS 解有界性的充分非必要条件。将"混合格式"(Spalding,1972 年)设计在 $Pe_{\Delta}\geqslant 2$ 的任何节点上,将从 CDS 切换到 UDS。但这会导致限制太多,且会导致准确性下降。此外,只有当解在局部高佩克莱数区域内快速变化时,才会出现振荡。

为证明这一点,本部分使用具有 11 个节点的非均匀网格重复了计算过程。在该网格中,最小和最大的网格间距分别为 $\Delta x_{\min}=x_N-x_{N-1}=0.012\,5$ 和 $\Delta x_{\max}=x_2-x_1=0.31$,对应于增长系数 $r_e=0.7$(详见方程(3.21))。因此,最小局部佩克莱数在右边界附近为 $Pe_{\Delta,\min}=0.625$,而在左边界附近的最大值是 $Pe_{\Delta,\max}=15.5$。因此,在 φ 发生强烈变化的区域,局部佩克莱数小于 2,而在 φ 几乎不变的区域,局部佩克莱数为一个较大值。使用 CDS 和 UDS 格式在该网格上计算得到的曲线如图 3.10 所示。从图中可以看出,CDS 解不存在明显振荡现象。此外,它与节点数量是其四倍之多的均匀网格上的解的精度相同。通过使用非均匀网格,UDS 解的精度也进一步提高,但仍存在一定误差。

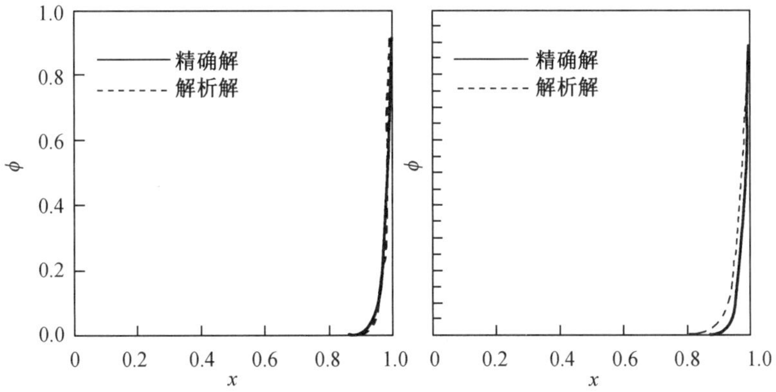

图 3.10 使用 CDS 和 UDS 格式在该网格上计算得到的曲线

由于该问题存在解析解(详见式(3.56)),因此可以直接对数值解中存在的误差进行计算。我们使用以下平均误差作为衡量标准:

$$\varepsilon = \frac{\sum_i \left| \varphi_i^{\text{exact}} - \varphi_i \right|}{N} \tag{3.63}$$

通过使用 CDS 和 UDS 以及具有多达 321 个节点的均匀和非均匀网格,对该问题进行求解。图 3.11 给出了作为平均网格间距函数的平均误差。从图 3.11 中可以看出,UDS 误差渐近于一阶格式的期望斜率。而从第二个网格开始,CDS 显示了二阶格式的期望斜率,因此当网格间距减少一个数量级时,相应误差会减少两个数量级。

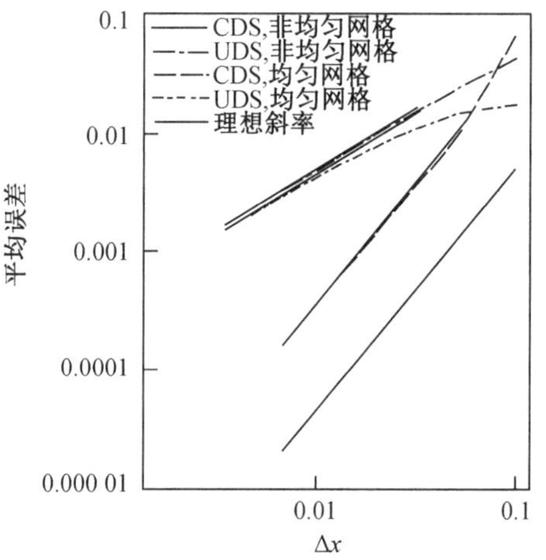

图 3.11　作为平均网格间距的函数的平均误差

上述示例清晰地表明,非均匀网格上的解的收敛方式与均匀网格相同,即使截断误差包含一阶项也是如此(如第 3.3.4 节所述)。对于 CDS 而言,在非均匀网格上的解的平均误差几乎比在具有相同网格节点数量的均匀网格上小一个数量级。这是由于网格间距很小,而将会存在较大的误差。从图 3.11 中可以看出,非均匀网格上的 UDS 解的误差要大于均匀网格上 UDS 解的误差,这是因为,均匀网格上的几个节点处存在的较大误差对平均值的影响很小,而在均匀网格上的最大节点误差要比非均匀网格上的最大节点误差大得多(图 3.8、图 3.10)。

关于相关的示例,请参见下一章的最后一节。

3.11　谱方法简介

在 CFD 代码中,谱方法与 FV 和 FE 方法相比适用性较差,但是在很多领域中也具有重要作用,例如针对海洋与大气的全球和气候模拟代码(Washington 和 Parkinson,2005 年)、大气边界层的高分辨率中尺度模拟(Moeng,1984 年)及湍流模拟(Moin 和 Kim,1982 年)。因此,本节将对几种谱方法进行简要介绍,而有关该方法的更完整的描述请参见 Canuto 等(2006 年和 2007 年)、Boyd (2001 年)、Durran (2010 年)和 Moin(2010 年)的相关工作。

3.11.1　分析工具

3.11.1.1　函数和导数的近似

在谱方法中,我们可以使用傅里叶级数或其推广形式对空间导数进行计算。其中形式最为简单的谱方法能够用来求解由一组均匀分布的点上的值指定的周期函数。该函数可以用离散的傅里叶级数进行表示:

$$f(x_i) = \sum_{q=-N/2}^{N/2-1} \hat{f}(k_q)\,\mathrm{e}^{\mathrm{i}k_q x_i} \tag{3.64}$$

其中,$x_i = i\Delta x, i = 1,2,\cdots,N$ 和 $k_q = 2\pi q/\Delta x N$。公式(3.64)可以被倒置为以下形式:

$$\hat{f}(k_q) = \frac{1}{N}\sum_{i=1}^{N} f(x_i)\,\mathrm{e}^{-\mathrm{i}k_q x_i} \tag{3.65}$$

以上形式可以用著名的几何级数求和方程进行证明。在一定程度上,q 值的集合不太严谨,具体是指将索引从 q 更改为 $q\pm lN$,其中 l 是整数,并不会改变网格点上的 $\mathrm{e}^{\pm\mathrm{i}k_q x_i}$ 的值。这种特性称为“混叠”,而“混叠”是很多非线性微分方程数值解中常见且主要的误差来源。本书将在第 10.3.4.3 节对“混叠”进行相关论述,本部分依旧会介绍谱方法在湍流模拟中的应用。

由于公式(3.64)可用于插值$f(x)$,因此这些级数是非常重要的,具体是指通过将连续变量 x 替换离散变量 x_i,并且定义$f(x)$为所有 x。此外,q 的范围的选择也是非常重要的。q 的不同集合会产生不同的插值结果,而最佳选择能够获得最平滑插值的集合,这也是在公式(3.64)中使用的集合。在定义了插值方程后,可以对其进行求导,然后得到导数的傅里叶级数:

$$\frac{\mathrm{d}f}{\mathrm{d}x} = \sum_{q=-N/2}^{N/2-1} \mathrm{i}k_q\hat{f}(k_q)\,\mathrm{e}^{\mathrm{i}k_q x} \tag{3.66}$$

这表明 $\mathrm{d}f/\mathrm{d}x$ 的傅里叶系数为 $\mathrm{i}k_q\hat{f}(k_q)$。以下为计算导数的一种步骤:

- 给定 $f(x_i)$,使用公式(3.65)计算其傅里叶系数$\hat{f}(k_q)$;
- 计算 $g=\mathrm{d}f/\mathrm{d}x$ 的傅里叶系数,$\hat{g}(k_q)=\mathrm{i}k_q\hat{f}(k_q)$;
- 计算级数式(3.66)以获得网格节点处的 $g=\mathrm{d}f/\mathrm{d}x$。

需要注意的方面包括:

- 该方法很容易推广到高阶导数,例如 $\mathrm{d}^2f/\mathrm{d}x^2$ 的傅里叶系数为$-k_q^2\hat{f}(k_q)$。
- 当网格节点数 N 较大时,如果$f(x)$在 x 中具有周期性,则计算导数的误差随 N 增大呈指数减小。这使得谱方法在较大的网格节点数条件下比有限差分方法更准确;然而,在小的网格节点数条件下,情况可能并非如此。“大”的定义取决于它的功能。
- 如果以一般的方式使用式(3.65)和使用式(3.64)的逆来计算傅里叶系数,那么则与 N^2 成正比,这种计算成本非常高昂。但是,由于该方法是快速计算傅里叶变换(FFT)的方法,因此具有实用性。该方法的计算成本与 $N\log_2 N$ 成正比。

要想发挥谱方法的优势,那么需要求解的函数必须为周期函数,且网格点必须均匀分布。而这些条件可以通过使用复指数以外的函数来进一步放宽,但几何或边界条件的任何变化都需要对方法进行相当大的更改,因此这使得谱方法的灵活性相对较差。但是对于它们非常适合的问题(例如,简单几何区域中的湍流模拟),其优势则会十分明显。

3.11.1.2 关于离散化误差的另一种观点

除此之外,使用谱方法也可以对截断误差进行很好的衡量。只要是周期函数问题,即可使用级数(3.64)表示该函数,并且可以使用选择的任何方法对其导数进行近似运算。尤其是可以使用上面示例中的精确谱方法或有限差分近似。由于这些方法可以逐项应用于该级数,因此考虑 e^{ikx} 的差异化就已足够,所得的准确结果是 ike^{ikx}。另一方面,如果在该函数中应用方程(3.9)的中心差分算子,则可以得到

$$\frac{\delta e^{ikx}}{\delta x}=\frac{e^{ik(x+\Delta x)}-e^{ik(x-\Delta x)}}{2\Delta x}=i\frac{\sin(k\Delta x)}{\Delta x}e^{ikx}=ik_{eff}e^{ikx} \tag{3.67}$$

其中,k_{eff} 为有效波数,因为使用有限差分近似等价于用 k_{eff} 代替确切的波数 k。对于其他格式,可以推导出类似的表达式;例如,四阶 CDS(公式(3.14)),进而可以得到

$$k_{eff}=\frac{\sin(k\Delta x)}{3\Delta x}[4-\cos(k\Delta x)] \tag{3.68}$$

对于低波数(对应于平滑函数),CDS 近似的有效波数可以展开为以下泰勒级数:

$$k_{eff}=\frac{\sin(k\Delta x)}{\Delta x}=k-\frac{k^3(\Delta x)^2}{6} \tag{3.69}$$

这表明,小 k 和小 Δx 近似具有二阶精度。但是,在任何计算中,都可能遇到高达 $k_{max}=\pi/\Delta x$ 的波数(详见公式(3.64))。此外,给定傅里叶系数的大小取决于其导数近似的函数;平滑函数具有小的高波数分量,但快速变化的函数给出的傅里叶系数会随波数缓慢下降。

在图 3.12 中,由 k_{max} 归一化的二阶和四阶 CDS 格式的有效波数被表示为归一化波数 $k^*=k*k_{max}$ 的函数。如果波数大于最大值的一半,两种格式都会给出较差的近似值。随着网格的细化,可以包含更多的波数。在小间距的限制下,函数相对于网格属于平滑函数,只有小的波数才会得到大的系数,进而可以期望得到准确的结果。另外,修正后的波数越接近实际波数,所得结果就会越为准确。

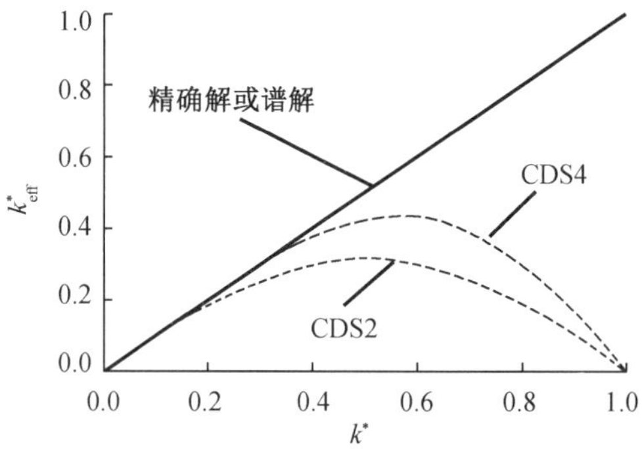

图 3.12 由 k_{max} 归一化的二阶和四阶 CDS 格式的有效波数被表示为归一化波数 $k^*=k*k_{max}$ 的函数

如果使用一个不太平滑的解来解决该问题,那么离散化方法的阶数不再是一个用来衡量其精度的良好指标。由于该方法具有很高的阶数,因此确定特征格式是非常重要的。只有解中每个最高波数的波长具有足够的节点时,所得结果才是准确解。

谱方法具有误差减小速度极快的优点,但是只有在使用足够的节点时,才能达到这一

效果(“足够”的定义取决于函数)。如果网格节点数量较少,那么谱方法实际上可能会产生比有限差分法更大的误差。

可以得出,迎风差分方法的有效波数为

$$k_{\text{eff}} = \frac{1-e^{-ik\Delta x}}{i\Delta x} \tag{3.70}$$

同时其也是复数形式;这表明了这种近似存在扩散或耗散性质。前者在上一节的 UDS 示例中得到了体现。在第 6.3 节中,我们将看到,当用于非定常微分方程时,这种迎风差分近似是耗散的,例如,导致传播波的幅度会随时间发生不自然的迅速衰减。

3.11.2 微分方程的解

本小节对两个用于求解微分方程的著名谱方法进行了介绍(详见 Boyd,2001 年;Durran,2010 年;Moin,2010 年)。它们是基于未知解在一系列项中的展开,例如公式(3.64),以及许多其他谱方法(Canuto 等,2007 年),其中包括谱元素、修补配置(patching collocation)、谱不连续 Galerkin 等。

第一种格式被称为“微分方程的弱形式”,因为该方程满足解域上的加权积分,但微分方程并不是在每一个点都满足。其中,“Galerkin 格式”就属于“微分方程的弱形式”。而第二种格式是“微分方程的强形式”,要求该方程在区域的每一点都满足。这一格式的一个重要变体为“谱配置法”或“伪谱方法”。在这种情况下,虽然解由截断展开表示,但在区域中的有限网格点集合上同样满足微分方程式。并且该方法可以应用于流体力学研究,利用全球环流模型和大气边界层中的湍流建模(Fox 和 Orszag,1973 年;Moeng,1984 年;Pekurovsky 等,2006 年;Sullivan 和 Patton,2011 年)。之所以能够在上述领域发挥其作用,主要是因为在物理空间中,该方法计算 Navier-Stokes 或 Euler 方程中的非线性项的导数,比在谱空间中进行计算更为有效,成本更低。

对于这一发展,考虑污染物在狭窄航道中扩散的一维方程。其中污染物沿航道长度不均匀地流入凹地,并在两端被提取,因此污染物浓度在两端保持为零。如果污染物的扩散系数为 D_x,污染物浓度为 φ,则可以在长度为 π 的航道上获得以下边值问题:

$$D_x \frac{\partial^2 \varphi}{\partial x^2} + A(x) = 0, 0<x<\pi \tag{3.71}$$

且

$$\varphi(0) = 0, \varphi(\pi) = 0 \tag{3.72}$$

其中,$A(x)$代表污染物沿航道的流入,在该一维问题中,其由源项而不是边界上的入口表示(就像多维问题中的情况)。

3.11.2.1 弱形式和傅里叶级数的使用

傅里叶-伽辽金(Fourier-Galerkin)方法(Canuto 等,2006 年;Boyd,2001 年)。该方法基于两个关键原则,即一组完整的基函数能够准确地表示任意但合理的函数以及正交性概念(Street,1973 年;Boyd,2001 年;Moin,2010 年)。其基本思想是用基函数乘以未知系数的级数来表示未知变量(详见方程 (3.64))。然后,通过将上述方程(3.71)之类的给定方程乘以一组测试函数并在问题的域上积分来利用基函数的正交性。需要指出的是,在该等方法中,基函数和测试函数为同一函数。

对于公式(3.71)和公式(3.72)所涉及的问题,边界条件是齐次狄利克雷(Dirichlet)条件,而不是周期条件,因此可以使用三角正弦函数作为半范围展开(即 $0<x<\pi$):

$$\varphi^N(x)=\sum_{q=1}^{N}\hat{\varphi}_q\sin(qx) \tag{3.73}$$

其中,上标 N 仅表示解由 N 个元素的“部分(有限)和 $\varphi^N(x)$”表示。回想 $e^{ikx}=\cos(kx)+i\sin(kx)$,并注意“部分(有限)和 $\varphi^N(x)$”中的每个元素都满足问题的边界条件。一般而言,“部分(有限)和 $\varphi^N(x)$”将不满足控制方程(3.71)。因此,在每一点上都存在以下残差:

$$R(\varphi^N)=\frac{\partial^2\varphi^N}{\partial x^2}+\frac{A(x)}{D_x}\neq 0 \tag{3.74}$$

该残差等于由“部分(有限)和 $\varphi^N(x)$”提供的解估计中的误差。当前该误差可以通过多种方法进行最小化处理(Boyd,2001 年;Durran,2010 年),其中包括通过最小二乘技术最小化或加权残差法。在此处使用的加权残差法中,方程的加权平均值要求为零。这是一个弱解,并且允许确定未知系数 $\hat{\varphi}_q$。

现在将“部分(有限)和”公式(3.73)代入公式(3.71),将整个方程乘以加权函数 $\sin(jx)$,然后在该区域上积分,可得

$$\int_0^{\pi}\left(\frac{\partial^2\varphi^N}{\partial x^2}+\frac{A(x)}{D_x}\right)\sin(jx)\,dx=0 \tag{3.75}$$

对于任意 $j=1,2,\cdots,N$,均需满足这个等式。由于源项 $A(x)/D_x$ 假定已知,但可以采用任意形式,因此有必要使用正弦级数将源项展开为以下形式:

$$\frac{A(x)}{D_x}=\sum_{q=1}^{N}\hat{a}_q\sin(qx) \tag{3.76}$$

在公式(3.75)中插入“部分(有限)和”并重新排列,可得

$$\sum_{q=1}^{N}(-q^2\hat{\varphi}_q+\hat{a}_q)\int_0^{\pi}\sin(qx)\sin(jx)\,dx=0 \tag{3.77}$$

但是,由于所选择的展开函数和加权函数相同且正交,则

$$\int_0^{\pi}\sin(qx)\sin(jx)\,dx=\begin{cases}\pi/2,q=j\\0,q\neq j\end{cases} \tag{3.78}$$

因此可得

$$-j^2\hat{\varphi}_j+\hat{a}_j=0,\hat{\varphi}_j=\frac{1}{j^2}\hat{a}_j,任意\ j \tag{3.79}$$

将公式(3.76)乘以加权函数,然后在区域上积分并再次使用正交性,可得

$$\hat{a}_j=\frac{2}{\pi}\int_0^{\pi}\frac{A(x)}{D_x}\sin(jx)\,dx \tag{3.80}$$

则得到的最终解为

$$\varphi^N(x)=\frac{2}{\pi}\sum_{q=1}^{N}\frac{1}{q^2}\left(\int_0^{\pi}\frac{A(x)}{D_x}\sin(qx)\,dx\right)\sin(qx) \tag{3.81}$$

对于公式(3.71)而言,“部分(有限)和”公式(3.81)是一个近似(弱)谱解,该解满足边界条件(3.72)。随着“部分(有限)和”中的 $N\to\infty$,该解在这个简单的情况下就变成了标准傅里叶级数解。如要了解更多涉及更复杂的情况以及其他基础和测试功能,可以参考相应

文献。

图 3.13 展示了选择域中心的污染输入所产生的结果。窄阶跃输入近似于增量函数,因此解在源项附近会缓慢收敛,即在源项的快速变化附近,系数 $\hat{\varphi}_q$ 随 q 增加而减小的速率较小。因此,需要更多的项才能达到预期的准确度。在该域之外,可以得到精确的线性解。同样,如图中具有 1 个项和 2 个项的"部分(有限)和"所示,在本例中,偶数项(2,4,6,…)在部分展开式中为零,并且 100 项的展开式已经与精确解基本相同。

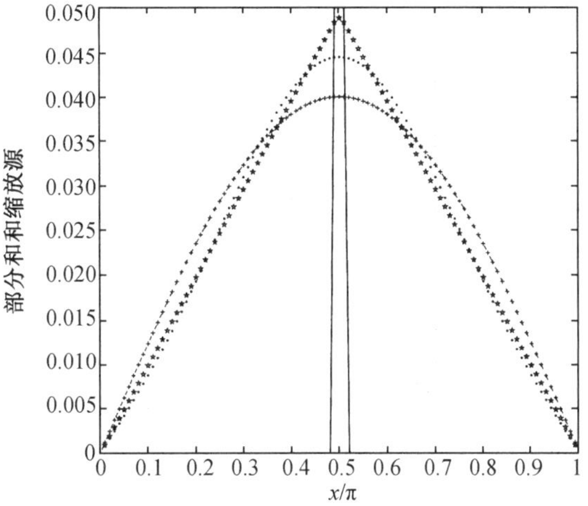

图 3.13 选择域中心的污染输入所产生的结果

3.11.2.2 利用傅里叶级数的强形式和配置

对于强形式(伪谱方法),其过程相当简单。主要原因是对于公式(3.71)和公式(3.72)及部分展开公式(3.73)所提出的问题,只需在区域中 N 个等距(网格或节点)点处满足方程(3.71)即可。由于"部分(有限)和"已经满足边界条件,因此无须对它们进行特殊说明。有关必须将边界条件作为方程添加到这里获得的最终集合中的情况的讨论,请参见 Boyd(2001 年)。

对于傅里叶级数近似中的 $j=1,2,\cdots,N-1$ 而言,区域中的点可以等距为 $\delta x_j=\pi/N$,所以 $x_j=\pi j/N$。然而,,具有部分展开式的微分方程只能在 $N-1$ 点处满足,因此可以将公式(3.73)修改为如下形式:

$$\varphi^{N-1}(x)=\sum_{q=1}^{N-1}\hat{\varphi}_q\sin(qx) \tag{3.82}$$

不过,前提条件是

$$\left(\frac{\partial^2\varphi^{N-1}}{\partial x^2}+\frac{A(x)}{D_x}\right)=0, x_j=\pi j/N, j=1,2,\cdots,N-1 \tag{3.83}$$

由公式(3.82)可得

$$\sum_{q=1}^{N-1}q^2\hat{\varphi}_q\sin(qx_j)=\frac{A(x_j)}{D_x} \tag{3.84}$$

关于 $\hat{\varphi}_q$,可得到具有$(N-1)\times(N-1)$系数矩阵的形式的 $N-1$ 方程。对于 $N=4, x_j=\pi j/4$,因此可得

$$A=\begin{pmatrix}\sin(x_1) & 4\sin(2x_1) & 9\sin(3x_1)\\ \sin(x_2) & 4\sin(2x_2) & 9\sin(3x_2)\\ \sin(x_3) & 4\sin(2x_3) & 9\sin(3x_3)\end{pmatrix}$$

$$Q=\begin{pmatrix}A(x_1)/D_x\\ A(x_2)/D_x\\ A(x_3)/D_x\end{pmatrix}$$

$$\hat{\varphi}=\begin{pmatrix}\hat{\varphi}_1\\ \hat{\varphi}_2\\ \hat{\varphi}_3\end{pmatrix}$$

该解是通过对以下方程进行求解得到(详见第 5.2 节)的:

$$A\varphi=Q \tag{3.85}$$

该解对于任意 N 均有效。

通过将配置法应用于上述通过傅里叶-伽辽金方法求解的问题,同样可以得到类似结果。当平均误差符合公式(3.63),并且对图 3.14 中基函数的函数弱解和强解(或者对于配置法、所使用的节点或网格点的数量)进行检查的域中的 φ 最大值的归一化处理之后,可以发现误差中存在的显著差异。

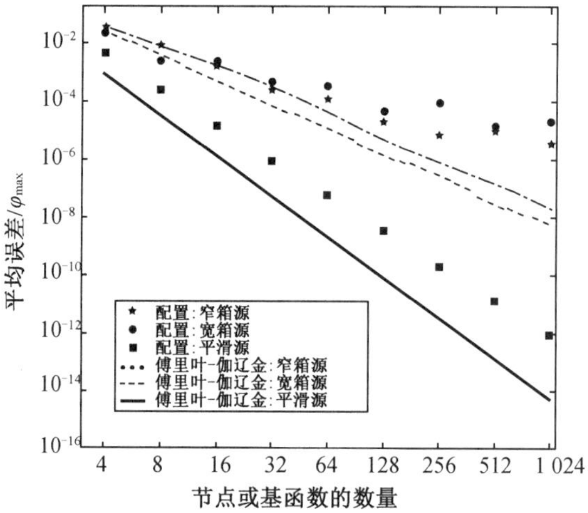

图 3.14　傅里叶-伽辽金或配置法的误差与基函数或节点数和污染源形状的函数关系

本节使用三种具有不同形状的源项来描述"形状"对误差的影响。其中第一种源项为"窄框源(narrow-box source,如图 3.13 所示)",其恒定非零值仅在 $0.49\geqslant x/\pi\geqslant 0.51$ 范围内;而第二种源项为"宽框源",其恒定非零值范围为 $0.45\geqslant x/\pi\geqslant 0.55$。在第三种源项中,$\varphi$ 的源和相应的二阶导数在这些边缘上不具有连续性。而相应的傅里叶-伽辽金弱解整合了这些不连续性,并且只需要在平均上满足微分方程,而非每个点都要满足该微分方程。通过对解的二阶导数的"部分(有限)和"进行检验可以看出(图 3.15),其在不连续处表现出 Gibbs 现象(Ferziger,1998 年;Gibbs,1898 年,1899 年),即"部分(有限)和"的值在其正确值上下摆动,因此级数在该值附近无法收敛。但由于该解的一阶导数连续,该解不会受到影响。事实上,由于解是基于源项的解析积分,源项的质量始终保持不变。不过,如果用数值方法进行积分,这将会引入一些依赖于积分节点间距和积分方法的误差。

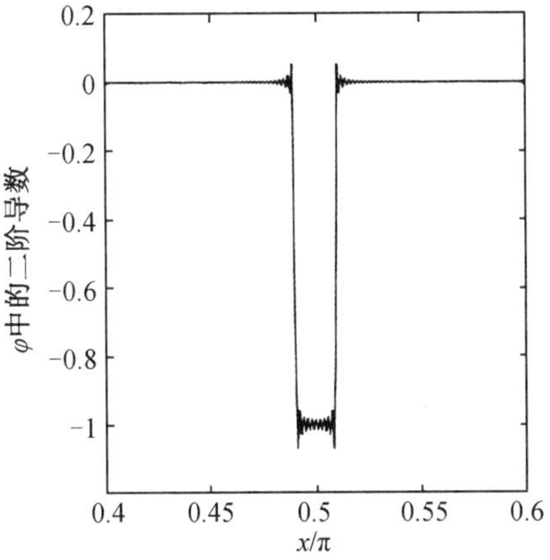

图 3.15 Gibbs 现象

通过该配置法,可以清楚地观察到不连续点带来的影响,因为强制在横跨不连续点的节点上均满足微分方程,而源没有被准确地表示。这导致误差会随着源项而持续存在,并且该误差取决于网格间距及其与规定的非零源面积的关系。通过对源体积进行归一化处理可以有效减小误差。

在节点或基函数较多的情况下,改变箱形源的宽度,误差减小方面会存在一些差异,但这种差异并不显著。然而,通过使用平滑源 $A(x)/D_x=1-\cos(2x)$,可以从图 3.14 中清楚地看出源形状的影响。并且随着项或节点数量的增加,这两种方法的误差都会迅速减小。

最后,考虑到在弱方法和强方法中确定部分展开系数方面存在的差异,有必要注意即使使用相同的基函数,这两种方法的展开系数也可能存在差异。

尽管配置法应用过程通常较为简单,但如果存在非线性项(如在 Navier-Stokes 方程中),那么就需要对该方法进行特殊处理。由于该内容超出本章范围,因此不对该问题进行相关探讨(详见 Boyd,2001 年;Moin,2010 年;Canuto 等,2006 年、2007 年)。

第 4 章　有限体积法

4.1 简　　介

与前一章一样，本章只考虑变量 φ 的一般守恒方程，并假设速度场和所有流体物性都是已知的。有限体积法以守恒方程的积分形式为出发点：

$$\int_S \rho\varphi\boldsymbol{v}\cdot\boldsymbol{n}\mathrm{d}S = \int_S \Gamma\nabla\varphi\cdot\boldsymbol{n}\mathrm{d}S + \int_V q_\varphi \mathrm{d}V \tag{4.1}$$

计算域被网格细分为有限数量的小控制体（CV），与有限差分（FD）方法相比，网格定义了控制体积的边界，而不是计算节点。为方便起见，本章将使用笛卡尔网格来介绍该方法，复杂几何将在第 9 章中讨论。

有限体积法划分网格通常是通过合适的网格定义 CV，并将计算节点分配给 CV 中心。除此之外，也可以（对于结构网格）先定义节点位置，然后围绕其构造 CV，使得 CV 面位于节点之间，如图 4.1 所示。

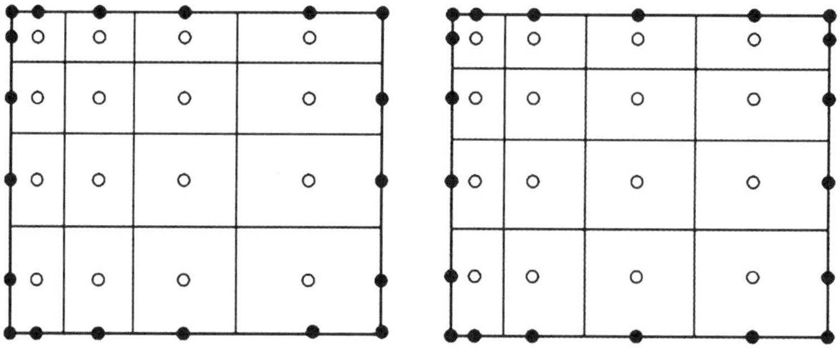

图 4.1　FV 网格类型：节点以 CV 为中心（左），CV 面以节点为中心（右）

第一种方法的优点是其精度更高，主要原因是其节点位于 CV 的质心上，而节点值代表着 CV 体积的平均值，且具有二阶精度。第二种方法的优点是，当面位于两个节点之间时，CV 面导数的 CDS 近似更准确。第一种方法的变体使用得更频繁，因此本书也将采用。

FV 型方法以及其他一些特殊的变体（单元顶点格式、双网格方案等）将在下文和第 9 章进行描述。此处仅对基本方法进行描述，主要原因是离散化原则对所有变量而言都是相似的，即只需要考虑积分体积内不同位置之间的关系。

守恒方程（4.1）适用于每个 CV，也适用于整个计算域。如果对所有 CV 的方程求和，内部 CV 面上的曲面积分将会抵消，从而可以得到全局守恒方程。因此，该方法内置了全局守恒的特性，这也是它的主要优势之一。

为了得到特定 CV 的代数方程，需要用求积公式逼近曲面积分和体积积分。根据所使用的近似，得到的方程可能是也可能不是 FD 方法得到的方程。

4.2　曲面积分的近似

图 4.2 和图 4.3 显示了典型的 2D 和 3D 笛卡尔控制体及使用的符号。CV 曲面由四个(2D 中)或六个(3D 中)平面组成,用小写字母表示其相对于中心节点(P)的方向(e, w, n, s, t 和 b)。2D 情况可被视为 3D 情况的一种特殊情况,其中因变量与 z 无关。本章将主要处理 2D 网格,其可扩展到 3D 问题。

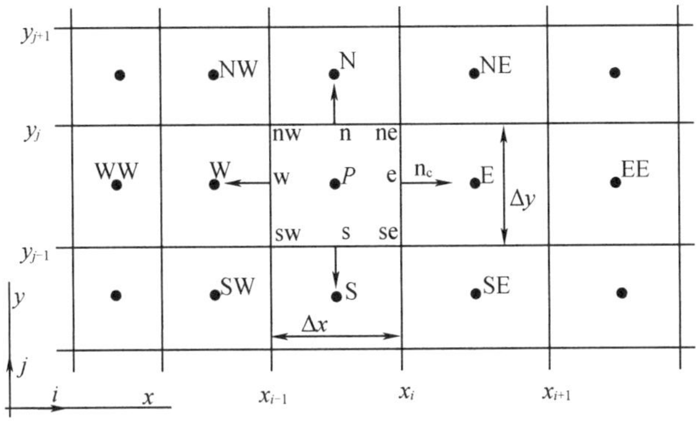

图 4.2　一个典型的 CV 和用于笛卡尔二维网格的符号

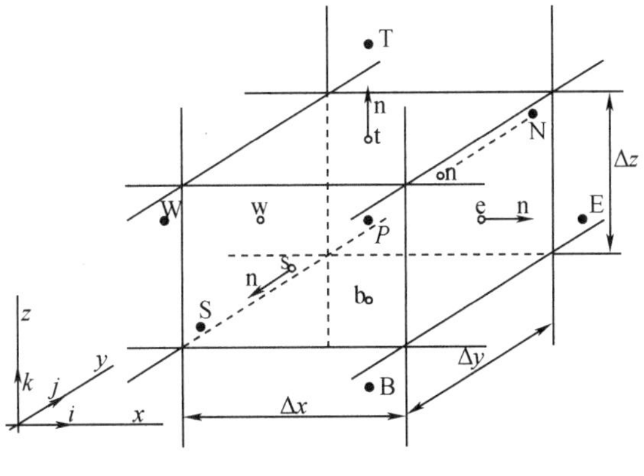

图 4.3　一个典型的 CV 和用于笛卡尔三维网格的符号

通过 CV 边界的净通量是四个(2D 中)或六个(3D 中) CV 面上的积分之和:

$$\int_S f \mathrm{d}S = \sum_k \int_{S_k} f \mathrm{d}S \tag{4.2}$$

其中 f 是对流($\rho\varphi \boldsymbol{V} \cdot \boldsymbol{n}$)或扩散($\Gamma\, \nabla\varphi \cdot \boldsymbol{n}$)通量矢量垂直于 CV 面方向的分量。由于假定速度场和流体物性是已知的,唯一未知的是 φ。但如果速度场是未知的,将涉及一个更复杂的非线性耦合方程问题,这类问题将在第 7 章和第 8 章讨论。

为了维持守恒,需要保证 CV 不重叠,即每个 CV 面对于两侧的两个 CV 来说都是唯一的。

下面将仅针对典型的 CV 面进行分析,即图 4.2 中标注为“e”的面;通过适当的指数替换,可以推导出所有面的类似表达式。

为了精确地求解公式(4.2)中的曲面积分，首先需要得到曲面 S_e 上的被积函数 f，由于只计算了 φ 的节点(CV 中心)值，所以必须引入一个近似值才能得到被积函数 f。此处需使用两个级别的逼近：

- 积分是根据单元面上一个或多个位置的变量值来逼近的；
- 单元面值近似于节点(CV 中心)值。

最简单的积分近似方法是中点法则，它将积分近似为单元面中心的被积函数(它本身是表面上的平均值的近似)和单元面面积的乘积：

$$F_e = \int_{S_e} f\,\mathrm{d}S = \bar{f}_e S_e \approx f_e S_e \tag{4.3}$$

如果已知 f 在位置“e”处的值，则该积分的近似具有二阶精度。接下来将介绍如何在一个简单的二维问题中确定积分近似的阶数。首先考虑笛卡尔控制体的东侧，沿着 y 坐标积分。为简单起见，将坐标原点设为单元面中心“e”，从而得到 $y_{se}=-\Delta y/2$ 和 $y_{ne}=+\Delta y/2$，接下来使用被积函数 f 围绕面质心的泰勒级数展开，假设 f_e 已知：

$$f=f_e+\left(\frac{\partial f}{\partial y}\right)_e y+\left(\frac{\partial^2 f}{\partial y^2}\right)_e \frac{y^2}{2}+H \tag{4.4}$$

H 代表“高阶项”。通过沿东面积分函数 f，得到如下：

$$\int_{S_e} f\,\mathrm{d}S = \int_{-\Delta y/2}^{\Delta y/2} f\mathrm{d}y \tag{4.5}$$

将公式(4.4)代入公式(4.5)可得

$$\int_{-\Delta y/2}^{\Delta y/2} f\mathrm{d}y = \left[f_e y + \left(\frac{\partial f}{\partial y}\right)_e \frac{y^2}{2} + \left(\frac{\partial^2 f}{\partial y^2}\right)_e \frac{y^3}{6} + H\right]_{-\Delta y/2}^{+\Delta y/2} \tag{4.6}$$

去掉涉及 f 的一阶导数项，得到

$$\int_{-\Delta y/2}^{\Delta y/2} f\mathrm{d}y = f_e \Delta y + \left(\frac{\partial^2 f}{\partial y^2}\right)_e \frac{(\Delta y)^3}{24} + H \tag{4.7}$$

右边的第一项是中点法则近似；第二项是截断误差的前导项(一般为最大)，且局部误差与 $(\Delta y)^3$ 成正比。此外，必须考虑到积分是在包含 n 个段的有限区域内进行的，其中 $n=Y/\Delta y$，Y 是总积分距离。由于局部误差产生了 n 次，所以总误差与 $(\Delta y)^2$ 成正比。

因为 f 的值在单元面中心，“e”是未知的，所以需通过插值得到。为了保证表面积分的中点法则近似的二阶精度，f_e 的值必须至少以二阶精度计算。本部分将在第 4.4 节中介绍一些普遍使用的近似。

二维曲面积分的另一个二阶近似是梯形法则，如下：

$$F_e = \int_{S_e} f\mathrm{d}S \approx \frac{S_e}{2}(f_{ne} + f_{se}) \tag{4.8}$$

在这种情况下，需要计算 CV 角上的通量矢量分量。通过使用上述方法对中点法则近似提出的相同方法，不同的是在位置“se”周围执行泰勒级数展开，并假设 f_{ne} 和 f_{se} 是已知的，从而可以得到梯形法则的局部截断误差的绝对值是中点法则的两倍，但符号相反：

$$\int_{-\Delta y/2}^{\Delta y/2} f\mathrm{d}y = \frac{f_{ne}+f_{se}}{2}\Delta y - \left(\frac{\partial^2 f}{\partial y^2}\right)_{se} \frac{(\Delta y)^3}{12} + H \tag{4.9}$$

需要注意的是，由于没有选定中点值，因此参考位置为面角。同样，从 CV 形心到面角的插值必须至少具有二阶精度，以保持梯形法则积分近似的二阶精度。

对于表面积分的高阶近似，通量矢量分量必须在两个以上的位置求解。由于辛普森法则是四阶近似，因此对 S_e 的积分估计如下：

$$F_e = \int_{S_e} f \mathrm{d}S \approx \frac{S_e}{6}(f_{ne} + 4f_e + f_{se}) \tag{4.10}$$

此处需要三个位置的 f 值：单元格表面中心"e"和两个角"ne""se"。为了获得四阶精度，这些值必须通过节点值的插值得到，插值精度至少与辛普森法则一样高。因此三次多项式是合适的，如下所示。

在三维中，中点法则同样是最简单的二阶近似。高阶近似要求被积函数在单元面中心以外的位置（例如，边缘的角点和中心），实现起来较为困难。下一节中提到了一种使用方法。

如果假定 f 的变化具有某种特定的简单形状（例如，插值多项式），则积分会更容易。近似的精度取决于形状函数的阶数。

4.3 体积积分的近似

输运方程中的某些项需要对 CV 的体积进行积分。最简单的二阶精确近似是用被积函数和被积函数体积的均值的乘积代替体积积分，并将前者近似为 CV 中心的值：

$$Q_P = \int_V q \mathrm{d}V = \bar{q}\Delta V \approx q_P \Delta V \tag{4.11}$$

其中 Q_P 表示 CV 中心的 q 值。该值较易计算。由于所有变量都在节点 P 上可用，所以不需要插值。如果 q 是常数或在 CV 内线性变化，上述近似就比较准确；否则，其会存在一个二阶误差。

高阶近似不仅需要计算中心位置的 q 值，还需要其他位置的 q 值。这些值可通过插值节点值或使用形状函数获得。

在二维中，体积积分变成了面积积分。四阶近似可以通过双二次型函数得到：

$$q(x, y) = a_0 + a_1 x + a_2 y + a_3 x^2 + a_4 y^2 + a_5 xy + a_6 x^2 y + a_7 xy^2 + a_8 x^2 y^2 \tag{4.12}$$

这九个系数是通过将函数拟合到九个位置的 q 值（"nw ""w""sw""n" "P""s""ne""e"和"se"，见图 4.2）得到的。通过在二维中积分得到（对于笛卡尔网格）：

$$Q_P = \int_V q \mathrm{d}V \approx \Delta x \Delta y \left[a_0 + \frac{a_3}{12}(\Delta x)^2 + \frac{a_4}{12}(\Delta y)^2 + \frac{a_8}{144}(\Delta x)^2(\Delta y)^2 \right] \tag{4.13}$$

该式只需要确定四个系数，主要取决于上面列出的九个位置的 q 值。在均匀笛卡尔网格上，可以得到：

$$Q_P = \frac{\Delta x \Delta y}{36}(16q_P + 4q_s + 4q_n + 4q_w + 4q_e + q_{se} + q_{sw} + q_{ne} + q_{nw}) \tag{4.14}$$

由于只有 P 点的值是可用的，所以必须使用插值来获得其他位置的 q。此外，其至少要有四阶精度才能保证积分近似的准确性，一些分析的案例将在下一节中描述。

上述二维体积积分的四阶近似可用于三维曲面积分的近似。三维体积积分的高阶近似更复杂，但可以使用相同的方法得到。

4.4 插值和微分示例

积分的近似值需要通过在计算节点(CV 中心)以外的位置的变量值得到。上述内容中常用f来表示被积函数,如下:对流通量为$f^c=\rho\varphi\boldsymbol{V}\cdot\boldsymbol{n}$,扩散通量为$f^d=\Gamma\nabla\varphi\cdot\boldsymbol{n}$。通过假设速度场和流体物性$\rho$和$\Gamma$在所有位置都已知。为了计算对流、扩散通量及源项的体积积分,需要先获得在 CV 表面上的一个或多个位置上的φ值及其法向梯度。这些值可通过插值用节点值表示。

计算单元面φ及其梯度的方法有很多。事实上,Waterson 和 Deconinck(2007 年)已经回顾并总结了几十种在有限体积条件下的计算方法。商用代码通常提供许多不同的方案,并就其使用和准确性给出建议。此处详细探讨一些常用的方法,然后总结并扩展到更通用的方案,包括 κ 格式、通量限制器和总变差递减(TVD)格式。

4.4.1 迎风插值格式(UDS)

用"e"上游节点的值近似φ_e相当于使用一阶导数的向后差分或向前差分近似(取决于流动方向),因此这种近似称为迎风差分方案(UDS)。在 UDS 中,φ_e近似为

$$\varphi_e=\begin{cases}\varphi_P,(\boldsymbol{v}\cdot\boldsymbol{n})_e>0\\ \varphi_E,(\boldsymbol{v}\cdot\boldsymbol{n})_e<0\end{cases} \tag{4.15}$$

这是唯一无条件满足有界准则的近似,其不会产生振荡解。这一过程是通过数值扩散来实现的,前一章已进行介绍,下面将再次回顾。

关于 P 的泰勒级数展开(对于笛卡尔网格和$(\boldsymbol{V}\cdot\boldsymbol{n})_e>0$):

$$\varphi_e=\varphi_P+(x_e-x_P)\left(\frac{\partial\varphi}{\partial x}\right)_P+\frac{(x_e-x_P)^2}{2}\left(\frac{\partial^2\varphi}{\partial x^2}\right)_P+H \tag{4.16}$$

其中H表示高次项。UDS 近似只保留了右边的第一项,所以是一阶格式。其前导截断误差项是扩散的,即类似于扩散通量:

$$f_e^d=\Gamma_e\left(\frac{\partial\varphi}{\partial x}\right)_e \tag{4.17}$$

数值扩散、人工扩散或假扩散系数(它有各种不好的名字)表达式为:$\Gamma_e^{num}=(\rho u)_e\Delta x/2$。如果流动方向与网格呈倾斜状态,这种数值扩散会在多维问题中被放大,从而截断误差就会在正常流向和顺流方向上产生扩散。这是特别严重的一种误差,其变量的峰值或幅值将被抹去。此外,由于误差减少率仅为一阶,因此需要非常精细的网格来获得精确解。

4.4.2 线性插值格式(CDS)

CV 面中心的值的另一个直接近似是两个最近节点之间的线性插值。在笛卡尔网格的"e"位置,如下(图 4.2 和图 4.3):

$$\varphi_e=\varphi_E\lambda_e+\varphi_P(1-\lambda_e) \tag{4.18}$$

其中线性插值因子λ_e定义为

$$\lambda_e=\frac{x_e-x_P}{x_E-x_P} \tag{4.19}$$

公式(4.18)是二阶精确的,可以用 φ_E 关于点 x_P 的泰勒级数展开来消去公式(4.16)中的一阶导数,如下:

$$\varphi_e=\varphi_E\lambda_e+\varphi_P(1-\lambda_e)-\frac{(x_e-x_P)(x_E-x_e)}{2}\left(\frac{\partial^2\varphi}{\partial x^2}\right)_P+H \tag{4.20}$$

在均匀或非均匀网格上,前导截断误差项与网格间距的平方成正比。

与所有高于一阶的近似值一样,这种格式可能产生振荡解。这是最简单的二阶格式,也是应用最广泛的一种。它对应于 FD 方法中一阶导数的中心差分近似,因此有了 CDS 这个缩写。

P 和 E 节点之间线性分布的假设也给出了最简单的梯度近似,这对于评估扩散通量是必要的:

$$\left(\frac{\partial\varphi}{\partial x}\right)_e\approx\frac{\varphi_E-\varphi_P}{x_E-x_P} \tag{4.21}$$

通过对 φ_e 进行泰勒级数展开,可以得到上述近似的截断误差为

$$\varepsilon_\tau=\frac{(x_e-x_P)^2-(x_E-x_e)^2}{2(x_E-x_P)}\left(\frac{\partial^2\varphi}{\partial x^2}\right)_e-\frac{(x_e-x_P)^3+(x_E-x_e)^3}{6(x_E-x_P)}\left(\frac{\partial^3\varphi}{\partial x^3}\right)_e+H \tag{4.22}$$

当位置"e"位于 P 和 E 之间时(例如在均匀网格上),近似具有二阶精度,因为右侧的第一项消失,并且前面的误差项与 $(\Delta x)^2$ 成正比。当网格不均匀时,前导误差项与 Δx 和网格扩展因子减去单位的乘积成正比。尽管有一阶精度的形式,但即使在非均匀网格上,网格细化时的误差降低也与二阶近似类似。关于这种行为的详细解释,请参见章节 3.3.4。

4.4.3　二阶迎风插值格式(QUICK)

下一个合乎逻辑的改进是用抛物线而不是直线来近似 P 和 E 之间的变量分布。为了构造抛物线,需要使用另一个点的数据。根据对流的性质,在上游取第三个点,即从 P 流向 E 时取 W($u_x>0$), $u_x<0$ 时取 EE,如图 4.2 所示。由此可得

$$\varphi_e=\varphi_U+g_1(\varphi_D-\varphi_U)+g_2(\varphi_U-\varphi_{UU}) \tag{4.23}$$

其中 D、U 和 UU 分别表示下游、第一个上游和第二个上游节点(E、P 和 W 或 P、E 和 EE,取决于流向)。系数 g_1 和 g_2 可以用节点坐标表示为

$$g_1=\frac{(x_e-x_U)(x_e-x_{UU})}{(x_D-x_U)(x_D-x_{UU})};g_2=\frac{(x_e-x_U)(x_D-x_e)}{(x_U-x_{UU})(x_D-x_{UU})}$$

对于均匀网格,插值所涉及的三个节点值的系数为:下游点为 3/8,第一个上游节点为 6/8,第二个上游节点为 1/8。这种方案比 CDS 方案要复杂一些:它在计算单元的每个方向上再扩展一个节点(在 2D 中,节点 EE、WW、NN 和 SS 都包括在内),并且,在非正交和/或非均匀网格上,系数 g_i 的表达式并不简单。Leonard(1979 年)使该方案流行起来,并将其命名为 QUICK(对流运动学的二阶迎风插值)。

该二次插值方法在均匀网格和非均匀网格上均存在三阶截断误差。这可以通过 φ_W 消除等式(4.20) 的二阶导数来表示,在一个均匀的笛卡尔网格上,$u_x>0$,可得:

$$\varphi_{\mathrm{e}}=\frac{6}{8}\varphi_{\mathrm{P}}+\frac{3}{8}\varphi_{\mathrm{E}}-\frac{1}{8}\varphi_{\mathrm{W}}-\frac{3(\Delta x)^{3}}{48}\left(\frac{\partial^{3}\varphi}{\partial x^{3}}\right)_{\mathrm{P}}+H \tag{4.24}$$

右边的前三项表示 QUICK 近似值,而最后一项是主要截断误差。当这种插值方案与曲面积分的中点法则近似结合使用时,总体近似仍然具有二阶精度(正交近似的精度)。虽然 QUICK 近似比 CDS 略精确,但两种格式都是以二阶方式渐近收敛的,且差异不大。

4.4.4 高阶格式

只有当积分用高阶公式近似时,高于三阶的插值才有意义。如果在二维曲面积分中使用辛普森法则,为了保持正交近似的四阶精度,必须用至少三阶的多项式进行插值,这将导致四阶的插值误差。例如,拟合如下一个多项式:

$$\varphi(x)=a_{0}+a_{1}x+a_{2}x^{2}+a_{3}x^{3} \tag{4.25}$$

通过四个节点上 φ 的值(“e”两边各有两个:W、P、E 和 EE),可以确定四个系数 a_i,并找到作为节点值的函数 φ_{e}。对于均匀笛卡尔网格,得到如下表达式:

$$\varphi_{\mathrm{e}}=\frac{9\varphi_{\mathrm{P}}+9\varphi_{\mathrm{E}}-\varphi_{\mathrm{W}}-\varphi_{\mathrm{EE}}}{16} \tag{4.26}$$

同样的多项式可以用来确定导数,只需要微分一次即可得到

$$\left(\frac{\partial\varphi}{\partial x}\right)_{\mathrm{e}}=a_{1}+2a_{2}x+3a_{3}x^{2} \tag{4.27}$$

在一个均匀的笛卡尔网格上,会产生如下方程:

$$\left(\frac{\partial\varphi}{\partial x}\right)_{\mathrm{e}}=\frac{27\varphi_{\mathrm{E}}-27\varphi_{\mathrm{P}}+\varphi_{\mathrm{W}}-\varphi_{\mathrm{EE}}}{24\Delta x} \tag{4.28}$$

上述近似有时被称为四阶 CDS,高阶多项式和(或)多维多项式也都可以使用。此外,保证插值函数及其前两阶导数在整个求解域内连续的三次样条也可以使用(成本有所增加)。

一旦在单元面中心获得变量及其导数的值,就可以在单元面上进行插值以获得 CV 角的值。这对于显式方法来说并不难使用,但是基于辛普森法则和多项式插值的四阶格式产生的计算单元对于隐式方法来说较大。此处可以使用第 5.6 节中描述的延迟修正方法来避免这种复杂性。

另一种方法是使用 FD 方法中用于派生紧凑(Padé)方案的技术。例如,可以通过将多项式(4.25)拟合到单元面两侧两个节点的变量值和一阶导数来获得多项式(4.25)的系数。对于均匀笛卡尔网格,φ_{e} 结果的表达式如下:

$$\varphi_{\mathrm{e}}=\frac{\varphi_{\mathrm{P}}+\varphi_{\mathrm{E}}}{2}+\frac{\Delta x}{8}\left[\left(\frac{\partial\varphi}{\partial x}\right)_{\mathrm{P}}-\left(\frac{\partial\varphi}{\partial x}\right)_{\mathrm{E}}\right] \tag{4.29}$$

上式右边第一项表示线性插值的二阶逼近;第二项表示线性插值的主要截断误差项的近似值,见公式(4.20),其中二阶导数用 CDS 近似。

这里存在节点 P 和 E 上的导数未知的问题,因此需对其本身进行近似。这里采用二阶 CDS 来近似一阶导数,即

$$\left(\frac{\partial\varphi}{\partial x}\right)_{\mathrm{P}}=\frac{\varphi_{\mathrm{E}}-\varphi_{\mathrm{W}}}{2\Delta x},\left(\frac{\partial\varphi}{\partial x}\right)_{\mathrm{E}}=\frac{\varphi_{\mathrm{EE}}-\varphi_{\mathrm{P}}}{2\Delta x}$$

得到的单元面值的近似值保留了多项式的四阶精度：

$$\varphi_e=\frac{\varphi_P+\varphi_E}{2}+\frac{\varphi_P+\varphi_E-\varphi_W-\varphi_{EE}}{16}+o(\Delta x)^4 \tag{4.30}$$

此表达式与公式(4.26)相同。

如果使用单元面两侧的变量值和上游侧的导数作为数据，则可以拟合出抛物线。从而得到近似等价于上述的 QUICK 格式：

$$\varphi_e=\frac{3}{4}\varphi_U+\frac{1}{4}\varphi_D+\frac{\Delta x}{4}\left(\frac{\partial\varphi}{\partial x}\right)_U \tag{4.31}$$

同样的方法可以用来获得在单元面中心的导数近似值，由多项式(4.25)的导数可得

$$\left(\frac{\partial\varphi}{\partial x}\right)_e=\frac{\varphi_E-\varphi_P}{\Delta x}+\frac{\varphi_E-\varphi_P}{2\Delta x}-\frac{1}{4}\left[\left(\frac{\partial\varphi}{\partial x}\right)_P+\left(\frac{\partial\varphi}{\partial x}\right)_E\right] \tag{4.32}$$

显然，右边的第一项是二阶 CDS 近似，其余的项用于修正，从而提高精度。

近似等式(4.29)、式(4.31)和式(4.32)普遍存在包含 CV 中心一阶导数是未知的问题。虽然可以用节点变量值表示的二阶近似代替，而不破坏其精度顺序，但所得到的计算单元将比预想的要大得多。例如，在二维中，辛普森法则和四阶多项式插值中的每个通量取决于 15 个节点值，而一个 CV 的代数方程涉及 25 个值。由此得到方程组的解的计算代价将是非常大的(见第 5 章)。

解决这个问题的方法是延迟修正方法，将在 5.6 节中描述。

值得注意的是，高阶近似并不一定能保证在任何单一网格上得到更精确的解。只有当网格足够精细以捕捉到所有能影响解的基本细节时，才能实现高精度，能够产生这种情况的网格大小只能通过系统的网格细化来确定。

4.4.5　其他格式

大量关于对流通量的近似已经被提出，相关的内容都超出了本书的讨论范围。上述的方法几乎可以用来推导所有的模型。本节和下一节将介绍其中的代表性方法。

人们可以通过从两个上游节点线性外推来近似得到 φ_e，从而得到线性迎风格式(LUDS)。该方案具有二阶精度，但由于它比 CDS 更复杂，且可能得到无界解，因此后者是更好的选择。

另一种由 Raithby(1976 年)提出的方法是从迎风侧进行外推，但要沿着流线而不是网格线(斜迎风格式)。基于此提出了与迎风格式和线性迎风格式相对应的一阶和二阶格式。这些方法比基于网格线外推的方法有更好的准确性。然而，这些方法非常复杂(有许多可能的流动方向)，需要大量的插值。由于这些方法的网格不够精细且难以编程时可能产生振荡解，因此没有得到广泛应用。

此外，也可以混合两种或更多不同的近似(详见第 4.4.6 节)。在 20 世纪 70 年代和 80 年代大量使用的一个例子是 Spalding(1972 年)的混合方案，它在 UDS 和 CDS 之间切换，取决于佩克莱数的局部值(例如，局部 $Pe_\Delta>2$ 时切换到 UDS)。其他研究人员提出了混合低阶和高阶格式以避免非物理振荡，特别是对于具有激波的可压缩流。其中一些方案将在下一节以及第 11 章中讨论。混合格式可以用来提高一些迭代求解器的收敛速度。

4.4.6 一般策略、TVD 格式和通量限制器

上述方案在生成精度高且行为良好的(即有界的)解的适用范围很广。特别地,如上文所述,只有 UDS 方案可以保证产生无振荡的解。Waterson 和 Deconinck(2007 年)对有界的高阶对流方案进行了全面阐述。此处简要地概述了线性模型分类的 κ 格式、总变差递减(TVD)格式及通量限制器方案的概念。虽然直到第六章才明确地处理非定常问题,但在此处介绍时间对空间离散化方案的影响是有必要的,因为在第 6 章中,重点是介绍时间步进方案本身。下文将假设一个均匀的网格和面间距,从而能较易推导非均匀网格的表达式。

上面描述的许多方案可以归到一个通用框架体系中,称为 κ 格式(V an Leer,1985 年;Waterson 和 Deconinck,2007 年)。通过遵循后者中列出的模式,其中部分是为了便于读者使用,而该综述作为选择适当格式的来源。在图 4.2 和图 4.3 的情况下,对于单元面变量 φ_e,在匀速正方向网格上的 κ 格式可以写成

$$\varphi_e=\varphi_P+\left[\frac{1+\kappa}{4}(\varphi_E-\varphi_P)+\frac{1-\kappa}{4}(\varphi_P-\varphi_W)\right] \tag{4.33}$$

其中"前导"方案是迎风差分方案(4.15),添加的项是"反扩散"项,以抵消扩散和迎风偏向的 UDS。κ 格式的比例赋值,如表 4.1 所示。

表 4.1 线性对流方程在 FVM 中的 κ 格式示例

格式	$-1\leqslant\kappa\leqslant1$	表达式 φ_e	注释
CDS	1	$\frac{1}{2}(\varphi_P+\varphi_E)$	2 阶精度:cf. Eq. (4.18) for λ_e $\frac{1}{2}$
QUICK	$\frac{1}{2}$	$\frac{6}{8}\varphi_P+\frac{3}{8}\varphi_E-\frac{1}{8}\varphi_W$	2 阶精度:cf. , Eq. (4.24)
LUI	−1	$\frac{3}{2}\varphi_P-\frac{1}{2}\varphi_W$	2 阶精度:完全迎风
CUI	$\frac{1}{3}$	$\frac{5}{6}\varphi_P+\frac{2}{6}\varphi_E-\frac{1}{6}\varphi_W$	2 阶精度:Waterson 和 Deconinck 在 2007 年测试的最佳 κ 格式

在计算机代码中,只需要对一般方程式进行编程,公式(4.33)则可以通过指定 κ 来利用其中任何一个。Waterson 和 Deconinck(2007 年)总结了线性标量对流方程的测试,并表明稳定一维对流的修正微分方程可以写成 κ 格式:

$$\left(u\frac{\partial\varphi}{\partial x}\right)_P=-\frac{1}{12}(3\kappa-1)u(\Delta x)^2\left(\frac{\partial^3\varphi}{\partial x^3}\right)_P+\frac{1}{8}(\kappa-1)u(\Delta x)^3\left(\frac{\partial^4\varphi}{\partial x^4}\right)_P+H \tag{4.34}$$

公式(3.34)用于以点 P 为中心的 CV。需要注意的是,公式(4.34)左边的对流项是用动量方程的非守恒微分形式写成的,见公式(1.20),与 Waterson 和 Deconinck(2007 年)使用的符号一致,表示"e"面和"w"面对流通量之间的差异。

用合适的插值公式表示微分方程的 FV 形式,然后将得到的表达式展开为关于 P 点的 Taylor 级数,得到修正方程(Warming 和 Hyett,1974 年;Fletcher,1991 年(第 9.2 节);

Ferziger,1998 年),具体是指原始方程加上隐含在 FV 计算公式中的其他项。这种修正方程法是有用的,主要原因如下:(1)其可以应用于非线性格式;(2)其结果可以反映采用特定格式的效果。例如,在这种情况下,可能同时存在三阶和四阶导数项,其主要取决于 κ 的值。如果三阶项是色散的,就表明在非定常情况下,解的各个组分以不同的速度移动,从而错误地色散了初始波形。如果四阶项是扩散的,就会导致解的耗散或退化。因此,对于 CDS 方案,当 $\kappa=1$ 时,该方法是色散的,但不是扩散的。另一方面,当三次迎风格式(CUI) $\kappa=1/3$ 时,该方法精度更高,且具有扩散性,但不具有色散性。

一般来说,上述方法通常是足够的,但也有一些具体的问题需要采用具体的方法,例如,在对流标量场中,产生负密度或盐度的振荡是非物理的,或者在速度快速变化的区域附近,即在激波等极端值附近。因此,开发针对这种特殊情况的方法是有必要的。在上述方法中,只有 UDS 保证产生有界和/或单调的行为,总变差递减(TVD)格式和通量限制器的作用是提供有界解。

针对一维尺度 φ 的对流在没有任何物质来源的情况(例如,通量 $\left(u\dfrac{\partial\varphi}{\partial x}\right)_{\mathrm{P}}$ 到 CV 的时间变化率),由于浓度 φ 最初是有界的,因此以后的值也必须是有界的,不应该出现可能导致非物理条件的波动。Harten(1983 年)(见 Hirsch,2007 年,或 Durran,2010 年)是第一个量化实现方案中所需有界性的方法的人:标量的总变化不随时间增加(从那时起关于这个主题的文献非常丰富,通过仔细阅读上述参考文献可证实这一结论)。因此,量 φ 在 n 时刻的总变化量定义为

$$TV(\varphi^{n})=\sum_{k}\left|\varphi_{k}^{n}-\varphi_{k-1}^{n}\right| \tag{4.35}$$

其中 k 是网格点指数,标准为

$$TV(\varphi^{n+1})\leqslant TV(\varphi^{n}) \tag{4.36}$$

即第 $n+1$ 时刻的总变化量应小于或等于第 n 时刻的总变化量。这样做的效果是将进入控制体的保守量的通量限制在一个水平,该水平条件下不会产生控制体积中该数量分布的局部最大值或最小值。在文献中,这种约束被定义为总变差递减或 TVD(Durran,2010 年)。

此时问题变成了如何满足公式(4.36)的检验。Godunov 早在 1959 年已证明(见 Roe,1986 年,或 Hirsch,2007 年),在线性格式中,只有一阶格式可以保证满足检验。这一结论激发了对非线性格式的研究,其中最成功的是通量限制器。其主要是"基于解场中局部梯度的比例定义对流方案的简单函数"(Waterson 和 Deconinck,2007 年)。Roe(1986 年)指出,该策略源于满足检验的方案,即 UDS,并添加非线性项以提高精度。此处遵循与 κ 格式中的方法并行(方程式(4.33)),其中"前导"项也是 UDS,写作

$$\varphi_{\mathrm{e}}=\varphi_{\mathrm{P}}+\frac{1}{2}\Psi(r)(\varphi_{\mathrm{P}}-\varphi_{\mathrm{W}}) \tag{4.37}$$

此处

$$r=\frac{\dfrac{1}{\Delta x}(\varphi_{\mathrm{E}}-\varphi_{\mathrm{P}})}{\dfrac{1}{\Delta x}(\varphi_{\mathrm{P}}-\varphi_{\mathrm{W}})}=\frac{\varphi_{\mathrm{E}}-\varphi_{\mathrm{P}}}{\varphi_{\mathrm{P}}-\varphi_{\mathrm{W}}} \tag{4.38}$$

注意,通过将函数 r 写成如公式(4.38)所示的形式,可以看到它实际上是中心导数与

上游导数的比值。在此基础上,可以选择加权函数 $\psi(r)$,使方案变为 TVD,尤其是在变量快速变化区域附近无振荡的情况下。这种格式的特点是,当变量变化平滑时,它具有二阶精度,但在局部极值时,精度会降低到一阶。目前存在大量相关文献,如 Waterson 和 Deconinck (2007 年), Hirsch (2007 年), Sweby (1984 年, 1985 年), Yang 和 Przekwas(1992 年) 和 Jakobsen(2003 年)。选择限制器 $\psi(r)$ 的基本思想是在 TVD 约束内的高阶项最大化"反扩散"的影响。Hirsch(2007,第 8.3.4 节)举例说明如何在 Sweby 通量限制器图上选择和显示适当的限制器区域。方案式(4.37)为 TVD 的一般结果为

$$0 \leqslant \Psi(r) \leqslant \min(2r, 2), r \geqslant 0, \psi(r) = 0, r \leqslant 0 \tag{4.39}$$

Waterson 和 Deconinck(2007 年)对大约 20 个版本的通量限制器进行了测试,其中 MUSCL (Van Leer,1977 年)的性能最好。表 4.2 列出了一小部分限制器函数供参考。

表 4.2　各种方案的 $\psi(r)$

方案	表达式 $\psi(r)$
迎风	0
CDS	r
MUSCL	$\max\left[0, \min\left(2, 2r, \frac{1+r}{2}\right)\right]$
OSPRE	$\frac{3r(r+1)}{2(r^2+r+1)}$
H-CUI	$\frac{3(r+\|r\|)}{2(r+2)}$
Van Leer Harmonic	$\frac{r+\|r\|}{1+r}$
MINMO	$\max[0, \min(r, 1)]$
Superbee	$\max[0, \min(2r, 1), \min(r, 2)]$

当 $\psi(r)=0$ 时,该格式简化为迎风格式,是一阶精度的 TVD 格式;当 $\psi(r)=r$ 时,该格式退化为 CDS 格式,是二阶精度的非 TVD 格式。在所示的 TVD 格式中,前几个(MUSCL、OSPRE、H-CUI 和 Van Leer Harmonic)在 Waterson 和 Deconinck(2007 年)测试报告中得分最高(按得分降序排列),基本上是二级精度。最下面的两个是常用的,但测试分数要低得多,而且明显低于二阶精度。Fringer 等(2005 年)在使用表中所示的一些 TVD 限制器时,证明了在计算过程中更改限制器以保持特定行为是有用的;这种变化是源于他们对流动势能的行为进行的测试。

此外,基于公式(4.37)和公式(4.33)的依赖性,可以推导出 κ 格式(Waterson 和 Deconinck,2007 年):

$$\psi(r) = \frac{(1+\kappa)}{2} r + \frac{(1-\kappa)}{2}$$

本节中描述的用于生成变量值的插值格式对于定常和非定常都是有用的(与所使用的

时间步进格式无关)。虽然可以导出二维空间和三维空间的格式,但通常在每个方向上使用一维空间的格式,并将一维空间的格式扩展到多维空间的格式。如果对流项中的传输速度在空间上发生变化,那么传输速度可能不同,所以必须利用每一项中的实际面通量重新推导这些格式,例如图 4.2 和图 4.3 中 CV 的 e 和 w 面,n 和 s 面,或 t 和 b 面。

此外,如上所述,许多流场包括振荡和/或急剧梯度,因此需要采取一些措施来防止数值发散。上文已经讨论了处理这个问题的一些方法,但是还有一些方法需要介绍。其中包含“本质无振荡”(ENO)和“加权本质无振荡”(WENO)方案,见第 11.3 节。Durran(2010年)对这些方法进行了详细的介绍及讨论,主要强调了这些方法在平滑极大值和极小值附近保持高阶精度的能力。目前有较多的文献对其进行了详细的介绍及说明,例如 Gottlieb 等(2006 年)、Wang 等(2016 年)及 Li 和 Xing(1967 年)。

4.5 边界条件的实现

每个 CV 提供一个代数方程。对于每一个 CV,体积积分都以同样的方法计算,但是通过与域边界重合的 CV 面的通量需要特殊处理。这些边界通量必须是已知的,或者可以用内部值和边界数据的组合表示。此外,由于方程的数量应等于单元格的数量,所以不应该引入额外的未知数,因此只有单元格中心的值可以被视为未知数。由于边界外没有节点,因此这些近似通常是由单边差分或外推得到的。

然而,正如 3.7.2 节中所述,可以采用基于导数的具有中心差的边界条件,并在计算域外添加虚拟点。在诺伊曼边界条件下,利用虚拟点和第一个内点之间的边界条件关系,将外部点合并到应用于边界的微分方程中。除此之外本书还将介绍其他方法。

一般来说,在流入边界处规定对流通量,而对流通量在不透水壁面和对称面上为零,通常假定与流出边界的法向坐标无关。在这种情况下,可以使用迎风近似。扩散通量有时在壁面指定,例如,指定热通量(包括热通量为零的绝热表面的特殊情况)或规定变量的边界值。此时可使用第 3.7 节中所述的法向梯度的单边近似来评估扩散通量。如果指定了梯度本身,则使用它来计算通量,并且可以使用以节点值表示的通量近似值来计算变量的边界值。这将在下面的示例中演示。

4.6 代数方程式组

通过将所有的通量近似值和源项相加,可得到一个代数方程,该方程将 CV 中心的变量值与几个相邻 CV 的值联立起来。方程和未知数的数量都等于 CV 的数量,所以系统是合理的。特定 CV 的代数方程为公式(3.43),整个解域的方程组为公式(3.44)所示的矩阵形式。采用第 3.8 节的排序方案时,矩阵 $\boldsymbol{A}$ 的形式如图 3.6 所示。这仅适用于具有四边形或六面体 CV 的结构网格。对于其他几何图形,矩阵结构将更加复杂(详见第 9 章),但其结构始终是稀疏的。对于二阶近似,任何行中元素的最大数目等于相邻点的数目。对于高阶近似,它取决于方案中使用的相邻点数量。

4.7 示　　例

为了演示 FV 法,并展示上述离散化方法的一些特性,以下给出三个示例。

4.7.1 测试 FV-近似的阶数

由于文献中对 FV-近似的阶数阐述不够充分,本章给出了一些有代表性的检验结果。针对一个均匀的二维笛卡尔网格,有 6 级细化(见图 4.4,其中显示了三个最粗的网格)。为简单起见,给出两个定义变量 φ 在二维上变化的解析函数:

$$\varphi=-2x+3x^2-7x^3+x^4+5y^4;\varphi=\cos x+\cos y \tag{4.40}$$

最粗的网格间距为 $\Delta x=\Delta y=1$;然后将其细化五次,因此在最细的网格上 32 个面对应于最粗糙的网格上的一个面。针对计算面质心处变量值的各种插值近似的准确性,以及对流通量的表面积分近似的准确性开展检验,并对插值近似的单个位置进行评估,以及对积分近似的粗网格面进行评估。

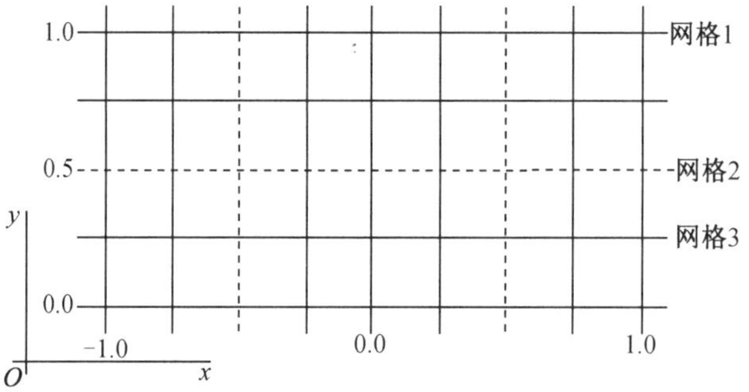

图 4.4　用于检验插值积分顺序的三个最粗网格示意图

首先需要考虑二阶 CDS(标记为 CDS2)和四阶 CDS(标记为 CDS4)插值的准确性,如公式(4.18)和公式(4.26)所定义。通过在公式(4.40)中插入节点坐标可得到变量的节点值。将每个网格中 $x=0$ 和 $y=0.5$ 处的面质心的插值与公式(4.40)中的准确值进行比较,图 4.5 显示了多项式和余弦函数在网格细化后插值和误差的变化。由图可知,在多项式函数的情况下,CDS2 高估了准确值,而 CDS4 低估了准确值。当网格间距连续减半时,这两个近似都以预期顺序收敛到指定位置的确切函数值。CDS4 近似在所有网格上都更准确,在最好的网格上,误差降低了 4 个数量级。

其次需要考虑中点积分逼近和辛普森法则的精度,如公式(4.3)及公式(4.10)所定义。在这两种情况下,采用了积分点(面质心和面角)的变量值的三种变体:CDS2 和 CDS4 的近似值,以及方程式(4.40)给出的解析表达式的准确值。中点法则和两个函数(多项式和余弦)的结果如图 4.6 所示。结果表明:在多项式函数的情况下,CDS2 高估了积分,CDS4 低估了积分,但 CDS2 积分中的误差比 CDS4 或精确的中点变量值低一个数量级。在余弦函数的情况下,CDS2 低估了积分,CDS4(以及准确的面质心值)高估了积分,CDS2 的误差仅为 CDS4 的 3 倍左右。

在上述任何情况下，都能得到二阶收敛性。这些验证证实，使用更精确的插值方案并不一定意味着积分近似也会更准确：这里精细网格上的 CDS4 产生了 4 个数量级的插值误差，但积分近似的误差仅比余弦函数低约 3 倍，而多项式函数高出 10 倍。

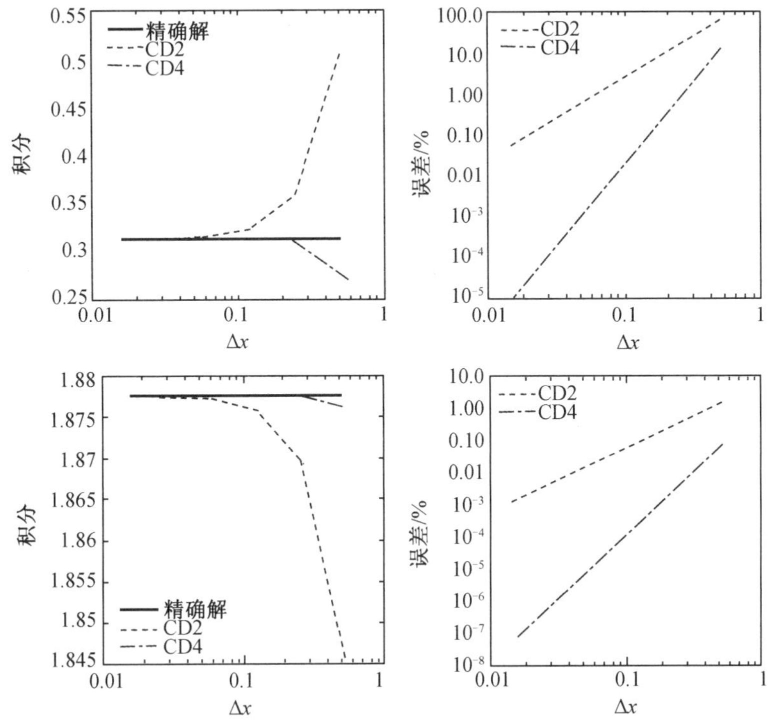

图 4.5　多项式（上）和余弦函数（下）在网格间距减半时，二阶 CDS 和四阶 CDS（左）插值面值的变化以及相关的误差（右）

需要注意的是，只要是二阶近似或者更高阶的近似（即使在面质心处精确的变量值也没有太大区别），插值的顺序并不影响中点法则近似的阶数。因此，使用 QUICK 或 CDS4 等方案的求解方法仅能以高于二阶的阶数进行插值，但只要对积分近似使用中点法则，总体的近似阶数就不能高于二阶。

最后，研究了基于辛普森法则的积分逼近。同样，在三个积分点（面质心和两个角）的变量值可以完全从指定的分析函数或 CDS2 或 CDS4 插值中获得。图 4.7 显示了多项式和余弦函数在网格细化后积分值的变化和误差。对于这两个函数，CDS4 会导致积分值被低估，而 CDS2 会导致多项式函数被高估，余弦函数被低估。此处在积分点上使用精确的函数值会导致得到最低误差（在所有网格上都超过一个数量级）。CDS4 的积分误差总比 CDS2 的小。此外，在最粗糙的网格上，差异其实并不明显，但在最精细的网格上，二者偏差超过 3 个数量级。

这些结果还表明，积分计算的阶数等于近似（插值和积分近似）的最低阶数。使用 CDS2 插值会导致辛普森法则的积分逼近变成了二阶逼近。如果使用一阶迎风格式进行插值，则总体阶数为一阶。然而，当 CDS2 用于插值，辛普森法则用于近似积分时，误差要比中点法则低一个数量级以上，尽管此时积分的两个近似都是二阶的（参见图 4.6 和图 4.7 中标记 CD2 的线）。

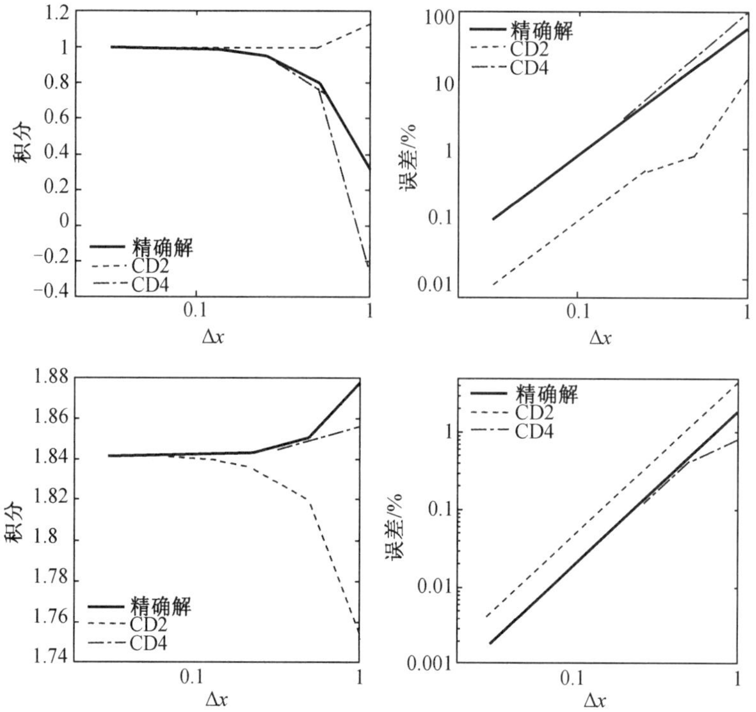

图 4.6 多项式(上)和余弦函数(下)在曲面质心处的变量值精确或由 **CDS2** 或 **CDS4** 插值(左)得到时,曲面积分在中点法则近似下的变化及网格间距减少一半时的相关误差(右)

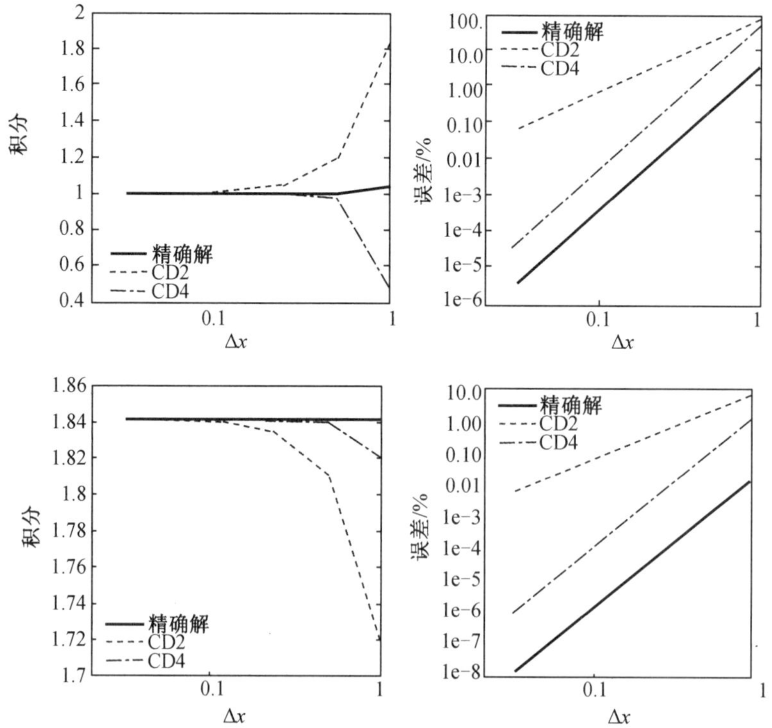

图 4.7 多项式(上)和余弦函数(下)在曲面质心处的变量值精确或由 **CDS2** 或 **CDS4** 插值(左)得到时,曲面积分在辛普森法则近似下的变化及网格间距减少一半时的相关误差(右)

通过比较计算扩散通量所需的单元面一阶导数的二阶和四阶近似,以及不同的表面积分近似,也会得到相同的结论。

本部分的介绍目的是证明 FV 方法的准确性取决于三个因素:①插值到除单元质心以外的位置;②导数的近似(用于扩散通量或源项);③积分的近似。为了得到最佳的结果,需要在这三种近似之间取得良好的平衡,仅针对其中一个因素进行优化并不能保证改善整体结果。

4.7.2 已知速度场中的标量输运

针对图 4.8 所示的标量在已知速度场中的输运问题,后者由 $u_x=x$ 和 $u_y=-y$ 给出,它表示在驻点附近的无黏性流动。流线是 $xy=$常数,并基于笛卡尔网格改变方向。另一方面,在任何单元面上,法向速度分量是恒定的,因此对流通量近似的误差只取决于 φ_e 的近似。在精度分析中,这是一个重要的因素。

待解的标量输运方程为

$$\int_S \rho\varphi\boldsymbol{v}\cdot\boldsymbol{n}\mathrm{d}S=\int_S \Gamma\,\nabla\varphi\cdot\boldsymbol{n}\mathrm{d}S \tag{4.41}$$

并应用以下边界条件:

- 沿北(入口)边界 $\varphi=0$;
- φ 沿西边界从 $y=1$ 的 $\varphi=0$ 到 $y=0$ 的 $\varphi=1$ 的线性变化;
- 南边界对称条件(垂直于边界的梯度为零);
- 出口(东)边界流动方向零梯度。

几何形状和流场如图 4.8 所示。

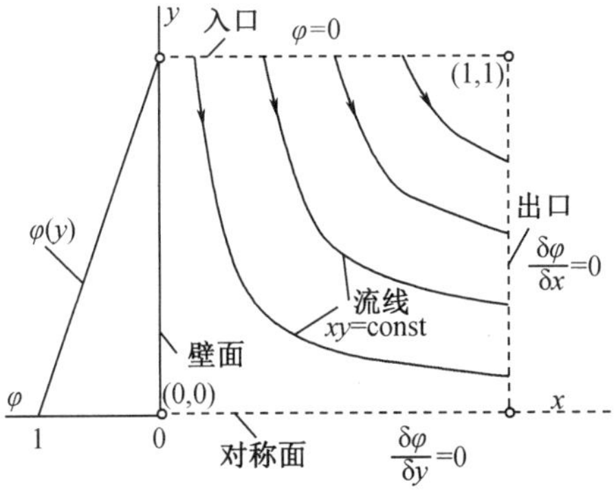

图 4.8 驻点流中标量输运的几何和边界条件

以下给出了"e"面离散化的细节。

对流通量将使用中点法则和 UDS 或 CDS 插值进行评估。此处将对流通量表示为质量通量和 φ 的平均表面值的乘积:

$$F_e^c=\int_{S_e}\rho\varphi\boldsymbol{v}\cdot\boldsymbol{n}\mathrm{d}S\approx\dot{m}_e\varphi_e \tag{4.42}$$

其中 $\dot{m}_e$ 是通过"e"面的质量通量:

$$\dot{m}_{e} = \int_{S_e} \rho \boldsymbol{v} \cdot \boldsymbol{n} \mathrm{d}S = (\rho u_x)_e \Delta y \tag{4.43}$$

表达式(4.43)在任何网格上都是适用的,因为速度 $u_{x,e}$ 沿表面是常数。此时通量近似为

$$F_e^c = \begin{cases} \max(\dot{m}_e, 0.)\varphi_P + \min(\dot{m}_e, 0.)\varphi_E & \text{for UDS} \\ \dot{m}_e(1-\lambda_e)\varphi_P + \dot{m}_e\lambda_e\varphi_E & \text{for CDS} \end{cases} \tag{4.44}$$

线性插值系数 λ_e 由公式(4.19)定义。其他 CV 面的通量表达式可以通过围绕 P 旋转面“e”,直到折叠到特定的面上并替换指数来获得。注意,每个面上的 $\boldsymbol{n}$ 指向外,即从单元中心 P 指向相邻单元的中心,参见图 4.2。例如,在面“w”处,可得到

$$F_w^c = \begin{cases} \max(\dot{m}_w, 0.)\varphi_P + \min(\dot{m}_w, 0.)\varphi_W & \text{for UDS} \\ \dot{m}_w(1-\lambda_w)\varphi_P + \dot{m}_w\lambda_w\varphi_W & \text{for CDS} \end{cases} \tag{4.45}$$

和

$$\lambda_w = \frac{x_w - x_P}{x_W - x_P} \tag{4.46}$$

在 UDS 情况下,得到了以下对流通量对代数方程系数的贡献:

$$\begin{gathered} A_E^c = \min(\dot{m}_e, 0.) \\ A_W^c = \min(\dot{m}_w, 0.) \\ A_N^c = \min(\dot{m}_n, 0.) \\ A_S^c = \min(\dot{m}_s, 0.) \\ A_P^c = -(A_E^c + A_W^c + A_N^c + A_S^c) \end{gathered} \tag{4.47}$$

对于 CDS 情况,系数为

$$\begin{gathered} A_E^c = \dot{m}_e\lambda_e \\ A_W^c = \dot{m}_w\lambda_w \\ A_N^c = \dot{m}_n\lambda_n \\ A_S^c = \dot{m}_s\lambda_s \\ A_P^c = -(A_E^c + A_W^c + A_N^c + A_S^c) \end{gathered} \tag{4.48}$$

A_P^c 的表达式由连续性条件得到:

$$\dot{m}_e + \dot{m}_w + \dot{m}_n + \dot{m}_s = 0 \tag{4.49}$$

该等式满足速度场的要求。但需要注意,以节点 P 为中心的 CV 的 $\dot{m}_w$ 和 λ_w 分别等于 $-\dot{m}_e$ 和 $1-\lambda_e$。因此,在计算机代码中,质量通量和插值因子计算一次后会存储为每个 CV 的 $\dot{m}_e$、$\dot{m}_n$ 和 λ_e、λ_n。

利用中点法则和 CDS 的法向导数近似计算扩散通量积分是最简单和最广泛使用的近似,如下:

$$F_e^d = \int_{S_e} \Gamma \nabla\varphi \cdot \boldsymbol{n} \mathrm{d}S \approx \left(\Gamma \frac{\partial \varphi}{\partial x}\right)_e \Delta y = \frac{\Gamma \Delta y}{x_E - x_P}(\varphi_E - \varphi_P) \tag{4.49}$$

注意 $x_E = \frac{1}{2}(x_{i+1} + x_i)$,$x_P = \frac{1}{2}(x_i + x_{i-1})$,如图 4.2 所示。扩散系数 Γ 为常数;如果不是,则可以在 P 点和 E 点的节点值之间线性插值。扩散项对代数方程系数的贡献为

$$A_E^d = -\frac{\Gamma \Delta y}{x_E - x_P}$$

$$A_W^d = -\frac{\Gamma \Delta y}{x_P - x_W}$$

$$A_N^d = -\frac{\Gamma \Delta x}{y_N - y_P}$$

$$A_S^d = -\frac{\Gamma \Delta x}{y_P - y_S}$$

$$A_P^d = -(A_E^d + A_W^d + A_N^d + A_S^d) \tag{4.50}$$

将相同的近似应用于其他 CV 面，积分方程为

$$A_W \varphi_W + A_S \varphi_S + A_P \varphi_P + A_N \varphi_N + A_E \varphi_E = Q_P \tag{4.51}$$

表示通用节点 P 的方程。系数 A_l 是由对流和扩散贡献的总和得到的，见公式(4.47)、公式(4.48)及公式(4.50)：

$$A_l = A_l^c + A_l^d \tag{4.52}$$

其中 l 代表 P、E、W、N、S 的任意指标，A_P 等于所有相邻系数的负值之和是所有守恒格式的一个特征，并确保均匀场是离散方程的解。

上述表达式适用于所有内部 CV。对于边界附近，需要对方程进行一定的修改。在规定 φ 的北边界和西边界，法线方向上的梯度近似使用单边差值，例如，在西边界：

$$\left(\frac{\partial \varphi}{\partial x}\right)_w \approx \frac{\varphi_P - \varphi_W}{x_P - x_W} \tag{4.53}$$

其中 W 表示边界节点，其位置与单元面中心“W”重合。这种近似是一阶精度，适用于半宽 CV，可通过其将系数与边值的乘积加到源项中。例如，沿西边界（指数 $i=2$ 的 CV），将 $A_W \varphi_W$ 加到 Q_P 中，并将系数 A_W 设为零。这同样适用于北边界的系数 A_N。

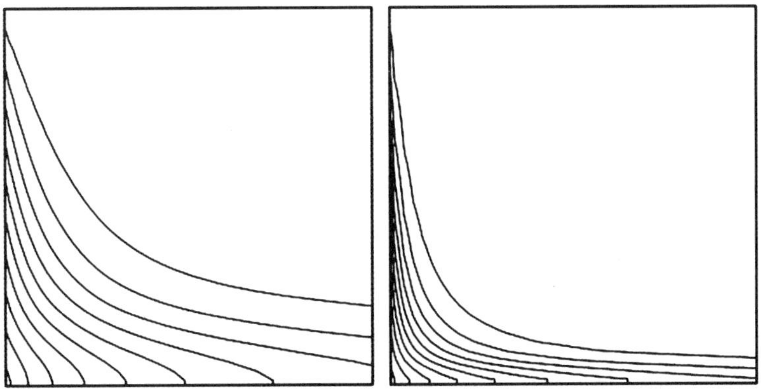

图 4.9 φ 的等值线，从 0.05 到 0.95，步长为 0.1（从上到下），Γ=0.01（左）和 Γ=0.001（右）

在南边界，φ 的法向梯度为零，当采用上述近似时，意味着边界值等于 CV 中心的值。因此，对于指数 $j=2$ 的单元，$\varphi_S = \varphi_P$，这些 CV 的代数方程修改为

$$(A_P + A_S)\varphi_P + A_N \varphi_N + A_W \varphi_W + A_E \varphi_E = Q_P \tag{4.54}$$

这需要将 A_S 添加到 A_P，然后设置 $A_S = 0$。此外，可采用类似方式得到出口（东）边界处的零梯度条件。

图 4.9 展示了使用 CDS 在 40×40 CV 均匀网格上计算的 φ 等值线，对于两个值为 Γ：0.001 和 0.01($\rho=1.0$)的对流通量。正如预期的那样，当 Γ 值越高时，通过流动扩散的输运越强。

为了评估预测的准确性，可通过规定 φ 的西(左)边界监测 φ 的总通量判断。因为该边界上的对流通量为零，具体是通过将沿这个边界的所有 CV 面上的扩散通量求和得到的，其近似于等式(4.49)和式(4.53)。图 4.10 显示了对对流通量进行 UDS 和 CDS 离散化后网格细化后所得的通量变化，其中扩散通量采用 CDS 进行离散化。网格从 10×10 CV 细化到 320×320 CV。在最粗糙的网格上，CDS 不能为 $\Gamma=0.001$，此时对流占主导地位，近西边界的短距离内 φ 会发生快速变化(图 4.9)从而导致强烈的振荡，以至于大多数迭代求解器无法收敛(局部单元佩克莱数，$Pe_\Delta=\rho u_x \Delta x/\Gamma$，在这个网格中范围在 10 到 100 之间。(借助延迟校正可能会获得收敛解，但会导致结果非常不准确)随着网格的细化，CDS 结果单调收敛于网格无关的解。在 40×40 CV 网格上，局部佩克莱数范围为 2.5~25，但在解中没有振荡，如图 4.9 所示。

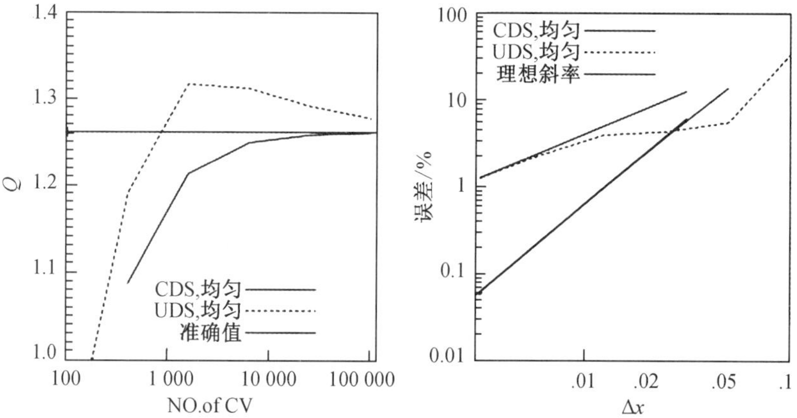

图 4.10 φ 总通量通过西(左)壁的收敛性及计算通量误差作为网格间距的函数，$\Gamma=0.001$

UDS 解决方案不像预期的那样在任何网格上振荡，但收敛不是单调的，具体是指两个最粗网格上的通量低于收敛值，其在下一个网格上的通量太大，然后单调地接近正确的结果。通过假设 CDS 方案的二阶收敛性，通过 Richardson 外推法估计网格无关解(详见第 3.9 节)，并能够确定每个解的误差。图 4.10 中针对 UDS 和 CDS 绘制了误差与标准化网格大小($\Delta x=1$ 为最粗糙的网格)的关系图。书中还给出了一阶格式和二阶格式的期望斜率。CDS 误差曲线具有二阶格式所期望的斜率。UDS 的误差在前三个网格中表现出不规则行为。从第四个网格开始，误差曲线接近预期斜率。在 320×320 CV 的网格上，UDS 方案的误差仍在 1%以上，而 CDS 在 80×80 网格上就已经产生了更准确的结果。

4.7.3 测试数值扩散

另一个普遍的测试案例是阶梯分布在倾斜于网格线的均匀流动中的对流，如图 4.11 所示。通过调整边界条件(西、南边界 φ 的规定值，北、东边界流出条件)，可以用上述方法求解。下面展示了使用 UDS 和 CDS 离散化获得的结果。

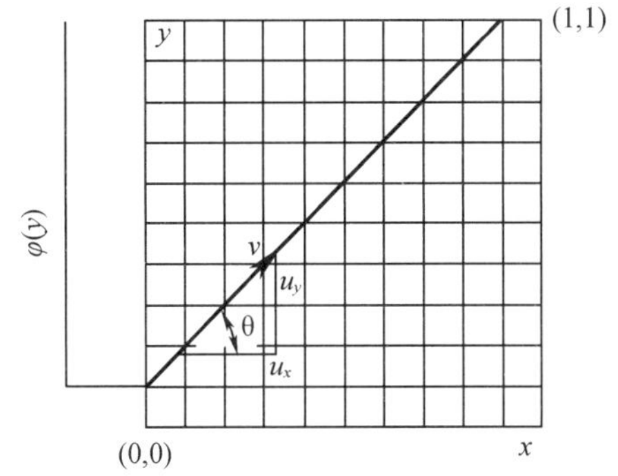

图 4.11 倾斜于网格线的均匀流动阶梯分布对流的几何和边界条件

由于本例中不存在扩散现象,所以要解的方程为(微分形式):

$$u_x \frac{\partial \varphi}{\partial x}+u_y \frac{\partial \varphi}{\partial y}=0 \tag{4.55}$$

在这种情况下,双向均匀网格上的 UDS 给出了非常简单的方程:

$$u_x \frac{\varphi_{\mathrm{P}}-\varphi_{\mathrm{W}}}{\Delta x}+u_y \frac{\varphi_{\mathrm{P}}-\varphi_{\mathrm{S}}}{\Delta y}=0 \tag{4.56}$$

以上方程可以在没有迭代的情况下求解。另一方面,CDS 给出了主对角线上的系数 AP 的零值,这使得求解变得困难。对于这个问题,大多数迭代求解器都无法收敛。然而,通过使用上述和 5.6 节中的描述的延迟修正方法可以求得该解。

如果流动方向平行于 x 坐标,两种方法都能给出正确的结果,即下游横截面存在流动仅向下简单的对流。当流体流动方向与网格线呈倾斜关系时,UDS 在任何下游横截面处都会产生平缓的阶梯分布,而 CDS 则会产生振荡。图 4.12 给出了在 20×20、40×40 和 80×80 三种均匀网格序列上,采用 UDS、CDS 和 95% CDS+5% UDS 三种不同的离散方式,在网格($ux=uy=1$;$\rho=1$;在西边界处 $\varphi=0$, $y<0.1$ 且 $\varphi=1$ for $0.1<y<1$;在南边界处, $\varphi=0$)处,流量为 45°倾斜时,$x=0.5$ 处的 φ 值剖面云图。在 UDS 解中可以清楚地看到数值扩散的影响,呈现明显的阶梯分布,并且连续网格上的解之间的差异几乎相同,这表明尚未达到一阶近似收敛——当网格间距减半时,需要多次细化网格,才能将该偏差减半。另一方面,CDS 在阶梯处产生了具有适当陡度的分布,但它在阶梯两侧振荡并产生过冲和下冲。振荡的幅度并不随着网格的细化而减小,只有波长会减小。当 5%的 UDS 与 95%的 CDS 混合时,振荡的幅度显著减小,并且随着网格的细化而显著减小。本测试案例中是不存在物理扩散的,而在实际流动中,黏度和扩散系数始终存在,在网格足够细时,CDS 解中的振荡将消失,如 3.10 节所示。局部网格细化将有助于定位,甚至可能去除振荡,这将在第 12 章中讨论。振荡也可以通过局部引入数值扩散来消除(例如,仅在必要时将 CDS 与 UDS 混合,而不是像上面所做的那样在整个计算域内均匀混合)。例如可在激波附近的可压缩流中实现该方法(关于这种混合的系统方法,请参阅第 4.4.6 节)。

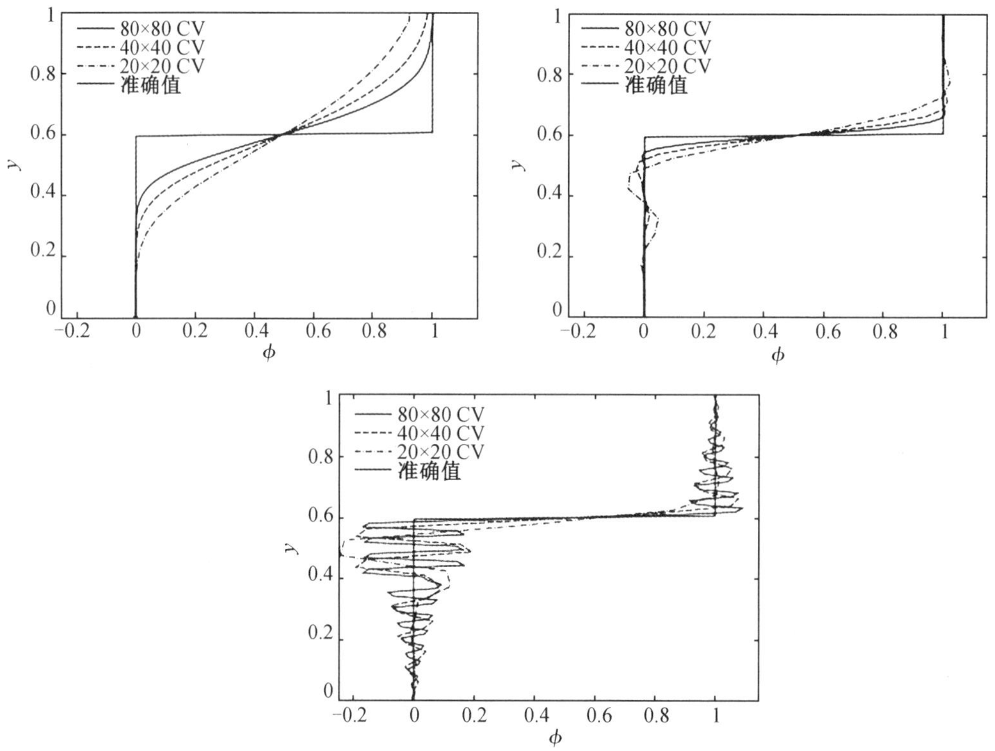

图 4.12　使用 UDS(上)、95% CDS 和 5% UDS(中)和 CDS(下)混合在三个网格上计算 $x=0.5$ 处 φ 的分布图

通过使用第 4.4.6 节中描述的修正方程方法，可以（使用关于单元中心的差分方程的泰勒级数展开）表明，公式(4.56)中体现的 UDS 方法更有利于解决对流扩散问题：

$$u_x\frac{\partial\varphi}{\partial x}+u_y\frac{\partial\varphi}{\partial y}=u_x\Delta x\frac{\partial^2\varphi}{\partial x^2}+u_y\Delta y\frac{\partial^2\varphi}{\partial y^2}\tag{4.57}$$

相比于原来的公式(4.55)，通过修正得到了公式(4.57)。将方程转化为与流动平行和垂直的坐标，则法向有效扩散系数为

$$\Gamma_{\mathrm{eff}}=U\sin\theta\cos\theta(\Delta x\cos\theta+\Delta y\sin\theta)\tag{4.58}$$

其中 U 是速度的大小，θ 是流动相对于 x 方向的角度。de Vahl Davis(1972 年)也得出了一个类似的并被广泛引用的结果。在第 4.4.6 节中，可以看到，由于修正方程所暴露的截断误差，FV 离散方程并不能精确地求解所需要的微分方程的解。

基于以上分析证明：

- 高阶格式在粗网格上会发生振荡，但随着网格的细化，其会比低阶格式更快地收敛并得到精确解。
- 虽然一些商用 CFD 代码中仍在使用一阶 UDS，由于结果误差较大，并不推荐使用。主要原因是这种方法无法获得高精度，尤其是在 3D 体系中，其在流向和法向方向的预测都会产生较大的扩散误差。
- CDS 是最简单的二阶精度方案，在精度、简单性和效率之间实现了很好的平衡。然而，在以对流为主的问题中需要注意，如果网格不合适，可能需要借助 TVD 方法来避免振荡。

第5章　线性方程组的解

5.1 简　　介

第3章和第4章主要介绍了如何使用FD法和FV法离散对流扩散方程。在这两种情况下，离散化过程的结果都是一个代数方程组，根据从中导出的偏微分方程的性质，可以判断这些方程组是线性的还是非线性的。在非线性情况下，离散方程必须通过迭代求解，包括近似解，接着线性化关于该解的方程，并改进解。通过不断重复这个过程，直到得到一个收敛的结果。因此，无论方程是否线性，都需要通过有效方法来求解线性代数方程组。

由偏微分方程导出的矩阵总是稀疏的，即它们的大部分元素都是零。下面将介绍使用结构网格求解方程的一些方法，矩阵的所有非零元素都位于一小部分定义良好的对角线上。其中一些方法也适用于由非结构网格产生的矩阵。

用五点近似离散的二维问题的系数矩阵的结构（迎风或中心差）如图3.6所示。一个CV或网格节点的代数方程由公式（3.43）给出，完整问题的矩阵方程由公式（3.44）给出，详细内容见第3.8节，公式如下：

$$\boldsymbol{A}\boldsymbol{\varphi}=\boldsymbol{Q} \tag{5.1}$$

除了介绍表示离散偏微分方程的线性代数系统的一些较好的解法外，本章还将讨论非线性方程组的解法。本章从线性方程开始对其进行简单描述。

5.2 直　接　法

假设矩阵$\boldsymbol{A}$是稀疏矩阵。那么遇到的最复杂的矩阵是块型带状矩阵，这将大大简化求解。然而，需要先简要回顾一般矩阵的方法，因为稀疏矩阵的方法与它们密切相关。在介绍处理全矩阵的方法时，使用全矩阵表示法（相较于前面介绍的对角线表示法）更为合理，后续将采用此方法。

5.2.1 高斯消元法

求解线性代数方程组的基本方法是高斯消元法，具体是指系统地把大方程组简化为小方程组。在这个过程中修改了矩阵的元素，但是由于因变量的名称没有改变，所以用矩阵来单独描述这个方法是很方便的：

$$\boldsymbol{A}=\begin{pmatrix} A_{11} & A_{12} & A_{13} & \cdots & A_{1n} \\ A_{21} & A_{22} & A_{23} & \cdots & A_{2n} \\ \vdots & \vdots & \vdots & & \vdots \\ A_{n1} & A_{n2} & A_{n3} & \cdots & A_{nn} \end{pmatrix} \tag{5.2}$$

该方法的核心是消除 A_{21}，即将其替换为零。具体是指通过将第一个方程(矩阵的第一行)乘以 A_{21}/A_{11} 并用第二个方程(矩阵的第二行)减去来实现的。在这个过程中，矩阵第二行的所有元素发生了变化，就像方程右边的强制向量的第二个元素一样。矩阵第一列的其他元素 A_{31}，A_{41}，…，A_{n1} 也做类似的处理，例如，为了消去 A_{i1}，矩阵的第一行乘以 A_{i1}/A_{11}，然后用第 i 行减去。通过系统地向下处理矩阵的第一列，A_{11} 以下的所有元素都被消除了。当这个过程完成时，方程 2,3，…，n 不包含变量 φ_1。它们是一组数量为 $n-1$ 的方程组，变量为 φ_2，φ_3，…，φ_n。然后使用相同的方法进行类似处理——第二列中 A_{22} 以下的所有元素都被消除。用这个方法对第 1,2，…，$n-1$ 列进行处理，在这个过程完成后，原来的矩阵变为一个上三角矩阵：

$$\boldsymbol{U}=\begin{pmatrix} A_{11} & A_{12} & A_{13} & \cdots & A_{1n} \\ 0 & A_{22} & A_{23} & \cdots & A_{2n} \\ \vdots & \vdots & \vdots & & \vdots \\ 0 & 0 & 0 & \cdots & A_{nn} \end{pmatrix} \tag{5.3}$$

相比于原始矩阵 $\boldsymbol{A}$，除了第一行之外，现有矩阵中所有的元素都发生了变化。此时可将原始矩阵替换为现有矩阵(如在极少数需要保存原始矩阵的情况下，可在开始替换前创建一个副本)。

上述方法为前向消元法。方程式右边的元素 Q_i 也在矩阵变化过程中发生了变化。基于前向消元法得到的上三角方程组更容易求解，最后一个方程只包含一个变量 φ_n：

$$\varphi_n=\frac{Q_n}{A_{nn}} \tag{5.4}$$

倒数第二个方程只包含 φ_{n-1} 和 φ_n，一旦 φ_n 已知，就可以求出 φ_{n-1}。以这种方式向上推进，每个方程依次求解；第 i 方程可以得到 φ_i：

$$\varphi_i=\frac{Q_i-\sum_{k=i+1}^{n}A_{ik}\varphi_k}{A_{ii}} \tag{5.5}$$

由于求解得到了所有的 φ_k，因此可以求得公式右边变量，从而所有的变量都可以计算得到。高斯消元法中从三角矩阵开始计算未知数的部分称为回代过程。

当 n 比较大时，用高斯消元法求解有 n 个方程的线性系统所需的运算次数与 $n^3/3$ 成正比。前向消元阶段占据了求解过程的大部分，而回代只需要 $n^2/2$ 个算术运算，相比前向消元要简化很多。因此，高斯消元法是需要消耗大量计算资源的。但对于完整的矩阵，其高成本的计算方法也为寻找矩阵的更有效的特殊解提供了动力，例如微分方程离散化所产生的稀疏解。

对于非稀疏的大型矩阵，高斯消元法容易受到误差累积的影响(详细内容见 Golub and van Loan，1996 年；Watkins，2010 年)。如果不对其进行修正，那么高斯消元法将是不可靠的。为了使主元素(出现在对角线的元素)尽可能大，通过添加主元素或交换行可以控制误差增长。不同的是，对于稀疏矩阵来说，误差累积的影响很小，几乎可以忽略。

由于高斯消元法不能很好地向量化或并行化，因此一般需要对其进行修正后才能用于解决 CFD 问题。

5.2.2　LU 分解

目前有许多关于高斯消元法的变型方法，其中 LU 分解方法被广泛应用于 CFD 中，该方法是不需要推导的。

基于上述可知，在高斯消元法中，前向消元法可将一个完整的矩阵简化为一个上三角矩阵。这个过程也可以用一种更正式的方式进行，即将原始矩阵 $\boldsymbol{A}$ 乘以一个下三角矩阵。对于高斯消元法来说，其对结果几乎没有影响。但是，由于下三角矩阵的逆也是下三角矩阵。这表明在忽略一些特殊情况下，任何矩阵 $\boldsymbol{A}$，都可以因式分解成下($\boldsymbol{L}$)和上($\boldsymbol{U}$)三角矩阵的乘积：

$$\boldsymbol{A}=\boldsymbol{L}\boldsymbol{U} \tag{5.6}$$

为了使分解唯一，LU 分解法要求 $\mathbf{L}$ 的对角线元素 L_{ii} 都是相同的；或者，要求 $\boldsymbol{U}$ 的对角线元素是相同的。

这种分解之所以有用，是因为很容易构造。其构造的上三角矩阵 $\boldsymbol{U}$ 正是高斯顺序消去产生的上三角矩阵 $\boldsymbol{U}$，而 $\boldsymbol{L}$ 的元素是消去过程中乘的因子(如 A_{ji}/A_{ii})。这样就可以通过对高斯消元法稍加修改来构造因式分解。此外，$\boldsymbol{L}$ 和 $\boldsymbol{U}$ 的元素可以存储在 $\boldsymbol{A}$ 的元素所在的位置。

这种因式分解使方程(5.1)分成两个阶段求解。定义如下：

$$\boldsymbol{U}\boldsymbol{\varphi}=\boldsymbol{Y} \tag{5.7}$$

方程(5.1)变成

$$\boldsymbol{L}\boldsymbol{Y}=\boldsymbol{Q} \tag{5.8}$$

后一组方程可以用高斯消元法回代阶段所使用方法的一种变化来求解，这种方法从方程组的顶部开始。当方程(5.8)解出 $\boldsymbol{Y}$ 时，方程(5.7)与高斯消元法回代求解的三角方程组相同，从而可以求解 φ。

LU 分解相对于高斯消元的优点是可以在不知道 $\boldsymbol{Q}$ 的情况下进行分解。因此，如果要求解涉及相同矩阵的多个方程组，首先进行因式分解可以节省相当多的时间，然后可以根据需要对方程组进行求解。下文也将证明 LU 分解的变化是解决线性方程组的一些更好的迭代方法的基础，这也是介绍该方法的主要原因。

5.2.3　三对角方程组

当常微分方程(一维问题)进行有限差分时，例如用 CDS 近似，得到的代数方程具有特别简单的结构。每个方程只包含其本身的节点以及左、右相邻的变量：

$$A_W^i\varphi_{i-1}+A_P^i\varphi_i+A_E^i\varphi_{i+1}=Q_i \tag{5.9}$$

对应的矩阵 $\boldsymbol{A}$ 仅在其主对角线上(用 A_P 表示)和紧邻其上面与下面的对角线上(分别用 A_E 和 A_W 表示)有非零项。这样的矩阵称为三对角矩阵；包含三对角矩阵的方程组较易求解。矩阵元素最好存储为 3 个 $n\times1$ 数组。

高斯消元法非常适合求解三对角矩阵：在前向消元过程中，每一行只需要消去一个元素。当算到第 i 行时，只需要改变 A_P^i，就可得新的值为

$$A_P^i=A_P^i-\frac{A_W^iA_E^{i-1}}{A_P^{i-1}} \tag{5.10}$$

从程序员的角度来理解这个方程，即结果被存储在原始 A_P^i 的位置。强制项也进行了修改：

$$Q_i^* = Q_i - \frac{A_W^i Q_{i-1}^*}{A_P^{i-1}} \tag{5.11}$$

回代过程的方法也很简单。第 i 个变量由以下公式计算：

$$\varphi_i = \frac{Q_i^* - A_E^i \varphi_{i+1}}{A_P^i} \tag{5.12}$$

这种三对角线求解方法有时被称为托马斯算法或三对角矩阵算法（TDMA）。该方法较易编程（FORTRAN 只需要 8 行可执行代码），且操作次数与 n 成正比，远小于全矩阵高斯消元法的 n^3（n 是未知数的数量），即求解每个未知量的代价与未知量的数量是无关的。因此，该算法具有较低的成本，并且适用范围很广。许多求解方法利用其优势，将问题简化为三对角矩阵问题进行处理。

5.2.4 循环约化

针对一些特殊案例，可以实现比采用 TDMA 更低的成本。本节提供一个较为典型的案例，具体是指矩阵不仅是三对角线矩阵，而且每条对角线上的所有元素都是相同的。循环约化法可以用来求解该特殊矩阵，该方法使得每个变量的成本实际上随着系统变大而减小。接下来介绍该方法如何实现。

假设在方程（5.9）中，系数 A_W^i、A_P^i 和 A_E^i 与指数 i 无关，那么可能会忽略这个指数。然后，对于 i 的偶数值，用第 $i-1$ 行乘以 A_W/A_P，并从第 i 行减去它。接着用第 $i+1$ 行乘以 A_E/A_P，从第 i 行减去它。这就消除了偶数行中主对角线左边和右边的元素，并用 $-A_W^2/A_P$ 替换主对角线左边两列的零元素，用 $-A_E^2/A_P$ 替换主对角线右边两列的零元素，从而对角线元素就变为了 $A_P-2A_WA_E/A_P$。由于每个偶数行的元素都是相同的，所以新元素的计算只需要做一次，这就是节约计算资源的原因。

基于以上变化后，偶数方程只包含偶数索引变量，并且构成一组有 $n/2$ 个方程的矩阵。作为一个独立的三对角线矩阵，每条对角线上的元素都是相等的。此外，简化后的方程与原方程的形式相同，但其大小减少了一半，并且可以继续用同样的方法进一步减少。如果原始集合中方程的数量是 2 的幂（或某些其他方便的数字），则可以继续使用该方法，直到只剩下一个方程。这时的方程是可以直接求解的，而剩下的变量可以通过回代的变体来找到。

此外，这种方法的成本与 $\log_2 n$ 成正比，因此求解每个变量的成本随着变量数量增加而减少。尽管该方法看起来不是很专业，但它在 CFD 应用中发挥着很大作用。比如一些流动是非常规则的几何形状，例如矩形域，可用于直接或大涡模拟湍流和一些气象应用。

在这些应用中，循环约化及相关方法为直接求解拉普拉斯方程、泊松方程等椭圆方程用非迭代的方法提供了基础。由于解是精确的，其不包含迭代误差，因此该方法在适用范围内是被广泛采用的①。

循环约化与快速傅里叶变换密切相关，快速傅里叶变换也可用于求解简单几何中的椭圆方程。傅里叶方法也可用来求导数，如第 3.11 节所示。

5.3 迭 代 法

5.3.1 基本概念

任何方程组都可以用高斯消元法或 LU 分解法求解。但是，稀疏矩阵的三角因子并不稀疏，因此这些方法的代价相当高。此外，离散误差通常比计算机算法的精度大得多，很难精确地求解，因此需要精度高于离散误差的解决方案。

此时迭代法派上了用场，其通常用于解决非线性问题，但同时也适用于求解稀疏线型矩阵。在迭代法中，可假设一个解，然后用这个方程系统地改进它。如果每次迭代成本都很低，迭代次数也很少，那么迭代求解器的成本可能比直接方法要低，而大多 CFD 问题普遍是这样的。

公式(5.1)表示的矩阵问题可能是由流动问题的 FD 或 FV 近似引起的。经过 n 次迭代得到了 φ^n 的近似解，但不完全满足这些方程，而是存在一个非零余量 ρ^n：

$$A\varphi^n = \boldsymbol{Q} - \rho^n \tag{5.13}$$

将该方程从式(5.1)中减去，得到的就是迭代误差，其定义为

$$\varepsilon^n = \varphi - \varphi^n \tag{5.14}$$

其中 φ 为收敛解，残差为

$$A\varepsilon^n = \rho^n \tag{5.15}$$

迭代过程的目的是使残差归零，在这个过程中，也变成了零。其具体过程请参考线性矩阵的迭代方案，该方案可以写成

$$M\varphi^{n+1} = N\varphi^n + \boldsymbol{B} \tag{5.16}$$

迭代方法必须要求的一个明显特性是收敛结果满足式(5.1)。根据定义，在收敛时 $\varphi^{n+1} = \varphi^n = \varphi$，必须有

$$\boldsymbol{A} = \boldsymbol{M} - \boldsymbol{N}, \boldsymbol{B} = \boldsymbol{Q} \tag{5.17}$$

或者，其更普遍的形式如下：

$$\boldsymbol{PA} = \boldsymbol{M} - \boldsymbol{N}, \boldsymbol{B} = \boldsymbol{PQ} \tag{5.18}$$

其中 $\boldsymbol{P}$ 是非奇异矩阵，即所谓的预处理矩阵。预处理矩阵可以实质性地加快迭代的收敛速度，该部分将在第 5.3.6.1 节中讨论。

这种迭代方法的另一种版本可以通过从公式(5.16)的两边减去 $M\varphi^n$ 来得到，如下：

$$\boldsymbol{M}(\varphi^{n+1} - \varphi^n) = \boldsymbol{B} - (\boldsymbol{M} - \boldsymbol{N})\varphi^n \text{ 或 } \boldsymbol{M\delta}^n = \boldsymbol{\rho}^n \tag{5.19}$$

其中 $\delta^n = \varphi^{n+1} - \varphi^n$ 称为修正或更新，这是迭代误差的近似值。

为了使迭代方法有效，求解方程组(5.16)必须是低成本的，方法必须收敛迅速。低成

① Bini 等(2009)回顾了循环约化的历史、扩展以及新的证明和公式。它被用作高度并行的多网格应用的平滑器，图形处理器(GPU)现在被用于流体流动计算(Göddeke 和 Strzodka 2011)。

本迭代要求 $N\varphi^n$ 的计算和方程组的求解都必须易于执行。第一个要求很容易满足,因为 A 是稀疏的,所以 N 也是稀疏的,$N\varphi^n$ 的计算很简单。第二个要求意味着迭代矩阵 M 必须易于倒置。从实用的角度来看,M 应该是对角线、三对角线、三角形,或者是块三对角线/三角形。以下展示另一种可能性,为了快速收敛,M 应该是 A 的一个很好的近似值,使得 $N\varphi^n$ 在某种意义上很小。这个将在下一节中讨论。

5.3.2 收敛

由于迭代方法的快速收敛是其有效性的关键,因此此处给出了一个简单的分析,有助于理解是什么决定了收敛速度,并提供了如何提高它的方法。

首先,推导出决定迭代误差的方程,而在收敛时,$\varphi^{n+1}=\varphi^n=\varphi$,因此收敛解遵从如下公式:

$$M\varphi=N\varphi+B \tag{5.20}$$

从公式(5.16)中减去这个方程,并使用定义(5.14)的误差,可以发现:

$$M^{n+1}=N\varepsilon^n \tag{5.21}$$

或者

$$\varepsilon^{n+1}=M^{-1}N\varepsilon^n \tag{5.22}$$

当 $\lim\limits_{n\to\infty}\varepsilon^n=0$ 时,迭代方法收敛。迭代矩阵 $M^{-1}N$ 的特征值 λ_k 和特征向量 ψ^k 起关键作用,定义为

$$M^{-1}N\psi^k=\lambda_k\psi^k,k=1,2,\cdots,K \tag{5.23}$$

其中 K 是方程的个数。假设特征向量形成一个完备集,即 $\mathbf{R}^n$ 的一组基,$\mathbf{R}^n$ 是所有 n 个分量向量的向量空间,初始误差就可以用它们来表示:

$$\varepsilon^0=\sum_{k=1}^{K}a_k\psi^k \tag{5.24}$$

其中 a_k 是常数。然后通过迭代式(5.22)得到

$$\varepsilon^1=M^{-1}N\varepsilon^0=M^{-1}N\sum_{k=1}^{K}a_k\psi^k=\sum_{k=1}^{K}a_k\lambda_k\psi^k \tag{5.25}$$

通过归纳法,不难证明这一点:

$$\varepsilon^n=\sum_{k=1}^{K}a_k(\lambda_k)^n\psi^k \tag{5.26}$$

很明显,当 n 很大时,ε^n 为零的充分必要条件是所有特征值必须小于1。尤其是最大的特征值需要满足这一点,其大小称为矩阵的谱半径 $M^{-1}N$。实际上,经过多次迭代后,公式(5.26)中包含较小特征值的项将变得非常小,只剩下包含最大特征值的项(可以取其为 λ_1,并假设为唯一项):

$$\varepsilon^n\sim a_1(\lambda_1)^n\psi^1 \tag{5.27}$$

如果收敛被定义为将迭代误差减小到某些公差 δ 以下,要求如下:

$$a_1(\lambda_1)^n\approx\delta \tag{5.28}$$

对方程两边取对数,得到所需迭代次数的表达式:

$$n\approx\frac{\ln\left(\dfrac{\delta}{a_1}\right)}{\ln\lambda_1} \tag{5.29}$$

可以看到,如果谱半径非常接近于 1,迭代过程将收敛得非常慢。

例如一个简单案例,以下考虑一个单一方程的情况(对于求解以下方程,几乎不会想到使用迭代方法)。假设想求解:

$$ax=b \tag{5.30}$$

使用迭代方法(注意 $m=a+n$,p 是迭代计数器):

$$mx^{p+1}=nx^{p}+b \tag{5.31}$$

则误差服从公式(5.22),其等价为

$$\varepsilon^{p+1}=\frac{n}{m}\varepsilon^{p} \tag{5.32}$$

可以看到,如果 n/m 很小,即 n 很小,这意味着 $m\approx a$,则误差会迅速减小。在构造系统的迭代方法时,可以得到一个结论:m 越接近 a,收敛速度越快。

在迭代方法中,为了获取停止迭代的标准,估计迭代误差是很重要的。由于迭代矩阵的特征值计算是非常困难的(通常不明确),因此必须使用近似值。本章后面将介绍一些估计迭代误差的方法和停止迭代的标准。

5.3.3 一些基本方法

最简单的雅各比方法中 $\boldsymbol{M}$ 是一个对角矩阵,它的元素是 $\boldsymbol{A}$ 的对角元素。对于拉普拉斯方程的五点离散化,如果每次迭代都是从域的左下角(西南角)开始的,通过使用上述使用的符号,方法是

$$\varphi_{\mathrm{P}}^{n+1}=\frac{Q_{\mathrm{P}}-A_{\mathrm{S}}\varphi_{\mathrm{S}}^{n}-A_{\mathrm{W}}\varphi_{\mathrm{W}}^{n}-A_{\mathrm{N}}\varphi_{\mathrm{N}}^{n}-A_{\mathrm{E}}\varphi_{\mathrm{E}}^{n}}{A_{\mathrm{P}}} \tag{5.33}$$

可以证明,为了收敛该方法需要与一个方向上网格点数量的平方成正比的迭代次数。这意味着它比直接求解需要花费的计算资源更多,所以不推荐使用。

在高斯-赛德尔方法中,$\boldsymbol{M}$ 是 $\boldsymbol{A}$ 的下三角形部分。这是下面给出的 SOR 方法的一种特殊情况,这里不单独给出方程。虽然其收敛速度是雅各比方法的两倍,但这还不足以使其有用。

相比来说加速版的高斯-赛德尔方法更有优势,称为逐次超松弛或 SOR,下面将进行介绍。关于雅各比和高斯-赛德尔方法的介绍和分析,请参阅 Ferziger(1998 年)或 Press(2007 年)关于数值方法的文章。

如果每次迭代都是从域的左下角(西南角)开始,那么 SOR 方法可以写成

$$\varphi_{\mathrm{P}}^{n+1}=\omega\frac{Q_{\mathrm{P}}-A_{\mathrm{S}}\varphi_{\mathrm{S}}^{n+1}-A_{\mathrm{W}}\varphi_{\mathrm{W}}^{n+1}-A_{\mathrm{N}}\varphi_{\mathrm{N}}^{n}-A_{\mathrm{E}}\varphi_{\mathrm{E}}^{n}}{A_{\mathrm{P}}}+(1-\omega)\varphi_{\mathrm{P}}^{n} \tag{5.34}$$

其中 ω 是超松弛因子,其必须大于 1;n 是迭代计数器。对于简单问题,如矩形区域的拉普拉斯方程,基于已有理论可以选择最佳超松弛因子,但该理论很难应用于更复杂的问题。但针对该简单案例,该理论较为适用。一般情况下,网格点越多,最佳超松弛因子越大(见 5.7 节)。超松弛因子一般在 $1.6\leqslant\omega\leqslant1.9$ 范围内较优,当 $\omega=2.0$,方程会出现发散。当 ω 小于最佳值时,收敛是单调的,并且随着 ω 的增加收敛速度增加。当超过最佳 ω 时,收敛速度变差,收敛出现振荡。这些方法都可以用来寻找最佳的超松弛因子。当使用最佳超松弛因子时,迭代次数与一个方向上网格点的数量成正比,与上述方法相比有了很大的改进。

当 $\omega=1.0$，SOR 简化为高斯-赛德尔方法。

5.3.4 不完全 LU 分解:Stone 方法

基于以上所述可知 LU 分解是一种优秀的通用线性系统求解器,但它不能利用矩阵的稀疏性。在迭代方法中,如果 $\boldsymbol{M}$ 是 $\boldsymbol{A}$ 的一个很好的近似值,则可以快速收敛。基于以上分析,可使用 $\boldsymbol{A}$ 的近似 LU 分解作为迭代矩阵 $\boldsymbol{M}$,即

$$\boldsymbol{M}=\boldsymbol{L}\boldsymbol{U}=\boldsymbol{A}+\boldsymbol{N} \tag{5.35}$$

由于 $\boldsymbol{L}$ 和 $\boldsymbol{U}$ 都是稀疏的,因此 $\boldsymbol{N}$ 很小。

对称矩阵的这种方法称为不完全 Cholesky 分解,其经常与共轭梯度方法一起使用。由于离散对流扩散问题或 Navier-Stokes 方程所产生的矩阵不是对称的,因此这种方法不适用于这类问题。这种方法的非对称版本,称为不完全 LU 分解或 ILU,该方法是可行的,但尚未广泛使用。对于 ILU 方法,其可像 LU 分解一样进行,但是对于原始矩阵 $\boldsymbol{A}$ 中每一个为零的元素,对应的 $\boldsymbol{L}$ 或 $\boldsymbol{U}$ 的元素也被设为零。这种因式分解并不精确,但这些因子的乘积可以作为迭代法的矩阵 $\boldsymbol{M}$。此外,这种方法收敛得相当慢。

另一种不完全上下分解方法已被应用于 CFD,由 Stone(1968 年)提出。这种方法也称为强隐式方法(SIP),是专门为偏微分方程离散化的代数方程而设计的,不适用于一般方程组。

接下来介绍五点计算单元的 SIP 方法,即具有图 3.6 所示结构的矩阵。同样的原理可以用来构造 7 点(3D)和 9 点(2D 非正交网格)计算单元的求解器。

与 ILU 一样,$\boldsymbol{L}$ 和 $\boldsymbol{U}$ 矩阵只有在 $\boldsymbol{A}$ 有非零元素的对角线上才有非零元素。具有这些结构的下三角矩阵和上三角矩阵的乘积有比 $\boldsymbol{A}$ 更多的非零对角线。对于标准的五点分子,有两条及以上的对角线(对应于节点 NW 和 SE、NE 和 SW,取决于节点在向量中的顺序),而对于三维的七点单元,有六条及以上的对角线。对于本书用于二维问题的节点排序,额外的两条对角线分别对应节点 NW 和 SE(网格索引(i,j)与一维存储位置索引 l 的对应关系见表 3.2)。

为了使这些矩阵唯一,$\boldsymbol{U}$ 的主对角线上的每个元素都被设置为 1。因此需要确定 5 组元素($\boldsymbol{L}$ 中 3 组,$\boldsymbol{U}$ 中 2 组)。对于图 5.1 所示形式的矩阵,矩阵乘法规则给出了 $\boldsymbol{L}$ 与 $\boldsymbol{U}$ 的乘积,$\boldsymbol{M}=\boldsymbol{L}\boldsymbol{U}$ 的元素:

$$\begin{gathered}
M_{\mathrm{W}}^{l}=L_{\mathrm{W}}^{l}\\
M_{\mathrm{NW}}^{l}=L_{\mathrm{W}}^{l}U_{\mathrm{N}}^{l-N_j}\\
M_{\mathrm{S}}^{l}=L_{\mathrm{S}}^{l}\\
M_{\mathrm{P}}^{l}=L_{\mathrm{W}}^{l}U_{\mathrm{E}}^{l-N_j}+L_{\mathrm{S}}^{l}U_{\mathrm{N}}^{l-1}+L_{\mathrm{P}}^{l}\\
M_{\mathrm{N}}^{l}=U_{\mathrm{N}}^{l}L_{\mathrm{P}}^{l}\\
M_{\mathrm{SE}}^{l}=L_{\mathrm{S}}^{l}U_{\mathrm{E}}^{l-1}\\
M_{\mathrm{E}}^{l}=U_{\mathrm{E}}^{l}L_{\mathrm{P}}^{l}
\end{gathered} \tag{5.36}$$

其选择的 $\boldsymbol{L}$ 和 $\boldsymbol{U}$ 尽量使 $\boldsymbol{M}$ 尽可能地近似于 $\boldsymbol{A}$。$\boldsymbol{N}$ 包含 $\boldsymbol{M}$ 的两条非零对角线,对应于 $\boldsymbol{A}$ 的零对角线,见式(5.36)。最简单的处理方式是让 $\boldsymbol{N}$ 只在这两条对角线上有非零元素,并迫使 $\boldsymbol{M}$ 的其他对角线等于 $\boldsymbol{A}$ 的相应对角线。事实上,这就是前面提到的标准 ILU 方法。

但是,这种方法收敛速度很慢。

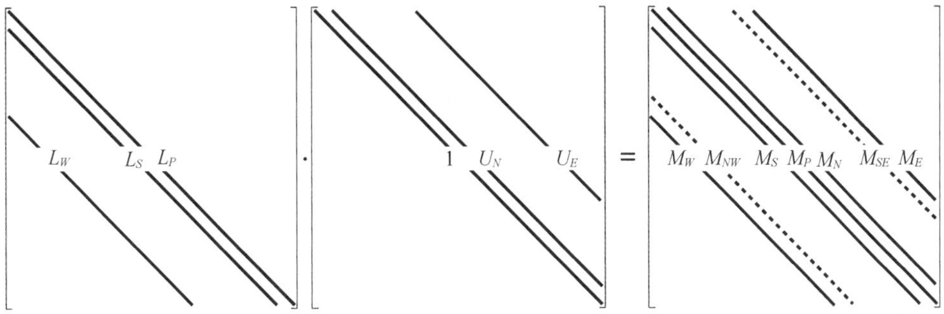

图 5.1 矩阵 L、U 和乘积矩阵 M 的示意图(A 中没有的 M 的对角线用虚线表示)

Stone(1968 年)认识到可以通过允许 N 在 LU 的所有 7 条非零对角线上有非零元素来提高收敛性。该方法最容易通过考虑向量 $M\varphi$ 得到:

$$(M\varphi)_{\mathrm{P}}=M_{\mathrm{P}}\varphi_{\mathrm{P}}+M_{\mathrm{S}}\varphi_{\mathrm{S}}+M_{\mathrm{N}}\varphi_{\mathrm{N}}+M_{\mathrm{E}}\varphi_{\mathrm{E}}+M_{\mathrm{W}}\varphi_{\mathrm{W}}+M_{\mathrm{NW}}\varphi_{\mathrm{NW}}+M_{\mathrm{SE}}\varphi_{\mathrm{SE}} \tag{5.37}$$

这个方程中的每一项都对应一条 $M=LU$ 的对角线,只有最后两项是"额外的"。

矩阵 N 必须包含 M 的两条"额外"对角线,因此要选择剩余对角线上的元素,使 $N\varphi\approx 0$,即

$$N_{\mathrm{P}}\varphi_{\mathrm{P}}+N_{\mathrm{N}}\varphi_{\mathrm{N}}+N_{\mathrm{S}}\varphi_{\mathrm{S}}+N_{\mathrm{E}}\varphi_{\mathrm{E}}+N_{\mathrm{W}}\varphi_{\mathrm{W}}+M_{\mathrm{NW}}\varphi_{\mathrm{NW}}+M_{\mathrm{SE}}\varphi_{\mathrm{SE}}\approx 0 \tag{5.38}$$

这要求上述方程中两个"额外"项的贡献几乎被其他对角线的贡献所抵消。据此,公式(5.38)化简为

$$M_{\mathrm{NW}}(\varphi_{\mathrm{NW}}-\varphi_{\mathrm{NW}}^{*})+M_{\mathrm{SE}}(\varphi_{\mathrm{SE}}-\varphi_{\mathrm{SE}}^{*})\approx 0 \tag{5.39}$$

其中 $\varphi_{\mathrm{NW}}^{*}$ 和 $\varphi_{\mathrm{SE}}^{*}$ 近似于 φ_{NW} 和 φ_{SE}。

斯通的关键思想是由于方程近似于椭圆偏微分方程,因此解预期是光滑的。在这种情况下,$\varphi_{\mathrm{NW}}^{*}$ 和 $\varphi_{\mathrm{SE}}^{*}$ 可以用 A 对角线对应节点上的 φ 值来近似表示。斯通提出了以下近似(其他近似例如 Schneider 和 Zedan (1981 年)也是可能的):

$$\begin{aligned}\varphi_{\mathrm{NW}}^{*}&\approx\alpha(\varphi_{\mathrm{W}}+\varphi_{\mathrm{N}}-\varphi_{\mathrm{P}})\\ \varphi_{\mathrm{SE}}^{*}&\approx\alpha(\varphi_{\mathrm{S}}+\varphi_{\mathrm{E}}-\varphi_{\mathrm{P}})\end{aligned} \tag{5.40}$$

如果 $\alpha=1$,这些是二阶精确插值,但斯通发现如需要保持稳定性则需要 $\alpha<1$。这些近似是建立在与偏微分方程的联系上的,对于一般的代数方程意义不大。

如果将这些近似代入公式(5.39),结果等于公式(5.38),其中得到 N 的所有元素都是 M_{NW} 和 M_{SE} 的线性组合。公式(5.36)中 M 的元素可以设为 A 和 N 元素的和,得到的方程不仅足以确定 L 和 U 的所有元素,而且可以从网格的西南角开始按顺序求解:

$$L_{\mathrm{W}}^{l}=\frac{A_{\mathrm{W}}^{l}}{(1+\alpha U_{\mathrm{N}}^{l-N_j})}$$

$$L_{\mathrm{S}}^{l}=\frac{A_{\mathrm{S}}^{l}}{(1+\alpha U_{\mathrm{E}}^{l-1})}$$

$$L_{\mathrm{P}}^{l}=A_{\mathrm{P}}^{l}+\alpha(L_{\mathrm{W}}^{l}U_{N}^{l-N_j}+L_{\mathrm{S}}^{l}U_{\mathrm{E}}^{l-1})-L_{\mathrm{W}}^{l}U_{\mathrm{E}}^{l-N_j}-L_{\mathrm{S}}^{l}U_{\mathrm{N}}^{l-1}$$

$$U_{\mathrm{N}}^{l}=\frac{(A_{\mathrm{N}}^{l}-\alpha L_{\mathrm{W}}^{l}U_{\mathrm{N}}^{l-N_j})}{L_{\mathrm{P}}^{l}}$$

$$U_{\mathrm{E}}^{l}=\frac{(A_{\mathrm{E}}^{l}-\alpha L_{\mathrm{S}}^{l}U_{\mathrm{E}}^{l-1})}{L_{\mathrm{P}}^{l}} \tag{5.41}$$

这些系数必须按这个顺序计算。对于边界旁边的节点,任何带有边界节点索引的矩阵元素都被假设为零。因此,沿西边界($i=2$),索引为 $l-N_j$ 的元素为零;沿着南边界($j=2$),索引为 $l-1$ 的元素为零;沿北边界($j=N_j-1$),索引为 $l+1$ 的元素为零;最后,沿东边界($i=N_i-1$),索引为 $l+N_j$ 的元素也为零。

此时借助这种近似因式分解来解方程组,更新与残差的关系方程为(见公式(5.19))

$$\boldsymbol{LU\delta}^{n+1}=\boldsymbol{\rho}^{n} \tag{5.42}$$

方程的解是在一般的 LU 分解中。将上述方程乘以 $\boldsymbol{L}^{-1}$ 得到

$$\boldsymbol{U\delta}^{n+1}=\boldsymbol{L}^{-1}\boldsymbol{\rho}^{n}=\boldsymbol{R}^{n} \tag{5.43}$$

$\boldsymbol{R}^n$ 很容易计算:

$$R^{l}=\frac{(\rho^{l}-L_{\mathrm{S}}^{l}R^{l-1}-L_{\mathrm{W}}^{l}R^{l-Nj})}{L_{\mathrm{P}}^{l}} \tag{5.44}$$

这个方程要按照 l 的递增顺序前进来求解。当 R 计算完毕后,需要求解公式(5.43):

$$\delta^{l}=R^{l}-U_{\mathrm{N}}^{l}\delta^{l+1}-U_{\mathrm{E}}^{l}\delta^{l+N_j} \tag{5.45}$$

按照下标 l 的递减顺序。

在 SIP 方法中,矩阵 $\boldsymbol{L}$ 和 $\boldsymbol{U}$ 的元素只需要在第一次迭代之前计算一次。在随后的迭代中,仅需要通过求解两个三角形系统来计算残差,然后是 R,最后是 δ。

斯通的方法通常使得在少量迭代次数就可达到收敛。收敛速度可以通过在迭代与迭代之间(以及点与点之间)改变 α 来提高。这些方法将使得可在更少的迭代次数中收敛,但它们需要在每次 α 改变时重新进行分解。因为计算 $\boldsymbol{L}$ 和 $\boldsymbol{U}$ 的成本与使用给定分解的迭代一样高,所以总体上保持 α 固定通常更有效。

斯通的方法可以推广到一个有效的求解器,用于在二维中应用紧化差分逼近时产生的九对角矩阵,以及在三维中使用中心差分时产生的七对角矩阵。Leister 和 Perić(1994 年)给出了 3D(7 点)矢量化版本;Schneider 和 Zedan(1981 年)和 Perić(1987 年)描述了二维问题的两个 9 点版本。五对角线(2D)和七对角线(3D)矩阵的计算机代码可通过互联网获得,详见附录。SIP 对一个模型问题的性能将在第 5.8 节中介绍。

与其他方法不同的是,斯通的方法本身是一种很好的迭代技术,也是共轭梯度方法(在这里它被称为预处理)和多重网格方法(在这里它被用作平滑器)的良好基础。下面将介绍这些方法。

5.3.5 ADI 及其他分解方法

求解椭圆型问题的一种常用方法是在方程中加入一项包含一阶导数的项,并求解得到的抛物型问题,直到达到稳态为止。在这一点上时间导数为零,解满足原始椭圆方程。许多求解椭圆方程的迭代方法,包括大多数已经描述过的方法,都可以通过这种方法求解。在本节中,将介绍另一种方法,它与抛物线方程的联系是非常密切的。

出于稳定性的考虑要求抛物线方程的方法在时间上是隐式的。在二维或三维空间中,这需要在每个时间步求解一个二维或三维椭圆问题,该成本是巨大的,但使用交替方向隐

式方法或 ADI 方法则可以大大降低成本。本节只给出二维中最简单的方法及其变体,主要原因是 ADI 是许多其他方法的基础,有关这些方法的更多细节,请参阅 Hageman 和 Young (2004 年)的文章。

假设要求解二维拉普拉斯方程,加上时间导数,就可以得到二维方程:

$$\frac{\partial\varphi}{\partial t}=\Gamma\left(\frac{\partial^2\varphi}{\partial x^2}+\frac{\partial^2\varphi}{\partial y^2}\right) \tag{5.46}$$

如果这个方程是离散的,在时间上使用梯形规则(称为曲尼科尔森方法时,应用于偏微分方程,具体内容见下一章),利用中心差分来近似均匀网格上的空间导数,可得

$$\frac{\varphi^{n+1}-\varphi^n}{\Delta t}=\frac{\Gamma}{2}\left[\left(\frac{\delta^2\varphi^n}{\delta x^2}+\frac{\delta^2\varphi^n}{\delta y^2}\right)+\left(\frac{\delta^2\varphi^{n+1}}{\delta x^2}+\frac{\delta^2\varphi^{n+1}}{\delta y^2}\right)\right] \tag{5.47}$$

这里使用了简写符号:

$$\left(\frac{\delta^2\varphi}{\delta x^2}\right)_{i,j}=\frac{\varphi_{i+1,j}-2\varphi_{i,j}+\varphi_{i-1,j}}{(\Delta x)^2}$$

$$\left(\frac{\delta^2\varphi}{\delta y^2}\right)_{i,j}=\frac{\varphi_{i,j+1}-2\varphi_{i,j}+\varphi_{i,j-1}}{(\Delta y)^2}$$

对于空间有限差分。重新排列公式(5.47),可以发现,在时间步为 $n+1$ 时,需要解方程组:

$$\left(1-\frac{\Gamma\Delta t}{2}\frac{\delta^2}{\delta x^2}\right)\left(1-\frac{\Gamma\Delta t}{2}\frac{\delta^2}{\delta y^2}\right)\varphi^{n+1}=\left(1+\frac{\Gamma\Delta t}{2}\frac{\delta^2}{\delta x^2}\right)\left(1+\frac{\Gamma\Delta t}{2}\frac{\delta^2}{\delta y^2}\right)\varphi^n-\frac{(\Gamma\Delta t)^2}{4}\frac{\delta^2}{\delta x^2}\left[\frac{\delta^2(\varphi^{n+1}-\varphi^n)}{\delta y^2}\right] \tag{5.48}$$

当 $\varphi_{n+1}-\varphi_n\approx\Delta t\partial\varphi/\partial t$,对于小的 Δt 最后一项与 $(\Delta t)^3$ 成正比。由于 FD 近似是二阶的,对于较小的 t,最后一项相对于离散误差较小,可以忽略。剩下的方程可以分解成两个更简单的方程:

$$\left(1-\frac{\Gamma\Delta t}{2}\frac{\delta^2}{\delta x^2}\right)\varphi^*=\left(1+\frac{\Gamma\Delta t}{2}\frac{\delta^2}{\delta y^2}\right)\varphi^n \tag{5.49}$$

$$\left(1-\frac{\Gamma\Delta t}{2}\frac{\delta^2}{\delta y^2}\right)\varphi^{n+1}=\left(1+\frac{\Gamma\Delta t}{2}\frac{\delta^2}{\delta x^2}\right)\varphi^* \tag{5.50}$$

这些方程组中的每一个都是一组三对角线方程,可以用有效的 TDMA 方法求解,并且不需要迭代,比求解公式(5.47)成本低得多。无论是公式(5.49)还是公式(5.50),作为一个单独的方法,在时间上只有一阶精度和条件稳定,但组合方法是二阶精度和无条件稳定。基于这些思想的方法种类很多,被称为分裂或近似因式分解方法。

只有当时间步长较小时,才能忽略对因式分解至关重要的三阶项。因此,虽然该方法是无条件稳定的,但如果时间步长较大,则可能在时间上不准确。对于椭圆型方程,目标是尽可能快地得到稳态解,而这最好是用尽可能大的时间步长来求解。但是,当时间步长较大时,因式分解误差较大,使该方法失去了一定的有效性。事实上,存在一个最优的时间步长,它的收敛速度最快。当使用这个时间步长时,ADI 方法非常有效——它在与一个方向上的点数量成正比的迭代次数中收敛。

除此之外,以循环的方式对多次迭代使用不同的时间步长是更佳的求解方法。这种方法可以使收敛的迭代次数与一个方向上网格点数量的平方根成正比,使 ADI 成为一种更加

优秀的方法。

涉及对流和源项的方程需要对这种方法进行一些推广。在 CFD 中,压力或压力修正方程属于上述类型,通常使用上述方法的变体来求解。ADI 方法在求解可压缩流动问题时很常用,也很适合并行计算。

本节中描述的方法利用了矩阵的结构,而矩阵的结构又是由于使用了一个结构化的网格。然而,可以发现,该方法的基础是矩阵的加法分解:

$$\boldsymbol{A}=\boldsymbol{H}+\boldsymbol{V} \tag{5.51}$$

其中 $\boldsymbol{H}$ 是矩阵,表示关于 x 和 $\boldsymbol{V}$ 的二阶导数的项,这些项来自 y 方向的二阶导数。

在此基础上建议添加 LU 分解:

$$\boldsymbol{A}=\boldsymbol{L}+\boldsymbol{U} \tag{5.52}$$

这与第 5.2.2 节的乘法 LU 分解不同。通过这种分解公式(5.49)和公式(5.50)变为

$$(I-\boldsymbol{L}\Delta t)\varphi^{*}=(I+\boldsymbol{U}\Delta t)\varphi^{n}$$
$$(I-\boldsymbol{U}\Delta t)\varphi^{n+1}=(I+\boldsymbol{L}\Delta t)\varphi^{*} \tag{5.53}$$

这些步骤中的每一步本质上都是高斯-赛德尔迭代,该方法的收敛速度与上述 ADI 方法相似。除此之外,该方法还有一个非常重要的优点,即不依赖于网格或矩阵的结构,因此可以应用于非结构网格和结构网格上的问题,但是它的并行计算能力不如 ADI 的 HV 版本。

5.3.6 Krylov 法

本节将介绍基于求解非线性方程的技术方法。非线性求解器可以分为两大类:类牛顿方法(第 5.5.1 节)和全局方法。如果有一个精确估值的解决方案,前者收敛得非常快,但如果最初的猜测不是准确的解决方案就可能失败。“远”是一个相对的词,每个方程都不一样。除非进行反复的试验,否则无法确定一个估计是否“足够接近”。全局方法保证能找到解决方案(如果存在的话),但速度不是很快。两种方法的经常组合使用,首先使用全局方法,然后在接近收敛时使用类牛顿方法。

本节中方法的目标本质上是通过创建大型矩阵的近似值,然后在迭代过程中使用这些近似值将大型线性方程组简化为较小问题。这被称为投影法,具体是指将问题从 $N\times N$ 投影到一个更小的维度上。van der Vorst(2002 年)为这种方法提供了如下的背景。给定矩阵 $\boldsymbol{A}$ 的方程(5.1),第 k 步的迭代方案为

$$\boldsymbol{\varphi}_k=(I-\boldsymbol{A})\boldsymbol{\varphi}_{k-1}+Q$$

屈服量①:

$$\boldsymbol{\varphi}_k=\boldsymbol{\varphi}_0+K^k(A;\boldsymbol{\rho}^0)=\boldsymbol{\varphi}_0+\{\boldsymbol{\rho}^0,\ A\boldsymbol{\rho}^0,\cdots,\ A^{k-1}\boldsymbol{\rho}^0\} \tag{5.54}$$

其中初始残差 $\rho^0=Q-A\varphi_0$,如果 φ_0 是初始猜测解。迭代过程可以看到在所谓的移位克雷洛夫子空间 $K^k(A;\rho^0)$ 生成近似解。这种特殊的方案(Richardson 迭代)虽然简单明了,但既不是有效的,也不是最优的。然而,克雷洛夫子空间投影方法可通过构造更好的近似解来改进它。

van der Vorst(2002 年)简洁地描述了三类方法:

---

① 例如:$\varphi^3=\varphi^0+\rho^0+(I-A)\rho^0+(I-A)(I-A)\rho^0$

1. Ritz-Galerkin 方法(R-G):构造残差正交于当前子空间 $Q-A\varphi_k \perp K^k(A;\rho^0)$。

2. 最小残差方法:确定 φ_k 的欧几里得范数 $\|Q-A\varphi_k\|_2$ 是最小的 $K^k(A;\rho^0)$。

3. Petrov-Galerkin 方法(P-G):找到一个 φ_k,使得残差 $Q-A\varphi_k$ 与另一个合适的 k 维空间正交。

下面介绍的方法来自这几类;参见 Saad(2003 年)。共轭梯度法(CG)是一种 R-G 方法,双共轭梯度法和 CGSTAB 是 P-G 方法,GMRES 是一种最小残差方法。

5.3.6.1 共轭梯度法

许多全局方法都是下降方法①。这些方法首先将由公式(5.1)给出的原始方程组转化为最小化问题。设为待解方程组,矩阵 $\boldsymbol{A}$ 是对称的,其特征值为正,这样的矩阵称为正定矩阵。(大多数与流体力学问题相关的矩阵不是对称的或正定的,因此需要在后面推广这种方法。)对于正定矩阵,解方程组(5.1)相当于求得最小值问题:

$$F = \frac{1}{2}\boldsymbol{\varphi}^{\mathrm{T}}A\boldsymbol{\varphi} - \boldsymbol{\varphi}^{\mathrm{T}}Q = \frac{1}{2}\sum_{j=1}^{n}\sum_{i=1}^{n}A_{ij}\varphi_i\varphi_j - \sum_{i=1}^{n}\boldsymbol{\varphi}_i Q_i \tag{5.55}$$

对于所有的 φ_i,可以通过求 F 对每个变量的导数并使其等于零来验证。将原始系统转换为不需要正定性的最小化问题的一种方法是取所有方程的平方和,但这带来了额外的困难。

求函数最小值的最古老和最著名的方法是最陡下降法。函数 F 可以看作(超)空间中的一个曲面。假设它可以表示为那个(超)空间中的一个点,在这一点上,找到了从地表向下最陡峭的路径,其与函数的梯度方向相反。然后搜索这条线上的最低点,通过构造,它的 F 值比起点低。从这一点上说,新的估计更接近解。然后将新值用作下一个迭代的起点,并继续该过程,直到收敛为止。然而,虽然它能保证收敛,但最陡下降法通常收敛得非常慢。

如果函数 F 大小的等高线图有一个狭窄的山谷,该方法倾向于在山谷中来回振荡,可能需要许多步骤才能找到解。换句话说,这种方法倾向于一遍又一遍地使用相同的搜索方向。

基于此国内外学者提出了许多改进的建议。最简单的方法要求新的搜索方向与旧的尽可能不同,其中包括共轭梯度法。此处只给出算法的一般思想和描述,更完整的介绍可以在 Shewchuk (1994 年)、Watkins(2010 年)或 Golub 和 van Loan(1996 年)文献中找到。

共轭梯度法是基于一个显著的发现:它可以同时在几个方向上最小化一个函数,同时在一个方向上搜索。这是通过对方向的巧妙选择而实现的。此处将描述两个方向的情况,假设想求 α_1 和 α_2 的值:

$$\boldsymbol{\varphi}=\boldsymbol{\varphi}^0+\alpha_1\boldsymbol{p}^1+\alpha_2\boldsymbol{p}^2 \tag{5.56}$$

为在 p^1-p^2 平面上最小化 F,其问题可以简化为分别对 p^1 和 p^2 求最小值的问题,前提是这两个向量是共轭的:

$$\boldsymbol{p}^1 \cdot A\boldsymbol{p}^2=0 \tag{5.57}$$

这个性质类似于正交性,也就是说向量 $\boldsymbol{p}^1$ 和 $\boldsymbol{p}^2$ 是关于矩阵 $\boldsymbol{A}$ 的共轭。这一说法以及如下介绍的其他说法的详细证明可以在 Golub 和 van Loan(1996 年)的书中找到。

---

① 这本书的讨论涵盖了线性系统。Shewchuk(1994)的第 14 章描述了非线性共轭梯度法及其预处理。

这个性质可以扩展到任意数量的方向。在共轭梯度法中,每一个新的搜索方向都需要与之前的所有搜索方向共轭。如果矩阵是非奇异的,方向是线性无关的。此时如果采用精确的(无舍入误差)算法,当迭代次数等于矩阵的大小时,共轭梯度法将精确收敛。但是由于这个数字可能相当大,因而在实际应用中,可能受计算能力所限而无法实现精确的收敛。因此,将共轭梯度法视为一种迭代方法求解更为合适。

虽然共轭梯度法保证了每次迭代时误差的减小,但减小的大小取决于搜索方向。这种方法在多次迭代中只能略微减少误差,然后在一次迭代中找到一个将误差减少一个数量级或更多的方向。事实上,这种方法(一般迭代方法)的收敛速度取决于系数矩阵 $\boldsymbol{A}$(公式(5.1)),其中未知量 φ 相对于方程右侧扰动 Q 的变化在文献中已有相关说明(Watkins 2010):

$$\kappa = \|\boldsymbol{A}\|\|\boldsymbol{A}^{-1}\| \tag{5.58}$$

其中,$\|\boldsymbol{A}\|$代表 $\boldsymbol{A}$ 的范数。Saad(2003 年)表明,该分析可以推广到迭代过程,如下所示。首先定义剩余范数:

$$\|\boldsymbol{\rho}^k\| = \|\boldsymbol{Q} - \boldsymbol{A}\boldsymbol{\varphi}^k\|$$

其中 φ^k 是 k 次迭代后解的估计值。那么,由公式(5.58)可得迭代误差的范数 $\varepsilon^k = \varphi - \varphi^k$ 与解向量 φ 的范数之比与残差的范数与 Q 的范数之比关系如下:

$$\frac{\|\varepsilon^k\|}{\|\varphi\|} \leqslant \kappa \frac{\|\rho^k\|}{\|Q\|} \tag{5.59}$$

式中给出了迭代误差的上界,显然,k 的大小对迭代有重要影响。此外,从基本线性代数(Golub and van Loan 1996)中,可以得知矩阵 $\boldsymbol{A}$ 的特征值是允许非零解的值:

$$\boldsymbol{A}x = \lambda x$$

其中 x 是 $\boldsymbol{A}$ 的特征向量。从公式(5.58)和这个结果可以表明:

$$\kappa = \frac{\lambda_{\max}}{\lambda_{\min}} \tag{5.60}$$

当 $\lambda_{\max}$ 和 $\lambda_{\min}$ 是矩阵 $\boldsymbol{A}$ 的最大和最小特征值时,收敛速度取决于条件数 k,该数是系数矩阵的一个特性。探索条件数的一个有用方法是将 MATLAB™ 中的“cond”函数应用于各种代表性矩阵。

在 CFD 问题中出现的矩阵的条件数通常近似于任何方向上最大数量网格点的平方。当每个方向上有 100 个网格点时,条件数应该在 10^4 左右,此时标准共轭梯度法收敛速度较慢。尽管对于给定的条件数,共轭梯度法明显快于最陡下降法,但这种基本方法并不是很适用。

这种方法可以改进为用一个条件数更小的相同解来代替所需求解的问题,该过程是通过预处理来完成的。具体是将方程预先乘以另一个(精心选择的)矩阵。由于这样会破坏矩阵的对称性,所以预处理必须采用以下形式:

$$\boldsymbol{C}^{-1}\boldsymbol{A}\boldsymbol{C}^{-1}\boldsymbol{C}\boldsymbol{\varphi} = C^{-1}\boldsymbol{Q} \tag{5.61}$$

将共轭梯度法应用于矩阵 $\boldsymbol{C}^{-1}\boldsymbol{A}\boldsymbol{C}^{-1}$,即应用于公式(5.61)修正的问题,并使用迭代方法的残差形式,则会产生以下算法(有关详细推导,请参阅 Golub and van Loan(1996 年),或 Shewchuk(1994 年))。其中 $\boldsymbol{\rho}^k$ 为第 k 次迭代的残差,$\boldsymbol{p}^k$ 为第 k 个搜索方向,$\boldsymbol{z}^k$ 为辅助向量,α^k 和 β^k 为构造新解、残差和搜索方向的参数。算法总结如下:

• 初始化设置：

$$k=0,\boldsymbol{\varphi}^0=\boldsymbol{\varphi}_{in},\boldsymbol{\rho}^0=\boldsymbol{Q}-\boldsymbol{A}\boldsymbol{\varphi}_{in},\ \boldsymbol{p}^0=0,\ s^0=10^{30}$$

• 前进计数器：

$$k=k+1$$

• 求解方程组：

$$\boldsymbol{M}\boldsymbol{z}^k=\boldsymbol{p}^{k-1}$$

• 计算：

$$s^k=\boldsymbol{\rho}^{k-1}\cdot \boldsymbol{z}^k$$

$$\beta^k=s^k/s^{k-1}$$

$$\boldsymbol{p}^k=\boldsymbol{z}^k+\beta^k\boldsymbol{p}^{k-1}$$

$$\alpha^k=s^k/(\boldsymbol{p}^k\cdot \boldsymbol{A}\boldsymbol{p}^k)$$

$$\boldsymbol{\varphi}^k=\boldsymbol{\varphi}^{k-1}+\alpha^k\boldsymbol{p}^k$$

$$\boldsymbol{\rho}^k=\boldsymbol{\rho}^{k-1}-\alpha^k\boldsymbol{A}\boldsymbol{p}^k$$

• 重复直到收敛。

该算法的第一步是求解一个线性方程组，其中涉及的矩阵是 $\boldsymbol{M}=\boldsymbol{C}^{-1}$，$\boldsymbol{C}$ 是预处理矩阵，没有进行构造。为了使该方法有效，$\boldsymbol{M}$ 必须易于求逆。最常用的 $\boldsymbol{M}$ 的选择是 $\boldsymbol{A}$ 的不完全 Cholesky 因子分解。在测试中发现，如果 $\boldsymbol{M}=\boldsymbol{LU}$，其中 $\boldsymbol{L}$ 和 $\boldsymbol{U}$ 是斯通的 SIP 方法中使用的因子，则可以获得更快的收敛。下文将给出示例进行介绍，其中 Saad（2003 年）对串行计算和并行计算的预处理条件进行了广泛的讨论。

5.3.6.2 双共轭梯度和 CGSTAB

上述共轭梯度法仅适用于对称矩阵，而通过离散泊松方程得到的矩阵通常是对称的（例如热传导方程和将在第七章介绍的压力或压力校正方程）。为了将该方法应用于不一定对称的方程组（例如任何对流扩散方程），需要将非对称问题转换为对称问题。下面介绍较为简单的方法，如下：

$$\begin{pmatrix}0 & \boldsymbol{A}\\ \boldsymbol{A}^{\mathrm{T}} & 0\end{pmatrix}\cdot\begin{pmatrix}\boldsymbol{\psi}\\ \boldsymbol{\varphi}\end{pmatrix}=\begin{pmatrix}\boldsymbol{Q}\\ \boldsymbol{0}\end{pmatrix} \tag{5.62}$$

该矩阵可以分解为两个子矩阵。首先是原始矩阵，第二个为转置矩阵，并且不相关（如果需要这样做，则可以用很少的额外代价来解一个涉及转置矩阵的方程组）。当将预处理共轭梯度法应用于该系统时，以下方法称为双共轭梯度法，结果为

• 初始化设置：

$$k=0,\boldsymbol{\varphi}^0=\boldsymbol{\varphi}_{in},\boldsymbol{\rho}^0=\boldsymbol{Q}-\boldsymbol{A}\boldsymbol{\varphi}_{in},\bar{\boldsymbol{\rho}}^0=\boldsymbol{Q}-\boldsymbol{A}^{\mathrm{T}}\boldsymbol{\varphi}_{in},\boldsymbol{p}=\bar{\boldsymbol{p}}^0=0,s^0=10^{30}$$

• 前进计数器：

$$k=k+1$$

• 求解方程组：

$$\boldsymbol{M}\boldsymbol{z}^k=\boldsymbol{\rho}^{k-1},\boldsymbol{M}^{\mathrm{T}}\bar{\boldsymbol{z}}^k=\bar{\boldsymbol{\rho}}^{k-1}$$

• 计算：

$$s^k=\bar{\boldsymbol{\rho}}^{k-1}\cdot \boldsymbol{z}^k$$

$$\beta^k = s^k / s^{k-1}$$

$$\boldsymbol{p}^k = z^k + \beta^k \boldsymbol{p}^{k-1}$$

$$\overline{\boldsymbol{p}}^k = z^k + \beta^k \overline{\boldsymbol{p}}^{k-1}$$

$$\alpha^k = s^k / (\overline{\boldsymbol{p}}^k \cdot A\boldsymbol{p}^k)$$

$$\boldsymbol{\varphi}^k = \boldsymbol{\varphi}^{k-1} + \alpha^k \boldsymbol{p}^k$$

$$\boldsymbol{\rho}^k = \boldsymbol{\rho}^{k-1} - \alpha^k A\boldsymbol{p}^k$$

$$\overline{\boldsymbol{\rho}}^k = \overline{\boldsymbol{\rho}}^{k-1} - \alpha^k A^T \overline{\boldsymbol{p}}^k$$

• 重复直到收敛。

上述算法由 Fletcher(1976 年)提出。它每次迭代所需要的成本几乎是标准共轭梯度方法的两倍,但收敛的迭代次数几乎相同。因此还没有在 CFD 应用中得到广泛应用,但其体系较为健全(这意味着它可以毫无困难地处理广泛的问题)。

双共轭梯度法类型的其他变体已经发展得更稳定和健全。此处提到了由 Sonneveld(1989)提出的 CGS(共轭梯度平方)算法,由 van der V orst 和 Sonneveld(1990 年)提出的 CGSTAB (CGS 稳定)和 van der V orst(1992)提出的另一个版本以及 GMRES(见下文第 5.3.6.3 节)。所有这些方法都可以应用于非对称矩阵以及结构化和非结构网格求解。下面是未经形式化推导的 CGSTAB 算法:

• 初始化设置:

$$k=0, \boldsymbol{\varphi}^0 = \boldsymbol{\varphi}_{in}, \boldsymbol{\rho}^0 = \boldsymbol{Q} - \boldsymbol{A}\boldsymbol{\varphi}_{in}, \boldsymbol{u}^0 = \boldsymbol{p}^0 = 0$$

• 前进计数器:$k=k+1$ 并计算

$$\beta^k = \boldsymbol{\rho}^0 \cdot \boldsymbol{\rho}^{k-1}$$

$$\omega^k = (\beta^k \gamma^{k-1}) / (\alpha^{k-1} \beta^{k-1})$$

$$\boldsymbol{p}^k = \boldsymbol{\rho}^{k-1} + \omega^k (\boldsymbol{p}^{k-1} - \alpha^{k-1} \boldsymbol{u}^{k-1})$$

• 求解方程组:

$$\boldsymbol{M}\boldsymbol{z} = \boldsymbol{p}^k$$

• 计算:

$$\boldsymbol{u}^k = \boldsymbol{A}z$$

$$\gamma^k = \beta^k / (\boldsymbol{u}^k \cdot \boldsymbol{\rho}^0)$$

$$\boldsymbol{w} = \boldsymbol{\rho}^{k-1} - \gamma^k \boldsymbol{u}^k$$

• 解方程组:$\boldsymbol{M}\boldsymbol{y} = \boldsymbol{w}$

• 计算:

$$\boldsymbol{v} = \boldsymbol{A}\boldsymbol{y}$$

$$\alpha^k = (\boldsymbol{v} \cdot \boldsymbol{\rho}^k) / (\boldsymbol{v} \cdot \boldsymbol{v})$$

$$\boldsymbol{\varphi}^k = \boldsymbol{\varphi}^{k-1} + \gamma^k \boldsymbol{z} + \alpha^k \boldsymbol{y}$$

$$\boldsymbol{\rho}^k = \boldsymbol{w} - \alpha^k \boldsymbol{v}$$

• 重复直到收敛。

注意,$\boldsymbol{u}$、$\boldsymbol{v}$、$\boldsymbol{w}$、$\boldsymbol{y}$ 和 $\boldsymbol{z}$ 是辅助向量,与速度向量或坐标 y 和 z 无关。算法可以编程为如上所示。带有不完全 Cholesky 预处理的共轭梯度法(ICCG,用于对称矩阵,2D 和 3D 版本)和 3D CGSTAB 求解器的计算机代码可通过互联网获得,详见附录。

5.3.6.3 广义最小残差法

Saad 和 Schultz(1986 年)提出了处理非对称的广义最小残差(GMRES)方法,并在 Saad(2003 年)中详细描述了该方法。GMRES 方法较为健全,但也有缺点,具体如下。

1. 迭代使用之前所有的搜索方向向量来计算下一个搜索方向,因此存储空间和操作计数线性增长,如果 $\boldsymbol{A}$ 非常大,则需要耗费较大的储存空间和计算资源。

2. 当矩阵不是正定的时候,迭代会停止。

通过以下步骤可改进该方法:(1)在预定的步骤数之后重新开始迭代;(2)对矩阵进行预处理(见第 5.3.6.1 节)以减少收敛所需的迭代次数。在目前相关研究中(例如,Armfield and Street(2004 年)),成功地使用了重新启动的预处理 GMRES 方法,发现与其他求解方法(包括 CG)相比,重新启动的预处理 GMRES 方法是求解泊松方程和压力修正方程(见第 7.1.5 节)最有效的方法。

求解 $\boldsymbol{A\varphi}=\boldsymbol{Q}$ 的基本 GMRES 算法为(改编自 Golub and van Loan (1996 年)和 Saad(2003 年)):

• 开始:设置一个容错,并选择 m 来限制迭代次数。

初始化设置:

$$k=0,\boldsymbol{\varphi}^0=\boldsymbol{\varphi}_{in},\boldsymbol{\rho}^0=Q-A\boldsymbol{\varphi}_{in},h_{10}=\|\boldsymbol{\rho}^0\|_2$$

• 如果 $h_{k+1,k}>0$,计算:

$$\beta^{k+1}=\boldsymbol{\rho}^k/k_{k+1,k}$$

$$k=k+1$$

$$\boldsymbol{\rho}^k=\boldsymbol{A}\beta^k$$

$$\text{对于 } i=1:k$$

$$h_{ik}=\beta_i^{\mathrm{T}}\boldsymbol{\rho}^k$$

$$\boldsymbol{\rho}^k\leftarrow\boldsymbol{\rho}^k-h_{ik}\beta^i$$

有下列时结束:

$$h_{k+1,k}=\|\boldsymbol{\rho}^k\|_2$$

$\boldsymbol{\varphi}^k=\boldsymbol{\varphi}^0+\boldsymbol{Q}_k y_k$,其中 y_k 是解

$(k+1)\times k$ 最小二乘问题:

$$\|h_{10}\boldsymbol{e}_1-\overline{\boldsymbol{H}}_k y_k\|_2=\min$$

如果满足公差,设置 $\boldsymbol{\varphi}=\boldsymbol{\varphi}^k$ 并停止;

否则,如果 $k\geqslant m$,设置 $\boldsymbol{\varphi}^0=\boldsymbol{\varphi}^k$,返回:开始;

返回到:如果 $h_{k+1,k}>0$。

在上述算法中,有三个辅助矩阵:

(1)$\boldsymbol{Q}_k$ 的列是标准正交阿诺尔迪向量。

(2)$\overline{\boldsymbol{H}}_k$ 是包含 h_{ij} 的上 Hessenberg 矩阵。

(3)$\boldsymbol{e}_1$ 是单位矩阵 $\boldsymbol{I}_n$ 的第一列,所以:

$$\boldsymbol{e}_1=(1,0,0,\cdots,0)^{\mathrm{T}}$$

最后,注意到$\|\cdot\|_2$为矩阵范数。

5.3.7 多重网格法

求解线性矩阵的最后一种方法是多重网格法,本节将应用 12.4 节中的流量计算方法。多重网格法概念的基础是对迭代方法的观察,其收敛速度取决于与该方法相关的迭代矩阵的特征值。尤其是具有最大幅度的特征值(矩阵的谱半径)决定了求解的速度,参见第 5.3.2 节。与该特征值相关的特征向量决定了迭代误差的空间分布,并且在不同方法之间差异很大。上述介绍的方法中给出了拉普拉斯方程的特性,其中大部分可以推广到其他椭圆型偏微分方程。

对于拉普拉斯方程,雅各比方法的两个最大特征值是实数和相反的符号。一个特征向量表示空间坐标的光滑函数,另一个特征向量表示快速振荡函数。因此,雅各比方法的迭代误差是非常平滑和非常粗糙的成分的混合,这使得加速变得困难。另一方面,高斯-赛德尔方法有一个正的最大特征值和一个特征向量,使迭代误差成为空间坐标的平滑函数。

具有最佳超松弛因子的 SOR 方法的最大特征值在复平面上的一个圆上,且存在多个;因此,误差以非常复杂的方式表现。在 ADI 中,误差的特性取决于相当复杂的参数。最后,SIP 具有相对平滑的迭代误差。

其中一些方法产生的误差是空间坐标的平滑函数。其中一种方法的迭代误差 ε^n 和 ρ^n 第 n 次迭代后余项由公式(5.15)表示。在高斯-赛德尔方法和 SIP 方法中,经过几次迭代后,快速变化的误差分量已经被去除,误差变成了空间坐标的平滑函数。如果误差是平滑的,更新(迭代误差的近似值)可以在一个更粗糙的网格上计算。在二维网格中,粗度是原始网格的两倍,迭代成本是原来的 1/4。在三维空间中,成本为精细网格成本的 1/8。此外,迭代方法在更粗糙的网格上收敛得更快,其中高斯-赛德尔算法在两倍粗的网格上收敛速度是原来的四倍。而对于 SIP,虽然收敛速度提升不如高斯-赛德尔算法,但仍然很乐观。

这表明大部分工作可以在更粗糙的网格上完成。要做到这一点,需要定义:两个网格之间的关系,粗网格上的有限差分算子,平滑(限制)从细网格到粗网格的残差的方法,以及从粗网格到细网格的更新或修正的插值(延拓)方法。每个项目都有许多选择,它们会影响方法的行为,但是在好的选择范围内,差异并不大。因此,下文将为每个项目只提供一个好的选择。

在有限差分格式中,粗网格通常由细网格的每隔一行组成。在有限体积法中,通常认为粗网格 CV 由 2 个(二维为 4,三维为 8)细网格 CV 组成,然后粗网格节点位于细网格节点之间。

虽然一般不需要在一维上使用多重网格方法(因为 TDMA 算法非常有效),但为了说明多重网格方法的原理,并推导出在一般情况下使用的一些程序。因此考虑以下问题:

$$\frac{\mathrm{d}^2\varphi}{\mathrm{d}x^2}=f(x) \tag{5.63}$$

其中,均匀网格上的标准 FD 近似为

$$\frac{1}{(\Delta x)^2}(\varphi_{i-1}-2\varphi_i+\varphi_{i+1})=f_i \tag{5.64}$$

在间隔为 Δx 的网格上进行 n 次迭代,得到 φ^n 的近似解,且满足上式在剩余 ρ^n 范围内:

$$\frac{1}{(\Delta x)^2}(\varphi_{i-1}^n-2\varphi_i^n+\varphi_{i+1}^n)=f_i-\rho_i^n \tag{5.65}$$

从公式(5.64)中减去这个方程得到:

$$\frac{1}{(\Delta x)^2}(\varepsilon_{i-1}^n-2\varepsilon_i^n+\varepsilon_{i+1}^n)=\rho_i^n \tag{5.66}$$

即公式(5.15)的节点 i。以上是想在粗网格上迭代的方程。

为了推导粗网格上的离散方程,注意到粗网格节点 I 周围的控制体积由节点 I 周围的整个控制体积加上细网格控制体积 $i-1$ 和 $i+1$ 的一半组成(图 5.2)。这表明可以将标为 $i-1$ 和 $i+1$ 的方程(5.66)的一半加到标为 i 的完整方程,从而得到(省略上标 n):

$$\frac{1}{4(\Delta x)^2}(\varepsilon_{i-2}-2\varepsilon_i+\varepsilon_{i+2})=\frac{1}{4}(\rho_{i-1}+2\rho_i+\rho_{i+1}) \tag{5.67}$$

使用两个网格之间的关系($\Delta X=2\Delta x$,如图 5.2 所示),在粗网格上等价于下式:

$$\frac{1}{(\Delta X)^2}(\varepsilon_{I-1}-2\varepsilon_I+\varepsilon_{I+1})=\bar{\rho}_I \tag{5.68}$$

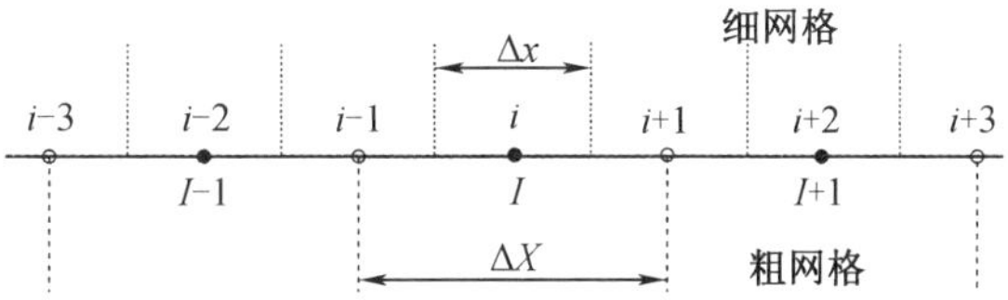

图 5.2 一维多重网格技术所使用的网格

这也可以用来定义 $\bar{\rho}_I$。方程左侧为粗网格上二阶导数的标准近似,说明粗网格上明显的离散化是合理的。右边是细网格强制项的平滑或滤波,并提供了平滑或限制操作的自然定义。

一个量从粗网格到细网格的最简单的延拓或插值是线性插值。在两个网格的重合点上,将粗网格点上的值简单地注入相应的细网格点上。而在粗网格点之间的细网格点,注入值是相邻粗网格值的平均值。

二网格迭代法为:

- 在精细网格上,使用给出平滑误差(限制)的方法执行迭代;
- 计算细网格上的残差;
- 限制(平滑)残差到粗网格;
- 在粗网格上执行修正方程的迭代;
- 延拓(插值)对细网格的修正;
- 在细网格上更新解决方案;
- 重复整个过程,直到残差减少到所需的水平。

事实上,可以使用更粗的网格进一步提高收敛速度,直到无法定义一个更粗糙的网格位置。因为在最粗糙的网格上,未知数的数量会非常少,以至于方程能够以可以忽略不计的代价精确求解。

多重网格更像是一种策略,而不是一种特定的方法。在刚才描述的框架中,有许多参数或多或少可以任意选择:粗网格结构、限制器(更平滑)、每个网格上的迭代次数、各种网格访问的顺序,以及最为重要的限制和延拓(插值)方案。当然,收敛的速度取决于所采用的方法,但最差方法和最佳方法之间的收敛速度差异小于两倍。

多重网格方法最重要的特点是,达到给定收敛水平所需的最佳网格上的迭代次数与网格节点的数量无关。因为计算成本与网格节点的数量往往成正比,所以这是非常明显的优点。在每个方向上约有 100 个节点的 2D 和 3D 问题中,多重网格方法收敛时间一般是基本方法收敛时间的十分之一到百分之一。5.8 节将给出示例。

基于迭代法的多重网格法必须具有良好的平滑性,相比之下收敛性不那么重要。其中高斯-赛德尔和 SIP 是两个不错的方法。

在二维空间中,限制(平滑)算子有很多方法。但如果在每个方向上都使用上述方法,将形成一个九点方法。而五点方法是更简单且同样有效的方法:

$$\bar{\rho}_{I,J}=\frac{1}{8}(\rho_{i+1,j}+\rho_{i-1,j}+\rho_{i,j+1}+\rho_{i,j-1}+4\rho_{i,j}) \tag{5.69}$$

类似地,双线性插值是有效的方法。在二维场中,精细网格上有三类点。其中与粗网格点相对应的可以直接给出对应点的值,而位于两个粗网格点之间的点则取两个粗网格点对应值的平均值。最后,粗网格体中心点取四个相邻点值的平均值。对于 FV 方法和三维问题,也可以使用类似的方法。

迭代求解方法中的初始设定值通常与收敛解(通常使用零场)相距甚远。因此,在一个非常粗糙的网格上求解方程是有意义的(成本很低),然后可以使用该求解方案为下一个更精细的网格上的初始场提供更佳的设定值。当到达最好的网格时,此时已经有了一个相当好的初始解。这种类型的多重网格方法称为全多重网格(FMG)方法,其获得最精细网格初始解的成本通常被精细网格迭代所节省的成本所补偿。

最后将介绍全近似格式(FAS),该方法求解方程是为了逼近解,而不是在每个网格上进行修正,通常用于解决非线性问题。值得注意的是,在 FAS 中每个网格上获得的解并不是该网格单独使用时得到的解,而是精细网格后的平滑解。这是通过将每个网格的修正传递到下一个粗网格来得到的。Navier-Stokes 方程 FAS 格式的一种变体将在第 12 章中介绍。

关于多重网格方法的详细分析,请参阅 Briggs(2000 年),Hackbusch(2003 年)和 Brandt(1984 年)的书籍。使用高斯-赛德尔、SIP 或 ICCG 方法作为平滑器 2D 多重网格求解器可通过互联网获得,详见附录。

5.3.8 其他迭代求解器

此外,还存在许多其他迭代求解器,本节不再一一详细描述,仅对部分进行介绍。如高斯-赛德尔求解器的“红黑”变化,其经常与多重网格方法结合使用。在结构化的网格中,节点可想象成与棋盘相同的“着色”方式。该方法包括两个雅各比步骤:首先更新黑节点,然后更新红节点。当黑节点的值更新时,只使用“旧的”红色值,见公式(5.33)。在下一步中,使用更新的黑色值重新计算红色值。这种对两个节点集的替代应用使得雅各比方法形成了一个与高斯-赛德尔方法具有相同收敛特性的整体方法。红黑高斯-赛德尔求解器的优点是其向量化和并行性都很好,主要原因是在这两个步骤中都没有数据依赖关系。

另一个常用于求解多维问题的是迭代矩阵,其对应于低维问题。上面介绍的 ADI 方法就属于这一类方法,其具体是将一个 2D 问题简化为一系列 1D 问题来进行求解。由此可逐行求解三对角线问题,并且在迭代过程中改变解的方向,提高了收敛速度。这种方法通常以高斯-赛德尔方式使用,即使用已经访问过的行中的新变量值。

与红黑高斯-赛德尔方法相对应的是"斑马"逐行求解器:首先在偶数行上找到解,然后处理奇数行。这在不降低收敛性的基础上提供了更好的并行化和向量化的可能性。

此外,还可以使用 2D SIP 方法来解决 3D 问题,具体是指通过逐个平面地求解,并将邻近平面的贡献下放到方程的右侧。然而,这种方法既不比 SIP 的 3D 版本成本低,也不比 3D 版本快,因此不经常使用。

5.4 耦合方程及其解

流体动力学和传热中的大多数问题都需要求解耦合方程组,即每个方程的主导变量出现在其他一些方程中。解决这类问题有两种方法:第一种方法是所有变量同时求解;第二种方法是求解每个方程的主变量,将其他变量视为已知变量,然后迭代这些方程,直到得到耦合方程组的解。这两种方法也可能混合使用,分别为联立求解方法和序贯求解方法,下面进行更详细的介绍。

5.4.1 联立求解

在联立求解方法中,所有的方程都被认为是单个系统的一部分。流体力学离散方程线性化后具有块带状结构。直接解这些方程的成本是非常高的,特别是当问题为三维,方程是非线性时。耦合方程组的迭代求解技术是对单方程方法的推广。选择上述方法是因为它们适用于耦合方程组。一些作者提出了基于迭代求解器的联立求解方法;参见 Galpin 和 Raithby(1986 年)、Deng 等(1994 年)和 Weiss 等(1999 年)的论文。

5.4.2 顺序解法

当方程是线性且紧密耦合时,联立求解方法是最好的。然而,这些方程可能是复杂和非线性的,以至于使用耦合方法是困难和昂贵的。因此,最好是把每个方程当作只有一个未知,暂时把其他变量当作已知,使用它们当前可用的最佳值。然后依次求解这些方程,重复这个循环,直到所有方程都得到满足。在使用这种方法时,需要记住两点。

- 由于某些项,例如依赖于其他变量的系数和源项,随着计算的进行会发生变化,因此在每次迭代中准确求解方程是非常低效的。在这种情况下,直接求解器是不适用的,而迭代求解器是较佳的选择。对每个方程执行的迭代称为内部迭代。
- 为了得到满足所有方程的解,必须在每个循环后更新系数矩阵和源向量,并重复此过程。这种循环称为外部迭代。

这种求解方法的优化需要仔细选择每个外部迭代的内部迭代次数,还需要限制每个变量从一个外部迭代到下一个迭代的变化(亚松弛)。因为一个变量的变化会改变其他方程的系数,这可能会减慢或阻止收敛。然而,这些方法的收敛性很难分析,因此亚松弛因子在很大程度上是依据经验来选择的。

以上介绍的多重网格方法可作为内部迭代(线性问题)的收敛加速器,应用于求解耦合问题。此外,它也可以用于加速外部迭代,这将在第12章中描述。

5.4.3 亚松弛

本节将介绍一种广泛使用的亚松弛技术。在第 n 次外迭代时,一般变量 φ 在典型点 P 处的代数方程为

$$A_{\mathrm{P}}\varphi_{\mathrm{P}}^{n}+\sum_{l}A_{l}\varphi_{l}^{n}=Q_{\mathrm{P}} \tag{5.70}$$

其中 Q 包含所有不显著依赖于 φ^n 的项;系数 A_l 和源 Q 可能涉及 φ^{n-1}。离散方法在此处不适用。由于这个方程是线性的,整个计算域的方程组通常是迭代求解的(内部迭代)。

在早期的外部迭代中,允许 φ 随公式(5.70)要求的变化而变化可能会导致不稳定,因此只允许 φ^n 改变潜在差值的一小部分 α_φ:

$$\varphi^{n}=\varphi^{n-1}+\alpha_{\varphi}(\varphi^{\mathrm{new}}-\varphi^{n-1}) \tag{5.71}$$

其中 φ^{new} 为公式(5.70)的结果,亚松弛因子满足 $0<\alpha_\varphi<1$。

因为在系数矩阵和源向量更新后,通常不再需要旧的迭代,所以可以在其上重输入新的解。将公式(5.71)中的 φ^{new} 替换为

$$\varphi_{\mathrm{P}}^{\mathrm{new}}=\frac{Q_{\mathrm{P}}-\sum_{l}A_{l}\varphi_{l}^{n}}{A_{\mathrm{P}}} \tag{5.72}$$

由公式(5.70)得到节点P处的修正方程:

$$\underbrace{\frac{A_{\mathrm{P}}}{\alpha_{\varphi}}}_{A_{\mathrm{P}}^{*}}\varphi_{\mathrm{P}}^{n}+\sum_{l}A_{l}\varphi_{l}^{n}=\underbrace{Q_{\mathrm{P}}+\frac{1-\alpha_{\varphi}}{\alpha_{\varphi}}A_{\mathrm{P}}\varphi_{\mathrm{P}}^{n-1}}_{Q_{\mathrm{P}}^{*}} \tag{5.73}$$

其中 A_{P}^{*} 和 Q_{P}^{*} 是修改后的主对角矩阵元素和源向量分量。修改后的方程在内部迭代中求解。当外部迭代收敛时,涉及 α_φ 项的约去,可以得到原始问题的解。

这种亚松弛技术是由Patankar(1980年)提出的,其有利于许多迭代求解方法,因为矩阵 $\boldsymbol{A}$ 的对角线优势增加了(元素 A_{P}^{*} 大于 A_{P},而 A_l 保持不变),从而比显式应用式(5.71)更有效。

最佳亚松弛因子与需要求解的问题相关。在早期迭代中使用一个小的亚松弛因子,并在收敛接近时将其增加到一致是较好的方法。关于选择解Navier-Stokes方程的亚松弛因子的一些建议将在第7、8、9和12章中给出。亚松弛不仅可以应用于因变量,也可以应用于方程中的各个项。当流体物性(黏度、密度、普朗特数等)取决于解并需要更新时,通常就需要应用亚松弛因子。

上文所述迭代求解方法通常认为是求解一个非定常问题,直到达到稳态为止,而控制时间步长对于控制解的变化是很重要的。在下一章中,将说明时间步长与亚松弛因子的关系,上述亚松弛方案可以解释为在不同节点上使用不同的时间步长。

5.5 非线性方程及其解

如上所述,求解非线性方程有两种技术:类牛顿法和全局法。前者有较短的得出较佳解的计算时间,而后者可以保证计算不会发散,因此需要在求解速度和求解稳定性之间权衡,两种方法也经常被结合使用。有大量的文献致力于解决非线性方程的方法,发展了较多的先进技术。此处仅对一些具有代表性的方法进行概述。

5.5.1 类牛顿法

求解非线性方程的主要方法是牛顿法。假设需要求一个代数方程 $f(x)=0$ 的根。牛顿方法使用泰勒级数的前两项线性化关于 x 估计值的函数:

$$f(x)\approx f(x_0)+f'(x_0)(x-x_0) \tag{5.74}$$

将线性化函数设置为零得到了对根的新估计:

$$x_1=x_0-\frac{f(x_0)}{f'(x_0)} \text{ or, in general, } x_k=x_{k-1}-\frac{f(x_{k-1})}{f'(x_{k-1})} \tag{5.75}$$

重复这一步骤直到根 x_k-x_{k-1} 的变化小到满足要求。该方法等价于用函数在 x_k 处的切线来近似表示曲线。当估计值足够接近根时,会达到二次收敛,即迭代 $k+1$ 的误差与迭代 k 误差的平方成正比。这意味着只需要几次迭代,估计解就会接近根。因此,只要在适用范围内就可以采用这种方法。

牛顿法也很容易推广到方程组。一般的非线性方程组可以写成:

$$f_i(x_1,x_2,\cdots,x_n)=0,\quad i=1,2,\cdots,n \tag{5.76}$$

这个方程组可以用完全相同的方法线性化。唯一不同的是,需要使用多变量泰勒级数:

$$f_i(x_1,x_2,\cdots,x_n)=f_i(x_1^k,x_2^k,\cdots,x_n^k)+\sum_{j=1}^{n}(x_j^{k+1}-x_j^k)\frac{\partial f_i(x_1^k,x_2^k,\cdots,x_n^k)}{\partial x_j} \tag{5.77}$$

当 $i=1,2,\cdots,n$ 时的函数值为零时,就得到了一个线性代数方程组,该方程组可以通过高斯消元法或其他方法来求解。方程组的矩阵是偏导数的集合:

$$a_{ij}=\frac{\partial f_i(x_1^k,x_2^k,\cdots,x_n^k)}{\partial x_j},i=1,2,\cdots,n,j=1,2,\cdots,n \tag{5.78}$$

也就是雅各比矩阵。方程组为

$$\sum_{j=1}^{n}a_{ij}(x_j^{k+1}-x_j^k)=-f_i(x_1^k,x_2^k,\cdots,x_n^k),\quad i=1,2,\cdots,n \tag{5.79}$$

采用牛顿方程组的方法去估计准确根,其收敛速度与单方程的方法一样快。然而,对于大型矩阵,虽然采用牛顿法可以快速收敛,但存在明显的缺点。采用该方法时雅各比矩阵必须在每次迭代中求值,这里存在两个较严重的问题。首先,雅各比矩阵有 n^2 个元素,对其进行求值将会消耗大量的资源,是该方法中成本最高的部分。第二,直接估计雅各比矩阵的方法并不存在,大多矩阵的方程是隐式的,或是很复杂的,以至于对其微分几乎是不可能的。

对于一般的非线性方程组,割线法要有效得多。对于单方程来说,割线法用曲线上两点之间的割线近似函数的导数(见 Ferziger(1998 年),或 Moin(2010 年))。这种方法的收敛速度比牛顿法慢,但由于其不需要求导,可以以较低成本找到解,并且可以应用于不能直接求导的问题。对于方程组,割线法有许多推广方法,其中大多数是相当有效的,但是,由于它们尚未应用于 CFD,此处将不对其进行介绍。

5.5.2 其他方法

通常解决耦合非线性方程的方法是前一节中介绍的序贯解法。非线性项(对流通量,源项)通常使用皮卡德迭代方法线性化。对于对流项,由于质量通量为已知量,因此方程中 u_i 动量分量的非线性对流项近似为

$$\rho u_j u_i \approx (\rho u_j)^o u_i \tag{5.80}$$

其中角标 o 表示这些值来自前一个外部迭代的结果。类似地,源项被分解为两部分:

$$q_\varphi = b_0 + b_1 \varphi \tag{5.81}$$

b_1 为矩阵 $\boldsymbol{A}$ 的系数,涉及多个变量的非线性项也可以采用类似方法。

这种线性化比使用牛顿式线性化的耦合方法需要更多的迭代次数。但是其每次迭代的计算量要小得多。此外,使用多重网格技术可以减少外部迭代次数,这使得该方法很有吸引力。

牛顿法有时用于线性化非线性项;例如,u_i 动量分量方程中的对流项可以表示为

$$\rho u_j u_i \approx \rho u_j^o u_i + \rho u_i^o u_j - \rho u_j^o u_i^o . \tag{5.82}$$

非线性源项可以用同样的方法处理,但这会形成一个难以求解的耦合线性方程组,除非完全使用牛顿法,否则收敛不是二次的。然而,如 Galpin 和 Raithby(1986 年)所述,可以开发出基于这种线性化技术优点的特殊耦合迭代技术。

5.6 延迟修正方法

如果所有包含未知变量节点值的项都保持在公式(3.43)的左侧,那么计算单元可能会变得非常大。由于计算单元的大小既影响存储需求,也影响求解线性方程组所需的工作量,因此应使其尽可能小。通常,只有与节点 P 最相邻的项被保留在方程的左边。然而,产生这种简单计算单元的近似值一般不够准确,因此经常被迫使用更多节点的近似值,而不仅仅是最相邻的项。

解决这个问题的一种方法是在公式(3.43)的左边只留下包含最相邻的项,而把所有其他项放在右边,这就要求使用前一次迭代中的值来评估这些项。然而,由于显式处理项是实质性的,可能会导致迭代发散。为了防止发散,需要对从一次迭代到下一次迭代的变化进行较强的亚松弛(参见第 5.4.3 节),从而导致缓慢的收敛。

此外,更好的方法是明确地计算高阶近似的项,并把它们放在方程的右边,然后对这些项进行更简单的近似(给出一个小的计算单元),并将其放在方程的左边(变量值未知)和右边(使用现有值显式计算)。右边现在是同一项的两个近似值之间的差值,而且可能很小,这样在迭代求解过程中就不会出现问题。一旦迭代收敛,低阶近似项就会消失,得到的解则对应于高阶近似。

由于待解方程的非线性,通常需要采用迭代方法,而在显式处理的部分增加一个小的项只会增加少量的计算工作量。另一方面,当隐式处理的方程中计算单元较小时,所需的内存和计算时间也都会大大减少。

该方法主要用于处理高阶近似,网格非正交性,以及避免求解中振荡等不希望出现的现象。因为方程的右边可以看作一个"修正",这种方法被称为延迟修正。这里将结合 FD 中的 Padé 方案(见第 3.3.3 节)和 FV 方法中的高阶插值(见第 4.4.4 节)来介绍其使用方法。

如果要在隐式 FD 方法中使用 Padé 方案,则必须采用延迟修正,因为在一个节点上的导数逼近涉及相邻节点的导数。一种方法是在邻近节点上使用导数的"旧值",在较远的节点上使用变量值。这些通常来自前面迭代的结果,如下:

$$\left(\frac{\partial\varphi}{\partial x}\right)_i=\beta\frac{\varphi_{i+1}-\varphi_{i-1}}{2\Delta x}+\gamma\left(\frac{\varphi_{i+2}-\varphi_{i-2}}{4\Delta x}\right)^{\text{old}}-\alpha\left(\frac{\partial\varphi}{\partial x}\right)_{i+1}^{\text{old}}-\alpha\left(\frac{\partial\varphi}{\partial x}\right)_{i-1}^{\text{old}}\tag{5.83}$$

在这种情况下,只有方程右边的第一项会被移动到方程的左边,以便在新的外部迭代中求解。

然而,这种方法可能会对收敛速度产生不利影响,因为隐式处理的部分不是导数的近似值,而是导数的某个倍数。以下所示的延迟修正更有效:

$$\left(\frac{\partial\varphi}{\partial x}\right)_i=\frac{\varphi_{i+1}-\varphi_{i-1}}{2\Delta x}+\left[\left(\frac{\partial\varphi}{\partial x}\right)_i^{\text{Padé}}-\frac{\varphi_{i+1}-\varphi_{i-1}}{2\Delta x}\right]^{\text{old}}\tag{5.84}$$

这里完全二阶 CDS 近似项在左边,而右边有显式计算的 Padé 方案导数和显式计算的 CDS 近似之间的差异。该等式是更为平衡的表达式,因为在二阶 CDS 足够精确的情况下,方括号中的项可以忽略不计。隐式部分可以使用 UDS 代替 CDS,在这种情况下,方程两边都应该使用 UDS 近似。

当使用高阶格式时,延迟校正在 FV 方法中也很有用(见 4.4.4 节)。由于高阶通量近似是显式计算的,然后这个近似可与隐式低阶近似(仅使用最近邻居的变量值)结合,通过以下方式(首先由 Khosla 和 Rubin 在 1974 年提出)联立:

$$F_{\text{e}}=F_{\text{e}}^{\text{L}}+(F_{\text{e}}^{\text{H}}-F_{\text{e}}^{\text{L}})^{\text{old}}\tag{5.85}$$

F_{e}^{L} 表示低阶近似(UDS 通常用于对流,CDS 用于扩散通量),F_{e}^{H} 是高阶近似。括号中的项使用前一次迭代的值进行计算,如上标"old"所示。与隐式部分相比,它通常较小,因此显式处理对收敛性影响不大。

同样的方法可以应用于包括谱方法在内的所有高阶近似。虽然延迟修正相对于纯低阶格式增加了每次迭代的计算时间,但额外的工作量比隐式处理整个高阶近似所需的工作量要小得多。人们还可以将"旧"项与零和单位之间的混合因子相乘,以产生纯低阶和纯高阶混合方法。这种方法有时可避免在不够精细的网格上使用高阶格式时产生的振荡。例如,当计算物体周围的流动时,一般会在物体附近使用细网格,在远离物体的地方使用粗网格。而高阶格式可能在粗网格区域产生振荡,从而导致解不够精确。由于变量在粗网格区域变化缓慢,因此可以在不影响细网格区域解的情况下降低近似的阶数,而这可以通过只在外部区域使用混合因子来实现。

关于延迟修正方法的其他用途的更多细节将在后续章节中给出。

5.7 收敛准则和迭代误差

当使用迭代求解器时,知道何时停止迭代是很重要的。最常见的方法是基于两次连续迭代之间的差异来判断。当用某种范数测量的差值小于预选值时,该迭代过程将停止。然而,当误差不小时,这种差异也可能会很小,因此需要对其进行适当的标准化。

从第5.3.2节的分析中,可以发现(见公式(5.14)及公式(5.27)):

$$\boldsymbol{\delta}^n=\boldsymbol{\varphi}^{n+1}-\boldsymbol{\varphi}^n\approx(\lambda_1-1)(\lambda_1)^n a_1\psi_1 \tag{5.86}$$

其中 δ^n 为第 $n+1$ 次迭代解与第 n 次迭代解的差值,λ_1 为迭代矩阵的最大特征值或谱半径,通过下式(Ferziger,1998年)估计:

$$\lambda_1\approx\frac{\|\delta^n\|}{\|\delta^{n-1}\|} \tag{5.87}$$

对于足够大的 n,$\|a\|$表示 a 的范数(如均方根或L2范数)。

基于以上得到特征值的估计后,从而也就能较为简单的估计迭代误差。实际上,将公式(5.86)重新排列,可以发现:

$$\boldsymbol{\varepsilon}^n=\boldsymbol{\varphi}-\boldsymbol{\varphi}^n\approx\frac{\boldsymbol{\delta}^n}{\lambda_1-1} \tag{5.88}$$

因此,迭代误差可以通过下式估计:

$$\|\boldsymbol{\varepsilon}^n\|\approx\frac{\|\boldsymbol{\delta}^n\|}{\lambda_1-1} \tag{5.89}$$

这个误差估计可以从求解方法的两次连续迭代中计算出来。虽然该方法是为线性矩阵设计的,但所有矩阵本质上都是线性近收敛的,该方法也可以应用于非线性矩阵。

然而,迭代方法通常具有复杂的特征值。在这种情况下,由于方程是实数,复特征值必须以共轭对的形式出现,因此误差减少不是指数级的,也可能不是单调的。对其估计需要上述程序的扩展,特别是需要更多的来自迭代的数据。下面使用的一些方法可以在Golub和van Loan(1996)的文献中找到。

如果最大幅值的特征值为复特征值,则至少有两个,因此必须将公式(5.27)替换为

$$\boldsymbol{\varepsilon}^n\approx a_1(\lambda_1)^n\boldsymbol{\psi}_1+a_1^*(\lambda_1^*)^n\boldsymbol{\psi}_1^* \tag{5.90}$$

其中*表示复数的共轭。如上文所述,通过减去两次连续迭代可得到 δ^n,见公式(5.86)。进一步的:

$$\boldsymbol{\omega}=(\lambda_1-1)a_1\boldsymbol{\psi}_1 \tag{5.91}$$

从而得到如下等式:

$$\delta^n\approx(\lambda_1)^n\omega+(\lambda_1^*)^n\omega^* \tag{5.92}$$

其中特征值 λ_1 是最为关心的量,如下:

$$\lambda_1=\ell e^{i\vartheta} \tag{5.93}$$

计算表明:

$$z^n=\boldsymbol{\delta}^{n-2}\cdot\boldsymbol{\delta}^n-\boldsymbol{\delta}^{n-1}\cdot\boldsymbol{\delta}^{n-1}=2\ell^{2n-2}|\boldsymbol{\omega}|^2[\cos(2\vartheta)-1] \tag{5.94}$$

从中可以得出:

$$l=\sqrt{\frac{z^n}{z^{n-1}}} \tag{5.95}$$

以上是对特征值大小的估计。

误差的估计需要进一步的近似,而复特征值会导致误差振荡。此外,误差的大小与迭代次数无关,即使对于较大的 n 也是这样。为了估计误差,可以基于上述表达式计算 δ^n 和 ℓ。由于复特征值和特征向量包含与相位角余弦成比例的项,而对误差而言一般只关心其大小,所以可以假定这些项在平均意义上为零,并删除这些项。从而可以找到两个量之间的关系:

$$\boldsymbol{\varepsilon}^n \approx \frac{\boldsymbol{\delta}^n}{\sqrt{\ell^2+1}} \tag{5.96}$$

以上是对误差的期望估计。由于解会发生振荡,所以可能在任何特定迭代中的估计都不准确。但是,正如下面所将要展示的,其对于平均上的估计还是相当准确的。

为了消除振荡的一些影响,特征值估计应该在一系列迭代中求平均值。根据问题和预期迭代次数的不同,平均范围可能从 1 到 50(通常是预期迭代次数的 1%)。

最后,本节想要得到一种既能处理实特征值又能处理复特征值的方法。当主特征值 λ_1 为实数时,复特征值的误差估计式(5.96)给出较低的估计。此外,在这种情况下,λ_1 对 z^n 的贡献消失了,因此特征值的估计不太理想。然而,这一过程可以用来确定 λ_1 是实特征值还是复特征值。如果这个比值:

$$r=\frac{z^n}{|\boldsymbol{\delta}^n|^2} \tag{5.97}$$

当 r 很小时,特征值可能是实数,当 r 很大时,特征值可能是复数。对于实特征值来说,r 趋于小于 10^{-2};对于复特征值来说,$r\approx 1$。因此,可以采用 $r=0.1$ 的值作为特征值类型的指标,并使用适当的表达式作为误差估计判断。

一种折中的方法是将残差的减少作为停止准则。当剩余范数减少到原始大小的某一标准(通常是三到四个数量级)时,迭代就会停止。如上所述,迭代误差通过公式(5.15)与残差相关,因此残差的减少伴随着迭代误差的减少。如果迭代是从零初始值开始的,那么初始误差等于解本身。当残差水平比初始水平下降三到四个数量级时,误差很可能已经下降了相当的数量,即它是解的 0.1%的数量级。在迭代过程的初始阶段,残差和误差通常不会以相同的方式下降,对于不好的矩阵条件,即使残差很小,误差也可能很大。

许多迭代求解器都需要计算残差。上述方法由于其不需要额外的计算,因此很受欢迎。第一次内迭代之前的残差范数为检验内迭代收敛性提供了参考。同时,它也提供了用于判断外部迭代收敛的标准。一般来说,当残差下降一到两个数量级时,内部迭代就可以停止。而外部迭代在残差减少 3 到 5 个数量级之前也不应该停止,这取决于所需的精度。此外,绝对残差之和(L_1 范数)可以用来代替(L_2)范数。由于精细网格的离散误差比粗网格小,收敛准则将更严格。

如果初始误差的顺序已知,就可以监测两次迭代之间的差的范数,并在迭代过程的开始与相同的量进行比较。当差范数下降了 3 到 4 个数量级时,误差通常也下降了相当数量级。

虽然这两种方法都只是近似的,但是它们比基于两次连续迭代之间的非标准化差异的标准更好。

为了测试估计迭代误差的方法，此处首先提出了使用 SOR 求解器求解一个线性二维问题的求解方法。该线性问题是平方域内的拉普拉斯方程$\{0<x<1;0<y<1\}$，选择狄利克雷边界条件对应于解$\varphi(x,y)=100xy$。这种选择的优点是二阶中心差分近似收敛解在任何网格上都是精确的，因此很容易计算当前迭代和收敛解之间的实际差值。解的初始猜想在定义域内处处为零，此处选择 SOR 方法作为迭代技术，因为如果松弛因子大于最佳值，那么将导致复特征值。

图 5.3 和图 5.4 显示了 20×20 和 80×80 CV 的均匀网格的结果。所有结果均给出了精确迭代误差的范数、使用上述方法的误差估计、两次迭代之间的差值和残差。对于这两种情况，松弛因子的两个值的计算结果如下所示：一个低于最佳值，具有实数特征值；一个在最佳值之上，导致复特征值①。而只有实数特征值情况，平滑指数才会收敛。在这种情况下，误差估计几乎是准确的（除了初始阶段）。然而，两次迭代之间的残差和差的范数在初始阶段下降得太快，并没有随着迭代误差的下降而下降。随着网格的细化，这种现象更加明显。在 80×80 CV 网格上，残差范数迅速减小了两个数量级，而误差仅略有减小。但是一旦达到渐近还原率，四条曲线的斜率都是相同的。

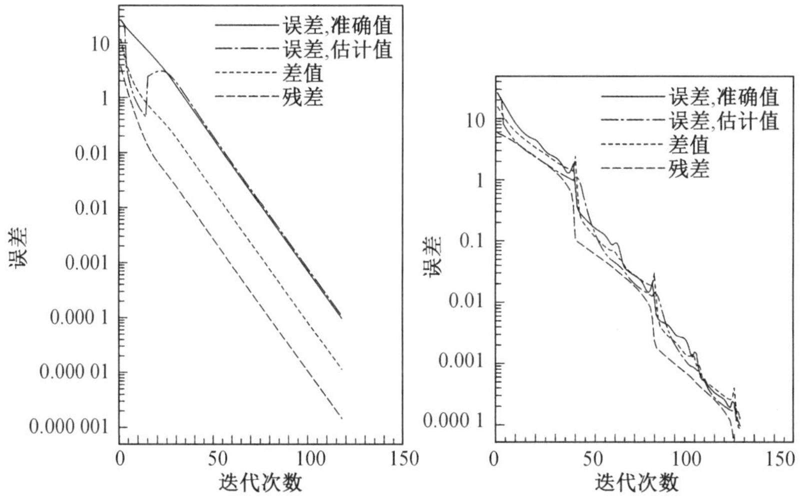

图 5.3 在 20×20 CV 网格上使用 SOR 求解器求解拉普拉斯问题的精确迭代误差、误差估计、残差和两次迭代差的范数变化：松弛因子比最佳值（约 1.73）小（左）和大（右）

当迭代矩阵的特征值是复数形式时，收敛不是单调的，并且存在误差振荡。在这种情况下，预测的误差和精确误差的差异并不明显，且上述所有的收敛准则都较为优异。

对于迭代误差估计的进一步示例介绍，特别是求解耦合流问题时的外部迭代，将在后面进行介绍。

---

① 对于简单的矩形几何和 Dirichlet 边界条件（Brazier，1974 年）：$\omega=2/[1+\sin(\pi/N_{CV})]$。

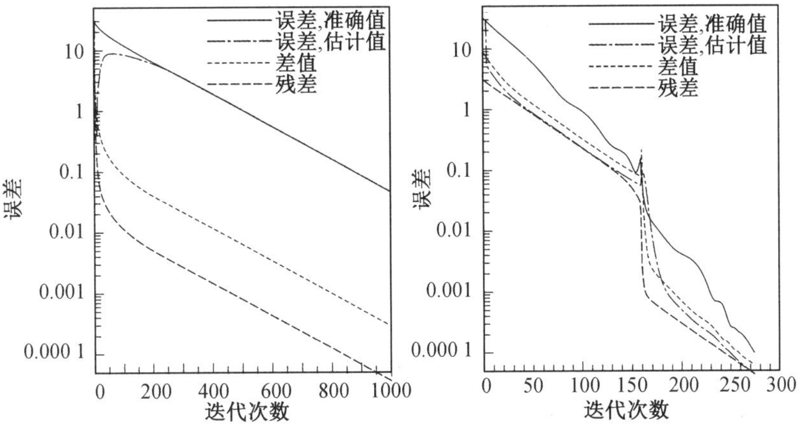

图 5.4 在 80×80 CV 网格上使用 SOR 求解器求解拉普拉斯问题的精确迭代误差、误差估计、残差和两次迭代差的范数变化:松弛因子比最佳值(约 1.92)小(左)和大(右)

5.8 示 例

前一章中给出了一些二维问题的解,但没有讨论解的方法。本节将展示在驻点流二维标量输运问题下各种求解器的性能。关于用于推导线性代数方程的问题和离散化技术的描述,请参见第 4.7 节。

本节所考虑的问题是 $\Gamma=0.01$ 和网格为 20×20、40×40 和 80×80 CV 的均匀网格。方程矩阵 $\boldsymbol{A}$ 是不对称的,在 CDS 离散化的情况下,它不是对角占优的。在对角占优矩阵中,主对角线上的元素满足以下条件:

$$A_{\mathrm{P}} \geqslant \sum_{l} |A_l| \tag{5.98}$$

可以证明,满足上述关系是迭代求解方法收敛的充分条件,且不等式必须至少在一个节点上应用。需要满足以上条件必须对对流项进行 UDS 离散化。当违反上述条件时,雅各比和高斯-赛德尔等简单求解器通常会发散,而 ILU、SIP 和共轭梯度求解器对矩阵的对角线占优性不太敏感。

此处考虑了五个求解器:

- 高斯-赛德尔,表示为 GS;
- 线性高斯-赛德尔在 $x=\text{const}$ 行上使用 TDMA 方法,用 LGS-X 表示;
- 线性高斯-赛德尔在 $y=\text{const}$ 行上使用 TDMA 方法,用 LGS-Y 表示;
- 线性高斯-赛德尔在 $x=\text{const}$ 行上使用 TDMA 交替方法,并且 $y=\text{const}$,用 LGS-ADI 表示;
- 斯通的 ILU 方法,用 SIP 表示。

表 5.1 展示了上述求解器的绝对残差减少 4 个数量级所需的迭代次数。

从表中可以看到 LGS-X 和 LGS-Y 求解器的速度大约是 GS 的两倍;LGS-ADI 的速度大约是 LGS-X 的两倍,在更细的网格上,SIP 的速度大约是 LGS-ADI 的四倍。对于 GS 和 LGS 求解器,每次网格被细化时迭代次数将增加约四倍;在 SIP 和 LGS-ADI 的情况下,因子较小。但是,正如下一个示例将介绍的那样,因子增加并在非常精细的网格的极限上渐近于 4。

表 5.1　求解驻点流二维标量输运问题时，各求解器将 L_1 残差范数降低 4 个数量级所需的迭代次数

方案	网格	GS	LGS-X	LGS-Y	LGS-ADI	SIP
UDS	20×20	68	40	35	18	14
	40×40	211	114	110	52	21
	80×80	720	381	384	175	44
CDS	20×20	—	—	—	12	19
	40×40	163	95	77	39	19
	80×80	633	349	320	153	40

另一个有趣的现象是，GS 和 LGS 求解器不收敛于 20×20 CV 网格与 CDS 离散化。这是因为在这种情况下矩阵不是对角占优的。即使在 40×40 CV 网格上，矩阵也不是完全对角占优的，但仅在变量均匀分布的区域（低梯度），因此对求解器的影响没有那么严重。LGS-ADI 和 SIP 求解器不受影响。

现在转向一个测试示例，具体是存在一个解析解，并且 CDS 近似在任何网格上都能产生一个精确解。这一现象有助于评估迭代误差，但对求解器的行为没有影响，所以该情况相当适合评估求解器的性能。在狄利克雷边界条件下解拉普拉斯方程时，其精确解为 $\varphi = xy$。求解域是一个矩形，解在所有边界上规定，内部的初值都为零。因此，初始误差等于解，且是空间坐标的光滑函数，可采用前一章描述的 FV 方法和 CDS 方案进行离散化。由于没有对流，因此这个问题是完全椭圆的。

所考虑的求解器为：

- 高斯-赛德尔求解器，用 GS 表示；
- 线性高斯-赛德尔在 $x = \text{const}$ 行上使用 TDMA 交替方法，并且 $y = \text{const}$，用 LGS-ADI 表示；
- ADI 求解器在第 5.3.5 节中描述；
- 斯通的 ILU 方法，用 SIP 表示
- 共轭梯度法，预处理不完全 Cholesky 分解，用 ICCG 表示；
- 多重网格法采用 GS 作为平滑层，用 MG-GS 表示；
- 多重网格法采用 SIP 作为平滑层，用 MG-SIP 表示。

表 5.2 给出了在正方形解域上的均匀网格上得到的结果。LGS-ADI 的速度大约是 GS 的四倍，SIP 的速度大约是 LGS-ADI 的四倍。ADI 在粗网格上的效率低于 SIP，但当选择最佳时间步长，一个方向上的网格点数量增加一倍时，迭代次数只增加一倍，因此对于细网格，ADI 相当适合。当时间步长以循环方式变化时，求解器变得更加有效，SIP 也是如此，但是参数的循环变化增加了每次迭代的成本。ADI 达到不同时间步长的收敛所需的迭代次数如表 5.3 所示。当网格被细化时，最佳时间步长减少了 1/2。

表 5.2 对于双向均匀网格 $X \times Y = 1 \times 1$ 平方域上具有 Dirichlet 边界条件的二维拉普拉斯方程，各种求解器将 L_1 归一化误差范数降低到 10^{-5} 以下所需的迭代次数

网格	GS	LGS-ADI	ADI	SIP	ICCG	MG-GS	MG-SIP
8×8	74	22	16	8	7	12	7
16×16	292	77	31	20	13	10	6
32×32	1 160	294	64	67	23	10	6
64×64	4 622	1 160	132	254	46	10	6
128×128	—	—	274	1 001	91	10	6
256×256	—	—	—	—	181	10	6

表 5.3 ADI 求解器迭代次数与时间步长的关系(双向均匀网格，64×64 CV)

$1/\Delta t$	80	68	64	60	32	16	8
迭代次数	152	134	132	134	234	468	936

ICCG 比 SIP 的求解速度快得多，网格细化时迭代次数会翻倍，因此在精细网格上它的优势更大。多重网格求解器也非常高效，通过使用 SIP 作为平滑器，只需要在最好的网格上迭代 6 次。在 MG 求解器中，最粗的水平为 2×2 CV，因此在 8×8 CV 网格上有 3 个水平，在 256×256 CV 网格上有 8 个水平，对最细网格和延长后的所有网格进行 1 次迭代，限制阶段进行 4 次迭代。在 SIP 中，参数 α 设置为 0.92，通过该值得到的结果已具有足够的代表性，以显示趋势和各种求解器的相对性能。此外，对于每个求解器，每次迭代的计算工作量是不同的。以 GS 迭代的成本为参照，具体如下：第一次及其后 2 次迭代的 LGS-ADI-2.5、ADI-3.0、SIP-4.0，第一次其后 3 次迭代的 ICCG-4.5。对于 MG 方法，需要将最细网格上的迭代次数乘以大约 1.5，以表示在粗网格上的迭代成本。因此 MG-GS 在这种情况下是最有效的求解器。

由于每个求解器的收敛速度是不同的，所以相对代价取决于想要求解方程的准确程度。为了分析这个问题，图 5.5 中展示了绝对残差和的变化，以及迭代误差随迭代的变化。可以观察到两点。

- 残差和在初始阶段的下降是不规则的，但经过一定次数的迭代后，收敛速度趋于恒定。ICCG 求解器是例外，它随着迭代的进行而变得更快。当需要非常精确的解时，MG 求解器和 ICCG 求解器是最好的选择。如果对精度要求适中——就像解决非线性问题的情况一样，那么 SIP 求解器就变得有竞争力，ADI 也比较适合。
- 对于 GS、SIP、ICCG 和 ADI 求解器，初始残差范数的减小并没有同时带来迭代误差的相等减小，只有 MG 解算器以相同的速度减小误差和残余范数。

尽管针对特定问题有特定特征，但这些结论依旧是较为普遍的。这一部分将在第 8 章中说明 Navier-Stokes 方程的类似结果。

由于 SIP 求解器用于 CFD 结构网格上，图 5.6 中显示了达到收敛所需的迭代次数对参数 α 的依赖性。当 $\alpha=0$ 时 SIP 减少到标准 ILU 求解器。在 α 的最佳值下，SIP 的速度大约是 ILU 的六倍。SIP 的问题是 α 的最佳值位于可用值范围的末端：对于 α 略大于最佳值，该

方法则不收敛。最佳值通常为 0.92~0.96,因此使用 $\alpha=0.92$ 是安全的,但这通常不是最佳值,不过其求解速度也能达到标准 ILU 方法的 5 倍左右。

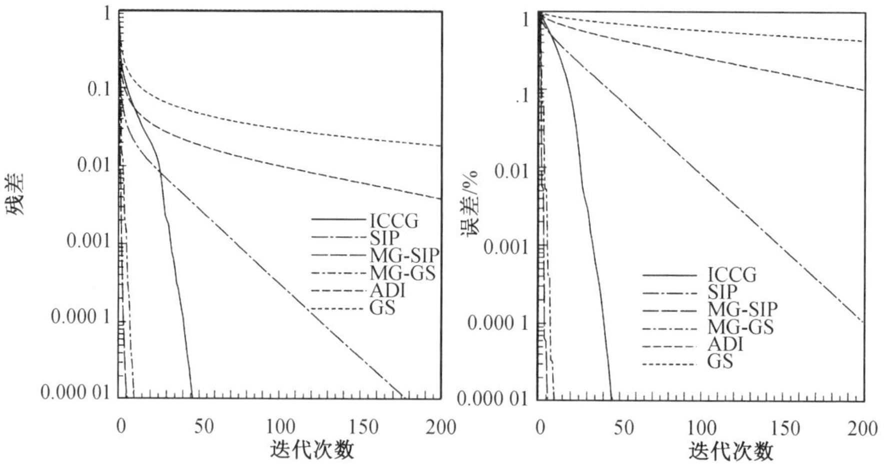

图 5.5 残差(左)和迭代误差(右)L_1 范数随各种求解器迭代次数,网格为 64×64 CV

一些求解器受到网格宽高比的影响,其系数的大小会变得不均匀。使用 $\Delta x=10\Delta y$ 的网格时将使得 A_N 和 A_S 比 A_W 和 A_E 大 100 倍(参见前一章的示例部分)。为了对这种现象进一步研究,可以在一个矩形区域 $X\times Y=10\times1$ 上用每个方向上相同数量的网格节点求解上面描述的拉普拉斯方程问题。表 5.4 显示了将各种求解器的归一化 L_1 残差范数降低到 10^{-5} 以下所需的迭代次数。GS 求解器不受影响,但它不再是适合 MG 方法的光滑求解器。与方形网格问题相比,LGS-ADI 和 SIP 求解器变得更快,ICCG 的表现也不错,MG-SIP 不受影响,但其求解过程会严重恶化。

这是一种典型的现象,在对流扩散问题(尽管影响不太明显)和有小和大的网格宽高比的非均匀网格中常被发现。Brandt(1984)从数学上解释了随着宽高比的增加,GS 的恶化和 ILU 性能的提高。

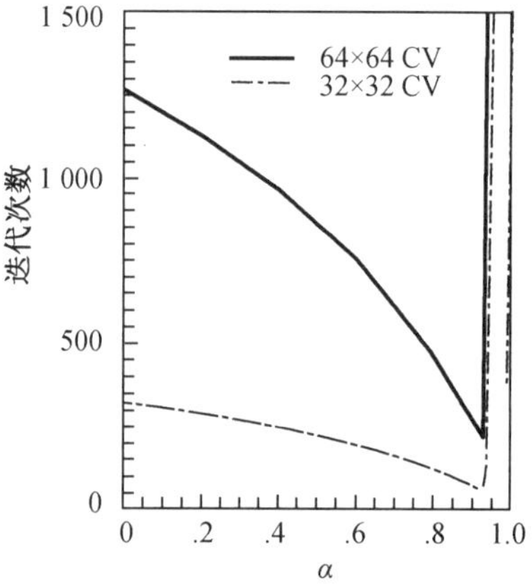

图 5.6 在上述二维拉普拉斯问题中,使用 SIP 求解器将 L_1 残差范数降低到 10^{-4} 以下所需的迭代次数,作为参数 α 的函数

表 5.4 对于双向均匀网格矩形域 $X \times Y = 10 \times 1$ 上具有 Dirichlet 边界条件的二维拉普拉斯方程，将归一化 L_1 残差范数降低到 10^{-5} 以下，各种求解器所需要的迭代次数

网格	GS	LGS-ADI	SIP	ICCG	MG-GS	MG-SIP
8×8	74	5	4	4	54	3
16×16	293	8	6	6	140	4
32×32	1 164	18	13	11	242	5
64×64	4 639	53	38	21	288	6
128×128	—	189	139	41	283	6
256×256	—	—	—	82	270	6

最后，这里给出了三维具有 Neumann 边界条件的 Poisson 方程的一些解的结果。CFD 中的压力和压力修正方程就是这种类型。解出方程为

$$\frac{\partial^2 \varphi}{\partial x^2}+\frac{\partial^2 \varphi}{\partial y^2}+\frac{\partial^2 \varphi}{\partial z^2}=\sin(x^* \pi)\sin(y^* \pi)\sin(z^* \pi) \tag{5.99}$$

其中 $x^* = x/X, y^* = y/Y, z^* = z/Z$，;$X, Y, Z$ 是求解域的维数。用 FV 方法对方程进行离散化，求解域中源项的和为零，并且在所有边界处指定了诺伊曼边界条件（垂直于边界的零梯度）。除了上述介绍的 GS、SIP 和 ICCG 求解器外，还使用了带有不完全 Cholesky 预处理的 CGSTAB 方法。将初始解设为零，对绝对残差归一化和降低四个数量级所需的迭代次数如表 5.5 所示。

表 5.5 对于具有 Neumann 边界条件的三维 Poisson 方程，不同求解器将 L_1 残差范数降低到 10^{-4} 以下所需的迭代次数

网格	GS	SIP	ICCG	CGSTAB	FMG-GS	FMG-SIP
8^3	66	27	10	7	10	6
16^3	230	81	19	12	10	6
32^3	882	316	34	21	9	6
64^3	—	1 288	54	41	7	6

从以上示例中得出的结论与从带有狄利克雷边界条件的二维问题中得出的结论相似。当需要精确的求解方法时，GS 和 SIP 在精细网格上变得低效，共轭梯度求解器较优，而多重网格方法是最好的。FMG 策略，即粗网格上的解为下一个更细网格提供初始解，比直接使用多重网格更好。使用 ICCG 或 CGSTAB 作为平滑器的 FMG 求解需要的迭代更少（最好的网格上有 3 到 4 次迭代），但计算时间比 MG-SIP 高，同时 FMG 原理也可以应用于其他求解器。

第6章 不稳定问题的处理方法

6.1 简 介

在计算不稳定流动时,我们要考虑第四个坐标方向:时间。与空间坐标一样,时间坐标也必须离散化。我们可以用有限差分思想把离散的时间点看作“时间网格”,或者用有限体积思想把它看作一种“时间体积”。空间坐标和时间坐标的主要区别在于扰动产生影响的方向:(在椭圆问题中)在任何空间坐标上的力都可能影响其他空间坐标上的流动,而在给定时间坐标上的力只会影响未来的流动状态,对已经发生了的流动没有影响。因此,在时间坐标上的不稳定流动类似抛物线。这意味着在整个求解过程中除了边界条件外不能对解施加其他条件,这一点对求解方法的选择来说非常重要。为了更加贴近时间的本质,基本上所有的求解方法都以逐步或递进的方式在时间上向前推进。这些求解方法与常微分方程(ODEs)初值问题的求解方法非常相似,因此我们将在下一节对这些方法进行简要回顾。

6.2 ODE 初值问题解决方法

6.2.1 两水平方法

对于初值问题,只需考虑带有初始条件的一阶常微分方程:

$$\frac{\mathrm{d}\varphi(t)}{\mathrm{d}t}=f(t,\varphi(t))\;;\varphi(t_0)=\varphi^0 \tag{6.1}$$

基本问题是在初始点之后很短的时间 Δt 内求解 φ。在 $t_1=t_0+\Delta t$ 处的解 φ^1,可以作为新的初始条件,以此类推,可以求解 $t_2=t_1+\Delta t,t_3=t_2+\Delta t,\cdots$。

最简单的求解方法可以通过将方程(6.1)在 t_n 到 $t_{n+1}=n+\Delta t$ 区间进行积分来构造:

$$\int_{t_n}^{t_{n+1}}\frac{\mathrm{d}\varphi}{\mathrm{d}t}\mathrm{d}t=\varphi^{n+1}-\varphi^n=\int_{t_n}^{t_{n+1}}f(t,\varphi(t))\,\mathrm{d}t \tag{6.2}$$

其中 $\varphi^{(n+1)}=\varphi(t_{(n+1)})$ 这个方程本身是精确的,但在不知道真解的情况下方程右边的值无法求解,所以在求解过程中必须进行近似处理。根据微分中值定理,在从 t_n 到 $t_{n+1}=n+\Delta t$ 之间某点 $t=\tau$ 处求值,积分值等于 $f(\tau,\varphi(\tau))\Delta t$,但 τ 是未知的,所以无法通过微分中值定理求解。因此我们只能通过数值积分来近似得到这些积分结果。

下面将给出四种简单的数值积分方法,相关几何图形如图 6.1 所示。

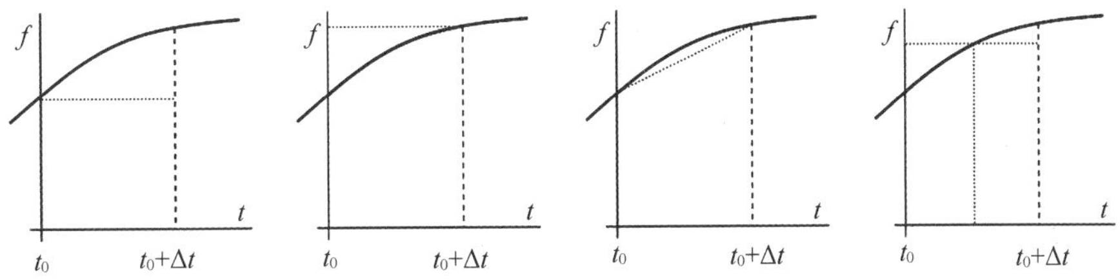

图 6.1 $f(t)$ 在 Δt 区间内的时间积分的近似值

如果用初始点的积分值来计算方程(6.2)右边的积分,我们可以得到

$$\varphi^{n+1}=\varphi^{n}+f(t_{n},\varphi^{n})\Delta t \tag{6.3}$$

这种方法称为显式欧拉法或正向欧拉法。

相反,如果我们在计算积分时使用积分终点,可以得到隐式欧拉方法或向后欧拉法:

$$\varphi^{n+1}=\varphi^{n}+f(t_{n+1},\varphi^{n+1})\Delta t \tag{6.4}$$

再或者可以通过使用区间的中点得到

$$\varphi^{n+1}=\varphi^{n}+f(t_{n+\frac{1}{2}},\varphi^{n+\frac{1}{2}})\Delta t \tag{6.5}$$

这种方法称为中点法,这也是常用的蛙跳法(Leapfrog Method)求解偏微分方程方法的基础。

最后,如果使用初始点和最终点之间的直线插值来构造近似值可以得到:

$$\varphi^{n+1}=\varphi^{n}+\frac{1}{2}[f(t_{n},\varphi^{n})+f(t_{n+1},\varphi^{n+1})]\Delta t \tag{6.6}$$

这种方法称为梯形法,是常用的 Crank-Nicolson 方法求解偏微分方程的基础。

总的来说,以上这些方法只涉及两次未知值,也被统称为两水平方法(中点法是否是两水平法取决于采用的进一步近似)。这些方法的相关分析可以在关于常微分方程数值解的书中找到(例如,参见 Ferziger,1998 年,Moin,2010 年),这里不再重复。

我们将简单地回顾这些方法最重要的一些的特性。首先,我们可以发现除第一种方法外的所有方法都需要在 $t=t_n$(解已知的积分区间初始点)以外的某个点处的 $\varphi(t)$ 值。因此,对于这些方法,在没有进一步近似或迭代的情况下,无法计算方程右侧的值。因此,称第一个方法为显式方法,而其他所有方法都是隐式的。

如果 Δt 很小,以上所有方法都能得到较好的解,但解只在短时间尺度下准确是一个麻烦的事情,流体力学中的问题涉及广泛变化的时间尺度,且分析的对象通常是流动缓慢、长期的行为,这种具有广泛时间尺度的问题被称为刚性问题,是常微分方程求解中的最大的难题,所以寻求能适应大时间步长的求解方法是研究流体力学问题中非常重要的一环。当时间步长很大时,观察求解方法的行为是很重要的,这就要求求解方法的具有稳定性。

文献中有许多关于稳定性的定义。我们在这使用一个粗略的定义:当基本微分方程的解有界时,如果一个方法也产生一个有界的解,则该方法为稳定方法。对于显式欧拉方法,稳定性判据为

$$\left|1+\Delta t\frac{\partial f(t,\varphi)}{\partial\varphi}\right|<1 \tag{6.7}$$

如果 $f(t,\varphi)$ 为复数值,则要求 $\Delta t\partial f(t,\varphi)/\partial\varphi$ 在复平面上的位置处在圆心为-1 的单位

圆内。(必须考虑复数情况,因为高阶系统可能有复数特征值。只有实部为零或为负的数值才使解有界。)具有该性质的方法称为条件稳定方法,如果 f 是实数,则判据式(6.7)简化为

$$\left|\Delta t\frac{\partial f(t,\varphi)}{\partial\varphi}\right|<2 \tag{6.8}$$

以上定义下所有其他方法都是无条件稳定的,即如果$\partial f(t,\varphi)/\partial\varphi<0$ 求解方法在任何时间步长下都能产生有边界的解。在 Δt 很大的情况下,隐式欧拉法一般也能产生光滑的解,而梯形法则经常产生振荡解,且阻尼很小。因此,即使对于非线性方程而言,隐式欧拉法能够正常求解,而梯形法求解可能不稳定。

最后,需要考虑求解方法准确性的问题。在全球范围内,由于人们可能需要处理的方程种类繁多,很难对这个问题说得太多。对于一个小步长情况,可以用泰勒级数展开,显式欧拉方法从 t_n 时刻的已知解开始,在 $t_n+\Delta t$ 时刻得到解,解的误差与$(\Delta t)^2$ 成正比。然而,由于计算到某个有限最终时刻 $t=t_0+T$ 所需的步数与 Δt 成反比,且每一步都会产生一个误差,因此最终产生的误差大小将与 Δt 本身大小成正比。因此显式欧拉法和隐式欧拉法都是一阶方法,而梯形法和中点法的误差与$(\Delta t)^2$ 成正比,是二阶方法。可以看出,二阶误差是两水平方法所能达到的最高阶误差。

需要注意的是,方法的阶数并不是其精度的唯一指标。诚然,对于足够小的步长,高阶方法会比低阶方法有更小的误差,但同样阶数的两种方法的误差可能相差一个数量级。阶数只决定了当步长趋于零时误差趋于零的速率,而这只在步长足够小条件下。这里的"足够小"既与方法有关,也与问题有关,不能先验确定。

当步长足够小时,可以通过比较使用两种不同步长得到的解来估计解中的离散误差。这种方法被称为 Richardson 外推法,在第 3 章已经有描述,它同时适用于空间和时间离散误差。此外,还可以通过分析两种不同阶数的方案产生的解的差异来估计误差,这将在第 12 章中讨论。

6.2.2 预测–校正和多点方法

我们发现的两水平方法的性质非常明显。显式方法容易编程,并且每步占用的计算机内存和计算时间很少,但如果时间步长很大,则可能不稳定。对隐式方法而言,需要迭代求解以获得新时间步的值,这增大了编程的难度,并且每个时间步的计算需要使用更多的计算机内存和时间,但相对来说更稳定(上述的隐式方法是无条件稳定的,并不是所有的隐式方法都是无条件稳定的,但通常情况比显式方法更稳定)。人们开始思考能否结合两种方法的优势,预测–校正方法应运而生。

各种各样的预测–校正方法模型被相继开发出来,在这我们介绍应用最广的一种,在该模型中,使用显式欧拉法来预测新时间步下的解:

$$\varphi_{n+1}^{*}=\varphi^{n}+f(t_n,\varphi^{n})\Delta t \tag{6.9}$$

其中 * 表示 t_{n+1} 时刻的解不是终值。需要通过使用梯形法和 $\varphi_{(n+1)}^{*}$ 计算导数来修正解,见公式(6.10):

$$\varphi^{n+1}=\varphi^{n}+\frac{1}{2}\left[f(t_n,\varphi^{n})+f(t_{n+1},\varphi_{n+1}^{*})\right]\Delta t \tag{6.10}$$

这种方法具有梯形法的二阶精度,同时拥有与显示欧拉法相似的稳定性。人们可能认为通过迭代校正可以提高算法稳定性,但事实并非如此,因为只有当 Δt 足够小时,梯形法迭代过程才能得到收敛的解。这种预测-校正方法属于两水平方法的一种,最高精度也是二阶。若要进行高阶近似,必须使用更多的节点的信息。为了计算的方便,额外的节点可以是已经有计算数据的点,也可以是 t_n 与 t_{n+1} 之间的点,前者为多点方法,后者为 Runge-Kutta 方法。这节主要介绍多点方法,在下一节介绍 Runge-Kutta 方法。

Adams 方法是最著名的多点方法,它是通过对若干时间节点的导数进行多项式拟合而得出的。若用拉格朗日法对点 $f(t_{n-m},\varphi_{n-m})$,$f(t_{n-m+1},\varphi_{n-m+1})$,…,$f(t_n,\varphi_n)$ 进行多项式拟合,并将结果用于方程(6.2)中的积分。我们可以得到 $m+1$ 阶的显式方法,这种方法称为 Adams-Bashforth 方法。对于偏微分方程的求解,仅采用低阶方法。一阶方法为显式欧拉法,二阶和三阶格式为

$$\varphi^{n+1}=\varphi^n+\frac{\Delta t}{2}[3f(t_n,\varphi^n)-f(t_{n-1},\varphi^{n-1})] \tag{6.11}$$

和

$$\varphi^{n+1}=\varphi^n+\frac{\Delta t}{12}[23f(t_n,\varphi^n)-16f(t_{n-1},\varphi^{n-1})+5f(t_{n-2},\varphi^{n-2})] \tag{6.12}$$

如果将 t_{n+1} 处的数据包含在插值多项式中,可以得到隐式方法,即 Adams-Moulton 方法。一阶格式是隐式欧拉法,二阶格式是梯形法,三阶格式形如:

$$\varphi^{n+1}=\varphi^n+\frac{\Delta t}{12}[5f(t_{n+1},\varphi^{n+1})+8f(t_n,\varphi^n)-f(t_{n-1},\varphi^{n-1})] \tag{6.13}$$

通常情况下可以采用($m-1$)阶的 Adams-Bashforth 方法来预测,采用 m 阶的 Adams-Moulton 方法作为校正,由此可以得到任意阶的预测-校正方法。

多点方法的优点是构造任意阶的格式都相对容易,同时也易于使用和编程。此外,在这种方法中每个时间步长只需要一次导数的计算,相对简单($f(t,\varphi(t))$ 的值需要多次计算,但计算一次就可以存储,因此每个时间步只需要一次计算,这种情况可能非常复杂,特别是在涉及偏微分方程的应用中)。由于需要在当前时间节点之前的多个时间节点上的数据,因此这些方法的主要缺点是无法仅依靠初始时间节点上的数据进行计算。在使用这些方法前,需要使用其他方法计算得到数据,一种方案是使用较小的时间步长的低阶方法开始计算,随着得到更多的数据,方法可以启动后缓慢增加阶数,最终达到预期的精度。

这是许多精确常微分方程求解程序的基础。在这些求解程序中,用误差估计来确定每一步求解的精度。如果求解不够精确,则将求解方法的阶数提高到程序允许的最大阶数。相反,如果求解精度比需求的精度高得多,为了节省计算时间,可能会降低求解方法的阶数。由于在多点法中步长很难改变,所以只有当求解方法的最大阶数无法满足精度需求时才会这么做①。

由于多点方法使用多个时间步长的数据,可能产生非物理解。由于篇幅所限,这里不深入分析,但需要注意的是,多点方法的不稳定性往往是都由非物理解引起的。通过启动

① 上面使用的求积近似假设使用统一的时间步长;如果时间步长允许变化,那么在不同时间节点上乘以函数值的系数就变成了步长的复杂函数,正如我们在第 3 章中看到的空间有限差分。

方法的改进可以减轻这一现象的出现，但并不能完全抑制。在这种情况下，多点方法在一段时间内给出的解相对准确，随着非物理解的成分的增加而逐渐偏离真解。解决这个问题的常用方法是间歇性的“重启”算法，这方法虽然有效，但可能会降低算法的准确性或效率。

还有一种特殊的多点（三级）方法——蛙跳法（leapfrog method）。其本质是每隔 $2\Delta t$ 的时间间隔运用一次中点法积分：

$$\varphi_i^{n+1}=\varphi_i^{n-1}+f(t_n,\varphi^n)2\Delta t \tag{6.14}$$

虽然积分区间长度是 $2\Delta t$，但步长为 Δt，所以该方法中积分区间是重合的。这种方法已经被广泛使用，其部分特性将在 6.3.1.2 节中描述。

6.2.3 Runge-Kutta 方法

Runge-Kutta 方法使用的是 t_n 和 t_{n+1} 之间的点，这一方法可以克服多点方法启动的困难。Runge-Kutta 方法可以系统地对任意精度阶数格式进行推导；这里仅展示三个阶数。在以下情况下，算法的阶数也反映了其精度。

一阶 Runge-Kutta 方法本质上和上文的显式欧拉法相同，二阶 Runge-Kutta 方法（RK2）分为两步。第一步可以看作计算半步长的显示欧拉法用于预测，第二步为计算半步长的中点法用于校正：

$$\varphi^*_{n+\frac{1}{2}}=\varphi^n+\frac{\Delta t}{2}f(t_n,\varphi^n) \tag{6.15}$$

$$\varphi^{n+1}=\varphi^n+\Delta t f(t_{n+\frac{1}{2}},\varphi^*_{n+\frac{1}{2}}) \tag{6.16}$$

该方法易于使用且具有自启动性，即不需要微分方程本身初始条件以外的数据。这种方法在很多方面与上文所述的预测-校正方法非常相似。然而，Durran（2010 年）指出 RK2 方法的振幅因子大于 1，会放大误差。

6.2.3.1 三阶 Runge-Kutta 方法

三阶 Runge-Kutta 方法（RK3）现在正在取代上一节介绍的蛙跳法在气象模拟程序中的应用。与其他高阶 Runge-Kutta 格式一样，三阶的格式也不是唯一的。其中最著名的是 Heun 格式。它包括三个步骤，第一步是计算 1/3 时间步长上的显式欧拉法用于预测：

$$\varphi^*_{n+\frac{1}{3}}=\varphi^n+\frac{\Delta t}{3}f(t_n,\varphi^n) \tag{6.17}$$

然后是计算 2/3 时间步长上的中点法近似$\left(以\ t+\dfrac{\Delta t}{3}为中心\right)$：

$$\varphi^*_{n+\frac{2}{3}}=\varphi^n+\frac{2\Delta t}{3}f(t_{n+\frac{1}{3}},\varphi^*_{n+\frac{1}{3}}) \tag{6.18}$$

最后一步可以看作计算整个时间步上的梯形法近似，其中时间步结束时被积函数的值通过 t_n 和 $t_{n+\frac{2}{3}}$ 的值线性外推得到：

$$\varphi^{n+1}=\varphi^n+\frac{\Delta t}{4}\left[f(t_n,\varphi^n)+3f(t_{n+\frac{2}{3}},\varphi^*_{n+\frac{2}{3}})\right] \tag{6.19}$$

如前文所述，三阶 Runge-Kutta 格式不是唯一的。下面将介绍在地球物理学中使用较多的另一个版本。

Wicker 和 Skamarock（2002 年）提出了一种新颖的基于时间分裂方法的程序。这一方案已经在天气研究和预报(WRF)模式的高级研究(ARF)中得到应用(Skamarock 和 Klemp,2008 年)。[①] 对于“慢或低频”的运动状态(对气象学来说具有重要意义),它已被证明很容易适应稳定的时间分裂,对振荡和阻尼运动模态都具有优异的稳定性能。其他方案用于声波和重力波运动。

使用 Wicker 和 Skamarock 的方法从 t_n 到 $t_{n+1}=n+\Delta t$ 积分需要三个步骤:

$$\varphi^{*}_{n+\frac{1}{3}}=\varphi_n+\frac{\Delta t}{3}f(t_n,\varphi^n)$$

$$\varphi^{**}_{n+\frac{1}{2}}=\varphi_n+\frac{\Delta t}{2}f(t_{n+\frac{1}{3}},\varphi^{*}_{n+\frac{1}{3}})$$

$$\varphi_{n+1}=\varphi_n+\Delta tf(t_{n+\frac{1}{2}},\varphi^{**}_{n+\frac{1}{2}}) \tag{6.20}$$

Purser (2007 年)的研究表明,该格式不是真正的 Runge-Kutta 方法的三阶格式,虽然对线性方程组是三阶精度的,但对非线性方程组只有二阶精度(但与 RK2 方法相比,测试中的误差要小得多)。

6.2.3.2 四阶 Runge-Kutta 方法

历史上,应用最多的是四阶 Runge-Kutta 方法 (RK4)。该方法的前两步在 $t_{n+\frac{1}{2}}$ 时刻使用显式欧拉法预测和隐式欧拉法校正,然后再用全步长的中点法预测和辛普森法最终校正,最后使得该方法具有四阶精度。公式为

$$\varphi^{*}_{n+\frac{1}{2}}=\varphi^n+\frac{\Delta t}{2}f(t_n,\varphi^n) \tag{6.21}$$

$$\varphi^{**}_{n+\frac{1}{2}}=\varphi^n+\frac{\Delta t}{2}f(t_{n+\frac{1}{2}},\varphi^{*}_{n+\frac{1}{2}}) \tag{6.22}$$

$$\varphi^{*}_{n+1}=\varphi^n+\Delta tf(t_{n+\frac{1}{2}},\varphi^{**}_{n+\frac{1}{2}}) \tag{6.23}$$

$$\varphi^{n+1}=\varphi^n+\frac{\Delta t}{6}[f(t_n,\varphi^n)+2f(t_{n+\frac{1}{2}},\varphi^{*}_{n+\frac{1}{2}})+2f(t_{n+\frac{1}{2}},\varphi^{**}_{n+\frac{1}{2}})+f(t_{n+1},\varphi^{*}_{n+1})] \tag{6.24}$$

在这个方法基础上发展了许多其他的格式,其中有几种增加了四阶或五阶的第五步计算以允许估计误差的存在,从而使公式具有了自动误差控制的可能。从上述内容不难看出,一个 n 阶 Runge-Kutta 方法要求每一时间步都计算 n 次导数,这使得使用 Runge-Kutta 方法比相同阶数的多点方法的计算代价更大。在部分误差补偿下,给定阶数的 Runge-Kutta 方法比同阶数的多点方法精度更高、更稳定,即误差项的系数较小。Purser(2007 年)研究了系统生成 Runge-Kutta 方法格式的方法,其中包括用于显示系数的 Butcher 阵列和使每种方法一致所需的必要约束(另请参阅 http://en.wikipedia.org/wiki/Butcher_tableau 或 Butcher (2008 年))。

6.2.4 其他方法

在时间上迭代求解还有很多其他的可实施方法。在此只描述一个在工程 CFD 中广泛

① 在许多地球物理应用中,某些运动(如声波)相对于其他运动(如风或洋流)运动非常迅速。这样做的好处是将计算实际拆分,对系统(Klemp 等,2007 年;布隆伯格和 Mellor,1987 年)的快速和慢速部分分别进行计算。

使用的全隐式多点方法。

对以 t_{n+1} 为中心的时间间隔 Δt 进行积分$\left(即从\ t_{n+1}-\frac{\Delta t}{2}到\ t_{n+1}+\frac{\Delta t}{2}\right)$，并对方程(6.2)左右两端同时应用中点法，可构造全隐式三层二阶格式。对通过对 t_{n-1}、t_n、t_{n+1} 三个时间上的解构造抛物线方程并进行微分来近似得到 t_{n+1} 时刻的时间的导数：

$$\left(\frac{\mathrm{d}\varphi}{\mathrm{d}t}\right)_{n+1}\approx\frac{3\varphi^{n+1}-4\varphi^{n}+\varphi^{n-1}}{2\Delta t} \tag{6.25}$$

右端只在 t_{n+1} 处进行求值。由于方程两边都是被积函数在积分区间中心处的二阶近似，应用中点法来近似积分意味着只需在两边同时乘以 Δt(该步骤可忽略)。由此引出下面的时间步前进方法：

$$\varphi^{n+1}=\frac{4}{3}\varphi^{n}-\frac{1}{3}\varphi^{n-1}+\frac{2}{3}f(t_{n+1},\varphi^{n+1})\Delta t \tag{6.26}$$

该方法是全隐式的，因为 f 只在新的时间节点上进行求值。同时它是二阶的，因此容易实现，但由于它是隐式的，所以在每个时间步上都需要求解一个代数方程组。

这种方法在 CFD 工程应用中得到了广泛应用，所有主要的商业 CFD 软件以及开源代码都包含了这种时间步行进方法。我们将在 6.3.2.4 节中更详细地讨论其原因。但由于这种方法的普及性，在这里也给出了它对可变时间步长的版本。需要强调的是这种方法和其他方法相比有一个概念上的区别。

根据图 6.2 所示的非均匀时间步长图形，通过对三个时间内的 φ 值进行抛物线拟合，得到了 t_{n+1} 时刻的一阶导数表达式：

$$\left(\frac{\partial\varphi}{\partial t}\right)_{n+1}\approx\frac{\varphi_{n+1}[(1+\varepsilon)^2-1]-\varphi_n(1+\varepsilon)^2+\varphi_{n-1}}{(t_{n+1}-t_n)\varepsilon(1+\varepsilon)} \tag{6.27}$$

其中，

$$\varepsilon=\frac{t_n-t_{n-1}}{t_{n+1}-t_n}=\frac{\delta t_n}{\delta t_{n+1}} \tag{6.28}$$

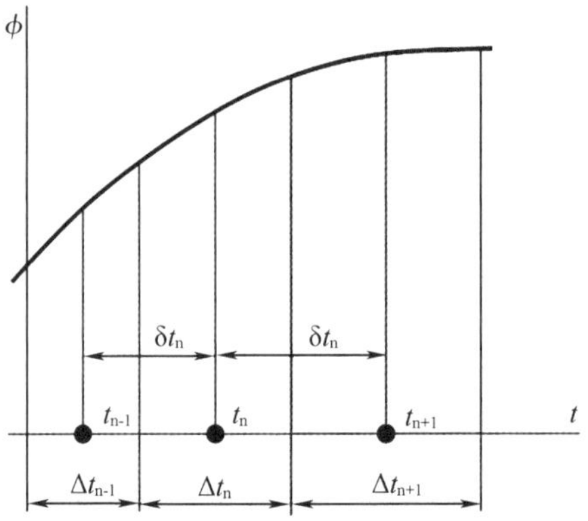

图 6.2　非均匀时间步长下用中点法近似计算 φ 在 t_{n+1} 处的时间导数和 $f(t)$ 的时间积分

需要注意的是，这里计算解时选取的时间(t_{n-1}、t_n 和 t_{n+1})在区间内的位置是不同的：它不在指定的积分区间的末端(其他方法的情况也是如此)，而是在它们的中心，因此

$$t_n = \sum_{i=1}^{n-1} \Delta t_i + \frac{\Delta t_n}{2} = t_{n-1} + \frac{1}{2}(\Delta t_{n-1} + \Delta t_n)$$

此外,该方案是多点方法,不能在计算开始的第一个时间步中使用,必须使用其他方案才能开始。此处通常用隐式欧拉格式和较小的时间步长来启动。

6.3 适用于一般输运方程式的方法

我们接下来考虑将上文给出的一些方法应用到一般的输运方程式(1.28)的情况。在第3章和第4章中,我们讨论了稳态问题的对流项、扩散项以及源项的离散化问题。对于非稳态流动可以用同样的方法处理,但非稳态问题中的计算需要额外考虑通量和源项的时间变化。

如果将守恒方程改写成类似于常微分方程(6.1)的形式,如:

$$\frac{\partial(\rho\varphi)}{\partial t} = -\nabla \cdot (\rho\varphi v) + \nabla \cdot (\Gamma \nabla\varphi) + q_\varphi = f(t, \varphi(t)) \tag{6.29}$$

对上式可以使用任何时间积分方法进行处理。方程的右侧的 $f(t,\varphi)$ 表示对流项、扩散项和源项之和。由于这些项是未知的,我们必须使用上面介绍的求积近似方法。其中对流项、扩散项和源项都需要使用第三章或第四章介绍的方法在一个或多个时间层次上进行离散化处理。如果使用显式方法进行时间积分,这些项必须只在解已知的时刻进行计算,因此可以计算。对于隐式方法,方程解还是未知的,需要在新的时间对方程右端进行离散化。因此,必须求解一个不同于稳态问题的代数方程组。下面我们将分析一些常见方法应用于一维问题时的性质,一维和二维问题的解将在实例部分讨论。

6.3.1 显式方法

6.3.1.1 显示欧拉法

最简单的方法是显式欧拉法,因为在 t_n 时刻,所有的流量和源项都是用已知的值来计算的。在CV或网格点方程中,在新的时间点上唯一未知的是该节点处的值,相邻节点值是在较早的时间点上进行计算的,因此每个节点上都可以显式地计算未知的新值。

为了研究显式欧拉法及其他简单方法的性质,假设流体速度恒定、流体性质不变、无源项,可以将公式(6.29)简化为一维形式:

$$\frac{\partial\varphi}{\partial t} = -u\frac{\partial\varphi}{\partial x} + \frac{\Gamma}{\rho}\frac{\partial^2\varphi}{\partial x^2} \tag{6.30}$$

该方程在文献中常被用作 Navier-Stokes 方程的模型方程。公式(3.55)用于解决定常问题,而它是公式(3.55)的引入时间影响后的形式,用于说明求解稳态问题的方法。同样的是,方程中都假定水平流动和流向扩散之间是平衡的,然而这种平衡在实际流动中很少发生。为此,我们在使用这个方程推导 Navier-Stokes 方程时需要注意这个问题。尽管条件较为理想化,但我们还是可以获得一些信息。

我们首先将空间导数用CDS近似并且假设网格在 x 方向是均匀的。在这种情况下,FD和FV离散化都会产生相同的代数方程。其中新的变量值 φ_i^{n+1} 为

$$\varphi_i^{n+1}=\varphi_i^n+\left[-u\frac{\varphi_{i+1}^n-\varphi_{i-1}^n}{2\Delta x}+\frac{\Gamma}{\rho}\frac{\varphi_{i+1}^n+\varphi_{i-1}^n-2\varphi_i^n}{(\Delta x)^2}\right]\Delta t \tag{6.31}$$

也可改写为

$$\varphi_i^{n+1}=(1-2d)\varphi_i^n+\left(d-\frac{c}{2}\right)\varphi_{i+1}^n+\left(d+\frac{c}{2}\right)\varphi_{i-1}^n \tag{6.32}$$

引入了无量纲参数：

$$d=\frac{\Gamma\Delta t}{\rho(\Delta x)^2};\ c=\frac{u\Delta t}{\Delta x} \tag{6.33}$$

其中 d 是时间步长 Δt 与特征扩散时间 $\rho(\Delta x)^2/\Gamma$ 的比值，表示扰动扩散 Δx 所需要的时间。c 是时间步长与特征对流时间的比值，表示扰动在 Δx 内对流所需的时间。这个比值叫库朗数，是计算流体力学的关键参数之一①。

若 φ 为温度，则公式(6.32)需要满足几个条件。通过扩散作用，在旧时间节点上的 x_{i-1}、x_i 和 x_{i+1} 三个点的温度的增加都应该增加新时间点上的 x_i 点的温度。在分析点 x_{i-1} 和 x_i 的对流情况下也是如此。若 φ 代表物质的浓度，假设 $u>0$，φ 为非负数。

公式(6.32)中 φ_i^{n-1} 和 φ_{i+1}^{n-1} 的系数可能变为负数，为避免出现这种问题，我们需要对其进行更详细的分析。同时，我们希望能在一定范围内模仿常微分方程的分析方法对其进行分析。von Neumann 发明了一个简单的方法，这种方法也以他的名字命名。von Neumann 认为，边界条件很少是问题的根本所在(有些例外情况与此无关)，所以为什么不完全忽略它们？如果这样做，分析就简化了。因为这种分析方法基本上可以应用于本章讨论的所有方法，所以我们将略花篇幅来描述它，更多内容另请参阅 Moin(2010)或 Fletcher(1991)。

从本质上讲，可以将公式(6.32)的集合写成矩阵形式：

$$\boldsymbol{\varphi}^{n+1}=\boldsymbol{A}\boldsymbol{\varphi}^n \tag{6.34}$$

其中三对角矩阵 $\boldsymbol{A}$ 的元素可以通过观察公式(6.32)得到。该方程可以根据上一步的解计算新一步的解。因此，t_{n+1} 时刻的解可以通过初始解 φ_0 与矩阵 $\boldsymbol{A}$ 的累乘得到。稳定性问题就变成：在以任何方式测量的连续时间步数下(对于非变化的边界条件)，不同方法解的偏差是否随着 n 的增加而增加、减少或保持不变？例如以以下公式为准则的测量：

$$\varepsilon=\|\varphi^n-\varphi^{n-1}\|=\sqrt{\sum_i(\varphi_i^n-\varphi_i^{n-1})^2} \tag{6.35}$$

我们希望用数值方法可以保持方程的精确性，因此我们需要微分方程中的这个量随时间步的前进而减小。最后，如果边界条件不发生变化，将能得到稳态解。

上述问题与矩阵 $\boldsymbol{A}$ 的特征值密切相关。如果矩阵 $\boldsymbol{A}$ 有大于 1 的特征值，则不难证明将随 n 的增大而增大，而如果 $\boldsymbol{A}$ 的特征值全部小于 1，则将随 n 的增大而衰减。该问题的复杂之处在于我们在解矩阵的特征值时会遇到麻烦：通常情况下，这个矩阵的特征值很难求得。但好在这个矩阵的每条对角线都是常数，所以很容易求取特征向量。它们可以用正弦和余弦的形式来表示，或使用更简单的复数指数形式：

$$\varphi_j^n=\sigma^n e^{i\alpha j} \tag{6.36}$$

① 通常也被称为 CFL 数，其中 CFL 代表 R. Courant，K，Friedrichs 和 H. Lewy 的首字母，他们在 1928 年的论文中首次对该值进行定义。

其中 $i=\sqrt{-1}$，α 为任意选取的波数，下文将讨论如何选取该值。如果将公式(6.36)代入公式(6.32)中，每一项都包含复指数项 $e^{i\alpha j}$，可以约去，因此得到特征值 σ 的明确的表达式：

$$\sigma=1+2d(\cos\alpha-1)+ic\sin\alpha \tag{6.37}$$

复数的大小是实部和虚部的平方之和，有：

$$\sigma^2=[1+2d(\cos\alpha-1)]^2+c^2\sin^2\alpha \tag{6.38}$$

这才是我们应该重点关注的，下面我们将研究 σ^2 小 1 的条件。

因为在 σ 的表达中存在两个独立的参数，所以先考虑特殊情况。当没有扩散时(参数 $d=0$)，对于任何 α，$\sigma>1$，此时这个方法对于任何 c 值都是不稳定的，也就是说，这个方法是无条件不稳定的，即不能用于求解；当没有对流时(库朗数 $c=0$)，当 $\cos\alpha=-1$ 时 σ 最大，即只要 $d<1/2$，该方法就是稳定的，即它是条件稳定的。

从公式(6.32)可以直观看出所有旧节点值的系数都应该是正的，我们可以得出类似的结论：$d<0.5$，$c<2d$。其中第一个条件限制了 Δt 的大小：

$$\Delta t<\frac{\rho(\Delta x)^2}{2\Gamma} \tag{6.39}$$

第二个条件对时间步长没有限制，但给出了对流和扩散系数的关系：

$$\frac{\rho u\Delta x}{\Gamma}<2 \text{ 或 } Pe_{\Delta}<2 \tag{6.40}$$

即网格佩克莱数应小于 2，这同时是使用对流通量的 CDS 得到的解的有界性的一个充分不必要条件。由于该方法是常微分方程的显式欧拉法和空间导数的中心差分近似的结合，因此它具有二者的精度。因此，该方法在时间上是一阶的，在空间上是二阶的。$d<0.5$ 意味着，每次将空间网格减半，时间步长必须变为原来的四分之一。这使得该方案不适用于非瞬态问题，这种情况下人们通常希望在时间上使用一阶方法。下面举例说明稳定性问题。

Courant 和 Friedrichs 在 20 世纪 20 年代提出了与方程(6.40)相关的不稳定性问题的解决办法，这种方法一直沿用至今。他们指出，对于对流占优的问题，方程(6.32)中 φ_{i+1}^{n-1} 的系数是可能的为负值，利用迎风差分可以解决该问题。在此，我们不用 CDS，而用 UDS 近似法来计算对流项(参见第 3 章)，可得到下式：

$$\varphi_i^{n+1}=\varphi_i^n+\left[-u\frac{\varphi_i^n-\varphi_{i-1}^n}{\Delta x}+\frac{\Gamma}{\rho}\frac{\varphi_{i+1}^n+\varphi_{i-1}^n-2\varphi_i^n}{(\Delta x)^2}\right]\Delta t \tag{6.41}$$

代入公式(6.31)后得到

$$\varphi_i^{n+1}=(1-2d-c)\varphi_i^n+\mathrm{d}\varphi_{i+1}^n+(d+c)\varphi_{i-1}^n \tag{6.42}$$

由于相邻值的系数始终为正，因此不会导致出现不稳定的非物理解。然而，φ_i^n 本身的系数可能为负，因此方法中还是可能潜在问题。为使该系数为正，时间步长应满足如下条件：

$$\Delta t<\frac{1}{\dfrac{2\Gamma}{\rho(\Delta x)^2}+\dfrac{u}{\Delta x}} \tag{6.43}$$

当对流可以忽略不计时，对稳定所需时间步长的限制与公式(6.39)相同。对于可忽略

扩散,需要满足以下准则:

$$c<1 \text{ 或 } \Delta t<\frac{\Delta x}{u} \tag{6.44}$$

即库朗数小于1。

von Neumann 稳定性分析也可以应用于这个问题,分析结果与前文结论一致。在与中心差分法相比下,迎风差分法一定程度上保证了算法稳定性,加上其使用方便,使得这种类型的方法在多年来应用得更为广泛,以至于沿用至今。当对流和扩散同时存在时,稳定性判据更为复杂。与其去处理这个复杂问题,大多数人更愿意使只需单独考虑对流或扩散的判据得到满足,这可能使得必要的限制条件多一点,但却很安全。

由于这种方法在空间和时间上都有一阶截断误差,如果要保持较小的误差,则要求两个变量的步长都非常小,因此它很少被使用。

对库朗数的限制也有一种解释,即流体质点在单个时间步内运动长度不应超过一个网格长度。这种对信息传播速度的限制看起来很合理,但在使用这类方法求解稳态问题或使用局部高度细化的网格时(例如,在固体壁面附近),会限制收敛速度。

其他显式方法可能是基于其他常微分方程的其他方法得出的。事实上,前面描述的所有方法都曾在不同时期用于 CFD 中。接下来将介绍一种基于中心差分的三时间层方法,即所谓的蛙跳法。

6.3.1.2 蛙跳法(leapfrog method)

当用蛙跳法(见6.2.2节的定义)求解一般输运方程时,用 CDS 对式(6.30)进行空间离散化可以得到:

$$\varphi_i^{n+1}=\varphi_i^{n-1}+\left[-u\,\frac{\varphi_{i+1}^n-\varphi_{i-1}^n}{2\Delta x}+\frac{\Gamma}{\rho}\,\frac{\varphi_{i+1}^n+\varphi_{i-1}^n-2\varphi_i^n}{(\Delta x)^2}\right]2\Delta t \tag{6.45}$$

引入无量纲系数 d 和 c,上式变为:

$$\varphi_i^{n+1}=\varphi_i^{n-1}-4\mathrm{d}\varphi_i^n+(2d-c)\varphi_{i+1}^n+(2d+c)\varphi_{i-1}^n \tag{6.46}$$

在上式中,φ_i^n 的系数恒为负,因此无法用于足热传导过程物理模拟计算。事实上,该格式是无条件不稳定的,无法用于非定常问题的数值求解。因此,我们需要更重点的关注扩散在输运方程中的作用。Mesinger 和 Arakawa (1976)给出了明确的描述。

遗憾的是,由于蛙跳法的构造,它有“正确”的物理模型,但“计算”模型是错误的(所有的三级显式方法都如此)。对公式(6.46)进行 von Neumann 稳定性分析,发现该方法总是不稳定的,但当 $d=0$ 时,即不存在扩散时,稳定性分析表明所得线性对流方程的蛙跳法在库朗数 $c\leqslant 1$ 时是稳定的,虽然具有一定的数值色散,但不存在数值扩散。两种模式并非耦合的,计算模式的不稳定性随时间增长。同时,如果时间步长较小,波动解相比其他方法衰减很弱,则不稳定性很弱。由于这些原因,该方法在许多应用中实际使用会用一些其他技巧来提高稳定性,特别是在气象和海洋学这种对流占主导、扩散较小的问题研究中。

Williams (2009)列举了地球物理流体力学中大量使用蛙跳法的代码,并指出他们主要使用 Robert-Asselin (RA)时间滤波方法 (Asselin 1972)来抑制该方法中的计算模型对解的影响。在计算完 φ_i^{n+1} 后使用 RA 方法对 φ_i^n 进行修正:

$$\varphi_i^n \leftarrow \varphi_i^n + \frac{\nu}{2}(\varphi_i^{n-1} - 2\varphi_i^n + \varphi_i^{n+1}) = \varphi_i^n + d_f \tag{6.47}$$

该修正中 d_f 是一个中心二阶导数时间滤波。使滤波器参数 ν 尽可能小(0.01~0.2)与去除虚假计算模式一致。这种滤波修正方式将蛙跳法的精度从二阶降低到一阶,并抑制解的振幅。Williams (2009)改进了该方案:

$$\varphi_i^n \leftarrow \varphi_i^n + \alpha d_f \tag{6.48}$$

$$\varphi_i^{n+1} \leftarrow \varphi_i^{n+1} + (1-\alpha) d_f \tag{6.49}$$

这减少了我们不希望出现的数值阻尼,同时提高了求解精度(Amezcua 等人,2011)。Williams 指出 $\alpha \geqslant 0.5$ 是算法稳定所必需的,并且使用 $\alpha=0.53$ 和 $\nu=0.2$ 条件的计算结果与 RA 方案中 Amezcua 等人使用的 $\nu=0.1$ 的条件相比有显著的改善。目前在气象学研究中正采用通过蛙跳法处理时间推进的 Williams 的 RAW 方案(Amezcua 等人 2011 年命名)。也有一些代码管理器正在选寻找替代方案,如 6.2.3 节中描述的三阶 Runge-Kutta 方案。

6.3.2 隐式方法

6.3.2.1 隐式欧拉法

如果以稳定性为首要要求,则建议对常微分方程方法的分析采用向后或隐式欧拉法。用之求解一般输运方程时,用 CDS 对公式(6.30)进行空间离散化可以得到:

$$\varphi_i^{n+1} = \varphi_i^n + \left[-u \frac{\varphi_{i+1}^{n+1} - \varphi_{i-1}^{n+1}}{2\Delta x} + \frac{\Gamma}{\rho} \frac{\varphi_{i+1}^{n+1} + \varphi_{i-1}^{n+1} - 2\varphi_i^{n+1}}{(\Delta x)^2} \right] \Delta t \tag{6.50}$$

用方程(6.33)引入无量纲参数 c、d 形式为:

$$(1+2d)\varphi_i^{n+1} + \left(\frac{c}{2} - d\right)\varphi_{i+1}^{n+1} + \left(-\frac{c}{2} - d\right)\varphi_{i-1}^{n+1} = \varphi_i^n \tag{6.51}$$

上述方程可以写成:

$$A_P \varphi_i^{n+1} + A_E \varphi_{i+1}^{n+1} + A_W \varphi_{i-1}^{n+1} = Q_P \tag{6.52}$$

其中矩阵系数为(参见公式(6.33)):

$$A_E = \frac{c}{2} - d$$

$$A_W = -\frac{c}{2} - d$$

$$A_P = 1 + 2d = 1 - (A_E + A_W)$$

$$Q_P = \varphi_i^n \tag{6.53}$$

在该方法中,所有的通量和源项都是根据新的时间点下的未知变量值来计算的。所得结果是一个与定常问题非常相似的代数方程组,唯一的区别在该方程组中源于非稳态项中的系数 A_P 和源项 Q_P 的额外贡献。

与常微分方程一样,使用隐式欧拉法可以取任意大的时间步长,这一点在研究变化缓慢的流动或定常流时很有用。在粗网格上使用 CDS,可能出现变量梯度变化强烈的区域 Peclet 数过大的问题,因此产生振荡解,但方案是保持稳定的。

该方法的不足之处是在时间上的一阶截断误差以及在每个时间步需要求解一个大型

耦合方程组。它还需要比显式方案多得多的存储,因为需要存储整个系数矩阵 $\boldsymbol{A}$ 和源向量。其优点是可以使用大时间步长,因此求解过程可能更为高效,特别是求解稳态解时。

6.3.2.2 Crank-Nicolson 方法

梯形法具有二阶精度并且相对简单,当时间精度要求很高时,求解偏微分方程时可以选用梯形法。它也称为 Crank-Nicolson 方法。特别地,将该方法应用于具有 CDS 离散化的空间导数的一维通用输运方程时,我们可以得到:

$$\varphi_i^{n+1}=\varphi_i^n+\frac{\Delta t}{2}\left[-u\frac{\varphi_{i+1}^{n+1}-\varphi_{i-1}^{n+1}}{2\Delta x}+\frac{\Gamma}{\rho}\frac{\varphi_{i+1}^{n+1}+\varphi_{i-1}^{n+1}-2\varphi_i^{n+1}}{(\Delta x)^2}\right]+\frac{\Delta t}{2}\left[-u\frac{\varphi_{i+1}^{n}-\varphi_{i-1}^{n}}{2\Delta x}+\frac{\Gamma}{\rho}\frac{\varphi_{i+1}^{n}+\varphi_{i-1}^{n}-2\varphi_i^{n}}{(\Delta x)^2}\right] \tag{6.54}$$

该方法是隐式的,在新的时间节点上通量和源项的贡献产生了与隐式欧拉法类似的耦合方程组。上式可以改写为:

$$A_{\mathrm{P}}\varphi_i^{n+1}+A_{\mathrm{E}}\varphi_{i+1}^{n+1}+A_{\mathrm{W}}\varphi_{i-1}^{n+1}=Q_i^t \tag{6.55}$$

用方程(6.33)引入无量纲参数 c、d 形式为:

$$A_{\mathrm{E}}=\frac{c}{4}-\frac{d}{2}$$

$$A_{\mathrm{W}}=-\frac{c}{4}-\frac{d}{2}$$

$$A_{\mathrm{P}}=1+d=1-(A_{\mathrm{E}}+A_{\mathrm{W}})$$

$$Q_i^t=(1+A_{\mathrm{E}}+A_{\mathrm{W}})\varphi_i^n-A_{\mathrm{E}}\varphi_{i+1}^n-A_{\mathrm{W}}\varphi_{i-1}^n \tag{6.56}$$

其中 Q_i^t 表示“额外”的源项,包含了来自上一个时间节点的贡献,它在新的时间节点下的迭代过程中保持不变。方程可能还包含依赖于新解的源项,因此计算时需要将上述项单独存储。

该方法每步所需的计算量比一阶隐式欧拉格式少得多。von Neumann 稳定性分析表明该格式是无条件稳定的,但对于较大的时间步长可能出现振荡解(甚至不稳定)。这可能是由于于 φ_i^n 的系数在大的 Δt 时变为负值,但当 $1-d>0$ 或 $\Delta t<\rho(\Delta x)^2/\Gamma$ 时,它恒为正值,这是显式欧拉法所允许的最大步长的两倍。在实际问题中,是否可以使用更大的时间步长而不产生振荡解取决于问题本身。

如果在公式(6.54)运用修正方程法(参见 4.4.6 节),结果是(当只保留前导阶截断项时;参见 Fletcher 1991,表 9.3)①:

$$\frac{\partial\varphi}{\partial t}+u\frac{\partial\varphi}{\partial x}-\frac{\Gamma}{\rho}\frac{\partial^2\varphi}{\partial x^2}=-u\frac{\Delta x^2}{6}\left(1+\frac{c^2}{2}\right)\frac{\partial^3\varphi}{\partial x^3}+\frac{\Gamma}{\rho}\frac{\Delta x^2}{12}(1+3c^2)\frac{\partial^4\varphi}{\partial x^4} \tag{6.57}$$

有两点非常明显。首先,截断误差中剩余的三阶导数表明该方案是发散的,这意味着即使是一个良好的初始条件,由于其组成部分在求解过程中以不同的速度变化,它将随着

---

① 回想一下,其步骤是:(1)将差分格式中关于单点(在这种情况下,x_i,t_n)的项在的二维(x,t)泰勒级数中展开,得到一个展开的偏微分方程;(2)利用这个偏微分方程本身(及其衍生),将展开后的 PDE 中的所有高阶和混合时间项用空间导数项代替;(3)重新排列原 PDE 的左端和右端。Warming 和 Hyett (1974)的过程表在手动计算时非常有用。其余项为截断误差,即差分方程求解的结果与原方程的差值。保持最低阶以看到最重要的物理效应。

时间的推进而产生偏离。Fletcher(1991)的研究表明,这可能会产生非常大的影响。其次,该方案具有系数为正的四阶导数,会导致物理扩散产生轻微的减损。① Warming Hyett(1974) 和 Donea(1987)等的研究表明,该方案稳定的一个必要条件是修正方程的主导的偶数阶项是扩散的,对于完整的稳定性分析,需要应用 von Neumann 方法。

Crank-Nicolson 方法可以看作一阶的显式和隐式欧拉法成分的等量混合。只有等量混合时才能得到二阶精度,对于其他可能在空间和时间上变化的混合因子,该方法只有一阶精度。增加隐式成分会增加稳定性,但精度会降低,具体将在下一节进行描述。

6.3.2.3 θ 方法

在非线性问题中,显式和隐式欧拉法以及 Crank-Nicolson 方法可以通过加权组成通用的方法,新的方案可以选择更加侧重稳定性或准确性。

对于一般输运方程,从 t_n 到 $t_{n+1}=t_n+\Delta t$,我们也可以用下式来代替公式(6.54):

$$\varphi_i^{n+1}=\varphi_i^n+\theta\Delta t\left[-u\frac{\varphi_{i+1}^{n+1}-\varphi_{i-1}^{n+1}}{2\Delta x}+\frac{\Gamma}{\rho}\frac{\varphi_{i+1}^{n+1}+\varphi_{i-1}^{n+1}-2\varphi_i^{n+1}}{(\Delta x)^2}\right]+(1-\theta)\Delta t\left[-u\frac{\varphi_{i+1}^{n}-\varphi_{i-1}^{n}}{2\Delta x}+\frac{\Gamma}{\rho}\frac{\varphi_{i+1}^{n}+\varphi_{i-1}^{n}-2\varphi_i^{n}}{(\Delta x)^2}\right] \tag{6.58}$$

该方案是通常隐式的,但若 $\theta=0$,在这种情况下,它会变为正向欧拉法;若 $\theta=1$ 时,变为向后欧拉方案,而对于 $\theta=0.50$ 时,则变为上文提到的 Crank-Nicolson 方法。由此可见,可以应用方程(6.55)和(6.56)中描述的求解方法。当 $\theta<\frac{1}{2}$ 时,根据 von Neumann 稳定性分析方法可以证明这个方法是不稳定。当 $\frac{1}{2}\leqslant\theta\leqslant1$ 时,该方法是稳定的;当 $\theta=\frac{1}{2}$ 时,具有二阶精度,达到该方法最高精度。当 $\theta>\frac{1}{2}$ 时,该方法具有一阶精度并具有耗散性。虽然使用这种方法的代码在 $\theta=0.50$ 时运行处于稳定性的极限,但在实际应用中通常取 $0.52\leqslant\theta\leqslant0.60$。

Casulli 和 Cattani(1994) 详细地讲述了 θ 方法,随后 Casulli 在一系列与自由表面和非静力学流动有关的论文中应用到了 θ 方法。Fringer 等人(2006)在一个非静力海岸的海洋模拟程序中也采用了该方法。

6.3.2.4 三时间层方法

在时间上采用二次向后近似可以得到二阶精度的全隐式格式,如 6.2.4 节中对于一维一般输运方程和空间中的 CDS 离散,我们得到:

$$\rho\frac{3\varphi_i^{n+1}-4\varphi_i^n+\varphi_i^{n-1}}{2\Delta t}\Delta t=\left[-\rho u\frac{\varphi_{i+1}^{n+1}-\varphi_{i-1}^{n+1}}{2\Delta x}+\Gamma\frac{\varphi_{i+1}^{n+1}+\varphi_{i-1}^{n+1}-2\varphi_i^{n+1}}{(\Delta x)^2}\right]\Delta t \tag{6.59}$$

由此得到的代数方程可以写成:

$$A_{\mathrm{P}}\varphi_i^{n+1}+A_{\mathrm{E}}\varphi_{i+1}^{n+1}+A_{\mathrm{W}}\varphi_{i-1}^{n+1}=2\varphi_i^n-\frac{1}{2}\varphi_i^{n-1} \tag{6.60}$$

---

① 注意到原始方程中存在二阶物理扩散。要发生扩散(耗散),修正方程中偶数阶导数的系数必须有交替的符号,如二阶项的系数为正,四阶项的系数为负,等等。

系数 A_E 和 A_W 与隐式欧拉法的系数相同，见公式 6.53。时间导数将对中心系数产生更大影响：

$$A_P=-(A_E+A_W)+\frac{3}{2}=\frac{3}{2}+2d \tag{6.61}$$

公式(6.60)中源项包含了来自时间节点 t_{n-1} 的贡献。

这种三时间层格式(TTL)比 Crank-Nicolson(CN)方案更容易实现，同时也不容易产生振荡解，但需要较大的 Δt。虽然这种方案中我们必须存储三个时间层次的变量值，但实际上对计算机内存的要求与 Crank-Nicolson 方案是相同的。该方案在时间上具有二阶精度，并且我们可以证明该方案是无条件稳定的。从公式(6.60)中我们还可以看到，节点 i 处的旧值的系数总是正的，而 t_{n-1} 处的值的系数总是负的，因此如果步长很大，该方案也可能会产生振荡解。

如果将修正方程法(第 4.4.6 节)应用于公式(6.59)，结果是(保留前阶截断项，参见 Fletcher 1991，表 9.3)。

$$\frac{\partial\varphi}{\partial t}+u\frac{\partial\varphi}{\partial x}-\frac{\Gamma}{\rho}\frac{\partial^2\varphi}{\partial x^2}=-u\frac{\Delta x^2}{6}(1+2c^2)\frac{\partial^3\varphi}{\partial x^3}+\frac{\Gamma}{\rho}\frac{\Delta x^2}{12}(1+12c^2)\frac{\partial^4\varphi}{\partial x^4} \tag{6.62}$$

从公式(6.62)中，我们得出结论，TTL 方法的截断误差与 CN 方法一样，均为 $O(\Delta x^2)$。但有趣的是，在 c^2 趋于极限小的情况下，CN 和 TTL 的误差是一样的，但若 $c^2=u\dfrac{\Delta t}{\Delta x}=O(1)$ 时，TTL 的色散误差要大 2 倍，“反”扩散/耗散误差要大 3.25 倍。

该格式可以与一阶隐式欧拉格式混合使用。对中心系数和源项的影响按照 5.6 节所述的延迟修正方法进行修正即可。由于只有一个旧节点的解可用，这在开始计算时是非常有用的。此外，如果在稳态解之后计算，切换到隐式欧拉格式可以保证算法稳定性并允许使用较大的时间步长。此外，如果在稳态解之后计算，切换到隐式欧拉格式可以保证算法稳定性并允许使用较大的时间步长。在少量的一阶方案中混合该方法有助于防止振荡，这有助于解的美化(在没有振荡的情况下，精度也没有更好，但它在图形上看起来更好)。如果发生了振荡，就需要减小时间步长，因为振荡是时间离散误差较大的表现。这一意见不适用于只有条件稳定的方法。

该方案应用于大多数商用和公开 CFD 程序。其应用广泛的一个原因是它是全隐式的，即对流项、扩散项和源项只在新的时间计算，如一阶隐式欧拉格式。这意味着可以在两个时间步之间更改网格，不同于 Crank-Nicolson 格式，在这不需要旧时间节点的通量或源项，唯一需要的信息是先前时间节点上网格点的变量值，因此仅需要将旧解插入到新的网格中即可。

6.3.3 其他方法

上述方案是通用 CFD 程序中最常用的方案。在一些特殊情况下，如在大涡模拟和湍流仿真模拟中，常采用高阶格式，如三阶或四阶 Runge-Kutta 或 Adams 方法。当求解域形状规则时，通常使用高阶空间离散，同时也采用高阶时间离散，这样空间高阶方法易于应用。将常微分方程的高阶方法应用于 CFD 问题是较为简单的。

通常情况下一个方案的阶数较高时容易在一定的条件下出现稳定性问题,另一种情况是方案是无条件稳定但精度较低的(典型的隐式欧拉法)。可以用类似于 θ 方法中混合使用显式和隐式欧拉法的方法来混合任意两个格式的求解方法。这种组合方法可以在高阶格式遇到问题的时候局部应用。然而,确定使用的条件并确定最优的混合因子以确保最大化精度和稳定性并不是一件简单的事情。虽然此处没有提供相关示例,但并非不可能,类似的空间离散化方法参见 4.4.6 节。

6.4 示　　例

为了展示上文的一些方法的性能,我们首先看一下第三章示例问题的非稳态情况。由公式(6.30)可得出要解决的问题,初始条件和边界条件如下:$t=0$ 时,$\varphi_0=0$,其后的所有时间,$x=0$ 处 $\varphi=0$,$x=L=1$ 处 $\varphi=1$,$\rho=1$,$u=1$,$\Gamma=0.1$,由于边界条件不随时间变化,解从最初的零场发展到公式(3.10)给出的稳态解。采用二阶 CDS 空间离散。对于时间离散,我们同时使用显式和隐式一阶欧拉方法、Crank-Nicolson 方法和全隐性三时间层格式。

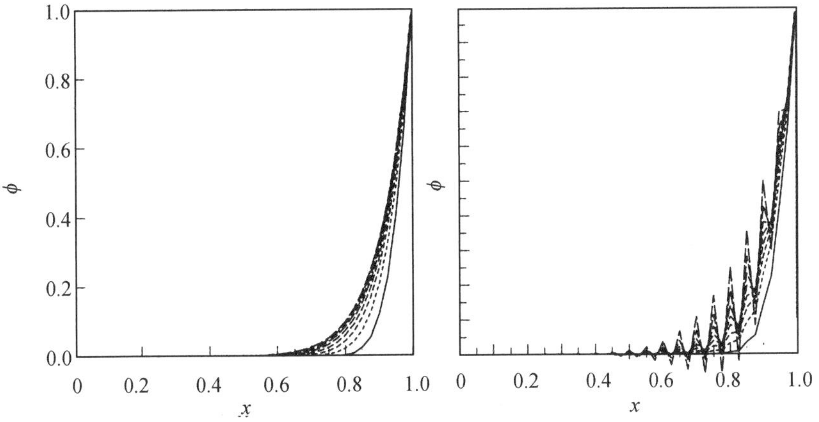

图 6.3　$\Delta t=0.003$ 时显式欧拉法解的时间演化(左;$D<0.5$)和 $\Delta t=0.003\ 25$ 时(右,$D>0.5$)

我们来看当使用仅是条件稳定的显式欧拉法时,若违反稳定性条件的时间步会发生什么。图 6.3 表示了用时间步长略低于公式(6.39)给出的临界值和略高于公式(6.39)给出的临界值的情况计算的小时间段内解的演化。当时间步长大于临界值时,产生振荡,振荡随时间无限增长。在图 6.3 所示的最后一个解的后几个时间步里,数值变得太大,不便于计算机处理。而采用隐式格式时,即使采用非常大的时间步长也不会出现问题。

为了考察时间离散的精度,我们观察具有 41 个节点的均匀网格($\Delta x=0.025$)在 $t=0.01$ 时刻 $x=0.95$ 节点处的解。我们用上述四种方案分别进行了 5、10、20 和 40 个时间步的计算。随着时间步长的减小,φ 在 $x=0.95$,$t=0.01$ 处的收敛情况如图 6.4 所示。隐式欧拉法和三阶方法计算值偏低,显式欧拉和 Crank-Nicolson 方法预测偏高。所有格式的解都表现出与时间步无关的单调收敛性。

因为我们没有精确的解来进行比较,所以我们使用 $\Delta t=0.000\ 1$ 的 Crank-Nicolson 格式(最精确的方法)获得了 $t=0.01$ 时刻的精确参考解(100 个时间步)。这个解比上述任何一个解都要精确得多,因此它可以作为误差估计的精确解。通过这个参考解与上述解的差值,我们可以估计每个方案的时间离散误差和时间步长的关系。所有情况下空间离散误差都是相同的,在这里不起作用。将得到的误差对时间步长作图,如图 6.4 所示。

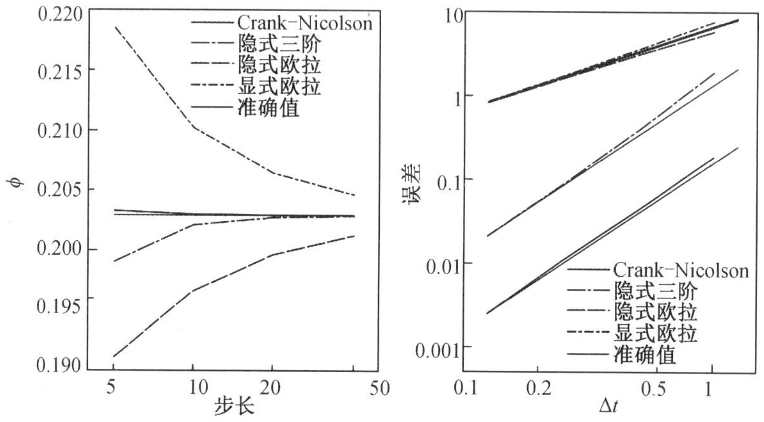

图 6.4　在 $x = 0.95$ 处,$t = 0.01$ 时,随着时间步长的减小(左)和时间离散误差的减小(右),各种时间积分格式的 ϕ 收敛

两种欧拉方法均表现出预期中的一阶方法行为:误差数量级的减少与时间步长的减少一致。两个二阶方案也给出了期望中的误差减小率,趋近理想斜率。由于在该问题中,从初始到稳态的时间变化是单调的,因此初始误差在整个求解过程中仍然很重要。这两种方法的误差减小率相同,但误差水平由其初始值决定,Crank-Nicolson 方法由于其初始误差更小,给出了更精确的解。三阶方案采用隐式欧拉法启动,初始误差较大。

我们接下来观察第四章中的 2D 案例,该测试案例涉及具有接触定温壁面和停滞点边界条件的对流传热,参见 4.7 节。

与第 4.7 节研究的稳态问题相同,初始解为 $\varphi_0 = 0$,边界条件不随时间变化,$\rho = 1.2$,$\Gamma = 0.1$。采用 CDS 进行空间离散,使用 20×20 CV 的均匀网格,最后采用 SIP 求解器对隐式格式的线性方程组求解(参见第五章),迭代误差降低到 10^{-5} 以下。我们计算了解向稳态的时间演化。图 6.5 显示了四个时间点的等温线。

为了考察各种方案在这种情况下的准确性,我们看 $t = 0.12$ 时刻通过等温壁面的热通量。热通量 Q 随时间步长的变化如图 6.6 所示。与前面的算例一样,随着时间步数的增加,采用二阶格式得到的结果变化不大,而采用一阶格式得到的结果精度要低得多。显式欧拉格式不具有单调收敛性,最大时间步与较小时间步得到的解分别位于精确解的两侧。

为了进行误差估计,我们采用非常小的时间步长($\Delta t = 0.000\,3$,计算 400 步至 $t = 0.12$),采用 Crank-Nicolson 格式得到精确的参考解。由于空间离散方法都是相同的,因此空间离散误差得到抵消。通过从参考解中的值与不同方案和时间步长下计算的热流值差值,我们得到了时间离散误差的估计值。将数据使用大时间步长归一化后绘制得到图 6.6。

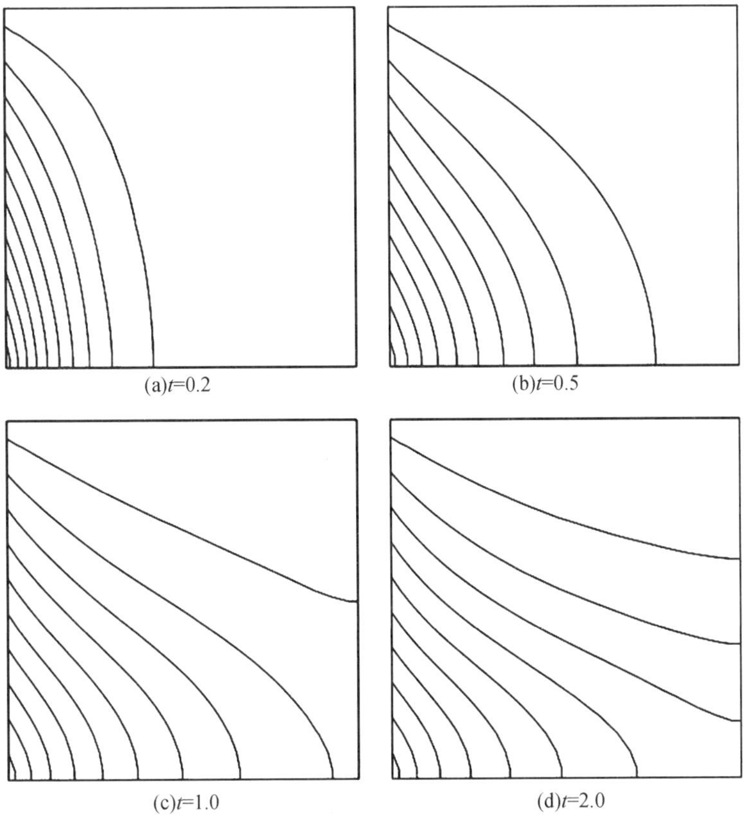

图 6.5 在均匀的 20×20CV 网格上使用 CDS 进行空间离散,使用 Crank-Nicolson 方法进行时间离散求解情况下非稳态二维问题的等温线

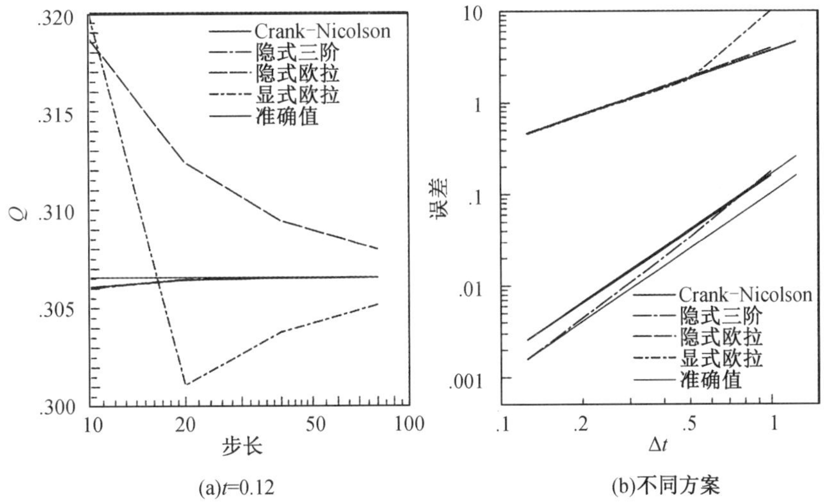

图 6.6 使用 CDS 空间离散,20×20 CV 均匀网格情况下,$t=0.12$ 时通过等温壁面的热流和不同方案计算壁面热流随时间步长变化的时间离散误差

我们得到了一阶和二阶格式的预期收敛速度。然而,现在误差最低的是具有三时间层的二阶格式。与前面的例子一样,这是由于初始误差的主导作用,也就是说,当用隐式欧拉方法启动三时间层格式时，该方案初始误差比 Crank-Nicolson 方案小。两种二阶方案的误差都远小于一阶方案，使用最大时间步长的二阶方案比使用小了 8 倍的时间步长的一阶方案的结果还要准确。

虽然我们处理的是从初始到稳态平滑过渡的简单非稳态问题，但是我们看到一阶欧拉方法精度是不够高的。在两个算例中，二阶格式的误差均比欧拉格式低两个数量级以上（时间步长最小时其误差在 1%量级）。人们可以预期，在瞬态流动中可能会出现更大的差异。在寻求稳态解时，一阶格式中只能使用隐式欧拉方法，但对于瞬态流动问题，还是建议采用二阶（或更高阶）方法。

非稳态流动问题将在第 8.4.2 节和第 9.12 节中讨论。

第 7 章　Navier-Stokes 方程的解:第一部分

本书重点关注 Navier-Stokes 方程的解并将其分为两个部分介绍,分别为第七章与第八章。在本章中,我们将讨论方程式的基本问题、特征以及求解方法;第八章将介绍一些常用求解方法及其求解实例。如此布局旨在为初学者建立一个简单易懂的知识框架,或为商业软件开发提供一个便捷的获取信息的通道。

7.1　基本知识

在第 3、4、6 章我们对一般守恒方程进行了离散化。这里描述的离散化原理适用于动量方程和连续性方程(统称为 Navier-Stokes 方程)。此处将再次介绍这些方程的积分形式:

$$\frac{\partial}{\partial t}\int_V \rho u_i \mathrm{d}V + \int_S \rho u_i \boldsymbol{v} \cdot \boldsymbol{n} \mathrm{d}S = \int_S \boldsymbol{t}_i \cdot \boldsymbol{n} \mathrm{d}S + \int_V \rho b_i \mathrm{d}V \tag{7.1}$$

$$\frac{\partial}{\partial t}\int_V \rho \mathrm{d}V + \int_S \rho \boldsymbol{v} \cdot \boldsymbol{n} \mathrm{d}S = 0 \tag{7.2}$$

对于公式$\boldsymbol{t}_i = \tau_{ij}\,\boldsymbol{i}_j - p\,\boldsymbol{i}_i$(1.18),有微分形式:

$$\frac{\partial(\rho u_i)}{\partial t} + \frac{\partial(\rho u_j u_i)}{\partial x_j} = \frac{\partial \tau_{ij}}{\partial x_j} - \frac{\partial p}{\partial x_i} + \rho b_i \tag{7.3}$$

$$\frac{\partial \rho}{\partial t} + \nabla \cdot (\rho \boldsymbol{v}) = 0 \tag{7.4}$$

以上公式详见 1.4 节动量守恒中对应力张量以及强制项的定义,下面我们将介绍如何处理动量方程中与一般守恒方程不同的项。

动量方程与一般守恒方程中的非定常项和对流项形式相同,扩散(黏性)项形式相似。但由于动量方程是矢量方程,这些项的作用将变得更加复杂。此外,动量方程还包含一般守恒方程中没有的压力项,它既可以作为源项(将压力梯度视为体积力-非保守处理),也可以作为表面力(保守处理),但由于压力与连续性方程的密切联系,故需要特别注意。同时,由于主变量是向量,导致网格的选择更加多样性。

7.1.1　对流和黏性项的离散

动量方程中的对流项是非线性的,它的微分和积分形式见公式(7.1)、公式(7.3)中:

$$\frac{\partial(\rho u_i u_j)}{\partial x_j} \text{ and } \int_S \rho u_i \boldsymbol{v} \cdot \boldsymbol{n} \mathrm{d}S \tag{7.5}$$

动量方程中对流项的处理沿袭了一般守恒方程中对流项的处理方法,第 3 章与第 4 章中所介绍的方法均可使用。

动量方程中的黏性项对应于一般守恒方程中的扩散项,其微分和积分形式如下:

$$\frac{\partial \tau_{ij}}{\partial x_j} \text{ and } \int_S (\tau_{ij} \boldsymbol{i}_j) \cdot \boldsymbol{n} \mathrm{d}S \tag{7.6}$$

其中，对于牛顿流体和不可压缩流动：

$$\tau_{ij} = \mu \left(\frac{\partial u_i}{\partial x_j} + \frac{\partial u_j}{\partial x_i} \right) \tag{7.7}$$

前文提到，动量方程的黏性项相比一般守恒方程更复杂。其微分形式与积分形式如下：

$$\frac{\partial}{\partial x_j}\left(\mu \frac{\partial u_i}{\partial x_j}\right) \text{ and } \int_S \mu \nabla u_i \cdot \boldsymbol{n} \mathrm{d}S \tag{7.8}$$

此黏性项同样可用前文 3、4 章中的任意一种方法来离散化，但它仅是黏性效应对动量中第 i 分量的贡献之一。

通过方程(1.28)、(1.26)、(1.21)和(1.17)可以确定其他黏性效应对体黏度的贡献(仅在可压缩流动中不为零)以及由于黏度空间变化性产生的进一步贡献。对于不可压缩流体的不可压缩流动，此项为 0(由于连续性方程作用)。

当不可压缩流动中黏度发生空间变化时，黏性效应对动量的额外贡献项可以用与公式(7.8)相同的方式处理，得到其微分形式与积分形式为：

$$\frac{\partial}{\partial x_j}\left(\mu \frac{\partial u_j}{\partial x_i}\right) \text{ and } \int_S \left(\mu \frac{\partial u_j}{\partial x_i} \boldsymbol{i}_j\right) \cdot \boldsymbol{n} \mathrm{d}S \tag{7.9}$$

其中，n 是垂直于控制体积表面的外法向，上式对矢量 $\boldsymbol{j}$ 方向求和同样适用。如前文所述，若 μ 为常量，则此黏性项就消失了。故在用隐式方法求解时，此项也常按显式方法进行处理。此外，有一种观点是即使黏度发生变化，此项贡献与公式(7.8)项相比很小，因此它的处理对收敛速度只有轻微的影响。然而，此观点仅适用于积分；黏性额外项在任何一个 CV 面上的影响可能相当大。

7.1.2 压力项和体积力的离散

如第一章所述。压力通常用公式 $p - \rho_0 \boldsymbol{g} \cdot \boldsymbol{r} + \mu^{\frac{2}{3}} \nabla \cdot \boldsymbol{v}$ 进行处理。在不可压缩流中，最后一项为零。动量方程(7.3)式包含此项的梯度，可以用第 3 章中描述的 FD 方法来近似。但由于网格上的压力节点和速度节点可能不重合，用于求其导的近似方法可能会不同。

在 FV 方法中，压力项通常被视为表面力(保守方法)，在 μ_i 积分方程表示为：

$$-\int_S p \boldsymbol{i}_i \cdot \boldsymbol{n} \mathrm{d}S \tag{7.10}$$

可以用第 4 章所述方法来进行表面积分的近似。正如下文将要提到的，这一项的处理和网格上变量的排列对数值解方法的计算效率和准确性起着重要的作用。

或者，可以保留上述积分的体积分形式，非保守的处理：

$$-\int_V \nabla p \cdot \boldsymbol{i}_i \mathrm{d}V \tag{7.11}$$

在这种情况下，导数(对于非正交网格则为三个方向的导数)需要在 CV 内的一个或多个位置上进行近似。非保守方法引入了全局非保守误差；虽然当网格大小趋于零时误差趋于零，但对于有限的网格大小误差可能是显著的。

这两种方法的差异仅在 FV 方法中比较显著。在 FD 方法进行保守和非保守的近似二者没有区别。

对于其他体积力,如在非笛卡尔坐标系中使用协变或逆变速度时产生的非保守力,在有限差分方法中很容易处理。它们通常是一个或多个变量的简单函数,可以使用第 3 章中的方法进行数值计算。如果这些项涉及未知数,例如,对柱坐标系中黏性项的分量:

$$-2\mu\frac{v_r}{r^2}$$

当离散方程中该项对系数 A_p 的贡献为正时,可进行隐式处理,以便通过减少矩阵的对角优势来避免迭代求解的不稳定。贡献为负则可以进行显式处理。

在 FV 方法中,这些项在 CV 中进行体积分。通常用 CV 中心处的值作为平均值再乘以网格体积。也可以用更精细的方法,但并不常见。

在某些情况下,可认为是体积力的非保守项主导输运方程,如当在极坐标中计算旋流时,或者当在旋转坐标系中处理流动时。这时非线性源项和变量的耦合处理就变得十分重要。

7.1.3 守恒性

Navier-Stokes 方程的特点是任意控制体(微观或宏观)中的动量仅由流经表面的流、作用在表面上的力和体积力来改变。如果使用 FV 方法,并且相邻控制体积的表面通量相同,那么离散方程就具备了以下性质:即微观控制体上的积分之和简化为域表面上积分的和。连续性方程也可进行类似的处理。

在不可压缩的等温流中,动能是占据主导的。但当传热占据主导时,动能一般比热能小,因此引入的能量输运方程是热能守恒方程。只要流体性质随温度变化不显著,热能方程可以在动量方程的求解完成之后求解。之后二者的耦合完全是单向的,能量方程成为关于无源标量的输运方程,具体见 3~6 章内容。

对动量方程与速度取标量积便可以推导出动能方程,该过程类似经典力学中能量方程的推导过程。值得注意的是,与可压缩流不同,在不可压缩等温流中,总能量有一个单独的守恒方程,动量守恒和能量守恒都是同一方程的结果,这也就引出本节讨论的问题。

对于一个宏观控制体的动能守恒方程,可以整个考虑域,也可以是有限体积法中使用的一个小 CV_S 之一。以上述方式得到的局部动能方程在控制体上积分,再使用高斯定理便得到公式:

$$\frac{\partial}{\partial t}\int_V \rho\frac{v^2}{2}\mathrm{d}V = -\int_S \rho\frac{v^2}{2}\boldsymbol{v}\cdot\boldsymbol{n}\mathrm{d}S - \int_S p\boldsymbol{n}\cdot\boldsymbol{n}\mathrm{d}S + \int_S(\boldsymbol{S}\cdot\boldsymbol{v})\cdot\boldsymbol{n}\mathrm{d}S - \int_V(S:\nabla\boldsymbol{v} - p\,\nabla\cdot\boldsymbol{v} + \rho\boldsymbol{b}\cdot\boldsymbol{v})\mathrm{d}V \tag{7.12}$$

其中,S 为应力张量的黏性部分,其分量在等式 1.13 中定义为 τ_{ij},$S=T+\rho I$,若流动是无黏性的,则公式(7.12)右边体积积分第一项为零;如果流动是不可压缩的,则第二项是零;在没有体积力时第三项为零。

以下为方程值得注意的几点:

- 方程右侧前三项是控制体表面上的积分。这意味着控制体中的动能不因控制体内的对流或压力的作用而改变。在没有黏性作用时，只有通过表面的能量流动或作用在控制体表面的力所做的功才能影响控制体内的动能，即我们希望在数值计算过程中动能是始终守恒的。

- 在数值方法中保证能量始终守恒是不容易实现的，因为动能方程是动量方程的结果，而不是一个独立的守恒定律，它不能单独求解。
- 如果一个数值方法是能量守恒的，即通过表面的净能量通量为零，且域中的总动能不随时间变化。使用此数值方法，则域的每个点上的速度必须有限值，这样有利于数值计算稳定性。事实上，能量法经常被用来证明数值方法的稳定性。能量守恒与数值方法的收敛性或准确性均无关。用动能不守恒的方法可以得到精确的解，然而动能守恒在非定常流动计算中尤为重要。
- 由于动能方程是动量方程的结果，在数值方法中不能单独成立，所以全局动能守恒必须是离散动量方程的结果，即这是离散化方法的一个性质。为说明它是如何产生的，取后者与速度的标量积，并对控制体求和，形成与离散化动量方程相对应的动能方程并逐项考虑结果。
- 由于压力梯度项特别重要，需要进一步研究。为使压力梯度项变成在方程(7.12)中展示的形式。引入下方程：

$$\boldsymbol{v}\cdot\nabla p=\nabla\cdot(p\boldsymbol{v})-p\,\nabla\cdot\boldsymbol{v} \tag{7.13}$$

对于不可压缩的流动，$p\,\nabla\cdot\boldsymbol{v}=0$，故只剩下右边第一项。由于第一项是一个散度，它的体积积分可以转化为一个面积分。如前文所述，即压力通过它对体表面的作用来影响体动能。我们需要希望再离散化过程中保留此属性。

如果 G_ip 表示压力梯度 i 方向分量的数值近似，当离散的 μ_i-动量方程乘以 μ_i 时，则得到 $\sum u_iG_ip\Delta V$，能量守恒时，则有如下关系式：

$$\sum_{i-1}^{N}u_iG_ip\Delta V=\sum_{S_b}pv_n\Delta S-\sum_{N}pD_iu_i\Delta V \tag{7.14}$$

其中上标 N 表示所有网格节点(CV)之和，S_b 是求解域的边界，v_n 是垂直于边界的速度分量，$D_i\mu_i$ 是连续性方程中的离散化速度散度。故每个网格节点的 $D_i\mu_i=0$，即上述等式右侧第二项为零。只有当 G_i 和 D_i 在下式(7.15)中成立时，才能确保左侧和右侧的相等：

$$\sum_{i=1}^{N}(u_iG_ip+pD_iu_i)\Delta V=\text{surface terms} \tag{7.15}$$

这表明，如果动能守恒成立，压力梯度和速度散度的近似必须是一致的。一旦选择了其中一种近似方式，就无法选择另一种。为了更清楚的表达，假设压力梯度是用向后差分近似的，散度算子是用向前差分近似的。在一维均匀网格上公式(7.15)变为：

$$\sum_{i=1}^{N}\left[(p_i-p_{i-1})u_i+(u_{i+1}-u_i)p_i\right]=u_{N+1}p_N-u_1p_0 \tag{7.16}$$

当求和时，仅剩下的两个项是右边的“表面项”。因此，这两个运算符在上述意义上是兼容的。相反，如果压力梯度用前向差分，连续性方程就需要用后向差分。如果其中一个使用中心差分法，另一个也必须使用中心差分法。

当对所有网格节点求和时，只保留边界项的要求适用于对流项和黏性应力项。满足这一要求十分困难，对于任意和非结构网格尤其困难。(参见 Mahesh 等人，2004 年，关于交错和同位的非结构网格）如果一种数值方法在均匀、规则的网格上能量不守恒，那么在更复杂的网格上也不守恒，在均匀网格上具备守恒特性的方法在复杂网格可能也近似具备该特性。

- 泊松方程常用于计算压力，它是对动量方程的求散度导出的。因此，泊松方程中的拉普拉斯算子是连续性方程中的散度算子和动量方程中的梯度算子的乘积，即 $L=D(G(\,))$。泊松方程的近似方法不能单独选择，如果要实现质量守恒，它必须与散度算子和梯度算子一致。能量守恒则有进一步的要求，散度和梯度的近似方法与上面所选择一致。
- 对于没有体积力的不可压缩流动，唯一剩下的体积分项是黏性项。若为牛顿流体，此项则变成：

$$-\int_V \tau_{ij} \frac{\partial \mu_j}{\partial x_i} \mathrm{d}V$$

由于被积函数是平方和（见等式(7.7)中的定义），故此项总为负值或零。它表示流动的动能不可逆地转换成流体的内能（在热力学意义上），即黏性耗散作用。由于不可压缩流动通常是低速流动，因此内能的增加并不显著，但动能的损失对流动往往是非常重要的。与之对应的，在可压缩流动中，这种能量转换会对二者产生显著影响。

- 由于时间差分法会破坏能量守恒特性，除上述对空间离散化的要求外，也应选择合适的时间导数近似方法。Crank-Nicolson 方法是很好的选择。该方法中的时间导数近似为：

$$\frac{\rho \Delta V}{\Delta t}[\mu_i^{n+1}-\mu_i^n]$$

如果我们取该项与 $\mu_i^{\frac{n+1}{2}}$ 的标量积，并用 Crank-Nicolson 方法近似为 $(\mu_i^{n+1}+\mu_i^n)/2$，则动能变化为：

$$\frac{\rho \Delta V}{\Delta t}\left[\left(\frac{v^2}{2}\right)^{n+1}-\left(\frac{v^2}{2}\right)^{n}\right]$$

其中，$v^2=\mu_i\mu_i$（隐含的求和）。通过对其他项近似方法的适当选择，得到的 Crank-Nicolson 方法是能量守恒的。

动量守恒和能量守恒都受同一方程的控制，这使得构建同时守恒这两种物理属性的数值近似方法变得困难。如前所述，动能守恒不能独立进行强制控制。如果动量方程以强守恒形式编写，并使用有限体积法，通常可以确保整体的动量守恒。能量是否守恒需要通过选择不同的方法并进行确认，若不守恒则换另一种方法直到守恒成立。

保证动能守恒的另一种方法是使用不同形式的动量方程。例如，对于不可压缩流，可以使用以下方程：

$$\frac{\partial u_i}{\partial t}+\varepsilon_{ijk}u_j\omega_k=\frac{\partial\left(\dfrac{p}{\rho}+\dfrac{1}{2}u_ju_j\right)}{\partial x_i}+v\frac{\partial^2 u_i}{\partial x_j \partial x_j} \tag{7.17}$$

其中 ε_{ijk} 是 Levi-Civita 符号（如果 $\{\varepsilon_{ijk}\}=\{123\}$ 或偶置换，则值为+1，如果 $\{\varepsilon_{ijk}\}$ 是 $\{123\}$ 的奇置换，如 $\{321\}$，则为-1，除此以外为零），ω 是方程 7.105 定义的涡度，能量守恒来自动量方程的这种形式的对称性。当方程与 μ_i 相乘时，由于 ε_{ijk} 的反对称性质，方程左侧的第二项

为零。然而,由于这不是动量方程的守恒形式,构造动量守恒时需要小心。

动能守恒在复杂非定常流动计算中具有特别重要的意义。如:全球天气模拟和湍流的模拟。在这类模拟中,往往由于能量守恒无法保证,而导致动能的增长和不稳定性。对于定常流,能量守恒不太重要,但它确实可以通过迭代求解方法防止计算发生错误。

动能不是唯一守恒性好但不能独立使用的量,除此以外还有角动量动能并不是唯一一种需要守恒但无法独立强制执行的量,角动量也是如此。如旋转机械、内燃机和许多其他设备中的旋转或涡流。如果数值计算角动量不守恒,可能无法进行计算。在角动量守恒方面,中心差分格式的表现通常比迎风格式好得多。

7.1.4 网格上变量排布方式的选择

针对离散化问题,首先是在整个域中选择所要计算未知因变量值的节点。此问题的复杂度超乎想象。第 2 章中介绍了数值网格的基本特征,但在求解域内计算节点的分布会发生变化。与 FD 和 FV 离散化方法相关的步骤如图 3.1 和 4.1 所示。当求解矢量场的耦合方程(如 Navier-Stokes 方程)时,过程可能会变得更加复杂,具体细节见下文。

7.1.4.1 同位排列

同位网格即将所有变量放置在同一组网格节点上,并对所有变量使用相同的控制量,网格节点如下图 7.1 所示。由于每个方程中许多项本质上是相同的,减少所需计算和存储的参数的数量以简化编程。此外,当使用同位网格时,所有变量可以使用相同的信息传输阈值和延长运算符。

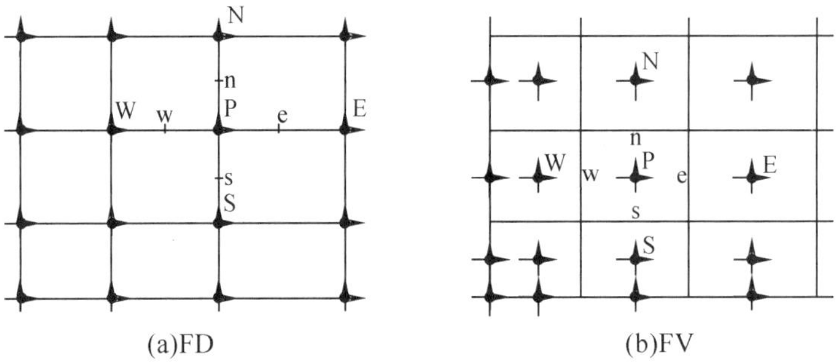

图 7.1 FD 和 FV 网格上的速度分量和压力分布

同位网格对复杂解域的计算也具有显著优势,特别是当边界有斜率不连续或边界条件不连续时,边界不连续问题可以通过设计控制体来解决,变量的其他排列方式会导致一些变量位于网格的奇点上,进而导致离散方程中的奇点。

由于压力-速度耦合相对困难以及压力振荡现象,同位网格不利于不可压缩流的计算。从 20 世纪 60 年代中期交错布置网格方式出现后,同位网格方法便不再使用,之后随着复杂几何图形中的问题被解决,交错网格方法变得更加普遍。只有当向量和张量的逆变分量是工作变量时,交错网格才能在广义坐标中使用,但这样会引入难以用数值方法处理的曲率项,使方程变得复杂,且当网格不光滑时可能会产生误差,这一点会在第 9 章中说明。20 世纪 80 年代,当改进的压力-速度耦合算法开始发展后,同位网格逐渐被广泛应用,如今,所有主要的商业和公开的 CFD 代码都使用同位方法对变量进行处理。

7.1.4.2 交错排列

在笛卡尔坐标系中,Harlow 和 Welsh(1965)引入了交错网格,排列方式如图 7.2 所示,其相比同位网格更有优势。在交错排列时,一些需要用同位排列进行插值的项,可以在没有插值的情况下计算出来(二阶近似),这可以从图 8.1 中 X 方向动量网格节点平面中看出,其压力项和扩散项都用中心差分近似,且不进行插值。同时,压力节点位于网格节点面中心,扩散项所需的速度导数很容易在网格节点面上计算。此外,压力网格节点面上连续性方程中的质量通量的计算也变得十分容易。

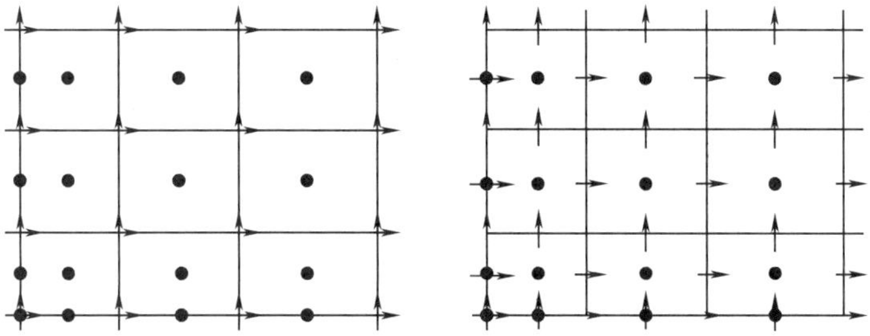

图 7.2 速度分量和压力的完全交错布置(右)和部分交错布置(左)

交错排列的优势也在于速度和压力之间的强耦合,这有助于避免出现收敛问题以及压力和速度场的振荡,这个问题将在后面进一步讨论。在交错网格上进行的数值近似也具有动能的保守性,这也是其优势之一。此说法的证明简单但冗长,本书不再赘述。

此外还有一些其他的处理方法,如 1997 年 Donea 等提出的部分交错 ALE(拉格朗日-欧拉)法(Hirt 等,1997;Donea 等,2004),特点是其中两个速度分量存储在压力 CV 的角点,如图 7.2(a)所示。当网格非正交时,这种计算方法有许多优点,不需要指定边界处的压力是重要优势之一,但同时它也会产生压力或速度场的振荡。其他方法未得到广泛认可,本书不做进一步讨论。

7.1.5 压力计算

求解纳维-斯托克斯方程的复杂性在于缺乏独立的压力方程,而压力梯度对三个动量方程都有贡献。此外,可压缩流动的质量守恒方程以密度为主变量,而不可压缩流动的连续性方程中没有主变量,如此,质量守恒问题便成为对速度场的运动学约束,而非动力学方程。解决这一难题的方法是构造压力场以满足连续性方程,接下来将证明此方法的可行性。需要注意的是,绝对压力在不可压缩流中没有意义,且只有压力梯度(压力差)会影响流量。

在可压缩流动中,连续性方程可以用来确定密度,压力由状态方程计算。这种方法不适用于不可压缩或低马赫数流。在本节中,我们将介绍一些应用比较广泛的压力-速度耦合方法的原理,第 8 章介绍了构成编写计算机代码基础的离散方程集和使用方法。

7.1.5.1 压力方程及其解

动量方程可以用于确定各自的速度分量,那如何用不包含压力的连续性方程来确定压力呢，常用的方法是联立两个方程式。

针对连续性方程，取动量方程的散度，见公式（1.15），对连续性方程简化后得到关于压力的泊松方程：

$$\nabla\cdot(\nabla p)=-\nabla\cdot\left[\nabla\cdot(\rho vv-S)-\rho\boldsymbol{b}+\frac{\partial(\rho\boldsymbol{v})}{\partial t}\right] \tag{7.18}$$

在笛卡尔坐标系中，方程转变为：

$$\frac{\partial}{\partial x_i}\left(\frac{\partial p}{\partial x_i}\right)=-\frac{\partial}{\partial x_i}\left[\frac{\partial}{\partial x_j}(\rho u_i u_j-\tau_{ij})\right]+\frac{\partial(\rho b_i)}{\partial x_i}+\frac{\partial^2\rho}{\partial t^2} \tag{7.19}$$

当密度、黏度和体积力为常量，方程进一步简化：

$$\frac{\partial}{\partial x_i}\left(\frac{\partial p}{\partial x_i}\right)=-\frac{\partial}{\partial x_i}\left[\frac{\partial(\rho u_i u_j)}{\partial x_j}\right] \tag{7.20}$$

压力方程可以用第3、4章中针对椭圆方程所提出的数值方法来求解，需要注意的是，压力方程右侧是动量方程有关项的导数的和，需要用推导他们的近似值时所用方程相同的处理方式进行处理。以下为两种获得压力的方法：1. 在下一个迭代或下一个时间步中得到压力值。2. 对之前迭代中或之前时间步得到的压力值进行修正而得到新的压力值，即 $p^{new}=p^{old}+p'$，其中 p' 应尽量小。

压力方程中的拉普拉斯算子是连续性方程散度算子和动量方程梯度算子的乘积，数值计算中，保持两个算子的一致性是十分重要的，泊松方程可定义为基本方程中散度和梯度的乘积。为了强调此问题的重要性，对上述方程中的两个压力导数进行分离：外导数来源于连续性方程，而内导数来源于动量方程，并对外导数和内导数用不同的方式进行离散化（必须是在动量和连续性方程中使用的方式），否则连续性方程将不完善。（不幸的是，我们将在后面看到（8.2节），这是同位网格方法的问题）

此压力方程用于求解显式或隐式压力，为了保持近似的一致性，需要从离散的动量和连续性方程中推导出压力的方程，而不是通过对上述的泊松方程的近似而得到。此外，通过求解涡流函数方程可得到相关速度场，速度场产生的压力也可用上述压力方程求解。详见7.2.4节。

7.1.5.2 压力与不可压缩性说明

假设我们有一个速度场 $\boldsymbol{v}^*$，且不满足连续性条件，例如，$\boldsymbol{v}^*$ 可通过不调用连续性的Navier-Stokes方程并由时间前进得到。我们希望创建一个新的速度场 $\boldsymbol{v}$，该速度场不仅满足连续性条件且无限逼近原速度场 $\boldsymbol{v}^*$，数学上可以表达为最小二乘逼近，即：

$$\widetilde{R}=\frac{1}{2}\int_V[\boldsymbol{v}(\boldsymbol{r})-\boldsymbol{v}^*(\boldsymbol{r})]^2\mathrm{d}V \tag{7.21}$$

其中，$\boldsymbol{r}$ 为位置向量；V 为定义速度场的域，且需满足连续性约束：

$$\nabla\cdot\boldsymbol{v}(\boldsymbol{r})=0 \tag{7.22}$$

下面将处理边界条件的问题，即变分法问题的标准类型。一种可行方法是引入拉格朗日乘子，则原来的问题（7.21）转变为最小值问题：

$$R=\frac{1}{2}\int_V[\boldsymbol{v}(\boldsymbol{r})-\boldsymbol{v}^*(\boldsymbol{r})]^2\mathrm{d}V-\int_V\lambda(\boldsymbol{r})\,\nabla\cdot\boldsymbol{v}(\boldsymbol{r})\mathrm{d}V \tag{7.23}$$

其中 λ 是拉格朗日乘子，由公式（7.22）可知，含拉格朗日常数项为零。

假设使函数 R 最小的速度为 $\boldsymbol{v}^+$ 且 $\boldsymbol{v}^+$ 满足式 7.22,则:

$$R_{\min} = \frac{1}{2}\int_V [\boldsymbol{v}^+(\boldsymbol{r}) - \boldsymbol{v}^*(\boldsymbol{r})]^2 \mathrm{d}V \tag{7.24}$$

当 $R_{\min}$ 为最小时,任何偏离 $\boldsymbol{v}^+$ 的值会产生二阶变化。故假设下式成立:

$$\boldsymbol{v} = \boldsymbol{v}^+ + \delta\boldsymbol{v} \tag{7.25}$$

其中 $\delta\boldsymbol{v}$ 很小时,将上式代入公式(7.23)得到结果为 $R_{\min}+\delta R$,其中:

$$\delta R = \int_V \delta\boldsymbol{v}(\boldsymbol{r}) \cdot [\boldsymbol{v}^+(\boldsymbol{r}) - \boldsymbol{v}^*(\boldsymbol{r})]\mathrm{d}V - \int_V \lambda(\boldsymbol{r})\ \nabla\cdot\delta\boldsymbol{v}(\boldsymbol{r})\mathrm{d}V \tag{7.26}$$

去掉了与 $(\delta\boldsymbol{v})^2$ 成比例的二阶项,并对等式右侧第二项应用高斯定理,得到:

$$\delta R = \int_V \delta\boldsymbol{v}(\boldsymbol{r}) \cdot [\boldsymbol{v}^+(\boldsymbol{r}) - \boldsymbol{v}^*(\boldsymbol{r}) + \nabla\lambda(\boldsymbol{r})]\mathrm{d}V + \int_S \lambda(\boldsymbol{r})\delta\boldsymbol{v}(\boldsymbol{r}) \cdot \boldsymbol{n}\mathrm{d}S \tag{7.27}$$

在给定边界条件(壁面、来流)的区域,假定 $\boldsymbol{v}$ 和 $\boldsymbol{v}^+$ 满足给定条件,故此处 $\delta\boldsymbol{v}$ 为零。这些边界与对等式中的表面积分无关,故不需要引入 λ。但在其他类型边界条件的边界部分(对称平面,流出)$\delta\boldsymbol{v}$ 不一定为零,为了使曲面积分为零,需要在边界处引入 λ 并使 $\lambda=0$。

如果 $\delta\boldsymbol{v}$ 对 δR 无影响,则等式(7.27)中的体积积分也会消失,最后得到:

$$\boldsymbol{v}^+(\boldsymbol{r}) - \boldsymbol{v}^*(\boldsymbol{r}) + \nabla\lambda(\boldsymbol{r}) = 0 \tag{7.28}$$

同时,由于 $\boldsymbol{v}^+(\boldsymbol{r})$ 必须满足连续性方程(7.22)。取等式(7.28)的散度并代入连续性方程,得到关于 $\lambda(r)$ 的泊松方程:

$$\nabla^2\lambda(\boldsymbol{r}) = \nabla \cdot \boldsymbol{v}^*(\boldsymbol{r}) \tag{7.29}$$

在给出的边界条件为 $\boldsymbol{v}$ 的边界上,有 $\boldsymbol{v}^+=\boldsymbol{v}^*$,在这种情况下式(7.28)变为 $\nabla\lambda(\boldsymbol{r})=0$ 且同时有一个关于 λ 的边界条件。如果满足等式(7.29)以及边界条件,速度场将是无源的。值得注意的是,整个过程可以用离散运算符代替连续运算符进行。

当泊松方程的问题解决,修正后的速度场表达式由公式(7.28)得到:

$$\boldsymbol{v}^+(\boldsymbol{r}) = \boldsymbol{v}^*(\boldsymbol{r}) - \nabla\lambda(\boldsymbol{r}) \tag{7.30}$$

在不可压缩流动中,压力的作用是让连续性得到满足,这表明,拉格朗日乘子 $\lambda(r)$ 本质上起到了压力的作用。

7.1.6 Navier-Stokes 方程的初始条件和边界条件

在迭代求解过程开始之前,需要对所有变量进行初始化。在定常流动的情况下,初始值对最终结果的影响不大,但会影响收敛速度和计算量,故需要对初始值进行选择使其尽量逼近最终的计算结果。但在实际情况下,从初始值很难准确估计出最终计算结果,所以一般初始值会选取一些特定值(如速度为零或取恒定值,压力或温度取恒定值)。

在非定常流动的计算过程中,对初始值的选取更为严格。初始时刻 $t=0$ 时所选取的速度场和压力场需满足 Navier-Stokes 方程,因为 $t=\Delta t$ 时刻的计算结果与初始值 $t=0$ 有关,故初始解的误差会代入之后的求解过程中,只有在计算周期流时或具有随机性质的流动,例如湍流的直接或大涡模拟,参见第 10 章,初始条件的影响才会在一段时间后消失。总之,不适当的初始条件会对结果有很大影响。

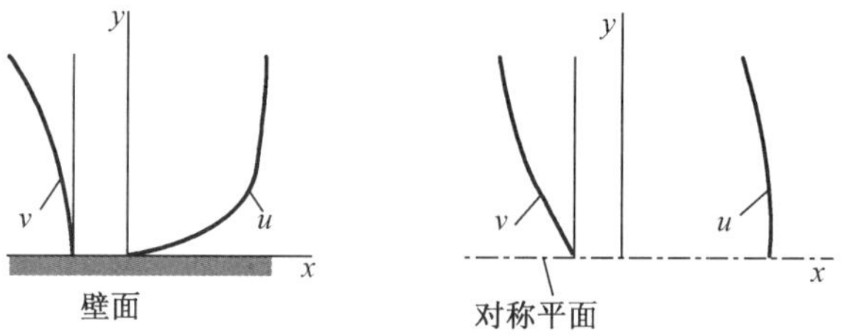

图 7.3　壁面和对称平面上速度的边界条件

每个时间步长的计算都需要用到边界条件,它们可以是恒定的,也可以是随时间变化的。在第 3、4 章中一般守恒方程的所有边界条件均适用于动量方程,本节将介绍一些别的特点。

在壁面上使用无滑移边界条件,即流体速度等于壁面速度,即 Dirichlet 边界条件。然而,在 FV 方法中还可以引入另一种条件,即在壁面上黏性应力为零。如图 7.3 所示,由连续性方程,在壁面 $y=0$ 处:

$$\left(\frac{\partial u}{\partial x}\right)_{\text{wall}}=0\Rightarrow\left(\frac{\partial v}{\partial y}\right)_{\text{wall}}=0\Rightarrow\tau_{yy}=2\mu\left(\frac{\partial v}{\partial y}\right)_{\text{wall}}=0 \tag{7.31}$$

因此,下壁面速度方程中的扩散通量为:

$$F_{\mathrm{s}}^{\mathrm{d}}=\int_{S_{\mathrm{s}}}\tau_{yy}\mathrm{d}S=0 \tag{7.32}$$

除壁面处速度为零边界条件之外,还需要引入公式(7.32)中的条件,因为网格中心处 $v_p\neq0$,这样便可得到离散化通量表达式中的一个非零导数,在连续性方程中引入 $v=0$ 作为边界条件,剪应力可以通过导数$\partial u/\partial y=0$ 的来近似计算,如此便得到下式(对于 u 方程和图 7.4 的情况):

$$F_{\mathrm{s}}^{\mathrm{d}}=\int_{S_{\mathrm{s}}}\tau_{xy}\mathrm{d}S=\int_{S_{\mathrm{s}}}\mu\frac{\partial u}{\partial y}\mathrm{d}S\approx\mu_{\mathrm{s}}\left(\frac{\partial u}{\partial y}\right)_{\mathrm{s}}S_{\mathrm{s}} \tag{7.33}$$

壁面上的$\partial u/\partial y$ 可以用几种方法近似,一种方法是将节点 S 的位置设置为与面质心“s”相同,如图 7.4 左图所示,另一种方法是将节点 S 设置在计算域外,即近壁面节点对边界做镜像处理,如图 7.4 的右侧所示。

由第一种方法,以假设 u 随 y 呈线性变化,得到的近似结果为:

$$\left(\frac{\partial u}{\partial y}\right)_{\mathrm{s}}\approx\frac{u_{\mathrm{P}}-u_{\mathrm{s}}}{y_{\mathrm{P}}-y_{\mathrm{s}}} \tag{7.34}$$

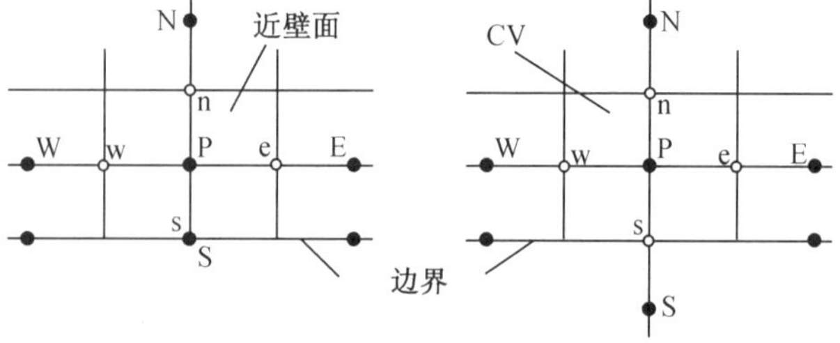

图 7.4　笛卡尔网格速度边界条件的实现

这种处理方式只有一阶精度,但如果在边界上使用半网格尺寸近似,在内部使用中心差分近似,则将具有二阶精度。基于 u 与 y 的二阶变化的假设(对边界位置"s"和单元中心 P 和 N 的值进行抛物线拟合,如图 7.4 的左侧),使用二阶单边近似可以提高精度,最后得到:

$$\left(\frac{\partial u}{\partial y}\right)_{\mathrm{s}} \approx \frac{9u_{\mathrm{P}}-8u_{\mathrm{s}}-u_{\mathrm{N}}}{6(y_{\mathrm{P}}-y_{\mathrm{s}})}=\frac{9u_{\mathrm{P}}-8u_{\mathrm{s}}-u_{\mathrm{N}}}{6\left(\frac{\Delta y}{2}\right)} \tag{7.35}$$

如果边界节点在求解域以外,那么在边界面"s"和内部面"n"上都可以使用$\partial u/\partial y$ 的中心差分近似,故得到:

$$\left(\frac{\partial u}{\partial y}\right)_{\mathrm{s}} \approx \frac{u_{\mathrm{P}}-u_{\mathrm{S}}}{y_{\mathrm{P}}-y_{S}}=\frac{u_{\mathrm{P}}-u_{\mathrm{S}}}{\Delta y} \tag{7.36}$$

然而,边界条件为 $u_s=u_{\mathrm{wall}}$,辅助节点 S 处 u 值需要使用指定的边界值和内部节点中心处一个或多个值通过外推得到,基于线性外推得到的最简单的近似结果是:

$$u_S \approx 2u_{\mathrm{s}}-u_{\mathrm{P}} \tag{7.37}$$

通过使用二阶外推法得到的更精确的近似(用于得到等式(7.35)中导数的近似),对于结构化网格可得到:

$$u_{\mathrm{S}} \approx \frac{8}{3}u_{\mathrm{S}}-2u_{\mathrm{P}}+\frac{1}{3}u_{\mathrm{N}} \tag{7.38}$$

在非结构化网格的相应表达式中,节点变量值的乘数可作为网格间距的函数。

在对称平面上则情况相反,即剪应力为零,法向应力不为零,即(对应于图 7.3):

$$\left(\frac{\partial u}{\partial y}\right)_{\mathrm{sym}}=0$$

$$\left(\frac{\partial v}{\partial y}\right)_{\mathrm{sym}}\neq 0 \tag{7.39}$$

u 方程中的扩散通量为零,v 方程中的扩散通量需要通过 v 对 y 导数进行近似,最终得到:

$$F_s^{\mathrm{d}}=\int_{S_{\mathrm{s}}}\tau_{yy}\mathrm{d}S=\int_{S_{\mathrm{s}}}2\mu\frac{\partial v}{\partial y}\mathrm{d}S\approx\mu_s\left(\frac{\partial v}{\partial y}\right)_{\mathrm{s}} \tag{7.40}$$

其中,边界条件为 $v_s=0$(流动未经过对称平面),前文所述的壁面边界$\partial u/\partial y$ 的近似同样可用于对称边界 v。

在使用交错网格的 FV 方法中,边界处不需要压力条件(除非指定了边界处的压力,这将在第 11 章中进行分析),这是由于垂直于边界的法向速度分量的最近的网格只延伸到标量网格节点的中心,此处压力值已计算。当采用同位网格时,所有的网格节点都延伸到边界,需要边界压力来计算动量方程中的压力,同时需要从内部进行外推,以获得边界处的压力。在大多数情况下,线性外推对于二阶方法是足够精确的,但二次外推会更精确。然而,在某些情况下,法向速度分量方程中需要较大的壁面压力梯度来平衡体积力(如浮力、离心力等),如果压力外推不准确,则可能不满足该条件,从而导致边界附近法向速度过大,此时可以通过从连续性方程计算第一个网格处的法向速度分量并通过调整压力外推或通过局部网格细化来避免。

对于压力修正方程的边界条件(在7.22节中定义),当规定了一个边界的质量通量时,压力修正方程中的质量通量修正为零,在推导压力校正方程时,该条件可以直接使用。相当于为压力修正指定了一个Neu-Mann边界条件(零梯度)。在第8.3.4节将讨论了分步法压力修正的边界条件。

在出口处,如果入口质量通量已知,当出流边界远离关注区域且雷诺数较大时,通常可以用边界外推速度条件(如速度梯度为零)来处理定常流动,然后对外推的速度进行修正,以给出与入口完全相同的总质量通量,修正后的速度作为下一次迭代的基准值,在连续方程中,出流边界处的质量通量为零,这导致了在边界上的压力修正方程具有诺伊曼条件,并使其在数学上奇异。为了使解唯一,可以使某一点的压力恒定,并从所有校正的压力中减去在该点计算的压力校正。另一个方法是将平均压力设为常量。但在实际问题中此方法不实用,因为大多数方法在每一步开始时都会使用一个初始压力,且在不可压缩流动中,实际压力通常不重要,因为仅压力梯度才是关键。在实际压力已知或需要使用时,它的值通常是实际的物理情况决定,例如,表面有压力作用的自由表面流动。如果平均压力与梯度中网格点之间的压力差相比非常大,则数值计算精度会降低,此时可以通过在一个节点上分配固定的压力提高精度。

另一种情况是进口和出口边界之间的压力差已知,那么,为了使压力损失一定,边界处的速度必须通过计算得到。这可以通过几种方式来实现,无论何时,必须从内部节点外推边界速度并进行校正,在第11章中会举例说明。

7.1.7 简单格式示例

为了开始实际求解Navier-Stokes方程实际解,我们先介绍两种方案,第一种是非定常流动的显式时间步长法,第二种方案则引入了隐式方法的附加特性,并在第7.2节对两个方案进行详细分析。

7.1.7.1 简化显式时间推进方法

利用非定常方程的方法解释了压力的数值泊松方程是如何构造的,以及其在确保连续性中所起的作用,由于空间导数近似的选择影响不大,可以得到半离散(空间离散而不是时间)化的动量方程为:

$$\frac{\partial(\rho u_i)}{\partial t}=-\frac{\delta(\rho u_i u_j)}{\delta x_j}-\frac{\delta p}{\delta x_i}+\frac{\delta\tau_{ij}}{\delta x_j}=H_i-\frac{\delta p}{\delta x_i} \tag{7.41}$$

其中$\delta/\delta x$为离散的空间导数,H_i记为对流项与黏性项之和。

为了简单起见,假设用时间推进的显式欧拉方法来求解公式(7.41),则得到:

$$(\rho u_i)^{n+1}-(\rho u_i)^n=\Delta t\left(H_i^n-\frac{\delta p^n}{\delta x_i}\right) \tag{7.42}$$

为使该方法可用,用时间步长n处的速度来计算H_i^n,如果压力是可用的,也可以计算出$\delta p^n/\delta x_i$,如此便得到时间步长$n+1$处的ρu_i估计值。通常,这个速度场并不满足我们想要引入的连续性方程:

$$\frac{\delta(\rho u_i)^{n+1}}{\delta x_i}=0 \tag{7.43}$$

不可压缩流动的特征是流动过程中密度是变化的,为了解如何强制确保连续性,取公式(7.42)的数值散度(使用用于逼近连续性方程的数值算子),得到结果为:

$$\frac{\delta(\rho u_i)^{n+1}}{\delta x_i}-\frac{\delta(\rho u_i)^{n}}{\delta x_i}=\Delta t\left[\frac{\delta}{\delta x_i}\left(H_i^n-\frac{\delta p^n}{\delta x_i}\right)\right] \tag{7.44}$$

第一项是新的速度场的散度,我们希望它为零,同时假设在时间步 n 处强制执行连续性,则第二项为零,否则方程中保留该项,当采用迭代法求解压力的泊松方程且迭代过程不完全收敛时,保留该项是必要的一项。同样,对于常数 ρ,H_i 的黏性分量的散度应该为零,如果不为零也可以进行解释,综合考虑以上,则得到压力 p_n 的离散泊松方程:

$$\frac{\delta}{\delta x_i}\left(\frac{\delta p^n}{\delta x_i}\right)=\frac{\delta H_i^n}{\delta x_i} \tag{7.45}$$

其中,括号外的算子$\frac{\delta}{\delta x_i}$是继承自连续性方程的散度算子,而$\left(\frac{\delta p^n}{\delta x_i}\right)$是动量方程的压力梯度。如果压力 p^n 满足离散泊松方程,则时间步 $n+1$ 的速度场散度为零,此处压力所属的时间步长是任意的,如果压力梯度项为隐式处理,则用 p^{n+1} 代替 p^n,其他项保持不变。这为 Navier-Stokes 方程的时间推进提供了以下算法。

- 从 t_n 时刻速度场 u_i^n 开始,假设该速度场散度为零。
- 计算对流项和黏性项及其散度之和 H_i^n。
- 求解压力 p_n 的泊松方程。
- 计算新的时间步长下的速度场,其散度为零。
- 至此,进行下一步的计算。

类似的方法常用于求解 Navier-Stokes 方程,尤其是在需要准确流动时间历程时。在实际应用中,时间推进法比一阶欧拉法更精确,且有些项会进行隐式处理。具体的方法将在之后介绍。

我们已经证明了如何求解压力的泊松方程可以确保速度场满足连续性方程,即确保散度为零,这个结论在定常和非定常 Navier-Stokes 方程求解的方法中均有体现。

7.1.7.2 简化隐式时间推进方法

为了解使用隐式方法求解 Navier-Stokes 方程时会出现哪些问题,我们使用最简单的隐式方法进行求解,即反向或隐式欧拉方法,并得到:

$$(\rho u_i)^{n+1}-(\rho u_i)^{n}=\Delta t\left(-\frac{\delta(\rho u_i u_j)}{\delta x_j}-\frac{\delta p}{\delta x_i}+\frac{\delta\tau_{ij}}{\delta x_j}\right)^{n+1} \tag{7.46}$$

可以明显看到相比前一节显式方法在求解时有其他的困难。首先是压力项,速度场在新时间步长处的散度必须为零,这可以用与显式相同的处理方式来完成,在前文已经说明。取方程(7.46)的散度并假设在时间步长 n 处的速度场散度为零,且新的时间步长 $n+1$ 处的散度也为零,由此得到压力的泊松方程:

$$\frac{\delta}{\delta x_i}\left(\frac{\delta p}{\delta x_i}\right)^{n+1}=\frac{\delta}{\delta x_i}\left(\frac{-\delta(\rho u_i u_j)}{\delta x_j}\right)^{n+1} \tag{7.47}$$

但在时间步长 $n+1$ 处速度场计算完成之前,不能计算等式右边的项,反之亦然。因此,泊松方程和动量方程必须同时求解,且只能通过迭代过程来实现。

其次,即使压力已知,由于公式(7.46)是一个非线性方程组,必须求解速度场,该方程组的结构类似于压力方程的有限差分拉普拉斯算子的矩阵结构。然而,由于动量方程包含对流项,且一些边界处引入了狄利克雷边界条件(入口、壁面、对称平面),它们的解通常比压力或压力校正方程的解要容易。这将在本章末进行举例说明。

如果要精确地求解方程(7.46)(如下节所述的非迭代分步法),最好的方法是采用前一个时间步长的收敛结果作为新速度场的初始值,然后用牛顿迭代法(5.51节)或割线法收敛到新时间步长的解(Ferziger 1998;Moin 2010)。

在了解了如何构造显式和隐式方法来求解 Navier-Stokes 方程之后,我们将研究一些其他更常用的求解方法。例如 Chang 等人突出的精确投影方法。

7.2 定常和非定常流动的计算策略

在本节中,将介绍一些常用的求解方法,如适用于定常和非定常流动的迭代法和非迭代法,推导所用参量与前一节7.1.7所述相似。对于不可压缩流动,定常和非定常问题都是以行进格式解决的(无论是在时间上还是通过迭代),因此需要求解泊松方程(压力、压力修正或流量函数),下面将类似的方法组合在一起。

7.2.1 分步法

将非定常 Navier-Stokes 方程按时间进行积分的思想最早出现在 Harlow and Welsh(1965年).和 Chorin(1968年)的论文中。这里描述的许多方法都源自或建立在这些早期工作的基础上。Patankar 和 Spalding(1972)注意到这些论文对 SIMPLE 算法的影响。SIMPLE 是一 种迭代方法,计算过程中不需要对压力进行初始值预测。然而,这些方法都是利用不可压缩流动中的压力来加强连续性的, Armfield(1991,1994)、Armfield 与 Street(2002)为一些分步长求解方法奠定了基础。

分步长法主要通过已知压力值和当前速度场在下一个时间步长处对速度场进行估值,并得到新压力的泊松方程或旧压力的修正方程,最后使用新的压力或校正压力得到下一时间步的速度场。

Kim 和 Moin 提出了交错网格不可压缩流动计算的解决方法,使用分步法求解且该方法中不需要对压力进行预测,而是通过计算得到,最后再对压力值进行校正。Zang 等于1994年将该方法扩展到同位网格和曲线坐标中。Kim、Moin 以及 Zang 等,在预测步骤中采用近似因式分解 ADI 方法,通过求解各坐标方向上的三对角矩阵来估计速度场,因式分解方法的误差为 $O((\Delta t)^3)$,比整体处理方法误差小一个阶数。在这些公式中,重要的是对黏性(或湍流)项的隐式处理,可以避免了对扩散项的时间步长限制。这些方法得到了广泛的应用,且近似分解 ADI 方法在其他分步求解方法中也很常见。此外,Zang 等使用了一个紧凑的压力模板来建立 FV 公式,将同位网格上以 CV 为中心的速度插值到体积面上,以满足连续性条件约束。Ye 等讨论了此方法的优点并由 Kim 和 Cho 推广到非结构网格。

Gresho 为分步法进行命名,Kim、Moin 和 Zang 等提出的方法是 P1 法,P1 法将动量方程中的压力场设为零,用于估计新的速度场,求解新压力的泊松方程并得到与实际压力有关的近似压力,但该方法不是很常用。P2 方法将动量方程中的压力设为前一个时间步长的值,然后求解压力泊松方程并得到压力修正。在 P3 方法中,动量方程中使用的压力是由前两个压力场的二阶精确方法外推得到的,之后我们将对 P3 方法进行介绍。本节我们将对 P2 方法进行介绍,在 8.3 节将对交错和同位网格方法的细节进行介绍,最后,在第 8.4 节中,将对空腔内定常和非定常流动以及矩形通道内的浮力驱动流动的结果进行分析,并与其他求解方法得到的结果进行比较。

如图 7.5 所示,Armfield 和 Street 所提出方法的一个重要结论是,在 P2 方案中压力在时间上具有二阶精度,此外,用向量和算子形式描述方程以便于理解计算方法的建立和过程。

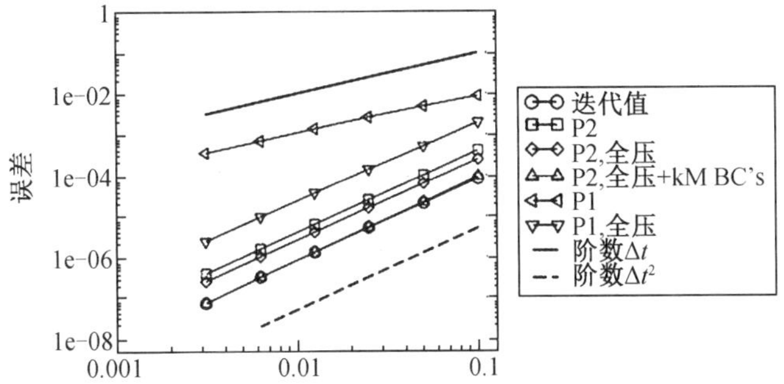

图 7.5 不同计算方法下空腔内自然对流的压力精度

控制方程为不可压缩流体的三维 Navier-Stokes 方程:

$$\frac{\partial(\rho v)}{\partial t}+\nabla\cdot(\rho vv)=\nabla\cdot S-\nabla p \tag{7.48}$$

$$\nabla\cdot(\rho \boldsymbol{v})=0 \tag{7.49}$$

其中,$v=(u_i)$是速度,p 是压力,与前文所述相同,$S=T+pI$ 表示应力张量的黏性部分(见公式(1.9)和(1.13)),另外,此处忽略了体积力,因为有无体积力对此分析方法无影响。该方法的目标达到空间和时间上的二阶精度,为此对方程(7.48)与(7.49)采用二阶 Adams-Bashforth 方法进行离散,采用 Crank-Nicolson 方法对黏性项进行离散,该方法是半隐式的,离散后的方程为:

$$\frac{(\rho\boldsymbol{v})^{n+1}-(\rho\boldsymbol{v})^{n}}{\Delta t}+C(\boldsymbol{v}^{n+1/2})=-G(p^{n+1/2})+\frac{L(\boldsymbol{v}^{n+1})+L(\boldsymbol{v}^{n})}{2} \tag{7.50}$$

$$D(\rho\boldsymbol{v})^{n+1}=0 \tag{7.51}$$

其中,离散项包括速度 v,压力 p,对流算子 $C(v)=\nabla\cdot(\rho vv)$,梯度算子 $G(v)=G_i(v)=\nabla(v)$,散度算子 $D(v)=D_i(v)=\nabla(v)$,黏性项的线性拉普拉斯算子 $L(v)=\nabla\cdot S$,如果使用标准二阶中心差分方法(CDS),则以$(n+1)/2$ 时间步长为中心值时,该方法在时间和空间上都是二阶的。需要注意的是,Adams-Bashforth 表示产生:

$$C(\boldsymbol{v}^{n+1/2})\sim\frac{3}{2}C(\boldsymbol{v}^{n})-\frac{1}{2}C(v^{n-1})+O((\Delta t)^2) \tag{7.52}$$

之后,采用以下步骤对方程(7.50)、(7.51)进行处理:

1. 通过下列方程,用前一步长中的压力 $p^{n-1/2}$ 求出新速度 v^* 估计值:

$$\frac{(\rho\boldsymbol{v})^{*}-(\rho\boldsymbol{v})^{n}}{\Delta t}+C(\boldsymbol{v}^{n+1/2})=-G(p^{n-1/2})+\frac{L(\boldsymbol{v}^{*})+L(\boldsymbol{v}^{n})}{2} \tag{7.53}$$

2. 通过下式得到修正压力 p'：

$$p^{n+1/2}=p^{n-1/2}+p' \tag{7.54}$$

3. 通过使修正后的速度满足下式（源于方程(7.50)）来得到对 $\boldsymbol{v}^*$ 的修正

$$\frac{(\rho\boldsymbol{v})^{n+1}-(\rho\boldsymbol{v})^{n}}{\Delta t}+C(\boldsymbol{v}^{n+1/2})=-G(p^{n+1/2})+\frac{L(\boldsymbol{v}^*)+L(\boldsymbol{v}^n)}{2} \tag{7.55}$$

4. 由等式(7.55)减去等式(7.53)，得到修正速度的表达式如下：

$$(\rho\boldsymbol{v})^{n+1}=(\rho\boldsymbol{v})^{*}-\Delta tG(p') \tag{7.56}$$

5. 最后，将等式(7.56)代入连续性方程(7.51)求得 p：

$$D(G(p'))=\frac{D(\rho\boldsymbol{v})^{*}}{\Delta t} \tag{7.57}$$

给定初始压力 p'，最终速度 $\boldsymbol{v}^{n+1}$ 和压力 $p^{(n+1)/2}$ 分别由等式(7.56)和(7.54)给出。在特殊情况下，对流项采用 Quick 方式(4.4.3)进行空间离散，其他项采用 CDS 方式进行空间离散，等式(7.53)通过 ADI 方法进行求解，等式(7.57)用泊松求解器求解，例如，在 5.3.6.3 节提到的预处理中重新启动 GMRES。Armfield 和 Street 的报告指出，ADI 方法经四次扫描。已可以得到较为准确的结果。

一旦求解时时间步长提前一步，应先确定是否有误差生成。修改等式(7.56)形式为：

$$(\rho\boldsymbol{v})^{*}=(\rho\boldsymbol{v})^{n+1}+\Delta tG(p') \tag{7.58}$$

将式(7.58)代入修正后的速度和压力差值等式(7.55)中，得到：

$$\frac{(\rho\boldsymbol{v})^{n+1}-(\rho\boldsymbol{v})^{n}}{\Delta t}+C(\boldsymbol{v}^{n+1/2})=-G(p^{n+1/2})+\frac{L(\boldsymbol{v}^{n+1})+L(\boldsymbol{v}^n)}{2}+\frac{1}{2}\Delta tL\left(\frac{1}{\rho}G(p')\right) \tag{7.59}$$

将此方程与我们要求解的方程(7.50)进行比较，发现求解得到的方程最后一项为额外项，这是由于 L 算子中的 v * 未经修正而引入的误差。本质上，上式最后一项中$L=D(G(pv))$。由此压力修正可以表示为：

$$p'=p^{n+1/2}-p^{n-1/2}\approx\frac{\partial p}{\partial t}\Delta t \tag{7.60}$$

可以看到，此额外项与$(\Delta t)^2$成正比，即与基本离散化项一致。总之，无论网格是交错还是非交错，这里描述的 P2 方法都不能提供离散方程的精确解，虽然速度场是无散度的，但由于误差存在导致新的速度场与新的压力并不完全满足离散动量方程，虽然误差在时间上是二阶的（即时间步长减半时，误差减少了 4 倍），但如果所选的时间步长过大，误差仍不可忽略。

上面所述方法只是众多方法中的一种。显然，在不改变压力修正方程的情况下，可以很容易得到对流项不同的显式时间步进格式。需要注意的是，在上述算法中，压力在 $t_{n+1/2}$ 处计算，而速度在 t_{n+1} 处计算，如果两个量都在相同时间步计算，其中一个需通过插值得到。

同样，也可以将 Crank-Nicolson 时间推进方案应用于压力项，正如它应用于黏性项那样；唯一的区别是时间 t_n 处压力项的一半将被固定，只对时间 t_{n+1} 处隐式的部分进行修正。

此外，也可以使用显式方法推导黏性项，如果求解域网格不是很小通常可以用此方法，这种处理方法对时间步长的稳定性要求不会太苛刻。此时，动量方程(7.50)式可以进行显式求解，而不需要求解方程组。

如果对对流项和扩散项都选择隐式时间步方法，则问题会变得更为复杂。需要对非线性对流项线性化处理,通常会选择 Picard 迭代格式进行处理,但在计算时也可能会出现其他问题,这主要取决于是否需要在一个时间步内完成迭代,或者动量方程是否只解一次。对于前者,使用前一步迭代中的值:

$$(\rho \boldsymbol{v}\boldsymbol{v})^{n+1} \approx (\rho \boldsymbol{v})^{m-1}\boldsymbol{v}^{m} \tag{7.61}$$

其中,m 为迭代次数,关键在于第一步迭代时应该如何处理,但如果之后要进行多次迭代,第一步迭代如何选择则影响不是很大,因为迭代收敛会导致后续两次迭代的值是相同的。如果不使用迭代进行计算,那么显式部分的选择就变得至关重要,如果要保留此方法的二阶精度,则它应该是解在新的时间水平上的二阶近似,为此,可以使用二阶或更高阶的 Adams-Bashforth 合适,如上述算法中用于完全对流的格式。实际上,在隐式方法中,所有的变量值都应该用显式的二阶时间推进格式在新的时间层次上初始化,尤其是网格为非正交时,离散化会受延迟修正影响,延迟修正是用当前的变量值计算的,否则,如果仅仅使用前一时间步长的值,则此方法只具有一阶精度。

对于隐式迭代法可以有其他选择:如首先对动量方程进行迭代,以得到新的非线性和延迟修正,然后进行单个压力修正,在该步骤中,压力修正方程必须求解至一个相对严格的容差范围内,以确保充分满足连续性要求。或者是扩展迭代循环以求解动量和压力修正方程,以得到新的非线性和压力-速度耦合。下面是此迭代方案的一个算例:

1. 在新时间步长内的第 m 次迭代中,用完全隐式的二阶隐式三时间层格式进行时间积分并求解动量方程,得到新时间层解近似为:

$$\frac{3(\rho \boldsymbol{v})^{*}-4(\rho \boldsymbol{v})^{n}+(\rho \boldsymbol{v})^{n-1}}{2\Delta t}+C(\boldsymbol{v}^{*})=L(\boldsymbol{v}^{*})-G(p^{m-1}) \tag{7.62}$$

其中,$\boldsymbol{v}^{*}$ 为 $\boldsymbol{v}^{m}$ 的预测值,需要通过修正以加强连续性。

2. 修正后的速度和压力应满足下动量方程:

$$\frac{3(\rho \boldsymbol{v})^{m}-4(\rho \boldsymbol{v})^{n}+(\rho \boldsymbol{v}^{n-1})}{2\Delta t}+C(\boldsymbol{v}^{*})=L(\boldsymbol{v}^{*})-G(p^{m}) \tag{7.63}$$

通过等式(7.63)与(7.63)相减得到速度和压力校正之间的关系如下:

$$\frac{3}{2\Delta t}[(\rho \boldsymbol{v})^{m}-(\rho \boldsymbol{v})^{*}]=-G(p')\Rightarrow(\rho v)'=-\frac{2\Delta t}{3}G(p') \tag{7.64}$$

3. 对速度 v^{m} 引入连续性条件后:

$$D(\rho \boldsymbol{v})^{m}=0\Rightarrow D(G(p'))=\frac{3}{2\Delta t}D(\rho \boldsymbol{v})^{*} \tag{7.65}$$

求解上式并得到压力修正方程

4. 增加迭代次数并重复步骤 1~3,直到残差变得非常小。然后设置 $\boldsymbol{v}^{n+1}=\boldsymbol{v}^{m}$,$p^{n+1}=p^{m}$,并进入下一个时间层。

注意,上式压力校正方程看起来与前文压力校正方程(7.57)并不相同,除了多出 3/2 乘数外,右侧 $\boldsymbol{v}^{*}$ 来自不同形式的动量方程。在这种情况下,不必将线性动量方程或压力修正方程解到一个严格的容差范围,因为该解将代入下一次迭代中继续求解,通常,如果每个时间步执行三次或更多次迭代,则在每次迭代中残差减小一个数量级即可。

上述算法的非迭代版本很容易推导得到,用类似于方程(7.52)的 Adams-Bashforth 格式对 t_{n+1} 处对流通量的显式估计,只需要对 t_{n+1} 处进行估计,而非 $t_{n+1/2}$ 处,结果为:

$$C(\boldsymbol{v}^{n+1})\approx 2C(\boldsymbol{v}^{n})-C(\boldsymbol{v}^{n-1}) \tag{7.66}$$

此结果取消了外部迭代循环,在每个时间步对动量方程和压力修正方程只求解一次。

前文中描述的迭代隐式分步长法(IFSM)与下一节中将要介绍的 SIMPLE 算法非常相似,二者的区别将在下一节的末尾进行讨论,同时也给出了迭代和非迭代算法的计算机代码,其应用结果将在下一章末尾举例进行说明。

7.2.2 SIMPLE, SIMPLER, SIMPLEC 和 PISO

正如第六章所述,许多处理定常问题的方法可以看作求解非定常问题直到达到定常状态。主要区别在于,当求解非定常问题时,选择时间步长以获得准确的解,而当求解定常问题时,则使用较大时间步长以快速到达定常状态。隐式方法是处理稳态流和慢瞬态流问题的首选方法,因为它们相比显式方法具有更宽松的时间步长限制,经常用于瞬态问题的时间-精确求解(特别是当使用商业 CFD 代码时),特别是当网格被局部细化时,由于稳定性原因,显式方法需要的时间步长比满足求解精度所需的时间步长小。

许多为定常不可压流动开发的求解方法是隐式的,一些常用的方法多由前节中所介绍的方法演化而来,它们多使用一个压力(或压力校正)方程来使每个时间步的质量守恒,或者用稳定求解器强制每个外部迭代的质量守恒。在本节中,我们给出了 SIMPLE 方法相关其他方法,在 8.1 和 8.2 节中,我们详细介绍了如何在交错网格和同位网格中使用 SIMPLE 格式和 IFSM 格式,最后,在 8.4.1 节中,我们将分析 SIMPLE 和 IFSM 在两种类型网格上的模拟结果。

通过使用与前一节相同的符号,以说明分步方法和 SIMPLE 方法之间的相同点和区别。

由前一节式(7.48)、(7.49),SIMPLE 方法(包括 SIPMLER 和 PISO,它们都用于大多数商业 CFD 代码中)与分步法的主要区别在于前者通常是完全隐式的(也可使用 Crank-Nicolson 格式),这说明所有的通量和源项都是在新时间步上计算的;来自前一时间步的值只出现在离散的时间导数中,有隐式欧拉格式和二阶向后格式的方案可以进行选择。如果我们用前一节中相同的算子符号来描述离散动量方程和连续性方程,则得到:

$$\frac{(\rho\boldsymbol{v})^{n+1}-(\rho\boldsymbol{v})^{n}}{\Delta t}+C(\boldsymbol{v}^{n+1})=L(\boldsymbol{v}^{n+1})-G(p^{n+1}) \tag{7.67}$$

$$\frac{3(\rho\boldsymbol{v})^{n+1}-4(\rho\boldsymbol{v})^{n}+(\rho\boldsymbol{v})^{n-1}}{2\Delta t}+C(\boldsymbol{v}^{n+1})=L(\boldsymbol{v}^{n+1})-G(p^{n+1}) \tag{7.68}$$

由于第一个方程使用了隐式欧拉格式,其精度在时间上是一阶的(时间导数的近似值是相对于所有其他项被求值的时间级别的一阶向后格式)。第二个方程使用时间导数近似,在得到其他项时间层次的前提下,它具有二阶精度,主要通过在时间上对新时间层次的二次插值进行微分得到的,如第 6.3.2.4 节所述。由于对流项、扩散项和源项总是在 t_{n+1} 处计算,两种方案可以切换使用,甚至混合使用。

假定流动是不可压缩的,密度是常数,我们将在第十一章中说明如何将该方法推广到可压缩流。在这种假设下,连续性方程中没有时间导数,因此对于两种时间步进方案,得到的结果与前一节相同,如式(7.51)。

由于所有项都是全隐式离散的,必须先对非线性项进行线性化,并迭代求解 $\boldsymbol{v}^{n+1}$ 和 p^{n+1} 方程。如果计算的是非定常流动,并对时间精度有要求,则必须在每个时间步长内继续迭代,直到整个非线性方程组误差保持在一定小的范围内。对于定常流动,误差范围可扩大,可以采取一个无限的时间步长并进行迭代直到满足稳态非线性方程组,或者在每个时间步长中都无须完全满足稳态非线性方程(在这种情况下,通常每个时间步长只执行一次迭代)。

在一个时间步长内更新非线性项和耦合项的迭代被称为外部迭代,以区别于固定系数线性系统的内迭代。

现在,去掉上标$(n+1)$并使用外部迭代次数 m 来表示解的估计值,当迭代收敛时,有$\boldsymbol{v}^{n+1}=\boldsymbol{v}^{m}$。假设线性化是通过 Picard 迭代进行的,如上一节中等式(7.61)所示,对于定常问题和迭代时间推进格式(SIMPLE、SIMPLER 或 PISO),要获得时间精确解,新的时间步中的第一次迭代是关键,初始估计值越贴近解,迭代次数也就越少,这对于 PIOS 算法尤为重要,因为 PISO 算法每一个时间步长中只能求解一次动量方程,没有办法通过迭代来修正误差,此问题将在本节的末尾进行讨论,源项和可压缩流体性质以同样的方式处理。

线性化的动量方程在之前研究中已得到求解,把所有隐式离散项组在一起,得到所有速度分量的如下矩阵方程:

$$A^{m-1}u_i^m=Q_i^{m-1}-G_i(p^m) \tag{7.69}$$

其中 G_i 表示梯度算子的 i 分量,源项 Q 包含所有可根据 u_i^{m-1} 进行显式计算的项、所有体积力及其他线性化或延迟校正项,还包含部分非稳态项,这些非稳态项指之前时间步中的解,参见等式(7.67)和(7.68)。需要注意的是,对于所有速度分量,矩阵 $\boldsymbol{A}$ 不一定相同,但我们暂时忽略这一点。假定 FD 方法用于离散方程,同样也可用 FV 方法,之后只需将上式(7.69)方程乘以网格体积。

为了清楚起见,删除矩阵 $\boldsymbol{A}$ 和源项 Q 的上标 $m-1$,默认这些项是使用前一次外部迭代的值计算得到的。上述方程单行向量的表达式如下:

$$A_{\mathrm{P}}u_{i,\mathrm{P}}^m+\sum_k A_k u_{i,k}^m=Q_{\mathrm{P}}-\left(\frac{\delta p^m}{\delta x_i}\right)_{\mathrm{P}} \tag{7.70}$$

压力项以差分形式写出,以强调求解方法与空间导数离散化近似的独立性,空间导数的离散化可以是任意阶或第 3 章和第 4 章所述的任何类型,注意系数 A_k 包含离散化对流和扩散项的贡献,而对角线系数 A_p 包含非定常项的贡献(见式 7.67 与 7.68)。

回到方程(7.69)并将矩阵 $\boldsymbol{A}$ 分成对角线部分 A_{D} 和非对角线部分 A_{OD},此外,将表示当前外部迭代值的上标 m 替换为一个或多个星号,数目多少取决于近似级别。外部迭代 m 次时,用前一次迭代的压力来求解这个方程:

$$(A_{\mathrm{D}}+A_{\mathrm{OD}})u_i^*=Q-G_i(p^{m-1}) \tag{7.71}$$

通过求解方程得到的速度场 v^{m*} 一般不满足连续性方程,需要通过对压力和速度进行修正,结果如下:

$$p^*=p^{m-1}+p',u_i^{**}=u_i^*+u_i' \tag{7.72}$$

通过使修正后的速度和压力满足下简化后的方程,得到速度和压力修正的关系式:

$$A_{\mathrm{D}}u_i^{**}+A_{\mathrm{OD}}u_i^*=Q-G_i(p^*) \tag{7.73}$$

由方程(7.73)中减去方程(7.71),得到速度和压力修正之间的关系如下:

$$A_{\mathrm{D}}u_i'=-G_i(p')\Rightarrow u_i'=-(A_{\mathrm{D}})^{-1}G_i(p') \tag{7.74}$$

由于对角线矩阵可逆,此方程比较简单,但如果将 u_i^{**} 也应用于等式(7.73)中的非对角矩阵，则关系式将过于复杂，不利于导出压力校正方程。当外部迭代收敛时，所有修正趋于零，因此最终求解结果不受影响，故这一简化是可行的，然而，这种简化会影响收敛速度，需要适当地选择亚松弛因子来改善收敛速度，这一点在之后将进行分析。

现在使修正速度 u_i^{**} 满足离散连续性方程，即：

$$D(\rho\boldsymbol{v})^*+D(\rho\boldsymbol{v}')=0 \tag{7.75}$$

通过表达式(7.74)表示 u_i'和 p'，得到了压力修正方程：

$$D(\rho(A_\mathrm{D})^{-1}G(p'))=D(\rho\boldsymbol{v})^* \tag{7.76}$$

这个方程的形式与上一节的公式(7.57)相同，下面将进一步讨论其相似性和不同点。

这种方法本质上是由前一节所述方法演化而得，即先构造一个不满足连续性方程的速度场，然后通过与其他参量相减(通常是压力梯度)进行修正，称其为投影法。从矢量角度看，压力通过连续性约束作为一个算子，将发散的速度向量场投影到非发散的速度向量场中(见 Kim and Moin 1985)。压力修正之后，通过公式(7.74)和(7.72)得到新的速度与压力并用来表示迭代次数为 m 时的解，之后可继续进行迭代，这便为 SIMPLE 算法，即由引入压力的半隐式方程(Semi-Implicit Method for Pressure-Linked Equations)，之后我们将讨论其性质。

通过用相邻求解值的加权平均值来近似节点处的校正速度 u_i'，如：

$$u'_{i,\mathrm{P}}\approx\frac{\sum_k A_k u'_{i,k}}{\sum_k A_k}\Rightarrow\sum_k A_k u'_{i,k}\approx u'_{i,\mathrm{P}}\sum_k A_k \tag{7.77}$$

通过方程(7.69)与(7.71)相减，可以得到 $A_\mathrm{OD}u_i'$：

$$A_\mathrm{D}u_i'+A_\mathrm{OD}u_i'=-G_i(p') \tag{7.78}$$

使用公式(7.77)对上式进行简化，得到(这种简化比忽略左边的第二项要简单得多，就像在 SIMPLE 中做的那样)：

$$u_i'=-(A_\mathrm{D}+_\mathrm{D})^{-1}G_i(p') \tag{7.79}$$

这种简化方式比 SIMPLE 中忽略左边第二项要更加简单，其中$_\mathrm{D}$ 表示非对角矩阵元素的和，见式(7.77)。

值得注意的是，当采用 FV 方法时，对流和扩散通量对对角线矩阵元素贡献等于对非对角线矩阵元贡献的和的负值，详见第 8.1 节。由此条件得上式中 $A_\mathrm{D}=\widetilde{A}_\mathrm{D}$，优势在于，在处理瞬态问题时，非稳态项主要影响 A_D，当稳态问题解决时，则除以一个小于 1 的亚松弛因子，因此，A_D 是正的，并且总是大于 $\widetilde{A}_\mathrm{D}$ 中非对角元素的和，然而，等式(7.79)中的 $A_\mathrm{D}+_\mathrm{D}$ 比 SIMPLE 相应表达式中的 A_D 要小得多，见等式(7.74)，这是因为此方法压力校正梯度会乘此项的倒数值，故当两种方法速度校正相同时，此方法(称为 SIMPLEC)的压力校正会比 SIMPLE 方法小，这也是为什么 SIMPLE 方法需要对压力校正引入亚松弛因子(由于推导过程的简化而被过度预测)。

下一步是使校正后的速度满足连续性方程，得到与等式(7.76)相同形式的压力校正方程，只不过 A_D 被 $A_\mathrm{D}+_\mathrm{D}$ 所代替，称其为 SIMPLEC 算法(SIMPLE-修正)(Van Doormal 和 Raithby 1984)。

该类型的另一种方法是将 SIMPLE 方法结果作为预测，之后再进行一系列校正，我们只需通过增加一个星号来表示速度和压力的进一步修正,在使用 SIMPLE 方法后的第一次修正中,使速度和压力满足下式动量方程:

$$A_{\mathrm{D}}u_i^{***}+A_{\mathrm{OD}}u_i^{**}=Q-G_i(p^{**}) \tag{7.80}$$

将方程(7.80)与方程(7.73)相减,得到第一个速度和压力修正关系式为:

$$A_{\mathrm{D}}u_i''+A_{\mathrm{OD}}u_i'=-G_i(p'')\Rightarrow u_i''=-(A_{\mathrm{D}})^{-1}(A_{\mathrm{OD}}u_i'+G_i(p'')) \tag{7.81}$$

其中,这里的 u_i'可以从上一步中得到。此外,使 u_i^{***} 满足连续性方程,即:

$$D(\rho \boldsymbol{v})^{**}+D(\rho \boldsymbol{v}'')=0 \tag{7.82}$$

由表达式(7.81),将 u_i''可通过 p''表示,并且 u_i^{***} 已经满足连续性方程,则得到了第二个压力修正方程:

$$D(\rho(A_{\mathrm{D}})^{-1}G(p''))=D(\rho(A_{\mathrm{D}})^{-1}A_{\mathrm{OD}}u_i') \tag{7.83}$$

此过程可以通过在等式(7.80)中每个项上再加一个星号来继续。

注意,当每一步的压力校正方程都有相同的系数矩阵,且可以在一些求解器中使用(矩阵的因式分解可以存储和重用),此过程被称为 PISO 算法,除了 SIMPLE 或 SIMPLEC 外,一些商业和开放的 CFD 软件也提供了这种算法,通常进行 3-5 个校正步骤。

Patankar 于 1980 提出了另一种类似的计算方法,并称为 SIMPLER 的方法。其中,首先求解压力校正式(7.76),速度修正与 SIMPLE 相同,新压力场是通过对公式(7.69)取散度得到的压力方程计算的,该算法没有得到广泛应用,因为它相比之前介绍的算法优点较少。

如前所述,由于忽略了非对角项速度修正的影响,SIMPLE 算法不会迅速收敛,实际上,除非时间步长非常小,否则用计算得到的压力修正和上面给出的方程修正压力和速度根本不可能收敛,特别是使用无限时间步长计算的稳态流,其收敛性在很大程度上取决于动量方程中亚松弛因子的值。但通过试验发现,若按如下方式解出压力校正方程之后,并只将 p'的一部分加在 p^{m-1} 上,即与表达式(7.72)相反,则收敛性将得到改善:

$$p^m=p^{m-1}+\alpha_p p' \tag{7.84}$$

其中,$0\leqslant\alpha_p\leqslant1$,SIMPLEC、SIMPLER 和 PISO 算法不需要对笛卡尔网格上的压力校正进行亚松弛处理,下一章中,我们将指出,由于对与网格非正交性有关的项所采用的延迟校正方法,非正交网格上的压力校正方程的离散和求解可能需要亚松弛。

使 SIMPLE 和 SIMPLEC 速度修正相同,可以得到速度亚松弛因子与压力的最佳关系如下,因为后者对相邻速度修正进行了近似而不是直接忽略(见式(7.79)(7.74)):

$$-\frac{1}{A_{\mathrm{P}}}\left(\frac{\delta p'}{\delta x_i}\right)_{\mathrm{P}}^{\mathrm{SIMPLE}}=-\frac{1}{A_{\mathrm{P}}+\sum_k A_k}\left(\frac{\delta p'}{\delta x_i}\right)_{\mathrm{P}}^{\mathrm{SIMPLEC}} \tag{7.85}$$

此表达式也可写为:

$$\left(\frac{\delta p'}{\delta x_i}\right)_{\mathrm{P}}^{\mathrm{SIMPLEC}}=\frac{A_{\mathrm{P}}+\sum_k A_k}{A_{\mathrm{P}}}\left(\frac{\delta p'}{\delta x_i}\right)_{\mathrm{P}}^{\mathrm{SIMPLE}} \tag{7.86}$$

最佳亚松弛对稳态问题至关重要,在没有源项的情况下,可以通过 5.4.3 节中公式 7.86 得出 A_{P} 的如下关系式:

$$A_{\mathrm{P}}=\frac{-\sum_k A_k}{\alpha_u} \tag{7.87}$$

将公式(7.87)代入(7.86)中得:

$$\left(\frac{\delta p'}{\delta x_i}\right)_P^{\text{SIMPLEC}} = (1-\alpha_u)\left(\frac{\delta p'}{\delta x_i}\right)_P^{\text{SIMPLE}} \tag{7.88}$$

即压力修正得结果乘以因子 α_p：

$$\alpha_p = 1-\alpha_u \tag{7.89}$$

为获得与 SIMPLEC 相同的速度修正，将在 8.4 节中举例说明速度和压力的亚松弛因子对 SIMPLE 计算效率的影响。

至此，如图 7.6，此类方法算法过程可以总结如下：

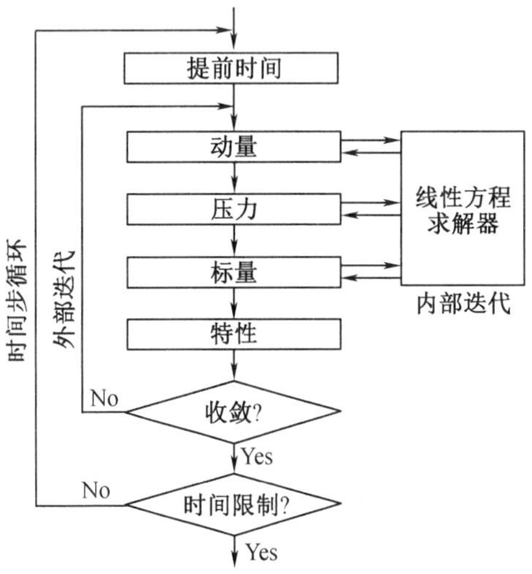

图 7.6　算法流程图

1. 使用最新解 u_i^n 和 p^n 作为 u_i^{n+1} 和 p^{n+1} 的初始估计值并在新的时间步 t^{n+1} 开始计算。

2. 用外部迭代循环进行 m 次迭代。

3. 求解速度分量（动量方程）线性代数方程组，得到 u_i^*。

4. 联立求解压力修正方程，得到 p'。

5. 对速度和压力进行修正，得到满足连续性方程的速度场 u_i^{**} 和新的压力 p^*，对于 SIMPLE 和 SIMPLEC 方法，其为计算最终结果。对于 SIMPLER 方法，仅速度为最终结果。对于 PISO 算法，需求解第二个压力校正方程，并再次对速度和压力进行校正，重复此操作，直到前后两次修正插值足够小，然后进行下一个时间步计算。对于 SIMPLER 方法，由计算出的 u_i^m 求解方程得到 p^m。

6. 如果需要求解额外的输运方程（例如，温度、相、湍流量等）则在此步骤中进行；校正后的质量流量，速度和压力在其所需位置使用。

7. 若流体物性是变化的，可以使用网格中心的变量值重新计算。

8. 回到步骤 2，使用 u_i^m 和 p^m 作为 u_i^{n+1} 和 p^{n+1} 的修正值并重复之前的步骤，直到修正误差小于一定值。

9. 最后，进入下一时间步进行求解计算。

此类方法用于解决稳态问题相当有效，多重网格可进一步提高它们的收敛性（见第 12 章）。还有许多基于该方法思想上的其他求解方法，在此不一一列举，下面将说明人工压缩性方法也可以用类似的方式解释。

SIMPLE 方法及类似方法的特点是很容易扩展到求解附加的输运方程,如第 6 步所述,此外,流体物性变化时也很容易处理,即在一次外部迭代中,假定流体物性为常数,并在循环结束所有变量更新时重新计算。如图 7.6 所示,外部迭代循环可以进行扩展,以更新非线性或延迟修正,求解额外的方程。上一节中描述的隐式迭代分步方法也是如此,本质上都遵循相同的流程图。

通过将上述方法与前一节中介绍的分步长方法进行比较,可以看出它们非常类似于后者的隐式版本,区别在于,SIMPLE 及类似方法在推导压力修正方程时,不仅在非定常项(分数阶方法)更新了新的速度,而且在离散化对流和扩散通量的对角线部分也更新了新的速度。计算非定常流动时,当时间步长较小时,这种差异并不明显,但如果时间步长较大则差异比较显著,下一节将详细地研究这个问题。

7.2.2.1 SIMPLE 方法与隐式分步法比较

方程(7.57)和(7.65)表明,当时间步长趋于无穷大时,压力修正的泊松方程中的源项趋于零,这表明当缺少非定常项或时间步长过大时,给定形式的分步法不能用于求解稳态问题。

如果用 SIMPLE 方法及类似方法来检查压力校正方程则不会有上述问题,这一点可以通过比较两种方法的单个网格点的压力校正方程进行说明,对于 SIMPLE 方法,由公式(7.76):

$$\frac{\delta}{\delta x_i}\left(\frac{\rho}{A_{\mathrm{P}}}\frac{\delta p'}{\delta x_i}\right)=\frac{\delta(\rho u_i^*)}{\delta x_i} \tag{7.90}$$

假设$\frac{\rho}{A_p}$在网格节点附近空间上为定值,(这通常不正确,但对于目前的目的也是一个合理的假设)则上式改写为:

$$\frac{\delta}{\delta x_i}\left(\frac{\delta p'}{\delta x_i}\right)=\frac{A_{\mathrm{P}}}{\rho}\frac{\delta(\rho u_i^*)}{\delta x_i} \tag{7.91}$$

对于分步长法,由等式(7.65)可知:

$$\frac{\delta}{\delta x_i}\left(\frac{\delta p'}{\delta x_i}\right)=\frac{3}{2\Delta t}\frac{\delta(\rho u_i^*)}{\delta x_i} \tag{7.92}$$

对与上两式,如果$\frac{3}{2\Delta t}=\frac{A_{\mathrm{P}}}{\rho}$,则这两个方程将本质上是相同的。

对 A_p 进行分析,由等式(7.68)可知其肯定包含$\frac{3\rho}{2\Delta t}$,同时还有离散化的对流项和黏性项,分别是$\rho u_i/\Delta x$ 和$\mu/(\Delta x)^2$。可以证明,对于不可压缩流动和所有守恒格式,A_p 等同于 $-\sum_k A_k$,其中 A_k 是离散化和线性化动量方程矩阵的非对角线元素(见公式(8.20))。因此,有:

$$A_{\mathrm{P}}=\frac{3\rho}{2\Delta t}-\sum_k A_k \tag{7.93}$$

右侧求和项覆盖了节点 p 计算单元中所包含的所有相邻网格点,显然,如果在 SIMPLE 方法中忽略了对流和扩散项的贡献,它就变成了前一节中描述的隐式分步长法,因为两种方法速度修正是相同的,如下所示:

$$u_i' = -\frac{2\Delta t}{3\rho}\frac{\delta p'}{\delta x_i}(\text{IFSM}) \tag{7.94}$$

$$u_i' = -\frac{1}{A_P}\frac{\delta p'}{\delta x_i}(\text{SIMPLE}) \tag{7.95}$$

当时间步长很小时，相邻系数对 A_p 的贡献相对于$\frac{\rho}{\Delta t}$较小，因此可以预计瞬态 SIMPLE 方法和隐式分步长迭代法是相似的。但时间步长较大时，由于压力修正方程矩阵的对角线单元存在亚松弛和在 SIMPLE 中对流和扩散通量对压力修正方程矩阵对角线元素的贡献，导致 SIMPLE 方法与分步长方法存在差异，本书第 8.4 节中将比较了两种方法在定常和非定常流动中的表现。

7.2.2.2 SIMPLE 方法亚松弛因子与时间步进

当用类似简单的方法计算定常流动时，通常会去掉非定常项，从而假定时间步长为无穷大。然而，如第 5.4.3 节所述，如果不调整亚松弛因子则该方法无效，用亚松弛法求解定常问题所得到的代数方程组与用隐式欧拉格式求解非定常方程所得到的代数方程组很相似。亚松弛法和隐式时间离散化都会导致额外的源项及对 A_p 项的额外贡献。

如果使方程(7.93)中给出的时间推进格式的对角线系数与亚松弛稳态计算中的对角线系数相等，我们得到以下关系式：

$$\frac{\rho}{\Delta t} - \sum_k A_k = -\frac{\sum_k A_k}{\alpha_u} \tag{7.96}$$

其中，k 范围为所计算网格中心到相邻的网格中心。从这个方程中我们可以导出等效时间步长的表达式，其为亚松弛因子 α_u 的函数，由此得出两种计算方法的等价公式：

$$\Delta t = \frac{\rho\alpha_u}{-(1-\alpha_u)\sum_k A_k} \text{ or } \alpha_u = \frac{-\Delta t\sum_k A_k}{-\Delta t\sum_k A_k + \rho} \tag{7.97}$$

上述表达式是使用 FD 方法推导出来的，若用 FV 方法，只需用 ρv 代替 ρ，其中 v 是网格体积。

在新时间步的迭代中，初始值通常为前一步的解，如果只关注最终稳定后的计算结果，而不注重计算过程，每个时间步进行一次迭代即可，这样就不必存储旧的解。

时间推进与亚松弛的主要区别在于，时间推进中对所有网格节点使用相同的时间步长，相当于使用一个可变的亚松弛因子，相反，亚松弛因子为定值相当于对每个网格点使用不同的时间步长。

需要注意的是，如果每个时间步只进行一次迭代，则该格式不能保持隐式欧拉方法的稳定性，因此，该方法所使用的时间步长是有限制的。另一方面，当在稳态计算中使用亚松弛与外迭代时，参数 α_u 的必须小于 1，一般取值范围在 0.7 到 0.9 之间，这取决于实际求解问题和网格质量(对于质量较差的网格和刚性问题，值较低)。

本书比较了 SIMPLE 算法在时间步进和亚松弛方式下的操作，同样，针对 7.2.1 节中给出的隐式分步迭代法，也可在 SIMPLE 方法中和亚松弛模式进行比较。选择合适的时间步长和亚松弛因子时它们的计算方式可能或多或少会有所相同。

需要注意的是，即使在计算非定常流动时，SIMPLE 及类似方法也通常保留一点亚松

弛,即对角矩阵元总是具有以下形式:

$$A_P = \frac{\frac{\rho}{\Delta_t} - \sum_k A_k}{\alpha_u} \tag{7.98}$$

在没有亚松弛的情况下,当非线性和耦合效应很强时(例如,使用雷诺平均 Navier-Stokes 方程和湍流模型耦合计算的湍流流动),该方法将受到时间步长大小的限制,因为外部迭代是在一个时间步内进行的,所以始终保持一定的亚松弛更安全,只有当时间步长非常小时,亚松弛因子才能设置为 1。

7.2.3 人工可压缩方法

可压缩流动是流体力学的一个重要领域。特别是在空气动力学和涡轮发动机设计中,它的应用主要研究集中在可压缩流动方程数值求解方法的开发上。目前已经被开发出来许多求解方法。那么就会有一个显著的问题:它们能否适用于不可压缩流动的求解。我们在这节展示了这些方法如何适应于不可压缩流,并给出了人工压缩方法的一些关键性质的描述。另请参阅 Kwak 和 Kiris (2011,Chap. 4)对该方法的深入讨论以及 Louda 等(2008)最近使用雷诺平均 Navier-Stokes 方程对湍流流动的应用。

可压缩流动方程与不可压缩流动方程的主要区别在于它们的数学性质。可压缩流动方程是双曲型的,这意味着它们具有信号以有限传播速度传播的真实特征;这反映了可压缩流体能够支持声波的特性。相比之下,我们可以看到不可压方程具有混合的抛物-椭圆性质。如果要用可压缩流动的方法来计算不可压缩流动,就需要修改方程的性质。

这种性质上的差异可以追溯到不可压缩连续方程中时间导数项的缺失。可压缩方程包含了密度的时间导数。因此,要赋予不可压缩方程双曲性质,最直接的方法就是在连续性方程中添加一个时间导数。因为密度是常数,所以不能使用$\partial\rho/\partial t$,即使用可压缩方程。速度分量的时间导数会出现在动量方程中,所以选择它们也不是合理的,因此应该选择压强的时间导数。

在连续性方程中加入压力的时间导数意味着我们不再求解真正不可压缩流动的方程。因此,生成的时间历程是不准确的,所以人工压缩性方法对非定常不可压缩流动的适用性是一个值得怀疑的问题。但另一方面,在收敛时,时间导数为零,解满足不可压缩方程组。该方法最早由 Chorin (1967)提出,并在文献中提出了许多版本,这些版本主要区别于所使用的基本可压缩流方法。如前所述,其基本思想是在连续性方程中加入压力的时间导数:

$$\frac{1}{\beta}\frac{\partial p}{\partial t} + \nabla \cdot (\rho v) = 0 \tag{7.99}$$

其中β是人工压缩性参数,它的取值对该方法的性能至关重要。显然,β值越大,方程不可压缩性越强,但较大的β会导致方程在数值求解过程中刚性较大。我们只考虑了常密度的情况,实际上该方法可以用于变密度流动。

对于这些方程的求解,有多种方法。事实上,由于每个方程现在都包含一个时间导数,因此求解这些方程的方法可以仿照第 6 章给出的求解常微分方程的方法。由于人工压缩方法主要针对定常流动,因此隐式方法是更适合的。还有一个重要的问题,是否可以避免在可压缩流动中的主要困难,即从亚音速流动到超音速流动的过渡,以及是否可以避免激波的存在。求解二维或三维问题最佳选择是隐式方法,它不需要在每个时间步求解一个完整的二维或三维问题,这意味着交替方向隐式(ADI)法或近似分解方法是最佳选择。下面给出了一个利用人工可压缩性推导压力方程的方案实例。

最简单的方案在时间上采用一阶显式离散,它可以实现压力的逐点计算,但对时间步长的大小有严格的限制。由于压力的时间变化并不重要,我们的目的是尽快得到稳态解,因此可以采用全隐式欧拉法。将该方法与前文描述的方法联系起来,我们可以注意到利用旧压力求解动量方程得到的中间速度场 v^* 不满足不可压缩连续方程,需要对其进行修正。速度修正需要与压力修正联系起来。修正量定义为:

$$\boldsymbol{v}^{n+1}=\boldsymbol{v}^*+\boldsymbol{v}' \text{ and } p^{n+1}=p^n+p' \tag{7.100}$$

从动量方程可以看出,速度修正必须与压力梯度成正比;分步方法和 SIMPLE-like 方法都推导出了合适的关系式,我们采用 SIMPLE 方法的定义,见式(7.74):

$$\boldsymbol{v}'=-(A_{\mathrm{D}})^{-1}G(p') \tag{7.101}$$

其中,A_{D} 为离散动量方程系数矩阵的对角部分,G 为离散梯度算子。通过引入上述两个方程中的定义,修正的连续性方程(7.99)的离散化形式可以写为:

$$\frac{p'}{\beta\Delta t}-D[\rho(A_{\mathrm{D}})^{-1}G(p')]=-D(\rho\boldsymbol{v}^*) \tag{7.102}$$

其中 D 表示离散散度算子。

该方程除左端第一项外,与 SIMPLE 方法的压力修正方程(7.76)相同。它在压力修正方程的对角矩阵元素中引入一个额外的贡献,从而充当亚松弛(关于这种亚松弛的更多细节,见第 5.4.3 节)。由于这个附加项的存在,新时间节点 v^{n+1} 处的修正速度也将不满足不可压缩连续性方程;然而,当我们接近稳态时,所有的修正都趋于零,因此将满足正确的方程。

由此可见,迄今为止提出的所有压力计算方法,虽然路线略有不同,但都归结为相同的基本方法。同样重要的是,括号内的压力导数以与动量方程相同的方式近似,而括号外导数是来自连续性方程的导数。

基于人工压缩性的方法收敛的关键因素是参数 β 的选择。最优值是取决于问题的,尽管有些作者提出了自动选择最优值的方法。如果值非常大,则需要修正速度场以满足不可压缩连续性方程。在上述的方法中,这对应于无亚松弛压力修正的 SIMPLE 格式,且该过程只对小的 Δt 收敛。然而,如果像 SIMPLE 那样只在压力中加入一部分 p',则可以使用无穷大的 β。事实上,SIMPLE 算法可以看作使用无穷 β 的人工压缩方法的一种特殊形式。

可以通过查看压力波的传播速度来确定所允许的 β 最小值。伪声速为:

$$c=\sqrt{v^2+\beta}$$

通过要求压力波传播比涡量传播快得多,对于简单的通道流(参见 Kwak 等人(1986))可以推导出以下判据:

$$\beta\gg\left[1+\frac{4}{\mathrm{Re}}\left(\frac{x_{\mathrm{ref}}}{x_\delta}\right)^2\left(\frac{x_L}{x_{\mathrm{ref}}}\right)\right]^2-1$$

其中 x_L 为进出口距离,x_δ 为两壁面距离的一半,x_{ref} 为参考长度。基于人工压缩性的各种方法所采用的 β 典型值在 0.1~10 之间。

显然,如果校正后的速度场能严格满足连续性方程,则 $1/(\beta\Delta t)$ 应小于式(7.102)中第二项的系数。如果想要求解快速收敛,这也是必要的。对于某些迭代求解方法(例如在并行处理中使用区域分解技术或在复杂几何中使用块结构网格),发现将压力修正方程在SIMPLE算法中的AP系数除以小于1的因子(0.95~0.99),可以等价于$1/(\beta\Delta t)\approx(0.01\sim0.05)AP$的人工压缩性方法。

7.2.4 流函数-涡量法

对于具有常数流体性质的不可压缩二维流动,可以通过引入流函数ψ和涡量ω作为因变量简化Navier-Stokes方程。这两个量是根据笛卡尔坐标系(二维)中的速度分量定义的:

$$\frac{\partial\psi}{\partial y}=u_x$$

$$\frac{\partial\psi}{\partial x}=-u_y \tag{7.103}$$

以及

$$\omega=\frac{\partial u_y}{\partial x}-\frac{\partial u_x}{\partial y} \tag{7.104}$$

将变量ψ命名为流线(处处都是与流平行的线)。涡度与旋转运动有关;式(7.104)是适用于三维的更一般定义的特殊情况:

$$\omega=\nabla\times v \tag{7.105}$$

在二维流动中,涡量矢量与流动平面正交,方程(7.105)退化为方程(7.104)。对于ρ、μ和g为常数的流动,连续性方程恒成立,引入流函数后可以不需要进行显式处理。将方程(7.103)代入涡度(7.104)的定义,得到一个连接流函数和涡度的运动学方程:

$$\frac{\partial^2\psi}{\partial x^2}+\frac{\partial^2\psi}{\partial y^2}=-\omega \tag{7.106}$$

最后,通过分别对x和y动量方程关于y和x求导,并相互减去得到涡量的动力学方程得到:

$$\rho\frac{\partial\omega}{\partial t}+\rho u_x\frac{\partial\omega}{\partial x}+\rho u_y\frac{\partial\omega}{\partial y}=\mu\left(\frac{\partial^2\omega}{\partial x^2}+\frac{\partial^2\omega}{\partial y^2}\right) \tag{7.107}$$

压力作为因变量已被消除,因此在这两个方程中都没有出现。这说明Navier-Stokes方程已经被仅仅两个偏微分方程的集合所代替,而不是有关速度分量和压力的三个偏微分方程。这种因变量和方程数量的减少正是这种方法的吸引力所在。

这两个方程通过涡度方程中u_x和u_y(它们是ψ的导数)的出现以及作为ψ的泊松方程中源项的涡度ω进行耦合。速度分量通过对流函数进行微分得到。如果需要,还可以通过求解泊松方程得到压力,如7.1.5.1节所述。

下面给出这些方程的一种求解方法。首先,给定一个初始速度场,通过微分计算涡量。然后利用动力涡度方程计算新时间步的涡度;任何标准的时间推进方法都可以达到这个目的。有了涡量,就可以通过求解泊松方程来计算新时间步的流函数;可以使用任何迭代格式的椭圆方程。最后,有了流函数就很容易通过微分得到速度分量,可以开始下一个时间步的计算。

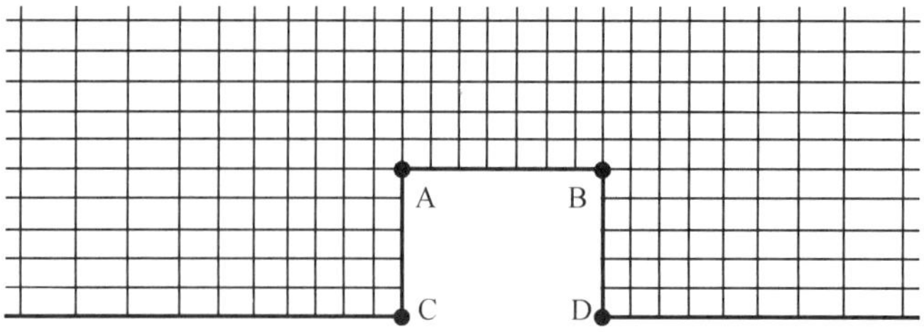

图 7.7　利用有限差分网格计算肋片上的流动,图中突出的角 A 和 B 需要特殊处理以确定涡量的边界值

由于流动是平行的,所以固体边界和对称面都是流函数为常数的曲面。只有在速度已知的情况下,才能计算这些边界处流函数的值。因此这种方法可能在于边界条件中出现问题,特别是在复杂的几何结构中。更困难的问题是,边界处的涡量及其导数通常是事先不知道的。例如,壁面处的涡量等于 $\omega_{wall}=-\tau_{wall}/\mu$ 其中 τ_{wall} 为壁面切应力,在通常是我们需要确定的量。涡量的边界值可以在流函数在边界方向上使用单向有限差分的微分来计算,参见 Spotz and Carey(1995)或 Spotz(1998)。但这种方法通常会降低收敛速度。

Calhoun(2002)针对边界高度不规则的问题提出了新的分步方法。她采用了嵌入式(又名浸没式)边界法。当 Calhoun 处理其域内的一般形状的物体时,涡量在边界的尖角处是奇异的,在处理它们时需要特别小心。例如,在图 7.7 中标记为 A 和 B 的角落,$\partial u_y/\partial x$ 和 $\partial u_x/\partial y$ 的导数是不连续的,这意味着涡度 ω 在那里也是不连续的,不能用上述的方法计算。一些作者将涡度从内部外推到边界,但这也没有给出 A 和 B 处的唯一结果。可以推导出拐角附近涡量的解析行为,并用它来修正解,但每个特殊情况必须分别处理所以,这通常是很困难的。避免大误差(可能向下传递)的一种更简单高效的方法是对网格进行局部加密。

涡度-流函数法在二维不可压缩流动中有着广泛的应用。由于其向三维流的扩展难度较大,近年来变得不太流行(但这是可行的;参见 Weinan 和 Liu (1997)非交错网格上的涡量-矢量势法;Wakashima 和 Saitoh(2004))。涡量和流函数在三维中都是三分量矢量,因此有一个由六个偏微分方程组成的系统来代替速度-压力公式中所必需的四个偏微分方程。三维格式同样拥有上述二维流动在处理变流体性质、可压缩性和边界条件等方面的困难。

第 8 章　Navier-Stokes 方程的解：第二部分

前文已描述了输运方程中各项的离散化方法。不可压缩流动中压力和速度分量的联系已有证明，并给出了几种求解方法，由此可以设计出许多其他求解 Navier-Stokes 方程的方法，其中的许多方法与前文描述过的方法有相似之处。熟悉这些方法可以更好地理解其他的方法。

下面详细介绍一些更具有代表性的方法。首先，对压力校正方程和交错网格的隐式方法（SIMPLE 法和隐式分步迭代法）进行详细的描述，其可以直接转换为计算机代码。书中相应的代码和许多注释都指向相应的方程，可通过互联网进行查找，详情见附录。同样，也会介绍一些同位网格的处理方法。最后，我们讨论了在交错网格和同位网格上实现分步方法的一些附加问题，并将对定常和非定常流模拟举例。

8.1　交错网格上的隐式迭代法

在本节中，我们将介绍两种在交错二维笛卡尔网格上使用压力修正计算方法的隐式有限体积方案。一种是基于 SIMPLE 的算法，另一种基于分步法；通常将后者称为“隐式分步法”（IFSM）。它们可以用来计算定常和非定常流。下一章将介绍复杂几何形状的求解方法。

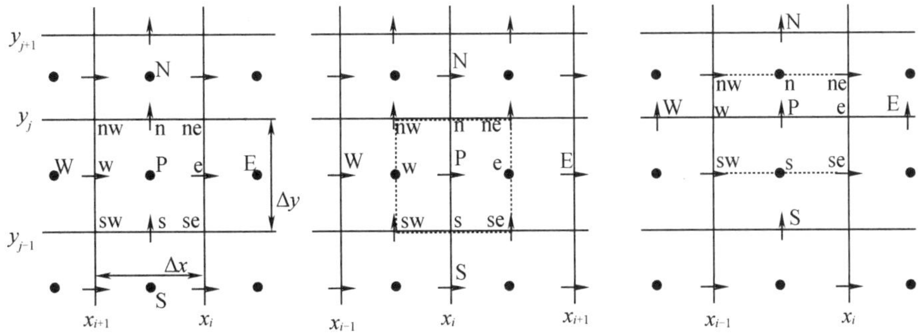

图 8.1　交错网格的控制体：质量守恒和标量守恒（左），*x* 动量（中心）和 *y* 动量（右）

积分形式的 Navier-Stokes 方程：

$$\int_S \rho \boldsymbol{v} \cdot \boldsymbol{n} \mathrm{d}S = 0 \tag{8.1}$$

$$\frac{\partial}{\partial t}\int_V \rho u_i \mathrm{d}V + \int_S \rho u_i \boldsymbol{v} \cdot \boldsymbol{n} \mathrm{d}S = \int_S \tau_{ij} \boldsymbol{i}_j \cdot \boldsymbol{n} \mathrm{d}S - \int_S p \boldsymbol{i}_i \cdot \boldsymbol{n} \mathrm{d}S + \int_V (\rho - \rho_0) g_i \mathrm{d}V \tag{8.2}$$

为方便起见，假设浮力是唯一的体积力。宏观动量通量矢量 t_i（见公式(1.18)）分为黏性贡献项 $\pi_{ij} i_j$ 和压力贡献项 $p i_i$。除浮力项外，假设密度是常数且使用 Boussinesq 近似，平均重力被纳入压力项中，如 1.4 节所示。

典型的交错控制体如图 8.1 所示。u_x 和 u_y 的控制体相对于连续性方程的控制体有所偏移，对于非均匀网格，速度节点不在其控制体的中心。单元网格面“e”和“w”对应 u_x，面“n”和“s”对应 u_y，其位于节点的中间。为方便起见，有时会用 u 代替 u_x，v 代替 u_y。

SIMPLE 和 IFSM 的大部分离散化和求解算法是相同的，差异仅限于它们的压力校正方程。我们使用第 6.2.4 节中描述的二阶隐式三时间层格式进行时间积分，这就导致了以下非稳定项的近似值：

$$\left[\frac{\partial}{\partial t}\int_{v}\rho u_i \mathrm{d}V\right]_{\mathrm{P}} \approx \frac{\rho\Delta V}{2\Delta t}(3u_i^{n+1} - 4u_i^{n} + u_i^{n-1})_{\mathrm{P}} = A_{\mathrm{P}}^{t} u_{i,P}^{n+1} - Q_{ui}^{t}$$

其中：

$$A_{\mathrm{P}}^{t} = \frac{3\rho\Delta V}{2\Delta t} \text{ and } Q_{u_i}^{t} = \frac{\rho\Delta V}{2\Delta t}(4u_i^{n} - u_i^{n-1})_{\mathrm{P}} \tag{8.3}$$

现在，省略上标 $n+1$；若无其他说明，所有项都以 t_{n+1} 计算。由于该方案是隐式的，因此方程需要迭代求解。如果时间步长与显式方法中的时间步长一样小，那么每个时间步长进行一到两次迭代就足够了。对于缓慢瞬变流，可能需要更大的时间步长，每个时间步长需要更多的迭代。如前所述，这些迭代被称为外部迭代，以区别于用来求解线性方程的内部迭代，如压力-校正方程。假设第五章中描述的求解器之一用于后者，并集中于外部迭代。

现在考虑对流和扩散通量的近似和源项，曲面积分可以分解为四个 CV 面积分。重点关注 CV 的“e”面，其他的面也用同样的方式处理。采用第 4 章中介绍的二阶中心差分近似，通量的近似方法是用 CV 面中心的一个量的值代表整个面的平均值（中心近似）。在第 m 次外部迭代中，所有的非线性项都由一个“旧”值（来自前一个外部迭代）和一个“新”值的乘积来近似。因此，在离散动量方程时，通过每个 CV 面的质量通量是使用现有的速度场进行评估的，并且假设是已知的：

$$\dot{m}_{\mathrm{e}}^{m} = \int_{S_{\mathrm{e}}} \rho v \cdot n dS \approx (\rho u)_{\mathrm{e}}^{m-1} S_{\mathrm{e}} \tag{8.4}$$

这种线性化本质上是 Picard 迭代的第一步，隐式格式的其他线性化已在第五章中描述。除非特别说明，本节其余部分中的所有变量都属于第 m 次外部迭代。质量通量(8.4)满足“标量”CV 上的连续性方程，见图 8.1。动量 CV 面的质量通量需通过插值得到；理想情况下，这些通量将保证动量 CV 的质量守恒，但这只能保证插值的准确性。另一种可能是使用标量 CV 面的质量通量。由于 u-CV 的东、西两面位于标量 CV 面之间，因此质量通量可由下式计算得到：

$$\dot{m}_{\mathrm{e}}^{u} = \frac{1}{2}(\dot{m}_{\mathrm{P}} + \dot{m}_{\mathrm{E}})^{u}$$

$$\dot{m}_{\mathrm{w}}^{u} = \frac{1}{2}(\dot{m}_{\mathrm{W}} + \dot{m}_{\mathrm{P}})^{u} \tag{8.5}$$

通过 u-CV 的上下两面的质量通量可以近似为两个标量 CV 面质量通量和的一半：

$$\dot{m}_{n}^{u} = \frac{1}{2}(\dot{m}_{\mathrm{ne}} + \dot{m}_{\mathrm{nw}})^{u}$$

$$m_{\mathrm{s}}^{u} = \frac{1}{2}(\dot{m}_{\mathrm{se}} + \dot{m}_{\mathrm{sw}})^{u} \tag{8.6}$$

上标 u 表示索引为 u-CV，见图 8.1。因此，u-CV 的四个质量通量的和是进入两个相邻标量 CV 的质量通量的和的一半。因此，它们满足双标量 CV 的连续性方程，通过 u-CV 面的质量通量也是守恒的。这个结果同样适用于 v-动量,但必须确保通过动量 CV 的质量通量满足连续性方程,否则动量不守恒。u_i 动量通过 u_i-CV 面的"e"面的对流通量为(见第4.2节和公式(8.4):

$$F_{i,\mathrm{e}}^c=\int_S \rho u_i \boldsymbol{v}\cdot\boldsymbol{n}\mathrm{d}S \approx \dot{m}_\mathrm{e} u_{i,\mathrm{e}} \tag{8.7}$$

尽管最好需要采用具有相同精度的近似值,但在此表达式中使用的 u_i 的 CV 面的值不一定是用于计算质量通量的值。线性插值是最简单的二阶近似方法,详见第4.4.2节,虽然不涉及差分,但我们称之为中心差分格式(CDS),这是因为在均匀网格上,它会得到与 CDS 有限差分方法相同的代数方程。一些迭代求解器应用于由对流通量的中心差分近似推导出的代数方程组时不再收敛。这是因为矩阵可能不是对角占优的,这些方程最好使用5.6节中描述的延迟修正方法求解。在这种方法中,通量表示为:

$$F_{i,\mathrm{e}}^c=\dot{m}_\mathrm{e} u_{i,\mathrm{e}}^{\mathrm{UDS}}+\dot{m}_\mathrm{e}(u_{i,e}^{\mathrm{CDS}}-u_{i,e}^{\mathrm{UDS}})^{m-1} \tag{8.8}$$

其中,上标 CDS 和 UDS 分别表示中心差分和迎风差分的近似(见第二节4.4)。括号中的项使用前一次迭代中的值进行计算,而矩阵则使用 UDS 近似计算。在收敛时,UDS 的贡献抵消,只剩余 CDS 方法。这一过程通常以近似于纯迎风近似的速率收敛。这两种方案也可以混合使用,通过将显式部分(公式(8.8)中括号内的项)乘以一个因子 $0\leqslant\gamma\leqslant1$ 来实现,这样可以消除在粗网格上由于中心差分而产生的振荡,但这会导致求解结果的精度降低。混合方法可以在局部位置使用,例如允许用 CDS 计算的带有激波的流动。

计算扩散通量需要先预估 CV 面 e 处的应力 τ_{xx} 和 τ_{xy}。因为 CV 面向外的单位法向量是 i,因此有:

$$F_{i,\mathrm{e}}^\mathrm{d}=\int_{S_\mathrm{e}} \tau_{ix}\mathrm{d}S \approx (\tau_{ix})_\mathrm{e} S_\mathrm{e} \tag{8.9}$$

其中,对于 u-CV,$S_\mathrm{e}=y_j-y_{j-1}=\Delta y$,对于 v-CV,$S_\mathrm{e}=\dfrac{1}{2}(y_{j+1}-y_{j-1})$。CV 面的应力需要导数的近似,中心差分近似后得到:

$$(\tau_{xx})_\mathrm{e}=2\left(\mu\frac{\partial u}{\partial x}\right)_\mathrm{e}\approx 2\mu\frac{u_\mathrm{E}-u_\mathrm{P}}{x_\mathrm{E}-x_\mathrm{P}} \tag{8.10}$$

$$(\tau_{yx})_\mathrm{e}=\mu\left(\frac{\partial v}{\partial x}+\frac{\partial u}{\partial y}\right)_\mathrm{e}\approx\mu\frac{v_\mathrm{E}-v_\mathrm{P}}{x_\mathrm{E}-x_\mathrm{P}}+\mu\frac{u_\mathrm{ne}-u_\mathrm{se}}{y_\mathrm{ne}-y_\mathrm{se}} \tag{8.11}$$

其中 τ_{xx} 在 u-CV 的"e"面计算,τ_{xy} 在 v-CV 的"e"面计算,u_{ne} 和 u_{se} 在 v-CV 上实际上是 u-速度的节点值,不需要插值。在其他的 CV 面上,我们得到了类似的表达式。对于 u-CV,需要在面 e 和 w 处近似 τ_{xx},在面 n 和 s 处近似 τ_{xy}。对于 v-CV,需要在面 e 和 w 处近似 τ_{xy},在面 n 和 s 近似 τ_{yy}。

压力项的近似值为:

u 方程:

$$Q_u^p=-\int_S p\boldsymbol{i}\cdot\boldsymbol{n}\mathrm{d}S \approx -(p_\mathrm{e}S_\mathrm{e}-p_\mathrm{w}S_\mathrm{w})^{m-1} \tag{8.12}$$

v 方程:

$$Q_v^p=-\int_S p\boldsymbol{j}\cdot\boldsymbol{n}\mathrm{d}S \approx -(p_\mathrm{n}S_\mathrm{n}-p_\mathrm{s}S_\mathrm{s})^{m-1} \tag{8.13}$$

在笛卡尔网格上,"n"和"s"的 CV 面对 u 方程没有压力项作用,"e"和"w"面对 v 方程也没有压力项作用。

如果存在浮力,则将其近似为:

$$Q_{u_i}^b = \int_V (\rho-\rho_0) g_i \mathrm{d}V \approx (\rho_P^{m-1}-\rho_0) g_i \Delta V \tag{8.14}$$

其中,对于 u-CV, $\Delta V=(x_e-x_w)(y_n-y_s)=\frac{1}{2}(x_{i+1}-x_{i-1})(y_j-y_{j-1})$。对于 v-CV, $\Delta V=\frac{1}{2}(x_i-x_{i-1})(y_{j+1}-y_{j-1})$。其他的体积力都可以用同样的方式来近似,完整的 u_i 动量方程的近似值为:

$$A_P^t u_{i,P}+F_i^c=F_i^d+Q_i^p+Q_i^b+Q_i^t \tag{8.15}$$

其中:

$$F^c=F_e^c+F_w^c+F_n^c+F_s^c \text{ and } F^d=F_e^d+F_w^d+F_n^d+F_s^d \tag{8.16}$$

如果 ρ 和 μ 是常数,部分扩散通量项通过连续性方程抵消,见第 7.1 节。(在数值近似中可能不会完全抵消,但在离散化之前删除这些项可以简化方程)。例如,在 u 方程中,e 和 w 面的 τ_{xx} 项将减少一半,而在 n 面和 s 面的 τ_{xy} 项中,$\frac{\partial v}{\partial x}$的贡献被移除。即使 ρ 和 μ 不是常数,这些项的和对 F^d 的贡献也很小。例如对于 u:

$$Q_u^d=\left[\mu_e S_e \frac{u_E-u_P}{x_E-x_P}-\mu_w S_w \frac{u_P-u_W}{x_P-x_W}+\mu_n S_n \frac{v_{ne}-v_{nw}}{x_{ne}-x_{nw}}-\mu_s S_s \frac{v_{se}-v_{sw}}{x_{se}-x_{sw}}\right]^{m-1} \tag{8.17}$$

通常从前面的 $m-1$ 次外部迭代计算,并作显式处理,只有 $F^d-Q_u^d$ 被隐式处理。这种近似可以使在同位网格上等式所隐含的矩阵(8.15)对于所有三个速度分量都是相同的。当所有通量和源项的近似值被替换为等式时(8.15),得到如下形式的代数方程:

$$A_P^u u_P+\sum_k A_k^u u_k=Q_P^u, \quad k=E,W,N,S \tag{8.18}$$

v 的方程也有相同的形式。这些系数取决于所使用的近似值;对于上述应用的 UDS 近似,u 方程的系数为:

$$A_E^u=\min(\dot{m}_e^u,0)-\frac{\mu_e S_e}{x_E-x_P}$$

$$A_W^u=\min(\dot{m}_w^u,0)-\frac{\mu_w S_w}{x_P-x_W}$$

$$A_N^u=\min(\dot{m}_n^u,0)-\frac{\mu_n S_n}{y_N-y_P}$$

$$A_S^u=\min(\dot{m}_s^u,0)-\frac{\mu_s S_s}{y_P-y_S}$$

$$A_P^u=A_P^t-\sum_k A_k^u, \quad k=E,W,N,S \tag{8.19}$$

需要指出的是,对流和扩散通量对中心系数 AP 的贡献可以表示为相邻系数的负和;当从离散通量的近似中提取这个贡献时,可以得到:

$$A_P^u=A_P^t-\sum_k A_k^u+\sum_k \dot{m}_k \tag{8.20}$$

右边的最后一项表示离散化的连续性方程,对于不可压缩流,该方程等于零,因此在公式(8.19)中省略,这对所有守恒型方案都成立。

还要指出,以节点 P 为中心的 CV 的 $\dot{m}_w$ 等于以节点 w 为中心的 CV 的 $\dot{m}_e$。源项 Q_p^u 不仅包含压力项和浮力项,还包含延迟修正和非稳定项产生的对流和扩散通量的部分,即:

$$Q_{\mathrm{P}}^u = Q_u^{\mathrm{p}} + Q_u^{\mathrm{b}} + Q_u^{\mathrm{c}} + Q_u^{\mathrm{d}} + Q_u^{\mathrm{t}} \tag{8.21}$$

其中:

$$Q_u^c = [(F_u^c)^{\mathrm{UDS}} - (F_u^c)^{\mathrm{CDS}}]^{m-1} \tag{8.22}$$

这个“对流源项”是用前一个外部迭代的速度计算的,系数为 $m-1$。v 方程中的系数用同样的方式得到,但网格位置“e”“n”等坐标不同,如图 8.1 所示。

线性化动量方程用顺序求解方法求解(见 5.4 节),使用“旧的”质量通量和来自前一次外部迭代的压力求解。这就产生了新的速度 u^* 和 v^*,但它们不一定满足连续性方程:

$$\dot{m}_{\mathrm{e}}^* + \dot{m}_{\mathrm{w}}^* + \dot{m}_{\mathrm{n}}^* + \dot{m}_{\mathrm{s}}^* = \Delta \dot{m}_{\mathrm{P}}^* \tag{8.23}$$

其中质量通量根据式(8.4)利用 u^* 和 v^* 计算,由于变量的排列是交错的,质量 CV 上的单元面速度是节点值。除非另有说明,以下指标参照本 CV,见图 8.1。在 SIMPLE 和 IFSM 方法中,离散压力修正方程的推导方法略有不同,我们首先使用 SIMPLE 算法。

8.1.1 交错网格的 SIMPLE 法

根据动量方程计算出的速度分量 u^* 和 v^* 可以表示为(式(8.18)除以 AP 得到写出压力项;质量 CV 上的指数“e”代表 u-CV 上的索引 P):

$$u_{\mathrm{e}}^* = \tilde{u}_{\mathrm{e}}^* - \frac{S_{\mathrm{e}}}{A_{\mathrm{P}}^u}(p_{\mathrm{E}} - p_{\mathrm{P}})^{m-1} \tag{8.24}$$

其中 u_{e}^* 是速记符号

$$\tilde{u}^* = \frac{Q_{\mathrm{P}}^u - Q_u^p - \sum_k A_k^u u_k^*}{A_{\mathrm{P}}} \tag{8.25}$$

类似的,v_n^* 可以表示为:

$$v_{\mathrm{n}}^* = \tilde{v}_{\mathrm{n}}^* - \frac{S_n}{A_{\mathrm{P}}^v}(p_{\mathrm{N}} - p_{\mathrm{P}})^{m-1} \tag{8.26}$$

速度 u^* 和 v^* 需要修正以强制满足质量守恒,如 7.2.2 节所述,通过校正压力,使 $\tilde{u}$ 和 $\tilde{v}$ 保持不变。修正后的速度为第 m 次外部迭代的最终值,即 $u^m = u^* + u'$ 和 $v^m = v^* + v'$,这两项需要满足线性化动量方程,进行压力修正使其满足线性化动量方程,得到:

$$u_{\mathrm{e}}^m = \tilde{u}_{\mathrm{e}}^* - \frac{S_{\mathrm{e}}}{A_{\mathrm{P}}^u}(p_{\mathrm{E}} - p_{\mathrm{P}})^m \tag{8.27}$$

$$v_{\mathrm{n}}^m = \tilde{v}_{\mathrm{n}}^* - \frac{S_n}{A_{\mathrm{P}}^v}(p_{\mathrm{N}} - p_{\mathrm{P}})^m \tag{8.28}$$

其中,$p^m = p^{m-1} + p'$是新压力。由公式(8.27)减去公式(8.24)得到速度修正与压力修正的关系:

$$u_{\mathrm{e}}' = -\frac{S_{\mathrm{e}}}{A_{\mathrm{P}}^u}(p_{\mathrm{E}}' - p_{\mathrm{P}}') = -\left(\frac{\Delta V}{A_{\mathrm{P}}^u}\frac{\delta p'}{\delta x}\right)_{\mathrm{e}} \tag{8.29}$$

类似的,可以得到:

$$v_n' = -\frac{S_n}{A_{\mathrm{P}}^v}(p_{\mathrm{N}}' - p_{\mathrm{P}}') = -\left(\frac{\Delta V}{A_{\mathrm{P}}^v}\frac{\delta p'}{\delta y}\right)_{\mathrm{n}} \tag{8.30}$$

为了满足连续性方程，需要对速度进行修正，因此将 u^m 和 v^m 代入质量通量表达式(8.4)，并使用公式(8.23)。

$$(\rho Su')_e-(\rho Su')_w+(\rho Sv')_n-(\rho Sv')_s+\Delta\dot{m}_P^*=0 \tag{8.31}$$

最后，将上面的表达式(8.29)和(8.30)替换为 u' 和 v' 连续性方程，得到压力修正方程：

$$A_P^p p'_P+\sum_k A_k^p p'_k=-\Delta\dot{m}_P^* \tag{8.32}$$

其中系数表达式为：

$$A_E^p=-\left(\frac{\rho S^2}{A_P^u}\right)_e$$

$$A_W^p=-\left(\frac{\rho S^2}{A_P^u}\right)_w$$

$$A_N^p=-\left(\frac{\rho S^2}{A_P^v}\right)_n$$

$$A_S^p=-\left(\frac{\rho S^2}{A_P^v}\right)_s$$

$$A_P^p=-\sum_k A_k^p,\quad k=E,W,N,S \tag{8.33}$$

求得压力修正方程后，对速度和压力进行修正。如7.2.2节所述，如果需要使用非常大的时间步长来计算稳态流动，动量方程必须进行亚松弛处理，因此只有部分修正压力 p' 被添加到 p^{m-1} 中。在具有较大时间步长的非定常计算中同样需要亚松弛处理。

修正后的速度需满足连续性方程以达到求解压力修正方程的精度。然而，由于 $\tilde{u}$ 和 $\tilde{v}$ 没有在方程(8.27)和(8.28)中得到修正，它们不满足非线性动量方程，所以必须进行另一个外部迭代。当连续性方程和动量方程都满足期望的公差时，u_i' 和 p' 可以忽略不计，此时便可以进行下一个时间步求解。为了在新的时间步开始迭代，前一时间步的解可以作为初始值并通过外推来改进；任何显式的时间推进方案都可以用来进行预测。对于小的时间步长，外推是相当准确的，并节省了迭代次数。

如果计算的是定常流动，则可以采用单一的无限时间步长，非稳态项的作用可忽略，并继续进行外部迭代，直到所有修正都可以忽略不计。在计算非定常流动时，每个时间步长的外部迭代次数通常在3（对于小时间步长和高亚松弛因子）到10（对于大时间步长和中等亚松弛因子）之间，第8.4节将举例说明。

需要指出的是，压力修正方程中的系数(8.33)与面积的平方成正比，因此，A_E/A_N 的值与长宽比 $a_r=\Delta y/\Delta x$ 的平方成正比。如果网格单元被高度拉伸（例如，需要解析近壁面处的黏性底层），这可能会使压力修正方程变得更难求解。在允许范围内应尽量避免纵横比大于100，因为在一个方向上的系数（例如，在上述例子中垂直于壁面的方向）比其他方向的系数大 10^4 倍以上。

上述算法可以修改为第7.2.2节所述的SIMPLE方法，压力修正方程形式为(8.32)，但系数表达式为(8.33)，A_p^u 和 A_p^v 分别替换为 u'_i 和 $A_p^u+\sum_k A_k^u$。PISO算法的扩展也很简单，第二个压力修正方程具有与第一个相同的系数矩阵，但源项以 $\tilde{u}_i'$ 为基准，这个贡献在第一次压力修正方程中被忽略了，但是现在可以用第一修正速度 u_i' 来计算。高阶离散化也可用上述方法进行处理,其边界条件的实现已在第 7.1.6 节中讨论。

8.1.2 交错网格的 IFSM 法

SIMPLE 法和 IFSM 法之间的主要区别是 IFSM 法使用有限时间步长,即使在计算定常流时也是如此。由于 IFSM 法不需要亚松弛处理,只需要为每个应用选择适当的时间步长。速度与压力修正的关系由式(7.64)导出,即速度只在非定常项中进行修正,对流和扩散通量中都保留 u_i^*:

$$\frac{3\rho\Delta V}{2\Delta t}(u_e^m-u_e^*)=-S_e(p'_E-p'_P)\Rightarrow u'_e=-\frac{2\Delta t S_e}{3\rho\Delta V}(p'_E-p'_P) \tag{8.34}$$

由 $\Delta V=S_e(x_E-x_p)=S_e(y_N-y_P)$ 得出:

$$u'_e=-\frac{2\Delta t}{3\rho(x_E-x_P)}(p'_E-p'_P)=-\frac{2\Delta t}{3\rho}\left(\frac{\delta p'}{\delta x}\right)_e \tag{8.35}$$

同理得出:

$$v'_n=-\frac{2\Delta t}{3\rho(y_N-y_P)}(p'_N-p'_P)=-\frac{2\Delta t}{3\rho}\left(\frac{\delta p'}{\delta y}\right)_n \tag{8.36}$$

将这些表达式代入连续方程(8.31),得到与 SIMPLE 方程(8.32)相同形式但系数不同的压力修正方程来代替公式(8.33),由此得出:

$$A_E^p=-\frac{2\Delta t S_e}{3(x_E-x_P)}$$

$$A_W^p=-\frac{2\Delta t S_w}{3(x_P-x_W)}$$

$$A_N^p=-\frac{2\Delta t S_n}{3(y_N-y_P)}$$

$$A_S^p=-\frac{2\Delta t S_s}{3(y_P-y_S)}$$

$$A_P^p=-\sum_k A_k^p,\quad k=E,W,N,S \tag{8.37}$$

当计算非定常流动时,通过选择时间步长以使流动变化得到充分解析(例如,如果流动是周期性的,则每周期为 100 个时间步长)。类似于 SIMPLE 方法,每个时间步所需的外部迭代的次数取决于时间步长的大小。

当向稳态趋近时,必须使用有限的时间步长,但它可以相对较大。当解的变化相对较大时(特别是初始值不是最终解的良好近似),计算初始使用较小的时间步长通常是有利的;随着稳态的接近,时间步长可以逐渐增大。最大允许时间步长与求解问题相关,且与 CFL 数有关,即:

$$CFL_x=\frac{u\Delta t}{\Delta x}\text{ and }CFL_y=\frac{v\Delta t}{\Delta y} \tag{8.38}$$

CFL 值通常在 1 到 100 之间的值,举例见第 8.4 节。

8.2 同位网格的隐式迭代法

前文指出,数值网格上变量的同位排列会产生问题,这也导致它曾一度不受青睐。因此本节将首先说明问题发生的原因,并给出解决方法。

8.2.1 同位变量的压力处理

首先观察7.1节介绍的有限差分格式和简单的时间推进方法。由此导出压力的离散泊松方程如下:

$$\frac{\delta}{\delta x_i}\left(\frac{\delta p^n}{\delta x_i}\right)=\frac{\delta H_i^n}{\delta x_i} \tag{8.39}$$

其中 H_i^n 是平流项和黏性项之和的简记符号:

$$H_i^n=-\frac{\delta(\rho u_i u_j)^n}{\delta x_j}+\frac{\delta \tau_{ij}^n}{\delta x_j} \tag{8.40}$$

(j 为隐式求和)。用于近似导数的离散化方法在式(8.39)中并不重要,因此使用符号表示法。此外,该方程并不特定于任何网格排列。如图8.2所示为同位排列和动量方程中压力梯度项和连续性方程中散度的各种差分格式。

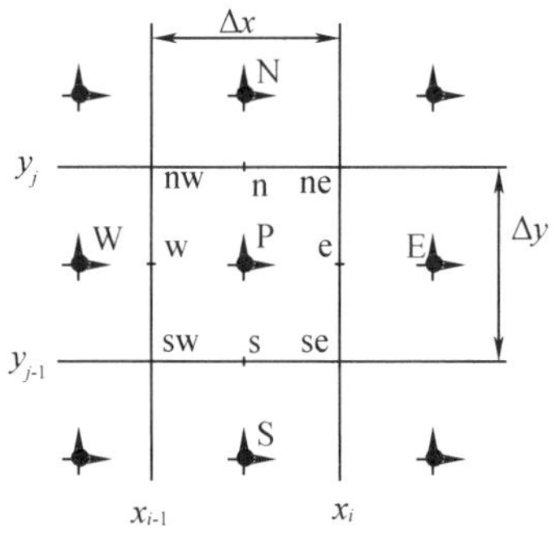

图8.2 同位网格中控制体和符号

首先考虑压力项的前向差分格式和连续性方程的后向差分格式。第7.1.3节中已说明这种组合便于计算。为简单起见,假设网格的间距为 Δx 和 Δy。用后向差分格式近似压力方程中的外差算子 $\delta/\delta x_i$,得到:

$$\frac{\left(\frac{\delta p^n}{\delta x}\right)_{\mathrm{P}}-\left(\frac{\delta p^n}{\delta x}\right)_{\mathrm{W}}}{\Delta x}+\frac{\left(\frac{\delta p^n}{\delta y}\right)_{\mathrm{P}}-\left(\frac{\delta p^n}{\delta y}\right)_{\mathrm{S}}}{\Delta y}=\frac{H_{x,\mathrm{P}}^n-H_{x,\mathrm{W}}^n}{\Delta x}+\frac{H_{y,\mathrm{P}}^n-H_{y,\mathrm{S}}^n}{\Delta y} \tag{8.41}$$

将右侧表示为 Q_p^H,并使用压力导数的前向差分近似,可得:

$$\frac{\frac{p_{\mathrm{E}}^n-p_{\mathrm{P}}^n}{\Delta x}-\frac{p_{\mathrm{P}}^n-p_{\mathrm{W}}^n}{\Delta x}}{\Delta x}+\frac{\frac{p_N^n-p_{\mathrm{P}}^n}{\Delta y}-\frac{p_{\mathrm{P}}^n-p_S^n}{\Delta y}}{\Delta y}=Q_{\mathrm{P}}^H \tag{8.42}$$

压力的代数方程组的形式为:

$$A_{\mathrm{P}}^{p}p_{\mathrm{P}}^{n}+\sum_{k}A_{k}^{p}p_{k}^{n}=-Q_{\mathrm{P}}^{H},\quad k=E,W,N,S \tag{8.43}$$

其中系数为:

$$A_{\mathrm{E}}^{p}=A_{\mathrm{W}}^{p}=-\frac{1}{(\Delta x)^{2}}$$

$$A_{\mathrm{N}}^{p}=A_{\mathrm{S}}^{p}=-\frac{1}{(\Delta y)^{2}}$$

$$A_{\mathrm{P}}^{p}=-\sum_{k}A_{k}^{p} \tag{8.44}$$

如果在动量方程和连续性方程中都使用图 8.2 所示的 CV,并且使用以下近似值,则可以说明 FV 方法可以使等式(8.42)成立:$u_{\mathrm{e}}=u_{p}$,$p_{\mathrm{e}}=p_{\mathrm{E}}$;$v_{n}=v_{p}$,$p_{n}=p_{N}$;$u_{w}=u_{\mathrm{W}}$,$p_{\mathrm{W}}=p_{p}$;$v_{s}=v_{S}$,$p_{s}=p_{\mathrm{P}}$。

压力或压力修正方程的形式与在交错网格上用中心差分近似得到的方程相同,这是因为通过前向和后向差分近似一阶导数的乘积可以得到中心差分近似。然而,由于动量方程受使用一阶近似的主要驱动力项—压力梯度项的影响,导致其精度较低,因此最好使用高阶近似。

若对动量方程中的压力梯度和连续性方程中的散度选择中心差分近似,将方程(8.39)中的外部差分算子近似为中心差分可得:

$$\frac{\left(\frac{\delta p^{n}}{\delta x}\right)_{\mathrm{E}}-\left(\frac{\delta p^{n}}{\delta x}\right)_{\mathrm{W}}}{2\Delta x}+\frac{\left(\frac{\delta p^{n}}{\delta y}\right)_{\mathrm{N}}-\left(\frac{\delta p^{n}}{\delta y}\right)_{\mathrm{S}}}{2\Delta y}=\frac{H_{x,\mathrm{E}}^{n}-H_{x,\mathrm{W}}^{n}}{2\Delta x}+\frac{H_{y,\mathrm{N}}^{n}-H_{y,\mathrm{S}}^{n}}{2\Delta y} \tag{8.45}$$

再次指出右侧为 Q_{p}^{H};但该量与前文不同。插入压力导数的中心差分近似可得:

$$\frac{\frac{p_{\mathrm{EE}}^{n}-p_{\mathrm{P}}^{n}}{2\Delta x}-\frac{p_{\mathrm{P}}^{n}-p_{WW}^{n}}{2\Delta x}}{2\Delta x}+\frac{\frac{p_{NN}^{n}-p_{\mathrm{P}}^{n}}{2\Delta y}-\frac{p_{\mathrm{P}}^{n}-p_{SS}^{n}}{2\Delta y}}{2\Delta y}=Q_{\mathrm{P}}^{H} \tag{8.46}$$

压力的代数方程组有以下形式:

$$A_{\mathrm{P}}^{p}p_{\mathrm{P}}^{n}+\sum_{k}A_{k}^{p}p_{k}^{n}=-Q_{\mathrm{P}}^{H},\quad k=EE,WW,NN,SS \tag{8.47}$$

其中系数为:

$$A_{\mathrm{EE}}^{p}=A_{\mathrm{WW}}^{p}=-\frac{1}{(2\Delta x)^{2}}$$

$$A_{\mathrm{NN}}^{p}=A_{\mathrm{SS}}^{p}=-\frac{1}{(2\Delta y)^{2}}$$

$$A_{\mathrm{P}}^{p}=-\sum_{k}A_{k}^{p} \tag{8.48}$$

这个方程与等式(8.43)的形式相同,但它涉及的节点间距为 $2\Delta x$ 或 $2\Delta y$。此方程为离散的泊松方程,是基本方程网格粗糙程度的两倍,方程分为四个不相连的系统,四个系统分别为:i 和 j 都是偶数、i 为偶数和 j 为奇数、i 为奇数和 j 为偶数、i 和 j 都是奇数。每个系统都给出了不同的解。对于具有均匀压力场的流动,可以得到棋盘式压力分布满足这些方程且可被简化,如图 8.3 所示。其压力梯度不受影响,并且速度场可以是平滑的速度场,但可能无法得到收敛的稳态解。

如果通过对两个相邻节点的线性插值计算出通量的 CV 面值,采用有限体积方法也得到了类似的结果。

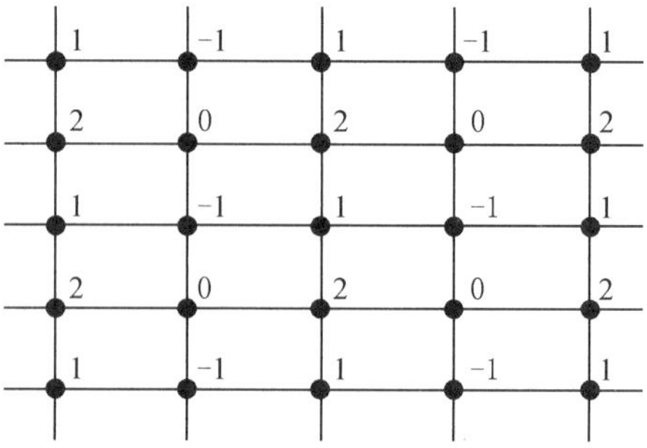

图 8.3　由 4 个均匀场在间距 2Δ 上叠加而成的棋盘式压力场,CDS 为均匀场

上述问题的根源可以追溯到使用 $2\Delta x$ 对一阶导数近似,目前已经提出了多种解决方案。在不可压缩流动中,我们重点关注压力差而不是绝对压力。除非在某个地方指定了绝对压力的值,否则压力方程是奇异的,有无穷个的解,所有解都相差一个常数。这使得解决方法可以得到简化,即通过滤波去除振荡,正如 van der Wijngaart(1990)所做的那样。

我们将提出一种针对复杂几何处理同位网格上的压力-速度耦合的方法,该方法已得到广泛应用,而且简单有效。它被用于所有商业和公共的 CFD 代码。在交错网格上,中心差分近似是基于 Δx 差分。类似于此方法,得到压力式(8.39)中外部一阶导数的 Δx 近似形式如下:

$$\frac{\left(\frac{\delta p^n}{\delta x}\right)_{\mathrm{e}}-\left(\frac{\delta p^n}{\delta x}\right)_{\mathrm{w}}}{\Delta x}+\frac{\left(\frac{\delta p^n}{\delta y}\right)_{\mathrm{n}}-\left(\frac{\delta p^n}{\delta y}\right)_{\mathrm{s}}}{\Delta y}=\frac{H_{x,\mathrm{e}}^n-H_{x,\mathrm{w}}^n}{\Delta x}+\frac{H_{y,\mathrm{n}}^n-H_{y,\mathrm{s}}^n}{\Delta y} \tag{8.49}$$

问题在于压力导数和 H 的值在网格单元面位置是不可用的,所以必须使用插值。选择线性插值与导数的 CDS 近似具有相同的精度,也让式(8.39)中压力的内导数近似为中心差值。由网格单元中心导数的线性插值得到:

$$\left(\frac{\delta p^n}{\delta x}\right)_{\mathrm{e}}\approx\frac{1}{2}\left(\frac{p_{\mathrm{E}}-p_{\mathrm{W}}}{2\Delta x}+\frac{p_{\mathrm{EE}}-p_{\mathrm{P}}}{2\Delta x}\right) \tag{8.50}$$

用这种插值方法可以修正压力式(8.46)。

此外可以使用中心差分和 Δx 间距来近似单元面上的压力导数,如下所示:

$$\left(\frac{\delta p^n}{\delta x}\right)_{\mathrm{e}}\approx\frac{p_{\mathrm{E}}-p_{\mathrm{P}}}{\Delta x} \tag{8.51}$$

如果将这种近似应用于所有单元面,可以得到以下压力方程(在非均匀网格上也有效);

$$\frac{\frac{p_{\mathrm{E}}^n-p_{\mathrm{P}}^n}{\Delta x}-\frac{p_{\mathrm{P}}^n-p_{\mathrm{W}}^n}{\Delta x}}{\Delta x}+\frac{\frac{p_N^n-p_{\mathrm{P}}^n}{\Delta y}-\frac{p_{\mathrm{P}}^n-p_S^n}{\Delta y}}{\Delta y}=Q_{\mathrm{P}}^H \tag{8.52}$$

此式与式(8.42)相同,但右边通过插值得到。

$$Q_{\mathrm{P}}^{H}=\frac{\overline{(H_x^n)_{\mathrm{e}}}-\overline{(H_x^n)_w}}{\Delta x}+\frac{\overline{(H_y^n)_{\mathrm{n}}}-\overline{(H_y^n)_{\mathrm{s}}}}{\Delta y} \tag{8.53}$$

使用这种近似消除了压力场中的振荡,但为了实现这一点,在动量和压力方程中的压力梯度的处理中引入了不一致性,比较两个近似值,很容易发现等式的左边(8.52)和(8.46)相差项如下:

$$R_{\mathrm{P}}^{p}=\frac{4p_{\mathrm{E}}+4p_{\mathrm{W}}-6p_{\mathrm{P}}-p_{\mathrm{EE}}-p_{\mathrm{WW}}}{4(\Delta x)^2}+\frac{4p_{\mathrm{N}}+4p_{\mathrm{S}}-6p_{\mathrm{P}}-p_{\mathrm{NN}}-p_{\mathrm{SS}}}{4(\Delta y)^2} \tag{8.54}$$

它代表了四阶压力导数的中心差分近似。

$$R_{\mathrm{P}}^{p}=-\frac{(\Delta x)^2}{4}\left(\frac{\partial^4 p}{\partial x^4}\right)_{\mathrm{P}}-\frac{(\Delta y)^2}{4}\left(\frac{\partial^4 p}{\partial y^4}\right)_{\mathrm{P}} \tag{8.55}$$

式(8.54)很容易通过两次二阶导数的标准 CDS 近似得到,见第 3.4 节。

随着网格的细化,这种差异趋于零,引入的误差与基本离散化中的误差量级相同,因此不会对后者有显著影响。然而,该方法的能量守恒性质在这一过程中被破坏。事实上,Ham 和 Iaccarino(2004)已经表明(在非迭代(分步)方法的背景下)动能的净效应是耗散的。

上述结果是通过对二阶 CDS 离散化和线性插值得到的。对于任何离散化和插值方法,都可以进行类似的推导,下节将介绍上面的想法如何转化为使用 FV 离散化的隐式压力修正方法。

8.2.2 同位网格的 SIMPLE 法

用同位 FV 方法离散的动量方程的隐式解遵循上一节中交错排列的解。需要指出的是,所有变量的 CV 现在都是相同的。在单元面中心的压力(非节点位置)必须通过插值得到;最好使用线性插值二阶近似,也可以使用更高阶的方法。利用高斯定理可以得到计算单元面速度所需要的 CV 中心梯度。将 x 面和 y 方向的压力在所有面上求和,并除以网格体积,得到相应的平均压力导数,例如:

$$\left(\frac{\delta p}{\delta x}\right)_{\mathrm{P}}=\frac{Q_u^p}{\Delta V} \tag{8.56}$$

其中 Q_U^p 表示所有 CV 面上 x 方向上的压力之和,见式(8.12)。在笛卡尔网格上,这就简化为标准的 CDS 近似。

对线性化动量方程求解得到 u^* 和 v^*,对于离散的连续性方程,必须通过插值计算单元面速度,一般选择线性插值。SIMPLE 算法的压力修正方程可根据第 7.2.2 节和第 8.1 节推导。连续性方程所需的插值单元面速度涉及插值压力梯度,因此其修正与插值压力修正梯度成正比(见式(8.29))。

$$u_{\mathrm{e}}'=-\overline{\left(\frac{\Delta V}{A_{\mathrm{P}}^{u}}\frac{\delta p'}{\delta x}\right)_{\mathrm{e}}} \tag{8.57}$$

在均匀网格上,使用此表达式导出的单元面速度修正的压力修正方程对应于式(8.46)。在非均匀网格上,压力修正方程的计算单元涉及节点 P, E, W, N, S, EE, WW, NN 和 SS,如上节所示,该方程可能存在振荡解。尽管振荡可以被过滤掉(见 van der Wijngaart 1990),但压力校正方程在任意网格上会变得复杂,且求解算法的收敛速度可能很慢。利用上一节讨论的方法,可以得到类似于交错网格方程的紧凑的压力修正方程。如下所述。

在前一节中已经表明,插值的压力梯度可以在单元表面被紧凑的中心差分近似所取代。这样,插值的单元面速度就可以用插值后的压力梯度与单元面计算的压力梯度之间的差值来修正((8.27)及(8.28))。

$$u_e^* = \overline{(u^*)_e} - \Delta V_e e \overline{\left(\frac{1}{A_P^u}\right)}_e \left[\left(\frac{\delta p}{\delta x}\right) - \overline{\left(\frac{\delta p}{\delta x}\right)}\right]_e^{m-1} \tag{8.58}$$

这种对插值网格单元面速度的修正被称为 rihie-Chow 修正(rihie and Chow 1983)。上划线表示插值,以单元格面为中心的体积在笛卡尔网格中定义为 $\Delta V_e = (x_E - x_P)\Delta y$。

这个过程对插值速度进行了修正,该修正与压力的三阶导数和$(\Delta x^2)/4$ 的乘积成正比;网格单元中心的四阶导数是通过散度算子得到的。在二阶方法中,使用 CDS 计算单元面的压力导数,见等式(8.51)。如果在非均匀网格上使用 CDS 近似(8.51),网格中心压力梯度插值权重应为 1/2,因为这种近似没有考虑网格非均匀性。

如果压力振荡很快,修正量就会很大;此时三阶导数很大,从而激活压力校正并平滑压力。在 SIMPLE 方法中对单元面速度进行修正:

$$u'_e = -\Delta V_e \overline{\left(\frac{1}{A_P^u}\right)}_e \left(\frac{\delta p'}{\delta x}\right)_e = -S_e \overline{\left(\frac{1}{A_P^u}\right)}_e (p'_E - p'_P) \tag{8.59}$$

在其他单元面上也有相应的表达式。当这些被插入离散连续性方程时,结果仍是压力校正方程(8.32)。区别是在于单元面上的系数 $1/A_P^u$ 和 $1/A_P^v$ 不是交错排列中的节点值,而是插值的单元中心值。

由于式(8.58)中的修正项乘以 $1/A_P^u$,其中包含的亚松弛因子的值可能会影响收敛的单元面速度,但此影响不会很大,因为使用不同的亚松弛因子得到的两个解的差异比离散化误差要小得多,如下面的例子所示。此外,使用同位网格的隐式算法与交错网格算法具有相同的收敛速度、对亚松弛因子和计算成本有依赖性。同时,不同变量排列得到的解之间的差异也远小于离散化误差。

此外还给出了二阶近似的同位网格上的压力修正方程。该方法适用于更高阶的近似,重点在于其微分和插分具有相同的阶数。关于四阶方法的描述参见 *Lilek and Perić* (1995)。

8.2.3 同位网格的 IFSM 法

前面描述的交错网格的 *IFSM* 方法很容易扩展到同位网格。实际上,这两种情况下的压力修正方程是相同的,见式(8.32)和(8.37)。唯一的区别在于质量通量所需的单元面速度的计算。在交错网格的情况下,速度存储在连续的 *CV* 面,所以不需要插值。在同位网格上,必须使用插值从节点值计算面速度。在使用 *IFSM* 计算非定常流动时,不进行 *Rhie-Chow* 校正的线性插值计算效果很好。然而,在第 8.4 节中,我们对网格单元面的线性插值速度进行了以下修正:

$$u_e^* = \overline{(u^*)_e} - \frac{\Delta t}{\rho}\left[\left(\frac{\delta p}{\delta x}\right) - \overline{\left(\frac{\delta p}{\delta x}\right)}\right]_e^{m-1} \tag{8.60}$$

此表达式与 *SIMPLE* 中使用的表达式相同,仅方括号中项的乘数不同,参见公式(8.58)和(8.60)。采用与 *SIMPLE* 相同的方法,*IFSM* 得到了速度和压力校正之间的以下关系:

$$u_e' = -\frac{\Delta t}{\rho}\left(\frac{\delta p'}{\delta x}\right)_e = -\frac{\Delta t}{\rho(x_E - x_P)}(p_E' - p_P') \tag{8.61}$$

v_n^* 和 v_n' 也有类似的表达式,此算法的计算机代码可以在互联网上找到,详情请参见附录。

8.3 非定常流动的非迭代隐式方法

非迭代隐式方法的时间步长相比完全显式方法可以更大。对于不可压缩流,需要求解泊松压力方程或压力修正方程,隐式方法通常是首选,尤其当几何局部位置网格较精细时(靠近壁面的边界层,尖锐边缘周围等)时,这一点十分重要,因为如果方法完全显式,扩散项会对时间步长产生过于严格的稳定性限制。

"非迭代"项在这里意味着缺少外部迭代循环:即动量和压力修正方程在每个时间步长中只求解一次。许多类型的分步法(*FSM*)都属于这一类;因此 *PISO* 可能被认为是非迭代的(它只求解一次动量方程,但外部迭代循环包含了压力修正方程和显式速度修正)。

前面介绍的 *IFSM* 与非迭代类型的 *FSM* 之间的主要区别是:(*i*)后者对全部或部分对流通量使用显式的时间推进格式(*ii*)线性方程的求解比迭代方法的公差更小,以确保迭代误差足够小,动量方程和连续性方程都得到充分满足。非迭代方法只对非定常项中的速度进行修正,因此引入了分裂误差;该误差通常与$(\Delta t)^2$ 成正比。*SIMPLE* 和 *IFSM* 都通过外部迭代消除了分裂误差。通常,非迭代 *FSM* 或 *PISO* 中的一个时间步(就计算工作量而言)相当于 *SIMPLE* 或 *IFSM* 中的2~3个外部迭代,我们将在第8.4节给出示例计算时再次说明这一现象。

前面关于 *SIMPLE* 和相关方法的部分中描述的许多工具和算法都可以在分步法中使用。因此,本节不像前面的章节那样详细介绍,而是侧重于一些典型的非迭代分步法的特定的步骤。下文中将从 *Adams-Bashforth* 离散化开始回顾该方法中的主要步骤,且本书将按顺序进行处理:即按近似分解 *ADI*—压力泊松方程—初始条件—边界条件的顺序介绍。最后,本书介绍了单步法和迭代分步法在效率和准确性方面的差异。

与前几节一样,同时考虑了同位网格和交错网格。但在没有图的情况下,容易忘记变量所在位置以及何为同位网格和交错网格的对应控制体。例如,考虑到速度分量是在交错网格中的单元面上,我们可能会问为什么必须在交错网格的对流项中使用 *QUICK*。因此,我们在图8.4中再现了网格和相关的控制体。

对于同位网格,速度和压力只有一个控制体,此处使用 *FV* 方法,所有的变量都在网格上的点 *P* 上定义。因此,需要插值来找到 *CV* 面上的变量值,因为在 *FV* 方法的不同情况下,通过 *CV* 面的通量是通过求和得到的。在连续性方程中,我们需要 *CV* 面的速度分量来计算质量通量;在所有其他输运方程中,需要对流质量通量和对流变量(速度分量、温度等)同时来计算对流通量。压力还需要进行插值,以获得每个单元面的压力。

另一方面,在交错网格中,每个速度分量、连续性方程和标量变量都有单独的控制体(例如温度、压力和流体物性也存储在该 *CV* 中心的节点上)。在图8.4的下方,箭头处的速度已知,圆点处的压力已知。对于连续性方程,不需要插值,因为速度存储在 *CV* 面,质量通量可以直接计算(使用中点规则进行二阶近似)。然而,为了计算所有其他传输方程中的对流通量,需要进行插值,对于标量变量(如温度),需要将存储在网格单元中心的变量进行插值以获得网格单元质心处的对流值,而对于速度 *CV*,需要插值来计算单元面上的对流质量通量和对流速度。例如,为了得到 x 动量方程中"e"点的对流通量,需要对速度进行插值,而在东西方向的相关压力可以直接从存储的压力值来计算(在笛卡尔网格上,x 动量 *CV* 的"n"和"s"面上的压力是不相关的,因为它们在 x 方向上没有分量;因此,在 y 动量 *CV* 的"e"和"w"面上的压力是不相关的,而在"n"和"s"面上的力可以直接计算)。

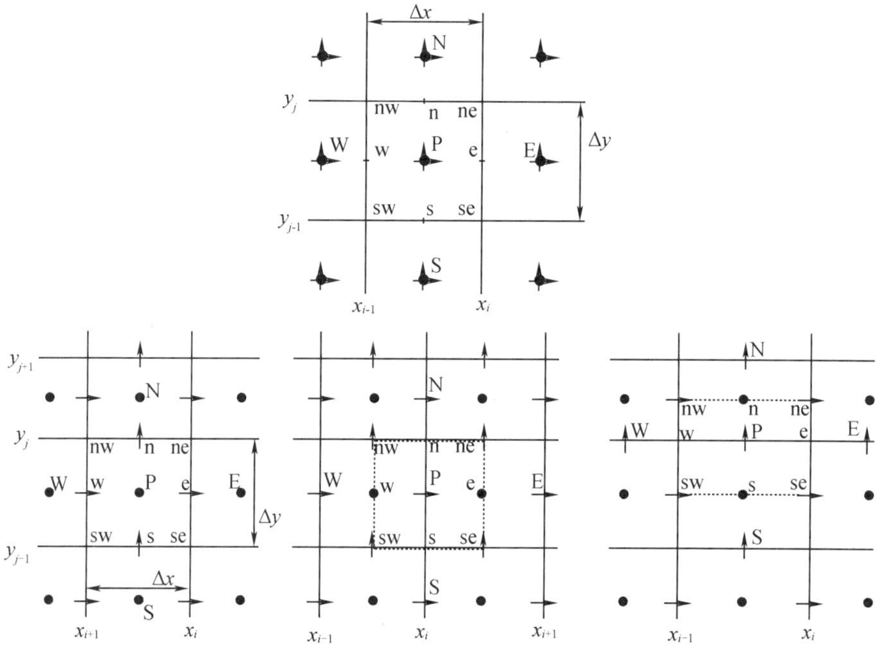

图 8.4　控制体积和表示法:交错网格上的所有变量(上),标量变量(左下),x 动量(中下)和 y 动量(右下)

需要指出的是,对于中心近似以外的积分近似,在任何情况下,对于任何网格类型和变量排列,都需要将节点变量值插值到单元面内的积分点。

8.3.1　Adams-Bashforth 对流项的空间离散

公式(7.50)中使用的 *Adams-Bashforth* 离散化比较典型且重要的分步方法,因为它使方程部分显式化,且同时保持了时间上的二阶精度。同位网格和交错网格方法都需要插值来定义对流项。例如,使用对流项的保守形式需要控制体的每个面上的动量通量。对于一个均匀的笛卡尔网格,图 8.4 中的 x 动量 *CV* 的 x 分量为$(\rho uu)_e$。根据式(4.24),假设 u_e 为正:

$$(\rho uu)_e=(\rho u)_e(u_e)_{QUTCK}=(\rho u)_e\left(\frac{6}{8}u_P+\frac{3}{8}u_E-\frac{1}{8}u_W\right)=\frac{(\rho u)_E+(\rho u)_P}{2}\left(\frac{6}{8}u_P+\frac{3}{8}u_E-\frac{1}{8}u_W\right)\tag{8.62}$$

该结果对交错网格或同位网格均有效,可与隐式迭代方法中的式(8.7)进行比较;需要指出的是,在这两种情况下,*QUICK* 插值法应用于对流量,而非定义质量通量的对流速度,后者通常在需要时进行线性插值(在同位网格和 *CV* 动量的交错网格上)。

在节点以外所需要的变量值通常通过线性插值得到。然而,其他插值有时是有用的,例如,质量通量中的面速度可以用压力泊松方程形成中的高阶插值或压力加权项来近似(详见例子,*Rhie and Chow* 1983;*Armfield* 1991;*Zang et al.* 1994;*Ye et al.* 1999)。同样地,*QUICK* 项可以被其他散化方法替代,见第 4. 4 节中给出的离散化例子,*UDS*、*CDS*、*CUI* 或 *TVD*。

8.3.2 交替方向隐式格式

该 *ADI* 方案通常被称为近似因子分解的 *ADI* 方案,可以按照第 5. 3. 5 节的过程构造,并将式(7. 53)(笛卡尔坐标)转换为:

$$\left(\rho-\frac{\Delta t}{2}L\right)\boldsymbol{v}^{*}=\left(\rho+\frac{\Delta t}{2}L\right)\boldsymbol{v}^{n}+\Delta t[AP] \tag{8.63}$$

其中 AP 包括先前时间步骤中已知的对流和压力项。现在假设密度和黏度是常数,则可以把方程重新排列为:

$$(1-A_1-A_2-A_3)\boldsymbol{v}^{*}=(1+A_1+A_2+A_3)\boldsymbol{v}^{n}+\frac{\Delta t}{\rho}[AP] \tag{8.64}$$

其中:

$$A_1=\frac{\mu\Delta t}{2\rho}\frac{\delta^2}{\delta x_1^2}$$

$$A_2=\frac{\mu\Delta t}{2\rho}\frac{\delta^2}{\delta x_2^2}$$

$$A_3=\frac{\mu\Delta t}{2\rho}\frac{\delta^2}{\delta x_3^2}$$

由式(8. 64)得到:

$$(1-A_1)(1-A_2)(1-A_3)\boldsymbol{v}^{*}=(1+A_1)(1+A_2)(1+A_3)\boldsymbol{v}^{n}+\frac{\Delta t}{\rho}[AP]+O((\Delta t)^2)(\boldsymbol{v}^{*}-\boldsymbol{v}^{n}) \tag{8.65}$$

然而,$v^{*}-v^{n}\sim\Delta t\ \frac{\partial v}{\partial t}$所以最后一项与$(\Delta t)^3$ 成正比,对于小的 Δt,可以忽略不计。公式(8. 65)将求解过程简化为三对角矩阵在交替方向的顺序求逆,因此,使用速度的分量符号(参见公式(5. 49)及(5. 50))。

$$\left(1-\frac{\mu\Delta t}{2\rho}\frac{\delta^2}{\delta x^2}\right)\overline{v}_i^{x}=\left(1+\frac{\mu\Delta t}{2\rho}\frac{\delta^2}{\delta x^2}\right)v_i^{n}+\frac{\Delta t}{\rho}[AP] \tag{8.66}$$

$$\left(1-\frac{\mu\Delta t}{2\rho}\frac{\delta^2}{\delta y^2}\right)\overline{v}_i^{y}=\left(1+\frac{\mu\Delta t}{2\rho}\frac{\delta^2}{\delta y^2}\right)\overline{v}_i^{x} \tag{8.67}$$

$$\left(1-\frac{\mu\Delta t}{2\rho}\frac{\delta^2}{\delta z^2}\right)v_i^{*}=\left(1+\frac{\mu\Delta t}{2\rho}\frac{\delta^2}{\delta z^2}\right)\overline{v}_i^{y} \tag{8.68}$$

每一个方程组都有一个三对角系数矩阵,因此可以用有效的 TDMA 方法求解且不需要迭代。但这种求解方法仅适用于结构网格(笛卡尔网格和非正交网格),不适用于非结构网格。

8.3.3 压力的泊松方程

压力泊松方程可以通过任意椭圆方程求解器求解,如多重网格、ADI、共轭梯度、GMRES等(参见第五章)。此处仅讨论与泊松方程离散化有关的一些问题。

1. 对于非迭代的分步方法,Hirt 和 Harlow(1967)认为,假定泊松方程在每一步都被迭代求解以确保连续性,应注意避免不可压缩误差的累积,他们认为可以将方程迭代解的精度水平进行提高,或者使用一些自我修正的程序。需要注意的是,对于式(7.44)压力泊松方程的公式首先包含当前时间步(n)和下一时间步($n+1$)的速度散度,此外还可以证明,第7.2.1节中列出的公式也对 v^n 的发散性做出了解释。首先将式(7.53)写成没有黏性项(它们在本例中不起作用)的表达式:

$$(\rho \boldsymbol{v})^* = (\rho \boldsymbol{v})^n - \Delta t\left[\frac{3}{2}C(\boldsymbol{v}^n) - \frac{1}{2}C(\boldsymbol{v}^{n-1})\right] - \Delta t G(p^{n-\frac{1}{2}}) \tag{8.69}$$

并将其引入到压力泊松方程(7.57)中,使 v^{n+1} 的散度为零。结果是:

$$\begin{aligned} D(G(p')) &= \frac{D(\rho \boldsymbol{v})^*}{\Delta t} = \frac{D(\rho \boldsymbol{v})^n}{\Delta t} - D\left(\left[\frac{3}{2}C(\boldsymbol{v}^n) - \frac{1}{2}C(\boldsymbol{v}^{n-1})\right]\right) - D(G(p^{n-1/2})) \\ &= \frac{D(\rho v)^n}{\Delta t} - \cdots QED \end{aligned} \tag{8.70}$$

因此,上一步发散的误差都将作为下一步的修正反馈。Hirt 和 Harlow(1967)表明,这减少了不可压缩误差的积累,例如,通过以更少的迭代次数终止迭代来节省计算时间,但降低了精度。

2. 交错网格的设置和策略基本上与章节 8.1 中描述的相同,此处不再赘述,相反,我们重点关注同位网格。第 8.2.1 节讨论了 SIMPLE 及相关方法中同位网格上压力计算的相关问题及解决方法。证明了松弛 Laplacian 形式的棋盘式压力图,并推导出另一种紧凑 Laplacian 形式。然而,如第 7.1.3 节和第 7.1.5.1 节所述,使用紧凑形式时会导致能量守恒损失。本节描述了两种不经历压力场解耦的替代公式;一种是使用紧凑 Laplacian 算子及其伴随的连续性误差,另一种是使用稀疏 Laplacian 算子的修正方法。

3. 在使用第 7.2.1 节所述方程的同位网格时,压力泊松方程(7.57)可以用两种方法离散化。首先直接在 Laplacian 方程上使用 CDS 对方程进行二维离散化,参量参见式(8.52):

$$\left(\frac{p'_{\mathrm{E}} - 2p'_{\mathrm{P}} + p'_{\mathrm{W}}}{(\Delta x)^2}\right) + \left(\frac{p'_{\mathrm{N}} - 2p'_{\mathrm{P}} + p'_{\mathrm{W}}}{(\Delta y)^2}\right) = \frac{1}{\Delta t}\left(\frac{(\rho u)_{\mathrm{e}} - (\rho u)_{\mathrm{w}}}{\Delta x} + \frac{(\rho v)_{\mathrm{n}} - (\rho v)_{\mathrm{s}}}{\Delta y}\right)^* \tag{8.71}$$

另一方面,用 7.1.5.1 节中所示的散度算子和梯度算子的离散形式来构造方程(如图 3.5 中 $2\Delta x$ 网格点,即 EE、WW 等)。

$$\left(\frac{p'_{\mathrm{EE}} - 2p'_{\mathrm{P}} + p'_{\mathrm{WW}}}{4(\Delta x)^2}\right) + \left(\frac{p'_{\mathrm{NN}} - 2p'_{\mathrm{P}} + p'_{\mathrm{SS}}}{4(\Delta y)^2}\right) = \frac{1}{\Delta t}\left(\frac{(\rho u)_{\mathrm{e}} - (\rho u)_{\mathrm{w}}}{\Delta x} + \frac{(\rho v)_{\mathrm{n}} - (\rho v)_{\mathrm{s}}}{\Delta y}\right)^* \tag{8.72}$$

使用紧凑 Laplacian 式(8.71)产生的连续性误差为:

$$-\Delta t\left[(\Delta x)^2 \frac{\partial^4 p'}{\partial x^4} + (\Delta y)^2 \frac{\partial^4 p'}{\partial y^4}\right] = -(\Delta t)^2\left[(\Delta x)^2 \frac{\partial^5 p}{\partial t \partial x^4} + (\Delta y)^2 \frac{\partial^5 p}{\partial t \partial y^4}\right] \tag{8.73}$$

由于 $p' \sim \Delta t(\partial p/\partial t)$,在 8.2.1 节中可得到等效结果。相反,对于交错网格,使用离散散度和梯度形式的 FV 离散化方法,能够同时得到紧凑的拉普拉斯算子,并且不会产生连续性误差。式(8.71)在 Armfield(2000)、Armfield、Street(2005)和 Armfield(2010)的非迭代模拟中适用性很好。此处在每个时间步上使用当前的 p' 值,对 CV 速度进行校正,如下:

$$u_{\mathrm{P}}^{n+1}=u_{\mathrm{P}}^{*}-\frac{\Delta t}{2\rho\Delta x}(p'_{\mathrm{E}}-p'_{\mathrm{W}}) \tag{8.74}$$

此外,每个 CV 面速度也据此进行修正,如下:

$$(\rho u)_{\mathrm{e}}^{n+1}=(\rho u)_{\mathrm{e}}^{*}-\frac{\Delta t}{\Delta r}(p'_{\mathrm{E}}-p'_{\mathrm{P}}) \tag{8.75}$$

这会导致对流速度产生了一个无散度的速度场。结果表明,压力场中的高阶误差限制了压力场中网格尺寸误差的增长。此外,连续性误差反馈到下一个时间步长,减少了连续性误差的累积。

4. 使用稀疏形式方程(8.72)效率不高,且会导致同位方案产生压力振荡(见第 8.2.1 节)。Armfield 等人(2010)对非迭代情况下的稀疏格式进行了改进(参见 Choi 和 Moin 1994 年的交错网格分步方法)。修改后的方案如下(原分步步骤见 7.2.1 节)。式(7.50)和(7.51)通过以下方程求解:

a. 利用压力 $p^{n+1/2}$ 的旧值来得到新的速度 v^* 的估计值:

$$\frac{(\rho\boldsymbol{v})^{*}-(\rho\boldsymbol{v})^{n}}{\Delta t}+\left[\frac{3}{2}C(\boldsymbol{v}^{n})-\frac{1}{2}C(v^{n-1})\right]=-G(p^{n-\frac{1}{2}})+\frac{L(\boldsymbol{v}^{*})+L(\boldsymbol{v}^{n})}{2} \tag{8.76}$$

b. 在旧的压力梯度中加入预估的速度场:

$$(\rho\hat{v})^{*}=(\rho\boldsymbol{v})^{*}+\Delta tG(p^{n-\frac{1}{2}}) \tag{8.77}$$

这样便消去上述方程中的压强梯度。在没有隐式黏性项的情况下,消去该项后结果更准确。

c. 定义修正形式的 $\hat{v}^*$

$$(\rho v)^{n+1}=(\rho\hat{v})^{*}-\Delta tG(p^{n+1/2}) \tag{8.78}$$

d. 将式(8.78)代入连续性方程(7.51),求 $p^{n+1/2}$,得到:

$$D(G(p^{n+\frac{1}{2}}))=\frac{D(\hat{v}^{*})}{\Delta \mathrm{t}} \tag{8.79}$$

利用稀疏拉普拉斯算子(8.72)式可得:

$$\left(\frac{p_{\mathrm{EE}}-2p_{\mathrm{P}}+p_{\mathrm{WW}}}{4\Delta x^{2}}\right)^{n+1/2}+\left(\frac{p_{\mathrm{NN}}-2p_{\mathrm{P}}+p_{\mathrm{SS}}}{4\Delta y^{2}}\right)^{n+1/2}=\frac{1}{\Delta t}\left(\frac{u_{\mathrm{e}}^{*}-u_{w}^{*}}{\Delta x}+\frac{\hat{v}_{n}^{*}-\hat{v}_{s}^{*}}{\Delta y}\right) \tag{8.80}$$

在泊松方程求解器中,每个时间步所使用的初始压力应该是前一时间步的压力。

在第 7.2.1 节中,使用分步法的应用结果表明,在式(7.59)中产生了 $O(\Delta t)^2$ 误差 $(1/2)\Delta tL(G(p'))$,但它与基本离散化是一致的。遵循相同的过程会产生相同的误差项,即:

$$\frac{1}{2}\Delta tL(G(p^{n+\frac{1}{2}}-p^{n-\frac{1}{2}}))=\frac{1}{2}\Delta tL(G(p')) \tag{8.81}$$

这意味着,与 P1 方法相比,该过程中额外的压力消除步骤将分步误差降低了一个数量级,回想一下 $L=D(G(\,))$。Armfield(2010)等人的结果表明,该松弛方法基本没有发散误差,但其中的紧凑压力校正方法(详见第 7.1.3 节或 7.1.5.1 节)具有近似相同的散度误差,且与压力泊松方程收敛程度无关。

两种方法的误差结果一致,故两种方法的精度基本相同。均未观察到网格尺度的振荡,但在修正方法中求解新的全压时避免了网格尺度振荡的累积。

8.3.4 初始条件及边界条件

关于速度的初始条件应该是无散度的。此外,大多数分步格式都采用 Adams-Bashforth 格式来计算对流。由于 Adams-Bashforth 方法是多层方法,因此不能仅使用初始时间的数据进行求解,必须使用其他方法启动计算,例如,对压力进行迭代的 Crank-Nicolson 方法(参见 6.2.2 节)。通常,在第一步计算的压力校正场可以包括一阶时间误差,因为初始压力处处为零并且设置在错误的时间,即不在 1/2 时间层,Fringer(2003)等人给出了一个例子。然而,如果使用多层方法,这个问题就可得到解决,因为在正确的时间(即在时间步长的一半)计算全压力,且 v 直到收集到足够的时间数据来使用常规方法。

边界条件是一个更复杂的问题。对于原来的 p1 方案,在进行估计新速度的第一步之后,需要特殊的中间边界条件(Kim and Moin 1985;Zang1994)。一般来说,物理边界条件可以用于速度和标量,而对于压力,所需的条件取决于以下方法:

1. 对于交错网格,不需要压力边界条件,但将压力修正(或 p1 方案中的伪压力)的梯度设置在法向梯度为零的表面更合适。

2. 对于在边界外使用辅助节点的同位网络方案,紧邻的内部节点的法向动量方程需要紧邻的外部节点的压力,因此需要从内节点使用高阶外推。同样,将压力校正(或 P1 方案中的伪压力)在法向面上的梯度设置为零。

3. 对于壁面上的切向速度,值得注意的是,虽然在该方法的速度估计步骤中可以为估计速度设置边界条件,但投影步骤本质上是无旋步骤,不能限制切向速度修正;因此,会产生一个小误差(Armfield and Street 2002)。对于具有小的分步误差(见式(7.59)和(8.81))的方案,若初始速度贴近真实速度,由散度约束所引起的修正很小,其误差更小。

8.3.5 迭代格式与非迭代格式

由于问题总出现在分步法使用迭代是否更好,即在完成压力校正和速度更新后返回,在第二次(或第三次,……)计算的过程中使用这些信息。这就引出了准确性和效率两个问题。需要指出的是,这一讨论适用于经典的分步法,其中对流项使用显式 Adams-Bashforth 方法进行近似,迭代全隐式方案在前一节中已有描述。

Armfield 和 Street(2000,2002,2003,2004)在交错网格和同位网格的背景下研究了迭代方案。研究结果表明,计算结果与网格类型无关,但与计算方法有关。对于所有的测试,迭代方案的效率较低,因为需要更多的 CPU 时间才能达到规定的精度水平。但通过把连续迭代中的压力校正或压力差驱动到零来消除分裂误差$(1/2)\Delta tL(G(p'))$,迭代方法对于给定的网格和时间步长更准确。

Armfield 和 Street(2004)使用基本方程集(7.50)和(7.51)研究了迭代、P2 和 P3 方法以及交错网格上的新"压力"方案。

P2 方法:P2 方法是公式(7.53-7.57)所描述的,以固定的投影误差获得 v^{n+1} 和 $p^{n+1/2}$,在公式(7.59)中已说明。

迭代法:迭代法只是简单地循环方程,直到压力校正被驱动到零,得到的解同时满足动量方程和连续性方程。需要指出的是,迭代法的稳定性极限与相同算法的非迭代类型相比并没有显著改善,因为该极限是由显式的 Adams-Bashforth 对流处理所施加的。

P3 方法:P3 方法不是迭代的。Gresho(1990)也提出了类似的方法,但出于稳定性考虑还没有普及。其基本思想是利用二阶外推法在方案的第一步中对压力进行更好的估计。

$$\widetilde{p}^{n+\frac{1}{2}}=2p^{n-\frac{1}{2}}-p^{n-\frac{3}{2}} \tag{8.82}$$

等式(7.53)变成:

$$\frac{(\rho\boldsymbol{v})^{*}-(\rho\boldsymbol{v})^{n}}{\Delta t}+\left[\frac{3}{2}C(\boldsymbol{v}^{n})-\frac{1}{2}C(\boldsymbol{v}^{n-1})\right]=-G(\widetilde{p}^{n+\frac{1}{2}})+\frac{L(\boldsymbol{v}^{*})+L(\boldsymbol{v}^{n})}{2} \tag{8.83}$$

并且压力校正为:

$$p^{n+\frac{1}{2}}=\widetilde{p}^{n+\frac{1}{2}}+p' \tag{8.84}$$

动量方程中的压力在时间上近似为二阶,固定投影误差为三阶,因此解将比 P2 方法给出的解更精确。由于压力和对流的二阶外推,该方案的前两步需要使用不同的方法。Kirkpatrick 和 Armfield(2008)对动量方程中的所有项都使用 Crank-Nicolson,并对压力进行迭代。

压力法:其思想是先直接求解压力修正,给定 $p^{n-1/2}$,动量方程的散度为:

$$D(G(p'))=\frac{D(\rho v)^{n}}{\Delta t}-D(1.5C(v^{n})-0.5C(v^{n-1}))+D(L(1.5v^{n}-0.5v^{n-1}))-D(G(p^{n-1/2})) \tag{8.85}$$

压强 $p^{n+1/2}=p^{n-1/2}+p'$在动量方程中被用来计算新的速度,则此时间步长计算完成。

上述每个方法都是使用上述工具解决的,包括 QUICK、ADI(使用全系统的四次扫描)和 GMRES。这里给出的结果来自 $Ra=6\times10^{5}$,Pr=7.5 的二维方腔内自然对流的测试案例(见第 8.4 节);其模拟了流体从初始状态(静止恒温流体)到 $t=2$ 时刻的流动过程。改变时间步长以检查收敛性,但网格固定为 50×50 均匀网格。代码从无量纲化的时间 $t=0$ 到 2 运行,步长从 0.003 125 到 0.1 不等。运行时间步长为 $7.812\,5\times10^{-4}$ 的基准测试,以评估误差作为运行与基准测试之间差异的 L2 范数。虽然 ADI 的迭代次数是有限的,但 GMSRE 的迭代次数取决于具体情况。对于非迭代情况下最严格的收敛准则,最多可达 100 次,每个迭代步骤仅迭代 5 次。自然对流的基本物理将在下面的示例部分中解释。

图 8.5 显示了四种方法的误差随时间步长的变化,误差为压力、速度和温度误差的平均值。很明显,消除 P3 法和压力法中的投影误差可以成功地将它们的误差降低到迭代法的水平。另外,从图(8.6)可以看出这些方法中迭代法效率最低,P3 法和压力法效率最高。

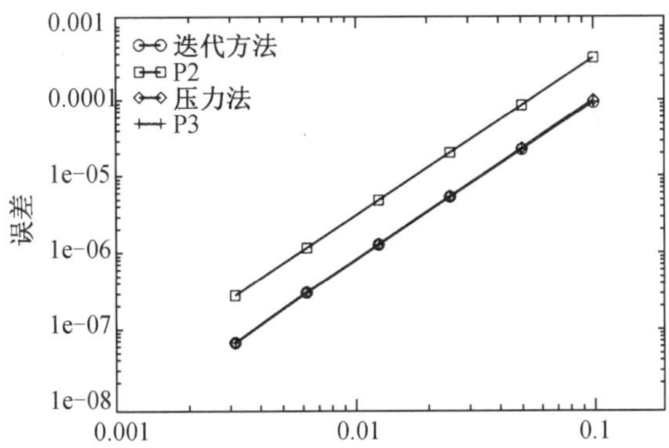

图 8.5 交错网格上四种 FV 分步格式的精度比较

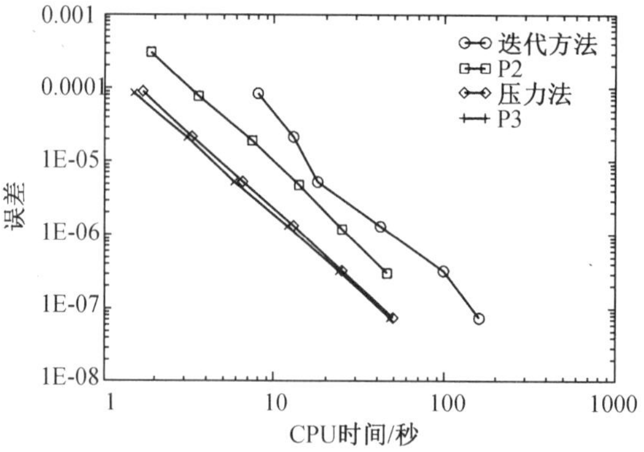

图 8.6　交错网格上四种 FV 分步格式的效率比较

对于后面几种方法，虽然方案不是迭代的，但其设置可以使计算同等精度水平的耗功减少，即对于给定的准确度水平，它们只需要迭代法 50%的 CPU 时间和 P2 法 60%的时间。Shen(1993)指出，类似 p3 法可以导致解在时间上无界，但在其他测试，包括 Kirkpatrick 和 Armfield(2008)的测试中都没有观察到这种行为。

从这个测试案例得出的结论(非定常流动从初始条件发展到稳态)不一定覆盖所有的非定常流动。但对于相同的时间步长，分步法的非迭代过程通常只需迭代过程一半的计算时间。前一节中描述的全隐式迭代法允许使用比显式处理对流项的方法(无论是迭代的还是非迭代的)更大的时间步长；在下一节中，我们将介绍全隐式迭代法和 P2 非迭代法的一些结果。

8.4　示　　例

在本节中给出了使用三种不同的求解技术的例子：用于稳态流动的 SIMPLE 法和隐式迭代分步法(IFSM)，以及用于非定常流动的 SIMPLE、IFSM 和 P2 非迭代分步法。首先，使用交错网格和同位网格处理方形外壳内的定常流动。我们从盖驱动谐振腔开始，研究浮力为驱动力的情况。最后使用同位网格来研究由振荡盖或振荡热壁温驱动的非定常周期性流动的特征。

本节评估了迭代和离散化误差，以及各种其他参数对精度和效率的影响(例如，SIMPLE 中的亚松弛因子和分步法中的时间步长，交错与同位排列等)。

8.4.1　正方形封闭空间内的定常流动

在本节中，我们将演示隐式迭代求解法在层流稳态流动计算中的应用。(可下载用于获取现有解决方案的计算机代码以及必要的输入数据；详情请参见附录)作为示例，我们选择正方形围封流；一种是由移动盖驱动，另一种是由浮力驱动。几何和边界条件如图 8.7 所示。这两个测试用例已经被许多作者使用，并且在文献中有准确的解决方案；例如 Ghia et al.(1982)和 Hortmann et al.(1990)。我们比较了 SIMPLE 法和迭代分步法(IFSM)的性能，并演示如何估计迭代和离散化误差，其中，交错网格和同位网格都会使用。

首先考虑盖驱动方腔流，这是一个泛用的基准模型。Erturk(2009)已给出详细的分析。

移动盖驱动在下方两个角会产生一个强涡流和一系列较弱的涡流(在较高雷诺数下的模拟显示,在左上角形成了第三个涡流)。基于方腔高度 H 和盖驱动速度 U_L,$R_e=U_LH/v=1\ 000$ 的非均匀网格和雷诺数流线如图 8.8 所示,该计算是在较精细的非均匀网格上进行的。

由此可以估计迭代误差。在第 5.7 节中介绍了几种方法。首先,通过迭代得到一个精确的解,直到剩余范数变得可以忽略不计(在双精度中舍入误差的阶数)。然后重复计算,迭代误差计算为先前得到的收敛解与中间解的差值。

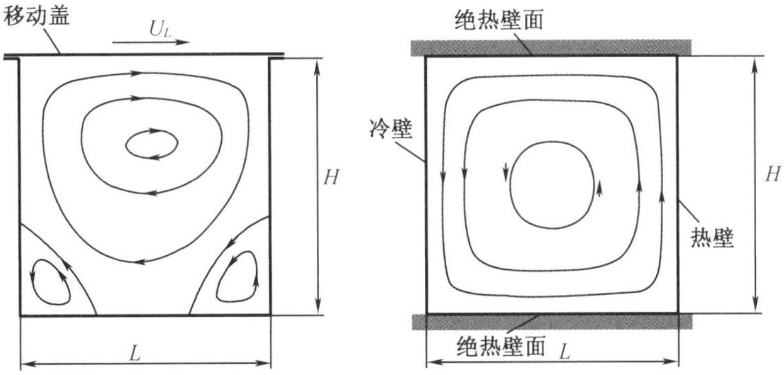

图 8.7 二维定常流动测试案例的几何条件和边界条件:盖驱动(左)和浮力驱动(右)方腔流

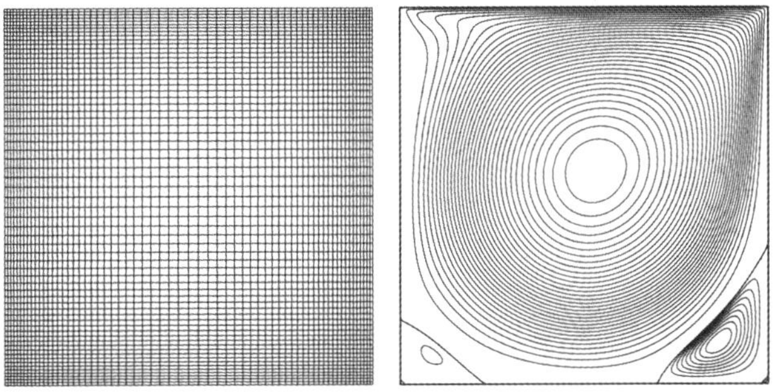

图 8.8 左图为求解方腔流问题的 64×64 CV 非均匀网格,右图为在 256×256 CV 非均匀网格上计算 R_e=1 000 时的盖驱动方腔流流线(一个涡流中任意相邻两条流线之间的质量流量为常数)

图 8.9 显示了迭代误差的范数,由公式(5.89)或(5.96)得到估计值,两次迭代之间的差值和残差。该计算在 32×32CV 网格上进行,速度亚松弛因子为 0.7,压力亚松弛因子为 0.3(未优化效率)。由于算法需要多次迭代才能收敛,误差估计器需要的特征值在最近 50 次迭代中求平均值。这些字段是通过从下一个较粗的网格插入解来初始化的,这就是初始误差相对较低的原因。

从图中可以看出,误差估计技术对于非线性流动问题有很好的效果。在求解过程的初始阶段,估计效果不佳,误差较大。使用两次迭代之间的差值或残差的绝对水平都不是迭代误差的可靠度量。这些量的减小速率与误差减小速率相同,但需要适当地归一化来定量地表示迭代误差。此外,这些量在初始时下降非常迅速,而误差的减少则要慢得多。在一段时间后,所有曲线变得几乎平行,如果粗略地知道初始误差的顺序(若从零初始场开始,它就是解本身),那么停止迭代的可靠标准是将两次迭代之间的差或残差的范数减少某个因子,比如 3 或 4 个数量级。在其他网格和其他流动问题上得到的结果与图 8.9 所示的结果相似。接下来我们讨论离散化误差的估计。使用 CDS 和 UDS 离散化在五个网格上进行计算;最粗的为 16×16CV,采用 SIMPLE 法和 IFSM 法。初级强度为 256×256CV。在所有网格中,均匀和非均匀同位网格的最小涡流数为 256 个,ψ_{min} 表示涡流中心与边界之间的质量流量,ψ_{max} 表示较大的二次涡流强度。

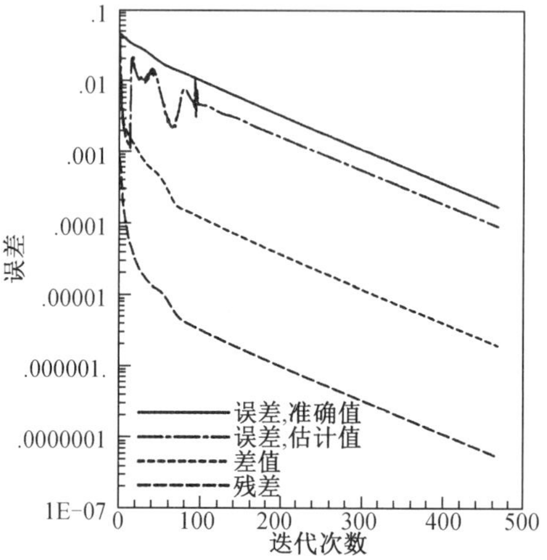

图 8.9　在对流和扩散均采用 CDS 离散的 32×32CV 网格上,比较 SIMPLE 方法在 $R_e=103$ 条件下求解盖驱动方腔流的精确迭代误差和估计迭代误差的规范、两次迭代的差值和残差。

这些值是通过在单元角中流量函数的最大值和最小值来估计的。流量函数的值是通过对单元表面的体积通量求和来计算的:将左下角的值设置为零,并通过将连接两个顶点的表面的体积通量相加来计算下一个顶点的值。图 8.10 显示了网格化后计算出的涡流强度的变化。在四个最精细网格上计算的结果表明,这两个量都向着网格无关解单调收敛。非均匀网格的结果明显比均匀网格的结果准确得多。最粗网格单元从外壁向方腔中心的网格增长率为 1.171 66,最细网格单元从外壁向方腔中心的网格增长率为 1.01:下一个较细网格上的值等于下一个较粗网格上的值的平方根,以确保来自较粗网格的网格线保留在较细网格中(即,每个粗网格 CV 恰好包含 4 个细网格 CV)。

为了实现定量误差估计,使用两个最细网格和理查森外推法(见第 3.9 节)上获得的结果估计网格无关解。这些值是:$\psi_{min}=-0.118\,93$ 和 $\psi_{max}=0.001\,73$。需要指出的是,理查森外推法适用于均匀或非均匀网格上得到的解,使用 SIMPLE 或 IFSM 得到的估计值与四个重要值相同;主涡相差 0.007%,次涡相差 0.027%(这适用于 CDS 离散化),通过从参考解中减去给定网格上的结果,可以得到误差估计。误差在图 8.11 中根据平均网格尺寸绘制。对于均匀网格和非均匀网格上的两个量,采用 CDS 离散化的误差减小预期为二阶的;对于 UDS 系统,由于误差太大,误差的减小仅接近于渐近的一阶收敛性,且在非均匀网格上误差较小,尤其是 ψ_{max};由于二次涡流被限制在拐角处,非均匀网格在此处更细,故具有更高的精度。然而,由于这个量比 ψ_{min} 小两个数量级,误差估计则不会十分精确(为了得到 ψ_{max} 的准确值,必须迭代到一个更严格的容差)。

需要指出的是,使用一阶迎风离散法求解对流的误差比使用 CDS 得到的解的误差要高得多。即使在 256×256CV 的网格上(可以认为是非常精细的网格),使用 UDS 的 ψ_{min} 的误差也在 10%左右,几乎比使用 CDS 的误差大两个数量级;见图 8.11。

使用 SIMPLE 法和 IFSM 法得到的结果只能在两个最粗的网格上进行区分;对于较细的网格差异太小,无法在图形中看到。因为在这两种情况下使用相同的离散化,这两种方法仅在压力修正方程上有所不同,故影响迭代求解过程的收敛速度,而不会影响解本身。因此,我们在图 8.12 中只展示了使用 IFSM 获得的中心线速度剖面。使用二阶 CDS 会导致单调收敛,连续网格的误差比是四倍。这两个最细的网格的速度分布几乎无法区分。

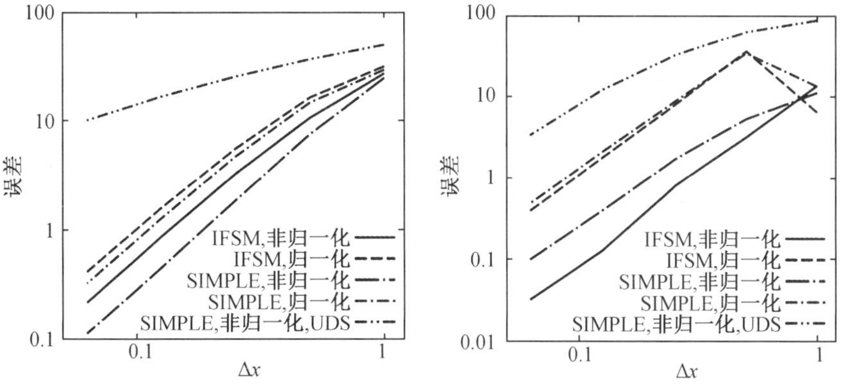

图 8.11 在 $R_e=1\ 000$ 时,用 SIMPLE 和 IFSM 求解方法以及均匀网格和非均匀网格计算了盖驱动方腔流中初级涡(ψ_{min};左)和次级涡(ψ_{max};右)强度解的离散化误差估计

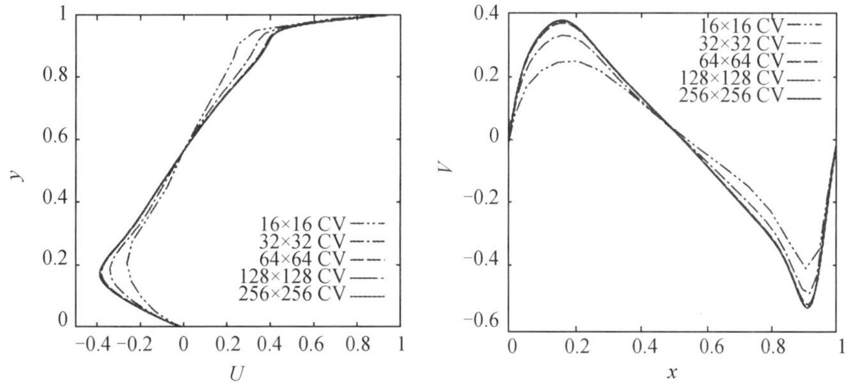

图 8.12 利用 IFSM 在 5 个非均匀网格上计算了 $R_e=1\ 000$ 时盖驱动方腔流中 u_x 沿垂直中心线的速度分布(左)和 u_y 沿水平中心线的速度分布(右)

接下来,我们将研究使用 CDS 离散化在均匀同位网格和交错网格上获得的解决方案之间的差异。因为速度节点在两个网格上位置不同,交错的值被线性插值到单元中心(高阶插值会更好,但线性插值已经足够了)。每个变量的平均差值($\varphi=(u_x,u_y,p)$)为:

$$\varepsilon=\frac{\sum_{i=1}^{N}\left|\varphi_i^{\mathrm{stag}}-\varphi_i^{\mathrm{col}}\right|}{N} \tag{8.86}$$

其中 N 是 CV 的数量。对于 u_x 和 u_y,在任一网格比在同一网格上的离散化误差小一个数量级,压力的差异较小(不需要插值)。

对于使用 CDS 和同位非均匀网格的 SIMPLE 法和 IFSM 法的收敛性。SIMPLE 法有两个可调参数:即速度亚松弛和压力亚松弛因子。IFSM 不需要对任何变量进行亚松弛处理,并且只有一个参数-时间步长(通常以 CFL 数字的规范化形式表示,$CFL_x = u_x\Delta t/\Delta x$ 或 $CFL_y = u_y\Delta t/\Delta y$)。下面首先验证压力亚松弛因子 α_p(见式 7.84)对使用不同速度亚松弛因子的 SIMPLE 收敛性的影响。图 8.13 显示了使用亚松弛因子的各种组合和 32 * 32CVs 的统一网格,将所有方程中的剩余水平降低三个数量级所需的外部迭代次数。

从图中可以看出,两种变量排列对亚松弛因子 α_p 的依赖性几乎相同,尽管在同位网格中适用值的范围较宽。当速度亚松弛较强时,我们可以使用介于 0.1 和 1.0 之间的任意 α_p 值,但该方法收敛较慢。α_u 值越大,收敛速度越快,但 α_p 的有效范围有限制。由式 7.89 提出的 α_p 值接近最优;$\alpha_p = 1.1 - \alpha_u$ 对该流动的影响最大。通常,一个参数会改变一个参数,并从上面的关系中确定另一个参数。

在图 8.14 中,我们展示了 Re=1 000 的盖驱动方腔流情况下,速度亚松弛因子 α_u 对 SIMPLE 收敛速度的影响,以及 CFL 数对非均匀网格和变量同位排列 IFSM 收敛速度的影响。对于交错变量排列和均匀网格,也可以得到相似的图形。对于这两种解决方法,所需的迭代次数随着网格的细化而增加。在 SIMPLE 情况下,亚松弛接近最佳值,但小于 1;当 $\alpha_u = 0.99$ 时,在所有网格上的迭代都出现发散,当 $\alpha_u = 0.98$ 时,在两个最细的网格上也出现了发散。

网格越细,所需迭代次数的增加越多,因为 α_u 降低到最优值以下。IFSM 在一定范围内对 CFL 数值敏感性降低。如果 CFL 低于 10,则需要多次迭代,但在 20 到 200 之间,迭代次数增幅变缓,特别是对于较粗的网格。在第 12 章中展示了如何使用多重网格方法来提高精细网格的计算效率。

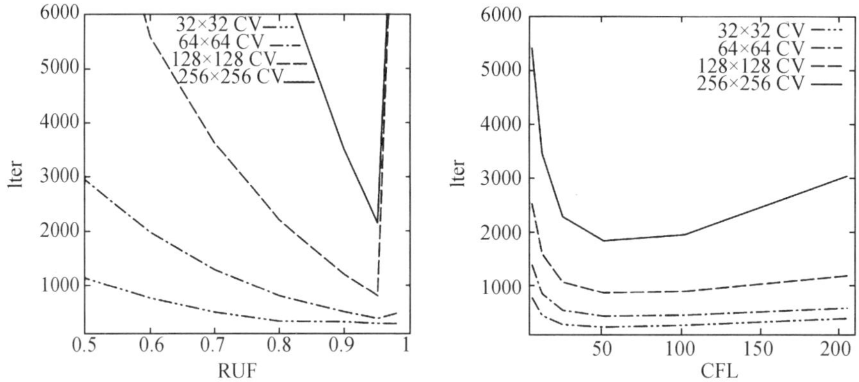

图 8.14 将所有方程的残差水平降低四个数量级所需的外部迭代次数,作为 SIMPLE(左)中的亚松弛因子 α_u 或 IFSM(右)中的 CFL 数的函数;Re=1 000 时盖驱动方腔流

接下来,我们研究了 SIMPLE 中速度的亚松弛因子和 IFSM 中不同的 CFL 数对同位变量布置和非均匀网格求解的影响。我们比较了在 SIMPLE 中 $\alpha_u = 0.95$ 和 $\alpha_u = 0.6$ 时得到的解,以及在 IFSM 中 CFL=6.4 和 CFL=102.4 时得到的解(CFL 数是根据盖驱动速度和平均网格间距确定的,就像在均匀网格上一样:使用非均匀网格时,整个网格的最大 CFL 数提高了约 50%)。用表达式(8.86)计算解之间的差异(残差水平降低了四个数量级,以最小化迭代误差的影响)。对于 SIMPLE 法,可以得到在 32×32CV 网格上的速度 ε 值约为 5×10^{-4},64×64 网格上的值约为 8×10^{-5},128×128 网格上的值约为 1.5×10^{-5}。对于 IFSM 法,求解得到的差异更大,在 32×32CV 网格上的速度 ε 值约为 2×10^{-2},64×64 网格上的值约为 6×10^{-3},128×128 网格上的值约为 1.4×10^{-3}。这些差异远小于对应网格上的离散化误差(分别约为10%,2.5%和0.6%),并且随着网格逐渐细化,离散化误差也以相同的速度减小,因此可以忽略。

稳态解依赖于亚松弛因子或时间步长,这是因为当使用同位变量排列时,这些参数会影响单元面质量通量的插值速度的修正。继 Ricie 和 Chow(1983)之后的修正方法可认为是避免压力-速度解耦的标准方法,也被用于上述计算。

此外,还有其他方法来避免在同位网格上的压力或速度振荡(见 Armfield 和 Street2005)。如:将插值设置为无亚松弛且和时间步长无关;参见 Pascau(2011)的详细讨论和解决方法以及 Tukovic 等人(2018)的扩展到移动网格的方法。在大多数应用程序中,这样的依赖关系不会引起问题,因为它比离散化误差要小;然而,当使用非常小的时间步长且流量不随时间变化时,可能会出现问题,引用参考文献中提出的解决方法是必要的。

下面考虑二维浮力驱动方腔流,如图 8.15 所示。现在需要解与 Navier-Stokes 方程耦合的能量方程,因为速度场取决于解域内的温度分布。此处的不可压缩流体的能量方程由一般标量输运方程表示,只需要将扩散系数设置为黏度和普朗特数的比值。在重力方向上的速度分量的动量方程得到了一个额外的源项;对于本例中使用的 Bousinesq 近似,此源项为(参见第 1.4 节末尾的解释):

$$q_i = \beta\rho_{\mathrm{ref}} g_i (T - T_{\mathrm{ref}}) \tag{8.87}$$

其中 β 是体积膨胀系数,g_i 是重力分量,T_{ref} 是参考温度,在参考温度下,密度 ρ_{ref} 是温度的函数。将密度视为常数,而动量方程中的上述源项表示(线性化)在 ρ_{ref} 附近密度变化的影响。需要指出的是,这种近似只有在密度变化接近线性变化的情况下才可行;当模拟液体流动时,只有在相对较小的温度范围内才能进行这一假设。

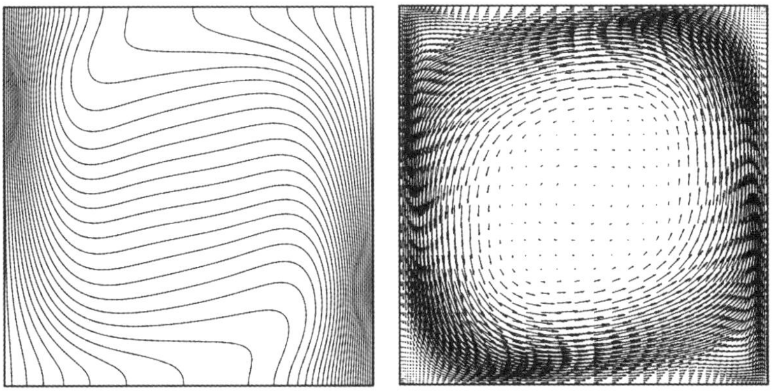

图 8.15 瑞利数 Ra=105 和普朗特数 Pr=0.1 的浮力驱动方腔流的等温线(左)和速度矢量(右)(任意两个相邻等温线之间的温差相同)

在这个测试案例中,重复使用了用于盖驱动方腔流计算相同的五个网格。冷壁和热壁是等温的,受热流体沿热壁面上升,而冷却流体沿冷壁面下降,普朗特数为 0.1(意味着热扩散率占主导地位),而温差和其他流体性质的选择使得瑞利数为:

$$\mathrm{Ra} = \frac{\rho^2 g\beta (T_{\mathrm{hot}} - T_{\mathrm{cold}}) H^3}{\mu^2}\mathrm{Pr} = 10^5 \tag{8.88}$$

式中：$T_{hot}=10$，$T_{cold}=10$，$\rho=1$，$\beta=0.01$，$g=10$，$\mu=0.001$，$H=1$（单位均为 SI 单位）。对于每个网格，从初始场开始进行计算，$u_x=0$，$u_y=0$，$T=6$。

经预测的速度矢量和等温线如图 8.15 所示。流动结构非常依赖于普朗特数，在空腔的中心区域形成了一个较大的几乎静止且稳定分层的流体。需要指出的是，在热流量为零的边界处等温线必须以垂直形式接近绝热壁（顶部和底部），该特征可以作为检查数值解合理性的特征之一。当等温线密度越大时，与等温线法向上的温度梯度也越大，因此通过传导产生的热通量也较高。如图 8.16 中所示，图中显示了沿着冷壁面每单位面积的局部热流密度的变化（热流密度为负，因为热量“进入”解域）：当热流体遇到靠近顶部的冷壁（参见图 8.15 中的等温线和速度矢量）时，传热比冷却流体离开冷壁的底部强烈得多。

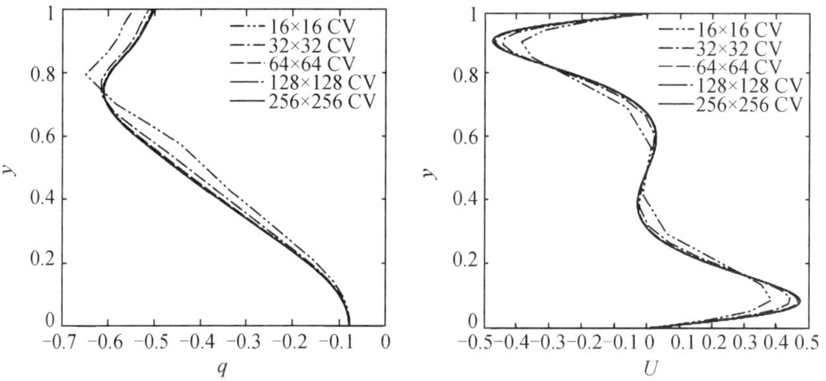

图 8.16 利用 IFSM 在 5 个非均匀网格上进行计算，预测 *Ra*＝105 时浮力驱动空腔流动中单位面积局部热流密度沿冷壁（左）和垂直中心线（右）的变化

图 8.16 给出了解对网格细度的依赖关系。表示两个最细网格上的溶液的线在视觉上无法区分彼此，这表明它们具有很高的精度。下面给出离散化误差的估计。

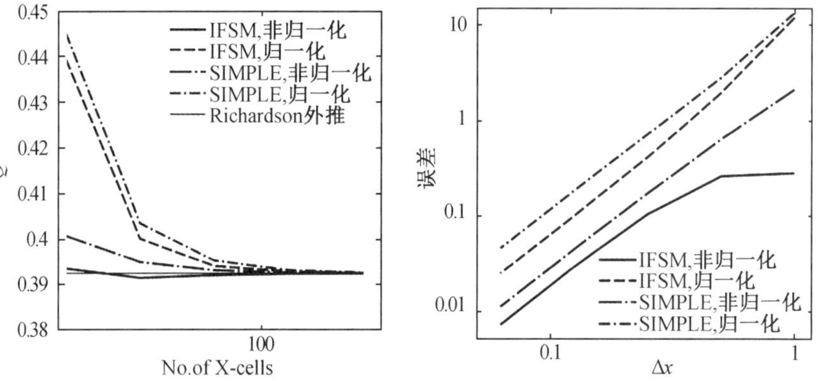

图 8.17 在瑞利数 *Ra*＝105 和普朗特数 *Pr*＝0.1 处，浮力驱动的空腔流动中，通过等温壁的热流 *Q*（左）和相关的离散化误差（右）作为网格细度的函数（在均匀网格和非均匀网格上使用 CDS 计算，采用 SIMPLE 或 IFSM 求解方法）

预计非均匀网格的结果将比均匀网格更准确，图 8.17 显示了通过等温壁的总热通量，以及使用理查森外推法时的离散化误差估计，作为网格精细度的函数，分别使用了均匀网格和非均匀网格,使用 SIMPLE 或 IFSM 方法计算。理查森外推法应用于两种最精细网格的结果时,能够得到相同的网格独立值估计,精确到五位有效数字,这个估算值为 $Q=0.392\,48$,当用纯热传导的热通量归一化时,Qcond = 0.1,得到努塞尔数 Nu = 3.924 8。通过将所有网格的解与估算的网格独立解相减,得到离散化误差的估计值。预测总热通量的误差如图 8.17 所示,所有误差都逐渐趋向于二阶方法的预期斜率(当网格间距减小一个数量级时,误差减小两个数量级)。热通量的误差在非均匀网格上比在均匀网格上要小得多,因为非均匀网格能更好地解析边界层。

需要指出的是,对于任意给定的网格,在盖驱动方腔流中,IFSM 的主涡强度误差大于 SIMPLE(见图 8.11),而在浮力驱动的流动中,IFSM 的总热流密度误差小于 SIMPLE(见图 8.17)。然而,在这两种情况下,两种方法得到的解之间的差异都相对较小。

我们再次检验了两种求解方法的效率及其对 SIMPLE 中亚松弛因子和 IFSM 中 CFL 数的依赖性。对于盖驱动方腔,SIMPLE 中速度的亚松弛因子在 0.5~0.98 之间;对于 IFSM,时间步长的选择对结果的影响则不太明显,因为无法预先得知速度的大小以及由此产生的 CFL 数的数值。有趣的是,使用与盖驱动方腔流相同的时间步长,并且在相同的时间步长下达到最高的计算效率(即所需迭代次数最少),但计算出的 CFL 数大约小了 3 倍。这是由于在这两种情况下,使用了相同的流体性质(密度和黏度)和相同大小的求解域。在式(7.94)中看到,速度修正与时间步长和密度乘以压力修正梯度的比值成正比,因此可以预期,对于相同的时间步长、密度和网格间距,方法的行为是相似的。唯一的例外是粗糙网格的最大时间步长是一个例外:在浮力驱动腔流中,无法得到时间步长为 6.4 s 的解,但在盖驱动方腔流中是可能的。

效率分析结果如图 8.18 所示。由于 IFSM 没有进行亚松弛,时间步长(CFL 数)仍然是唯一的参数;另一方面,在 SIMPLE 中出现了另一个因子—温度的亚松弛因子。如果它等于速度的亚松弛因子,收敛就会变得非常慢。但经验告诉我们,能量方程在层流中表现良好,通常需要很小或不需要亚松弛。因此,这里我们设置能量方程的亚松弛因子为 0.99;有了这个值,SIMPLE 的效率与 IFSM 相当。

使用 SIMPLE 或 IFSM 等隐式方法计算稳定不可压缩流的效率可以通过使用外部迭代的多重网格方法,并在更细的网格上开始计算从较粗网格得到的插值解,而不是从猜测的初始场开始。这将在第 12 章中两个测试案例加以说明。

8.4.2 正方形封闭空间内的非定常流动

在本节中,我们重点关注非定常流动的预测。当计算流态趋近于定常流动时,可以使用较大的时间步长,并且每个时间步长只进行一次迭代,因为只要迭代过程收敛,中间解就不相关。然而,在计算非定常流动时,必须确保所有方程都求解到一定的精度,然后才能进行下一个时间步。这意味着,一方面我们必须选择一个适当的时间步长来充分解决变量的时间变化,另一方面,我们需要在每个时间步长执行足够数量的迭代,以确保迭代误差足够小。

对于时间精确的流动模拟,时间积分方案至少应为二阶的。一阶隐式欧拉格式对于趋近稳态的流动(如 IFSM)非常有效,但对于周期流需要的时间步长太小,无法获得令人满意的精度。通常的选择是 Crank-Nicolson 格式(几乎专门用于分步方法)和全隐式三时间层格式(几乎专门用于 simple 类型方法)。中心差分可同时用于对流和扩散项。

使用的非迭代分步法与第 7.2.1 节中描述的方法略有不同,因为它基于全隐式三时间层格式,而不是通常的 Crank-Nicolson 格式(计算机代码可在互联网上获得;详见附录):

$$\frac{3(\rho\boldsymbol{v})^{n+1}-4(\rho\boldsymbol{v})^{n}+(\rho\boldsymbol{v})^{n-1}}{2\Delta t}+C(\boldsymbol{v}^{n+1})=L(\boldsymbol{v}^{n+1})-G(p^{n+1}) \tag{8.89}$$

为了使方法具有非迭代性,采用 Adams-Bashforth 格式估算 t_{n+1} 时刻的非线性对流通量;表达式与式(7.52)中给出的表达式略有不同:

$$C(\boldsymbol{v}^{n+1})\sim 2C(\boldsymbol{v}^{n})-C(\boldsymbol{v}^{n-1})+O(\Delta t^{2}) \tag{8.90}$$

算法的其余部分遵循第 7.2.1 节中的描述。

第一个流动问题是带有振荡盖的盖驱动方腔流,它以一定的速度进行如下的正弦运动:

$$u_{\mathrm{L}}=u_{\max}\sin(\omega t) \tag{8.91}$$

式中 $\omega=2\pi/p$,p 为振荡周期。设 $u_{\max}=1$,$p=10$ s;空腔高度为 1,黏度 $\mu=0.001$(始终使用 SI 单位),导致雷诺数在 0 和 1 000 之间变化。初始化解时,速度和压力(静止流体)均为零,且使用 128×128CV 的非均匀网格(前一节分析稳态流动时使用的网格)。

我们首先通过计算不同时间步长下盖振荡的 1/4 周期($t=0$ 到 $t=2.5$ s,对应 $\omega t=\pi/2$),分析隐式欧拉格式和三时间层格式的时间精度。完全隐式方法(SIMPLE 和 IFSM)允许使用较大的时间步长,因此我们从 $t=0.125$ s 开始(对应于每 10 s 的振荡周期 80 个时间步长)并将其减半 4 倍。最优时间步长($t=0.007\ 812\ 5$ s)对应于每个振荡周期的 1 280 个时间步长。非迭代的分步方法(由于明确了对流通量,故此处将其标记为 EFSM)不能在时间步长大于 0.012 5 s 的情况下工作,因此我们使用了 0.012 5 s、0.006 25 s 和 0.003 125 s 的时间步长。

在计算离散误差时,使用积分比较方便。我们选此方法评估 $t=2.5$ s 时由移动盖产生的主涡强度的差异。其通过对质量通量积分来获得单元顶点上的函数值(从左下角的 0 值开始,解域中的最小值表示给定盖运动方向的涡流强度。利用理查森外推法和两个最细网格上的值估算网格无关值,所有方法均预测该值为 $\psi_{\min}=-0.043\ 682$。通过用不同方法和时间步长的计算值减去该参考值,估计离散化误差。

图 8.19 为预测的涡流强度和相关的时间离散化误差随时间步长和所用方法的变化。在本例中,对于每个时间步,SIMPLE 得到的结果比 IFSM 得到的结果稍微准确一些;然而并非总是如此。当在黏度高 10 倍的情况下(雷诺数小 10 倍)重复这一过程时,IFSM 的结果误差更小。两种方法在时间积分方案中效果相同。显然,一阶隐式欧拉格式(这里标记为 IE)导致的误差比使用二阶三时间层格式(这里标记为 TTL)时大一个数量级。IE 算法将时间步长减半,误差减半,而 TTL 算法将误差减小到原来的 1/4。

利用代码在每个时间步中减少 4 到 5 个数量级的残差,以确保迭代误差可以忽略不计,这并非常规操作,特别是当时间步长很小时,故我们没有过于关注计算效率。然而,与 SIMPLE 相比,IFSM 达到相同水平的残差所需的计算时间略少。在相同的时间步长下,EFSM 法比迭代法所需的计算时间短;但 IFSM 最容易达到所需精度。需要指出的是,当 EFSM 由于稳定性原因无法使用时,IFSM 和 SIMPLE 已经达到了约 0.1%的离散化误差水平。

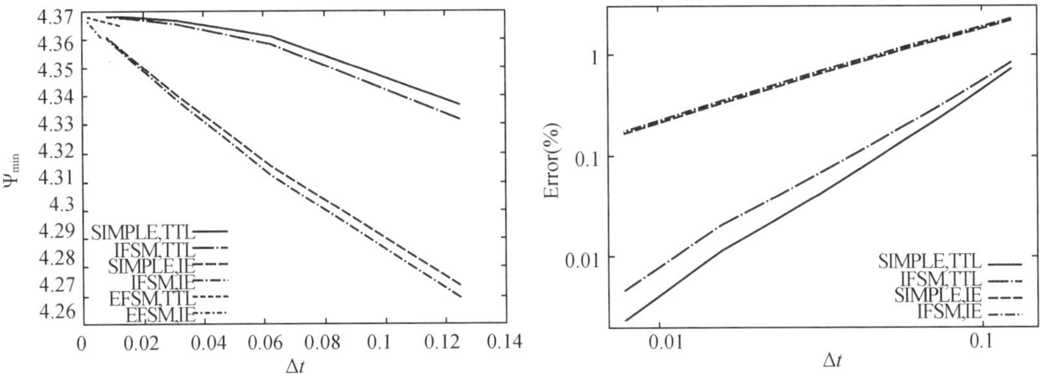

(a)主涡强度　　(b)时间高散误差

图 8.19　盖驱动方腔流运动在 $t=2.5$ s 时主涡强度和时间离散误差随时间步长的变化

图 8.20 显示了在计算开始后第 5 个振荡周期内生成的对应于 $\omega t=\pi/2(u_L=1)$,$\omega t=\pi(u_L=0)$,$\omega t=3\pi/2(u_L=-1)$,$\omega t=2\pi(u_L=0)$的时间点的速度向量。此时的流动是完全周期性的,这可以通过解的完全对称性来识别。显然,在一个周期内流型发生了非常复杂的变化,数值方法需要准确地捕捉这些变化。

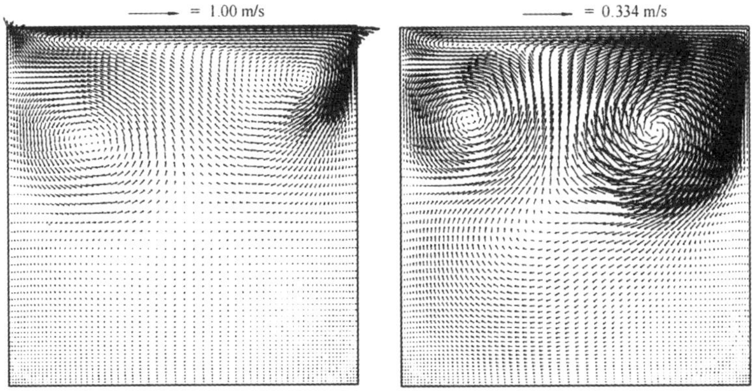

(a)1/4周期　　(b)1/2周期

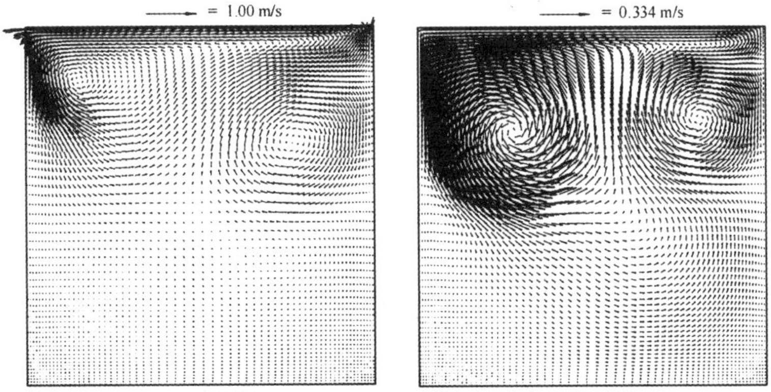

(c)3/4周期　　(d)全周期

图 8.20　盖驱动方腔流在 1/4 周期、1/2 周期、3/4 周期和全周期振荡运动时的速度矢量

图 8.19 所示的误差分析表明,精确解由隐式迭代方案(SIMPLE 和 IFSM)产生,每个振荡周期约 100 个时间步长。从图 8.21 中可以看出,随着时间步长的减小,只有在尖锐处的解发生了轻微的变化。如预期的那样,使用一阶隐式欧拉格式获得的解与使用二阶三时间层格式获得的解有很大的偏差。但需要指出的是,二阶格式再现了解的复杂的时间变化,每个振荡周期约 60 个时间步长。

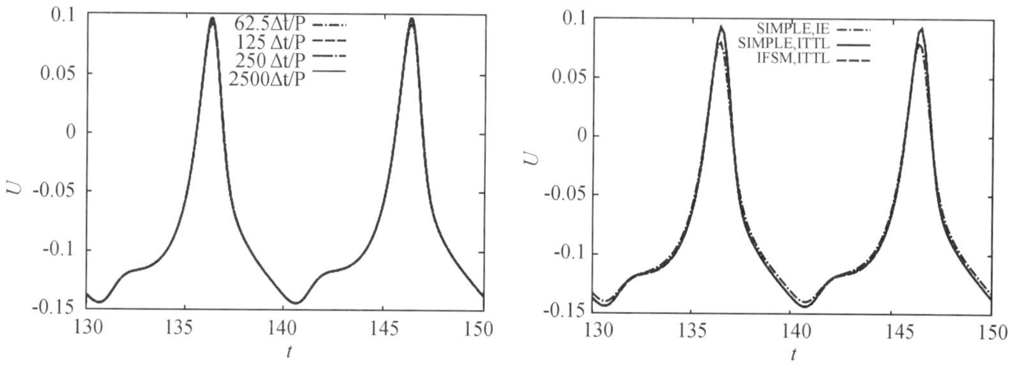

图 8.21　两个振荡周期内监测位置 u_x 速度的时间历程(x=0.086 72,y=0.907 63):解依赖于时间步长(上;IFSM)和使用最大时间步长的方案(下;每个振荡周期 62.5 个时间步长)

我们要讨论的第二种非定常流是前一节中浮力驱动方腔流,但热壁温度呈正弦变化:

$$T_{\mathrm{H}}=T_0+T_{\mathrm{a}}\sin(\omega t) \tag{8.92}$$

其中,$T_0=10$ 是平均热壁温度,$T_a=5$ 为温度波动幅度,$\omega=2\pi/p$,其中 p 为震荡周期。流体初始处于静止状态,温度设置为 5.1,冷壁温度 $T_c=0$,热壁温度 $T_H=10$。平均瑞利数与上一节所述的稳态流动相同,但由于热壁温度周期性变化,流型随时间发生显著变化。经过几个周期后,流体与初始化状态无关,变得完全周期性。

当流动完全周期性时,图 8.22 和图 8.23 分别给出了在 $\omega t=\pi/2(T_H=15)$,$\omega t=\pi(T_H=10)$,$\omega t=3\pi/2(T_H=5)$,$\omega t=2\pi(T_H=10)$ 时刻的速度矢量和等温线。它并不是对称的(与盖驱动方腔流的情况下一样),因为此处只有热壁温度振荡,但 t 和 $t+P$ 时刻的解是相同的。在一段时间内,流动模式发生了复杂的变化,使得预测变得复杂。

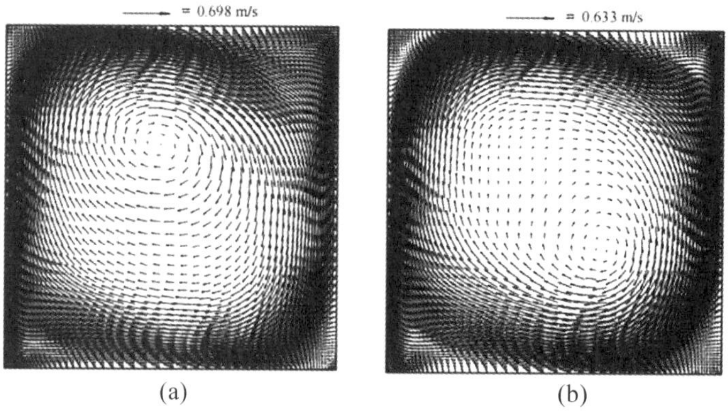

图 8.22　热壁温度振荡周期为 1/4、1/2、3/4 和全周期的浮力驱动方腔流的速度矢量(从左到右,从上到下)

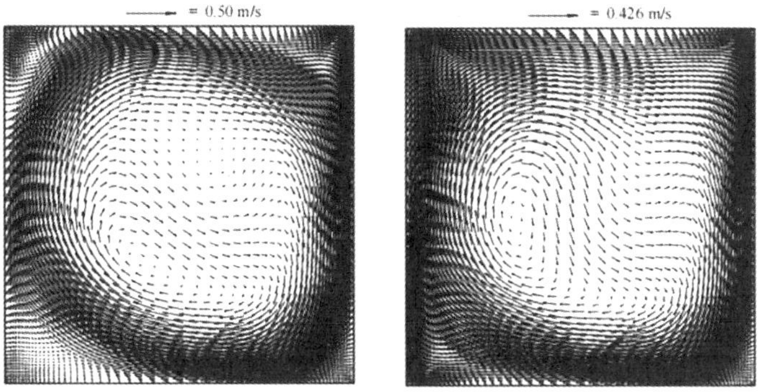

(c) (d)

图 8.22(续)

需要指出的是,等温线始终与绝热的顶部和底部边界垂直,这是热流为零的边界条件所规定的。等温线间距的变化显示了热通量的局部变化:密集的等温线表明在与等温线垂直的方向上有较高的温度梯度。在冷热壁面温度恒定的稳态流动条件下,两个等温壁面的净热流密度相同。这里的热流随时间而变化,并且在两个壁上是不同的,因为流体在一段时间内积聚热量并在剩余的时间内散发出去。正常情况下,热量通过热壁进入,但由于热壁温度的振荡变化,在短时间内沿热壁流动的流体实际上比壁面本身更热,以至于净热流符号发生变化—即空腔通过两壁散热。这可以从图 8.24 中看出,图中显示了两个时期内通过热壁的总热流的变化:在短时间内,热流为正,表明输出通量。还要指出的是,通过热壁的最大热流发生在温度达到最大值之前(在振荡周期的四分之一处,此时 $t=182.5$ 和 $t=192.5$ s):速度场与温度场之间存在相移。

从图 8.24 还可以看出,二阶时间积分方案已经可以得到非常精确的解,即图中几乎无法区分三个不同时间步长的三条曲线。图 8.25 证实了这一点,图 8.25 中显示了两个周期内一个监测位置的 u_x 速度值,使用三种方法的最大时间步长计算。可以看出,一阶隐式欧拉格式与二阶三时间层格式得到的解存在显著差异:前者由于其一阶误差导致数值在时间上扩散,因此未达到最低点。使用二阶格式的 SIMPLE 和 IFSM 之间的差异可以忽略不计,时间步长越小,它就越小。

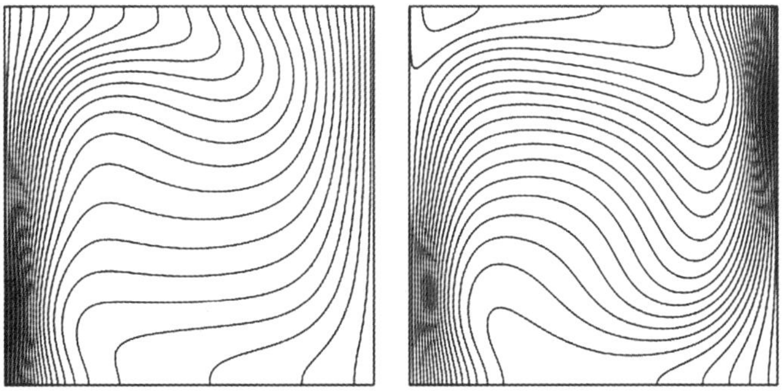

(a) (b)

图 8.23 热壁温度振荡周期为 1/4、1/2、3/4 和全周期的浮力驱动方腔流等温线(分别从左到右、从上到下)

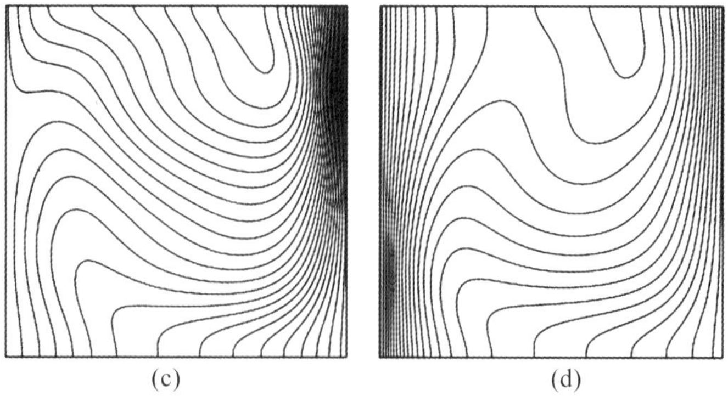

图 8.23(续)

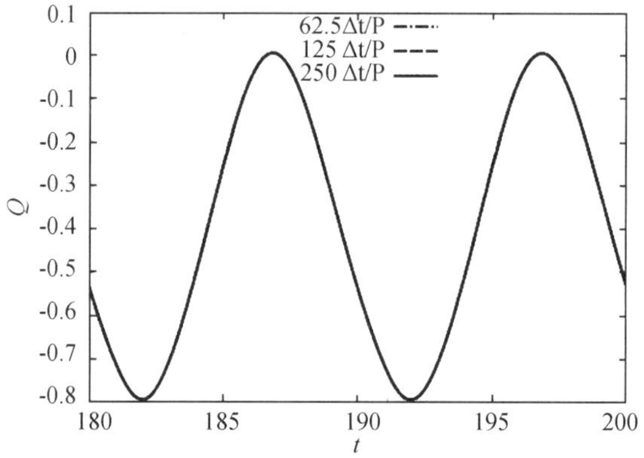

图 8.24　在两个振荡周期内,通过热壁的热流量作为时间的函数,使用 IFSM 和具有三个不同时间步长的二阶三时间层格式计算(所示为每个振荡周期的时间步数)

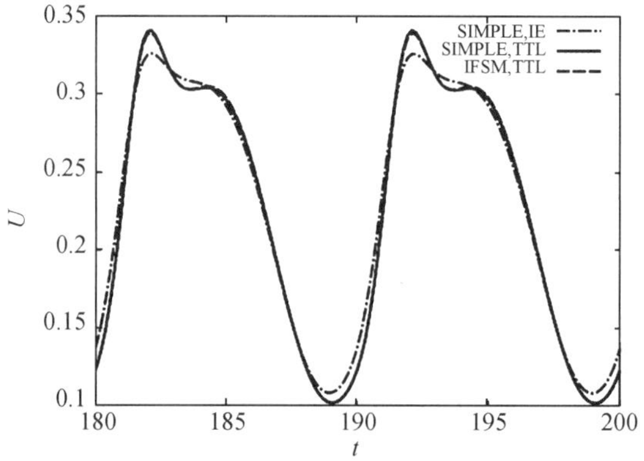

图 8.25　两个振荡周期内监测位置 u_x 速度的时间史($x=0.154\ 79$,$y=0.837\ 22$),解依赖于使用最大时间步长的时间积分方案(每个振荡周期为 62.5 个时间步长)

到目前为止,我们只讨论了矩形解域和笛卡尔网格。真正的工程问题不会如此简单。在大多数情况下,流动和传热发生在相当复杂的几何形状中。我们将在下一章解释到目前为止所描述的方法如何扩展到非笛卡尔结构或任意多面体非结构网格,这些网格可以应用于更复杂的解域形状。

第9章 复杂几何

工程实践中的大多数流动涉及复杂的几何结构，这些几何结构不容易与笛卡尔网格相匹配。尽管前面描述的代数系统的离散化原理和求解方法仍然有效，但它们的实现有许多不同的可能性。求解算法的性质取决于网格、向量和张量分量的选择以及网格上变量的分布。本章将讨论这些问题。

9.1 网格的选择

当几何图形是规则的（例如，矩形或圆形）时，选择网格很简单：网格线通常遵循边界定义的方向，这些方向与适当的坐标方向重合。在复杂的几何结构中，选择并不简单。网格受到离散化方法施加的约束。

如果算法设计用于曲线正交网格，则不能使用非正交网格；如果要求 CV 为四边形或六面体，则不能使用由三角形和四面体组成的网格等。当几何结构复杂且无法满足约束条件时，必须做出妥协。然而，如果离散化和求解方法都设计用于任意多面体控制体，则可以使用任何网格类型。

9.1.1 曲线边界的逐步逼近

最简单的计算方法是使用正交网格（笛卡尔或极柱）的计算方法。然而，为了将这样的网格应用于具有倾斜或弯曲边界的计算域，需要额外的近似：边界必须通过阶梯状的网格近似，或者将网格延伸到边界之外，并且对于其附近的单元，必须使用特殊的近似值。

第一种方法有时仍在使用，但它会引发两种问题：

- 每条网格线的网格点（或 CV）数量不是恒定的，因为它是在完全规则的网格中。因此，尽管单元格是规则的，但由于必须使用某种间接寻址或限制每条网格线上索引范围的特殊数组，规则网格的主要优势已经丧失。可能需要为每个新问题更改计算代码。
- 通过阶梯近似平滑壁面会给求解方法带来误差，尤其是当网格粗糙时。阶梯壁面处边界条件的处理也需要特别注意，因为阶梯近似影响的面积远大于阶梯的直接面积。

这种网格的示例如图 9.1 所示。当壁面处的切应力或传热起重要作用时（例如，机翼、飞机或船体、空气动力学体、涡轮叶片等），这种方法可能会导致较大的误差。不建议这样做，除非求解算法允许在壁面附近进行局部网格细化（参见第 12 章，了解局部网格细化方法的详细信息），并且压力占主导地位。对于钝体，当许多物体占据的空间中的堵塞效应比单个物体上的剪切应力对流动分析更重要时，这一点尤其适用。理论上，如果壁面附近的网格间距与自然壁粗糙度的量级相同，则逐步近似将产生准确的结果。

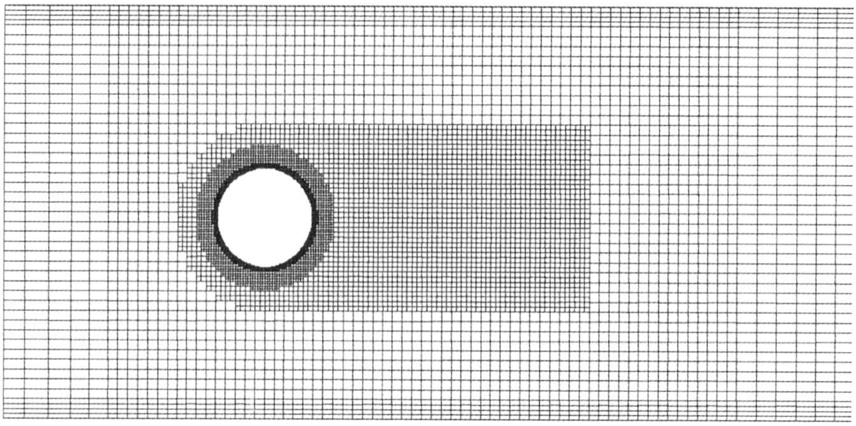

图 9.1　使用曲线壁面边界逐步逼近的网格示例,带有局部细化以减少网格高度

使用这种方法的另一个可能原因是,当包含许多物理模型(例如,燃烧、多相流、相变等)的现有求解方法不能适应边界的网格时,或者当壁面边界的精确表示不再是必需条件时(例如,当表面非常粗糙时)。事实上,一些作者使用局部细化的逐步逼近来模拟壁面粗糙度效应。例如,Manhart 和 Wengle(1994)对壁挂式半球上的流动进行的大涡模拟,以及 Xing Kaeding(2006)对圆柱体进出水的模拟。

如上所述,局部细化的使用消除了笛卡尔网格最吸引人的特征之一,即邻域连接的简单性。

要么将细化界面上的未细化单元视为多面体,要么使用所谓的"重影节点"(也称为"悬挂节点")。这些问题的处理方式与非共形或滑移界面相同,这将在第 9.6.1 节中详细解释。

9.1.2　浸没边界法

浸没边界方法使用规则(大多数是笛卡尔)网格,并通过部分阻挡被壁面切割的单元来处理不规则的壁面边界。这种方法的第一次发表被认为是 Peskin(1972)的论文;近年来,已经开发了许多浸没边界方法的变体。其中一个动机是研究移动或变形物体周围的流动,人们认为这种方法比移动和变形贴体网格更灵活。

该方法有多种风格,由于细节上仅与壁面边界条件的处理有关,而方法的其余部分通常对应于本书所述的方法之一,因此我们将不讨论这些细节。

基本上,首先必须识别被壁面边界切割的网格(可能还有与它们相邻的单元)。通常使用三角(STL 格式)边界描述,而不是 CAD 表示。

最大的问题是在正确的位置实施正确的壁面边界条件;这将导致在切割单元或体内部的重影单元中固定速度,从而使场分布适合一定数量的节点,从而在其穿过壁面边界的位置给出指定的壁面速度。当壁面移动时,必须在每个时间步骤识别切割网格和计算域外的网格。

当网格足够精细时,这些方法会产生准确的结果。然而,如果研究翼型、涡轮叶片或其他平滑弯曲壁面周围的高雷诺数流动,则沿壁面具有棱柱层的边界拟合网格更准确。特别是当使用具有所谓"低雷诺数"方程的湍流模型时,需要在壁面法线方向上划分非常小的网格间距,浸没边界方法变得低效,因为它们最终也在壁面切线方向上细化了网格。

有关浸没边界方法的更多详细信息，请参阅 Peskin(2002)的综述文章和其他出版物，例如 Tseng 和 Ferziger(2003)、Mittal 和 Iaccarino(2005)、Taira 和 Colonius(2007)、Lundquist 等人(2012)等。论文中有更详细的描述，例如 Peller(2010)和 Hylla(2013)等。

9.1.3 重叠网格

当几何结构复杂时，结构化或模块结构化边界拟合网格的问题是，网格质量通常会在壁面附近恶化，而壁面附近所需的精度应该是最高的。重叠网格可以通过使用最佳边界拟合的棱柱形网格和远离壁面的简单网格(通常是笛卡尔网格)来帮助实现壁面附近的高网格质量。在文献中，这类方法通常与奇美拉网格(奇美拉是一种具有狮头、山羊身体和蛇尾的神话生物)、重叠网格或嵌套网格等名称相关联。这种方法在研究物体周围的流动时特别有优势，无论是在固定位置还是在运动中。通常，人们会创建一个不考虑实体的背景网格，该网格仅适用于通常不移动的外部边界(入口、出口、对称或远场边界等)。体周围的网格是在距离体一定距离处创建的，并与背景网格重叠。如果物体在移动，那么附着在其上的网格也在移动(参见 NASA Chimera 网格工具用户手册 NASA CGTUM 2010)。

被体覆盖的部分背景网格和重叠网格被禁用，但在两个网格都处于活动状态的狭窄重叠区域上除外。

离散化和求解方法通常是这里描述的方法之一；只有单个网格上的解的耦合是特定于重叠网格的。一种可能性是将嵌套网格的外表面和通过停用背景网格中的一些单元而创建的孔的表面作为边界。在流体进入网格的边界部分，规定了入口(Dirichlet)条件，而在流体离开网格的部分，则规定了压力。

要施加的边界值是通过从其他网格插值获得的。

这些边界条件的更新可以在每次内部迭代之后或在每次外部迭代之后执行；前者更隐式(如在并行计算中)，并导致更好的收敛性。

另一种选择是将网格耦合到求解的每个方程的线性方程组的矩阵 $\boldsymbol{A}$ 中，以便在所有网格上同时获得解。实现过程将参考图 9.2 和其中的符号进行解释。图中显示了嵌套的两个网格上的活动单元。接收器(重叠、悬挂)节点被定义为使得可以像相邻小区也是活动的一样执行离散化。接收网格处的变量值是通过从另一个网格中选择一组供体网格进行插值获得的。这如图 9.2 所示：标记为 P 的网格的离散化方程指的是基于 P 和 N_a 之间的面上的通量以空心圆标记的受体相邻网格 N_a。

在离散通量中，只要参考受体网格中心的变量值，就会用插值表达式替换：

$$\varphi_{N_a}=\alpha_4\varphi_{N_4}+\alpha_5\varphi_{N_5}+\alpha_6\varphi_{N_6} \tag{9.1}$$

这里，α_4，α_5 和 α_6 是相加为 1 的插值因子，是通过将线性形状函数拟合到另一个网格的三个最近相邻单元而获得的。因此，在单元 P 的方程中，线性方程矩阵中将有六个非对角系数：三个相邻面来自同一网格(N_1、N_2 和 N_3)，三个相邻面则来自嵌套网格(N_4、N_5 和 N_6)。根据所使用的线性方程求解器，可能需要对算法进行一些其他修改。此外，对于供体网格之间的插值以及所使用的供体网格数量，有许多不同的选择。一种可能性是仅使用变量值和来自相邻单元的梯度。然后需要一种延迟修正方法来解释梯度的贡献，但这并不代表很大的复杂性。

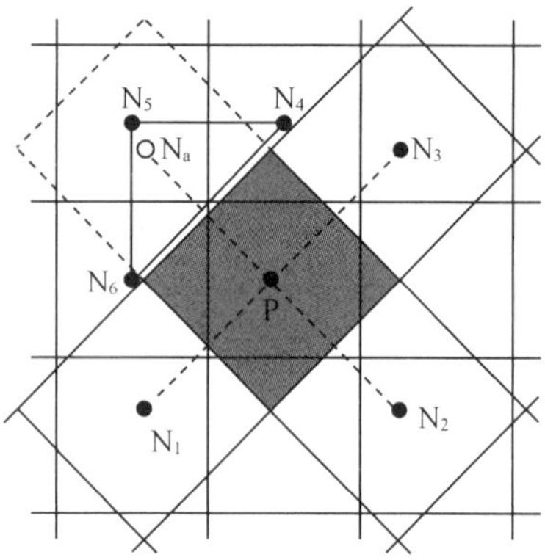

图 9.2　关于嵌套网格上受体和供体网格的定义

嵌套网格的主要优点是：

- 与使用单个网格相比，可以更好地优化壁面附近的网格质量；
- 如果体移动，壁面附近的网格质量将保持不变；
- 在不改变网格或边界条件的情况下，可以很容易地实现具有不同攻角的物体的参数化研究，只需旋转嵌套网格即可。
- 使用嵌套的网格，可以考虑任意的体运动，否则其他方法可能无法实现。

注意，对于嵌套网格，在变量变化不太大的区域，在远离壁面的区域执行特殊插值，而浸没边界方法则直接在需要最高精度的壁面上应用特殊的插值。

嵌套网格在过去经常使用，最近这一功能也在商用代码中实现。自 1992 年以来，每两年举行一次关于嵌套网格的专题讨论会；请访问官方网站获取更多信息：www.oversetgridsymposium.org。Hadžič(2005)和 Hanaoka(2013)的论文中对一些方法进行了详细描述；这两篇论文都可以是从互联网下载的。嵌套网格应用的示例将在第 13.4 和第 13.10.1 节中介绍。

9.1.4　边界拟合非正交网格

边界拟合非正交网格最常用于计算复杂几何体中的流动(大多数商用代码使用此类网格)。它们可以是结构化的、块结构化的或非结构化的。这种网格的优点是：(1)它们可以适应任何几何形状，(2)与正交网格相比，更容易实现最佳性能。因为 CV 面落在计算域边界上，所以与曲线边界的逐步逼近相比，边界条件更容易实现。网格也可以适合于流动，即，可以选择一组网格线来跟随流线(这提高了精度)，并且可以在变量变化较大的区域中减小间距，特别是在使用块结构或非结构网格的情况下。

非正交网格有几个缺点。如果使用有限差分法，变换后的方程包含更多需要近似的项，从而增加了编程难度和求解方程中的每个单元的计算量。如果使用有限体积法，则必须创建质量可接受的控制体，这是一项非常重要的任务。在某些条件下，网格的非正交性可能导致收敛问题或非物理解。速度分量的选择和网格上变量的排序会影响算法的准确性和效率。这些问题将在下文进一步讨论。

在本书的其余部分中，我们将假设网格是非正交和非结构化的。我们将介绍的离散化原理和求解方法也适用于正交网格，因为它们可以被视为非正交网格的特殊情况。其中一节讨论了块结构网格的处理,因为同样的方法用于非结构网格中的非共形界面,例如滑移界面。

9.2 网格生成

为复杂几何图形生成网格是一个需要太多空间的问题,需要详细处理。我们将只介绍网格应该具有的一些基本概念和属性。关于网格生成的各种方法的更多细节可以在专门讨论该主题的书籍和会议论文集中找到,例如 Thompson 等人(1985)和 Arcilla 等人(1991)。

尽管必要性要求在复杂的几何图形中,网格是非正交的,但重要的是使其尽可能接近正交。在 FV 方法中,CV 顶点处网格线的正交性并不重要,重要的是(单元表面法向量)与连接其两侧 CV 中心的线之间的角度。因此,由等边三角形组成的 2D 网格等效于正交网格,因为连接单元中心的线与单元面正交,这将在第 9.7.2 节中进一步讨论。

单元拓扑结构也很重要。如果使用中点规则积分近似、线性插值和中心差分来离散方程,则如果 CV 在 2D 中为四边形,在 3D 中为六面体,其精度将高于我们分别使用三角形和四面体的情况。原因是,当离散扩散项时,在相应的单元面上产生的部分误差在四边形和六面体 CV 上会部分抵消(如果单元面平行且面积相等,则完全抵消)。为了在三角形和四面体上获得相同的精度,必须使用更复杂的插值和梯度近似。特别是在固体边界附近,最好有四边形或六面体(棱柱层;见第 9.2.3 节及以下内容),因为所有的量都有很大的变化,并且在该区域中精度尤其重要。

如果一组网格线紧密跟随流体的流线,特别是对流项,精度也会提高。如果使用三角形或四面体,则无法实现这一点,但使用四边形和六面体是可能的。

处理复杂几何体时,非均匀网格是规则而非例外的。然而,网格质量成为一个重要问题,我们在第 12 章中专门用了一整节来讨论它。

经验丰富的用户可能知道速度、压力、温度等剧烈变化的区域;这些区域内的网格应该很好,因为那里的误差很可能更大。然而,即使是经验丰富的用户也会偶尔遇到问题,更复杂的方法在任何情况下都很有用的。如第 3.9 节所述,误差在整个计算域内对流和扩散。这使得必须实现尽可能均匀的截断误差分布。然而,可以从粗网格开始,然后根据离散化误差的估计在局部细化网格;实现这一点的方法称为自适应网格方法,将在第 12 章中描述。

最后,还有网格生成的问题。当几何结构复杂时,网格生成通常会消耗到目前为止最多的用户时间;设计师花一周时间生成一个网格并不罕见,而在并行计算机上,网格生成只需几个小时。由于求解的精度与方程离散化所用的近似值一样取决于网格质量,因此网格优化值得投入较多的时间成本。

存在许多用于网格生成的商用和开源的代码。网格生成过程的自动化,旨在减少用户时间并加快过程,是这一领域的主要目标。有时,生成一组高质量的嵌套网格比生成单个块结构化或非结构化网格更容易,但在非常复杂的几何图形中,由于存在太多不规则的面,并且需要使用太多网格块,因此这种方法很难。然而,可以在出版物中找到使用了 100 多个网格块的示例(例如,用于计算军用飞机周围的流动)。

三角网格和四面体网格的生成更容易自动化,这是其受欢迎的原因之一。然而,在大多数商用代码中,使用切割的六面体或多面体网格。生成多面体网格时,第一步通常是生成四面体网格,然后将其转换为多面体网格。工业应用中的网格生成过程涉及其他几个步骤,这些步骤将在以下小节中进行描述。

9.2.1 计算域的定义

对于自动生成网格,需要将计算域边界的闭合曲面作为起点。在大多数情况下,曲面是以 CAD 格式之一定义的。然而,人们通常获得固体零件的 CAD 数据,并且需要提取固体内部、外部或实体之间的流体所占据的体积。大多数用于网格生成的商用软件都包含允许对固体进行布尔运算和提取流体域的工具;有时需要额外的步骤,例如为入口和出口创建边界表面。示例如图 9.3 所示:CAD 数据包含球阀、手柄和壳体。如果只计算阀门周围的流量,则需要提取阀门内部流体所占的体积,并通过提供入口和出口横截面表面来使流体域封闭;然后可以丢弃固体部分。还希望将出口边界移动至阀的下游;如果 CAD 模型中不包括出管道,则可以沿轴向延伸出口边界,从而创建足够的出口段,如图 9.3 所示。

如果需要获取管道中的热流体到环境的热传递,可以保留固体,并在阀门组件周围添加一个较大的流体域,以便计算从外壁到环境的热量传递。这可以通过从盒子中减去阀门组件来实现。然后需要在流体域和所有固体部分中生成网格。理想的是在固体-流体交界面处具有共形网格;这将在第 12 章讨论网格质量时进行更详细的讨论。

在包含数百甚至数千个固体部件的非常复杂的几何形状的情况下(例如,当研究车辆中的热管理时,这需要计算车辆周围、发动机舱内、乘客舱内等的流动以及通过固体部件的热传导),通过布尔运算和实体压印来创建流域边界可能太复杂。尤其当零件装配体含需要手动修复的间隙、交叉点或表面重叠时,或者当导入的几何结构包含太多对流动不重要的细节,并且考虑这些细节会不必要地增加网格单元数时。在这种情况下,最好使用所谓的“表面重构”工具。这些工具将表面包裹在所有实体部件上,就像吹气球一样,直到它紧紧地粘在所有的壁面上。生成的闭合曲面以离散形式提供(通常为三角剖分)。

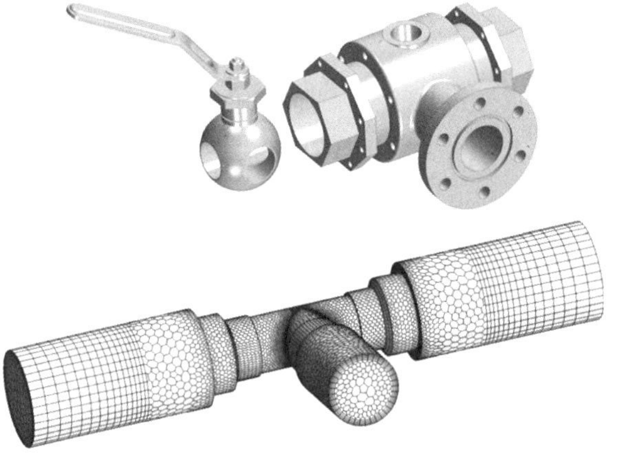

图 9.3 模拟阀门周围流动时的流体体积提取和边界延伸示例:导入的 CAD 零件(上)和具有延伸出口边界的提取流体域(下)

表面重构工具通常为用户提供了控制生成的闭合曲面的细节保真度的可能性(例如,保留特征线,如锐边或材料界面、曲面曲率的分辨率、保留零件之间的间隙等)。因此,可以对几何体进行“去特征化”,即,去除不需要的细节(例如,关闭孔和间隙,去除小零件等)。通过严格的公差,可以获得几何图形的精确表示,而不会显著损失细节保真度。

9.2.2 表面网格的生成

通过对几何图形的 CAD 表示进行细分而获得的离散曲面表示不适合作为网格生成的起点:三角形准确地表示几何图形,但它们的形状和大小通常比用于模拟流体流动的网格可接受的要大得多。因此,网格工具通常首先重新创建一个适当的曲面网格,该网格充分表示几何体,同时提供适度的增长率,并尽可能接近最佳等边三角形(至少应满足 Delaunay 条件,即每个三角形顶点的圆拟合不应包括任何其他顶点,这是一个使所有三角形的最小角度最大化的条件)。这里我们不讨论表面网格生成的细节;鼓励感兴趣的读者查阅有关该内容的文献(Frey 和 George2008 年,第 7 章)。我们只想强调一个事实,即许多生成体网格的算法都需要一个由适当的三角形曲面网格离散的计算域的闭合曲面作为起点。图 9.4 显示了初始曲面三角剖分和最终网格曲面的示例。

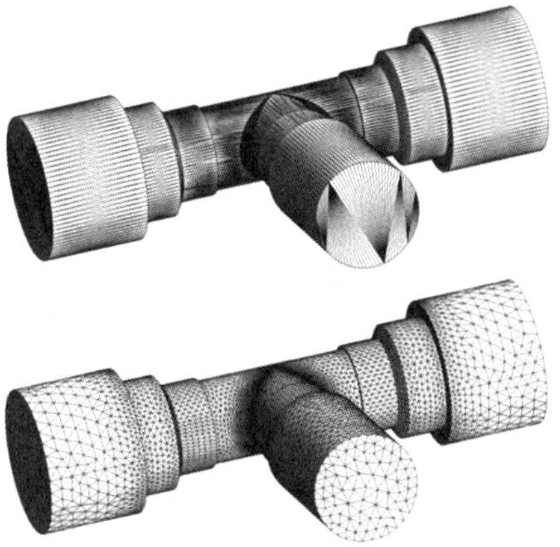

图 9.4 图 9.3 中的阀门流体域的初始划分结果(上),以及作为体网格生成起点的三角剖分重新网格化的结果(下)

9.2.3 体网格的生成

大多数生成四面体网格的工具都是从求解域边界上的三角形曲面网格开始的。首先生成表面上有一个基部的四面体,并将该过程作为行进前沿向内继续生成;整个过程就像用行进过程求解方程,实际上,有些方法是基于椭圆或双曲偏微分方程的解。

如果需要求解边界层,则在壁面附近不需要四面体单元,因为第一个网格节点必须非常靠近壁面,而在平行于壁面的方向上可以使用相对较大的网格尺寸。这些要求导致了长而薄的四面体,在扩散通量的近似中产生了问题。出于这个原因,大多数网格生成方法首先在实体边界附近生成棱柱层,从曲面的三角形离散化开始,然后延伸在与边界正交的方向上的三角形。通常,对棱镜层进行一些延伸;应避免大于 1.5 的延伸因子,而 1.2 的因子通常会提供良好的结果。在该区域的其余部分自动生成四面体网格。这种网格的示例如图 9.5 所示。应该创建多少棱柱层取决于边界层的建模;更多细节将在下一章中给出。

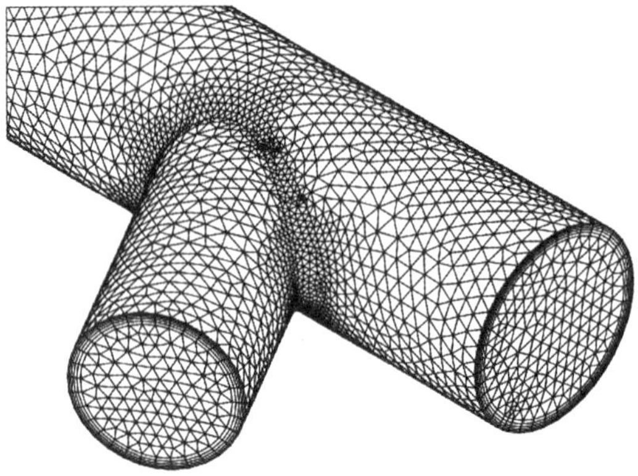

图 9.5　由壁面附近的棱柱和计算域剩余部分的四面体组成的网格示例

该方法提高了壁面附近的网格质量，并导致更精确的解和更好的数值解方法的收敛性；然而，只有当求解方法允许混合控制体类型时，才可以使用它。原则上，任何类型的方法（FD、FV、FE）都可以适用于这种网格。

自动生成网格的另一种方法是用笛卡尔网格覆盖计算域，并调整由计算域边界切割的单元以适应边界。这可以通过将位于计算域之外的切割单元的顶点投影到边界来实现，也可以通过接受切割单元的原样（多面体 CV）来实现。后一种方法要求离散化和求解方法可以处理任意多面体单元。这种方法的问题是，在需要最高网格质量的地方，会生成质量最差的近壁面不规则单元。如果这是在非常粗糙的水平上进行的，然后网格被细化多次，则不规则性仅限于几个位置，可能不会对精度产生太大影响；然而，复杂的几何结构通常会限制初始网格的粗糙程度。

为了使不规则切割的网格远离壁面，可以先沿壁面创建棱柱层；然后由近壁棱柱层的外表面切割规则笛卡尔网格。这种网格的示例如图 9.6 所示。这种方法允许快速生成网格，但需要一个求解器来处理通过用任意曲面切割规则单元而创建的多面体单元。此外，网格质量也是一个问题，因为切割的单元可能既小又不规则。大得多的网格之间的微小网格是不利的（膨胀率太高）。同样，原则上所有类型的方法都可以适用于此类网格。

如果离散化和求解方法允许使用具有任意拓扑（一般多面体）单元的非结构网格，则网格生成程序会受到很少的约束。目前，大多数用于流动模拟的商用代码可以生成和使用任意多面体网格。如上所述，可以从四面体网格创建这样的网格；这通常是生成多面体网格的第一步。然而，由于多面体网格没有对拓扑施加任何限制（即，单元面和相邻单元的数量是任意的），通常会遵循几个优化步骤。单个单元或一组多面体单元可以通过多种方式进行优化，以提高网格质量；这包括移动顶点、分割或合并面或单元等。多面体网格的示例如图 9.7 所示。

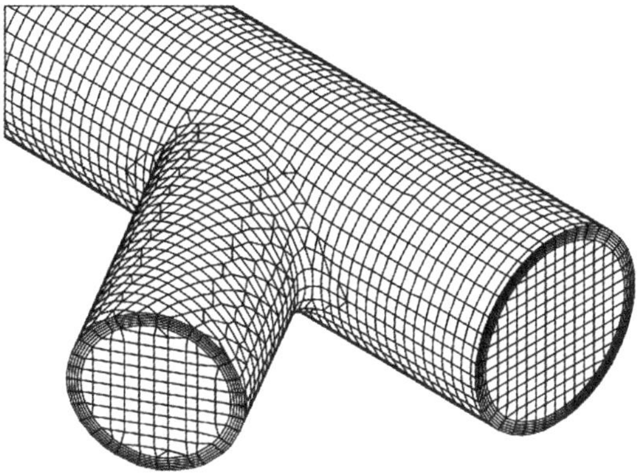

图 9.6 一个切割体网格的示例,该网格是通过将壁面附近的棱柱层与计算域主体中的规则笛卡尔网格相结合而创建的,沿着切割表面具有不规则多面体单元

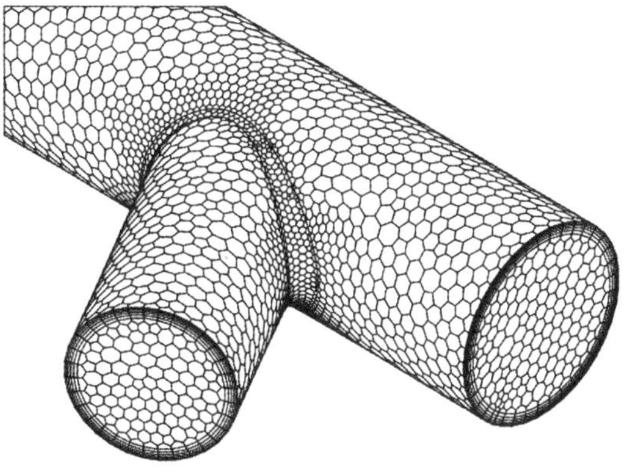

图 9.7 由壁面附近的多边形棱柱层和计算域主体中的任意多面体组成的网格示例

还通过逐单元局部网格细化创建多面体单元。一个未细化的相邻单元,虽然保持其原始形状(例如,六面体),但由于一个或多个面被一组子面替换,因此成为逻辑多面体。

求解计算域也可以首先划分为块,在块中可以比整个求解计算域更容易地创建具有良好属性的网格。可以自由选择每个块的最佳网格拓扑(结构化 H、O 或 C 网格,或非结构化四面体、六面体或多面体网格)。然后,块界面处的网格必须相互压印;界面中的原始面被几个较小的面替代,这些面被唯一地定义为界面两侧的两个相邻单元的公共面。然后,块界面上的单元具有不规则形状的面被视为多面体。图 9.8 显示了一个示例,该示例显示了从矩形横截面的通道到圆形横截面的管道的突然过渡。显然,笛卡尔网格表示矩形通道的最佳值,而边界拟合的 O 型网格最适合圆形管道。图 9.8 显示了两个网格相互压印的块界面,导致不规则的单元面。耦合非共形网格块的替代方法也是可能的;部分内容将在第 9.6.1 节中描述。

如果要在参数化研究(例如形状优化)中改变几何体的部分,则在复杂几何体中按块生成的非共形网格尤其有吸引力。在这种情况下,几何体中没有变化的部分的网格可以保持不变,只需要在一个小区域中而不是在整个计算域中重新生成网格。与生成整体区域的网格相比,这种方法通常可以更好地优化网格属性。

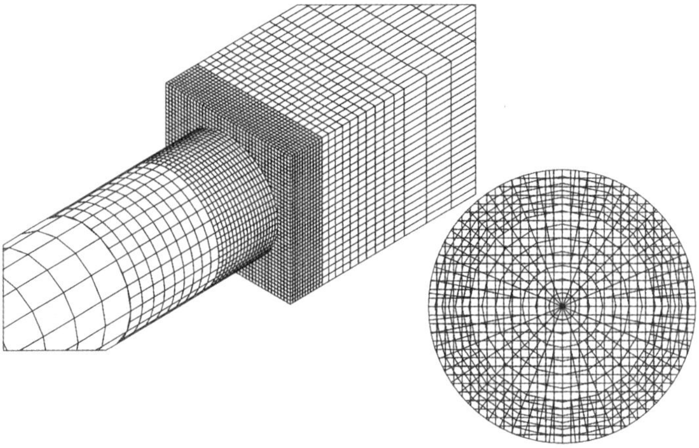

图 9.8　通过将两个块与非共形界面和逐单元局部细化相结合而创建的网格；注意带有不规则网格面的压印界面

如果求解方法要求所有 CV 都是特定类型的，则可能很难为复杂几何体生成网格。在 CFD 的一些工业应用中，网格生成过程需要几天甚至几周的时间并不罕见。

高效的自动网格生成是工业环境中任何 CFD 软件的重要组成部分。自动网格生成工具的存在可能是 CFD 在许多行业广泛传播的主要原因，因为这些工具可以实现整个过程的自动化，并将处理时间缩短到可承受的规模。

图 9.9 显示了一个复杂的工业 CFD 应用示例，其中显示了应用于车辆热管理分析的切割网格截面。汽车工程中的大部分计算工作都用于确保车辆部件在运行中不会过热，因为这会导致故障。虽然汽车空气动力学更受设计师的影响，而不是工程师的影响，但发动机舱和车身下部是工程师可以在空间限制的情况下自由优化形状和位置的区域。2014 年创建的图 9.9 显示了 CFD 工程应用中计算域的几何复杂性。平均网格数约为 2 000 万~5 000 万，可以求解几何结构的所有相关细节。通常，用户为特定应用程序创建网格设计模板（包括局部网格细化），从而减少了在仔细准备第一个网格后进行后续分析的预处理时间。

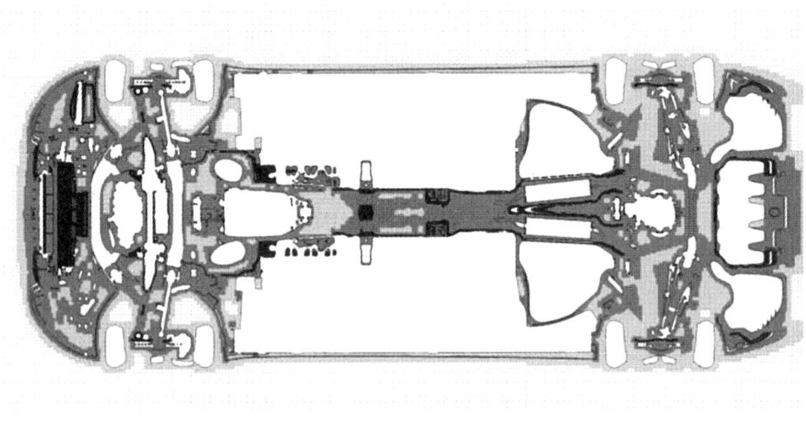

来源：戴姆勒股份公司

图 9.9　工业应用车辆热管理分析中局部细化的切割笛卡尔网格示例；通过体积网格的水平截面。来源：Daimler AG

9.3 速度分量的选择

在第 1 章中,我们讨论了与动量分量的选择相关的问题。如图 1.1 所示,只有在固定的基准上选择分量,才会导致动量方程的完全守恒形式。为了确保动量守恒,最好使用这样的基准,最简单的是笛卡尔基。当流动是三维时,使用任何其他基准(例如,面向网格、共变或逆变)都没有优势。只有当选择另一个向量基导致问题简化时,例如,通过减少问题的维数,才值得放弃使用笛卡尔分量。

这种情况的一个例子是管道或其他轴对称几何结构中的流动。如果流动在圆周方向上没有变化,则速度矢量只有极柱基中的两个非零分量,但有三个非零笛卡尔分量。因此,在笛卡尔分量方面,该问题有三个因变量,但如果使用极柱分量,则只有两个,这是一个实质性的简化。如果流动在圆周方向上发生变化,那么问题在任何情况下都是三维的。虽然在轴对称几何中使用极柱分量有明显的优势,因为坐标与流动边界对齐,但笛卡尔选项更具优势,因为方程是强守恒形式,我们已经展示了如何处理这种类型的几何,例如,在图 9.5 中。

9.3.1 面向网格的速度分量

如果使用面向网格的速度分量,动量方程中会出现非守恒源项。这些解释了分量之间动量的重新分配。例如,如果使用极柱形分量,对流张量 ρvv 的散度导致两个这样的源项:

- 在 r 分量的动量方程中,有一项 $\rho v_\theta{}^2/r$,它表示表观离心力。这不是在旋转坐标系(例如,泵或涡轮流道)中分析的流动中发现的离心力,这仅仅是由于从笛卡尔坐标到极柱坐标的转换。这个术语描述了由于 v_θ 方向的改变,θ 动量转变为 r 动量。
- 在 θ 分量的动量方程中,有一项 $-\rho v_r v_\theta/r$,它表示表观科里奥利力。这个项是 θ 动量的源或汇,取决于速度分量的符号。

图 9.10 展示了动量方程中曲率项的作用示例。它显示了速度矢量的径向和切向分量如何沿着网格线变化,即使速度场是均匀的,即速度矢量在整个区域中是相同的。速度分量的这种变化只是由于网格线方向的变化而发生的,与流动的物理过程无关。虽然所有形式的控制方程在数学上都是等价的,但显然有些方程在尝试数值求解时会遇到更多困难。很明显,在图 9.10 所示的示例中,如果使用极柱坐标或球坐标,数值误差会干扰速度场的均匀性,而使用笛卡尔分量时,精确解很难维持。

在一般的曲线坐标中,有更多这样的源项(参见 Sedov 1971 年的著作;Truesdell 1991 年的著作等)。它们涉及 Christoffel 符号(曲率项、高阶坐标导数),其离散化通常是数值误差的主要来源。网格要求平滑,网格方向从点到点的变化必须小且连续。特别是在非结构网格上,其中网格线与坐标方向无关,这一基础很难使用。

9.3.2 笛卡尔速度分量

回想一下,我们只使用笛卡尔向量和张量分量。如果使用其他分量,则离散化和求解方法保持不变,但需要近似的项更多。第一章给出了笛卡尔分量的守恒方程。

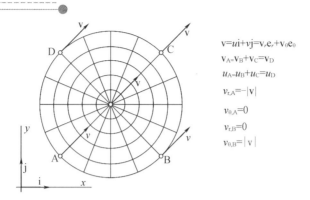

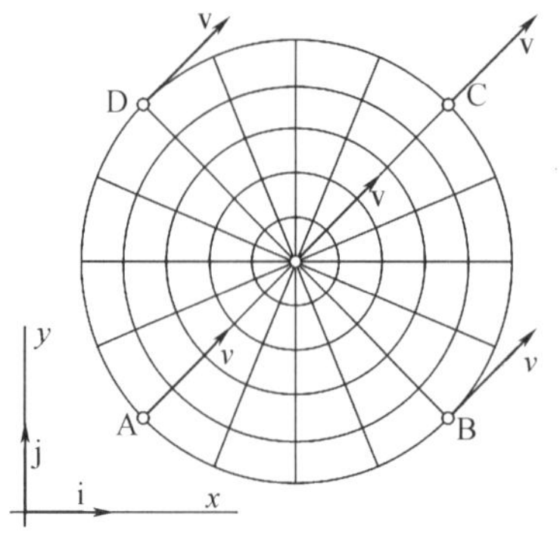

$$\mathbf{v}=u\mathbf{i}+v\mathbf{j}=v_r\mathbf{e}_r+v_\theta\mathbf{e}_\theta$$
$$\mathbf{v}_A=\mathbf{v}_B+\mathbf{v}_C=\mathbf{v}_D$$
$$u_A=u_B+u_C=u_D$$
$$v_{r,A}=-|\mathbf{v}|$$
$$v_{\theta,A}=0$$
$$v_{r,B}=0$$
$$v_{\theta,B}=|\mathbf{v}|$$

图 9.10　均匀速度场和极坐标网格的示例，显示了径向和周向分量随网格位置的变化

如果使用 FD 方法，则只需对非正交坐标使用适当形式的散度和梯度算子（或将所有关于笛卡尔坐标的导数转换为非正交坐标）。这导致项的数量增加，但方程的守恒性质与笛卡尔坐标系中的保持不变，如下所示。

在 FV 方法中，不需要坐标变换。当近似垂直于 CV 曲面的梯度时，可以使用局部坐标变换或与单元面正交的线上的辅助节点，如下所示。

9.4　变量排布的选择

在第 7 章中，我们提到除了同位变量排列外，各种交错排列也是可能的。虽然对于笛卡尔网格，这两种方法都没有明显的优势，但当使用非正交网格时，情况会发生很大变化。

9.4.1　交错排列

第 7 章针对笛卡尔网格提出的交错排列仅适用于非正交网格，前提是采用了面向网格的速度分量。在图 9.11 里面显示了这种网格的部分，其中网格线的方向改变了 90°。在一种情况下，逆变速度分量和笛卡尔速度分量显示在交错位置。回想一下，引入交错布置是为了实现速度和压力梯度之间的强耦合。目标是使垂直于网格表面的速度分量位于该表面两侧的压力节点之间，见图 8.1。对于面向逆变或协变网格的分量，这一目标也可以在非正交网格上实现，见图 9.11(a)。对于笛卡尔分量，当网格线方向改变 90°时出现了如图 9.11(b)所示的情况：存储在单元表面的速度分量对通过该表面的质量通量没有贡献，因为它与表面平行。为了计算通过这些 CV 面的质量通量，必须使用来自周围单元面的插值速度。这使得压力修正方程的推导变得困难，并且不能确保速度和压力的正确耦合——二者都可能导致振荡。

因为对于工程中的流动问题，网格线通常会改变 180°或者更多，特别是如果使用非结构网格，交错排列很难使用。如果所有笛卡尔分量都存储在每个 CV 面上，则可以克服其中的一些问题。然而，这在 3D 中变得复杂，特别是如果允许任意形状的 CV。为了了解如何做到这一点，感兴趣的读者可能想看看 Maliska 和 Raithby(1984)的论文。

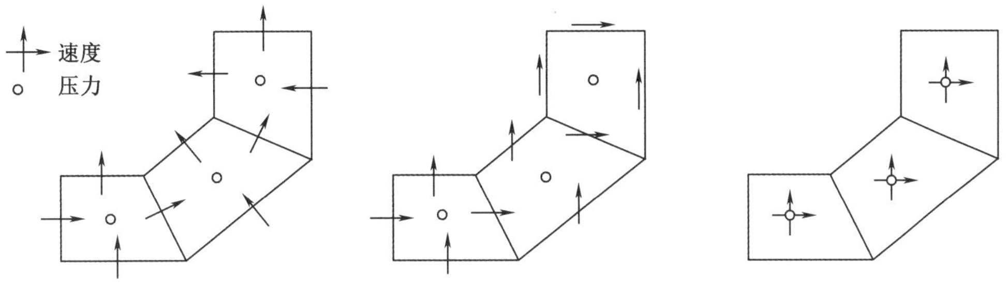

(a)具有逆变速度分量的交错排列 (b)具有笛卡尔速度分量的交错排列 (c)具有笛卡儿速度分量的同位排列

图 9.11 非正交网格上的变量排列

9.4.2 同位排列

如第 7 章显示,同位排列是最简单的排列,因为所有变量共享相同的 CV,但需要更多的插值。如图 9.11(c)所示,当网格非正交时,它并不比其他布置更复杂。通过任何 CV 面的质量通量可以通过插值面两侧两个节点处的速度来计算;该过程与常规笛卡尔网格上的相同。大多数商用 CFD 代码使用笛卡尔速度分量和变量的同位排列。我们将专注于这一排列方式。

在下文中,我们将基于前几章对笛卡尔网格所做的工作,描述非正交网格离散化的新特征。

9.5 有限差分法

有限差分方法在工程应用的 CFD 中没有广泛使用;然而,它们在一些地球物理应用中发挥了作用(见第 13.7 节)。对于这些情况,第 3 章的方法是有用的。通常,使用有限差分方法比有限体积方法更容易开发高阶方法(如许多地球物理问题所需),但当使用高达二阶的近似值时,后者非常适合于任意多面体控制体。对于高于二阶的情况,复杂性将大幅增加,这将在本章稍后的单独章节中说明。因此,我们在此仅简要介绍非正交网格的 FD 方法。

9.5.1 基于坐标变换的方法

FD 方法通常仅与结构网格一起使用,在这种情况下,每条网格线都是一条恒定坐标线 ξ_i。坐标由变换 $x_i = x_i(\xi_j)$ 定义,$j=1,2,3$,其特征为雅可比 J:

$$J = \det\left(\frac{\partial x_i}{\partial \xi_j}\right) = \begin{vmatrix} \frac{\partial x_1}{\partial \xi_1} & \frac{\partial x_1}{\partial \xi_2} & \frac{\partial x_1}{\partial \xi_3} \\ \frac{\partial x_2}{\partial \xi_1} & \frac{\partial x_2}{\partial \xi_2} & \frac{\partial x_2}{\partial \xi_3} \\ \frac{\partial x_3}{\partial \xi_1} & \frac{\partial x_3}{\partial \xi_2} & \frac{\partial x_3}{\partial \xi_3} \end{vmatrix} \tag{9.2}$$

因为我们使用笛卡尔向量分量,我们只需要将关于笛卡尔坐标的导数转换为广义坐标：

$$\frac{\partial \varphi}{\partial x_i}=\frac{\partial \varphi}{\partial \xi_j}\frac{\partial \xi_j}{\partial x_i}=\frac{\partial \varphi}{\partial \xi_j}\frac{\beta^{ij}}{J} \tag{9.3}$$

其中，β^{ij} 代表雅可比 J 中的导数 $\partial x_i/\partial \xi_j$ 的辅因子。在 2D 中，这导致：

$$\frac{\partial \varphi}{\partial x_1}=\frac{1}{J}\left(\frac{\partial \varphi}{\partial \xi_1}\frac{\partial x_2}{\partial \xi_2}-\frac{\partial \varphi}{\partial \xi_2}\frac{\partial x_2}{\partial \xi_1}\right) \tag{9.4}$$

在笛卡尔坐标系中，通用守恒方程如下：

$$\frac{\partial(\rho\varphi)}{\partial t}+\frac{\partial}{\partial x_j}\left(\rho u_j\varphi-\Gamma\frac{\partial \varphi}{\partial x_j}\right)=q_\varphi \tag{9.5}$$

转换为：

$$J\frac{\partial(\rho\varphi)}{\partial t}+\frac{\partial}{\partial \xi_j}\left[\rho U_j\varphi-\frac{\Gamma}{J}\left(\frac{\partial \varphi}{\partial \xi_m}B^{mj}\right)\right]=Jq_\varphi \tag{9.6}$$

这里

$$U_j=u_k\beta^{kj}=u_1\beta^{1j}+u_2\beta^{2j}+u_3\beta^{3j} \tag{9.7}$$

与垂直于坐标表面的速度分量成正比 $\xi_j=$常量。系数 B^{mj} 定义为：

$$B^{mj}=\beta^{kj}\beta^{km}=\beta^{1j}\beta^{1m}+\beta^{2j}\beta^{2m}+\beta^{3j}\beta^{3m} \tag{9.8}$$

转换后的动量方程包含几个额外的项，因为动量方程中的扩散项包含通用守恒方程中没有的导数，见方程(1.16)、(1.18)和(1.19)。这些项的形式与上述相同，此处不再列出。

方程(9.6)与方程(9.5)的形式相同，但后者中的每一项都被前者中的三项之和所取代。如上所示，这些项包含坐标的一阶导数作为系数。这些数值并不难计算(与二阶导数不同)。非正交网格的不寻常特征是混合导数出现在扩散项中。为了清楚地表明这一点，我们将方程(9.6)改写为展开形式：

$$\begin{aligned}&J\frac{\partial(\rho\varphi)}{\partial t}+\frac{\partial}{\partial \xi_1}\left[\rho U_1\varphi-\frac{\Gamma}{J}\left(\frac{\partial \varphi}{\partial \xi_1}B^{11}+\frac{\partial \varphi}{\partial \xi_2}B^{21}+\frac{\partial \varphi}{\partial \xi_3}B^{31}\right)\right]+\\&\frac{\partial}{\partial \xi_2}\left[\rho U_2\varphi-\frac{\Gamma}{J}\left(\frac{\partial \varphi}{\partial \xi_1}B^{12}+\frac{\partial \varphi}{\partial \xi_2}B^{22}+\frac{\partial \varphi}{\partial \xi_3}B^{32}\right)\right]+\frac{\partial}{\partial \xi_3}\left[\rho U_3\varphi-\frac{\Gamma}{J}\left(\frac{\partial \varphi}{\partial \xi_1}B^{13}+\frac{\partial \varphi}{\partial \xi_2}B^{23}+\frac{\partial \varphi}{\partial \xi_3}B^{33}\right)\right]\\&=Jq_\varphi\end{aligned} \tag{9.9}$$

源自梯度算子的 ϕ 的所有三个导数都出现在源自散度算子的每一个外导数的内部，见方程(1.27)。ϕ 的混合导数乘以具有不等指数的系数 B^{mj}，当网格正交时，无论是直线还是曲线，这些系数都变为零。如果网格是非正交的，它们相对于对角元素 B^{ii} 的大小取决于网格线之间的角度和网格纵横比。当网格线之间的角度较小且纵横比较大时，乘以混合导数的系数可能大于对角系数，这会导致数值问题(收敛性差、求解中的振荡等)。如果非正交性和纵横比适中，则这些项比对角项小得多，不会造成任何问题。混合导数项通常被显式处理，因为它们包含在隐式计算单元中会使后者更大，求解成本更高。显式处理通常会增加外部迭代的次数，但从更简单、成本更低的内部迭代中获得的节省要显著得多。

方程(9.6)中的导数可以使用第 3 章中描述的 FD 方法之一进行近似，见图 9.12。沿着曲线坐标的导数以与沿着直线的导数相同的方式近似。

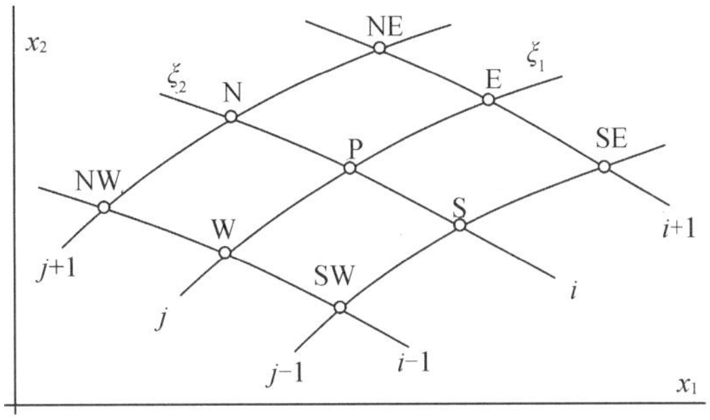

图 9.12　非正交网格上的坐标变换

坐标变换通常是将复杂的非正交网格转换为简单、统一的笛卡尔网格的一种方法(变换空间中的间距是任意的,但通常取 $\Delta\xi_i=1$)。一些作者声称离散化变得更简单,因为变换空间中的网格看起来更简单。然而,这种简化是伪简化:流动确实发生在复杂的几何体中,这一事实无法通过巧妙的坐标变换来回避。虽然变换后的网格看起来比未变换的网格更简单,但有关复杂性的信息包含在度量系数中。虽然均匀变换网格上的离散化简单而准确,但雅可比和其他几何信息的计算并不简单,并引入了额外的离散化误差等,真正的困难就隐藏在这里。

网格间距 $\Delta\xi_i$ 无须明确指定。物理空间中的体积 ΔV 被定义为:

$$\Delta V=J\Delta\xi_1\Delta\xi_2\Delta\xi_3 \tag{9.10}$$

如果我们把整个方程乘以 $\Delta\xi_1\Delta\xi_2\Delta\xi_3$,并通过 ΔV 替换 $J\Delta\xi_1\Delta\xi_2\Delta\xi_3$,然后网格间距 $\Delta\xi_i$ 在所有项中被消除。如果中心差分用于近似系数 β^{ij},例如,在 2D 中(图 9.12):

$$\beta_{\mathrm{P}}^{11}=\left(\frac{\partial x_2}{\partial\xi_2}\right)_{\mathrm{P}}\approx\frac{x_{2,\mathrm{N}}-x_{2,\mathrm{S}}}{2\Delta\xi_2}$$

$$\beta_{\mathrm{P}}^{12}=-\left(\frac{\partial x_2}{\partial\xi_1}\right)_{\mathrm{P}}\approx\frac{x_{2,\mathrm{E}}-x_{2,\mathrm{W}}}{2\Delta\xi_1} \tag{9.11}$$

最终离散化项将仅涉及相邻节点之间的笛卡尔坐标差和每个节点周围的虚拟单元的体积。

因此,我们只需要在每个网格节点周围构造这样的非嵌套单元,并计算它们的体积,坐标 ξ_i 不需要赋值,坐标变换是隐藏的。

9.5.2　基于形状函数的方法

虽然我们不知道是否有人尝试过,但 FD 方法也可以应用于任意非结构网格。必须规定一个可微的形状函数(可能是一个多项式),该函数描述了变量 ϕ 在特定网格点附近的变化。多项式的系数可以通过将形状函数拟合到多个周围节点处的 ϕ 值来获得。不需要变换方程中的任何项,因此可以使用最简单的笛卡尔形式。形状函数可以解析地微分,以根据周围节点处的变量值和几何参数提供关于网格点处的笛卡尔坐标的一阶导数和二阶导数的表达式。得到的系数矩阵将是稀疏的,但除非网格是结构化的,否则它不会具有对角结构。

根据局部网格拓扑,还可以使用不同的形状函数。这将导致计算网格中的相邻单元数量不同,但可以很容易地设计出能够处理这种复杂性的求解器(例如代数多重网格或共轭梯度型求解器)。

还可以设计一种完全不需要网格的有限差分方法;只需要在计算域上充分布置一组离散点。然后,我们将定位每个点的一定数量的近邻,从而可以拟合合适的形状函数;然后可以对形状函数进行微分,以获得该点处导数的近似值。最适合使用非守恒形式的微分方程(见方程(1.20)),因为离散化更简单。在任何情况下,该方法都不能完全守恒,但如果所需的点足够密集,则这不是问题。

在空间中分布点似乎比创建合适的控制体或质量良好的网格更容易。如上所述,FV方法的最大问题之一是创建计算域的闭合曲面。FD 方法更宽容;两个网格点之间的任何间隙都是不可见的。

此外,网格单元应满足某些最低质量要求,因为要么出现收敛问题,要么出现非物理的求解,要么二者都会出现。CV 形状的优化是复杂的,并且许多操作(例如对具有非共形网格界面的表面进行压印)对公差敏感。另一方面,更容易在空间中移动单个点或引入新点,因为只有它们之间的距离起作用,公差不是问题。

第一步是在曲面上布置点,然后在垂直于曲面的方向上添加点,就像在 FV 网格中创建棱柱层时一样。第二组点可以规则地分布在计算域中(例如,笛卡尔网格),在边界附近具有更高的密度(如在逐单元局部细化中)。然后,可以检查两组点是否重叠,如果点彼此太近,可以移动、删除或合并它们。同样,如果存在间隙,则可以轻松插入新点。局部细化非常简单,只需在现有点之间插入更多点即可。若计算域的边界在移动,那么可以将网格点移动到距离边界一定距离内,而其余的点可以保持在原来的位置。

唯一棘手的事情是推导一个合适的压力或压力修正方程;然而,这可以通过以下章节中介绍的方法实现。我们希望在这部著作的未来版本中看到这种方法。

上述原理适用于所有方程。这里将不详细讨论在非正交网格上推导压力或压力修正方程或在 FD 方法中实现边界条件的具体特征。

9.6 有限体积法

FV 方法从积分形式的守恒方程开始,例如通用守恒方程:

$$\frac{\partial}{\partial t}\int_V \rho\varphi \mathrm{d}V + \int_S \rho\varphi \boldsymbol{v}\cdot\boldsymbol{n}\mathrm{d}S = \int_S \Gamma \mathrm{grad}\ \varphi\cdot\boldsymbol{n}\mathrm{d}S + \int_V q_\varphi \mathrm{d}V \tag{9.12}$$

FV 方法的原理已在第 4 章中介绍,其中使用矩形控制体(CV)来说明各种近似的常用方法。这里我们指的是将这些近似值应用于任意多面体形状的 CV 的特殊性。

使用笛卡尔基向量时,控制方程不包含曲率项,因此 CV 可以由直线连接的顶点定义。网格表面的实际形状并不重要;因为它由直线段限定,所以无论形状如何,它在笛卡尔坐标表面(表示表面矢量分量)上的投影都是相同的。

我们将考虑块结构化和非结构网格,并首先描述如何得到必要的网格数据。

9.6.1 块结构网格

结构网格很难,有时甚至不可能为复杂的几何体构建。例如,为了计算自由流中圆柱体周围的流动,可以很容易地在其周围生成结构化的O型网格,但是如果圆柱体位于狭窄的管道中,这就不再可能了。在这种情况下,块结构网格在以下两方面提供了可用的折中方法:(i)结构化网格的简单性和可用的各种求解器;(ii)非结构网格所允许的处理复杂几何图形的能力。

其思想是构建块时在每个块内使用规则的数据结构(词典排序),以便通过非常粗糙的非结构网格(每个块表示一个单元)填充不规则域。

许多方法都是可行的。有些使用重叠的块(例如,Hinatsu 和 Ferziger 1991;Perng 和 Street 1991;Zang 和 Street 1995;Hubbard 和 Chen 1994;1995)。其他人依赖于非重叠区的块(例如,Coelho 等人 1991;Lilek 等人 1997b)。我们将描述一种使用非重叠块的方法。它也非常适合在并行计算机上使用(见第12章);通常,每个块的计算被分配给单独的处理器。

首先将计算域细分为多个子域,使得每个子域可以与具有良好特性的结构网格(不太非正交,单个CV纵横比不太大)相匹配。示例如图2.2所示。在每个块中,索引 i 和 j 用于标识CV,但我们还需要一个块标识符。数据存储在一维数组中。该一维数组内块3中节点 (i,j) 索引为(表3.2):

$$l=O_3+(i-1)N_j^3+j$$

其中 O_3 是块3的偏移量(所有先前块中的节点数量,即 $(N_i^1N_j^1+N_i^2N_j^2)$),N_i^m 和 N_j^m 是块 m 中 i 和 j 方向上的节点数量。

两个相邻块中的网格不需要在界面处匹配;示例如图2.3所示。非共形界面的细节如图9.13和9.14所示。这种情况可能有两个原因:(i)由于精度要求,一个块中的网格比另一个块内更精细;(ii)一个块中的网格相对于另一个块有所偏移(所谓的滑动界面,通常在旋转部件周围的流动模拟中发现)。

处理这种情况的一种可能性是在界面的另一侧使用辅助节点,就像网格在界面上保持相同的结构一样(也称为"重叠"或"悬挂节点"),见图9.13。然后使用来自相邻网格的周围节点的插值来计算这些节点处的变量值。

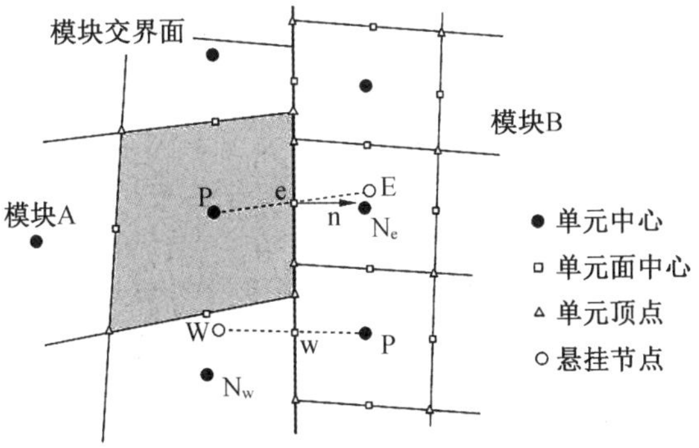

图9.13 具有非共形网格的两个块之间的界面:具有重叠(悬挂)节点的非守恒处理

例如,图9.13中块 A 中单元的重叠节点 E 处的变量值可以通过使用块 B 中最近相邻节点的变量值和梯度来获得:

$$\varphi_{\mathrm{E}}=\varphi_{\mathrm{N_e}}+(\nabla\varphi)_{\mathrm{N_e}}\cdot(\boldsymbol{r}_{\mathrm{E}}-\boldsymbol{r}_{\mathrm{N_e}}) \tag{9.13}$$

对于来自块B的单元,可以在重叠节点W处应用相同的处理。这些值在每次内部迭代后或每次外部迭代后更新;这种处理类似于使用域分解处理并行计算中的子域交界面;参见第 12.6.2 节,详见第 12 章。另一种选择是在每次内部迭代后更新方程(9.13)右侧的节点值,在每次外部迭代后更新剩余部分。

这种方法的唯一问题是它不是完全守恒的:通过界面一侧的块 A 中的面的通量总和可能不等于通过另一侧的块 B 中的面的通量总和。然而,人们可以设计一种修正方法来实施保护(例如,Zang 和 Street,1995)。

另一种完全守恒的方法是允许沿界面的 CV 具有多于四个(在 2D 中)或多于六个(在 3D 中)面,即将它们视为任意多边形或多面体单元。为此,必须识别界面两侧两个单元共有的界面表面。位于界面中的原始单元面将不用于通量近似,它们仅用于执行创建界面所需的映射。例如,在块 A 工作时,图 9.14 所示的块 A 阴影单元格的东侧表面不包括在内。因此,该 CV 的系数矩阵和源项将不完整,因为其东侧的贡献缺失;特别是系数 A_E 将为零。

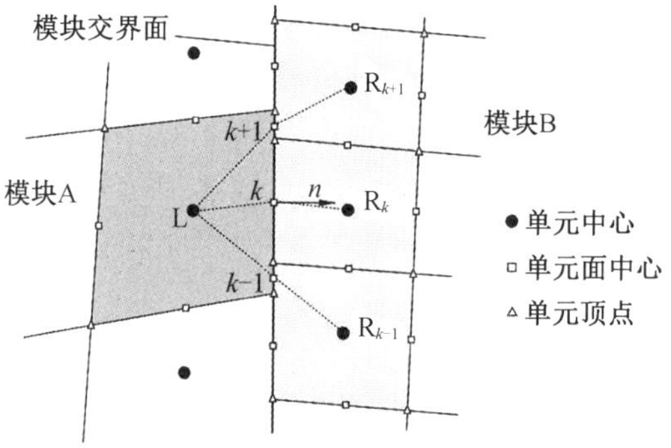

图 9.14　具有非共形网格的两个块之间的界面:使用新数据结构的守恒处理

由于图 9.14 中块 A 中的阴影 CV 在其东侧表面上有三个相邻面(分为三个界面),所以我们不能在这里使用结构网格的常用符号。为了处理在块界面上发现的不规则单元面,我们必须使用另一种数据结构,这种数据结构类似于整个网格非结构化时使用的数据结构。两个 CV 共用的每个界面必须(通过预处理工具)识别,并与近似曲面积分所需的所有信息一起放置在界面列表上:

- 左(L)和右(R)相邻单元格的索引;
- 表面向量(从 L 指向 R);
- 单元面中心的坐标。

利用这些信息,可以使用每个块内部使用的方法来近似通过这些面的通量。同样的方法可以用于 O 型和 C 型网格中出现的"切割";在这种情况下,我们处理的是同一块的两侧之间的界面(即,A 和 B 是同一个块,但网格在界面处可能不共形)。

每个界面单元面对相邻 CV 的源项(对通过延迟修正处理的对流和扩散通量的显式贡献)、这些 CV 的主对角系数(A_P)以及两个非对角系数有贡献:节点 R 的 A_L 和节点 L 的 A_R。因此,通过将对全局系数矩阵的贡献视为属于界面单元面(总是具有两个相邻单元)而不是 CV,克服了由于具有三个东侧相邻面而导致的数据结构不规则的问题。因此,块彼此之间的排序方式无关紧要(一个块的东侧可以连接到另一块的任何一侧):只需向界面单元面提供相邻 CV 的索引即可。

界面单元面(即 A_L 和 A_R)的贡献使得全局系数矩阵 $\boldsymbol{A}$ 不规则:每行元素的数量和带宽都不是恒定的。然而,这很容易处理。我们需要做的就是修改迭代矩阵 $\boldsymbol{M}$(见第 5 章),使其不包含由于块界面上的面而导致的元素。这与并行计算中用于子域交界面的方法相同,交界面的贡献滞后于一次迭代。

我们将描述基于 ILU 类型求解器的求解算法;它很容易适用于其他线性方程求解器。

1. 在每个块中整理矩阵 $\boldsymbol{A}$ 的元素和源项 Q,忽略来自块交界面的贡献。

2. 在交界面单元面列表上循环,更新节点 L 和 R 处的 A_{P} 和 Q_{P},并计算存储在单元面 A_L 和 A_R 处的矩阵元素。

3. 计算每个块中的矩阵 $\boldsymbol{L}$ 和 $\boldsymbol{U}$ 的元素,而不考虑相邻块,即,就好像它们是独立的一样。

4. 使用矩阵 $\boldsymbol{A}$ 的规则部分(A_{E}、A_W、A_N、A_S、A_{P} 和 Q_{P})计算每个块中的残差;沿着块界面的 CV 的残差是不完整的,因为参考相邻块的系数是零。

5. 在交界面单元面列表上循环,并通过分别添加乘积 $A_R\phi_R$ 和 $A_L\phi_L$ 来更新节点 L 和 R 处的残差;一旦访问了所有面,所有残差都完成了。

6. 计算每个块中每个节点处的变量更新,并返回步骤 1。

7. 重复上述步骤,直到满足收敛标准。

由于参考相邻块中的节点的矩阵元素对迭代矩阵 M 没有贡献,因此期望收敛所需的迭代次数将大于单个块情况下的迭代次数。这种效应可以通过人工将结构网格分割成多个子域并将每一部分作为一个块来研究。如前所述,当隐式方法通过在空间中使用域分解进行并行化时,就会这样做(见第 12 章);然后通过数值效率来衡量线性方程求解器的收敛速度的下降。

Schreck 和 Perić(1993 年)以及 Seidl 等人(1996 年)进行了大量测试,发现即使在相对较多的子域中,尤其是在使用共轭梯度和多重网格求解器时,性能仍然非常好。当可以构建良好的结构网格时,应该使用该方法。

块结构确实增加了计算工作量,但它允许解决更复杂的问题,当然需要更复杂的算法。

第 9.12 节给出了该方法在 O 型网格共形界面上的应用示例。O 型和 C 型网格算法的实现可以在 2dgl 目录中的代码 caffa.f 中找到;见附录 A.1。Lilek 等人(1997b)提供了关于块结构非共形网格实现的更多细节。

当一个块中的网格移动时(即,我们正在处理一个滑移界面),无论每个块中的网格是结构化的还是非结构化的,一个块在一个时间步长内旋转 $\Delta\theta$ 而另一个块是固定的这一事实会导致邻域连接的变化。如果使用上述守恒方法,则必须在每个时间步内执行界面处的面映射;清除上一时间步内的交界面列表,并创建新的交界面列表。如果使用悬挂节点方法,还需要在每个时间步重新定义供体网格和插值模板。

9.6.2 非结构网格

非结构网格在使网格适应计算域边界方面具有很大的灵活性。通常,可以使用任意形状的控制体,即具有任意数量的单元面。CFD 中使用的早期版本的非结构网格由多达六个面的单元组成,即四面体、棱柱、金字塔和六面体。它们都可能被视为六面体的特殊情况,因此名义上六面体网格可能包含少于六个面的 CV。每个 CV 由八个顶点定义,因此 CV 列表还包含一个关联顶点列表。列表中顶点的顺序表示单元格面的相对位置等;前四个顶点定义底面,最后四个顶点定义顶面,见图 9.15。六个相邻 CV 的位置也被隐式定义;例如,由顶点 1、2、3 和 4 定义的底面与相邻 CV 编号 1 等相同。这是为了减少定义 CV 之间的连接性所需的阵列数量。

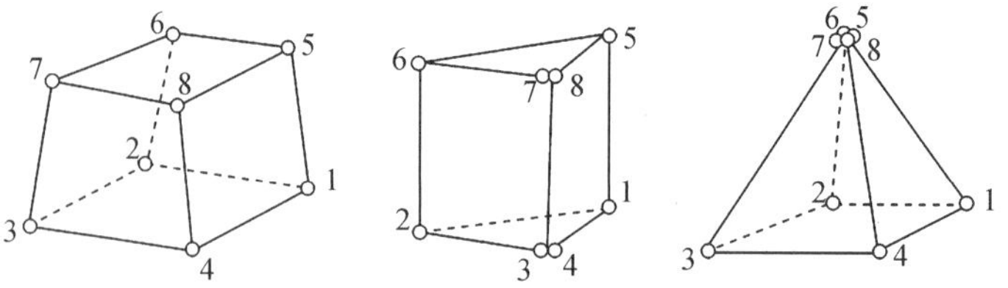

图 9.15　通过八个顶点列表定义标称六面体 CV

20 世纪 90 年代末,多面体网格被引入 CFD;这需要改变数据结构,因为每个 CV 的面数和面上的角数都不受限制。现代 CFD 代码通常对网格中的所有单元格使用类似于下面描述的数据结构,即使它们是笛卡尔坐标系。所有数据都组织在顶点、面和体列表中。

首先,列出所有顶点及其索引和三个笛卡尔坐标。

然后,创建一个面列表,其中每个面由其索引和定义闭合多边形的顶点索引定义(顶点按其列出顺序由直线段连接,最后一个顶点与第一个顶点连接以闭合多边形)。最后,创建一个单元格列表,其中包含单元格索引和包围它的面列表。

存储在面列表中的信息还包括:

- 面向量分量(面投影到笛卡尔坐标面上);
- 面形心坐标;
- 面两侧单元格的索引(惯例通常是表面向量从第一个单元格指向第二个列出的单元格);
- 每侧单元的矩阵 **A** 系数乘以相邻单元变量值。

存储在网格列表中的信息包括:

- 网格体积;
- 单元形心坐标;
- 变量值和流体性质;
- 矩阵 **A** 的系数 A_P。

近年来,多面体网格变得流行起来。多面体通常通过在四面体网格的顶点周围创建控制体来获得,这是首先创建的(但也有其他方法)。这在图 9.16 右侧的 2D 中进行了演示。通过将边上的中点与面和体积的质心连接,四面体被分成四个六面体。一个四面体顶点周围的控制体是通过简单地连接包含该顶点的四面体分裂所创建的所有六面体部分来定义的;在这个过程中,两个六面体共享的面在多面体内部消失。由相同的两个控制体共享的所有子面合并在一起,创建一个多面体面。计算点位于 CV 形心;然后丢弃四面体网格。这将最小化多面体 CV 的面数。通常,以下是一些优化步骤:可以移动多面体 CV 的顶点,可以拆分或合并面甚至单元格,以创建具有更好属性的单元格。

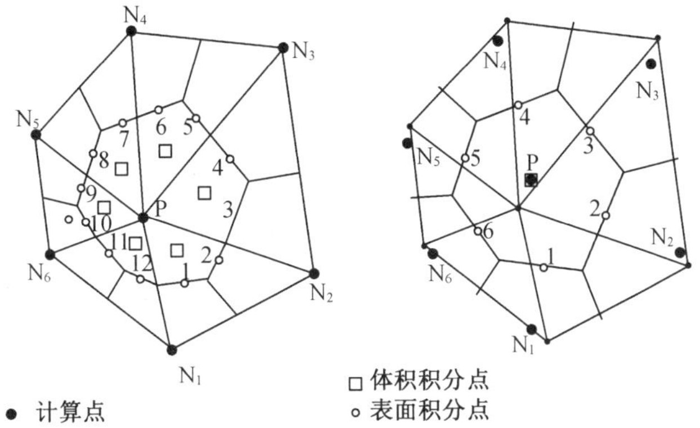

图 9.16 从四面体网格构建多面体控制体(2D 图解示例)

将四面体网格转换为多面体网格的另一种方法是通过用与其正交的平面切割每个四面体的边缘;切割点可以是或可以不是线中心。第 12 章将讨论各种 CV 类型的优点和缺点,其中将讨论网格质量问题。

9.6.3 基于控制体的有限元网格

我们在这里只给出了使用三角形单元和线性形状函数的混合 FE/FV 方法的简要描述。有关合适的有限元方法及其在 Navier-Stokes 方程中应用的详细信息,请参阅 Oden(2006)、Zienkiewicz 等人(2005)或 Fletcher(1991)的著作。

对于这种方法,使用了由三角形(2D)或四面体(3D)组成的非结构网格,但同样的原理也适用于由四边形和六边形组成的网格(包括特殊情况下的棱柱层和金字塔)。网格表示用于描述变量变化的元素,即定义形状函数的元素。计算节点位于元素顶点。通常,假设变量 ϕ 在元素内线性变化,即其形状函数为(2D):

$$\varphi = a_0 + a_1 x + a_2 y \tag{9.14}$$

通过将函数拟合到顶点处的节点值来确定系数 α_0、α_1 和 α_2。因此,它们是节点处坐标和变量值的函数。

在 2D 条件下,通过连接元素的形心和元素边缘上的中点,在每个元素节点周围形成控制体,从而在每个计算节点周围创建四边形子元素,如图 9.16 左侧所示。在 3D 中,六面体子元素通过使用体、面和边的中点分割四面体来创建,如上所述,用于将四面体网格转换为多面体网格。主要区别在于计算节点仍然是起始网格的顶点,而不是控制体的形心,如前一节中所述的方法,见图 9.16 的右侧。此外,保留了控制体表面上由切割四面体产生的每个面,表面积分的积分点位于其形心。

积分形式的守恒方程应用于这些具有多个面的不规则多面体形状的 CV(2D 中约 10 个,3D 中约 50 个)。使用为每个元素定义的形状函数,逐元素计算表面和体积积分:对于图 9.16 所示的 2D CV,CV 表面由 12 个子面组成,其体积由六个子体积组成(来自共享同一顶点的六个元素,因此有助于 CV)。因为一个元素上变量的变化是以解析函数的形式指定的,所以积分可以很容易地计算出来。通常,形状函数仅用于计算子面或子体积形心处的变量值,中点规则近似用于评估表面和体积积分,如下所述。

CV 的代数方程涉及节点 P 及其近邻(图 9.16 中的 N_1 至 N_6)。尽管图中所示的 2D 网格仅由三角形组成,但近邻的数量通常因 CV 的不同而异,具体取决于共享一个顶点的三角形数量;这导致了不规则矩阵结构这限制了可以使用的求解器的范围;通常使用共轭梯度和高斯-赛德尔求解器,单独或在代数多重网格方法内。

因此,该方法使用多面体控制体,尽管从未显示;结果显示在初始网格定义的元素上。与应用于多面体控制体的经典 FV 方法的主要区别在于:

- 即使在两种情况下都使用了曲面和体积积分的中点规则近似,积分点的数量不同:经典方法在两个相邻单元之间有一个面,在 CV 形心中有一个体积积分点,而当前方法生成由相同的两个相邻单元格共享的多个面,并计算每个子体积的体积积分。因此,对于经典的 FV 方法,每次迭代的计算量和存储需求较低。
- 人们可能会认为,上述方法的精度可能会稍高一些,因为使用了大量较小的面积和体积进行积分,但这是存疑的,因为数据是使用相同数量的计算点和同类近似值进行插值的。
- 在本方法中,还围绕位于计算域边界上的原始网格的顶点创建控制体。这些 CV 需要特殊处理,因为在指定边界值时,不需要在那里求解方程。

Baliga 和 Patankar(1983 年)、Schneider 和 Raw(1987 年)、Masson 等人(1994 年)、Baliga(1997 年)和其他人采用了这种方法,但仅在 2D 中使用了二阶近似。Raw(1985)提供了 3D 版本。

9.6.4 网格参数的计算

在三维中,单元面不一定是平面的。为了计算网格体积和网格表面向量,需要适当的近似。一种简单的方法是用一组平面三角形表示单元面。对于结构网格中使用的六面体,Kordula 和 Vinokur(1983)建议将每个 CV 分解为八个四面体(每个 CV 面细分为两个三角形),以避免重叠。

计算任意 CV 的单元体积的另一种方法是基于高斯定理。通过使用恒等式 $1=\mathrm{div}(x\boldsymbol{i})$,可以将体积计算为:

$$\Delta V=\int_V \mathrm{d}V=\int_V \mathrm{div}(x\boldsymbol{i})\,\mathrm{d}V=\int_S x\boldsymbol{i}\cdot\boldsymbol{n}\mathrm{d}S\approx\sum_c x_k S_k^x \tag{9.15}$$

其中 k 表示网格表面,$S_k{}^x$ 是网格表面向量的 x 分量(见图 9.17):

$$\boldsymbol{S}_k=S_k\boldsymbol{n}=S_k^x\boldsymbol{i}+S_k^y\boldsymbol{j}+S_k^z\boldsymbol{k} \tag{9.16}$$

不用 $x\boldsymbol{i}$,也可以使用 $y\boldsymbol{j}$ 或 $z\boldsymbol{k}$,在这种情况下,必须求 $y_kS_k{}^y$ 或 $z_kS_z{}^k$ 的乘积之和。如果每个单元面都是以相同的方式为两个通用 CV 定义的,则该过程确保不会发生重叠,并且所有 CV 体积之和等于计算域的体积。

一个重要的问题是单元面上表面向量的定义。最简单的方法是将它们分解为具有一个公共顶点的三角形;参见图 9.17 左侧部分。三角形的面积和表面法向量很容易计算。整个单元面的表面法向量是所有三角形的表面向量之和(见图 9.17 中的面 k):

$$\boldsymbol{S}_k=\frac{1}{2}\sum_{i=3}^{N_k^v}\left[(\boldsymbol{r}_{i-1}-\boldsymbol{r}_1)\times(\boldsymbol{r}_i-\boldsymbol{r}_1)\right] \tag{9.17}$$

其中 $N_k{}^v$ 是单元面中顶点的数量,$\boldsymbol{r}_i$ 是顶点 i 的位置向量。注意,有 $N_k{}^v-2$ 个三角形。即使网格表面扭曲或凸起,上述表达式也是正确的。公共顶点的选择并不重要。

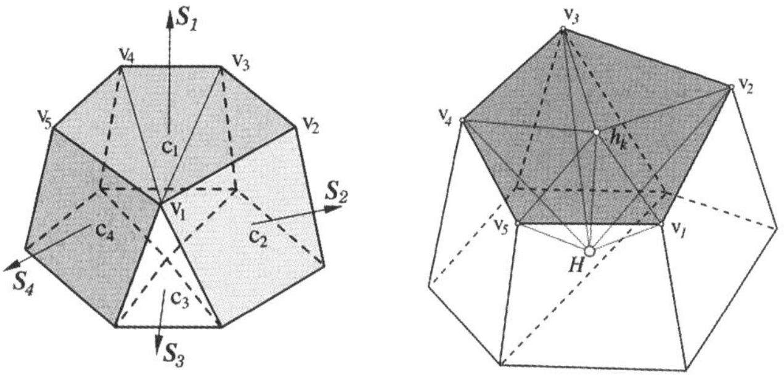

图 9.17 关于任意控制体的网格体积和表面矢量的计算:两种替代方法

可以通过对每个三角形的中心坐标(其本身是其顶点坐标的平均值)按其面积加权平均,以找到单元面中心。单元面的面积等于其表面向量的大小,例如:

$$S_k = |\boldsymbol{S}_k| = \sqrt{(S_k^x)^2 + (S_k^y)^2 + (S_k^z)^2} \tag{9.18}$$

注意,只需要将单元面投影到笛卡尔坐标平面上。当 CV 边是直线时,这些值是精确的,正如假设的那样。

如果除了流体流动之外,还需要计算粒子的运动,则必须确保以所有三角形的表面矢量指向外部的方式执行单元面的三角剖分(即,所有单个表面矢量的标量积必须为正)。上述方法无法确保这一点。参考图 9.17 的右侧部分,提出了一种更稳健的计算网格面部数据的方法,但它创建了更多的三角形,从而导致了更大的计算工作量。

在该方法中,在每个面 k 处定义辅助中心点 h;其坐标可以是例如定义面部的所有顶点的平均坐标:

$$\boldsymbol{r}_{h,k} = \frac{1}{N_k^v} \sum_{i=1}^{N_k^v} \boldsymbol{r}_{v_i} \tag{9.19}$$

其中 $\boldsymbol{r}_{vi}$ 表示定义面的顶点列表中面 k 上的第 i 个顶点。

然后,通过将每个顶点与中心点 h 连接,将单元面细分为 $N_k{}^v$ 三角形。第 m 个三角形的表面矢量可以表示如下:

$$\boldsymbol{S}_{k,m} = \frac{1}{2}(\boldsymbol{r}_{v_{m-1}} - \boldsymbol{r}_{h,k}) \times (\boldsymbol{r}_{v_m} - \boldsymbol{r}_{h,k}) \tag{9.20}$$

整个面的表面矢量等于所有三角形的表面矢量之和:

$$\boldsymbol{S}_k = \sum_{m=1}^{N_k^v} \boldsymbol{S}_{k,m} \tag{9.21}$$

每个三角形 m,$\boldsymbol{r}_{k,m}$ 的形心坐标定义如下:

$$\boldsymbol{r}_{k,m} = \frac{1}{3}(\boldsymbol{r}_{h,k} + \boldsymbol{r}_{v_m} + \boldsymbol{r}_{v_{m-1}}) \tag{9.22}$$

存储用于离散化过程的面网格形心坐标为:

$$r_k = \frac{\sum_{m=1}^{N_k^v} |\boldsymbol{S}_{k,m}| \boldsymbol{r}_{k,m}}{\sum_{m=1}^{N_k^v} |\boldsymbol{S}_{k,m}|} \tag{9.23}$$

为了计算网格体积，定义另一个辅助中心点 H 是有用的；该点的坐标可以定义为所有单元顶点的坐标的平均值。现在可以将每个面中每个三角形的顶点与中心 H 连接起来，从而创建一个体积可以轻松计算的四面体：

$$V_{k,m}=\frac{1}{3}\boldsymbol{S}_{k,m}\cdot(\boldsymbol{r}_{h,k}-\boldsymbol{r}_H) \tag{9.24}$$

现在，可以通过将所有上述定义的四面体与所有单元面中的三角形连接的体积相加来计算单元体积：

$$V_{\mathrm{P}}=\sum_{k=1}^{N_p^f}\sum_{m=1}^{N_k^v}V_{k,m} \tag{9.25}$$

其中 N_{P}^f 表示包围节点 P 周围的单元的面的数量。网格形心 P 的坐标可以通过将每个四面体的坐标与其体积加权来计算：

$$\boldsymbol{r}_{\mathrm{P}}=\frac{\sum_{k=1}^{N_p^f}\sum_{m=1}^{N_k^v}(\boldsymbol{r}_{C,m})_kV_{k,m}}{V_{\mathrm{P}}} \tag{9.26}$$

其中四面体形心的坐标被定义为其顶点的平均坐标：

$$(\boldsymbol{r}_{C,m})_k=\frac{1}{4}(\boldsymbol{r}_{h,k}+\boldsymbol{r}_{v_m}+\boldsymbol{r}_{v_{m-1}}+\boldsymbol{r}_H) \tag{9.27}$$

9.7 通量和源项的近似

9.7.1 对流通量近似

我们将专门使用曲面积分和体积积分的中点法则近似；它是唯一适用于任意形状积分域的二阶近似。我们只需要知道曲面形心的坐标；如何为任意多边形计算这些值已在前一节中描述。开发更高阶方法的必要步骤将在 9.10 节中描述。

我们首先看质量通量的计算。只考虑一个面，如图 9.18 所示，在 CV 中用索引 k 表示；同样的方法也适用于其他面——只是需要替换索引。CV 可以有任意数量的面。

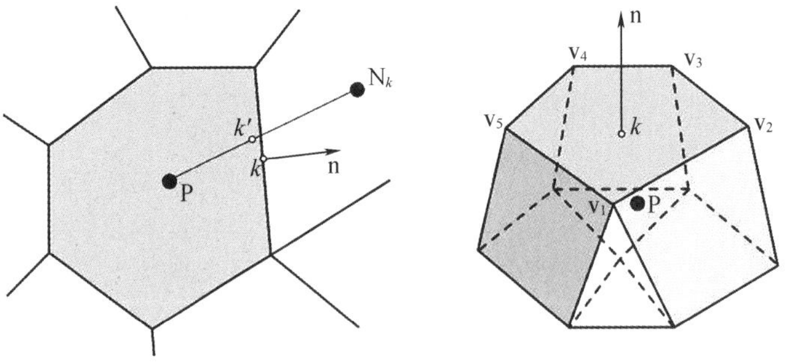

图 9.18 一般 2D 和 3D 控制体及符号使用

通过 k 面的质量通量的中点法则近似得到：

$$\dot{m}_k=\int_{S_k}\rho\boldsymbol{v}\cdot\boldsymbol{n}\mathrm{d}S\approx(\rho\boldsymbol{v}\cdot\boldsymbol{n}S)_k \tag{9.28}$$

面 k 处的单位法向量由曲面向量 S_k 和面面积 S_k 定义，其在笛卡尔坐标平面上的投影为 S_k^i：

$$\boldsymbol{S}_k=\boldsymbol{n}_k S_k=S_k^i\boldsymbol{i}_i \tag{9.29}$$

表面积 S_k 是：

$$S_k=\sqrt{\sum_i(S_k^i)^2} \tag{9.30}$$

关于如何计算任意多面体 CVs 的表面矢量分量，请参见 9.6.4 节。

根据这些定义，质量通量的表达式为：

$$\dot{m}_k=\rho_k\sum_i S_k^i u_k^i=\rho_k S_k v_k^n \tag{9.31}$$

其中 u_k^i 是插入到面形心 k 的笛卡尔速度分量，v_k^n 是正交于面 k 的速度分量。

笛卡尔网格和任意多面体网格之间的区别是，在后者中，曲面矢量在多个笛卡尔方向上有分量，所有笛卡尔速度分量都对质量通量有贡献。每个笛卡尔速度分量乘以相应的曲面矢量分量（单元面在笛卡尔坐标平面上的投影），见公式(9.31)。

任意输运量的对流通量通常是通过假设质量通量已知来计算的，利用中点规则近似值，可以得到：

$$F_k^c=\int_{S_k}\rho\varphi\boldsymbol{v}\cdot\boldsymbol{n}\mathrm{d}S\approx\dot{m}_k\varphi_k \tag{9.32}$$

其中 φ_k 是面形心 k 处 φ 的值。这表示基于 Picard 迭代的线性化，如第五章所述。

面形心处的变量值必须通过合适的插值的节点值来表示。在第 4 章中提出了几种可能性，但并不是所有的都能很容易地扩展到任意多面体网格，因为计算节点（CV-形心）不位于容易进行插值的直线上。对于高阶插值而言，需要多维形状函数。

然而，利用简单的几何数据和向量运算，可以很容易地构造任意多面体 CVs 的简单二阶方法。考虑图 9.18 中的两个任意控制体（CVs）。下面的向量是基于单元和面形心的坐标定义的：

$$\boldsymbol{d}_k=\boldsymbol{r}_{N_k}-\boldsymbol{r}_{\mathrm{P}} \tag{9.33}$$

我们还在连接单元中心 P 和相邻单元 Nk 中心的直线上引入线性插值因子，如下所示：

$$\xi_k=\frac{(\boldsymbol{r}_k-\boldsymbol{r}_{\mathrm{P}})\cdot\boldsymbol{d}}{\boldsymbol{d}\cdot\boldsymbol{d}} \tag{9.34}$$

通过将向量(r_k-r_{P})投影到连接单元中心的直线上，辅助点 k'在这一行中定义为：

$$\boldsymbol{r}_{k'}=\boldsymbol{r}_{\mathrm{N}_k}\xi_k+\boldsymbol{r}_{\mathrm{P}}(1-\xi_k) \tag{9.35}$$

面两侧单元中心之间的线性插值是最简单的二阶逼近，但它指向 k'，不是面心：

$$\varphi_{k'}=\varphi_{N_k}\xi_k+\varphi_{\mathrm{P}}(1-\xi_k) \tag{9.36}$$

如果用上述插值得到的值来表示面形心处的值，结果将不是二阶精度的，除非点 k'和 k 几乎重合。

面形心位置 k 的二阶精度插值可以通过使用变量值及从 k'位置的梯度从得得到了如下关系式：

$$\varphi_{k'}=\varphi_{k'}+(\nabla\varphi)_{k'}\cdot(\boldsymbol{r}_k-\boldsymbol{r}_{k'}) \tag{9.37}$$

当通过式(9.36)表示时，右边的第一项，对系数矩阵 $\boldsymbol{A}$ 提供了贡献；第二项被明确地视为延迟修正。k'点的梯度可以根据表达式(9.36)使用单元中心值插值计算。如果向量 d 通

过面中心 k,涉及梯度的延迟修正将为零,因为 k'将与 k 重合;然后仅从单元格中心值计算表面值。

另一种选择是从两侧的单元中心到面中心进行外推,然后在二者之间使用加权,这取决于距离(相当于中心差分近似)或流动方向(二阶迎风),或其他一些标准:

$$\varphi_{k1}=\varphi_{\mathrm{P}}+(\nabla\varphi)_{\mathrm{P}}\cdot(\boldsymbol{r}_k-\boldsymbol{r}_{\mathrm{P}})$$
$$\varphi_{k2}=\varphi_{N_k}+(\nabla\varphi)_{N_k}\cdot(\boldsymbol{r}_k-\boldsymbol{r}_{N_k})\tag{9.38}$$

对于距离加权,我们有:

$$\varphi_k=\varphi_{k2}\xi_k+\varphi_{k1}(1-\xi_k)\tag{9.39}$$

式(9.38)中的 φ_{k1} 和 φ_{k2} 各自代表二阶近似值。如果采用上游侧外推得到的值,则得到线性逆风格式;它在大多数商用 CFD 代码中可用。

我们还可以在单元表面的法线上定义两个额外的辅助点,并穿过它的形心。首先,我们确定连接单元中心与公共面形心到面法线的向量投影的较小值:

$$a=\min((\boldsymbol{r}_k-\boldsymbol{r}_{\mathrm{P}})\cdot\boldsymbol{n},(\boldsymbol{r}_{N_k}-\boldsymbol{r}_k)\cdot\boldsymbol{n})\tag{9.40}$$

辅助点 P'和 N_k' 现在被定义为位于距离面形心 k 的距离 a 处(一个位于单元中心位置在面法线上的投影,另一个靠近单元,使二者距离面中心的距离相同,如图 9.19 所示):

$$\boldsymbol{r}_{\mathrm{P}'}=\boldsymbol{r}_k-a\boldsymbol{n},\boldsymbol{r}_{N_k'}=\boldsymbol{r}_k+a\boldsymbol{n}\tag{9.41}$$

现在可以将面形心处的变量值计算为辅助节点 P'和 N_k' 处值的平均值(因为它们到面中心的距离相等);计算方法如下:

$$\varphi_{\mathrm{P}'}=\varphi_{\mathrm{P}}+(\nabla\varphi)_{\mathrm{P}}\cdot(\boldsymbol{r}_{\mathrm{P}'}-\boldsymbol{r}_{\mathrm{P}})$$
$$\varphi_{N_k'}=\varphi_{N_k}+(\nabla\varphi)_{N_k}\cdot(\boldsymbol{r}_{N_k'}-\boldsymbol{r}_{N_k})\tag{9.42}$$

$$\varphi_k=\frac{1}{2}(\varphi_{\mathrm{P}'}+\varphi_{N_k'})\tag{9.43}$$

所有三个选项都提供了一个二阶近似值,其中一部分是指面两侧单元中心的变量值(这可以贡献矩阵系数),另一部分取决于单元中心的梯度(通常使用延迟修正方法处理)。第一种方法简化为笛卡尔网格上的标准中心差分近似(线性插值)。如果两个单元中心的梯度相同,第二种和第三种选项将减少到相同的近似值;否则,即使网格是笛卡尔网格,也会保留与梯度差成比例的项。

第 4 章所述,通过在节点 P 和 N_k 处使用变量值和梯度,可以很容易地构造二次(三阶)和三次(四阶)插值,但它们只会在位置 k'处得到更精确的近似值。当网格足够细时,仍然可以得到更精确的解,但由于表达式(9.37)的修正和积分近似都是二阶的,对流通量近似的总体阶数不能超过二阶;关于这个问题的更多细节,请参见章节 4.7.1。

一阶迎风格式在任何网格上的实现都很简单,参见第 4.4.1 节;然而。由于其极端的数值扩散,它通常只在二阶近似因极差的网格质量而失败时使用。一阶迎风格式可以使用的另一个领域是在产生振荡解的情况下用于稳定高阶格式。这是通过混合两种方案来实现的,如 5.6 节所述;混合系数既可以由用户规定,也可以由代码基于某些标准进行计算。

9.7.2 扩散通量的近似

应用于积分扩散通量的中点法则:

$$F_k^d = \int_{S_k} \Gamma \nabla \varphi \cdot \boldsymbol{n} \mathrm{d}S \approx (\Gamma \nabla \varphi \cdot \boldsymbol{n})_k S_k = \left(\Gamma \frac{\partial \varphi}{\partial n}\right)_k S_k \tag{9.44}$$

单元面中心 φ 的梯度可以用对全局笛卡尔坐标 x_i 或局部正交坐标$(n,\ t,\ s)$的导数表示为：

$$\nabla \varphi = \frac{\partial \varphi}{\partial x_i}\boldsymbol{i}_i = \frac{\partial \varphi}{\partial n}\boldsymbol{n} + \frac{\partial \varphi}{\partial t}\boldsymbol{t} + \frac{\partial \varphi}{\partial s}\boldsymbol{s} \tag{9.45}$$

式中，n、t、s 分别表示曲面的法线坐标方向和切线坐标方向；$\boldsymbol{n}$,$\boldsymbol{t}$ 和 $\boldsymbol{s}$ 是每个坐标方向对应的单位向量。请注意，坐标系$(n,\ t,\ s)$也是笛卡尔坐标系，但它只是旋转，以使其一个坐标是法线坐标，另外两个坐标与单元格表面相切。

有许多方法可以近似于单元表面的导数或的单元中心的梯度向量；我们只描述其中的几个。如果在单元表面附近 φ 的变化是由形状函数描述的，那么就有可能在位置 k 处微分这个函数，以找到相对于笛卡尔坐标的导数。此时扩散通量为：

$$F_k^d = \Gamma_k \sum_i \left(\frac{\partial \varphi}{\partial x_i}\right)_k S_k^i \tag{9.46}$$

这很容易显式地实现；隐式的版本可能比较复杂，这取决于形状函数的阶数和涉及的节点数量。

当使用前一节中介绍的辅助节点 P' 和 N_k' 的变量值时，可以获得一种推导扩散通量二阶近似值的简单方法；见图 9.19。关于 n 的导数近似为中心差分，简单表示为：

$$\left(\frac{\partial \varphi}{\partial n}\right)_k \approx \frac{\varphi_{N_k'} - \varphi_{P'}}{|\boldsymbol{r}_{N_k'} - \boldsymbol{r}_{P'}|} \tag{9.47}$$

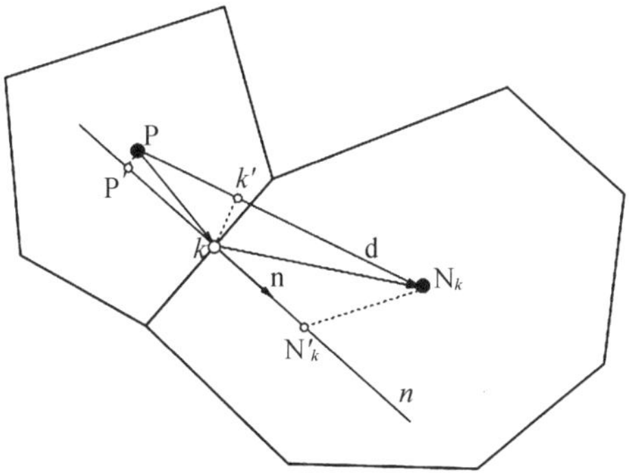

图 9.19 任意多面体 CV 的扩散通量近似

由式(9.42)可将上式改写为：

$$\left(\frac{\partial \varphi}{\partial n}\right)_k \approx \frac{\varphi_{N_k} - \varphi_P}{|r_{N_k'} - r_{P'}|} + \frac{(\nabla \varphi)_{N_k} \cdot (r_{N_k'} - r_{N_k}) - (\nabla \varphi)_P \cdot (r_{P'} - r_P)}{|r_{N_k'} - r_{P'}|} \tag{9.48}$$

右边的第一项表示隐式部分(对系数矩阵有贡献)，而第二项表示显式部分，使用前一次迭代的值计算(延迟修正)。

如果面法线穿过两侧的单元中心，并且它们与面中心的距离相等，涉及梯度的延迟修正将消失；然后，法向导数将单独使用单元中心值计算，就像在均匀笛卡尔网格上的情况一样。然而，如果网格是非均匀的，上面的近似(9.48)将包含一个修正项，使其在面形心 k 处具有二阶精度。

另一种计算单元面上导数的方法是先在 CV 中心处获得导数，然后按照 φ_k 的方法将导数插值到单元面上。然而，这可能导致振荡解，需要应用类似于用于避免在同位网格上压力振荡的修正方法。让我们先看看如何计算单元中心的梯度。

高斯定理提供了一种简单的方法；我们用单元上的平均值来近似 CV 中心的导数：

$$\left(\frac{\partial\varphi}{\partial x_i}\right)_{\mathrm{P}} \approx \frac{\int_V \frac{\partial\varphi}{\partial x_i}\mathrm{d}V}{\Delta V} \tag{9.49}$$

那么我们可以把$\partial\varphi/\partial x_i$ 看成是向量 φi_i 的散度，用高斯定理将上面方程中的体积积分转化为曲面积分：

$$\int_V \frac{\partial\varphi}{\partial x_i}\mathrm{d}V = \int_S \varphi \boldsymbol{i}_i \cdot \boldsymbol{n}\mathrm{d}S \approx \sum_k \varphi_k S_k^i \tag{9.50}$$

这表明，我们可以计算 φ 在 CV 中心对 x 的导数，方法是将 φ 与 CV 各面表面向量的 x 分量的乘积相加，然后除以 CV 体积：

$$\left(\frac{\partial\varphi}{\partial x_i}\right)_{\mathrm{P}} \approx \frac{\sum_k \varphi_k S_k^i}{\Delta V} \tag{9.51}$$

对于 φ_k，我们可以使用用于计算对流通量的值，尽管对这两项不一定使用相同的近似值。对于笛卡尔网格和线性插值，可以获得标准的中心差分近似值（只有东、西两个面对 x 方向的导数有贡献，因为其他面表面矢量的 x 分量为零；单元体积可表示为 $\Delta V=Se\Delta x$）：

$$\left(\frac{\partial\varphi}{\partial x_i}\right)_{\mathrm{P}} \approx \frac{\varphi_{\mathrm{E}}-\varphi_{\mathrm{W}}}{2\Delta x} \tag{9.52}$$

单元中心梯度也可以通过使用线性形状函数进行二阶近似；假设 φ 在两个相邻单元中心（如 P 和 N_k）之间呈线性变化，则可写成：

$$\varphi_{N_k}-\varphi_{\mathrm{P}} = (\nabla\varphi)_{\mathrm{P}} \cdot (\boldsymbol{r}_{N_k}-\boldsymbol{r}_{\mathrm{P}}) \tag{9.53}$$

我们可以写出很多这样的方程，只要节点 P 周围有相邻的单元格；但是，我们只需要计算$\partial\varphi/\partial x_i$ 的三个导数。在最小二乘法的帮助下，可以显式地计算任意 CV 形状的超定系统的导数；详见 Demirdžić和 Muzaferija（1995）。

用这种方法计算的导数可以插值到单元表面，扩散通量可以由式(9.46)计算。这种方法的问题是，在迭代过程中可能会产生振荡解，而振荡不会被监测到。下面将介绍如何避免这种情况。

对于显式方法，这种方法实现起来非常简单。然而，它不适合用隐式方法实现，因为它会产生较大的计算单元。章节 5.6 中描述的延迟修正方法提供了一种解决这个问题的方法，但它并不一定有助于消除振荡。

在过去的 20 年里，人们开发了大量的方法来处理这个问题；demirdić（2015）给出了一个概述，并指出了最好的一个，它类似于在非正交坐标中离散扩散项所得到的结果：

$$F_k^d \approx \Gamma_{\varphi,k} S_k \frac{\varphi_{N_k}-\varphi_{\mathrm{P}}}{(\boldsymbol{r}_{N_k}-\boldsymbol{r}_{\mathrm{P}}) \cdot \boldsymbol{n}_k} + \Gamma_{\varphi,k} S_k \underline{\left[(\nabla\varphi)_k \cdot \boldsymbol{n}_k - \overline{(\nabla\varphi)_k} \cdot \frac{\boldsymbol{r}_{N_k}-\boldsymbol{r}_{\mathrm{P}}}{(\boldsymbol{r}_{N_k}-\boldsymbol{r}_{\mathrm{P}}) \cdot \boldsymbol{n}_k}\right]} \tag{9.54}$$

右边的第一项被隐式处理，即它对系数矩阵 A 有贡献；用变量的现行值计算下划线项，并将其视为另一个延迟修正。在这一项中，$(\nabla\varphi)_k$ 是通过从两个 CV 中心根据它们与表面的距离插值梯度得到的，而 $(\overline{\nabla\varphi})_k$ 表示 P 和 N_k 处梯度的平均值。这种区别的原因是，右边的第一项，作为中心差分近似，在节点 P 和 N_k 之间的中点是二阶精度的，而右边的最后一项，当 φ 的变化是平滑的时候，应该抵消第一项，所以梯度插值到中点而不是单元面中心。

注意上面方程右边的所有项实际上都提供了位置 k' 而不是 k。因此，如果距离 k' 对于 k 是显著的，通量近似将不再是二阶精度。还要注意，从式(9.54)中得到的法向导数的近似值类似于使用辅助节点 P' 和 N_k' 获得的式(9.48)，但它是使用不同方法推导出来的。公式(9.48)的近似值在面形心 k 处是二阶精度的，即使连接单元中心 P 和 N_k 的线不经过面形心。

在动量方程中，扩散通量包含的项比一般守恒方程中的相应项多一些，例如，对于 u_i：

$$F_k^d = \int_{S_k} \mu \nabla u_i \cdot \boldsymbol{n} \mathrm{d}S + \underline{\int_{S_k} \mu \frac{\partial u_j}{\partial x_i} \boldsymbol{i}_j \cdot \boldsymbol{n} \mathrm{d}S} \tag{9.55}$$

在一般的守恒方程中，划线项是不存在的。如果 ρ 和 μ 是常数，根据连续性方程，所有 CV 面上下划线项的和为零，参见第 7.1 节。如果 ρ 和 μ 不是常数，则它们(近激波除外)平滑变化，并且下划线项在整个 CV 表面上的积分小于第一项的积分。因此，带下划线的项通常是显式处理的。如上所示，利用 CV 中心的梯度向量很容易在单元表面计算导数。这一项不会引起振荡，可以用插值梯度计算。

9.7.3 源项近似

中点法则将体积积分近似为被积函数的 CV 中心值与 CV 体积的乘积：

$$Q_{\mathrm{P}}^{\varphi} = \int_V q_{\varphi} \mathrm{d}V \approx q_{\varphi,\mathrm{P}} \Delta V \tag{9.56}$$

这种近似与 CV 形状无关，具有二阶精度。

现在让我们看看动量方程中的压力项。它们既可以看成是 CV 曲面上的守恒力，也可以看成是非守恒体积力。在第一种情况下(在 u_i 的方程中)：

$$Q_{\mathrm{P}}^{p} = -\int_S p \boldsymbol{i}_i \cdot \boldsymbol{n} \mathrm{d}S \approx \sum_k p_k S_k^i \tag{9.57}$$

在第二种情况下，我们得到：

$$Q_{\mathrm{P}}^{p} = -\int_V \frac{\partial p}{\partial x_i} \mathrm{d}V \approx -\left(\frac{\partial p}{\partial x_i}\right)_{\mathrm{P}} \Delta V \tag{9.58}$$

第一种方法完全守恒。如果用高斯定理计算 $\partial p/\partial x_i$，第二个也是守恒的(和第一个是等价的)。如果在 CV 中心的压力导数是通过微分形状函数来计算的，这种方法一般来说是不守恒的。

其他体积源项以同样的方式近似：首先在单元形心处计算源项，然后简单地将其乘以单元体积。非线性源项需要线性化；这是使用 5.5 节中讨论的方法实现的。

9.8 压力修正方程

当网格是非正交和/或非结构化时,SIMPLE 算法(见 8.2.1 节)需要修改。本节将介绍该方法。前一章所介绍的隐式分步法的扩展遵循相同的思路,这里就不做介绍了,因为两种方法的区别很小,在 8.2.3 节中有详细介绍。

对于任何网格类型,离散动量方程有如下形式:

$$A_{\mathrm{P}}^{u_i} u_{i,\mathrm{P}} + \sum A_k^{u_i} u_{i,k} = Q_{i,\mathrm{P}} \tag{9.59}$$

注意,这里的下标 k 表示单元中心 N_k,而不是面形心。

源项 $Q_{i,\mathrm{P}}$ 包含离散压力梯度项。不管这个术语是如何近似的,我们可以这样写:

$$Q_{i,\mathrm{P}} = Q_{i,\mathrm{P}}^{*} + Q_{i,\mathrm{P}}^{p} = Q_{i,\mathrm{P}}^{*} - \left(\frac{\delta p}{\delta x_i}\right)_{\mathrm{P}} \Delta V \tag{9.60}$$

其中 $\delta p/\delta x_i$ 表示对笛卡尔坐标 x_i 的离散压力导数。如果压力项以守恒的方式近似(作为表面力的总和),CV 上的平均压力梯度可以表示为:

$$Q_{i,\mathrm{P}}^{p} = -\int_S p i_i \cdot \mathbf{n} \mathrm{d}S = -\int_V \frac{\partial p}{\partial x_i} \mathrm{d}V \Rightarrow \left(\frac{\delta p}{\delta x_i}\right)_{\mathrm{P}} = -\frac{Q_{i,\mathrm{P}}^{p}}{\Delta V} \tag{9.61}$$

与往常一样,修正采用压力梯度的形式,压力是通过施加连续性约束而获得的泊松方程推导出来的。目标是满足连续性,即进入每个 CV 的净质量通量必须为零。为了计算质量通量,我们需要单元表面中心的速度。在交错网格条件下,这些都是可用的。在同位网格条件上,可以通过插值得到。

在第 7 章中已经表明,当用单元表面的插值速度来推导压力修正方程时,一个大的计算单元会导致压力和/或速度的振荡。我们描述了一种修改插值速度的方法,该方法产生了紧凑的压力修正方程,并避免了振荡解。我们将简要描述第 8.2.1 节中提出的方法对非正交网格的扩展。本书方法对动量方程中压力项的守恒处理和非守恒处理均有效,对非正交网格上的 FD 格式稍加修改即可。它也适用于任意形状的 CVs;下面我们考虑面 k,如图 9.19 所示。

按照 8.2.1 节中描述的方法,通过减去单元表面计算的压力梯度与插值梯度之间的差值来修正插值的单元表面速度:

$$u_{i,k}^{*} = \overline{(u_i^{*})}_k - \Delta V_k \overline{\left(\frac{1}{A_{\mathrm{P}}^{u_i}}\right)}_k \left[\left(\frac{\delta p}{\delta x_i}\right)_k - \overline{\left(\frac{\delta p}{\delta x_i}\right)}_k\right]^{m-1} \tag{9.62}$$

式中 $*$ 表示外部迭代 m 上的速度,通过使用前一次外部迭代的压力求解动量方程来预测。第 8.2.1 节表明,对于二维均匀网格,应用于插值速度的修正对应于压力的三阶导数乘以 $(\Delta x)^2$ 的中心差分近似;它能检测振荡并使其平滑。如果 A_{P} 过大,修正项可能很小,无法发挥其作用。当不稳定问题用非常小的时间步长来求解时,就会发生这种情况,因为 A_{P} 包含 $\Delta V/\Delta t$,但是这个问题很少发生。修正项可以乘以一个常数而不影响近似的一致性。这种在同位网格上的压力-速度耦合方法是在 20 世纪 80 年代初发展起来的,通常被认为是由 Rhie 和 Chow(1983)提出的。它被广泛使用,并在大多数商用 CFD 代码中使用。

只有法向速度分量对通过单元表面的质量通量有贡献。它取决于法向的压力梯度。

这使得我们可以写出以下表达式,表示单元表面的法向速度分量 $v_n=v\cdot n$(尽管我们不求解这个分量的方程):

$$v_{n,k}^{*}=\overline{(v_n^{*})_k}-\Delta V_k\overline{\left(\frac{1}{A_{\mathrm{P}}^{v_n}}\right)_k}\left[\left(\frac{\delta p}{\delta n}\right)_k-\overline{\left(\frac{\delta p}{\delta n}\right)_k}\right]^{m-1} \tag{9.63}$$

因为对于给定 CV 中的所有速度分量,A_{P}^{ui} 都是相同的(除非靠近某些边界),所以可以用 A_{P}^{ui} 代替 A_{P}^{vn}。

我们可以在相邻 CV 中心处计算 k 面法线方向上的压力导数,并将其插值到单元面中心。直接计算单元面上的法向导数需要进行坐标变换,这是结构网格上的常用程序。当使用任意形状的 CVs 时,我们希望避免使用坐标转换。使用形状函数是一种可能,但它会导致一个复杂的压力修正方程。延迟修正方法可用于降低复杂性。

可以构建另一种方法,使用图 9.19 所示的面法线上的辅助节点,如 9.7.2 节中关于扩散通量的描述。压力对 n 的导数可以用中心差分近似如下:

$$\left(\frac{\delta p}{\delta n}\right)_k\approx\frac{p_{N_k'}-p_{\mathrm{P}'}}{|\boldsymbol{r}_{N_k'}-\boldsymbol{r}_{\mathrm{P}'}|} \tag{9.64}$$

两个辅助节点的压力值可以用单元中心值和梯度计算:

$$\begin{aligned}p_{\mathrm{P}'}&\approx p_{\mathrm{P}}+(\nabla p)_{\mathrm{P}}\cdot(\boldsymbol{r}_{\mathrm{P}'}-\boldsymbol{r}_{\mathrm{P}})\\ p_{N_k'}&\approx p_{N_k}+(\nabla p)_{N_k}\cdot(\boldsymbol{r}_{N_k'}-\boldsymbol{r}_{N_k})\end{aligned} \tag{9.65}$$

由这些表达式,式(9.64)变成:

$$\left(\frac{\delta p}{\delta n}\right)_k\approx\frac{p_{N_k}-p_{\mathrm{P}}}{|(r_{N_k'}-r_{\mathrm{P}'})|}+\frac{(\nabla p)_{N_k}\cdot(r_{N_k'}-r_{N_k})-(\nabla p)_{\mathrm{P}}\cdot(r_{\mathrm{P}'}-r_{\mathrm{P}})}{|(r_{N_k'}-r_{\mathrm{P}'})|} \tag{9.66}$$

当连接节点 P 和 N_k 的线垂直于单元表面并经过单元中心时,即当 P 和 P' 和 N_k 和 N_k' 一致。如果目标只是防止在同位网格上的压力振荡,只需使用式(9.66)右侧的第一项就足够了。即可以将式(9.63)近似为:

$$v_{n,k}^{*}=\overline{(v_n^{*})_k}-\frac{\Delta V_k}{|(r_{N_k'}-r_{\mathrm{P}'})|}\overline{\left(\frac{1}{A_{\mathrm{P}}^{v_n}}\right)_k}[(p_{N_k}-p_{\mathrm{P}})-\overline{(\nabla p)_k}\cdot(r_{N_k}-r_{\mathrm{P}})] \tag{9.67}$$

方括号内的修正项表示压差 $p_{N_k}-p_{\mathrm{P}}$ 与用插值压力梯度 $\overline{\nabla p_k}\cdot(r_{N_k}-r_{\mathrm{P}})$ 计算的压差近似值之间的差值。对于平滑的压力分布,这个修正项很小,并且随着网格的细化趋向于零。CV 中心的压力梯度可用于动量方程的计算。

注意,表面上的插值压力梯度应该根据两个单元中心值并加权 1/2 计算,而不是根据到单元表面的距离进行插值。原因是在面上计算的梯度是二阶精度的,不是在表面,而是在单元中心之间;如果压力变化是平滑的,为了确保修正项抵消,从单元中心开始的梯度应该插值到相同的位置,即简单平均。

用插值速度计算的质量通量,

$$\dot{m}_k^{*}=(\rho v_n^{*}S)_k \tag{9.68}$$

不满足连续性要求,因此它们在 CV 的所有面上的总和导致一个质量源:

$$\sum_k\dot{m}_k^{*}=\Delta\dot{m} \tag{9.69}$$

其必须归零。必须对速度进行修正,以便在每个 CV 中满足质量守恒。在隐式方法中,不需要在每次外部迭代的最后完全满足质量守恒。按照前面描述的方法,我们通过用压力修正的梯度表示速度修正,进而来修正质量通量,从而:

$$\dot{m}'_k=(\rho v'_n S)_k$$

$$\approx-(\rho\Delta VS)_k\left(\overline{\frac{1}{A_{\mathrm{P}}^{V_n}}}\right)_k\left(\frac{\delta p'}{\delta n}\right)_k$$

$$\approx-(\rho\Delta VS)_k\left(\overline{\frac{1}{A_{\mathrm{P}}^{V_n}}}\right)_k\left[\frac{p_{N'_k}-p'_{\mathrm{P}}}{|(\mathrm{r}_{N'_K}-r_{\mathrm{P}'})|}-\frac{(\nabla p')_{\mathrm{N}_k}\cdot(r_{\mathrm{N}'_K}-r_{\mathrm{N}_k})-(\nabla p')_{\mathrm{P}}\cdot(r_{\mathrm{P}'}-r_{\mathrm{P}})}{|(r_{\mathrm{N}'_K}-r_{\mathrm{P}'})|}\right] \quad (9.70)$$

如果在其他 CV 面应用相同的近似,并且要求修正后的质量通量满足连续性方程:

$$\sum_k \dot{m}'_k+\Delta\dot{m}=0 \quad (9.71)$$

我们可以得到压力修正方程。

式(9.70)右边的最后一项导致压力修正方程中计算单元的扩展。由于在非正交性不严重的情况下,这一项很小,通常忽略它。当求解收敛时,压力修正为零,因此这一项的省略不影响求解;但是,它确实会影响收敛速度。对于非正交网格,必须使用较小的亚松弛因子 α_p, 参见式(7.84)。

当使用上述近似时,压力修正方程具有一般形式;此外,它的系数矩阵是对称的,因此可以使用对称矩阵的特殊求解器(例如,基于共轭梯度法的 ICCG 求解器;参见第 5 章和代码库中的目录:求解器;见附录 A.1)。

求解压力修正方程后,使用式(9.70)对单元面质量通量进行修正,得到外部迭代 m 处的最终值:

$$\dot{m}_k^m=\dot{m}_k^*+\dot{m}'_k \quad (9.72)$$

单元中心速度和压力通过以下方法进行修正:

$$u_{i,\mathrm{P}}^m=u_{i,\mathrm{P}}^*-\frac{\Delta V}{A_p^{u_i}}\left(\frac{\delta p'}{\delta x_i}\right)_p \text{ and } p_{\mathrm{P}}^m=p_{\mathrm{P}}^{m-1}+\alpha_p p'_{\mathrm{P}} \quad (9.73)$$

网格非正交性可以在压力修正方程中迭代地考虑,即使用预测-修正方法。首先解 p' 的方程,其中忽略式(9.70)中的非正交项。在第二步中,通过添加另一个修正来纠正第一步中的错误:

$$\dot{m}'_k+\dot{m}''_k=-(\rho\Delta VS)_k\left(\overline{\frac{1}{A_{\mathrm{P}}^{v_n}}}\right)_k\left(\frac{\delta p'}{\delta n}+\frac{\delta p''}{\delta n}\right)_k \quad (9.74)$$

通过忽略第二个修正中的非正交项 p'',但将其考虑到第一次修正 p' 中,因为 p' 现在是可用的,这导致第二次质量通量修正的表达式如下:

$$\dot{m}''_k=-(\rho\Delta VS)_k\left(\overline{\frac{1}{A_{\mathrm{P}}^{v_n}}}\right)_k\left[\frac{p''_{N_k}-p''_{\mathrm{P}}}{|(\boldsymbol{r}_{N'_k}-\boldsymbol{r}_{\mathrm{P}'})|}-\frac{(\nabla p')_{N_k}\cdot(\boldsymbol{r}_{N'_k}-\boldsymbol{r}_{N_k})-(\nabla p')_{\mathrm{P}}\cdot(\boldsymbol{r}'_{\mathrm{P}}-\boldsymbol{r}_{\mathrm{P}})}{|(\boldsymbol{r}_{N'_k}-\boldsymbol{r}_{\mathrm{P}'})|}\right] \quad (9.75)$$

现在可以显式计算右侧的第二项,因为 p' 是可用的。

由于修正后的通量 $\dot{m}^*+\dot{m}$ 已经被迫满足连续性方程,可以使 $\Sigma_c\ \dot{m}_c''=0$。这就得到了第二个压力修正 p'',它与 p' 的方程有相同的矩阵 $\boldsymbol{A}$,但右边不同。这可以被用在一些求解器中。二次压力修正的源项包含 $\dot{m}''$ 显式部分的散度。

通过引入第三、第四修正,可以继续此修正过程。额外的修正趋向于零;很少需要超越已经描述的两个修正,因为 SIMPLE 算法中的压力修正方程包括比网格非正交性影响的非精确处理更严格的近似值。

在网格接近正交的情况下,第二次压力修正的加入对算法性能的影响很小。然而,如果 n 和 d 之间的角度(见图 9.19)在大部分计算域大于 45°,收敛可能是缓慢的,则只需一次修正。较强的亚松弛(只添加 5%~10%的 p' 到 p^{m-1})和降低速度的亚松弛因子可能有所帮助,但会以效率为代价。通过两个压力修正步骤,获得了在正交网格上的性能,也适用于非正交网格。

图 9.20 显示了在非正交网格上缺少第二次修正的性能下降的例子。侧壁倾斜 45°时,Re=1 000(左)条件下的盖驱动腔室内流动;图 9.20 还显示了几何图形和计算的流线。网格线与墙壁平行。在第二次压力修正中,收敛所需的迭代次数及其对压力亚松弛因子 α_p 的依赖性与正交网格相似;见图 8.13。如果不考虑第二次修正,可用参数 α_p 的范围很窄,需要进行更多的迭代。在其他速度 α_u 的亚松弛因子条件下也得到了类似的结果,α_u 值越大,差异越大。当网格线夹角减小且只计算一次压力修正时,得到收敛 α_p 的范围变小。

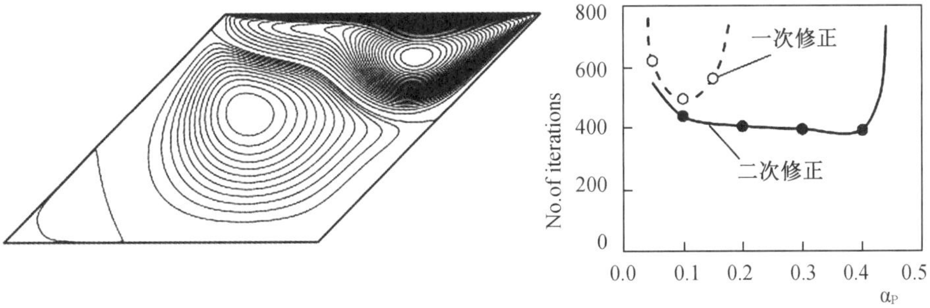

图 9.20 侧壁倾斜 45°时,Re=1 000(左)条件下的盖驱动腔室内流动的几何形状和预测流线,使用 α_u=0.8 和一个或两个压力修正步骤的迭代次数,作为 α_p 的函数(右)

这里描述的方法是在目录 2dgl 中的代码中实现的(见附录)。

在结构网格上,可以将单元面上的法向压力导数转化为网格线方向上的法向压力导数的组合,得到包含混合导数的压力修正方程;参见第 9.5 节。如果隐式地处理交叉导数,则压力修正方程的计算单元在 2D 中至少包含 9 个节点,在 3D 中包含 19 个节点。上述两步程序的结果与使用隐式离散交叉导数的收敛性质相似(参见 Perić 1990),但在计算上更有效,特别是在 3D 中。

9.9 轴对称问题

轴对称流动相对于笛卡尔坐标是三维的,即速度分量是所有三个坐标的函数;然而,它们只是圆柱坐标系中的二维流动(所有关于周向的导数为零,所有三个速度分量仅是轴向坐标和径向坐标 z 和 r 的函数)。在没有涡流的情况下,周向速度分量处处为零。由于使用两个自变量要比使用三个自变量容易得多,对于轴对称流,在柱坐标系中工作比在笛卡尔坐标系中工作更有意义。

在微分形式下，质量和动量的二维守恒方程，写在圆柱坐标系中，如下所示(参见，例如，Bird et al 2006)：

$$\frac{\partial\rho}{\partial t}+\frac{\partial(\rho v_z)}{\partial z}+\frac{1}{r}\frac{\partial(\rho r v_r)}{\partial r}=0 \tag{9.76}$$

$$\frac{\partial(\rho v_z)}{\partial t}+\frac{\partial(\rho v_z v_z)}{\partial z}+\frac{1}{r}\frac{\partial(\rho r v_r v_z)}{\partial r}=-\frac{\partial p}{\partial z}+\frac{\partial\tau_{zz}}{\partial z}+\frac{1}{r}\frac{\partial(r\tau_{zr})}{\partial r}+\rho b_z \tag{9.77}$$

$$\frac{\partial(\rho v_r)}{\partial t}+\frac{\partial(\rho v_z v_r)}{\partial z}+\frac{1}{r}\frac{\partial(\rho r v_r v_r)}{\partial r}=-\frac{\partial p}{\partial r}+\frac{\partial\tau_{rz}}{\partial z}+\frac{1}{r}\frac{\partial(r\tau_{rr})}{\partial r}+\frac{\tau_{\theta\theta}}{r}+\frac{\rho v_\theta^2}{r}+\rho b_r \tag{9.78}$$

$$\frac{\partial(\rho v_\theta)}{\partial t}+\frac{\partial(\rho v_z v_\theta)}{\partial z}+\frac{1}{r}\frac{\partial(\rho r v_r v_\theta)}{\partial r}=-\frac{\rho v_r v_\theta}{r}+\frac{\partial\tau_{\theta z}}{\partial z}+\frac{1}{r^2}\frac{\partial(r^2\tau_{r\theta})}{\partial r}+\rho b_\theta \tag{9.79}$$

其中非零应力张量分量为：

$$\tau_{zz}=2\mu\frac{\partial v_z}{\partial z}-\frac{2}{3}\mu\nabla\cdot v$$

$$\tau_{rr}=2\mu\frac{\partial v_r}{\partial r}-\frac{2}{3}\mu\nabla\cdot v$$

$$\tau_{\theta\theta}=-2\mu\frac{v_r}{r}-\frac{2}{3}\mu\nabla\cdot v$$

$$\tau_{rz}=\tau_{zr}=\mu\left(\frac{\partial v_z}{\partial r}+\frac{\partial v_r}{\partial z}\right)$$

$$\tau_{\theta r}=\tau_{r\theta}=\mu r\frac{\partial}{\partial r}\left(\frac{v_\theta}{r}\right)$$

$$\tau_{\theta z}=\tau_{z\theta}=\mu\frac{\partial v_\theta}{\partial z} \tag{9.80}$$

如9.3.1节所述，上述方程包含两个在笛卡尔坐标系中没有类比的项：v_r 方程中的表观离心力 $\rho v_\theta^2/r$；v_θ 方程中的表观科里奥利力 $\rho v_r v_\theta/r$。这些术语来自坐标变换，不应与出现在旋转坐标系中的离心力和科里奥利力相混淆。如果旋流速度 v_θ 为零，则表观力为零，第三个方程变得多余。

当使用FD方法时，对轴向坐标和径向坐标的导数的近似方式与笛卡尔坐标相同；第三章中描述的任何方法都可以使用。

有限体积法需要注意。前面给出的积分形式的守恒方程(例如，式(8.1)和(8.2))保持不变，添加表观力作为源项。这些集成在体上，如第4.3节所述。θ 方向上的CV大小为1，即1弧度。压力项需要注意。如果这些被视为体积力，并且 z 和 r 方向的压力导数对体积进行积分，如式(9.58)所示，则不需要额外的步骤。然而，如果压力在CV表面积分，如公式(9.57)，仅仅各方向单元面积分是不够的，就像在平面2D问题中的情况一样，必须考虑施加在前后表面的压力的径向分量。

因此，我们必须将这些在平面2D问题中没有对应的项添加到 vr 的动量方程中：

$$Q^r=-\frac{2\mu\Delta V}{r_{\mathrm{P}}^2}v_{r,\mathrm{P}}+p_{\mathrm{P}}\Delta S+\left(\frac{\rho v_\theta^2}{r}\right)_{\mathrm{P}}\Delta V \tag{9.81}$$

ΔS 是正面的面积。

在 v_θ 方程中，如果需要求解，就必须包括源项（表观科里奥利力）：

$$Q^\theta = -\left(\frac{\rho v_r v_\theta}{r}\right)_P \Delta V \tag{9.82}$$

与平面2D问题相比，唯一的另一个区别是单元面面积和体积的计算。单元面“n”，“e”，“w”和“s”的面积计算方法与平面几何相同，见式(9.29)，其中包含因子 rk（其中 k 表示单元面中心）。正面和背面的面积计算方法与平面几何中的体积相同（其中第三维是统一的）。

具有任意面数的轴对称 CV 体积为：

$$\Delta V = \frac{1}{6}\sum_{i=1}^{N_v}(z_{i-1} - z_i)(r_{i-1}^2 + r_i^2 + r_i r_{i-1}) \tag{9.83}$$

其中 N_v 为顶点数，逆时针计数，$i=0$ 对应 $i=N_v$。

轴对称旋流中的一个重要问题是径向和周向速度分量的耦合。v_r 的方程包含 v_θ^2，v_θ 的方程包含 v_r 与 v_θ 的乘积作为源项；见上图。将顺序（解耦）求解过程与 Picard 线性化相结合被证明是低效的。耦合可以通过使用外部迭代的多重网格方法（参见第12章）、耦合求解方法或使用更隐式的线性化方案（参见第5.5节）来改善。

如果将柱坐标系中的 z 和 r 坐标替换为 x 和 y，则与笛卡尔坐标系中的方程的相似性就变得很明显。实际上，如果 r 设为1，v_θ 和 $\tau_{\theta\theta}$ 设为零，则这些方程与笛卡尔坐标下的方程相同，即 $v_z=u_x$，$v_r=u_y$。因此，同样的计算机代码可用于平面和轴对称二维流动；对于轴对称问题，设 $r=y$，并包括 $\tau_{\theta\theta}$，如果旋流分量非零，则设 v_θ 方程。

9.10 高阶有限体积法

值得注意的是，推导高阶 FV 方法比构造高阶 FD 方法要困难得多。在 FD 方法中，我们只需要在一个网格点上用高阶近似和近似一阶导数和二阶导数，这在结构网格上相对容易做到（参见第3章）。在 FV 方法中，有三种近似：

- 曲面积分和体积积分的近似；
- 变量值插值到 CV 中心以外的位置；
- 在单元中心和所有单元表面的一阶导数近似。

中点规则的二阶精度是单点近似法所能达到的最高精度。任何高阶 FV 方案都需要对多个单元面位置进行更高阶的插值，以及更复杂的多点积分近似来计算对流通量。此外，对于扩散通量，还需要以更高的阶数近似单元面内多个位置的导数。这在结构网格上是可以处理的，但在非结构网格上却相当困难，特别是那些由任意多面体 CVs 组成的网格。为了简化实现、扩展、调试和维护，二阶精度似乎是精度和效率之间的最佳折中。

只有当需要非常高的精度（离散误差低于1%）时，高阶方法才具有成本效益。人们还必须记住，只有在网格足够细的情况下，高阶方法才会比二阶方法产生更准确的结果。如果网格不够细，高阶方法可能产生振荡解，平均误差可能比二阶方案高。高阶格式也比二阶格式需要更多的内存和每个网格点的计算时间。对于工业应用，1%的误差是可以接受的，二阶方案加上局部网格细化提供了精度、编程和代码维护的简单性、鲁棒性和效率的最佳组合。

如前所述,使用 FD 或者 FE 方法比使用 FV 方法更容易实现高阶方法。高阶有限元方法在结构力学中是相当标准的,特别是在线性问题中。不可压缩流动的连续性方程会带来麻烦,这就是为什么 CFD 的 FE 方法通常对动量方程和连续性方程使用不等阶近似。目前用于非结构网格的 FD 方法也不常见,但我们希望在不久的将来看到这种高阶方法。

9.11 边界条件的实现

在非正交网格上实现边界条件需要特别注意,因为边界通常不与笛卡尔速度分量对齐。FV 方法要求边界通量是已知的,或者用已知的量和内部节点值表示。当然,CVs 的数量必须与未知的数量相匹配。

我们经常提到局部坐标系(n, t, s),它是一个旋转的笛卡尔坐标系,n 是边界的向外法线,t 和 s 是边界的切线。

9.11.1 入口

通常,在入口边界,所有的量都必须指定。如果入口处的条件不是很清楚,并且需要对变量的分布进行近似,可以将边界向上移动,尽可能远离所关注的区域是有用的。由于给出了速度和其他变量,所有对流通量都可以直接计算出来。扩散通量通常是未知的,但是可以用已知变量的边界值和梯度的单侧有限差分近似来计算。

如果在边界处指定速度,则在迭代过程中不需要对其进行修正。如果边界处的速度修正为零,则 SIMPLE 算法中的压力修正为零梯度条件;参考式(9.70)。因此,压力修正方程在指定速度的所有边界上都具有诺伊曼边界条件。

9.11.2 出口

在出口处,我们通常对流量知之甚少。出于这个原因,这些边界应该尽可能远离所关注的区域。否则,误差可能会向上传播。流体应该在整个出口截面上流出计算域,如果可能的话,与出口边界平行或正交。在高雷诺数流中,误差的上游传播(至少在定常流动中)是很弱的,因此很容易找到合适的边界条件近似值。通常沿着网格线从内部外推到边界(或者,更好的是沿着流线)。最简单的近似是沿网格线的零梯度。对于对流通量,这意味着使用了一阶迎风近似。网格线上梯度为零的条件可以很容易地隐式实现。例如,在一个结构化的二维网格的东面,一阶向后近似给出 $\varphi_E = \varphi_P$。当我们将这个表达式插入到边界附近 CV 的离散化方程中,可以得到:

$$(A_P + A_E)\varphi_P + A_W\varphi_W + A_N\varphi_N + A_S\varphi_S = Q_P \tag{9.84}$$

所以边界值 φ_E 不会出现在方程中。这并不意味着扩散通量在出口边界为零,除非网格与边界正交。

如果需要更高的精度,就必须使用出口边界导数的高阶单边有限差分近似。对流和扩散通量都必须用内部节点的变量值来表示。

如果速度外推到出口边界,人们通常会修正它们——假设流动是不可压缩的——这样流出的质量通量就与流入的质量通量相匹配。连续性方程会在整个计算域内得到满足,即当对所有 CV 的质量守恒方程求和时,所有内单元面上的质量通量抵消,当边界通量匹配时,净质量通量为零。以这种方式修正边界速度的结果是,对于当前的外部迭代,它们可以被视为固定的,从而导致压力修正方程的零梯度条件。如果诺伊曼条件适用于所有边界,则必须确保压力修正方程中源项的代数和等于零,否则公式不适定。上述针对出口速度的修正保证了这一条件的满足。然而,当诺伊曼条件适用于所有边界时,压力修正方程的解不是唯一的——可以对所有值加一个常数,方程仍然满足。由于这个原因,人们通常保持压力固定在一个参考位置,并通过将给定网格点计算的压力修正与参考位置计算的压力修正之差相加,进而修正压力。

当流动是非定常时,特别是直接模拟湍流时,需要注意避免在出口边界反射误差。这些问题将在第 10.2 节和第 13.6 节讨论。

9.11.3　非穿透壁面

对于非穿透的壁面,适用以下条件:

$$u_i = u_{i,\mathrm{wall}} \tag{9.85}$$

这个条件是由于黏性流体黏附在固体边界上(无滑移条件)。

由于没有流体穿过壁面,所有的对流通量都为零。扩散通量需要注意。对于标量,例如热量,它们可以是零(绝热壁面),可以是指定的(规定的热流量),也可以规定标量的值(等温壁面)。如果通量已知,则可以将其插入到近壁 CV 的守恒方程中,例如,对于标记为“s”的边界面:

$$F_s^d = \int_{S_s} \Gamma \nabla\varphi \cdot n\mathrm{d}S = \int_{S_s} \Gamma\left(\frac{\partial\varphi}{\partial n}\right)\mathrm{d}S = \int_{S_s} f\mathrm{d}S \approx f_s S_s \tag{9.86}$$

其中 f 为指定的单位面积的通量。如果 φ 值是在壁面指定的,我们需要用单侧差分近似 φ 的法向梯度。根据这样的近似,我们还可以计算出在指定通量时壁面的 φ 值。存在许多可能性;一是计算辅助点 P' 处的 φ 值,如图 9.21 所示,并使用近似:

$$\left(\frac{\partial\varphi}{\partial n}\right)_{\mathrm{s}} \approx \frac{\varphi_{\mathrm{P}}{}' - \varphi_{\mathrm{S}}}{\delta n} \tag{9.87}$$

其中 $\delta_n = (r_s - r_{p'})$,n 为点 P' 和 S 之间的距离。如果非正交性不是很严重,可以用 φ_{P} 代替 $\varphi_{\mathrm{P'}}$。也可以使用形状函数或从单元中心外推的梯度。然后,可以使用中点规则将通量近似为:

$$F_s^{\mathrm{d}} \approx \Gamma_s\left(\frac{\partial\varphi}{\partial n}\right)_{\mathrm{s}} S_s \approx \Gamma_s \frac{\varphi_{\mathrm{P}}{}' - \varphi_{\mathrm{s}}}{\delta n} S_s \tag{9.88}$$

动量方程中的扩散通量需要特别注意。如果我们求解速度分量 v_n, v_t 和 v_s,我们可以使用章节 7.1.6 中描述的方法。壁面上的黏性应力为:

$$\tau_{nn} = 2\mu\left(\frac{\partial v_n}{\partial n}\right)_{\mathrm{wall}} = 0$$

$$\tau_{nt} = \mu\left(\frac{\partial v_t}{\partial n}\right)_{\mathrm{wall}} \tag{9.89}$$

这里我们假设坐标 t 是在壁面切应力的方向上,因此 $\tau_{ns} = 0$。这个力平行于速度矢量在壁上的投影(s 与之正交)。

这等价于假设速度矢量不改变它在第一个网格点和壁面之间的方向，这并不完全正确，但这是一个合理的近似值，随着第一个网格点到壁面的距离减小，它变得更加准确。

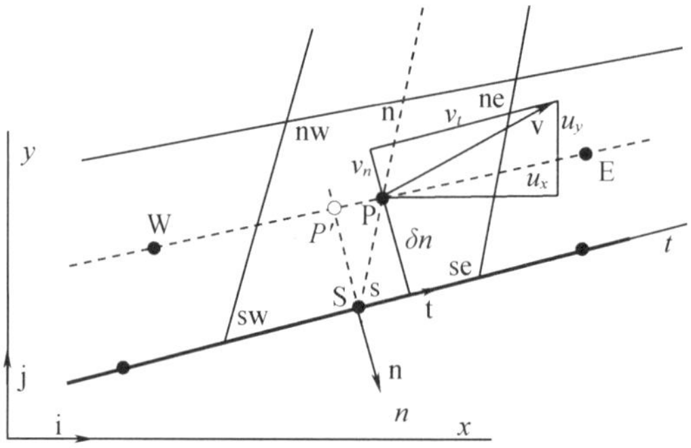

图 9.21　壁面边界条件的实现

在节点 P 处，v_t 和 v_n 都可以很容易地计算出来。在二维中，单位向量 t 很容易从角"se"和角"sw"的坐标中得到，如图 9.21 所示。在 3D 中，我们需要确定向量 t 的方向，根据平行于壁面的速度，我们可以定义单位向量 t 如下：

$$\boldsymbol{v}_t=\boldsymbol{v}-(\boldsymbol{v}\cdot\boldsymbol{n})n\Rightarrow t=\frac{\boldsymbol{v}_t}{|\boldsymbol{v}_t|} \tag{9.90}$$

近似应力所需的速度分量为：

$$\begin{aligned}v_n&=\boldsymbol{v}\cdot\boldsymbol{n}=un_x+vn_y+wn_z\\ v_t&=\boldsymbol{v}\cdot\boldsymbol{n}=ut_x+vt_y+wt_z\end{aligned} \tag{9.91}$$

导数可按式(9.87)计算。

可以转换应力 τ_{nt} 以得到 τ_{xx}、τ_{xy} 等，但这不是必要的。

对 τ_{nt} 进行表面积分，可以得到一个力：

$$\boldsymbol{f}_{\text{wall}}=\int_{S_s}\boldsymbol{t}\tau_{nt}\mathrm{d}S\approx(\boldsymbol{t}\tau_{nt}S)_s \tag{9.92}$$

其 x、y、z 分量对应离散动量方程中需要的积分；例如，在 ux 的方程中：

$$f_x=\int_{S_s}(\tau_{xx}\boldsymbol{i}+\tau_{yx}\boldsymbol{j}+\tau_{zx}\boldsymbol{k})\cdot\boldsymbol{n}\mathrm{d}S=\boldsymbol{i}\cdot\boldsymbol{f}_{\text{wall}}\approx(t_x\tau_{nt}S)_s \tag{9.93}$$

或者，我们可以使用单元中心的速度梯度（例如，用高斯定理计算，见公式(9.49)），将它们外推到壁面单元中心，计算切应力 τ_{xx}，τ_{xy} 等，并从上述表达式计算切应力分量。

因此，我们用切应力代替壁面动量方程中的扩散通量。如果这个力显式地使用前一次迭代的值计算，收敛性可能会降低。如果将力写成节点 P 处笛卡尔速度分量的函数，则部分力可以隐式地处理。在这种情况下，所有速度分量的系数 A_P 将不相同（内部单元的情况也是如此）。这是不可取的，因为在压力修正方程中需要系数 A_P，如果它们不同，我们将不得不存储所有三个值。因此，最好使用延迟修正方法，就像在内部一样；我们近似

$$f_i^i=\mu S\frac{\delta u_i}{\delta n} \tag{9.94}$$

隐式计算，并将隐式近似值与用上述方法之一计算的力之间的差值加到方程的右侧。这里 δ_n 是节点 P 到壁面的距离。所有速度分量的系数 A_P 都是相同的，显式项部分抵消。

收敛速度几乎不受影响。

由于速度是在壁面指定的，因此压力修正方程在壁面边界处具有诺伊曼条件。

9.11.4 对称平面

在许多流动中都有一个或多个对称平面。当流动稳定时，存在一个相对于该平面对称的解（在许多情况下，例如突然扩增的通道或扩散器，也存在非对称稳定解，通常比对称解更稳定）。利用对称条件，仅在部分计算域求解即可得到对称解。

在对称平面上，所有量的对流通量均为零。同时，平行于对称平面的速度分量和所有标量的法向梯度在那里都为零。因此，在对称平面上，所有标量的扩散通量均为零。法向速度分量为零，但其法向导数为零；因此，法向应力 τ_{nn} 非零。对 τ_{nn} 进行曲面积分，可以得到力：

$$\boldsymbol{f}_{\text{sym}} = \int_{S_s} \boldsymbol{n}\tau_{nn}\text{d}S \approx (\boldsymbol{n}\tau_{nn}S)_s \tag{9.95}$$

当对称边界不与笛卡尔坐标平面重合时，三个笛卡尔速度分量的扩散通量均为非零。这些通量可以通过首先从(9.95)得到法向力和上一节中描述的法向导数的近似值来计算，并将该力分解为其笛卡尔分量。或者，可以外推得到从内部到边界的速度梯度，并使用类似于(9.93)的表达式，例如，对于面's'处的 u_x 分量（见图9.21）：

$$f_x = \int_{S_s} (\tau_{xx}\boldsymbol{i} + \tau_{yx}\boldsymbol{j} + \tau_{zx}\boldsymbol{k}) \cdot \boldsymbol{n}\text{d}S = i \cdot \boldsymbol{f}_{\text{sym}} \approx (n_x\tau_{nn}S)_s \tag{9.96}$$

与壁面边界的情况一样，可以将对称边界上的扩散通量分解为一个隐式部分，包括CV中心的速度分量（这有助于系数 A_{P}），或者使用延迟修正方法对所有速度分量的 A_{P} 保持相同。

同样，由于指定了法向速度分量，压力修正方程在对称边界处具有诺伊曼边界条件。

9.11.5 指定压力

在不可压缩流动中，通常在进口处指定质量流量，在出口处使用外推法。然而，在某些情况下，质量流量是未知的，但指定了进出口之间的压降。此外，压力有时在远场边界处指定。

当在边界处指定压力时，速度不能指定——它必须使用与两个CV之间的单元表面相同的方法从内部外推速度，见式(9.63)；唯一的区别是现在单元面和一个相邻节点的位置相重合。边界处的压力梯度用单侧差分近似；例如，在"e"面，可以使用以下表达式，这是一阶向后差分：

$$\left(\frac{\partial p}{\partial n}\right)_{\text{e}} \approx \frac{p_{\text{E}} - p_{\text{P}}}{(\boldsymbol{r}_{\text{E}} - \boldsymbol{r}_{\text{P}}) \cdot \boldsymbol{n}} \tag{9.97}$$

用这种方法确定的边界速度需要被修正以满足质量守恒；质量通量修正 $\dot{m}'$ 在指定压力的边界处不为零。但是，边界压力没有得到修正，即在边界上 $p'=0$。这被用作压力修正方程中的狄利克雷边界条件。当在边界处指定静压时，关于边界条件处理的更多细节可以在第11章中找到。

当雷诺数较大时，在指定进出口压力时，采用上述方法求解过程收敛较慢。另一种方法是先估算入口的质量流量,并将其视为一次外部迭代的指定值,并考虑仅在出口指定压力。然后,应通过尝试使进口边界处的外推压力与指定压力相匹配来修正进口速度。迭代修正程序被用来将两个压力之间的差降至零。

9.12 示　　例

在本节中,我们将介绍需要贴体网格的几何形状中计算层流的示例。两个例子是关于稳态流动的,一个是关于非稳态流动的。在一种情况下,使用了结构化网格和可以从互联网下载的代码;另外两个算例使用了商用 CFD 软件。这些示例的目的是演示如何求解此类流动问题,如何分析求解方法的准确性,以及不同的网格类型如何影响计算工作量和结果。

9.12.1 $Re=20$ 时的圆柱绕流

以雷诺数 $Re=20$ 的均匀横向流动为例,我们首先考虑在无限环境中绕圆柱体的二维层流。雷诺数基于均匀流速度 U_∞、流体黏度 μ 和圆柱体直径 D。计算域是有限的,在圆柱体的上游和下游分别延伸了 16D 的距离,如图 9.22 所示,其中显示了整个计算域和用于这些计算的边界拟合的结构化 O 型网格。使用的两个计算代码——一种基于 SIMPLE 算法,一种基于隐式分步法(标记为 IFSM)——可以在互联网上找到;详见附录 A.1。

为了能够评估离散化误差,使用了五个系统化的精细网格(即,每个粗网格 CV 被分割为四个细网格 CV);最粗的网格为 24×16CV,最细的为 384×256CV(围绕圆柱体的单元数×径向单元数)。单元在圆柱体周围均匀分布,并向径向延伸;最粗网格上的增长因子为 1.25,对于每个较细的网格,增长因子等于前一个网格上增长因子的平方根。因此,在最精细的网格上,增长因子仅为 1.014 044,这是由于现在 256 个单元格都适合在从圆柱体到外边界的相同距离内。因为网格是 O 型的,所以它们在东西边界相遇的地方有一条接缝:它是圆柱体后面的水平中心线,如图 9.22 中四级网格的粗线所示。在左边界处,速度 U_∞ = 1 m/s(圆柱体直径 D = 1 m);在下游侧,速度是在零梯度条件下外推的;在顶部和底部边界,对称条件被指定。请注意,在使用的 O 型网格中,所有这些部分都是南侧边界的一部分,而圆柱体表面表示北边界。二阶 CDS 用于空间离散化。

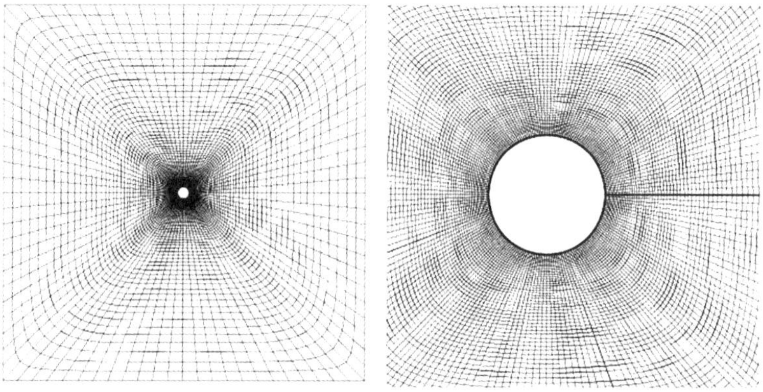

图 9.22　三级网格(左)和圆柱体周围四级网格(右)细节图,用于计算圆柱体周围的定常和非定常二维流动

在这个雷诺数下的流动是稳定的;从图 9.23 流线图和图 9.24 速度矢量图可以看出,流体从柱体表面分离,在柱体后面形成两个较弱的再循环涡流。均匀来流在大范围区域内被圆柱体偏转;圆柱到计算域外边界 16D 的距离可能不足以代表真正不受扰动的均匀流动远场条件,但预计外边界对圆柱绕流的影响不会太大。在任何情况下,当我们确定下面的离散化误差时,它们仅对受特定边界条件约束的流动有效。

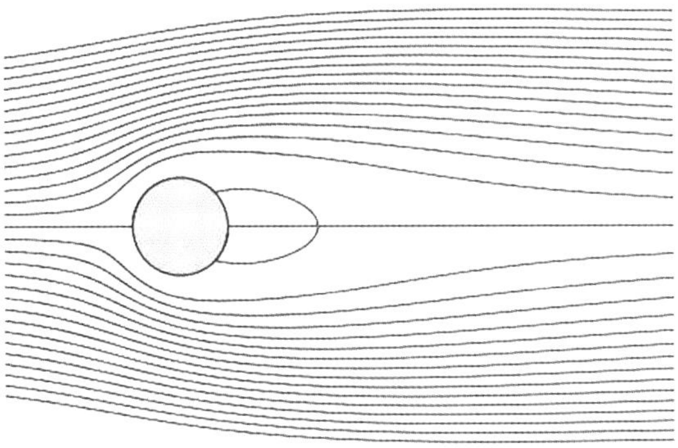

图 9.23 *Re*=20 时圆柱体附近预测的流线

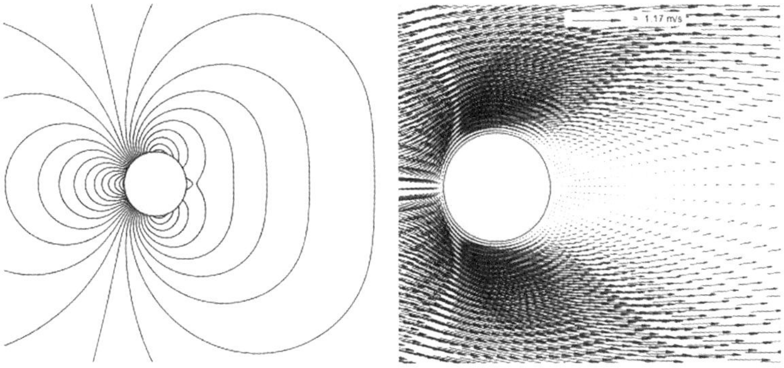

图 9.24 *Re*=20 时柱体附近压力等值线(左)和速度矢量图(右);只有每四个矢量被显示。最大速度矢量显示在插图上

图 9.24 还显示了压力等值线;结果表明,即使在相对较大的距离也能看出到圆柱的影响,因为压力梯度不为零。正如预期的那样,最高的压力出现在前缘滞止点。密集的等压线表明圆柱体表面上部和下部的压力迅速下降,直到“赤道”后不久达到最小值。从那里开始,压力再次回升,这个不利的压力梯度导致流动分离,并在圆柱后面形成再循环区。

在无黏性流动中,压力分布围绕垂直中心线完全对称,后驻点的压力与前驻点的压力相同,从而导致零阻力和无再循环。由于流体的黏度,当压力(垂直于壁面)和切应力(相切于壁)在圆柱体表面上积分时,会导致流动方向上的合力不为零。因为定常流是围绕水平中心线对称的,升力等于零。压力和剪切阻力分量向网格无关解的收敛结果如图 9.25 所示。

在每个网格上,进行外部迭代,直到残差(所有 CV 上残差绝对值的总和)降低 7 个数量级;这是非常必要的,但是我们想要确保在确定离散化误差时,迭代误差可以忽略不计。SIMPLE 和 IFSM 方法的结果收敛于相同的网格无关解,而 SIMPLE 算法在粗网格上的误差较小。值得注意的是,在图 9.25 中,粗网格上的压力被高估,而切应力被低估。因此,总力的相对误差小于分力的误差,因为分力的符号相反,因此可以部分抵消。不同来源的误差可以相互抵消,但也可以相互增加,这是很常见的。因此,检查求解方法的网格无关性总是很重要的。

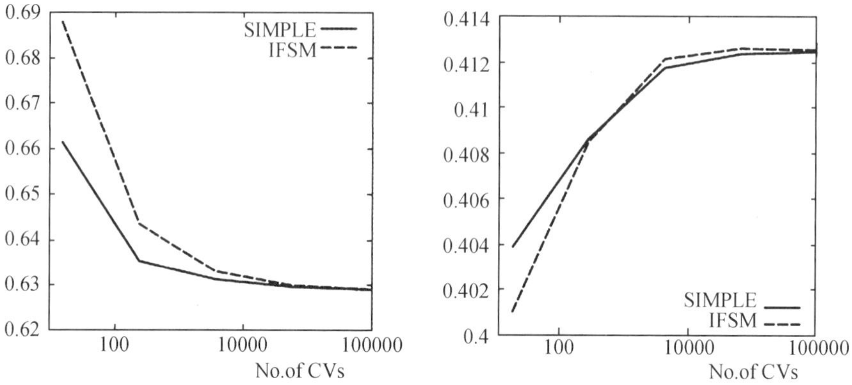

图 9.25　预测 *Re*=20 时圆柱上的压力(左)和切应力(右)

图 9.26 显示了使用 Richardson 外推估计的离散化误差(详见第 3.9 节)。如预期的那样,得到了向网格无关解的二阶收敛。在最粗糙的网格上,压力和切应力都有很大的误差(分别约为 10%和 3%);在最细的网格上,误差非常低(分别为 0.03%和 0.007%)。四级网格提供的求解方法误差为 0.1%,这对于大多数应用程序来说已经足够小了。

对于绕体流动,阻力和升力系数定义为:

$$C_D=\frac{F_x}{\frac{1}{2}\rho U_\infty^2 S}$$

$$C_L=\frac{F_y}{\frac{1}{2}\rho U_\infty^2 S} \tag{9.98}$$

其中 F_x 和 F_y 是流体施加在物体上的力的 x 分量和 y 分量,S 是垂直于流动方向的横截面物体面积。在二维流动模拟中,假设 z 方向的尺寸为 1,并且由于我们的模拟中使用了 $D=1$,所以面积也等于 1 m^2。无扰动流动的速度也取 $U_\infty=1$ m/s。因此,如果流体密度 $\rho=1$ kg/m^3,阻力和升力系数可以通过简单地将计算出的力乘以 2 来获得。从 Richardson 外推得到的总力中计算的阻力系数为 2.083,这与文献中实验和数值研究中的数据非常吻合。

达到指定残差水平所需的外部迭代次数(SIMPLE)或时间步长(IFSM)与速度的亚松弛因子(SIMPLE)和时间步长(IFSM)的依赖关系与前一章中的稳态流动非常相似,参见图 8.14 和 8.18。因此,我们没有为这种情况显示相应的图表,但是可以说,在最佳设置下,SIMPLE 和 IFSM 中所需的计算量是相似的。

随着雷诺数的增加,柱体后的两个涡流变得更长、更强;很难保持两个涡流完全相等,并且在 *Re*=45 时,即使是最小的扰动也会导致一个涡流变大,流动失去对称性。一旦对称性被打破,流动就会变得不稳定;涡流开始逐渐增大,从圆柱体的两侧交替分离,形成了著名的冯·卡门涡街。实验和模拟都表明,$Re=200$ 时,流动变成三维,不再是完全周期性的;最后,在雷诺数更大时,尾流变成湍流。当然,这只能在 3D 模拟中看到。在下一节中,我们将仔细研究 $Re=200$ 时圆柱周围的非定常流动。

9.12.2 $Re=200$ 时的圆柱绕流

我们在这里展示了 $Re=200$ 时的二维模拟结果,使用商业流动求解器 STAR-CCM+和三个系统细化的网格(在每个细化步骤中,网格间距在两个方向上减半)。圆柱体周围创建了 10 个棱柱层;棱柱层的外表面切割直角网格,直角网格填充剩余空间。计算域的大小与前面的例子相同:它是矩形的,并且在离柱体中心正、负的 x 和 y 方向上都延伸了 16D 的距离。笛卡尔网格经过 4 步局部细化,使圆柱体周围及其尾迹的矩形区域中的单元大小为"基础大小"的 6.25%;图 9.27 显示了包含最细区域的最粗网格部分。最粗的网格有 6 196 CV;中等网格有 21 744 CV;最精细的网格有 109 320 CV。棱柱层的厚度与基础尺寸成比例,因此每次网格被细化时,棱柱层的厚度就减半。在最精细的网格上,圆柱体周围有大约 220 个单元。模拟文件和更详细的模拟报告可在互联网上获得;详见附录。

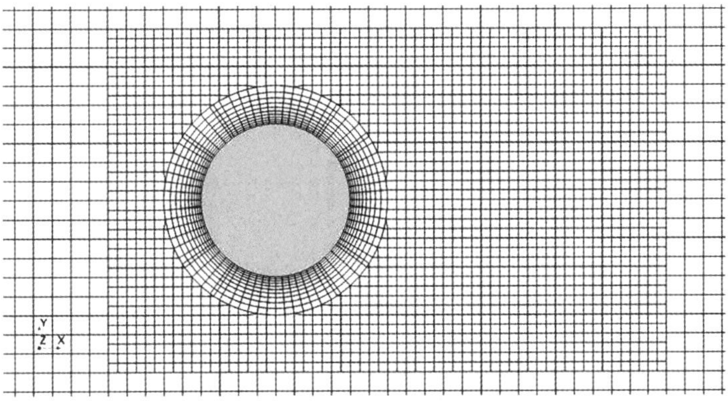

图 9.27 $Re=200$ 时圆柱体周围最粗网格的细节图

仅使用了二阶时间离散化(三时间层方案;参见第 6.3.2.4 节);第 6.4 节已经证明,当需要时间精确解时,一阶时间推进格式不适用于非定常问题的模拟。采用 0.04 s、0.02 s、0.01 s 和 0.005 s 等 4 个时间步长测试求解方法的时间步长无关性,分别对应于每个阻力振荡周期约 63、126、253 和 506 个时间步长。

当 $Re=200$ 时,圆柱体周围的流动是高度非定常的,强涡流以一定频率从圆柱体上脱落。在最精细的网格上,这个频率被确定为 $f=0.1977$,它对应于无量纲的斯特劳哈尔数(因为在我们的例子中 D 和 U_∞ 都等于 1):

$$St=\frac{fD}{U_\infty}=\frac{D}{U_\infty P} \tag{9.99}$$

式中,P 为升力的振荡周期,等于 5.059 s。这个值与文献中发现的数据很吻合。阻力的振荡频率为双频,因为每次旋涡脱落时,阻力有一个最大值和一个最小值,而升力最大出现在一个旋涡脱落时,最小出现在另一个旋涡脱落时。

图 9.28 显示了使用最小时间步长在最细网格上计算的瞬时速度矢量和压力等值线。可以看到一个大漩涡刚刚从较低的一侧脱落；另一个涡流在柱体上部开始形成，在另一个涡流远离柱体的同时，这个涡流还在增大。

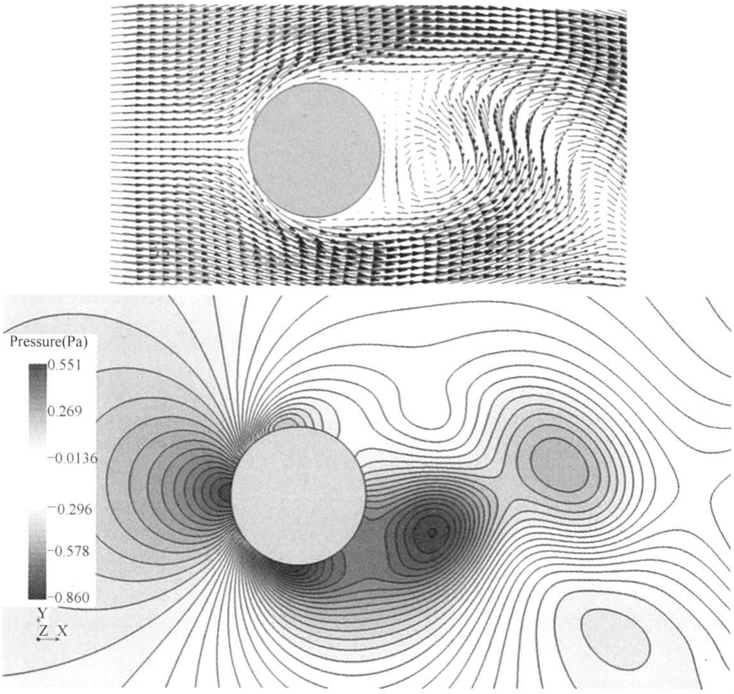

图 9.28 *Re* = 200 时绕圆柱非定常流动的瞬时速度向量(上)和等压线(下)；均匀网格上显示的插值速度矢量

圆柱体正面等压线的分布与 *Re* = 20 时相似(参见图 9.24)，不同的是最小压力的位置现在已经向上移动，位于"赤道"之前，并且圆柱体表面上下两侧的分布不对称。此外，在锋面滞止点(最大压力处)和最小压力处之间有更多的等高线，表明压力梯度较大。的确，通过比较图 9.24 和 9.28 的速度矢量图可以看出，*Re* = 200 时流体加速度要比 *Re* = 20 时大得多。当 *Re* = 20 时，计算域内的最大流速为 1.17 m/s(速度比自由流高 17%)，*Re* = 200 时，最大流速为 1.47 m/s(比自由流速度高 47%)。

SIMPLE 用于算法求解 Navier-Stokes 方程。如前所述，SIMPLE 需要选择两个亚松弛因子。对于稳态流动，通常选择 0.8 作为速度的亚松弛因子，0.2 作为压力的亚松弛因子，但当流动是非定常且使用小时间步长时，两个亚松弛因子都可以增加。为了安全起见，我们在所有网格和时间步长上使用 0.8 表示速度的亚松弛因子，0.5 表示压力的亚松弛因子，并强制代码在每个时间步长上执行 10 次迭代。对于两个最小的时间步长，我们可以将速度的亚松弛因子增加到 0.9，而且我们可以使用合适的准则来在满足条件时停止外部迭代(例如，通过指定应该达到的残差水平)，而不是每个时间步长固定数量的外部迭代。图 9.29 显示了在最细网格上，连续方程和动量方程中的残差在 4 个时间步长内随外部迭代的变化情况。注意动量方程的残差在 10 次迭代中下降超过 3 个数量级，而连续性方程的残差下降约 2 个数量级。原因是动量方程是非线性的，当推进到下一个时间步时，对平衡的扰动比在线性质量守恒方程中更大。

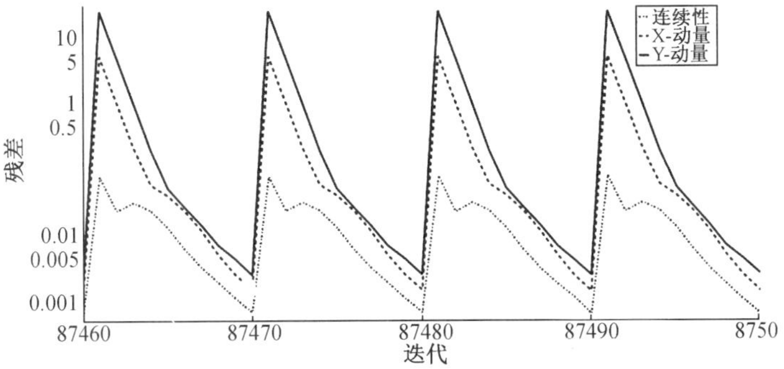

图 9.29 在多个时间步条件下外迭代过程中的残差变化

计算非定常流动时的离散化误差分析比计算定常流动时更为困难。当不稳定由边界条件施加时,如前一章所研究的情况(见第 8.4.2 节),情况更简单,因为振荡周期是规定的。在本例中,边界条件是定常的,流动不定常仅仅是由固有不稳定性引起的;此外,圆柱表面是光滑的,流动分离点不是固定的,就像矩形横截面中放置圆柱体条件下的计算工况一样。因此,时间步长和网格大小的变化都会引起所有流动特性的变化。

图 9.30 显示了预测的阻力、升力与网格精细程度的关系。给出了所有三个网格条件下的结果;时间步长维持在 0.01 s 不变(每个阻力振荡周期约 253 个时间步长)。从图中可以明显看出,粗网格和中等网格上计算结果之间的偏差要比中等网格和细网格上计算结果之间的偏差大得多。可以预期的是,通过二阶离散化,如果网格间距减半,连续网格上的计算结果之间的偏差将减少 4 倍,这里就是这种情况。

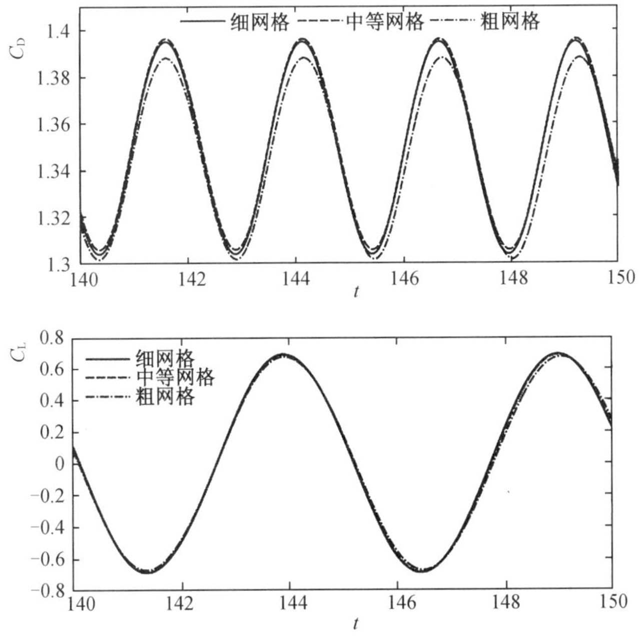

图 9.30 网格无关性分析:在相同时间步长的三个网格上计算的阻力(上)和升力(下)在两个升力振荡周期内的变化,$\Delta t = 0.01$ s

图9.31显示了固定(精细)网格条件下的计算结果对时间步长的依赖关系。以最大时间步长(0.04 s)运行模拟,直到达到周期性状态;然后将其保存并用作后续模拟的起始点,超过10个周期的升力振荡,具有所有四个时间步长。在几个周期内,求解方法调整到新的时间步长,并再次达到周期性状态。从图中可以清楚地看出,得到了向时间步长无关解的二阶收敛:两个最小时间步对应的两条曲线不能相互区分,其偏差到下一个粗糙的网格增加了4倍,正如预期的二阶时间离散化方案。

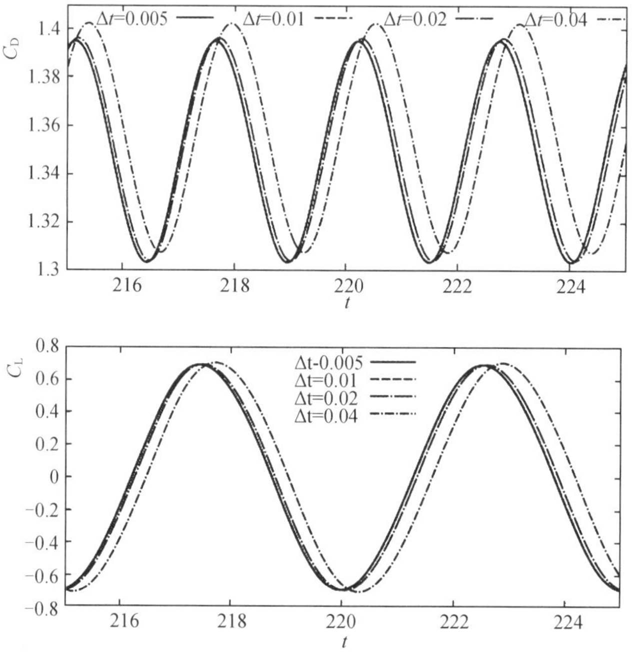

图9.31 时间步长的无关性分析:在四种不同时间步长的最细网格上,计算两个升力振荡期间内的阻力(上)和升力(下)变化

非定常流动模拟中的离散化误差的分析需要选择适当的初始网格和时间步长(基于每次改变一个网格和时间步长),然后同时对网格和时间步长进行细化。

9.12.3 *Re*=200,通道内圆柱绕流

我们还计算了方形通道中两壁面之间的圆柱体周围的三维层流。尽管仍然可以为这个几何结构生成一个合适的块结构网格,但我们使用这个示例来演示非结构网格和商用软件在网格生成和流体计算方面的应用。创建了三种网格类型并用于流体分析:切割体笛卡尔网格(如前面的示例),四边形和多面体网格。在所有三种情况下,沿着圆柱体和通道壁面的棱柱层都以类似的方式创建的。通道指向 x 方向,圆柱轴指向 y 方向(水平)。

图9.32显示了计算域的几何结构和边界上的粗多面体网格;图9.33为三种网格在 $y=0$ 处的纵剖面。通道长度为:$-1.75\leq x\leq 3.25$、$-0.5\leq y\leq 0.5$、$-0.5\leq z\leq 0.5$;圆柱体位于坐标系原点,直径为0.4 m。因此,圆柱体堵塞了40%的通道横截面。假设流体的密度为1 kg/m^3,黏度为0.005 Pa·s。在入口处($x=-1.75$ m),指定均匀速度场($u_x=1$ m/s),而在出口处($x=3.25$ m),指定恒定压力。基于通道高度的雷诺数为 $Re=200$。速度场初始化为

x 方向上的恒定速度,等于入口速度。如前例所示,在相同的条件下,无限环境中圆柱体周围的流动是不稳定的,但由于通道内的限制,在这种情况下层流仍然是稳定的。

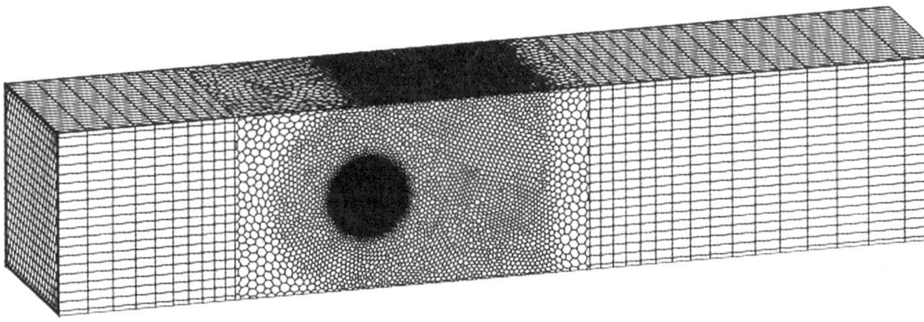

图 9.32 管道中的圆柱体:几何结构和计算域边界上的粗多面体网格

我们在圆柱体周围较短的通道段中生成了三种类型的网格,并沿着通道轴线从上游和下游通道横截面进行了所谓的网格延伸。这导致在入口下游和出口上游的部分管道中形成棱柱状网格单元,其中单元在 x 方向上逐渐膨胀或收缩,如图 9.32 所示,其中创建了具有多边形基底的棱柱。在四面体网格中,延伸部分由三角形基底的棱柱构成,而在裁剪的六面体网格中,延伸区域包含细长的六面体。通过指定两个需要较小单元尺寸的体积形状来对圆柱体周围及其下游区域网格进行细化:圆柱体周围的较大圆柱形区域和下游的块区域。网格生成软件在规则细化区域内生成规则形状的多面体(十二面体)和四面体,如图 9.33 所示。

采用西门子 STAR-CCM+软件进行计算;它是基于 FV 方法和所有积分的中点规则近似。二阶迎风格式用于对流(使用变量值和上游单元中心的梯度线性外推到单元面中心),而线性形状函数用于梯度的近似(笛卡尔网格上的中心差异)。SIMPLE 算法的亚松弛因子为 0.8,速度为 0.8,压力为 0.2。图 9.34 显示了在中等大小的多面体网格(约 190 万个单元格)上,残差随外部迭代的变化。残差很快下降一个数量级,但迭代误差通常不会从一开始就跟随残差(参见前一章的图 8.9)。从残差图估计迭代误差的一个安全方法是从最终状态向后外推。例如,我们在图 9.34 中看到,u_x-velocity 的残差在迭代 800 次时约为 $1e^{-6}$。沿着平均斜率向后投影,我们在 0.01 左右的水平上达到迭代 0,从而表明迭代误差的真正减少约为 4 个数量级。实际上,仔细观察速度和压力的监测值,可以发现前 4 位有效数字没有变化,可以确保计算结果真正的收敛。

图 9.35 显示了在两个纵向对称平面上的速度矢量,用一个切割过的六面体网格计算。在水平面上($z=0$)可以看到速度矢量如何在圆柱体两端向后转动;这表明了马蹄形涡流的形成。垂直横截面显示,当气流通过柱体时,有很强的加速度;速度矢量绕柱体一周的长度是其上游长度的两倍。圆柱体后面形成一个几乎两直径长的再循环区。由于流动是稳定的,且几何是对称性,速度场在两个截面平面上都是对称的(当几何对称时,稳态流动不一定是对称的;在一些对称的几何结构中,如扩散器和突然的通道扩增,在实验和模拟中都可以得到非对称的稳态流动)。但是,要注意圆柱体后方循环区在横向上的长度是不同的:它在中心处最长,随着朝向侧壁面移动而变小,但在靠近侧壁面时又增加。因此,三维效果并不局限于圆柱两端与侧壁面相遇的地方——在整个圆柱体跨度上都可以看出侧壁面影响。

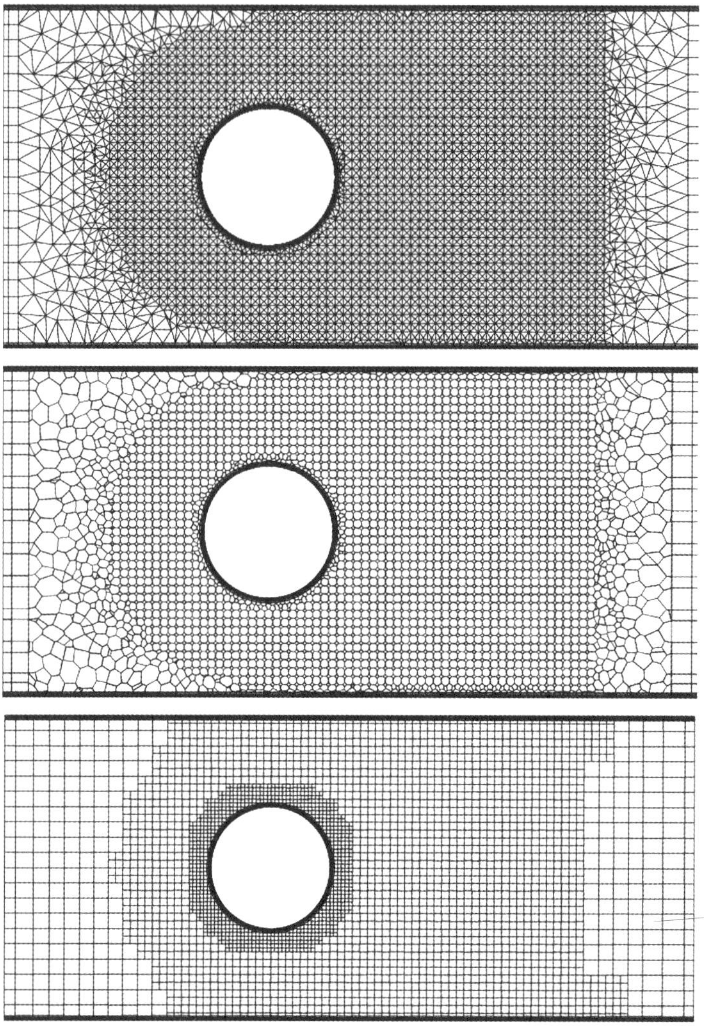

图 9.33　纵向对称平面 $y=0$ 的计算网格：上为四面体网格，中为多面体网格，下为切割后的六面体网格

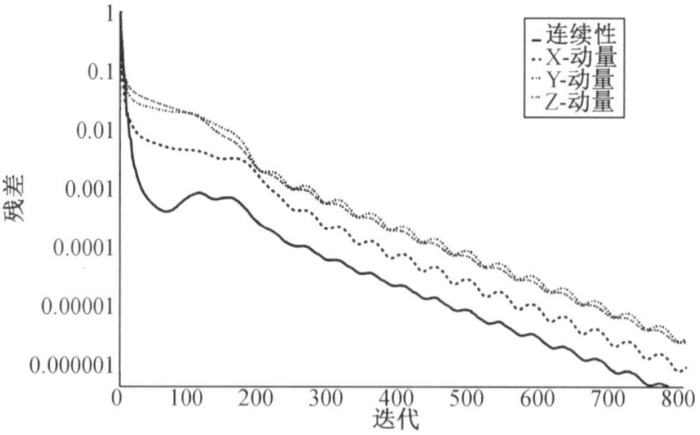

图 9.34　通道内圆柱绕流三维层流的 SIMPLE 算法残差随外迭代次数的变化

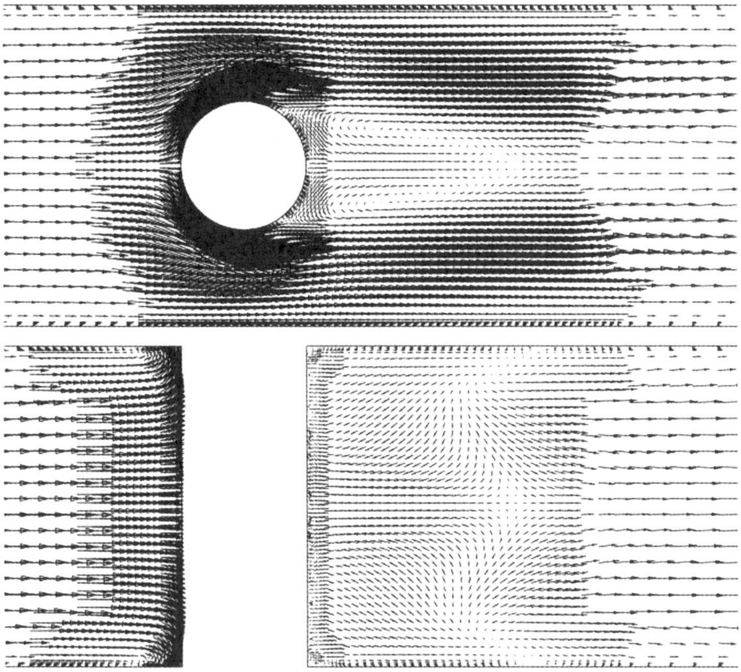

图 9.35 两个纵向对称平面上的速度矢量,用切割六面体网格计算:$y=0$(上)和 $z=0$(下)

图 9.36 为垂直对称平面的压力分布。圆柱体周围的等压线与无限大环境下圆柱体的二维计算中看到的等压线相似:最高的压力出现在前端驻点,即气流撞击圆柱体壁面的地方,最低的压力位于圆柱体两侧。下游侧压力有一定程度的回升,但由于黏性损失的存在,下游驻点的压力远低于上游驻点。圆柱体下游的闭合压力等值线表示再循环区的结束:在这里,两股气流(从圆柱体上方和下方)相遇,导致局部压力上升。

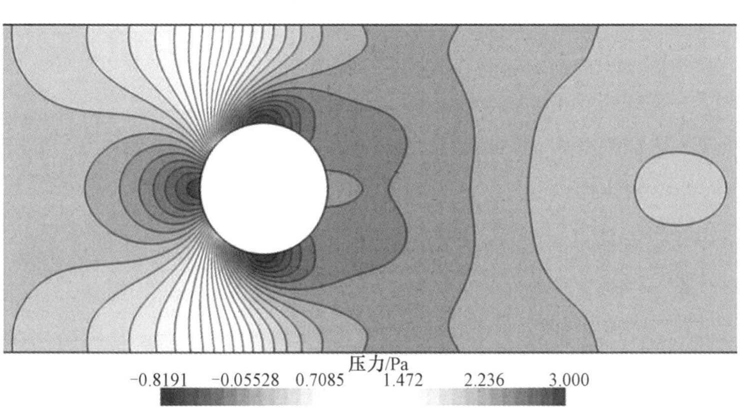

图 9.36 采用切割六面体网格计算的纵向对称平面 $y=0$ 内压力分布(从左向右流动)

对于每种网格类型,我们在三个细化的网格上开展计算,以检查计算结果的网格无关性。图 9.37 给出了沿圆柱体下游 0.875 D 处垂直对称平面内的一条线和沿圆柱体下游 1.875 D 处水平对称平面内一条线上的 u_x 速度分布。同时也给出了沿所有壁面附近五个棱柱层的三个细化后的切割六面体网格的结果。粗网格有 377 006 个 CV,中网格有 1 611 904 个 CV,细网格有 8 952 321 个 CV(网格间距每次细化都减半)。对于沿垂直线的分布,在三个网格上得到的计算结果之间的偏差很小;在粗网格条件下对峰值的预测偏差不足约2%,而中等网格和细网格的分布在图中难以区分。这种偏差在圆柱体下游的水平段更明显:峰值在这里比通道中的平均速度小一个数量级,因此即使是更小的差异也能清楚地分辨出来。粗网格和中等网格之间的偏差大约比中等网格和细网格之间的偏差大4倍,这是二阶方法的预期结果。因此,人们可以估计,在最细的网格上的平均离散化误差是平均管道速度的0.1%。

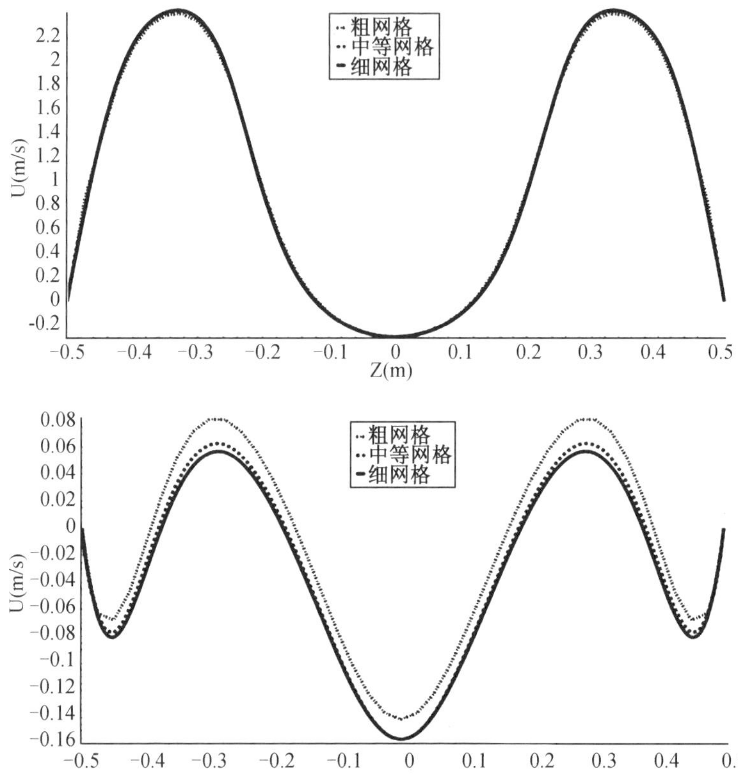

图9.37　在3个精细化切割六面体网格上计算的圆柱体下游 u_x-速度分布:$x=0.35$, $y=0$(上)和 $x=0.75$, $z=0$(下)

图9.38显示了不同类型细网格上相同速度分布的对比。其偏差小于同类型中细网格之间的差异,如图9.37所示。这证实了只要网格足够细,无论使用哪种计算网格,都能得到相同的网格无关解。不同之处在于生成网格和求解Navier-Stokes方程所需要的成本。

当使用商用软件时,例如这里使用的软件,通常情况下,当使用切割六面体网格时,达到相同水平的离散化误差所需的成本是最低的。效率最低的是四面体网格:与使用多面体或六面体网格相比,需要更多的单元来达到相同的离散化误差水平。在具有相同控制体数量的网格上,在相同条件下(求解线性化方程组时,每个外部迭代的内部迭代数,亚松弛因子等)迭代的收敛速度也较慢。

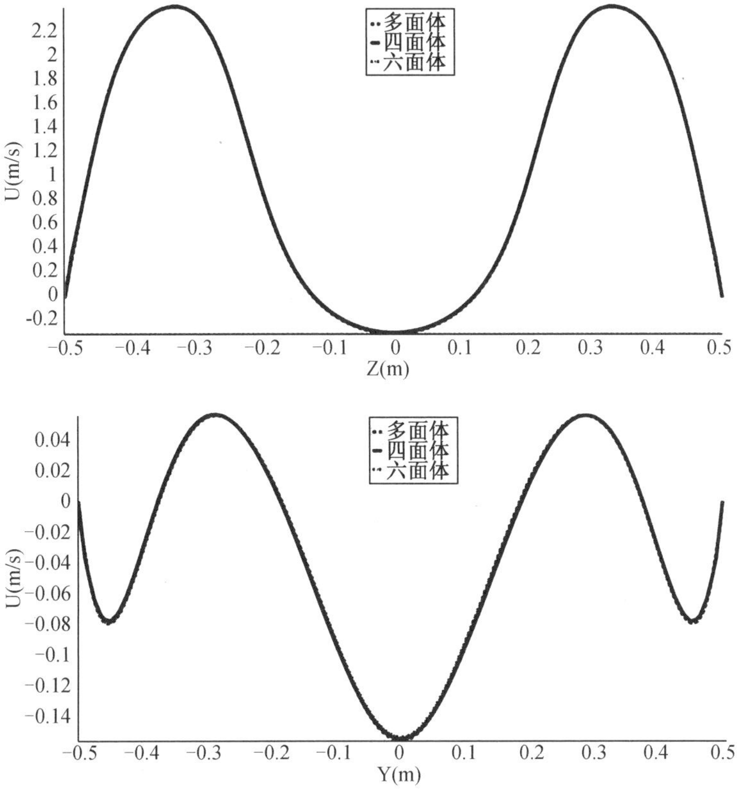

图 9.38 在 $x=0.35$，$y=0$(上)和 $x=0.75$，$z=0$(下)

请注意,当相同的近似应用于所有网格时,上述陈述是有效的(这里:积分近似的中点规则,线性插值或外推,梯度近似的线性形状函数)。如果应用针对特定网格类型的离散化,比例可能会有所不同。

我们在这里没有给出计算时间的定量比较,因为我们没有改变网格来确保相同水平的离散化误差,并且因为比率是依赖于问题的;上面给出的陈述是基于许多 CFD 工业应用的经验。这种比较也取决于离散化过程中所使用的有限近似的种类,以及所使用的线性方程求解器。

三维流动比二维流动更难可视化。速度矢量和流线在二维中经常使用,但在三维问题中很难绘制和解释。在选定的表面(平面、一定数量的等曲面、边界表面等)上呈现分布和矢量投影,并从不同方向监测它们可能是分析 3D 流动的最佳方法。不稳定流动需要动画的结果。我们在这里不进一步讨论这些问题,而要强调它们的重要性。

第10章　湍　　流

10.1　简　　介

工程实践中遇到的大多数流动都是湍流(Pope 2000, Jovanović 2004),因此与目前研究的层流相比,需要不同的处理方法。湍流具有以下特性:

- 湍流是高度不稳定的。对于不熟悉这些流动的观察者来说,在流动的大多数点上,作为时间函数的速度图似乎是随机的。"湍流"这个词也可以使用,但近年来它有了另一个定义。
- 湍流是三维的。时间平均速度可能只是两个坐标的函数,但瞬态场在三个空间维度上都快速波动。
- 湍流含有很大的涡度。事实上,涡旋伸展是湍流强度增加的主要机制之一。
- 湍流增加了守恒量的交混速率。交混是一个过程,在这个过程中,至少有一种守恒特性的不同浓度的流体团接触。实际的混合是通过扩散来完成的。尽管如此,这个过程通常被称为湍流扩散。
- 通过刚才提到的过程,湍流使动量不同的流体接触。由于黏性的作用,速度梯度减小,流体动能减小;换句话说,混合是一个耗散过程。失去的动能不可逆地转化为流体的内能。
- 近年来的研究表明,湍流包含拟序结构——可重复的、本质上是确定性的结果,这是造成大部分混合的原因。然而,湍液的随机分量导致这些结果在大小、强度和发生的时间间隔上彼此不同,这使得对它们的研究非常困难。
- 湍流在很大的长度和时间尺度上波动。这一特性使得湍流流动的直接数值模拟非常困难。(见下文)。

所有这些性质都很重要。湍流产生的效果可能是理想的,也可能不是,这取决于应用。当需要应用于化学混合或传热时,强烈混合是有用的;这二者都可能因湍流而增加数量级。另一方面,动量混合的增加导致摩擦力的增加,从而增加了泵送流体或驱动车辆所需的功率;同样,一个数量级的增长并不罕见。工程师需要能够理解和预测这些影响,以实现良好的设计。在某些情况下,至少部分地控制湍流是可能的。

在过去,研究湍流的主要方法是实验。整体参数,如时间平均阻力或传热相对容易测量,但随着工程设备的复杂程度的增加,所需的细节和精度水平也增加了,测量的成本、费用和难度也增加了。为了优化设计,通常有必要了解非预期效应的来源;这需要详细的测量,成本高且耗时长。有些类型的测量,例如,流动中的波动压力,目前几乎不可能进行。其他的参量则无法达到所需的精度。因此,数值方法发挥着重要的作用,而这种作用在商用和军用飞机和船舶的设计和优化中可能是最先进的。对部件(如机翼、螺旋桨、涡轮等)以及整个机体结构进行常规的 CFD 分析。然而,数值方法的要求取决于一个人想要在流动中分析什么，将在 12.1.1 节中回到这个原则。例如，在时间平均流动中，力、热通量等的确定要求不像查看雷诺应力或甚至更有问题的三重相关性（就精度和模拟持续时间而言）那样严格。

在继续讨论针对这些流动的数值方法之前，先总结一下预测湍流流动的方法是有帮助的。Bardina 等人（1980）列出了六个类别，在此基础上的总结如下：

- 第一种方法涉及使用关系式，例如将摩擦因子作为雷诺数的函数，或将传热的努塞尔数作为雷诺数和普朗特数的函数。这种方法通常在入门课程中教授，非常有用，但仅限于简单类型的流动，这些流动可以用几个参数来描述。由于它的使用不需要 CFD，在这里不再多说。
- 第二种方法使用积分方程，可以通过对一个或多个坐标积分的运动方程中推导出来。通常这将问题简化为一个或多个容易求解的常微分方程。应用于这些方程的方法是第六章讨论的常微分方程的方法。
- 第三种方法是基于将运动方程分解为平均分量和波动分量而得到的方程（Pope 2000）。不幸的是，这些分解的方程没有形成封闭方程组（见第 10.3.5.1 节），因此这些解需要引入近似（湍流模型）。目前常用的一些湍流模型和与包含湍流模型的方程数值解相关问题的讨论将在本章的后面介绍。在该部分，将集中讨论所谓的单点封闭（注 1：还有两点封闭，它使用方程来关联两个空间点处的速度分量，或者更常见的是，使用这些方程的傅里叶变换。这些方法在实践中没有广泛使用（Leschziner 2010），因此我们将不再进一步考虑。然而，Lesieur（2010，2011）对他们的历史和最新技术进行了全面的综述）。处理湍流模型的实际方法取决于用于获得平均方程和波动方程的过程的性质，导致第三种方法的子类别如下：

  ——我们可以得到一组偏微分方程，称为雷诺平均纳维-斯托克斯（或 RANS）方程，创建平均值的过程是对运动方程随时间或系综（一组理想的流动，其中所有可控因素维持恒定）的平均。由此产生的方程可以表示一个时间相关或稳定的流动，将在下面讨论。

  ——得到了一组方程，称为大涡模拟（LES）方程，该方程的平均值是通过平均（或过滤）有限的空间体积。LES 在近似或模拟小尺度运动的同时，求解了流动的最大尺度运动的精确表示（注 2：通过对空间中“相对”较大的体积进行平均，可以获得非常大的涡流模拟（VLES）。我们稍后将讨论如何定义“相对”（第 10.3.1 节；第 10.3.7 节））。它可以看作 RANS（见上）和直接数值模拟（见下）之间的一种折衷求解方法。
- 最后，第四种方法是直接数值模拟（DNS），该方法求解湍流中所有运动的 Navier-Stokes 方程。

随着这个列表的深入，越来越多的湍流运动被计算，而更少的是用模型来近似。这使得计算方法的准确性提高，但计算时间大大增加。

本章所描述的所有方法都要求解某种形式的质量、动量、能量或化学组分守恒方程。主要的困难在于湍流比层流包含更大范围的长度和时间尺度的变化。所以，即使它们与层流方程相似，描述湍流的方程通常更难求解，代价也更大。

10.2 直接数值模拟(DNS)

10.2.1 概述

湍流模拟最准确的方法是求解 Navier-Stokes 方程,而不进行平均或近似,进行误差可以估计和控制的数值离散化。从概念的角度来看,这也是最简单的方法。在这样的模拟中,流动中包含的所有运动都得到了解决。计算得到的流场相当于一个流动的单一实现或一个短时间的实验室实验;如上所述,这种方法被称为直接数值模拟(DNS)。

在直接数值模拟中,为了确保捕捉到湍流的所有重要结构,执行计算的域必须至少与要考虑的物理域或最大的湍流涡一样大。后者的量化方法是湍流的积分尺度(L),它本质上是与速度的波动分量相关的距离。因此,计算域的每个线性维数必须至少是积分尺度的几倍。有效的模拟还必须捕捉到所有的动能耗散。这发生在最小的尺度上,黏度是活跃的,所以网格的大小必须在黏度决定的尺度上,称为 Kolmogoroff 尺度,η。通常分辨率要求表示为

$$k_{\max}\eta=\frac{\pi}{\Delta}\eta\geqslant 1.5 \tag{10.1}$$

因此网格大小 $\Delta\leqslant 2\eta$。Schumacher 等人(2005)指出,耗散发生在一定尺度范围内(耗散谱的峰值在 $k\eta\sim 0.2$),并且在流动中出现小于 η 的局部尺度;它们模拟运行所需的 $k_{\max}\eta$ 高达 34。为了捕捉其流动的本质,Kaneda 和 Ishihara(2006)和 Bermejo-Moreno 等人(2009)分别使用了高达 2 和 4 的 $k_{\max}\eta$ 值。

对于均匀各向同性湍流,最简单的湍流类型,需要使用均匀网格。在这种情况下,刚刚给出的参数表明,每个方向上的网格节点数量必须是 L/η 的数量级;可以看出(Tennekes 和 Lumley 1976)这个比率是正比于 $Re_L^{3/4}$(注 3:美国国家科学基金会《基于模拟的工程科学报告》(2006)实际上指出,尺度相关的问题主导了包括流体力学在内的许多领域的模拟工作。因此,即使对于 $Re_L\sim 10^7$,长度比例也在 2×10^5 的量级上。然而,他们还指出,对于蛋白质折叠,时间尺度比为 10^{12},而对于先进材料设计,空间尺度比为 10^{10})。这里 Re_L 是一个基于速度波动的幅度和积分尺度的雷诺数;这个参数通常是工程师用来描述流动的宏观雷诺数的 0.01 倍。由于在三个坐标方向上都必须使用这个数量的节点,并且时间步长与网格大小相关,所以模拟的成本规模为 Re_L^3。就工程师用来描述流动的雷诺数而言,成本的比例可能有些不同。

由于计算中可使用的网格节点的数量受到执行计算的机器的处理速度和内存的限制,直接数值模拟通常在几何简单的计算域中完成。在目前的机器上,可以使用多达 $4\,096^3$ 个网格点对湍流雷诺数高达 10^5 数量级的均匀流动进行直接数值模拟(Ishihara 等人,2009)。如上段所述,这对应于约大两个数量级的整体流动雷诺数,并允许 DNS 达到工程上关注的雷诺数范围的低端,使其在某些情况下是一种有用的方法。在其他情况下,通过使用某种外推法,可以从模拟的雷诺数外推到实际感兴趣的雷诺数。关于 DNS 的更多细节,请参阅 Pope(2000)和 Moin and Mahesh(1998)的概述和 Ishihara 等人(2009)的具体论文,他们使用傅里叶谱方法(第 3.11 节)来研究各向同性流动,以及 Wu 和 Moin(2009),他们使用分步有

限差分方法(第 7.2.1 节)来研究边界层流动。

10.2.2 讨论

DNS 的结果包含关于流动的非常详细的信息。这可能非常有用,但一方面,它提供的信息远远超过任何工程师的需要,另一方面,DNS 很昂贵,不常被用作设计工具。人们必须清楚 DNS 可以用于什么。有了它,可以在大量网格点上获得关于速度、压力和任何其他感兴趣的变量的详细信息。这些结果相当于实验数据,可用于产生统计信息或创建"数值流动可视化"。从后者,人们可以学到很多东西,例如,关于流动中存在的拟序结构(图 10.1)。这些丰富的信息可以用来对流动的物理特性有更深入的理解,或者构建一个定量模型,可能是 RANS 或 LES 类型,这将允许以更低的成本计算其他类似的流动,使这些模型成为有用的工程设计工具。

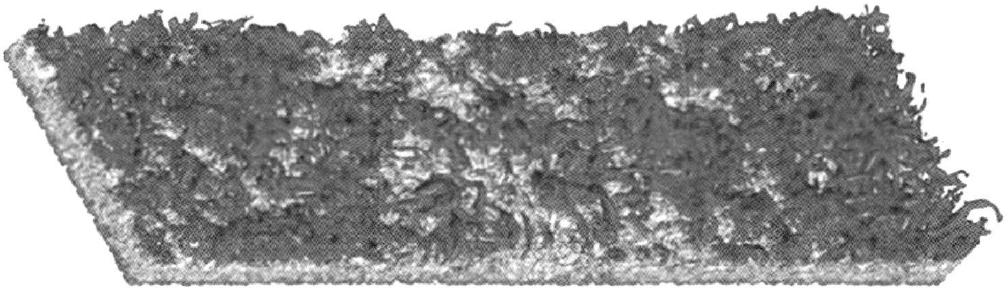

摘自:Wu and Moin 2011

图 10.1　位于平板边界层的完全湍流区域的发夹林。给出了速度梯度张量第二不变量的等值面;表面根据距离壁面的无量纲距离的局部值着色。大于 300 的值用红色表示(从左到右的流)。

一些使用 DNS 的例子如下:

- 理解层流到湍流的转变过程,以及湍流产生、能量传递和湍流耗散的机理;
- 气动噪声产生的仿真;
- 理解压缩性对湍流的影响;
- 了解燃烧与湍流之间的相互作用;
- 控制和减少固体表面上的阻力。

DNS 的其他应用已经完成,未来无疑还将进行许多其他应用。

随着计算机速度的不断提高,在工作站上进行低雷诺数简单流动的 DNS 成为可能。所谓简单流动,指的是任何均匀湍流流动(有许多种)、通道流动、自由剪切流动和其他一些流动。如上所述,在大型并行计算机上,DNS 使用 $4\ 096^3$($\sim 6.9\times 10^{10}$)或更多的网格点。计算时间取决于机器和使用的网格点的数量,因此不能给出有用的估计。实际上,人们通常选择要模拟的流动和网格点的数量来适应可用的计算机资源。一个完整的最先进的模拟可能在计算机系统上使用数十万个核心,并消耗数百万个核时。随着计算机速度越来越快,内存越来越大,将模拟更复杂和更高雷诺数的流动。

在直接数值模拟和大涡模拟中,可以采用多种不同的数值方法。这本书中描述的几乎所有方法都可以使用;然而,对于真正大规模的并行系统计算,最常用的是基于 CDS 或谱格式的显式代码;下面注意到,在某些情况下,隐式方法用于方程中的某些项。因为这些方法在前面的章节中已经介绍过了,所以在这里不再详细介绍。然而,DNS 和 LES 以及稳态流动的模拟之间有重要的区别,讨论这些差异是很重要的。

对 DNS 和 LES 的数值方法提出的最重要的要求是根据需要准确实现包含广泛长度和时间尺度的流动。由于需要精确的随时间的变化,为定常流动设计的技术效率很低,不经过大量修改就不能使用。对精度的要求需要较小的时间步长,显然,时间推进方法对于所选择的时间步长必须是稳定的。在大多数情况下,为了满足精度要求,需要时间步长稳定的显式方法是可用的,因此没有理由产生与隐式方法相关的额外代价;因此,大多数模拟都使用了显式的时间推进方法。一个值得注意的(但不是唯一的)例外发生在固体表面附近。这些区域的重要结构尺寸非常小,必须使用非常精细的网格,特别是在与壁面垂直的方向上。数值不稳定性可能产生于黏性项,涉及垂直于壁面的导数,因此这些项经常使用隐式处理。在复杂的几何中,可能需要隐式地处理更多的项。

在 DNS 和 LES 中最常用的时间推进方法是具有二到四阶精度的龙格-库塔方法,但其他方法,如 Adams-Bashforth 和 leapfrog 方法也被使用。一般来说,对于给定的精度顺序,龙格-库塔方法每个时间步需要更多的计算。尽管如此,仍首先选择这一方法,因为对于给定的时间步长,产生的误差较于其他方法小得多。因此,在实践中,允许更大的时间步长来获得相同的精度,这远远弥补了增加的计算量。Crank-Nicolson 方法通常应用于必须隐式处理的项,例如黏性项或壁面法向对流项。

时间推进方法的一个难点是精度高于一阶的方法要求在多个时间步(包括中间时间步)存储数据。因此,设计和使用需要相对较少存储空间的方法是有优势的。Leonard 和 Wray(1982)提出了一种三阶 Runge-Kutta 方法,该方法比标准的 Runge-Kutta 方法需要更少的存储空间(参见 Bhaskaran 和 Lele 2010 年对该方法的应用)。另一方面,对于可压缩流动和计算声学,需要不同的特性,例如低耗散和低扩散的龙格-库塔格式(Hu 等人,1996,如应用于 Bhagatwala 和 Lele 2011)。

DNS 中另一个重要的问题是需要处理大范围的长度尺度;这就要求改变对离散化方法的看法。空间离散化方法精度的最常见描述符是它的阶数,这是当网格大小减小时,一个描述离散化误差减小速率的数字。回到第三章的讨论,用速度场的傅里叶分解来思考是很有必要的。已经证明(第 3.11 节),在均匀网格上,速度场可以用傅里叶级数表示:

$$u(x) = \sum \tilde{u}(k)\mathrm{e}^{ikx} \tag{10.2}$$

可在尺寸为 Δx 的网格上求解的最高波数 k 为 $\pi/\Delta x$,因此只考虑 $0<k<\pi/\Delta x$。级数(10.2)可以逐项进行区分。e^{ikx} 的精确导数 ike^{ikx} 替换为 $ik_{\mathrm{eff}}e^{ikx}$,其中 k_{eff} 是第 3.11 节中当使用有限差分近似时定义的有效波数。图 3.12 给出的 k_{eff} 图表明,中心差值仅在 $k<\pi/2\Delta x$ 时是精确的,关注的是波数范围的前半部分。

湍流模拟的困难在于,湍流谱(湍流能量在波数或逆长度尺度上的分布)通常在波数范围$\{0,\pi/\Delta x\}$的很大一部分范围内很高,因此,在图 3.12 的背景下,该方法的顺序及其行为可能变得非常重要。在该图中,看到理想的数值方法将有一个有效波数接近精确的谱线。四阶 CDS 当然是一种改进,但绝不是理想的。紧凑方案(Lele 1992, Mahesh 1998;(参见第 3.3.3 节)可以得到类似谱的高阶格式。在可压缩流动模拟和计算空气声学中,此类格式很受欢迎,例如,参见 Kim(2007)的四阶紧凑格式或 Kawai 和 Lele(2010)对六阶紧凑格式的实现。然而,由于网格分辨率对于定义 DNS 中可解析的最小结构至关重要,如果网格足够精细,使用二阶 CDS 也可以获得较理想的结果(Wu 和 Moin 2009)。

重申使用能量守恒的空间差分方案的重要性也是有必要的。许多方法,包括所有迎风的方法,都是耗散的;也就是说,它们包括截断误差的一部分,扩散项耗散能量的时间依赖计算。它们的使用一直被提倡,因为它们所引入的耗散常常使数值方法趋于稳定。当这些方法应用于稳态问题时,耗散误差在稳态结果中可能不会太大(尽管在前面的章节中表明这些误差可能相当大)。当在 DNS 中使用这些方法时,产生的耗散通常比物理黏度大得多,所得到的结果可能与问题的物理性质几乎没有联系。关于能量守恒的讨论,请参见第 7.1.3 节。此外,如第七章所示,能量守恒可以防止速度无约束地增长,从而保持稳定。

方法和步长在时间和空间上需要联系起来。在空间离散化和时间离散化中所产生的误差应该尽可能接近相等,即它们应该是平衡的。这不可能在每个时间步长和网格节点内都满足这一条件,但如果在平均意义上不满足这一条件,对其中一个自变量使用较小的步长,可以在精度损失很小的情况下以较低的计算成本进行模拟。

计算精度在 DNS 和 LES 中很难测量。原因在于湍流的本质。湍流流动初始状态的微小变化随时间呈指数级放大,在相对较短的时间后,扰动流动几乎与原始流动不相似。这是一种物理现象,与数值方法无关。由于任何数值方法都会引入一些误差,而方法或参数的任何改变都会改变这种误差,所以为了确定误差而直接比较两个解是不可能的。相反,可以用不同的网格(网格尺寸与原始条件有很大不同)重复模拟,并且可以比较两个解决方案的统计特性。从差值中,可以估计出误差。不幸的是,很难知道误差如何随网格大小变化,因此这种类型的估计只能是近似值。大多数计算简单湍流流动的研究者使用的一种更简单的方法是观察湍流谱。如果最小尺度的能量比能谱峰值的能量足够小,就可以假设流动已经被很好地求解了。

在域配置和边界条件允许的情况下,精度要求使用 DNS 和 LES 中常见的谱方法。这些方法在前面的 3.11 节中简要描述过。本质上,它们使用傅里叶级数作为一种计算导数的方法。使用傅里叶变换是可行的,因为快速傅里叶变换算法(Cooley 和 Tukey 1965;Brigham 1988)将计算傅里叶变换的成本降低到 $n\log_2 n$ 次操作。不幸的是,该算法仅适用于等间距网格和其他一些特殊情况。已经开发了许多这种专门的方法来求解 Navier-Stokes 方程;谱方法的更多细节见第 3.11 节和 Canuto 等人(2007)。

与其直接近似 Navier-Stokes 方程,谱方法的一个有趣的应用是将它们乘以一系列“测试或基函数”,在整个域上积分,然后找到满足结果方程的解(见 3.11.2.1 节)。满足这种形式方程的函数称为“弱解”。可以将 Navier-Stokes 方程的解表示为一系列向量函数,每个向量函数都具有零散度。这种选择消除了方程积分形式的压力,从而减少了需要计算和存储的因变量的数量。因变量集可以进一步简化,如果一个函数的散度为零,它的第三个分量可以从其他两个分量计算出来。结果是只需要计算两组因变量,将内存需求减少了一半。由于这些方法相当专业,其开发需要相当大的空间,这里就不详细介绍了;感兴趣的读者可参考 Moser 等人(1983)的论文或 Canuto 等人(2007)的 3.4.2 节。

10.2.3 初始和边界条件

DNS 中的另一个困难是生成初始条件和边界条件。前者必须包含初始三维速度场的所有细节。由于拟序结构是流动的重要组成部分,因此很难构造这样的场。此外,初始条件的影响通常会被流动“记住”相当长的时间，通常是几次“涡流周转时间”。涡流周转时间本质上是流动的积分时间尺度或积分长度尺度除以均方根速度(q)。因此，初始条件对结果有显著影响。通常情况下，以人为构造的初始条件开始的模拟的第一部分必须被丢弃，因为它不符合物理过程。如何选择初始条件的问题既是科学也是艺术，不能给出适用于所有流动的唯一规定，但我们将举例说明。

对于均匀各向同性湍流，最简单的情况是使用周期性边界条件，并且最容易在傅里叶空间中构造初始条件，即需要创建 $\hat{u}_i(k)$。这是通过给出设定傅里叶模式振幅的频谱来实现的，即 $|\hat{u}_i(k)|$。连续性 $k \cdot \hat{u}_i(k)$ 的要求对该模式施加了另一个限制。这样就只剩下一个随机数可以被选择来完整地定义 $\hat{u}_i(k)$；通常是相位角。然后，模拟必须运行大约两次涡流周转时间，才能被认为代表真实的湍流。

其他流动的最佳初始条件由先前的模拟结果得到。例如，对于受应变作用的均匀湍流，最好的初始条件来自发展的各向同性湍流。对于通道流动，最佳的选择是将平均速度、不稳定模式(具有接近正确的结构)和噪声混合在一起。对于弯曲通道，可以将完全发展的平面通道流动的结果作为初始条件。

类似的考虑适用于流动进入计算域的边界条件(流入条件)。正确的条件必须包含平面内湍流在每一个时间步上的完整速度场，这是很难构造的。例如，对于弯曲通道中正在发展的流动，一种方法是使用平面通道中流动的结果。同时或提前模拟平面通道内的流动，与主流方向垂直的平面上的速度分量提供了弯曲流道的流入条件。Chow 和 Street (2009)使用了这样一种策略来计算苏格兰一座山上的流入条件，并使用了一种用于预测大气中尺度流动的代码(注 4:“中尺度”是指水平尺度通常在 5 公里到几百公里或 10^3 公里左右的天气系统)。

如前所述，对于在给定方向上不变化(在统计意义上)的流动，可以在该方向上使用周期性边界条件。这些方法易于使用，特别适合谱方法，并在标称边界上提供尽可能真实的条件。

流出边界处理起来不那么困难。一种可能是使用外推条件，要求所有量在边界法线方向上的导数为零：

$$\frac{\partial \varphi}{\partial n}=0 \tag{10.3}$$

其中 φ 为任意因变量。这种条件常用于定常流动，但不适用于非定常流动。对于后者，用非定常对流条件代替较好。人们已经尝试了许多这样的条件，但其中一个似乎效果很好，也是最简单的条件之一：

$$\frac{\partial \varphi}{\partial t}+U\frac{\partial \varphi}{\partial n}=0 \tag{10.4}$$

其中 U 是一个与流出面位置无关的速度，选择 U 是为了保持整体守恒，即，它是使流出质量通量等于流入质量通量所需的速度。这种条件似乎避免了压力扰动从流出边界反射回域内部所引起的问题。另一种选择是使用 13.6 节中描述的强制技术，在垂直于平均流动的方向上对出口边界进行一定距离的速度波动进行阻尼。这样一来，所有的涡流在到达边界之前就消失了，反射也就避免了。但仍存在确定最佳强制参数的问题；这个问题将在 13.6 节中更详细地讨论。

在光滑的固体壁面上,可以使用第 8 章和第 9 章中描述的无滑移边界条件。必须记住,在这种类型的边界处,湍流倾向于形成小但非常重要的结构(“边界层”),需要非常精细的网格,特别是在垂直于壁面的方向上（垂直于壁面和主要流动方向）。另一种方法是对复杂形状采用浸没边界方法(IBM)（Kang 等人,2009;Fadlun 等,2000;Kim 等,2001;Ye 等人,1999)或粗糙的壁面(Leonardi 等人,2003;Orlandi and Leonardi 2008)。在这种方法中,控制方程被离散化并在规则网格上求解,但边界条件是强加的,例如,通过在实际边界上的体积力,这导致在规则网格的相关点上产生适当的力,即使它们靠近但不在边界上。此外,可以使用从实际边界上的期望条件到规则网格边界的速度插值,并且必须保持质量守恒。这些 IBM 方法大多采用分步法(参见第 7.2.1 节和 8.3 节),Kim 和 Ye 的工作使用 FV 方法,而其他工作使用 FD 方法。

对称边界条件通常用于 RANS 计算以减小计算域的大小,但通常不适用于 DNS 或 LES,因为尽管平均流动可能是关于某些特定平面的对称流,但瞬态流动不是,重要的物理效应可能会在此类条件下被消除。对称条件已被用来表示自由边界。

尽管所有的尝试都使初始条件和边界条件尽可能真实,但在物理流动发展出所有正确特征之前,必须运行一段时间的模拟。这种情况源于湍流的物理特性,因此几乎没有人可以加快这一过程;下面提到一种可能性。正如所注意到的,涡流周转时间尺度是问题的关键时间尺度。在许多流动中,它可以与整个流动的时间尺度特征有关,即平均流动时间尺度。然而,在分离的流动中,有些区域与流动的其余部分在很长的时间尺度上进行传递,发展过程可能非常缓慢,因此需要很长的运行时间。

确定流动发展是否完成的最好方法是监测一些量,最好是对流体发展缓慢的部分敏感的量;选择取决于所模拟的流动。例如,可以测量分离流的再循环区域表面摩擦的空间平均值随时间的变化。最初,监测量通常会有系统性的增加或减少;当流动充分发展时,该值会随时间出现统计性波动。在这一点之后,统计性的平均结果(例如,平均速度或其波动)可以通过在一段时间内的平均和/或流动中的统计齐次坐标来获得。在这样做的时候,重要的是要记住,因为湍流不是完全随机的,样本量与平均过程中使用的点的数量是不一样的。保守估计是假设每个直径体积等于积分尺度(和每个时间周期等于积分时间尺度)只代表一个单一的样本。

初步使用粗网格可以加快发展过程。当流场在该网格条件下完成发展后,可以引入精细网格。如果这样做,流动在精细网格上的发展仍然需要一些时间,但它可能比在整个模拟过程中使用精细网格所需要的时间要小。

Wu 和 Moin(2009)关于零压力梯度边界层模拟的论文是一个杰作,在该文章中研究了对于初始条件和边界条件非常敏感的问题,以及如何根据流动的物理过程指导求解。

10.2.4 DNS 应用实例

10.2.4.1 网格湍流的空间衰减

为了说明 DNS 可以实现的功能,将以一个看似简单的流动为例,即在一个大型静态流体体中由振荡网格创建的流动。网格的振荡产生了湍流,湍流的强度随着距离网格的距离而减小。这种能量从振荡网格转移的过程通常被称为湍流扩散;湍流的能量传递在许多流动中起着重要的作用,因此对于它的预测是重要的,但它的建模却极其困难。Briggs 等人(1996)对这种流动进行了模拟,得到的结果与实验确定的湍流随与网格距离的衰减速率非常吻合。当 $2<\alpha<3$ 时,能量衰减近似为 $x^{-\alpha}$ 的规律;指数 α 的确定在实验上和计算上都是困难的,因为快速衰减没有提供足够大的区域来允许人们准确地计算它的值。

利用基于这种流动模拟的可视化,Briggs 等人(1996)发现,这种流动中湍流扩散的主要机制是高能流体团通过未受扰动的流体的运动。这似乎是一个简单而合乎逻辑的解释,但与先前的建议相反。图 10.2 显示了该流动中一个平面上动能的分布。可以看到,大能量区域在整个流中大小大致相同,但远离网格的区域较少。原因是那些平行于网格传播的团不会在网格的法向方向上移动得很远,而那些小的高能流体"斑点"很快就会被黏性扩散的作用破坏。

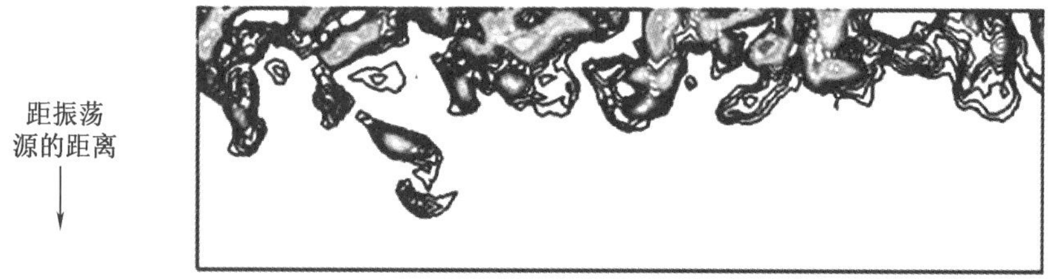

摘自 Briggs 等人(1996)

图 10.2　静止流体中振荡网格产生的流动中平面内的动能等值线;网格位于图的顶部。充满能量的流体团将能量从网格区域转移出去。

结果被用于测试湍流模型。图 10.3 给出了这种试验的一个典型例子,其中给出了湍流动能通量的分布,并与一些常用湍流模型的预测进行了比较。很明显,即使在如此简单的流程中,模型也不能很好地工作。可能的原因是,模型被设计用来处理由切应力产生的湍流,其特征与由振荡网格产生的湍流存在明显差异。

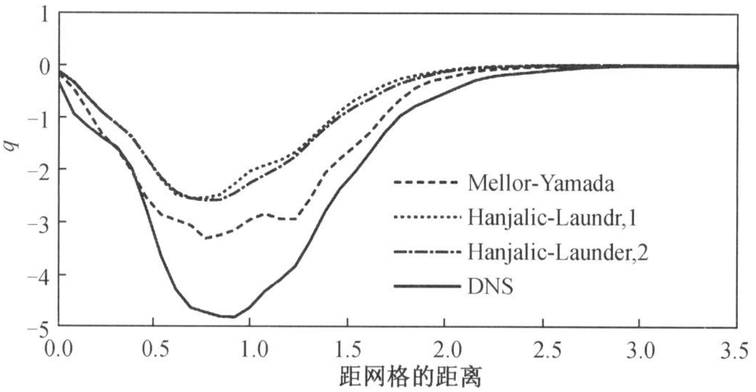

摘自 Briggs 等人(1996)

图 10.3　湍流动能通量 q 的分布与一些常用湍流模型预测的对比(Mellor and Y amada 1982;Hanjalić 和 Launder 1976, 1980)。

该模拟使用的代码是为模拟均匀湍流而设计的(Rogallo 1981)。周期边界条件适用于所有三个方向;这意味着实际上存在一个周期性的网格阵列,但只要相邻网格之间的距离足够大于湍流衰减所需的距离,这就不会引起问题。该代码在时间上使用了傅里叶谱方法和三阶龙格-库塔方法。

这些结果说明了 DNS 的一些重要特性。该方法允许计算统计量,可以与实验数据进行对比,以验证预测结果。它还允许计算在实验室中难以测量的量,而这些量在评估模型时是有用的。同时,该方法生成了流动的可视化,可以提供对湍流物理的深入了解。在实验室中,几乎不可能同时获得同一流动的统计数据和可视化。如上面的例子所示,这种组合非常有价值。

在直接数值模拟中,可以控制外部变量,这在实验室中很难或不可能实现。有几个案例中,DNS 产生的结果与实验不一致,而前者被证明更接近正确。一个例子是通道流动中靠近壁面的湍流统计分布;Kim 等人(1987)的结果被证明比实验更准确,当二者都更仔细地重复时。Bardina 等人(1980)提供了一个较早的例子,解释了旋转对各向同性湍流影响的实验中一些明显异常的结果。

DNS 可以比其他方法更准确地研究某些影响。也可以尝试实验无法实现的控制方法。这样做的目的是为了深入了解流动的物理过程,从而指出被实现的可能性(并为可实现的方法指明方向)。一个例子是 Choi 等人(1994)对平板上减阻和控制的研究。他们表明,通过控制吹吸壁面(或脉动壁面),平板的湍流阻力可以减少 30%。Bewley 等人(1994)提出了最优控制方法,证明了在低雷诺数下流动可能被迫再次分层,在高雷诺数下表面摩擦力可能降低。

10.2.4.2 Re=5 000 时的绕球流动

球体是一个形状非常简单的物体,但流体围绕它流动是非常复杂的。在中等雷诺数下,这种流动的 DNS 模拟是可能的;Seidl 等人(1998)使用二阶时间和空间离散化以及局部细化的非结构化六面体网格进行了模拟。在这一阶段,将不详细讨论流动物理(在描述了 LES 方法之后会有更多内容),但这里想介绍一种测试模拟的可实现性和分析流动不同区域湍流结构变化的方法。

图 10.4 示出了模拟和实验中的流动模式。虽然染色剂的分布(来自两个孔,一个在分离线前方的球体前部,一个在分离后的球体后部)并不完全对应于涡度的方位分量,但很明显,当识别流动的主要特征时,这两个图是一致的。流体分离发生在“赤道”附近;剪切层变得不稳定并卷起,形成旋涡;这些最终在下游分解成各向同性湍流。实验和模拟都表明,回流区内的回流是湍流。

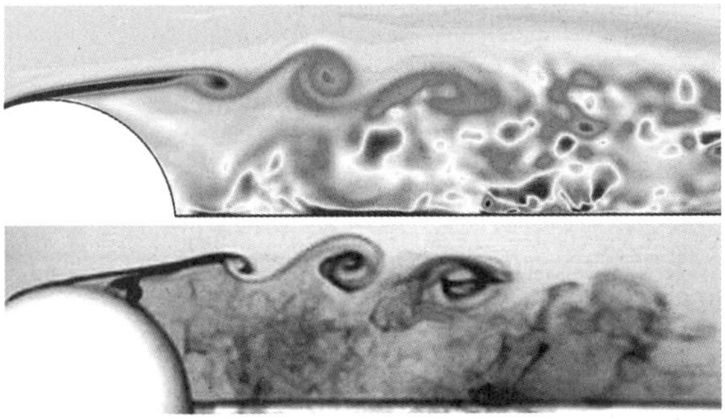

(来自 Seidl 等人,1998)

图 10.4 DNS 和实验中流动模式的对比:计算瞬态涡量的方位分量(上)和实验中染色剂分布的快照

另一种分析流动结构并同时检查解的可实现性的有趣方法是在 Lumley(1979)首次引入的图中绘制在流场各点处计算的各向异性张量的不变量。各向异性张量的分量定义如下：

$$b_{ij}=\frac{\overline{u_i u_j}}{q}-\frac{1}{3}\delta_{ij} \tag{10.5}$$

其中 u_i 为速度矢量的波动分量，q 为湍流强度，$q=\overline{u_i u_j}$，δ_{ij} 为克罗内克符号。这个张量的两个非零不变量 II 和 III 是：

$$II=-\frac{1}{2}b_{ij}b_{ji}\text{, and } III=\frac{1}{3}b_{ij}b_{jk}b_{ki} \tag{10.6}$$

Lumley(1979)表明-II 和 III 的参数空间中可能的湍流状态被三条线所约束，如图 10.5 所示。右上角为单分量湍流；底部角表示各向同性湍流，左侧角表示各向同性双组分湍流。从底角伸出的两条极限线表示轴对称湍流状态，第三条线表示平面双分量湍流。图 10.5 显示了地图中沿稳态平均流的封闭流线选择的点集的两个不变量的值。从图中可以看出，沿所选流线的湍流状态变化明显。起始点(用一个较大的符号标记)相对靠近右上角，表明雷诺应力的一个分量占主导地位。进一步，沿着外部路径，正在向完全各向同性的轴对称极限移动，这是在再附着点附近和再循环区域的大部分范围内发现的状态。最后一部分，对应于更接近球面的点，表明湍流状态是由两个分量主导的。

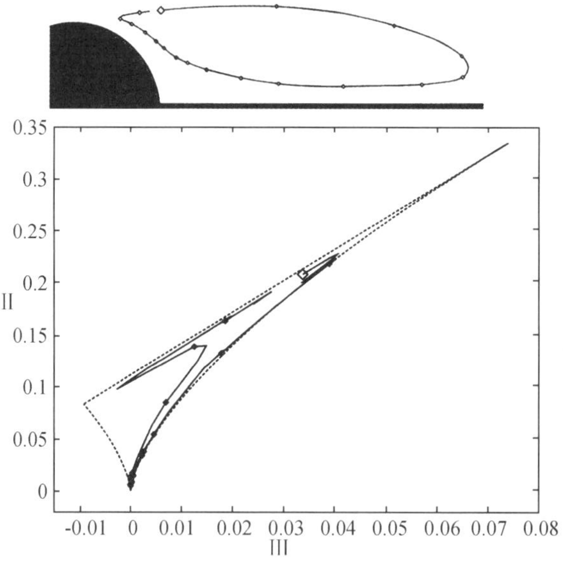

来自 Seidl 等人,(1998)

图 10.5　均匀流流线上评估各向异性张量不变量的点(上)和这些点在不变量图中的位置(下)

流线上的所有点都正确地位于以极限线为界的三角形内，表明模拟没有违反物理定律——求解是可实现的。由于球体上游的流动是层流的，而它后面的分离区并不是封闭的(意味着“新鲜”流体不断地进入这个区域，而“旧的”流体不断地离开这个区域)，一个有趣的问题就出现了：来自非湍流上游区的流体单元是如何在图中进入湍流状态的？从图 10.5(下)可以看出，唯一的可能性是在三角形的上角：分离流线附近的流体单元首先经历一维波动,然后才发展为多维湍流。离开再循环区的流体单元留在湍流尾迹中,湍流在这里向下游缓慢衰减。

10.2.5 DNS 其他应用

球体后方的流动是一个具有挑战性的研究课题,因为它包含了所有类型的湍流状态:通过扫描湍流尾迹,可以找到与不变量图中所有位置相对应的点。通常使用 DNS 研究的许多其他流动——例如平面通道或管道中的完全发展的流动——只覆盖图中的一小部分。然而,由于只有在湍流区域内才需要非常精细的网格,因此允许局部网格细化的求解方法是可取的。这种方法通常基于有限体积法,使用带有二阶离散化的非结构网格,因此需要更细的网格来获得满意的精度,而高阶方法用于更简单的几何。对于结构网格,就像 Pal 等人(2017)在研究亚临界(注 5:经过球体的亚临界流是一种低雷诺数状态,其中阻力系数不是雷诺数的函数,并且存在层流边界层分离)雷诺数 3 700 和中等弗劳德数下通过球体的分层流动时使用的网格一样,在不需要精细网格的区域浪费了大量网格点;这在较高的雷诺数下变得尤为重要。

针对简单几何图形的专门求解方法的优点是,它们允许在较高雷诺数下的流动得到充分的求解。Lee 和 Moser(2015)在平面通道内的 DNS 模拟中,基于平均流速和通道宽度的 Re 为 2.5×10^5。所研究的流动表现出高雷诺数条件下壁面有界湍流的特征,并允许对边界层进行更详细的分析,因此为开发新的或调整现有湍流模型提供了宝贵的信息。参见第 10.3.5.5 节,关于依赖于所谓 log-law 的壁面函数的讨论,其中 DNS 表明一些“定律”参数并不像目前认为的那样普遍。

随着计算技术的进步,DNS 将继续应用于更复杂的几何形状和更高的雷诺数,从而提供根本无法测量或无法达到所需精度的数据,但这在科学和工程领域都非常有用。

10.3 湍流模拟相关模型

10.3.1 模型分类

如上所述,当 Navier-Stokes 方程以某种方式求平均时,由于非线性对流项,结果是方程不是封闭的。这意味着平均方程包含非线性相关项,涉及未知的波动变量。可以推导出这些相关关系的精确方程,但它们包含更复杂的未知相关项,这些相关项不能从平均变量和方程所对应的项中确定。

因此,需要为这些未知的相关性构建模型,即近似表达式或方程。Leschziner(2010)列出了模型的约束条件和理想特征的有用列表;可以这样解释:模型应该是:

- 基于理性的物理原理和概念,而不是直觉;
- 由适当的数学原理构造的,如维度同质性、一致性和框架不变性;
- 受限于产生物理上可实现的行为;
- 广泛适用的;
- 数学简单;

- 由具有可用边界条件的变量构建；
- 计算稳定。

本节和下面几节将专门讨论生成模型的方法。可以将这些方法分类如下：

1. RANS，非稳态 RANS（URANS）和瞬态 RANS（TRANS）：当 Osborne Reynolds（1895）提出后来称为 Reynolds-平均 Navier-Stokes 方程时，它们是在空间体积上平均的，而不是时间上。然而，传统的文献中的平均是随着时间或系综。

a. 对所有时间进行平均：如果对所有时间进行平均，则得到的方程是传统的稳定 RANS 方程，即由平均值定义的平均流动是稳定的。

b. 与湍流的积分尺度的时间尺度相比，在较长的时间尺度上求平均值（参见 Chen 和 Jaw 1998）：如果平均值与湍流的时间尺度相比较长，在较长的时间内求平均值，那么得到的方程将是不稳定的，是原始方程的时间低通滤波版本。这种方法很少（如果有的话）实际使用，部分原因是高频湍流的模型必须依赖于下面讨论的滤波器尺度。

c. 在系综上平均：如果方程在系综上平均（一组统计上相同的实现），那么平均消除所有湍流（随机）涡流，因为它们在系综的不同成分之间具有随机相位。如果系综在统计上是平稳的，那么平均流动将是稳定的。然而，如果所研究的运动中存在相干的、确定性的元素（注 6：Chen 和 Jaw（1998）在图 1.8 中阐明了系综平均值的创建），则所得到的平均流动方程可能是非定常的，也就是说，整体不是平稳的。一个例子是由边界的周期性运动驱动的流动，即内燃机气缸中的流动，由具有可重复模式的活塞和阀门的运动驱动。然后，这些方程通常被称为非稳态 RANS 或 URANS（Durbin 2002；Iaccarino 等人，2003；Wegner 等人，2004）。Hanjalić（2002）提出了一个类似于这些的构造，他称之为瞬态 RANS（TRANS）（见第 10.3.7 节）。在任何一种情况下，平均方程仍然是未封闭的，因此湍流效应需要相应的模型。作为平均过程的结果，Wyngaard（2010）提醒“在湍流的任何实现中都不太可能存在整体平均场，即使是一瞬间。”

文献中对平均或滤波过程的描述往往是不准确的。实际上，对于这里列出的所有方法，很少显式地进行平均或滤波；既没有定义平均时间，也没有定义所需集成的数量。因此，在所有情况下，平均方程看起来基本上是一样的，而且通常应用相同的湍流模型。这种方法对于 RANS 和系综平均方程（URANS 和 TRANS）可能是正确的，因为在这些情况下，假设所有的湍流（随机运动）都被平均掉了。然后，湍流模型被期望代表缺失部分对剩余平均流动的影响，即使它是不稳定的，并且支持例如确定性运动。另一方面，时间滤波的 RANS 方程求解了流体的低频运动，而对高频或小时间尺度的运动进行了建模。因此，在这样的模拟中，湍流模型必须依赖于与 LES 方法一致的模式中最高分辨率频率的时间尺度（如下）；很少有（如果有的话）研究实际采用这种方法，因此几乎所有的模拟都是 RANS［长期平均和稳定］或 URANS/TRANS［整体平均和可能不稳定］模拟，但没有湍流得到求解。

2. LES，VLES：对于大涡模拟（LES）和非常大涡模拟（VLES），Navier-Stokes 方程和标量方程在空间上被过滤（平均）。所得到的方程基本上与 URANS 方程相同，除了未封闭项的模型具有不同的含义和（可能）形式；值得注意的是，虽然大多数湍流能量是在 URANS 的亚滤波尺度上，但 LES 求解了大部分湍流能量。因此，LES 和 VLES 求解了所有大于滤波器尺寸的非定常特征，而小尺度（亚滤波尺度）特征被建模。关于这个尺度有各种各样的想法。Pope（2000）提供了一些指导原则，即，如果“滤波器和网格足够精细，可以在任何地方求解80%的能量”,则模拟为LES。这个定义在壁面附近有一些注意事项。如果“滤波器和网格太粗糙,无法求解80%的能量”,那么模拟就是VLES。正如想象的那样,这将更重视包含尽可能多物理内容的亚滤波模型。Bryan等人(2003)和Wyngaard(2004)都提出LES的网格尺度应该远小于能谱峰值的长度尺度。Matheou和Chung(2014)使用Kolmogorov能量谱来量化大气边界层流动的这些标准。他们假设要求解80%的湍流动能,网格尺度应小于峰值谱尺度的1/12,而要求解90%的TKE,网格尺度应小于峰值谱尺度的1/32。他们的经验是,90%的水平是合理收敛所必需的

3. ILES:这种方法实际上隐式地生成模型,因此被称为隐式大涡模拟。将在下一节进行讨论。

10.3.2　隐式大涡模拟(ILES)

隐式大涡模拟(ILES)是基于这样一种概念,即人们可以将数值方法直接应用于Navier-Stokes方程,然后调整数值格式,使所得到的方法既能求解涡流,又能适当耗散,即它是一个大涡模拟,但没有针对亚格子尺度波动的显式模型;这种波动不能用解来表示,因为网格是一个空间滤波器(在网格上可以解析的最高波数是$\pi/\Delta x$)。

理解ILES概念的一种简单方法是使用修正方程方法(见第6.3.2.2节),其中试图检查数值方法中的截断误差项。Rider(2007)对可压缩湍流进行了分析,从分析中可以看出截断项是什么,以及它们如何构成有效的亚格子尺度模型。由Grinstein等人编撰的专著(2007)提供了关于ILES实施的广泛概述和一些具体示例。在那本书中,Smolarkiewicz和Margolin(2007)提供了令人信服的证据,证明他们的MPDATA是一个ILES代码,可以准确地模拟整体物理流动,特别是大气环流和边界层运动。MPDATA的核心是对流项的迭代有限差分近似;它具有二阶精度和保守性。迭代首先使用上游差分项,然后进行第二遍以提高精度。作者指出,MPDATA是一类非振荡的Lax-Wendroff格式。

Aspden等人(2008)基于标度分析对ILES给出了不同的见解。为了计算,他们使用了Lawrence Berkeley NL的CCSE IAMR代码,这是一种不可压缩的,变密度FV分步法,在空间和时间上具有二阶精度,使用了未分割的Godunov方法(Colella 1990)和单一限制的四阶CD斜率近似(Colella 1985)。

这种类型的任何方法都应该满足以下要求:如果继续细化网格,应该解决更多的湍流,并减少建模,直到达到可以解决所有湍流的网格尺度(即有一个DNS),并且子网格尺度的模型的贡献可以忽略不计。ILES显然满足了这一要求。

10.3.3　大涡模拟(LES)

10.3.3.1　大涡模拟(LES)方程

湍流的长度和时间范围很广;流动中可能出现的涡流大小范围示于图10.6的左侧。这个图的右边显示了一个典型的速度分量在流动中某一点的时间变化量;波动发生的尺度范围是明显的。

大尺度的运动通常比小尺度运动的能量更强;它们的大小和强度使它们成为迄今为止最有效的具有守恒性质的载体。小尺度通常要弱得多,对这些特性的输运作用很小。对大

涡比小涡更精确的模拟可能是有意义的；大涡模拟就是这样一种方法。大涡模拟是三维的和随时间变化的。尽管代价很大，但它们的成本要比相同条件的 DNS 低得多。一般来说，因为 DNS 更准确，所以在可行的情况下，它是首选的方法。对于雷诺数过高或几何结构过于复杂而不允许应用 DNS 的流动，LES 是首选方法（参见 Rodi 等人 2013 年或 Sagaut 2006 年）。例如，LES 已成为大气科学中的主要工具，涉及云、降水、污染运输、山谷中的风流（例如，Chen 等人，2004b；Chow 等人，2006；Shi 等人，2018b，a）；在行星边界层群落中，LES 中处理的物理过程包括浮力、旋转、夹带、冷凝以及与粗糙地面和海洋表面的相互作用（Moeng and Sullivan 2015）。LES 甚至被应用到高压燃气轮机的设计中（Bhaskaran and Lele 2010），并在空气声学模拟中占据主导地位（例如，Bodony and Lele 2008；Brès 等人，2017）。

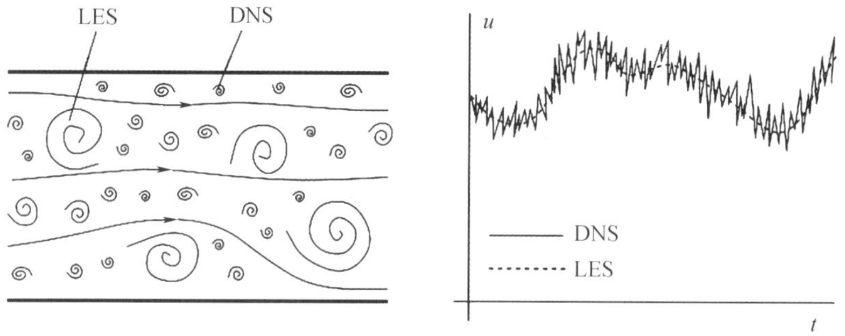

图 10.6　湍流运动示意图（左）和某一点速度分量随时间变化的示意图（右）

精确定义要计算的量至关重要。我们需要一个只包含整个场的大尺度分量的速度场。这最好通过过滤速度场来实现；在这种方法中，要模拟的大尺度场，本质上是完整场的局部平均。将使用一维符号；推广到三维是很简单的。滤波后的速度定义为：

$$\overline{u}_i(x) = \int G(x, x')\, u_i(x')\, \mathrm{d}x' \tag{10.7}$$

其中 $G(x,x')$，滤波核心，是一个局部化函数（注 7：读者可能会注意到，这里没有提到网格。过滤器大小至少与网格大小一样大，而且通常要大得多。在传统的 LES 中，滤波器宽度被假设为网格大小，现在我们将遵循这一做法。在 10.3.3.4 和 10.3.3.7 节中，我们将探讨网格和滤波器宽度之间的关系以及这如何影响建模）。在 LES 中应用的滤波核心包括高斯、盒滤波器（简单局部平均）和截止滤波器（消除所有属于截止波数的傅里叶系数的滤波器）。每个滤波器都有一个与之相关的长度刻度，Δ。大于 Δ 的是大涡，小于 Δ 的是小涡，而小涡需要建模。

当对恒密度的 Navier-Stokes 方程（不可压缩流）进行滤波后（注 8：与上述时间和系综平均方程的情况一样，定义了滤波操作，但通常不会对方程进行显式滤波。这些方程本质上是传统 LES 中隐式和未知滤波器的结果。Bose 等人（2010）已经展示了显式滤波的价值），得到了一组与 URANS 方程非常相似的方程：

$$\frac{\partial(\rho\overline{u}_i)}{\partial t}+\frac{\partial(\rho\overline{u_i u_j})}{\partial x_j}=-\frac{\partial\overline{p}}{\partial x_i}+\frac{\partial}{\partial x_j}\left[\mu\left(\frac{\partial\overline{u}_i}{\partial x_j}+\frac{\partial\overline{u}_j}{\partial x_i}\right)\right] \tag{10.8}$$

因为连续性方程是线性的，滤波不会改变它：

$$\frac{\partial(\rho\bar{u}_i)}{\partial x_i}=0. \tag{10.9}$$

注意这点很重要，因为

$$\overline{u_i u_j}\neq\bar{u}_i\bar{u}_j \tag{10.10}$$

不等式左边的量不容易计算，不等式两边之差的建模近似，

$$\tau_{ij}^s=-\rho(\overline{u_i u_j}-\bar{u}_i\bar{u}_j) \tag{10.11}$$

必须加以介绍。因此，在 LES 中求解的动量方程为：

$$\frac{\partial(\rho\bar{u}_i)}{\partial t}+\frac{\partial(\rho\bar{u}_i\bar{u}_j)}{\partial x_j}=\frac{\partial\tau_{ij}^s}{\partial x_j}-\frac{\partial\bar{p}}{\partial x_i}+\frac{\partial}{\partial x_j}\left[\mu\left(\frac{\partial\bar{u}_i}{\partial x_j}+\frac{\partial\bar{u}_j}{\partial x_i}\right)\right] \tag{10.12}$$

在 LES 的背景下，τ_{ij}^s 被称为亚格子尺度雷诺应力。“应力”这个名字源于对待它的方式，而不是它的物理性质。它实际上是由小尺度或未解尺度的作用引起的大尺度动量通量。“次网格尺度”这个名字也有点用词不当。滤波的宽度 Δ，不需要与网格大小 h 有任何关系，除了之前所说的明确的条件 $\Delta\geqslant h$。在传统意义上，作者建立了这样的联系，他们的命名法一直沿用至今。现在，用于近似亚格子尺度雷诺应力（10.11）的模型被称为亚格子尺度（SGS）或亚过滤器尺度（SFS）模型，这取决于下面所讨论的模型。

亚格子尺度的雷诺应力包含小尺度场的局部平均值，因此它的模型应该基于局部速度场，或者可能是基于局部流体运动的历史信息。后者可以通过求解偏微分方程的模型来实现，以获得确定 SGS 雷诺应力所需的参数。

10.3.3.2 Smagorinsky 及其相关模型

最早也是最常用的亚格子尺度模型是由 Smagorinsky（1963）提出的。这是一个涡流黏度模型。所有这些模型都是基于这样一个概念，即 SGS 雷诺应力的主要影响是输送和耗散的增强。由于这些现象是层流中的黏度造成的，因此似乎可以合理地假设一个可行的模型可能是：

$$\tau_{ij}^s-\frac{1}{3}\tau_{kk}^s\delta_{ij}=\mu_t\left(\frac{\partial\bar{u}_i}{\partial x_j}+\frac{\partial\bar{u}_j}{\partial x_i}\right)=2\mu_t\bar{S}_{ij} \tag{10.13}$$

其中，μ_t 为涡流黏度，$\bar{S}_{ij}$ 为大尺度或已求解场的应变率。Wyngaard（2010）展示了 Lilly 如何使用 τ_{ij}^s 的演化方程正式推导出该模型。类似的模型也常用于 RANS 方程；见下文。

亚格子尺度涡流黏度的形式可由量纲参数推导为：

$$\mu_t=C_S^2\rho\Delta^2|\bar{S}| \tag{10.14}$$

其中 C_s 是待确定的模型参数，为滤波器长度尺度，$|\bar{S}|=(\bar{S}_{ij}\bar{S}_{ij})^{1/2}$。涡流黏度的这种形式可以用许多方法推导出来。理论提供了参数的估计值。这些方法大多只适用于各向同性湍流，它们都近似 $C_s\approx0.2$。不幸的是，C_s 不是常数；它可能是雷诺数和/或其他无量纲参数的函数，在不同的流动中可能取不同的值。

Smagorinsky 模型，虽然相对成功，但也不是没有问题，它的使用已经被下面描述的更复杂的模型所取代。不推荐但仍在使用，但仍在使用。要用它来模拟通道流动，需要进行一些修改。流体中的 C_s 参数值必须从 0.2 降低到大约 0.065，这将涡流黏度降低了几乎一个数量级。所有剪切流都需要这种量级的变化。在接近通道表面的区域，数值必须进一步降

低。一个成功的方法是借用 van Driest 阻尼，该阻尼长期以来一直用于降低 RANS 模型中的近壁涡流黏度：

$$C_S = C_{S0}(1-e^{-n^+/A^+})^2 \tag{10.15}$$

其中 n^+ 是黏性壁面单元与壁面的距离（$n^+ = nu_\tau/v$，其中 u_τ 为剪切速度，$u_\tau = \sqrt{\tau_{wall}/\rho}$，$\tau_{wall}$ 为壁面切应力），A^+ 是一个常数，通常取约为 25。尽管这种修改产生了预期的结果，但在 LES 的背景下很难证明这一点。

进一步的问题是，靠近壁面时，流动结构是具有极强的各向异性的。创建低速和高速流体区域（边界层）；它们在切向和法线方向上大约有 1 000 个黏性单位长，30-50 个黏性单位宽。求解边界层需要一个高度各向异性的网格，而用于 SGS 模型的长度尺度 Δ 的选择并不明显。通常的选择是 $(\Delta_1\Delta_2\Delta_3)^{1/3}$ 但是 $(\Delta_1^2+\Delta_2^2+\Delta_3^2)^{1/2}$ 也是可能的，其他的很容易构造；i 是在第 i 个坐标方向上与过滤器相关的宽度。

在稳定分层流动中，有必要减小 Smagorinsky 参数。分层在地球物理流动中很常见；通常的做法是使参数成为理查森数或弗劳德数的函数。这些是表示分层和切应力相对重要性的相关无量纲数。在旋转和/或曲率起重要作用的流动中也会发生类似的影响。理查森数通常是基于平均流场的性质。在某些代码中，SGS 湍动能 $k=\frac{1}{2}\overline{u_i'u_i'}$（其中，$u_i' = u_i - \overline{u_i'}$）被计算（Pope 2000），并用于定义系数为

$$\mu_{1,j} \sim k^{\frac{1}{2}} l_j$$

其中，湍流长度尺度 l_3 的垂直分量被调整为浮力；$l_1 = l_2 = \Delta$ 或 h（即名义上等于网格或滤波尺度）；例如，薛（2000）。

因此，Smagorinsky 模型有许多困难。如果希望模拟更复杂和/或更高雷诺数的流动，拥有一个更准确的模型可能很重要（例如，Shi 等人，2018b，a）。事实上，基于 DNS 数据结果的详细测试表明，Smagorinsky 模型在表示亚格子尺度应力的细节方面相当差。特别是，涡流黏度模型迫使应力 τ_{ij}^s 与应变速率 $\overline{S}_{ij}$ 对齐，这是不现实的！

10.3.3.3 动态模型

在模拟中解决的最小尺度在许多方面与通过模型处理的更小的尺度相似。这一想法导致了另一种亚格子尺度模型，即尺度相似模型（Bardina 等人，1980）。主要论点是，已解决的尺度和未解决的尺度之间的重要相互作用涉及前者的最小涡和后者的最大涡，即与滤波器相关的长度尺度 Δ 相比略大或略小的涡。基于这一概念得到了以下模型：

$$\tau_{ij}^s = -\rho(\overline{\overline{u_i}\,\overline{u_j}} - \overline{\overline{u_i}}\,\overline{\overline{u_j}}) \tag{10.16}$$

双上划线表示一个被滤波了两次的量。该模型与实际的 SGS Reynolds 应力有很好的相关性，但几乎不耗散任何能量，不能作为“独立的”SGS 模型。它或多或少地将能量从较大尺度（前散射）传递到最小尺度，并将能量从最小分辨率尺度传递到较大尺度（后散射），这是有用的。为了修正耗散的不足，可以将 Smagorinsky 和尺度相似模型结合起来，产生一个“混合”模型。该模型提高了模拟质量。更多细节见 Sagaut（2006）。

尺度相似模型的基本概念，即最小的分辨率尺度运动可以提供用于对最大的亚格子尺度运动建模的信息，可以进一步得到动态模型或程序（Germano 等人，1991）。该程序是基于

这样一个假设，即上面描述的模型之一是小尺度可接受的表示。

开创性的 Germano 程序的本质在于尺度不变性的思想（Meneveau 和 Katz 2000）："尺度不变性意味着流体的某些特征在不同尺度的运动中保持相同。"在这里，假设在网格尺度和网格尺度的若干倍尺度上，SGS 模型中的系数和形式保持不变。因此，上述按比例进行的原始过滤产生了：

$$\tau_{ij}^{s}=-\rho(\overline{u_i u_j}-\overline{u}_i\overline{u}_j)$$

利用 Smagorinsky 模型，

$$\tau_{ij}^{s}-\frac{1}{3}\tau_{kk}^{s}\delta_{ij}=2C_S^2\rho\Delta^2|\overline{S}|\overline{S}_{ij}$$

在"测试滤波器"尺度下再次对滤波后的方程（10.8）进行滤波，得到：

$$T_{ij}^{s}=-\rho(\widehat{\overline{u_i u_j}}-\hat{\overline{u}}_i\hat{\overline{u}}_j)$$

$$T_{ij}^{s}-\frac{1}{3}T_{kk}^{s}\delta_{ij}=2C_S^2\rho\Delta|\hat{\overline{S}}|\hat{\overline{S}}_{ij}$$

此时比率 $\hat{\Delta}/\Delta$ 成为该方法的可调常数；有各种选择，但通常使用的比率为 ~2。Germano 创造了现在被称为 Germano 恒等式的$\mathcal{L}_{ij}=T_{ij}^{s}-\hat{\tau}_{ij}^{s}$，从中可以直接得到：

$$\mathcal{L}_{ij}=\rho(\widehat{\overline{u}_i\overline{u}_j}-\hat{\overline{u}}_i\hat{\overline{u}}_j)=2C_S^2\rho(\hat{\Delta}|\hat{\overline{S}}|\hat{\overline{S}}_{ij}-\Delta^2|\widehat{\overline{S}|\overline{S}_{ij}})+\frac{1}{3}\delta_{ij}\mathcal{L}_{kk} \tag{10.17}$$

其中$\mathcal{L}_{kk}$ 包含各向同性项（注 9：我们从方程（10.17）中的测试滤波器平均值中提取了系数 C_s^2，它是空间和时间的函数；这相当于假设它在测试滤波的体积上是恒定的。这是一个方便的选择，但不是唯一可能的选择）。在式（10.17）中，系数 C_s^2 是唯一未知的，可以用几种方法确定。各向同性项相互抵消，例如 Sagaut（2006），Lilly（1992）或 Germano 等人，（1991），因为在不可压缩流中 $S_{ii}=0$，而各向同性项在实际求解方法中以 $S_{ij}\delta_{ij}\mathcal{L}_{kk}$ 的形式出现。

该动态模型的基本组成部分是：（1）它使用解析场中最小涡流的信息来计算系数；（2）假定具有相同系数值的同一模型适用于实际 LES 和粗尺度滤波方程。动态过程以两个量的比值给出模型系数，并在每个空间网格点和每个时间步直接从当前已解析的变量计算系数。这里不介绍实际的过程；然而，请注意，式（10.17）对一个未知量产生了六个方程，因此是超定的。然后，动态过程建立求解以使误差最小化

$$\varepsilon_{ij}=\mathcal{L}_{ij}-2C_S^2\rho(\hat{\Delta}|\hat{\overline{S}}|\hat{\overline{S}}_{ij}-\Delta^2|\widehat{\overline{S}|\overline{S}_{ij}})-\frac{1}{3}\delta_{ij}\varepsilon_{kk} \tag{10.18}$$

Germano 等人（1991）用应变率缩小了误差，即 $\varepsilon_{ij}\overline{S}_{ij}$ 生成了 C_s^2 的单一方程。Germano 等人（1991）对原始模型提出了两个重大改进：（1）Lilly（1992）提出的用于评估系数的最小二乘法和（2）Wong 和 Lilly（1994）引入了一个新的基本模型来取代 Smagorinsky 模型；他们的模型基于 Kolomogorov 尺度，不需要在动态过程中计算应变率，使得壁面边界条件不那么关键。它们的涡流黏度是

$$\mu_t=C^{2/3}\rho\Delta^{4/3}\varepsilon^{1/3}=C_\varepsilon\rho\Delta^{4/3} \tag{10.19}$$

C_ε 为动态过程中确定的系数，不要求耗散率等于 SGS 能量产生率。

以 Smagorinsky 或 Wong-Lilly 模型为基础的动态过程消除了前面描述的许多困难：

- 在剪切流中，Smagorinsky 模型参数需要比各向同性湍流中小得多。动态模型会自动

生成此更改。

- 在靠近壁面的地方,模型参数必须进一步减小。动态模型以正确的方式自动减小壁面附近的参数。
- 各向异性网格或滤波器的长度尺度的定义尚不清楚。这个问题在动态模型中变得无关紧要,因为模型通过改变参数值来补偿长度尺度中的任何误差。

尽管它在 Smagorinsky 模型的基础上有了相当大的改进,但动态过程仍然存在一些问题。它产生的模型参数是空间坐标和时间的快速变化函数,因此涡流黏度在两个符号中都有很大的值。虽然负涡黏性被认为是一种表示能量从小尺度转移到大尺度的方法(这一过程称为后散射),但如果涡黏性在太大的空间区域或太长时间内为负,数值不稳定就可能而且确实发生。一种解决方法是将任何涡流黏度 $\mu_t<-\mu$ 重置为 $-\mu$,即等于分子黏度的负值;这就是所谓的切应力。另一个有用的替代方法是在空间或时间上进行平均。有关细节,读者可参考上述论文。这些技术产生了进一步的改进,但仍不完全令人满意;为子网格尺度寻找更稳定的模型是当前研究的主题,如下所示。

动态模型所依据的观点并不局限于 smagorinsky 模型。相反,可以使用混合 smagorinsky 尺度的相似度模型。Zang 等人(1993)和 Shah 和 Ferziger(1995)使用了混合模型,并取得了相当大的成功。

最后,我们注意到动态过程的其他版本已经设计出来,用最简单的模型形式克服困难。其中较好的一个是 Meneveau 等人(1996)的拉格朗日动力学模型。在该模型中,动态过程模型参数表达式的分子和分母中的项沿流动轨迹求平均。这是通过求解拉格朗日轨迹上项的积分的偏微分“弛预输运”方程来完成的。第 10.3.4.3 节给出了该模型的应用。

10.3.3.4 使用亚滤波尺度重建的模型

Carati 等人(2001)推导了 LES 的控制方程,这些方程自然地导致了 SFS 和 SGS 混合模型,并区分了 Navier-Stokes 方程的显式滤波和数值计算的离散化。虽然 LES 的显式滤波器由方程(10.7)给出,但离散化的影响也是一个未知的滤波器(参见第 10.3.2 节的 ILES 方法)。离散网格上的控制方程可以通过对不可压缩和恒密度的 Navier-Stokes 方程和连续性方程应用显式滤波器(overbar)和离散化算子(tilde)来获得,从而产生:

$$\frac{\partial(\bar{\tilde{u}}_i)}{\partial t}+\frac{\partial(\widetilde{\overline{\tilde{u}_i\tilde{u}_j}})}{\partial x_j}=-\frac{1}{\rho}\frac{\partial\bar{\tilde{p}}}{\partial x_i}+\frac{\partial}{\partial x_j}\left[v\left(\frac{\partial\bar{\tilde{u}}_i}{\partial x_j}+\frac{\partial\bar{\tilde{u}}_j}{\partial x_i}\right)\right]-\frac{\partial}{\partial x_j}\left[\frac{\tilde{\tau}_{ij}}{\rho}\right] \tag{10.20}$$

同时

$$\frac{\partial(\bar{\tilde{u}}_i)}{\partial x_i}=0 \tag{10.21}$$

SFS 总应力(注[10]:Carati 等人(2001)和 Chow 等人(2005)以及其他许多人使用应力定义作为速度乘积,不包括密度)定义为

$$\tau_{ij}=\rho(\overline{u_iu_j}-\bar{\tilde{u}}_i\bar{\tilde{u}}_j) \tag{10.22}$$

这直接导致非常有洞察力的分解,

$$\tau_{\mathrm{SFS}}=\tau_{ij}=\rho(\overline{u_iu_j}-\overline{\tilde{u}_i\tilde{u}_j})+\rho(\overline{\tilde{u}_i\tilde{u}_j}-\bar{\tilde{u}}_i\bar{\tilde{u}}_j)=\tau_{\mathrm{SGS}}+\tau_{\mathrm{RSFS}} \tag{10.23}$$

我们现在观察到,流场被有效地分为三个域:计算域 $\bar{\tilde{u}}_i$ 、亚滤波尺度(RSFS)计算域($\tilde{u}_i-\bar{\tilde{u}}_i$))和子尺度(SGS)计算域 ($u_i-\tilde{u}_i$) 。计算域由代码计算得到;RSFS 场存在于网格

上,因此实际上可以从计算数据中重建到某种程度的近似值,如 Stolz 等人(2001)和 Chow 等人(2005)所做的那样;并且必须对 SGS 场效应进行建模。我们可以看到这在 SFS 应力项中是如何发挥作用的,一旦定义了这些应力项,它们就成为 LES 中使用的“模型”。

分辨亚滤波尺度(RSFS)应力

RSFS 应力实际上可以通过使用 Stolz 等人(2001)的反卷积方法在没有建模的情况下计算得到,该方法从计算域近似重建了初始速度场(见 Carati 等人,2001;Chow 等人,2005)。重建使用 van Cittert 迭代级数展开法,并根据滤波速度($\tilde{u}_i$)提供未滤波速度($\bar{\tilde{u}}_i$)的估计值,如下所示

$$\tilde{u}_i^* -\bar{\tilde{u}}_i + (I - G) * \bar{\tilde{u}}_i + (I - G) * [(I - G) * \bar{\tilde{u}}_i] + \cdots \tag{10.24}$$

其中 I 是恒等算子,G 是方程(10.7)中的滤波器,$*$ 表示卷积。然后,我们观察到,近似速度 $\tilde{u}_i^*$ 可以插入 RSFS 应力的第一项中,从而可以在没有模型的情况下计算应力,即:

$$\tau_{\mathrm{RSFS}} = \rho(\overline{\tilde{u}_i\tilde{u}_j} - \bar{\tilde{u}}_i\bar{\tilde{u}}_j) \approx \rho(\overline{\tilde{u}_i^* \tilde{u}_j^*} - \bar{\tilde{u}}_i\bar{\tilde{u}}_j) \tag{10.25}$$

膨胀速度也可以代入其他 RSFS 项,但这不是必需的;请注意,RSFS 项 $\rho\overline{\tilde{u}_i\tilde{u}_j}$ 在计算中必须明确滤波(Chow 等人,2005;Gullbrand 和 Chow,2003)。用户可以选择重建级别。0 级使用一个项,并产生一个近似值,基本上与 Bardina 等人(1980)的尺度相似模型等效;第 1 级使用两个术语,对结果有重大影响,可能是混合模型中计算成本和保留物理过程之间的一个可用的折衷方法(注[11]:根据展开式(10.24),级别 n 具有 $n+1$ 项;讨论和应用见 Shi 等人(2018b)的附录)。Stolz 等人(2001)将这种重建作为一个完整的模型,实际上忽略了应力的 SGS 部分;然而,重建项需要由添加到滤波后的 Navier-Stokes 方程右侧的能量消耗项来补充。重建项允许能量从子滤波器反向散射到已求解的尺度(参见 Chow 等人,2005)。

亚格子尺度(SGS)应力

SGS 应力:

$$\tau_{\mathrm{SGS}} = \rho(\overline{u_iu_j} - \overline{\tilde{u}_i\tilde{u}_j}) \tag{10.26}$$

包含精确(未滤波)速度的关联式,因此必须建模。可以使用任何 SGS 模型,包括上述模型和下文所述的代数应力模型。

Carati 等人(2001)的方法得出了 SFS 总应力的混合表达式。Chow 等人(2005)通过使用重建加上动态 SGS 模型(Wong 和 Lilly 1994,动态模型)以及近壁面模型(其作用类似于第 10.3.3.2 节中描述的 van Driest 模型)创建了一个动态重建模型(DRM);Ludwig 等人(2009)将该模型的性能与其他模型进行了比较,发现 DRM 优于 Smagorinsky 和 TKE 模型。Zhou 和 Chow(2011)将 DRM 策略应用于稳定的大气边界层。另一方面,可以忽略 RSFS 或 SGS 项,并创建一个函数模型,例如,Stolz 等人(2001)仅使用 RSFS 项和能量汇的近似解卷积,单独使用动态 Smagoinsky,或接下来描述的 Enriquez 等人(2010)的代数应力模型。独立 SGS 模型的基本原理是假设滤波器宽度和网格尺寸 h 相等,因此 RSFS 区域消失。这并不完全正确,因为显式和(隐式)网格滤波是不同的,但这就足够了。一般来说,对于混合模型,根据 Chow 和 Moin(2003)关于误差和 SGS 力大小的建议,设置 $2 \leqslant \Delta/h \leqslant 4$。

10.3.3.5 显式代数雷诺应力模型(EARSM)

上述 SGS 模型的问题之一是,它们不允许在实验和实地研究中观察到的地面/墙壁附近的法向应力各向异性(见 Sullivan 等人,2003)。替代方案包括:

- 非线性 SGS 模型，如 Kosović(1997)的模型，它允许能量反向散射和正常 SGS 应力各向异性(参见重建模型，它也允许反向散射，并且在 RSFS 处是各向异性的)。
- 推导 SGS 应力的输运方程，然后保留超出 Smagorinsky 模型的附加项。Wyngaard(2004)和 Hatlee 和 Wyngaard。Ramachandran 和 Wyngaard(2010)扩展了这种方法，求解了截断后的 SGS 应力偏微分输运方程。他们对中等对流的大气边界层进行了这项研究，这与 Sullivan 等人(2003)报告的 HATS 实验相吻合。
- 从 SGS 应力输运方程生成代数应力模型，以适中的成本捕捉新的物理现象。我们简要评估了两种代数应力模型。

一般来说，显式代数应力方法旨在生成一个不需要求解微分方程且不需要涡流黏度的模型。Rodi(1976)为 URANS 创建了这样一个模型，Wallin 和 Johansson(2000)对此进行了扩展(见第 10.3.5.4 节)。Marstorp 等人(2009)为旋转通道流动的 LES 建立了 EARSM。与 Wallin 和 Johansson 一样，他们截断或模拟了 SGS 应力各向异性张量输运方程中的项；他们用两个模型参数(即 SGS 动能和 SGS 时间尺度)获得了 SGS 应力的显式代数模型。他们提供了一个动态和非动态的程序来评估它们。他们的模拟结果与 DNS 数据非常吻合，由于避免了使用涡流黏度，计算的雷诺应力各向异性和 SGS 应力各向同性都得到了改善。

最近，Rasam 等人(2013)将 Wallin 和 Johansson(2000)的显式代数标量通量模型与 Marstorp 等人(2009)的 LES EARSM 相结合，得出了一个能够产生 SGS 标量通量各向异性并合理预测标量分布的模型，与滤波后的 DNS 数据相比。Findikakis 和 Street(1979)基于 Launder 等人(1975)的 RANS 湍流模型的思想，描述了 LES 中 SGS 项的 EARSM；见 10.3.5.4 节。在 Carati 等人(2001)的分解方法(如上所述)的背景下，Enriquez 等人(2010)在 Findikakis、Street 以及 Chow 等人(2005)的工作基础上，创建了一个线性代数子网格尺度应力模型，并结合 RSFS 应力的重建，应用于中性大气边界层。SGS 应力的传输方程已被简化，仅表示这些方程中的产生、耗散和压力再分配项，从而得到一组六个线性代数方程，在每个时间步长的每个网格点进行反演。除了 Launder 等人(1975)采用的模型中隐含的常数外，没有其他参数需要确定。该模型嵌入了 ARPS 中尺度 LES 代码中(Xue 等人，2000；Chow 等人，2005)。SGS-Reynolds 应力方程忽略了对流、扩散和黏性，但耗散在法向应力方程中建模，湍流动能通过求解偏微分输运方程获得。结果表明，当不进行重建时，该 EARSM 产生的结果优于 Smagorinsky 模拟结果，相当于动态 Wong-Lilly 结果，并且它再现了观察到的法向应力各向异性。中性、稳定和对流大气边界层的应用包含在 Enriquez(2013)的研究中。

10.3.3.6 LES 的边界条件

用于 LES 的边界条件和数值方法与 DNS 中使用的非常相似。最重要的区别是，当 LES 应用于复杂几何形状的流动时，一些数值方法(例如谱方法)变得难以应用。在这些情况下，人们被迫使用有限差分、有限体积或有限元方法。原则上，本书前面描述的任何方法都可以使用，但重要的是要记住，对于网格分辨率的需求可以存在于流场中的任何区域。因此，采用尽可能高精度的方法非常重要。正如我们在 10.2 和 10.3.5.5 节中所述，壁面附近流动的行为可能需要对边界条件进行特殊处理，或在近壁区域使用壁面函数。Sagaut(2006)和 Rodi 等人(2013)对替代方案进行了讨论，其中还包括粗糙壁面的替代方案。

Stoll 和 Porté-Agel(2006)描述了许多粗糙壁面模型，但在这里我们描述了最简单的替代方案之一,因为它在几乎所有情况下都是适用的。该模型源于大气科学和海洋学,其中固体边界通常是粗糙的,无滑移边界条件是不合适的,因为粗糙度无法被准确表示和/或粗糙度元素穿透平均粘性底层,作用力包括压力和粘性效应。然后,应用自由滑动条件,其中速度不受约束,并在边界处建立速度与动量通量(壁面应力)之间的关系。这反映了通常对具有壁面模型的 RANS 流动模拟所做的工作(参见第 10. 3. 5. 5 节),即假设在边界附近存在对数率的速度分布(或者如果流动不是中性稳定的,可以使用 Monin-Obukhov 依赖性分布(Porté-Agel 等人,2000;Zhou 和 Chow,2011)。因此,与其求解垂直于壁面的非常精细网格的流动问题(注[12]:DNS 也需要沿壁面设置精细网格,但 LES 在靠近壁面或地面时通常具有相当高的(水平/法向)网格纵横比),不如使用这种对数行为的边界条件(Rodi 等人,2013;Porté-Agel 等人,2000;Chow 等人,2005),壁面应力由下关联式给出:

$$(\tau_x)_{\text{wall}} = \rho C_D u_1 \sqrt{u_1^2 + v_1^2},(\tau_y)_{\text{wall}} = \rho C_D u_2 \sqrt{u_1^2 + v_1^2} \tag{10.27}$$

其中 C_D 是阻力系数,u_1 和 v_1 是壁面法线方向速度分布上距离壁面第一个网格点处的流向和横向速度分量。(注[13]:对于科里奥利力影响的流动,速度随着距离边界的距离而旋转,即使流动是单向的,远离边界,两个分量也可能为非零;见 10. 3. 4. 3 节)。通常,当$(\tau_x)_{\text{wall}} = \rho u_\tau^2$,粗糙壁面条件下的对数定律为:

$$\frac{u_1}{u_\tau} = \frac{1}{\kappa}\ln\frac{z_1 + z_0}{z_0} \tag{10.28}$$

因此

$$C_D = \left[\frac{1}{\kappa}\ln\left(\frac{z_1 + z_0}{z_0}\right)\right]^{-2} \tag{10.29}$$

其中 z_0 是粗糙度长度,z_1 是到距离壁面第一层网格节点的距离;参见方程式(10. 63)。

在 LES 中,可以使用 RANS 建模中使用的壁面函数(见第 10. 3. 5 节)来处理光滑的壁面,以避免其他所需的精细网格。Piomelli 和 Balaras(2002)以及 Piomelli(2008)对一系列壁面-层模型进行了综述,后者得出的结论是"……没有一种方法明显优于其他方法。"

10. 3. 3. 7 截断误差与计算混合

大涡模拟的准确性可能受到以下因素的影响:与子网格或亚滤波尺度相比的数值截断误差的大小、SFS/SGS 模型的形式、数值算法和计算混合。最后一个是地球物理流模拟的典型特征,其中使用了高阶(如 5 阶和 6 阶)对流格式;在这种情况下,Xue(2000)指出,"大多数数值模型采用数值扩散或计算混合来控制小尺度(波长中接近两个网格间隔)噪声,这些噪声可能是由数值弥散、非线性不稳定性、不连续物理过程和外部强迫引起的。"

以下部分就误差、混合效应和模拟质量提出了一些指导意见。

误差和精度:Chow 和 Moin(2003)对数值误差和 SFS 力之间的平衡进行了研究。Chow 和 Moin(2003)使用稳定分层剪切流的直接数值模拟(DNS)数据集进行先验测试,比较了几种有限差分方法的数值误差与 SFS 力的大小。为了确保 SFS 项大于非线性对流项数值方案中包含的数值误差,他们发现:

1. 对于二阶有限差分格式,滤波器尺寸应至少为网格间距的四倍;
2. 对于六阶 Padé 方案,滤波器大小只需要至少是网格间距的两倍。

然而,Celik 等人(2009)认为,"这在工程 LES 应用中几乎是不可能实现的。"不满足上述标准的后果是，除了建模的 SGS 应力外，LES 还包含未知但可能重要的数值误差。

混合效应：计算混合项通常是应用于动量和标量方程的四阶或更高阶高粘滞项。对于商用或专业开发的代码，指南会建议系数值，以提供稳定性所需的最小混合量。然而，这可能仍然会对结果产生重大影响。Bryan 等人（2003）在浮力对流的测试案例（见附录）中，使用六阶对流和六阶显式滤波器，结果表明，对于能谱，只有波长大于网格间距六倍的信息才代表物理解，并且通过改变计算混合系数，可以为小于网格大小六倍的尺度创建任意的谱斜率。Michioka 和 Chow（2008）使用中尺度代码在复杂地形上进行了高分辨率的标量输运 LES，并证明了：

1. 较大的计算混合系数可能不会显著改变模拟的中尺度流场（因为计算混合仅抑制接近网格尺度的噪声）。

2. 在高分辨率模拟中，计算混合可以显著影响湍流波动和近壁区的速度分布，因为小尺度运动是解析湍流流场的一部分。

3. 使用最小且可行的计算混合系数对于实现标量最大地面浓度的模拟和测量数据之间的良好匹配至关重要。

模拟质量：LES 的验证和/或确认很困难，因为随着网格尺寸的减小，数值截断误差和 SGS 或 SFS 模型误差都会减小，流动分辨率的变化也会减少。因此，从某种意义上说，LES 向 DNS 收敛，正如 Celik 等人（2009）所说，"不存在与网格无关的 LES。"当然，使用一系列较小的网格大小来测试收敛性是合理的（当从一个网格到另一个网格的流动变化足够小，即满足目标要求）。Sullivan 和 Patton（2011）对网格尺寸减小的收敛性进行了详细评估，指出一些性能指标的收敛速度比其他指标慢，随着网格尺寸的减小，界面和其他较大梯度区域的物理量可能会发生变化。

Meyers 等人（2007）对均匀各向同性流动进行了误差评估，以证明他们系统地改变 Smagorinsky 系数并使用不同离散化的方法，从而试图减小数值和模型误差的影响。在一系列先前论文的基础上，Celik 等人（2009）提出了评估工程 LES 应用的方法。他们还提出了系统的网格和模型变量，这需要运行几次代码，并将其应用于许多案例，提供图形证据。然而，Sullivan 和 Patton（2011）警告说，虽然 Celik 等人（2009）经常依赖 DNS 作为测试基础，但它不适用于高雷诺数的行星边界层。

10.3.4 LES 应用示例

10.3.4.1 流体外掠贴壁立方体

本节通过 Shah 和 Ferziger（1997）所得的流体外掠贴壁立方体流动的计算结果来对 LES 方法进行展示说明。通道几何状态如图 10.7 所示，此时根据入口处的最大流速和立方体高度计算得到的雷诺数为 3 200。通道入口处的充分发展流动条件（取自对该流动的单独模拟），出口处为根据方程 10.4 所得的对流边界条件，展向方向应用周期性边界，所有壁面均为无滑移边界条件。

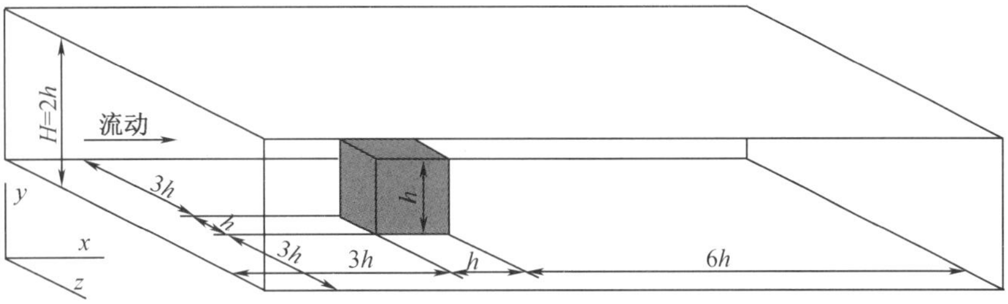

来自 Shah 和 Ferziger(1997)

图 10.7 经过通道壁面立方体的流动计算域

该计算的网格具有 240×128×128 控制体,具有二阶精度,时间推进方法是分步法(Fractional-step type)。对流项通过三阶 Runge-Kutta 方法显式处理,而黏性项则采用隐式处理,特别是用于后者的方法是一种 Crank-Nicolson 方法的近似因式分解。压力是通过多重网格方法求解泊松方程获得的。

图 10.8 为近壁面区域的时均流线结果,给出了在这一状态下相当丰富的流动信息。此时流体发生分离的位置与以往一般情况下的钝体绕流结果有些差别,它在立方体上游位置 A 处发生分离,形成前驻点(也称为鞍点,Saddle point),随后流体由两侧绕过立方体。对于立方体正面方向的上游来流,靠下的部分直接冲击到立方体上;另一半则继续向下游流动,并在立方体前部形成回流区。对于流向立方体靠近壁面的这部分流体,其在紧邻立方体的 B 位置处发生了二次分离和再附着现象。在立方体几个侧面位置,如图中的 C 区域和 D 区域处分别出现了流线的聚合和分离现象,同时有一些马蹄形涡结构存在的迹象(将在下文中予以进一步的讨论)。在立方体后部,可以发现两个涡流区域(标记为 E),这是拱形涡流的迹象,最后,立方体下游还有一条再附着线(标记为 H)。

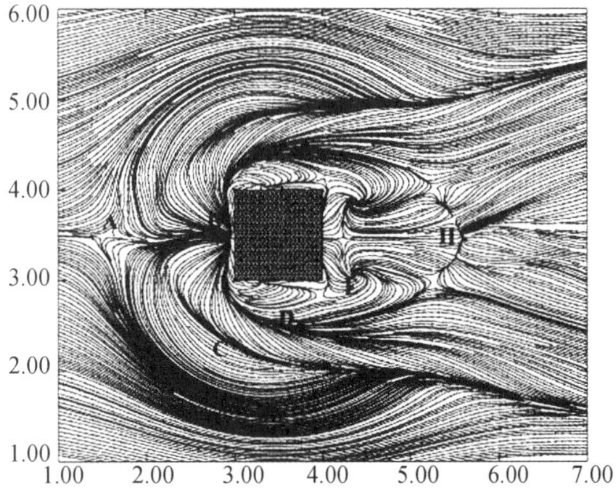

来自 Shah 和 Ferziger(1997)

图 10.8 壁挂式立方体上靠近下壁面区域内的流线

图 10.9 给出了中心平面的时均流线。这里可以清晰地看到刚刚提到的许多流动特征,包括立方体上游的分离区域 F(即马蹄形涡结构的头部)、拱形涡流的头部(G)、再附着线(H),和立方体上部的不发生附着现象的再循环区(I)。图 10.10 给出了时均流线在立方体下游位置的一处与立方体背流面平行平面上的投影。图中马蹄形涡结构(J)和较小的角涡

流均清晰可见。

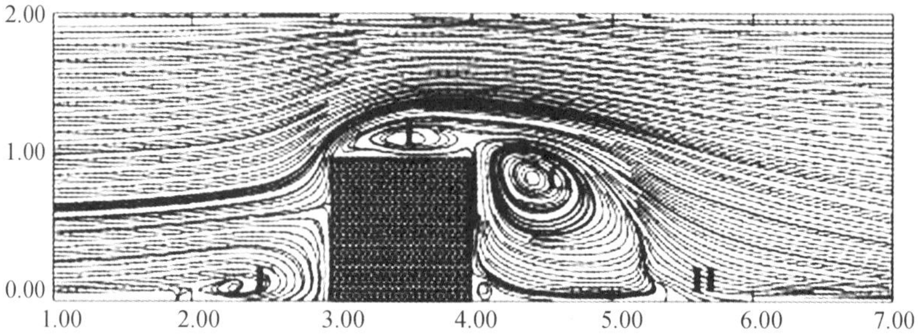

来自 Shah 和 Ferziger(1997)

图 10.9　流经壁挂式立方体垂直中心平面的流线

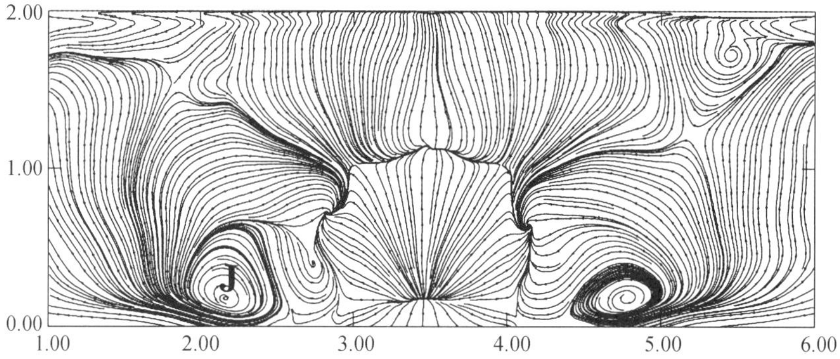

来自 Shah 和 Ferziger(1997)

图 10.10　壁挂式立方体上方的流线投影到平行于背面的平面上,立方体后方 0.1 步高

需要指出的是这一个计算中瞬时流动结果与时均结果存在很大的不同。例如,瞬时流动结果中是显示不出拱形涡结构的,因为流体在立方体的两侧往往会形成不对称的漩涡结构。因此,需要足够长的时均时间,才能得到如图 10.8 所示近似对称的结果。

从上述结果中可以清楚地看出,采用 LES 方法(或对于更简单的流动采用 DNS 方法)能够提供非常丰富的流动细节信息。与第 1 节中描述的模拟类型相比,这种模拟的性能与进行实验有更多共同点。从 10.3.5 中获得的定性信息非常有价值。

10.3.4.2　*Re*=50 000 时绕球体流动

在 10.2.4.2 节,我们简要讨论了 *Re*=5000 时围绕光滑球体流动的 DNS 模拟;对于 *Re*=50 000 的流动,需要一个非常精细的网格才能执行正确的 DNS。合乎逻辑的选择是切换到 LES,它解决了大尺度问题并模拟了亚格子尺度的湍流。即使对 LES,我们也必须在较低的雷诺数下生成比用于 DNS 的网格更精细的网格:由笛卡尔网格组成的非结构网格包含了大约 4 000 万个网格,在尾流处进行了局部细化,并沿壁面的棱柱层进行了修整。图 10.11 显示了球体尾迹中的网格结构;因此,可以看出该网格比用于生成下面显示结果的网格粗两倍。

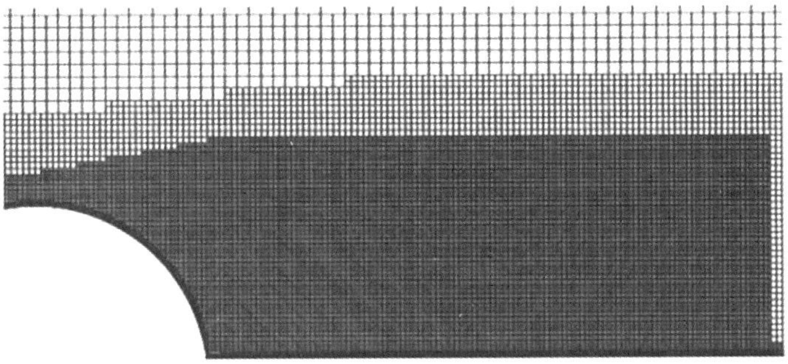

图 10.11 在 $y=0$ 时,平滑球体计算域的纵截面,显示了球体周围的网格结构(在最精细的网格中,所有方向上的网格间距都小两倍)

Bakić(2002)通过实验研究了 Re = 50 000 时球体周围的流动;他在横截面为 300×300 mm 的矩形小风洞中使用了一个直径 D=61.4 mm 的球,由一根直径 d=8 mm 的棍子固定。他还对一个球体进行了测量,该球体在距离前滞流点圆周方向 75°的位置连接了一根绕丝;绕丝的直径为 0.5 mm。

模拟中的计算域与实验中的几何结构相匹配,入口边界位于球体中心上游 300 mm 处,出口边界位于球心下游 300 mm 处。指定入口处的均匀速度为 12.43 m/s,流体为空气,密度 $\rho=1.204\ kg/m^3$,黏度 $\mu=1.837\times10^{-5}$ Pa · s。对光滑球体和带有绕丝的球体进行了模拟。光滑球体尾迹中的网格间距(见图 10.11)在所有三个方向上均为 0.265 mm,约为 $D/232$;该间距保持在后滞流点下游约 1.7D 的距离上,最细网格区的直径几乎为 1.5D。网格从图 10.11 中所示的最精细区域分几步变粗;没有尝试求解沿风洞壁面生长的边界层,但沿球体和支撑杆表面的棱柱层开始于壁面附近 0.03 mm 的单元厚度($D/2407$)。

对于带有绕丝的情况,必须更改网格设计。为了捕获绕丝表面的层流边界层分离,在绕丝上游延伸约半个绕丝直径,在下游延伸约 4 个绕丝直径,延伸区域内的网格尺寸为 0.041667 mm(D/1474)。两倍于该间距的区域沿球体表面一直延伸到球体下游侧的边界层分离区域;参见图 10.12,它显示了绕丝周围和球体尾迹中实际网格的细节。在球体尾迹的最大部分,网格尺寸为 0.333 3 mm($D/184$)。靠近壁面的第一棱柱层的厚度为 0.02 mm(D/3 070)。在有绕丝的情况下尾迹要窄得多,因此与光滑球体的情况相比,球体后面的细网格区域相应地变小。

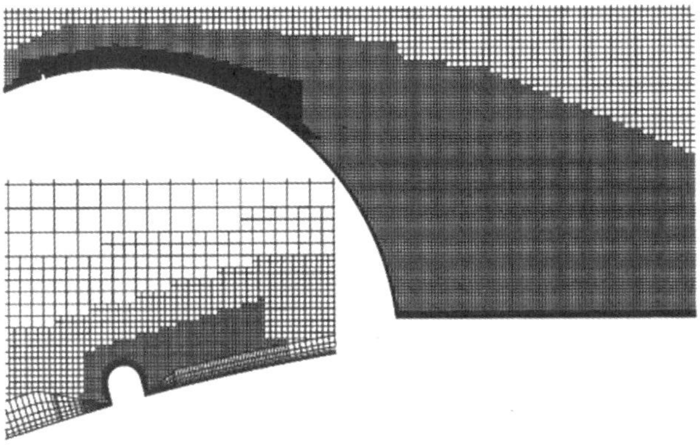

图 10.12 带有绕丝的球体计算域在 $y=0$ 时的纵向截面,显示了球体和绕丝周围的网格结构

两种情况下的时间步长均为 10 μs,根据光滑球体最细区域的平均速度和网格间距,平均 Courant 数为 0.5。Courant 数在绕丝周围最细的网格中更大。二阶格式用于空间和时间(对流和扩散的中心差分以及时间的二次向后插值)。商用代码 STAR-CCM+为求解器(在时间上完全隐式,即在新的时间水平上计算对流通量、扩散通量和源项;SIMPLE 算法用于压力-速度耦合;假定流体为不可压缩)。速度和压力的亚松弛因子分别为 0.95 和 0.75,每个时间步执行 5 次外部迭代以更新非线性项。还在一个较粗的网格和三个不同的亚格子尺度模型上进行了模拟;这是一项正在进行的研究的一部分,我们不会在这里详述所有细节。一个重要的信息是,通过使用局部改进的非结构网格(也可以是多面体),我们可以求解湍流尾流,同时不会在非湍流且变量在空间内变化缓慢的区域浪费单元格. 对图 10.13 和 10.14 中的涡量结构进行的可视化监测表明,所使用的网格可能对 LES 具有足够的分辨率,因为结构远大于精细网格间距。

使用 RANS 模型无法很好地预测这种亚临界流;我们不会显示此类计算的任何结果,而只会说明所有测试的模型都明显低估了阻力并高估了球体后方再循环区的长度(显著意味着 25%或更多)。然而,使用动态 Smagorinsky 亚格子尺度模型的 LES 预测光滑球体的平均阻力系数约为 0.48,这接近于文献中的实验数据。绕丝预计会延迟分离并减小球体后面的再循环区的大小,从而显著降低阻力;事实确实如此。如图 10.15 所示,预测阻力在接近 0.175 的值附近波动,几乎比光滑球体低 3 倍。

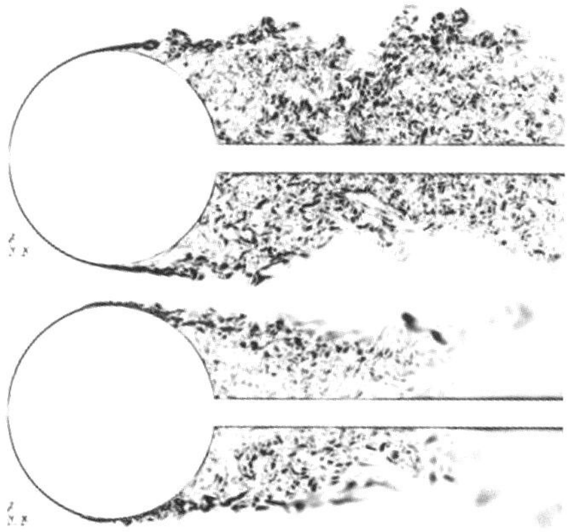

图 10.13 对于光滑球体(上)和带有绕丝的球体(下),$y=0$ 平面内涡分量 ω_y 的瞬时云图

这证明了 CFD 的强大功能:当使用适当的网格和湍流建模方法时,可以预测小的几何形状变化对流动的影响。

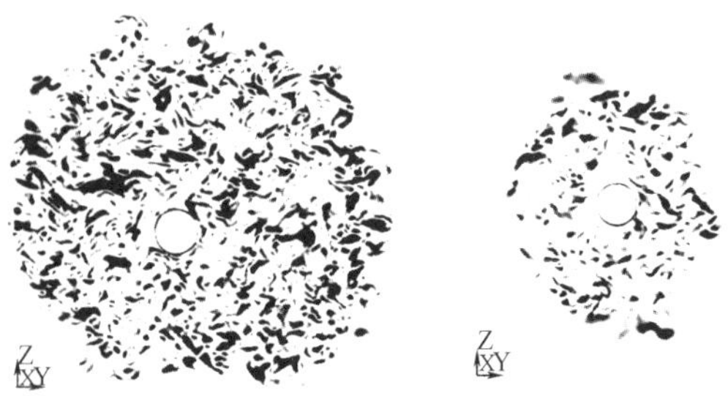

图 10.14 对于光滑球体(左)和带有绕丝的球体(右),在 $x/D=1$ 平面内涡分量 ω_x 的瞬时云图

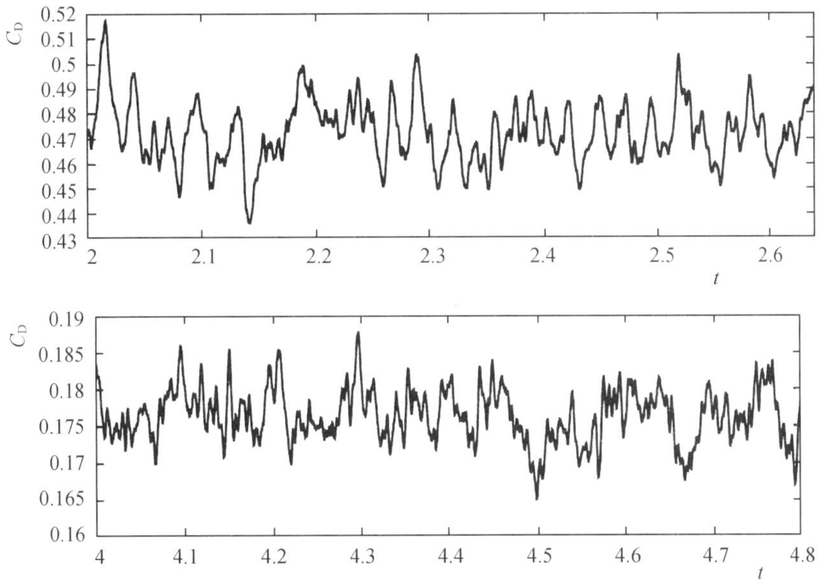

图 10.15　在最后 65 000 个时间步中,光滑球体(上)和带有绕丝的球体(下)阻力系数的变化

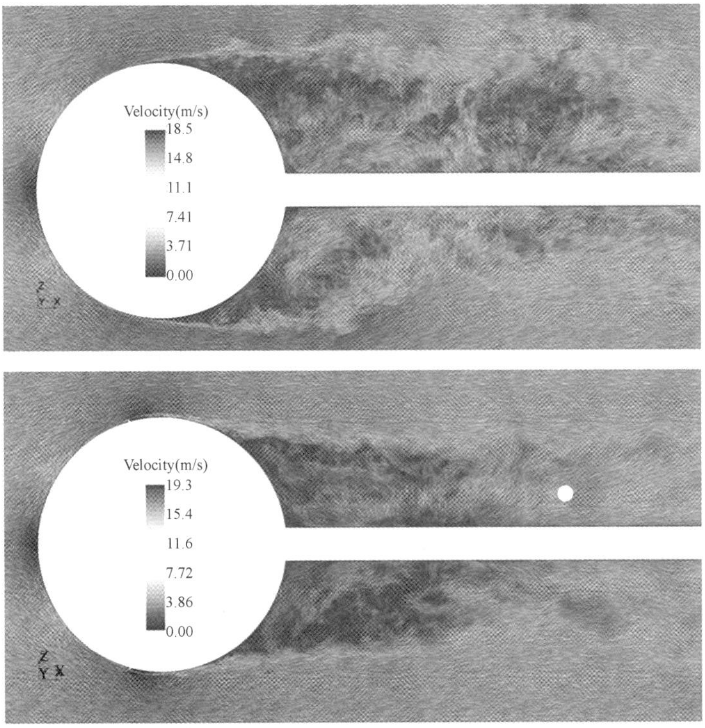

图 10.16　光滑球体(上)和带有绕丝的球体(下)的瞬时流型

LES 提供了对流动行为的洞察,这对于可能需要改进设计的工程师来说很重要。使用以指定时间增量创建的 LES 中的图片,可以轻松地执行流场动画;我们不能在这本书中复制动画,但我们在图 10.13、10.14 和 10.16 中展示了具有光滑表面和表面安装绕丝的球体的瞬时流动模式,揭示了流动分离和尾流行为的细节。这些图清楚地显示了绕丝对流动的影响:边界层在与绕丝分离后重新附着后变成湍流,导致了分离延迟的尾流变窄。每个工程师都会立即知道这种流动行为变化的结果将导致阻力的显著减小。

工程师通常对其波动的均值和均方根值感兴趣。对于像物体的阻力这样的整数量，可以很容易地获得这些信息，例如，通过处理如图10.15所示的曲线。获得平均速度和压力分布并不那么简单。在通道或管道流的LES中，通常在时间和一个空间方向(通道的宽度方向和管道的圆周方向)进行平均，这样可以用较少的样本获得稳定的值。在复杂的几何形状中，空间平均通常是不可能的；在本例中，由于球体安装在具有矩形横截面的风洞中，因此整个横截面中的流动肯定不是轴对称的(尽管它可能在球体和支撑它的杆附近是轴对称的)。这里遇到三个问题：

- 在没有空间平均的情况下，获得稳定的时间平均流动所需的样本数量变得非常大。在目前的模拟中，对最后65 000个(光滑球体)或70 000个样本(带绕丝的球体)进行平均，但时间平均流动不是轴对称的；需要更多的样本才能实现平均速度分布的完美对称。在实验中，人们通常采用对称性假设，并沿着对称轴向半径方向取一条线测量场分布。
- 当使用非结构网格时，空间平均不容易执行。在本例中，网格单元基于笛卡尔坐标，且大小各不相同；为了在圆周方向上平均解，我们必须创建一个结构化的极圆柱网格，将时间平均解插值到这个网格上，根据笛卡尔速度分量计算结构网格上的轴向、径向和圆周分量，然后在圆周方向上对这些分量进行平均。
- 即使几何形状是完全轴对称的，平均流动是轴对称的假设也可能是错误的。事实上，无论是模拟(例如，Constantinescu 和 Squires，2004年)还是实验(例如，Taneda，1978年)，都有证据表明球体的尾流往往会相对于流动方向倾斜。通过周向平均来强制轴对称会使结果失真。

我们在图10.17中显示了两个球体周围流体的时间平均的流动。虽然光滑球体周围的平均流动看起来几乎是对称的，但对于带有绕丝的球体，流动仅在平面 $z=0$ 中是紧密对称的；在平面 $y=0$ 中，流动是高度不对称的。正如我们将在10.3.6节中展示的，一些RANS模型还预测了围绕光滑球体周围的不对称稳态流动，因此这似乎是流动的特征而不是模拟的不足。再循环区的长度在两种情况下都与Bakić的实验吻合得很好，对于光滑球体，再循环区在 $x/D=1.43$ 处结束，对于带有绕丝的球体，再循环区在 $x/D=1$ 处结束。

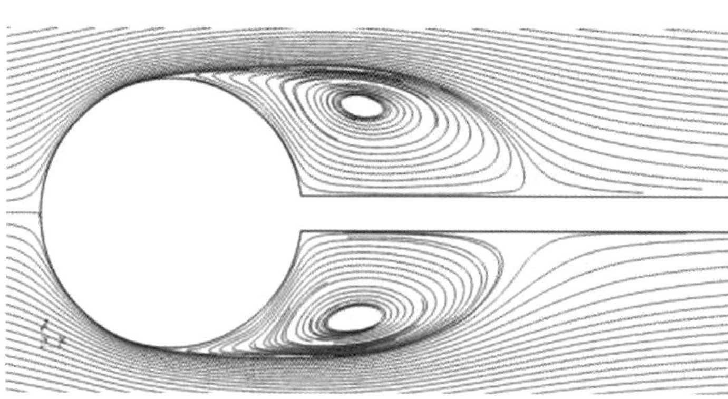

图10.17 $y=0$ 平面内(上)的光滑球周围的时间平均流型，以及 $y=0$ 平面内(中)和 $z=0$ 平面内(下)有绕丝的球周围时间平均流型

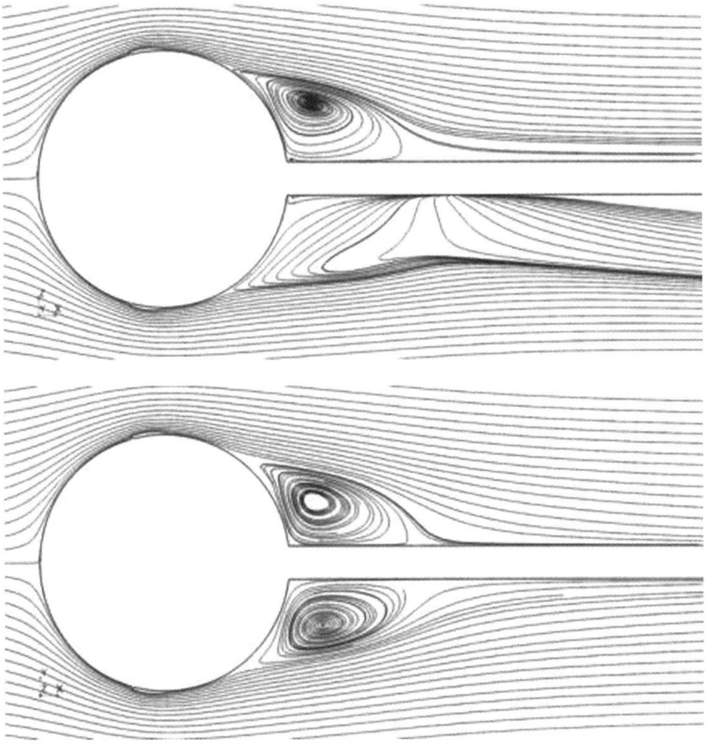

图 10.17(续)

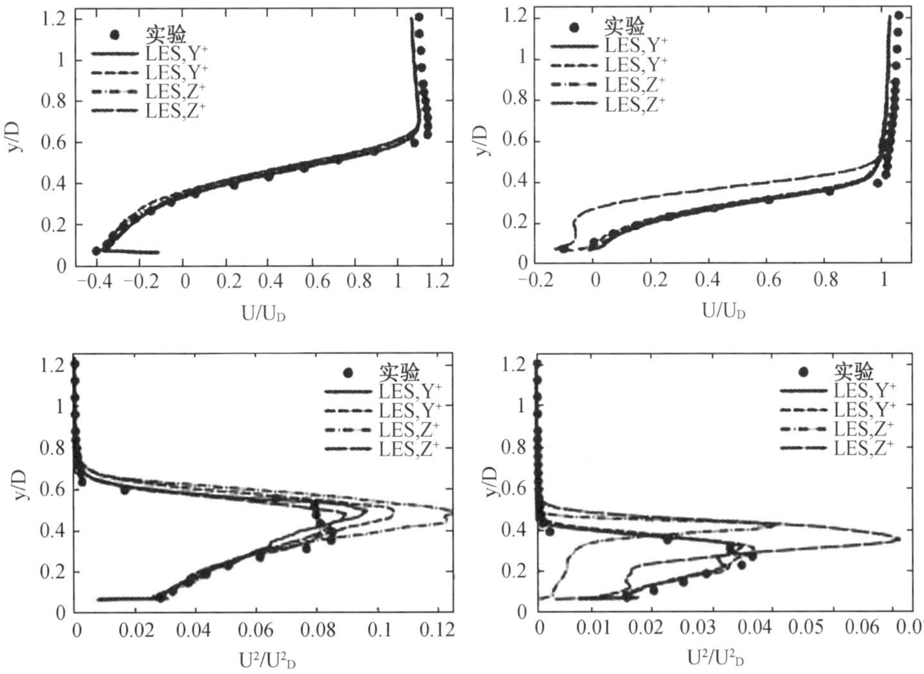

图 10.18 ***x/D*=1** 时沿 **4** 条线方向(正 *y*、负 *y*、正 *z*、负 *z*)的时间平均轴向速度分量(上)及其方差(下)分布与 **Bakić(2002)** 实验数据的对比,包括光滑球体(左)和带绕丝的球体(右)

我们再次注意到，时间平均流动只是通过对不同时间的流动过程进行平均而获得的流场结构；它在现实中从未存在过，哪怕是一瞬间。虽然它可以通过测量数据和模拟数据的平均值获得，但在自然界中无法观察到。在实验中长时间曝光会产生不同的图像，因为围绕平均值的扩散不会像数学平均那样抵消正值和负值。有趣的是，图 10.14 中 $x/D=1$ 时平面内涡量分量 ω_x 的瞬时图对于带有绕丝的球体来说几乎是对称的，而光滑球体的图像是高度不对称的——这与平均流动的结果相反。

将预测的平均速度和雷诺应力与 Bakić(2002)的实验数据进行比较，也显示出较好的一致性。我们在图 10.18 中仅显示了 $x/D=1$ 时的轴向速度分量 U_x，及其在方差 $(u_x')^2$ 的分布。时间平均值沿着 4 条线绘制，从杆轴开始并沿正 y、负 y、正 z 和负 z 方向。

如果流动是轴对称的，并且平均时间足够长，那么所有这 4 个分布曲线都会重合；这里的情况并非如此。光滑球体条件下的平均速度剖面彼此相对接近，但方差显示 4 个分布曲线在峰值附近有显著差异；最高值和最低值之间的差异约为 30%。这种差异可能会随着更长的平均时间(更多样本)而减少。在带有绕丝的球体条件下，沿负 z 坐标方向的平均速度分布与其他三个分布曲线有较大差异，这三个曲线分布几乎是彼此重叠。然而，方差分布仅沿 y 坐标方向陡降(与测量数据非常吻合)；沿 z 坐标方向的两个分布曲线彼此不同，并且与其他两个分布曲线不同。如上所述，这里的流动似乎有一个倾斜的尾流。

这些模拟的更多细节(包括网格和 SGS 模型依赖性以及实验数据)将在未来的出版物中介绍。

10.3.4.3 可再生能源模拟：大型风力发电场

Jacobson 和 Delucchi(2009)概述了“到 2030 年实现可持续能源的道路”。他们的计划包括太阳能、水、地热和风能等主要来源，其中将有 380 万台大型风力涡轮机。事实上，风能已经是一种快速增长的电力来源。(例如，在 2016 年，德国所有消耗电能的 12.3%是由风力涡轮机生产的，并呈上升趋势)。Maria 和 Jacobson(2009 年)的概述并初步分析了大型风力涡轮机组(即风电场)对大气中能量的影响。风力发电场引起的近地表湍流增加(来自转子下游的湍流)可能会影响该处的热量和蒸汽流量，一些研究表明边界层中的混合会随之增加。此外，在风力发电场中，涡轮机之间还会相互影响。

目前和不久将来的技术表明，风力涡轮机的转子直径超过 150 m，轮毂高度(支撑塔顶部转子的轴高度)约为 200 m，输出功率约为 10 兆瓦。Lu 和 Porte-Agel(2011)在一个稳定的大气边界层中对一个非常大的风电场进行了三维 LES 分析。其转子直径为 112 m，轮毂高度为 119 m。该研究的总结如下。

流域：该计算域和物理设置取自一个众所周知的稳定边界层(SBL)案例，边界层高度约为 175 m，即 Beare 等人(2006 年)基于全球能量和水循环实验大气边界层研究(GABLS)的相互比较研究。因此，流场和模拟已经过全面测试，数值分析代码也验证了无风力涡轮机条件下的气体流动过程，使得针对涡轮机影响的评估易于观察和量化。

图 10.19 左侧显示了计算域。基本思想是将单个风力涡轮机放置在具有周期性横向边界条件的计算域中，从而创建具有指定涡轮机放置的无限远的风电场。计算域的尺寸为垂直高度 $L_z=400$ m 和横向宽度 $L_y=5D=560$ m，其中 $D=112$ m 为上述转子直径。有两种模拟工况，一种是 $L_x=5D$($5D$ 工况)，另一种是 $L_x=8D$($8D$ 工况)。在这种工况条件下，给定的涡轮机会受到其周围涡轮机的影响，反之亦然，就像在真实的风电场中一样。

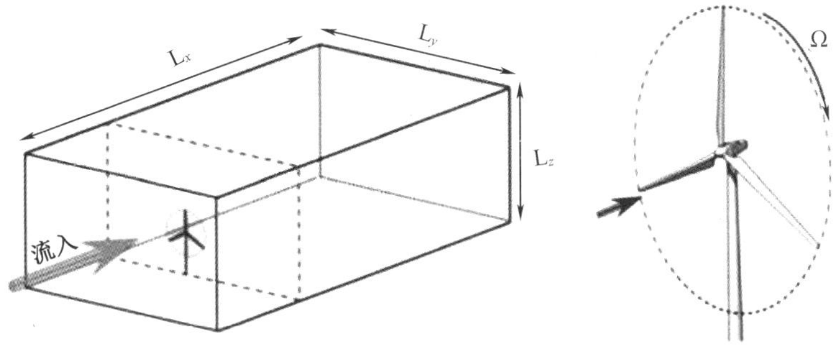

图 10.19 Lu 和 Porte-Agel(2011)的计算域示意图(左)和三叶片风力涡轮机示意图(右)

风力涡轮机:图 10.19 右侧为三叶涡轮机。它位于距离域左边缘 $x_c=80$ m 处,高度 $z_c=119$ m,沿域中心线($y_c=260$ m)。涡轮机在流向方向上的间距为 5 或 8 倍直径,在横向上间隔为 5 倍直径。这些被认为是典型的风电场间距。涡轮机以 8 rpm 的速度旋转,与所选涡轮机、其发电量、叶片等一致。

在计算中,涡轮采用叶片致动线模型(ALM)进行参数化,其中考虑了叶片的实际运动(Ivanell 等人,2009),叶片上的力沿叶片轴以直线表示。体力(由沿直线上的每个点的升力和阻力引起)根据叶片元件的局部迎角计算,取决于叶片形状、瞬时解析流速和该叶片实际测得的翼型性能数据。

这会在涡轮机平面上产生不稳定的、空间变化的力,这些力通过高斯平滑传递到流体动量方程中以连接到附近的网格点。流动结果反馈到 ALM 中,并影响计算出的沿叶片的升力和阻力。详细信息见引用的 ALM 论文,以及 Lu 和 Porté-Agel 论文及其参考文献。

LES 代码和模型:使用的代码是 Porté-Agel 等人(2000)对 LES 代码的修改版本,它在水平方向上是伪谱的,在垂直方向上使用交错网格上的二阶 CDS。在 Boussinesq 近似法中,求解了不可压缩流体的连续性方程、带有 ALM 风致强制项的动量守恒方程和位温的传输方程(见第 1.7.5 节),其中包括科里奥利力(注[14]:位温在气象学中被广泛使用,因为它的性质适合于研究可压缩介质(空气)中的分层流动;它是高度为 z 的一团空气在没有与周围环境进行热交换(绝热)的情况下移动到地面后的温度;即 $\Theta(z)=T(z)[p_{\text{ground}}/p(z)]^{0.286}$。)。在域的顶部,使用无应力/零梯度边界条件。在地面上,通过应用 Monin-Obukhov 粗糙壁相似理论,瞬时壁面切应力与第一个垂直节点处的水平速度有关,该理论适用于流动分层的情况(见上文方程式(10.27)和(10.29))。类似的边界条件用于热通量的设置。

网格均匀分布,间距约为 3.3 m,在 8D 工况下有 270×168×120 个网格节点,5D 工况下有 168×168×120 个网格节点。为了验证这些设置参数,进行了一些测试。在二阶精度的 Adams-Bashforth 时间步进方案下,使用了 $C=0.06$ 的 Courant 数限制。根据标准 3/2 规则对谱结果进行去混叠。在收集数据之前,代码一直运行直至达到准稳态条件;回顾一下,这种流动是三维的、不稳定的,既有已求解的湍流运动,也有由涡轮机引起的相干运动。

动量和热量通量的 SGS 模型是上述第 10.3.3.3 节动态模型的变体,并在 Stoll 和 Porté-Agel(2008);PortéAgel 等人(2000)和后续的论文中有所描述。增加了两个重要的特征,它们极大地改善了动态方法的行为:(1)为了最小化动态过程中的误差,通过沿拉格朗日轨迹(流动中流体粒子的路径线)累积局部误差来生成要最小化的总误差(Meneveau 等人,1996);(2)放宽了尺度依赖性,因此模型形式和系数是尺度相关的。基础滤波器/网格宽度被计算为$(\Delta x\Delta y\Delta z)^{1/3}$。网格滤波器和两个测试滤波器是水平方向上的二维低通滤波器;在垂直 FD 方向上没有滤波。这些变量在傅里叶空间中用一个尖锐的截止滤波器进行滤波,该滤波器去除了所有大于滤波器尺度的波数。动态方程的结构基本上与上述相同;但是,由于没有强制尺度不变性,所以假定一个系数随网格间距变化的形式,并使用两个测试滤波器,一个是网格大小的两倍,一个是网格大小的四倍。然后,使用与传统动态模型中相同的最小化策略,可以确定未知量。当然,这里还有一个 SGS 位温的动态程序。请注意,由于动态过程使用的是最小的解析尺度,因此在 SGS 模型中没有必要包括对稳定性的修正,因为这种影响已经存在于小的解析尺度中(参见 10.3.3.2 节)。

仿真结果:在风电场的规模下,由于稳定(热分层)的条件,速度场引起的垂直切应力是随高度方向变化的,Coriolis 效应引起的水平切应力也随高度变化(图 10.20)。这些会导致涡轮机上出现明显的不对称载荷。在这里我们可以看到 LES 的能力,因为它实际上解决了移动的涡轮叶片的尖端涡流。另外,科里奥利力不仅对涡轮机造成额外的横向剪切载荷,而且还会将部分湍流能量从风力涡轮机尾流的中心驱走。风力涡轮机的运动增强了热量的垂直混合,导致风轮机尾流中空气温度升高,表面热通量降低,从而影响热效率。

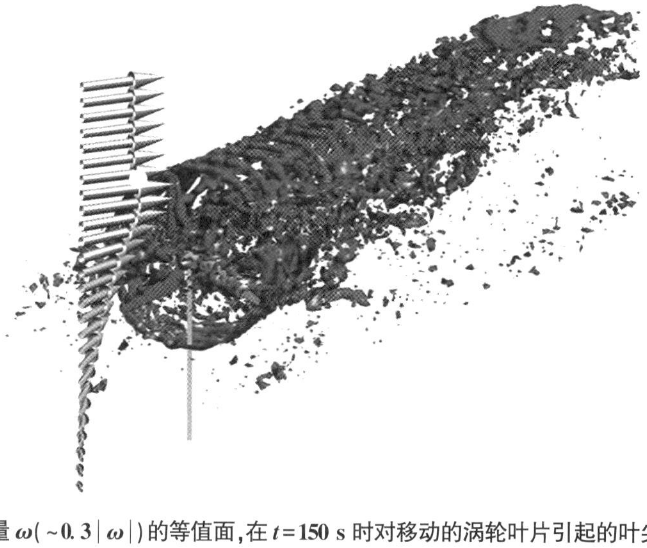

图 10.20　使用涡量 $\omega(\sim 0.3|\omega|)$ 的等值面,在 $t=150$ s 时对移动的涡轮叶片引起的叶尖涡流进行可视化

我们展示了研究中的三张图片。从图 10.21 中可以看出,水平速度分量和位温的平均垂直剖面(空间和时间的平均值)受到了涡轮机存在的显著影响。边界层顶部的射流被涡轮机的能量吸收所消除,当涡轮机存在时,Coriolis 效应也发生变化。两种 Sx = L x/D 情况下的差异不大。混合层深度的增加在位温中是很明显的。

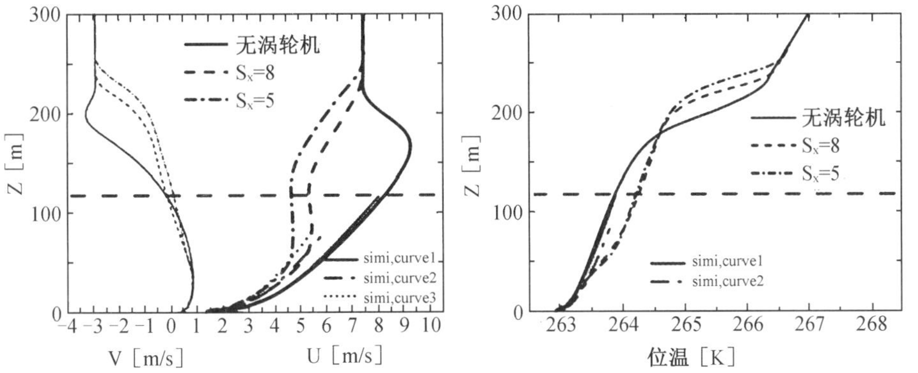

图 10.21　速度和位温的垂直平均分布。水平虚线是涡轮机轮毂高度；光线是 M-O 相似曲线

图 10.22 显示了顺风不同 S_x 距离处平均流速曲线的变化。注意涡轮机在 $S_{turbine}$ 约 0.7 处。当涡轮机距离较近时，从流动中提取的能量更多。

最后，我们在图 10.23 中看到了涡轮机对水流能谱的影响。N 是稳定分层中自然振荡的 Brunt-Väisälä 或分层频率。除了此处显示的涡轮机下游湍流能量的明显增加外，本文还深入讨论了涡轮机影响下的湍流通量，并对其进行了气象情况方面的解释。

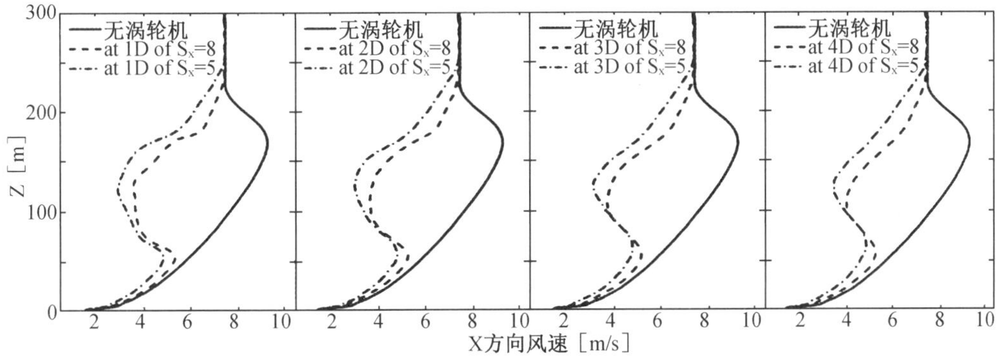

图 10.22　区域中心线上顺风不同 S_x 距离处的平均速度曲线变化

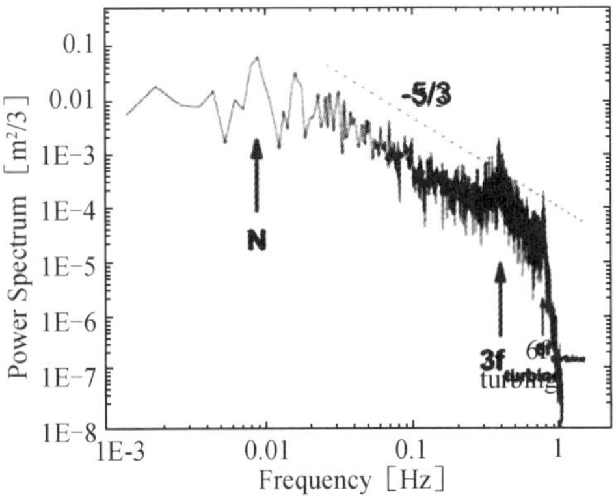

图 10.23　风力涡轮机对涡轮机平面下游 $x=3D$ 处湍流能谱的影响

Lu 和 Porté-Agel 指出,他们的结果表明“大涡流模拟可以提供有价值的三维高分辨率速度和温度场,这对于定量描述风力涡轮机尾流及其对风电场内外热量和动量的湍流通量的影响是必要的”。在此研究条件下,表面动量通量减少了 30%以上,而表面浮力通量减少了 15%以上。风场对动量和热量的垂直湍流通量有很强的影响,这可能会影响当地的气象。

10.3.5 雷诺平均 Navier-Stokes(RANS)模拟

传统上,工程师们通常只对了解湍流的几个定量属性感兴趣,例如对一个物体的平均力(也许还有它们的分布),两股流入的流体之间的混合程度,或者某种物质的反应量。使用上述方法来计算这些数量,至少可以说是过犹不及的。然而,事情已经发生了变化,今天的问题更加复杂,设计更加严密,过程更加依赖于正在发生的细节。那么,正确地使用上述 DNS 和 LES 方案中所包含的方法以及正确地使用本节中所描述的 RANS 方法就变得至关重要。

如上所述,由于一个多世纪前的 Osborne Reynolds,本节的方法被称为 Reynolds 平均法。Leschziner(2010)写道:“……,在写这篇文章的时候,大部分工业中流动的计算预测都是基于 RANS 方程的”。在湍流的雷诺平均方法中,如第 10.3 节所述,控制方程以某种方式被平均化了。当我们看下面的各个环节时,我们需要对这些平均化策略的影响保持警惕。回顾一下,实际的策略是。

1. 稳态流动:所有的不稳定被平均化,也就是说,所有的不稳定被视为湍流的一部分。其结果是,平均流动方程是稳定的。这就是雷诺平均的纳维-斯托克斯(RANS)方程。

2. 非稳态流动:这些方程是对一套完整的、统计学上相同的流动(系综)进行平均化(注 15:特别是气象预报员使用有限的一组模拟(在统计上可能不相同)并对它们进行总体平均,以实现更好的预测。)。因此,所有的随机波动都被平均化了,所以隐含地成为“湍流”的一部分。

然而,如果在流动中存在确定性和连贯性的结构,它们应该能在平均化过程中被保留下来。这些系综平均的方程可能有一个不稳定的平均值。这种流动被定义为非稳态 RANS 或 URANS(Durbin,2002)或瞬态 RANS 或 TRANS(Hanjalić,2002)。我们再次回顾,在求平均时,NS 方程的非线性产生了必须被建模的项,就像它们之前所做的那样。上面简要讨论过的湍流的复杂性,使得任何单一的雷诺平均模型都不太可能很好地表示所有的湍流,因此湍流模型应该被视为工程近似,而不是科学定律。Hanjali(2004)对 RANS 及其湍流模型进行了全面的综述。

10.3.5.1 雷诺平均纳维尔-斯托克斯(RANS)方程

在所统计的稳定流动中,每个变量都可以写成时间平均值和该值的波动之和。

$$\varphi(x_i,t)=\overline{\varphi}(x_i)+\varphi'(x_i,t) \tag{10.30}$$

其中,

$$\overline{\varphi}(x_i)=\lim_{T\to\infty}\frac{1}{T}\int_0^{\mathrm{T}}\varphi(x_i,t)\,\mathrm{d}t \tag{10.31}$$

这里的 t 是时间,T 是平均间隔。与波动的典型时间尺度相比,这个间隔必须很大;因此,我们对 $T\to\infty$ 的极限感兴趣,见图 10.24。如果 T 足够大,$\overline{\varphi}$ 不依赖于开始求平均值的时间。

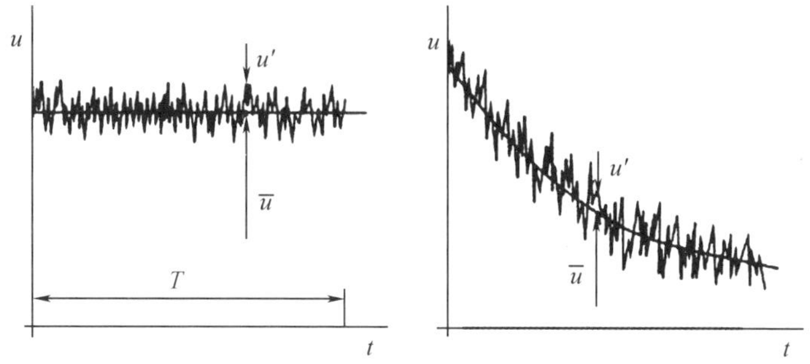

图 10.24 所统计的稳定流动的时间平均(左)和非稳定流动的系综平均(右)

如果流动是不稳定的,则不能使用时间平均,除非对伴随的湍流模型的时间尺度进行调整,使平均时间段 $\Delta T<\infty$ 。在大多数情况下,非定常流动是用系综平均法来处理的。这个概念在前面已经讨论过,如图 10.24 所示(注 16:对于具有持续结构的非定常情况,气流可能不会单调变化,结果可能与图 10.6 非常相似。如果假设 LES 线表示系综平均流动中的拟序结构,结果可能看起来很像图 10.6。参见图 1.8 中的 Chen 和 Jaw(1998)。):

$$\overline{\varphi}(x_i,t)=\lim_{N\to\infty}\frac{1}{N}\sum_{n=1}^{N}\varphi(x_i,t) \tag{10.32}$$

其中 N 是系综成员的数量,并且必须足够大以消除湍流(随机)波动的影响。这种类型的平均可以应用于任何流动。我们使用术语雷诺平均来指代这些平均过程中的任何一个;将其应用于 Navier-Stokes 方程,可得出定常条件下的雷诺平均 Navier-Stokes(RANS)方程和非定常情况下的 URANS 或 TRANS 方程。

由方程(10.31)可得,$\overline{\varphi'}=0$。因此,对守恒方程中的任何一个线性项求平均,都会得到平均量的同一个项。从二次非线性项中,我们得到两项,即平均值和协方差的乘积:

$$\overline{u_i\varphi}=\overline{(\overline{u}_i+u_i')(\overline{\varphi}+\varphi')}=\overline{u}_i\overline{\varphi}+\overline{u_i'\varphi'} \tag{10.33}$$

只有当两个量不相关时,最后一项才为零;在湍流中很少出现这种情况,因此,守恒方程中含有 $\rho\overline{u_i'u_j'}$,称为雷诺应力(注释 17:注意与亚格子尺度雷诺应力的依赖性,方程 10.11);$\rho\overline{u_i'\varphi'}$ 被称为湍流标量通量。这些不能用平均量来单独地表示。

对于没有体积力的不可压缩流,平均连续性和动量方程可以用张量符号和笛卡尔坐标写成:

$$\frac{\partial(\rho\overline{u}_i)}{\partial x_i}=0 \tag{10.34}$$

$$\frac{\partial(\rho\overline{u}_i)}{\partial t}+\frac{\partial}{\partial x_j}(\rho\overline{u}_i\overline{u}_j+\rho\overline{u_i'u_j'})=-\frac{\partial\overline{p}}{\partial x_i}+\frac{\partial\overline{\tau}_{ij}}{\partial x_j} \tag{10.35}$$

其中,$\overline{\tau_{ij}}$ 是平均黏性应力张量分量:

$$\overline{\tau}_{ij}=\mu\left(\frac{\partial\overline{u}_i}{\partial x_j}+\frac{\partial\overline{u}_j}{\partial x_i}\right) \tag{10.36}$$

最后,标量平均值的方程可以写成:

$$\frac{\partial(\rho\bar{\varphi})}{\partial t}+\frac{\partial}{\partial x_j}(\rho\bar{u}_j\bar{\varphi}+\rho\overline{u_j'\varphi'})=\frac{\partial}{\partial x_j}\left(\Gamma\frac{\partial\bar{\varphi}}{\partial x_j}\right) \tag{10.37}$$

守恒方程中雷诺应力和湍流标量通量的存在意味着这些方程不是封闭的,也就是说,它们包含的变量比方程多。方程封闭需要使用一些近似法,通常采用的形式是用平均量来表示雷诺应力张量和湍流标量通量。

有可能推导出高阶的关联性方程,例如雷诺应力张量的方程,但是这些方程包含更多(和更高阶)的未知关联式,需要建模近似。这些方程将在后面介绍,但重要的一点是,不可能推导出精确的封闭方程组。我们在工程中使用的近似湍流模型在地球科学中通常被称为参数化。

10.3.5.2 简单湍流模型及其应用

为了封闭方程,我们必须引入一个湍流模型。为了了解什么是合理的模型,我们注意到,正如我们在上一节所做的那样,在层流中,垂直于流线的质量、动量和能量的耗散和输运受黏性的影响,因此很自然地假设湍流的影响可以用增加的黏性来表示。这导致雷诺应力的涡流黏性模型:

$$-\rho\overline{u_i'u_j'}=\mu_t\left(\frac{\partial\bar{u}_i}{\partial x_j}+\frac{\partial\bar{u}_j}{\partial x_i}\right)-\frac{2}{3}\rho\delta_{ij}k \tag{10.38}$$

标量的涡流扩散模型:

$$-\rho\overline{u_j'\varphi'}=\Gamma_{\mathrm{t}}\frac{\partial\bar{\varphi}}{\partial x_j} \tag{10.39}$$

在方程(10.38)中,k 是湍流动能:

$$k=\frac{1}{2}\overline{u_i'u_i'}=\frac{1}{2}(\overline{u_x'u_x'}+\overline{u_y'u_y'}+\overline{u_z'u_z'}) \tag{10.40}$$

其中 μ_t 是湍流(或涡流)黏度,而 Γ_t 是湍流扩散率。方程仍然不是封闭的,但是附加未知数的数量从 9 个(雷诺应力张量的 6 个分量和湍流通量矢量的 3 个分量)减少到 2 个(μ_t 和 Γ_t)。

方程(10.38)的最后一项需要保证:当方程的两边合并时(两个指数相等并相加),方程保持正确。尽管涡流黏性假设在细节上并不正确,但它很容易实现,并且在仔细应用的情况下,可以为许多流动提供相当好的结果。

用最简单的描述,湍流可以用两个参数来表征:其动能 k 或速度 $q=\sqrt{2k}$,以及长度尺度 L。量纲分析表明:

$$\mu_t=C_\mu\rho qL \tag{10.41}$$

其中 C_μ 是无量纲常数,其值将在后面给出。

在最简单的实用模型,混合长度模型中,k 由平均速度场使用近似 $q=L\partial u/\partial y$ 确定,L 是坐标的指定函数。L 的精确公式对简单流动是可能的,但对分离流动或高度三维流动则是很难实现的。因此,混合长度模型只能应用于相对简单的流动;它们也被称为零方程模型。

由于确定湍流量较为困难,人们可以用偏微分方程来计算它们。因为湍流的最小描述至少需要一个速度尺度和一个长度尺度,所以从两个这样的方程中导出所需量的模型是一个合理的选择。在几乎所有这样的模型中,湍流动能 k 的方程决定了速度的大小。

湍流动能的精确方程不难导出：

$$\frac{\partial(\rho k)}{\partial t}+\frac{\partial(\rho \bar{u}_j k)}{\partial x_j}=\frac{\partial}{\partial x_j}\left(\mu\frac{\partial k}{\partial x_j}\right)-\frac{\partial}{\partial x_j}\left(\frac{\rho}{2}\overline{u_j' u_i' u_i'}+\overline{p' u_j'}\right)-\rho\overline{u_i' u_j'}\frac{\partial \bar{u}_i}{\partial x_j}-\mu\overline{\frac{\partial u_i'}{\partial x_k}\frac{\partial u_i'}{\partial x_k}} \tag{10.42}$$

关于这个方程的推导细节，可见 Pope(2000)，Chen 和 Jaw(1998)或 Wilcox(2006)。这个方程左边的项和右边的第一项不需要建模。最后一项表示密度 ρ 和耗散 ε 的乘积，耗散 ε 是湍流能量不可逆地转化为内能的速率。我们将在下面给出一个耗散方程。

右边的第二项代表动能的湍流扩散(实际上是速度波动本身的传输)；它几乎总是通过使用梯度扩散假设来建模：

$$-\left(\frac{\rho}{2}\overline{u_j' u_i' u_i'}+\overline{p' u_j'}\right)\approx\frac{\mu_t}{\sigma_k}\frac{\partial k}{\partial x_j} \tag{10.43}$$

其中，μ_t 是上面定义的涡黏度，σ_k 是湍流普朗特数，其值约为 1。涡流黏性的一个很大的缺点是它是一个标量，这极大地限制了它描述一般湍流过程的能力。在更复杂的模型中，涡黏性可以转化为张量，或者更好的是，可以在不存在湍流黏性的情况下创建模型(参见第 10.3.5.4 和 10.3.3.5 节的 EARSMs)。

式(10.42)右边的第三项代表平均流动产生湍流动能的速率，即动能从平均流到湍流的传递。如果我们使用涡流黏性假设(10.38)来估算雷诺应力，它可以写成：

$$P_k=-\rho\overline{u_i' u_j'}\frac{\partial \bar{u}_i}{\partial x_j}\approx\mu_t\left(\frac{\partial \bar{u}_i}{\partial x_j}+\frac{\partial \bar{u}_j}{\partial x_i}\right)\frac{\partial \bar{u}_i}{\partial x_j} \tag{10.44}$$

并且，由于这个方程的右边可以从将要计算的量中计算出来，湍流动能方程的开发就完成了。

如上所述，需要另一个方程来确定湍流的长度尺度。有较多可供选择的公式。其中最流行的一种是基于能量方程中需要耗散的观察结果，在所谓的平衡湍流中，即湍流产生和破坏的速率接近平衡的情况下，耗散 ε、k 和 L 之间的关系式为(注 18：这种关系在使用 TKE SGS 模型的 LES 中起着很大的作用；在这种情况下，$L=\Delta$ 并且使用比例常数 $O(1)$)：

$$\varepsilon\approx\frac{k^{3/2}}{L} \tag{10.45}$$

这种想法是基于这样一个事实，即在高雷诺数时，从最大尺度到最小尺度有一个能量级联，并且传递到小尺度的能量被耗散。方程(10.45)是基于对惯性能量传递的估计。

方程(10.45)允许人们使用一个耗散率方程作为获得 ε 和 L 的方法。方程(10.45)中没有使用常数，因为该常数可以与完整模型中的其他常数组合在一起。

尽管可以从 Navier-Stokes 方程中推导出耗散率的精确方程，但应用于该方程的建模非常严格，因此最好将整个方程视为一个模型。因此，我们将不试图推导它。最常用的形式是：

$$\frac{\partial(\rho\varepsilon)}{\partial t}+\frac{\partial(\rho u_j\varepsilon)}{\partial x_j}=C_{\varepsilon 1}P_k\frac{\varepsilon}{k}-\rho C_{\varepsilon 2}\frac{\varepsilon^2}{k}+\frac{\partial}{\partial x_j}\left(\frac{\mu_t}{\sigma_\varepsilon}\frac{\partial\varepsilon}{\partial x_j}\right) \tag{10.46}$$

在该模型中，涡黏度表示为：

$$\mu_t=\rho C_\mu\sqrt{k}L=\rho C_\mu\frac{k^2}{\varepsilon} \tag{10.47}$$

其中方程(10.45)用于确定 L。

基于方程(10.42)和(10.46)的模型被称为 $k-\varepsilon$ 模型,已被广泛使用。该模型包含五个参数;它们最常用的值是:

$$C_{\mu}=0.09;\ C_{\varepsilon 1}=1.44;\ C_{\varepsilon 2}=1.92;\ \sigma_k=1.0;\ \sigma_{\varepsilon}=1.3 \tag{10.48}$$

这个模型在计算机代码中的实现相对简单。如果分子黏度 μ 被有效黏度 $\mu_{\text{eff}}=\mu+\mu_t$ 代替,RANS 方程与层流方程具有相同的形式。最重要的区别是需要求解两个新的偏微分方程,并且 μ_t 通常在流动区域内变化几个数量级。因为与湍流相关的时间尺度比与平均流动相关的时间尺度短得多,所以 $k-\varepsilon$ 模型(或任何其他湍流模型)的方程比层流方程严格得多。因此,除了下面将要讨论的方程外,这些方程的离散化没有困难,但是求解方法必须考虑刚性的增加。

为此,在数值求解过程中,首先执行动量和压力修正方程的外部迭代,其中涡黏度的值基于前一次迭代结束时的 k、ε 值。完成后,湍流动能和耗散方程进行外部迭代。因为方程是高度非线性的,所以在迭代之前必须线性化。在完成湍流模型方程的迭代后,准备重新计算涡流黏性并开始新的外部迭代。

使用涡黏性模型的方程的刚度需要时间推进或亚松弛,以获得收敛的稳态解。太大的时间步长(或迭代方法中的亚松弛因子)会导致 k、ε 的值为负值(特别是在壁面附近),从而导致数值不稳定。即使使用时间推进方法,亚松弛可能仍然是必要的,以提高数值稳定性。亚松弛因子的典型值类似于动量方程中使用的值(0.6~0.9,取决于时间步长、网格质量和流动问题;较高的值适用于高质量网格和小时间步长)。

已经提出了许多其他的两方程模型;我们将只描述其中之一。一个显而易见的想法是为长度尺度本身构建一个微分方程;这种方法已经尝试过了,但没有取得多大成功。第二个最常用的模型是 $k-\omega$ 模型,最初由 Saffman 提出,但由 Wilcox 推广。在该模型中,使用了一个逆时间尺度 ω 的方程;这个量可以有不同的解释,但它们不是很有启发性,所以这里省略了。$k-\omega$ 模型使用湍流动能方程(10.42),但必须稍加修改:

$$\frac{\partial(\rho k)}{\partial t}+\frac{\partial(\rho \bar{u}_j k)}{\partial x_j}=P_k-\rho\beta^* k\omega+\frac{\partial}{\partial x_j}\left[\left(\mu+\frac{\mu_t}{\sigma_k^*}\right)\frac{\partial \omega}{\partial x_j}\right] \tag{10.49}$$

上面提到的几乎所有内容都适用于这里。Wilcox(2006)给出的 ω 方程

$$\frac{\partial(\rho\omega)}{\partial t}+\frac{\partial(\rho \bar{u}_j \omega)}{\partial x_j}=\alpha\frac{\omega}{k}P_k-\rho\beta\omega^2+\frac{\partial}{\partial x_j}\left[\left(\mu+\frac{\mu_t}{\sigma_\omega^*}\right)\frac{\partial \omega}{\partial x_j}\right] \tag{10.50}$$

在该模型中,涡流黏度表示为:

$$\mu_t=\rho\frac{k}{\omega} \tag{10.51}$$

该模型中的系数比 $k-\varepsilon$ 模型中的系数要复杂一些。他们是:

$$\alpha=\frac{5}{9},\ \beta=0.075,\ \beta^*=0.09,\ \sigma_k^*=\sigma_\omega^*=2,\ \varepsilon=\beta^*\omega k \tag{10.52}$$

该模型的数值行为类似于 $k-\varepsilon$ 模型。

有兴趣了解这些模型的读者可以参考 Wilcox(2006)的书。Menter 于 1993 年引入了该模型的一个受欢迎的变体(参见 Menter,1994);它的切应力输运湍流模型(有时与分离涡流模拟一起使用;参见第 10.3.7 节。)用于飞机、卡车等的空气动力学研究。(Menter 等人,2003 年)。(注 19:美国宇航局湍流建模资源(美国宇航局 TMR 2019)提供了 RANS 湍流模

型的文件,包括最新版本的 Spalart-Allmaras、Menter、Wilcox 和其他模型以及验证和测试案例、网格和数据库。)

10.3.5.3　v2f 模型

从上面可以清楚地看出,湍流模型的一个主要问题是,应用于壁面附近的合适条件是未知的。困难来自这样一个事实,即我们根本不知道其中一些量在壁面附近是如何变化的。

此外,壁面附近的湍动能变化非常快,耗散也非常快。这表明,试图在该地区域规定这些量的条件并不可取。另一个主要问题是,尽管多年来一直致力于开发“低雷诺数”模型来处理近壁面区域,但取得的成功相对较少。

Durbin(1991 年)认为,问题不在于靠近壁面的湍流雷诺数低(尽管黏性效应肯定是重要的)。非渗透性条件(壁面法向速度为零)要为重要。这表明,与其寻找低雷诺数模型,不如使用由于不渗透性条件而在壁面附近变得非常小的数量。这样一个量就是法向速度(工程师通常称之为 v)及其波动(v'^2),所以 Durbin 为这个量引入了一个方程。发现该模型还需要一个阻尼函数 f,因此命名为 v^2-f(或 $v2f$)模型。它似乎以与 k-ε 模型基本相同的成本提供了改进的结果。Iaccarino 等人(2003)在一个非常成功的非定常分离流非定常 RANS(URANS)模拟中使用了 v2f 模型。

为了解决在壁面附近遇到的问题,Durbin 建议使用椭圆松弛法。想法是这样的。假设 φ_{ij} 是某个被建模的量。假设模型预测的值为 φ_{ij}^m,我们不接受该值作为模型中使用的值,而是求解以下方程:

$$\nabla^2\varphi_{ij}-\frac{1}{L^2}\varphi_{ij}=\varphi_{ij}^m \tag{10.53}$$

其中 L 是湍流的长度尺度,通常取为 $L\approx k^{3/2}/\varepsilon$。采用这种方法似乎减轻了许多困难。关于这些和其他类似模型的更多细节可以在 Durbin(2009)的新书中找到;另见 Durbin 和 Pettersson Reif(2011 年)。

10.3.5.4　雷诺应力和代数雷诺应力模型

涡黏性模型有明显的缺陷;有些是涡黏性假设的结果,方程(10.38)无效。在二维情况下,总是可以选择涡黏度,使该方程给出正确的切应力分布(τ_{ij} 的 1-2 分量)。在三维流动中,雷诺应力和应变率可能不是这样简单地相关。这意味着涡黏度可能不再是标量;的确,测量和模拟都表明它变成了一个张量。

已经提出了基于使用 k 和 ε 方程的各向异性(张量)模型。Abe 等人(2003 年)描述了一种非线性涡黏性模型,该模型在捕捉壁面附近的高度各向异性湍流方面特别成功。Leschziner(2010)描述了一系列模型,包括线性涡黏性、非线性涡黏性和雷诺应力模型。

目前常用的最复杂的模型是雷诺应力模型,它是基于雷诺应力张量 $\tau_{ij}=\rho\overline{u_i'u_j'}$ 本身。这些方程可以从 Navier-Stokes 方程中推导出来,它们是:

$$\frac{\partial\tau_{ij}}{\partial t}+\frac{\partial(\bar{u}_k\tau_{ij})}{\partial x_k}=-\left(\tau_{ik}\frac{\partial\bar{u}_j}{\partial x_k}+\tau_{jk}\frac{\partial\bar{u}_i}{\partial x_k}\right)+\rho\varepsilon_{ij}-\prod_{ij}+\frac{\partial}{\partial x_k}\left(\nu\frac{\partial\tau_{ij}}{\partial x_k}+C_{ijk}\right) \tag{10.54}$$

因为张量是对称的,所以只需要解六个方程。右侧的前两项是产生项,不需要近似或建模。

其他项是:

$$\prod_{ij} = \overline{p'\left(\frac{\partial u'_i}{\partial x_j} + \frac{\partial u'_j}{\partial x_i}\right)} \tag{10.55}$$

这通常被称为压力-应变项。它在雷诺应力张量的各分量中重新分配湍流动能,但不改变总动能。下一个项是:

$$\rho\varepsilon_{ij} = 2\mu\overline{\frac{\partial u'_i}{\partial x_k}\frac{\partial u'_j}{\partial x_k}} \tag{10.56}$$

也就是耗散张量。最后一个项是:

$$C_{ijk} = \rho\overline{u'_i u'_j u'_k} + \overline{p' u'_i}\delta_{jk} + \overline{p' u'_j}\delta_{ik} \tag{10.57}$$

通常被称为湍流扩散。

耗散项、压力-应变项和湍流扩散项不能根据方程中的其他项精确计算,因此必须进行建模。最简单和最常见的耗散项模型将其视为各向同性:

$$\varepsilon_{ij} = \frac{2}{3}\varepsilon\delta_{ij} \tag{10.58}$$

这意味着耗散方程必须和雷诺应力方程一起求解。通常,这被视为 k-ε 模型中使用的耗散方程。有人提出了更复杂的模型。

压力-应变项的最简单模型是假设该项的作用是试图使湍流更加各向同性。这种模式没有获得巨大成功。最成功的模型是基于将压力-应变项分解为"快速"部分和"慢速"部分,前者涉及湍流和平均流量梯度之间的相互作用,后者仅涉及湍流量之间的相互作用(这部分通常用各向同性项的回归进行建模)。详见 Launder 等人(1975 年)或 Pope(2000 年)。

湍流扩散项通常用梯度扩散近似来模拟。在最简单的情况下,扩散率被假定为各向同性的,并且仅仅是前面讨论的模型中使用的涡黏度的倍数。近年来,提出了各向异性和非线性模型。同样,这里没有试图详细讨论它们。

在三维条件中,雷诺应力模型除了平均流动方程外,还需要解七个偏微分方程。当需要预测标量时,还需要更多的方程。这些方程的求解方法类似于 k-ε 方程。唯一的额外问题是,当雷诺平均纳维尔-斯托克斯方程与雷诺应力模型一起求解时,它们甚至比用 k-ε 方程更严格,求解时需要更加小心,计算通常收敛得更慢。应用中通常的方法是首先使用 k-ε 湍流模型计算流动,根据涡黏性假设估计雷诺应力分量的初始值,然后使用雷诺应力模型继续计算。这通常是有帮助的,因为与用雷诺应力模型和简单的变量初始化开始计算的情况相比,它提供了更合理的所有变量的起始场。同时,以这种方式获得了具有两个湍流模型的解,并且两个解的比较也提供了有用的信息。

雷诺应力模型通过消除涡黏性,能够求解各向异性,但是它们需要求解额外的微分方程,这增加了成本。但是,毫无疑问,雷诺应力模型比两方程模型更能正确地描述湍流现象(参见 Hadic1999,说明性示例)。对于 k-ε 模型表现不佳的一些流动(例如,旋流、具有驻点或滞流线的流动、具有强曲率和与曲面分离的流动等),已经获得了特别好的结果。哪种模型最适合哪种流动(没有哪一种模型被认为对所有流动都是好的)还不清楚;然而,Leschziner(2010)很好地描述了可用的内容,而 Hanjali(2004)涵盖了许多细节。因为我们不能总是确定湍流模型的选择和/或性能,所以确保求解方法之间的任何差异都是由于模型差异而不是数值误差,这一点很重要。这是本书强调数值精度的一个原因;它的重要性怎么强调都不为过,需要持续关注。

如上文第 10.3.3.5 节所述,对于大涡模拟,显式代数雷诺应力模型(EARSMs)是一种有吸引力的替代方案,其中雷诺应力模型的微分方程负荷减少,但解决各向异性和其他重要物理特性的基本能力得以保留。Wallin 和 Johansson(2000)的 EARSM 针对不可压缩和可压缩旋转流,通过平均应变率和平均旋转率张量描述各向异性。它使用 Rodi(1976)假设,即雷诺应力的对流和扩散可以用雷诺应力、湍流能量产生和湍流能量耗散来表示。这将他们引向一个非线性隐式模型,他们将其简化以实现 EARSM。该方法需要湍流动能和耗散率的输运方程,以及湍流动能产生与耗散之比的线性方程组和一个非线性代数方程的解。这种 EARSM 正确解释了旋转,并且已经被证明优于经典的基于涡黏性模型。

上述所有模型都有许多版本。修改的目的是纠正基本模型的各种不足,如没有考虑湍流的各向异性,对停滞或分离的影响、不利或有利的压力梯度、流线曲率、固体壁面附近湍流的阻尼,或从层流到湍流过渡的建模不足。在这里深入讨论所有这些细节超出了本书的范围;感兴趣的读者可以在上面引用的参考文献中找到足够的信息,特别是 Patel 等人(1985 年)和 Wilcox(2006 年)。商用 CFD 代码通常有 20 多个湍流模型版本可供选择。几乎所有的模型都有两种变体,取决于如何处理壁面边界条件:"高雷诺数"版本,假设所有计算点都在边界层的湍流部分以内,以及"低雷诺数"版本,假设近壁面网格求解了黏性底层,并在该区域提供了湍流阻尼。下一节将更详细地介绍壁面处理。

10.3.5.5 RANS 计算的边界条件

对于 RANS 计算来说,在入口、出口和对称面上应用边界条件与层流情况下相同,所以我们在这里不再重复任何细节;参见第 9.11 节,了解更多信息。然而,值得注意的是,在流入边界,k、ε 通常是未知的;如果它们是可用的,那么这些已知量应该以与前面章节中描述的通用标量变量相同的方式使用。如果 k 未知,通常根据假定的湍流强度进行估算,$I_t=\sqrt{\overline{u'^2}}/\overline{u}$。例如,通过指定 $I_t=0.01$(1%的低湍流强度)并假设 $\overline{u_x^2}=\overline{u_y^2}=\overline{u'^2_z}=I_t\,\overline{u}^2$,则得到 $k=\frac{3}{2}I_t\,\overline{u}^2=1.5\times10^{-4}\,\overline{u}^2$。应选择 ε 的值,以便从方程(10.45)推导出长度尺度,大约是剪切层厚度或计算域尺寸的十分之一。如果在入口处测量雷诺应力和平均速度,可以使用局部平衡的假设来估算 ε;这导致(在横截面中 x = 常数。):

$$\varepsilon\approx-\overline{uv}\,\frac{\partial\overline{u}}{\partial y} \tag{10.59}$$

在入口处,速度场本身通常不是精确已知的(特别是在内部流动的情况下)。流速通常是已知的,当入口横截面已知时,就可以计算平均速度。那么,最简单的近似方法是规定入口处的恒定速度。如果有可能对入口边界的速度变化进行合理的近似,那么就应该这样做。例如,如果入口代表导管、管道或环腔的一个截面,则可以为这种几何形状中完全发展的流动指定速度剖面。通过使用单层单元,在入口和出口处应用规定流速的周期性边界条件,可以很容易地计算完全发展的流动;然后,这种计算的结果可用于规定更复杂的计算域入口处的变量值。

如果变量值的分布需要在进口处近似,应该尽量将进口边界移至感兴趣区域的上游。

当上游流动的几何域不可用时,作为一种近似,可以在上游方向延伸入口横截面,以允许入口边界的近似值在流动到达感兴趣的区域时发展成合理的分布。大多数商用网格生成工具都允许在入口和出口进行这种延伸。还建议将出口横截面移至尽可能远离感兴趣区域的下游,以尽量减小该区域的近似值对计算域重要区域内流动的影响。此外,为了增加数值扩散和避免在出口边界处反射扰动,通常使用较粗的网格或逐渐降低对流项的近似阶数。

在描述湍流 RANS 计算的壁面边界条件之前,我们首先认识到,紧挨着壁面,湍流的影响相对较小,流动基本上是层流。壁面边界层的这一部分被称为黏性底层,实验和 DNS 均表明,平行于壁面的速度分量随壁面距离线性变化(我们在此用垂直于壁面方向的局部坐标 n 表示;见图 9.2.1)。如果这个底层是由数值网格求解的,那么动量方程的边界条件与层流中的相同;参见第 9.11 节。我们记得法向黏性应力 τ_{nn} 等于零,因为壁面法向速度分量 v_n 相对于 n 的导数在壁面上必须为零,切应力等于分子黏性与平行于壁面的速度分量 v_t 相对于 n 的导数的乘积:

$$\tau_{nn}=2\mu\left(\frac{\partial v_n}{\partial n}\right)_{\text{wall}}=0,\ \tau_{nt}=\mu\left(\frac{\partial v_t}{\partial n}\right)_{\text{wall}} \tag{10.60}$$

因为 v_t 的分布在近壁区是线性的,即使是最简单的半单元单侧向前或向后差分在中也是准确的。

问题是,如果想在高雷诺数三维流动的情况下求解黏性底层的问题,近壁面的单元必须非常薄。一方面,这需要在壁面附近划分许多棱柱层网格,另一方面,这使得单元的长宽比非常高。因为离散化的拉普拉斯算子产生的系数(传输方程中的扩散项,压力或压力修正方程中的相应项)与长宽比的平方成正比,这意味着壁面法线方向的系数要比其他方向的大几个数量级。这使得方程变得难以求解,需要更高的算术精度,并使离散化方程的求解更加困难。此外,如果壁面是弯曲的,壁面附近的薄层网格可能会变得过于扭曲,除非网格在切线方向也被大幅细化。这就是为什么所谓的能够求解黏性底层网格的低 *Re* 湍流模型只用于中等雷诺数的流动(例如,用于与模型规模的实验进行比较)。对于非常高雷诺数的流动,例如在船舶、飞机或其他大型物体周围,我们需要一种替代的、低成本的方法。

工程师们总是试图找到通用的标度定律,大约 100 年前人们就认识到,如果用所谓的剪切速度 u_τ(也叫摩擦速度)进行标度,可以使同雷诺数下边界层内的速度曲线发生陡降,具体方法如下。

$$u_\tau=\sqrt{\frac{\tau_{\text{wall}}}{\rho}} \tag{10.61}$$

其中 τ_{wall} 为壁面切应力的大小(如果局部壁面切向坐标 t 与切应力矢量方向对齐,则 $\tau_{\text{wall}}=|\tau_{nt}|$)。速度与 u_τ 成比例,以获得 u^+,并根据与离壁面的无量纲距离 n^+绘制,如下所示:

$$u^+=\frac{v_t}{u_\tau},\ n^+=\frac{\rho u_\tau n}{\mu} \tag{10.62}$$

传统上,y^+在文献中用于表示与壁面的无量纲距离,因为早期的计算是二维的,y 是垂直于壁面的坐标。然而,这在复杂的几何形状中是没有意义的,因此我们更喜欢用 n 来表示壁面距离,n 是垂直于壁面表面的局部坐标。

图 10.25 显示了不同雷诺数下三种不同湍流的归一化速度分布(这些是 x 方向的二维流动,因此 $n^+=y^+$);除了离壁面更远的区域,三种条件下的归一化速度分布相重合。可以识别三个不同的区域:除了已经提到的紧邻壁面的黏性底层,还有一个重要的对数率变化区域,以及线性区和对数率区域之间的缓冲区。当雷诺数增加时,对数率区域扩展到更高的 n^+ 值;例如,见 Wosnik 等人(2000 年)或 Lee 和 Moser(2015 年)。所谓的壁面的对数定律已经被实验和 DNS 数据所证实;然而,最新的研究工作表明,该定律并不像人们曾经认为的那样普遍。根据雷诺数和流动区域的几何形状,会存在明显变化,但我们将不深入讨论这些细节;感兴趣的读者可以查阅关于该内容的近期文献,例如,Smits 等人(2011 年)和 Smits 和 Marusic(2013 年)。因为本节的目的是演示如何将湍流模型应用到 CFD 代码中,以我们将坚持使用经典方法,将对数率区域内的速度分布描述为:

$$u^+=\frac{1}{k}\ln\ n^+ + B \tag{10.63}$$

其中 κ 称为冯 · 卡门常数,B 是经验常数。通常假定 $\kappa=0.41$,$B\approx5.2$,但是这些常数也不是严格通用的。

Lee 和 Moser(2015 年)根据他们在 $Re=2.5\times10^5$(基于平均速度和通道宽度)的平面通道流动的 DNS 模拟得出了更低的值,即 $\kappa=0.384$,$B=4.27$ 对于粗糙的壁面,B 值较小,这意味着图 10.25 所示的分布曲线向下移动。

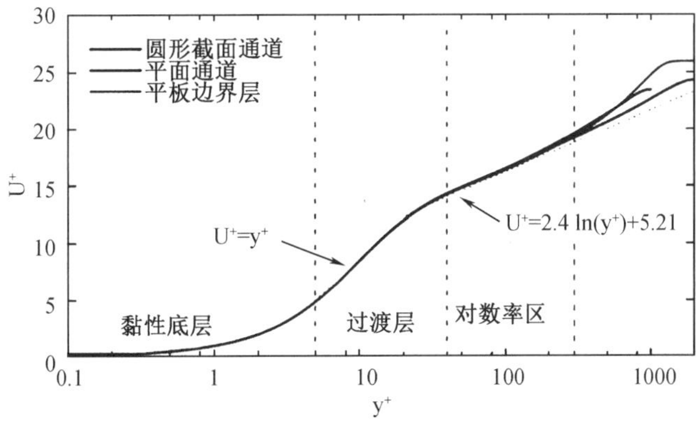

图 10.25 分别从 Lee 和 Moser(2015 年)、El Khoury 等人(2013 年)和 Schlatter 和 rlü(2010 年)和 Örlü(2010 年)的 DNS 数据中获得的平面通道、圆形截面管道和平板边界层中湍流的归一化速度剖面

如果第一个网格节点可以放在对数率区域内,而不是放在黏性底层内,计算工作量可以大大减少。我们需要壁面上的速度梯度来计算壁面切应力,但从高阶多项式中无法获得足够的精度,就像层流的情况一样。然而,根据对数定律和其他一些假设,可以推导出对数率区域内任意一点处的壁面切应力与速度之间的关系。这就是所谓的壁面函数的作用。

Launder 和 Spalding(1974 年)提出了所谓的“高雷诺数壁面函数”(注 20:请注意,陈述“高雷诺数”和“低雷诺数”与特定流动问题的实际雷诺数无关——它们与计算点到达壁面的距离有关)。除了对数速度剖面之外,还做了两个假设:

1. 假设流动处于局部平衡状态,这意味着湍流的产生和耗散几乎相等。

2. 总切应力(即黏性和湍流贡献的总和)在壁面和第一个网格节点之间是常数,等于壁

面切应力 τ_{wall}。

图 10.26 显示了从 DNS 数据中获得的平面通道、管道和平板边界层流中穿过边界层的归一化的湍流动能产生与耗散分布。这些数据以及大量的测量表明，在对数率区域内，至少在这些相对简单的流动中，湍流的产生和耗散确实接近平衡。第二个假设也得到了 DNS 和测量数据的支持：在速度线性变化的近壁面处，黏性应力明显为常数，在整个缓冲区中，黏性部分减少，而湍流部分增加，保持总和几乎为常数。

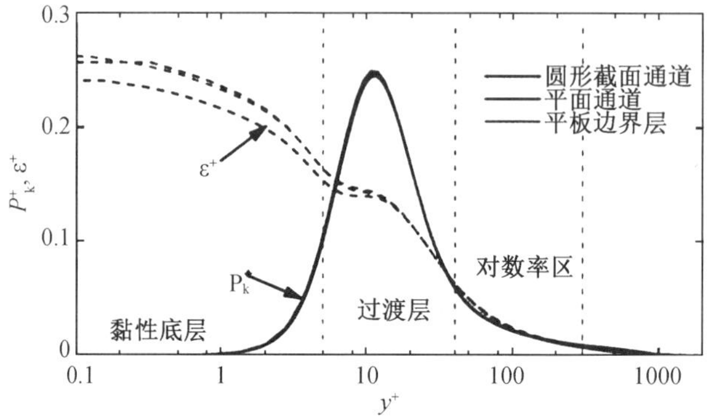

图 10.26　平面通道、管道和平板边界层流动中归一化的湍流动能产生与耗散分布(数据来源见图 10.25)

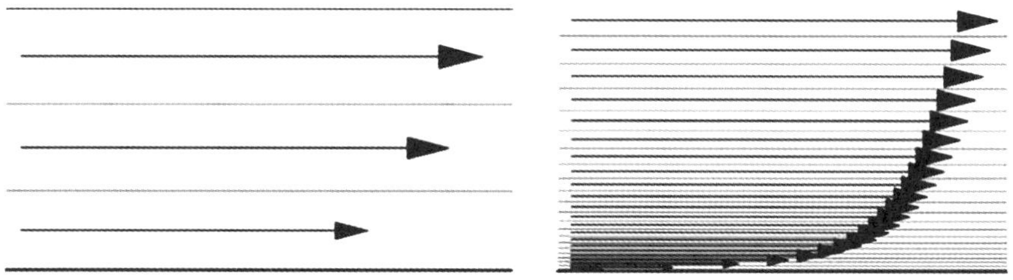

图 10.27　雷诺数为 5×10^5 的通道流中壁面附近的速度矢量(雷诺数基于平均速度和通道壁面之间的距离)，使用壁面函数和壁面附近的较粗网格(左)以及完全解析的边界网格(右)进行计算；向量之间的细线代表 CV 边界(网格线)

在这些假设下，可以证明以下关系成立：

$$u_\tau = C_\mu^{1/4}\sqrt{k} \tag{10.64}$$

从这个方程和方程(10.63)中，我们可以推导出一个表达式，将壁面附近第一个网格节点的速度与壁面切应力联系起来(注 21：如果壁面粗糙，我们可以使用第 10.3.3.3 节推导出的条件并在方程(10.27)和(10.29)给出。)：

$$\tau_w = \rho u_\tau^2 = \rho C_\mu^{1/4}\kappa\sqrt{k}\frac{\bar{v}_t}{\ln(n^+E)} \tag{10.65}$$

其中 $E = e^{\kappa B}$。这允许根据近壁面 CV 中心处平行于壁面的速度分量和湍流动能的值计算壁面切应力。壁面切应力和表面面积的乘积产生一个力，当投影到笛卡尔坐标方向时，该力为近壁面 CV 的离散动量方程提供了必要的条件，其方式与第 9.11. 节中描述的层流相同。

图 10.27 显示了雷诺数为 5×10^5 的平面通道流动底部壁面附近的速度矢量，该速度矢量是在较粗的网格上使用壁面函数计算的，并使用了可求解黏性底层的细网格。通道宽 100 mm，在壁面函数的条件下，靠近壁面的单元厚 0.315 mm(单元中心的 $n^+ = 31$)。有 15

个棱柱层紧挨着壁面直到 10 mm 的距离，以 1.1 的因子递增；对于“低 Re”方法，在相同的距离上有 40 个棱柱层，递增系数也是相同的，并且靠近壁面的第一个单元是 0.013 mm 厚（比具有壁面函数的单元薄 23.4 倍；在单元中心 $n^+=1.32$）。显然，在平面通道壁面的情况下，非常薄的单元没有问题，但是如果壁面是弯曲的，还需要在切线方向上进行改进，以避免过度的单元扭曲（见第 12 章中对网格质量问题的讨论）。该图强调了使用壁面函数时，壁面和第一个网格节点之间速度的显著变化。

在计算流体力学的许多实际应用中，很难随时随地将网格节点保持在黏性底层内的壁面附近（对于“低雷诺数壁面处理”）或对数区域内（对于“高雷诺数壁面函数”）。流动分离区、滞止区和再附着区的存在，不可避免地导致壁面切应力的大幅度变化，并在某些地方几乎为零。壁面函数所基于的假设可能不成立，或者网格节点可能落在黏性底层之外。因此，许多研究人员试图开发更通用的湍流壁面边界条件。Jakirli 和 Jovanovi（2010 年）提出了一种方法，允许第一个网格节点靠近黏性底层的边缘，从而放松了对标准“低雷诺数壁面处理”的近壁面网格精细度的要求。其他研究人员使用 Reichardt 定律的改进方法（Reichardt，1951）来提供所谓的“全 y^+ 壁面处理”：如果网格足够细，则假设线性速度分布，如果近壁面网格节点在对数率层内，则应用标准壁面函数。当计算点介于二者之间时，这两种方法混合在一起。我们在此不再赘述；第 13 章将从实际应用的角度再次讨论这个问题。

与平均速度分布相比，湍流动能及其耗散率的分布在壁面附近更为突出。这些峰值很难捕捉；也许应该对湍流量的求解使用比平均流动更细的网格，但很少这样做。如果对所有的量使用相同的网格，则对于湍流量，分辨率可能不够，并且如果使用更高阶的方案，求解过程有可能包含波动，这可能导致这些量在该区域为负值。这种可能性可以通过将中心差分格式与 k 和 ε 方程中对流项的低阶迎风离散化进行局部混合来避免。这当然会降低这些量的计算精度，但如果网格不够细，这是必要的。

模型方程的壁面边界条件也需要特别注意。一种可能是，当网格求解黏性底层时，精确求解方程直到壁面。在 k-ε 模型中，在壁面上设置 $k=0$ 是合适的，但是在那里耗散不为零；相反，我们可以使用以下条件：

$$\varepsilon=v\left(\frac{\partial^2 k}{\partial n^2}\right)_{\text{wall}} \text{ or } \varepsilon=2v\left(\frac{\partial k^{1/2}}{\partial n}\right)^2_{\text{wall}} \tag{10.66}$$

如上所述，有必要修改靠近壁面的模型，因为它的存在抑制了湍流波动，并导致实际上层流黏性底层的存在。

当使用壁面函数型边界条件时，k 通过壁面的扩散通量通常取为零，从而产生 k 的法向导数为零的边界条件。耗散边界条件是通过假设平衡来推导的，即在近壁面区域的产生与耗散相平衡。壁面附近湍动能的产生由下式计算：

$$P_k \approx \tau_w \frac{\partial \bar{v}_t}{\partial n} \tag{10.67}$$

这是方程（10.44）的主导项的近似值。它在壁面附近是有效的，因为切应力在这个区域几乎是常数，而且平行于壁面方向的速度导数比垂直于壁面方向的导数小得多。上式中要求的网格单元中心处的速度导数可从对数率区的速度分布（10.63）中导出：

$$\left(\frac{\partial \bar{v}_t}{\partial n}\right)_{\mathrm{P}}=\frac{u_\tau}{\kappa n_{\mathrm{P}}}=\frac{C_\mu^{1/4}\sqrt{k_{\mathrm{P}}}}{\kappa n_{\mathrm{P}}} \tag{10.68}$$

当使用上述近似法时，ε 的离散化方程不适用于靠近壁面的控制体；相反，ε 位于 CV 中心，等于：

$$\varepsilon_{\mathrm{P}}=\frac{C_{\mu}^{3/4}k_{\mathrm{P}}^{3/2}}{\kappa n_{\mathrm{P}}} \tag{10.69}$$

这个表达式来源于方程(10.45)中使用长度尺度的近似值。

$$L=\frac{\kappa}{C_{\mu}^{3/4}}n\approx 2.5n \tag{10.70}$$

这在用于导出壁面函数的条件下的近壁区是有效的。

应当注意，当第一个网格节点在对数率区域内时，即当 $n_p^+>30$ 时，上述边界条件是有效的。分离流中会出现问题；在再循环区内，特别是在分离区和再附着区，上述条件不满足。通常，壁面函数在这些区域无效的可能性被忽略，它们被应用于所有地方。然而，如果在大部分固体边界上违反了上述条件，则可能导致严重的模型误差。替代壁面函数和所谓的"全 y^+"模型已被提出，并在大多数商用软件中可用；它们不能完全消除建模型误差，但有助于使误差最小化。

以下三篇论文可能对构建壁面处理有用。首先，Durbin(2009 年)对应用于壁面的湍流模型进行了深刻的综述，包括一些约束、壁面函数和一个椭圆松弛模型。其次，Popovac 和 Hanjali(2007)展示了湍流和热传递的壁面边界条件。第三，Billard 等人(2015 年)引入了自适应壁面函数的稳定方程，用于近壁面椭圆混合涡流黏性模型背景下的热传递计算。

在远离壁面的计算边界(远场或自由流边界)，可以使用以下边界条件：

如果周围的流动是湍流：

$$\bar{u}\frac{\partial k}{\partial x}=-\varepsilon;\bar{u}\frac{\partial \varepsilon}{\partial x}=-C_{\varepsilon 2}\frac{\varepsilon^2}{k} \tag{10.71}$$

在一个自由空间内：

$$k\approx 0;\ \varepsilon\approx 0;\ \mu_t=C_{\mu}\rho\frac{k^2}{\varepsilon}\approx 0 \tag{10.72}$$

雷诺应力的边界条件甚至更复杂。我们在此不再赘述，但要注意的是，一般来说，模型必须提供在每种边界类型附近求解的每个变量的近似值。在大多数情况下，条件简化为指定的边界值(狄利克雷条件)或边界法线方向上的指定梯度(诺依曼条件)。这些条件可以用层流通用标量变量描述的方法，应用到边界附近网格单元的离散化方程中；参见第 9.11 节，了解更多信息。

10.3.6 RANS 应用示例：*Re*=500 000 时绕球体流动

我们早先注意到，RANS 模型不能很好地预测亚临界雷诺数下的球体周围的流动，在亚临界雷诺数下，层流分离之后是湍流尾流；LES 非常适合这种类型的流动。在超临界雷诺数下，LES 需要非常精细的网格和小的时间步长，使得模拟成本非常高。对于这类流动，通常使用 RANS 或 URANS 方法。我们在这里考虑雷诺数 $Re=500\ 000$ 时球体周围的流动。因为雷诺数不太高(如车辆、船舶或飞机周围的气流)，我们能够解决边界层问题，因此创建了一个 15 棱柱层的网格，靠近壁的第一层为 0.01 mm 厚；在棱柱层外部，尾流中的网格尺寸为 0.437 5 mm($D/140$)。在雷诺数低 10 倍的情况下，采用了与大涡模拟相同的网格(局部加密的切割体网格)和相同的商用流动求解器(STAR-CCM+)。图 10.28 示出了球体周围及其尾流中的网格。求解的计算域也是相同的——在横截面为 300×300 mm 的风洞中,一个直径为 $D=61.4$ mm 的光滑球体被一根直径为 $d=8$ mm 的杆固定。在模拟中,使用了与之前相同的速度和黏度,只是密度增加了 10 倍(从 1.204 kg/m^3 增加到 12.04 kg/m^3),以获得 10 倍的高雷诺数条件。

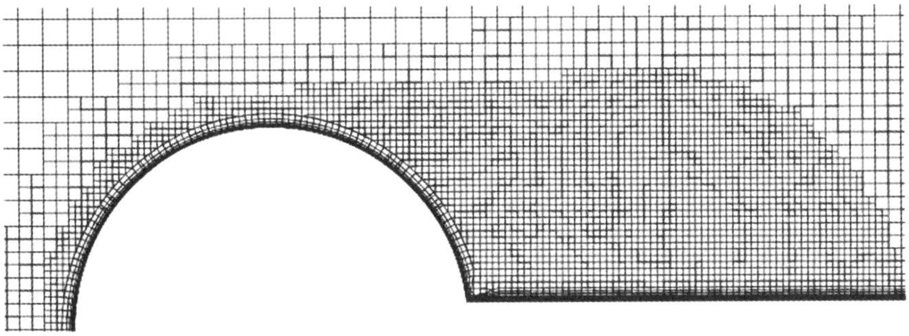

图 10.28 球体周围及其尾流中的粗网格,用于 Re=500 000 时的 RANS 流动计算(每次网格细化时,网格间距减小 1.5 倍)

球体周围的流动有多个特征,RANS 模型通常不能很好地处理这些特征;最重要的是与光滑曲面的分离。我们在这里尝试了四个 RANS 模型,从商用流动求解器的许多版本中选择:(1)$k-\varepsilon$ 模型的标准低雷诺数版本;(2)$k-\omega$ 模型的 SST 版本(3)*lag-EB* $k-\varepsilon$ 模型;(4)雷诺应力模型。只有 *lag-EB* $k-\varepsilon$ 模型产生的结果接近文献中的实验数据;所有其他模型都导致了过高的阻力和过大的回流区。

lag-EB $k-\varepsilon$ 模型是对 $k-\varepsilon$ 模型的一个相对较新的补充;详情见 Lardeau(2018)。名称中的"lag"表示"滞后",意味着该模型考虑了平均应力和应变并不总是一致的事实(一个滞后于另一个);EB 代表椭圆混合。除了 k、ε,输运方程还求解了另外两个变量。该模型的计算在三个网格上进行;壁面附近的第一个棱柱层对于所有三个网格条件都是相同的,所有棱柱层的总厚度也是相同的;然而,在粗网格中有 10 个棱柱层,在中等网格条件中有 12 个,在最细网格条件中有 15 个。在棱柱层之外,从细网格到中等网格以及从中等网格到粗网格,网格间距增加了 1.5 倍;上面给出了细网格值。粗网格条件有 728 923 个控制体,中网格条件有 2 131 351 个,细网格条件有 6 591 260 个。计算出的阻力值是:粗网格条件为 0.067 9,中网格条件为 0.063 8,细网格条件为 0.061 9。Richardson 外推法得出的独立于网格的估计值为 0.060 4,与文献中的数据接近。其他湍流模型仅用于最细的网格条件。

低 *Re* 数 $k-\varepsilon$ 模型未收敛到稳态解;当以瞬态模式继续计算时,阻力系数在 0.108 和 0.146 之间波动,这远高于文献中的实验值(例如 Achenbach 1972 年)中报道的实验值。*SST* $k-\omega$ 和 *lag-EB* $k-\varepsilon$ 模型收敛到一个接近稳态的解;图 10.29 显示了用 *lag-EB* $k-\varepsilon$ 模型计算的残差。残差下降了近五个数量级,然后保持在该水平,有小的振荡;阻力值在五个有效数字上不再改变。在瞬态模式下继续计算不会导致流量的任何显著变化;出于实用目的,可以认为它收敛到一个稳定状态。使用 *SST* $k-\omega$ 模型计算得到的阻力系数约为实验值的两倍(0.146)。雷诺应力模型的计算是从 *lag-EB* $k-\varepsilon$ 模型获得的解开始的;收敛曲线是振荡的,非常慢,但是阻力系数变化不大,趋向于平均值。0.108,这也远高于实验值。

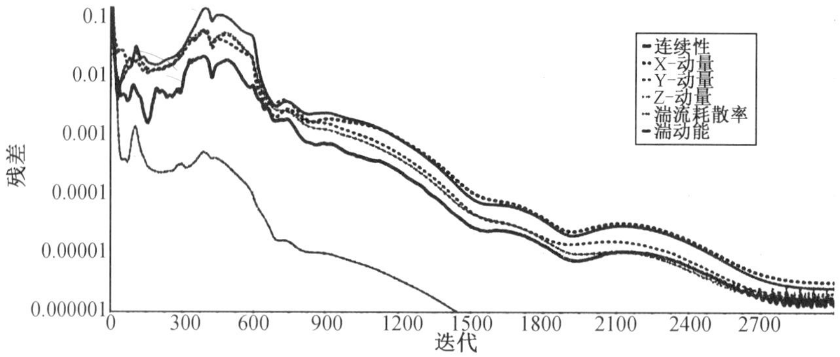

图 10.29 使用 *lag-EB k-ε* 模型在细网格上计算 *Re*=500 000 时球体周围流动的残差变化

Leder(1992 年)给出了雷诺数在 150 000 和 300 000 之间的球体后面的再循环区的长度,该长度在约 0.2D 处为常数。所有计算都预测了更长的再循环区;最小值由 *lag-EB k-ε* 模型计算得出(比 0.4D 稍长)。图 10.30 显示了 *SST k-ω* 和 *lag-EB k-ε* 模型在 $y=0$ 和 $z=0$ 剖面上的流型。可以看出,虽然计算结果实际上是稳定的,但流动不是轴对称的;特别是,使用 *SST k-ω* 模型获得的计算结果是高度不对称的。如前所述,在其他数值模拟和实验研究中观察到不对称尾流(Constantinescu 和 Squires,2004 年;Taneda,1978)。

虽然计算域的几何形状很简单,但用 RANS 模型预测球体周围的流动是非常困难的。如以下章节所示,在大多数与工业相关的流动中,实验和 RANS 计算值之间的一致性比目前的测试案例要好得多(例如,船舶阻力通常预测在实验值的±2%以内;在许多情况下,这种一致性甚至更好,而且差异很少大于 2%)。原因是,在球体的流场条件下,RANS 模型不擅长求解的流动特征占主导地位;在更复杂的几何结构中,RANS 模型可以更好地预测其他特征。

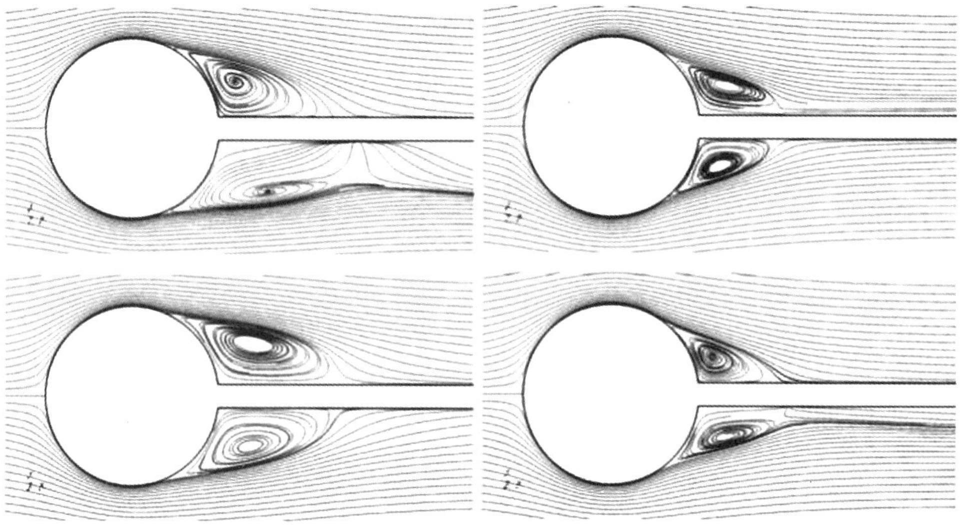

图 10.30 使用 *SST k-ω* 模型(左)和 *lag-EB k-ε* 模型(右)计算的 $y=0$(上)和 $z=0$(下)截面的流型

10.3.7 超大涡模拟/TRANS/DES

流动模拟的目的通常是以最小的成本获得关于流动特定性质的信息。明智的做法是使用能够提供预期结果的最简单的工具,但是很难事先知道每种方法的效果。因此,我们正在为流动模拟建立一个从简单到复杂的层次结构,即稳定的 RANS,不稳定的 RANS,VLES,LES 和 DNS。除此之外,我们还增加了一个有趣的 LES 和 URANS 的混合模型,叫作分离涡模拟(DES),它有几个变种,缩写为 DDES 或 IDDES。

显然,如果 RANS 方法是成功的(适用于所有情况),就没有理由使用 LES 等方法。另一方面,当 RANS 不起作用时,尝试 URANS 或 LES 类型的模拟可能是个好主意。然而,URANS 是一个系综结构,所有的湍流能量都可能在模拟的尺度内。而大涡模拟解决了大部分湍流能量的模拟。

其中一种模拟方法是对“构建块”的流动进行非定常 RANS、LES 和/或 DNS 的综合模拟,它们在结构上与实际感兴趣的流动相似。根据结果,可以验证和改进 RANS 模型以便其适用于更复杂的流动模拟。RANS 计算可以成为日常工具。只有当设计有重大变化时,才需要进行 LES。然而,在某些模拟领域,大涡模拟的使用已成为主流,例如,用于研究和天气预报的中尺度和大气边界层模拟,或工程中的气动声学模拟。

看来,我们必须使用 RANS(计算代价低)或 LES(计算准确,但代价高昂)。人们自然会问,是否有既能提供 RANS 和 LES 的优点又能避免其缺点的方法?

一个直接的方法是检查第 10.3 节给出的 LES 域的定义。通过增加给定计算域的网格尺寸,我们将求解流动中的能量减少到标称的 80% 以下,并实现了所谓的超大涡流模拟(VLES)。因此,在 VLES 中,人们使用大涡模拟代码来计算非定常流动,但采用大网格尺寸和可能更复杂的湍流模型来准确地表示模拟的流动,例如雷诺应力或代数雷诺应力模型(第 10.3.5.4 节)。

例如:

水力发电厂尾水管中不稳定流动的 VLES(Gyllenram 和 Nilsson,2006 年)。

直喷式燃烧室中气流的 VLES(Shih 和 Liu,2009 年);

在深层大气中重力波破碎诱导湍流的 VLES。Smolarkiewicz 和 Prusa 于 2002 年采用了一种非振荡时间推进法(NFT)作为 VLES,因此准确计算了网格上可分辨的大相干涡流。

另一方面,钝体上的流动通常在其尾流中产生强烈的涡流。这些涡流在流向和展向两个方向上对物体产生波动力,对此过程的预测非常重要。其中包括建筑物(风力工程)、海洋平台和车辆上的气流。如果涡流比构成“湍流”的大部分运动大得多,湍流模型可能只会消除较小尺度的运动,并且可以将非周期性流动转换成周期性流动,这可能产生显著的后果。Durbin(2002 年)、Iaccarino 等人(2003 年)和 Wegner 等人(2004 年)证明,如果其余结构是周期性的,标准系综平均 URANS 方法将实现这一目标;如果不是,长期模拟将导致稳定的流动。Iaccarino 等人(2003 年)表明,URANS 可以为统计上不稳定的流动提供与实验数据定量和定性上的一致性。

然而,在浮力占主导地位的情况下,例如,一种被称为瞬态 RANS(TRANS)的结构(Hanjali c 和 Kenjereš 2001Kenjere 和 Hanjali c,1999 年)也取得了成功。在他们对热浮力和洛伦兹力驱动的流动中的相干涡旋结构的 TRANS 模拟中,他们使用原始运动的显式三重分解,将其分解为(1)稳定的长期平均值,(2)准周期(拟序结构)分量,和(3)随机波动。通过三维系综平均 Navier-Stokes 方程的时间积分,可以完全求解大相干涡结构。非相干部分由 RANS 封闭方程来模拟。在这种特殊情况下,有强大的浮力产生了明确的结构,这只是伪周期性的;然后作者使用谱间隙的概念来分解流动。Hanjali c(2002 年)展示了 Rayleigh-Bénard 对流的令人信服的结果,Kenjere 和 Hanjalic(2002 年)使用他们的方法展示了地形和热分层在大气边界层中日循环的中尺度模拟中的影响。强大的不稳定力或周期力似乎将 TRANS 模拟与上述 URANS 模拟区分开来(见 Durbin 2002)

创建于 1997 年的分离涡模拟(DES)旨在预测大规模分离流。最近,Spalart 等人(2006)提出了一个新的版本,称为延迟 DES (DDES),它纠正了原版本的一些错误。在分离流的主要领域,DES 预测的精度通常优于定常或非定常 RANS 方法。在 DES 中,"平均"流动方程在整个流动范围内是一致的;然而,在近壁区域,湍流模型简化为 RANS 方程,而在远离壁面的区域,应用 LES 子网格模型。过渡区域由算法在特定规则下计算。大多数公式使用或衍生自 Spalart and Allmaras(1994 年)RANS 模型。许多有趣的应用已经出现,特别是在工程设计方面。例如:

1. Viswanathan 等人(2008 年)使用 DES 研究了攻角下气动体周围的大规模分离流动,使用有限体积、非结构化网格的代码,在时间和空间上具有二阶精度。可用于体运动的模拟。

2. Konan 等人(2011 年)在粗糙壁面湍流通道流中应用了 DES 和拉格朗日粒子追踪方法,以研究壁面粗糙度对流动中色散项的影响。

如今,大多数商用 CFD 代码提供了各种计算湍流的方法,从 RANS、URANS 和 DES 到 LES 甚至 DNS。尽管商用代码中的离散化方法通常限于空间和时间上的二阶(对流项可能有高阶插值),但在一系列实际应用中已经获得了相当好的结果。

第 11 章　可压缩流

11.1　简　　介

可压缩流动在空气动力学和涡轮机械等领域中有很重要的应用。在飞机周围的高速气流中，雷诺数非常高，并且湍流效应仅限于薄边界层。阻力由两部分组成，由边界层和压力产生的摩擦阻力，或本质上是无黏性的形状阻力；如果确保遵守热力学第二定律，也可以从无黏性方程中计算出由于冲击而产生的波动阻力。如果忽略摩擦阻力，则可以使用无粘性动量欧拉方程计算这些流动。

鉴于可压缩流动在民用和军用领域的重要性，人们开发了许多求解可压缩流方程的方法。其中包括求解欧拉方程的特殊方法，如特征法；且许多方法可以扩展到黏性流动中。这些方法大多数是专门为可压缩流动设计的，当应用于不可压缩流时，效率非常低。关于这种情况可以给出多种不同的解释。一个原因是，在可压缩流动中连续性方程包含一个时间导数，该导数在不可压缩极限中消失。结果，方程在弱压缩性的限制下变得非常刚性，需要使用非常小的时间步长或隐式方法。另一个原因是，可压缩方程支持具有有限速度的声波。当某些信息以流速传播时，两个速度中较大的一个决定了显式方法中允许的时间步长。在低速限制下，对于任何流体速度，被迫采取与声速成反比的时间步长，这个步长可能比为不可压缩流设计的方法所允许的步长相比可能要小得多。

可压缩流动方程的离散化和求解可以用之前描述的方法进行。例如，为了求解与时间有关的方程，可以使用第 6 章中讨论的任何一种时间推进法。由于雷诺数很高，扩散的影响在可压缩流中通常很小，所以流动中可能存在不连续性，例如冲击。已经构建了用于在冲击附近产生平滑求解方案的特殊方法。这些方法包括简单的迎风方法、通量混合方法、本质无振荡（ENO）方法和总变差递减（TVD）格式。这些方法在第 4.4.6 节和第 11.3 节中描述，也可以在其他一些书中找到，例如 Tannehill 等人（1977）和（2007）。

在下一节我们首先描述如何将最初为不可压缩流设计、且在第 7-9 章中介绍的方法扩展以处理可压缩流。在第 11.3 章节中，我们将讨论为计算可压缩流而专门设计的方法的某些方面，包括从可压缩流到不可压缩流的另一个方向的扩展。

11.2　任意马赫数的压力修正方法

为了计算可压缩流，不仅需要求解连续性方程和动量方程，还需要求解热能守恒方程（或总能量方程）和状态方程。后者是一个连接密度、温度和压力的热力学关系。能量方程在第 1 章中给出；对于不可压缩流体，它简化为温度的一个标量传输方程，只有对流和热传导是重要的。在可压缩流中，黏性耗散可能是一个重要的热源，并且通过流动膨胀将内能转换为动能（反之亦然），也很重要。因而方程式中的所有项都必须保留。能量方程的积分形式为：

$$\frac{\partial}{\partial t}\int_V \rho h \mathrm{d}V + \int_S \rho h \boldsymbol{v} \cdot \boldsymbol{n} \mathrm{d}S = \int_S k \nabla T \cdot \boldsymbol{n} \mathrm{d}S + \int_V [\boldsymbol{v} \cdot \nabla p + S : \nabla \boldsymbol{v}] \mathrm{d}V + \frac{\partial}{\partial t}\int_V p \mathrm{d}V \quad (11.1)$$

这里 h 是单位质量的焓，T 是绝对温度(K)，k 是热导率，是应力张量的黏性部分，=+。对于具有恒定定压比热容 c_p 和定容比热容 c_v 的理想气体，焓值变成 $h=c_pT$，使得能量方程可以用温度的形式来表示。此外，在这些假设下，状态方程为：

$$p=\rho RT \quad (11.2)$$

其中 R 是气体常数。通过添加连续性方程得到方程组：

$$\frac{\partial}{\partial t}\int_V \rho \mathrm{d}V + \int_S \rho \boldsymbol{v} \cdot \boldsymbol{n} \mathrm{d}S = 0 \quad (11.3)$$

和动量方程：

$$\frac{\partial}{\partial t}\int_V \rho v \mathrm{d}V + \int_S \rho \boldsymbol{v}\boldsymbol{v} \cdot \boldsymbol{n} \mathrm{d}S = \int_S \boldsymbol{T} \cdot \boldsymbol{n} \mathrm{d}S + \int_V \rho \boldsymbol{b} \mathrm{d}V \quad (11.4)$$

其中 T 是应力张量(包括压力项)，b 代表单位质量的体积力。关于这些方程的各种形式的讨论可参阅第 1 章。

使用连续性方程来计算密度，能很自然地从能量方程中推导出温度。这样就能从状态方程确定压力。因此我们可以发现，各种方程的作用与它们在不可压缩流动中的作用截然不同。此外，还要注意压力的本质是完全不同的。在不可压缩流动中，只有动压的绝对值没有任何意义；对于可压缩流动，热力学压力的绝对值至关重要的。

可以使用第 3 章和第 4 章所述的方法对方程进行离散化。需要改变的仅包括边界条件(由于可压缩方程具有双曲线的特征，边界条件需要不同)，密度和压力之间的耦合的本质和处理方法，以及在可压缩流中可能存在冲击波(在非常薄的区域内众多参量变化极大)的事实。冲击波是众多变量中变化极大的非常薄的区域。下面我们遵循 Demirdžić 等人的方法(1993)，将压力修正方法扩展到任意马赫数下的流动中。类似的方法已由 Issa 和 Lockwood(1977)、Karki 和 Patankar(1989)以及 Van Doormal 等人(1987)发表。

如上所述，可压缩动量方程与不可压缩方程的离散基本相同，见第 7 章和第 8 章，所以我们在此不再赘述。我们将只讨论第 7 章中描述的隐性压力校正方法，但是这些想法也可以应用于其他方案。

为了使用隐式方法得到新的时间步上的解，需要执行多次外部迭代；不可压缩流的分步和 SLMPLE 方案的详尽描述见 7.2.1 节和 7.2.2 节。如果时间步长很小，那么每个时间步长只需要进行几次外部迭代。对于稳态问题，时间步长可能是无限的，而亚松弛因子就像一个伪时间步长。我们只考虑分离求解的方法，其中依次求解速度分量、压力修正、温度和其他标量变量的线性化(围绕先前外部迭代的值)方程。在求解一个变量的同时，其他变量被视为已知，接下来两个章节将描述扩展 7.2.1 节和 7.2.2 节中所述方法计算任意马赫数下流动的必要步骤。

11.2.1 适用于所有流速的隐式分步法

动量方程的处理方法与不可压缩流体基本相同，参见公式(7.62)-(7.64)；唯一需要注意的是，在新时间层的 m 次外迭代计算的密度是取自前一次(m-1 次)迭代。在不可压缩流中,连续性方程只代表了对速度场的约束(在任何时候都必须是不发散的);现在它包含了一个时间导数,必须与其他输运方程处理一致。为了完整起见,我们在此给出所有的步骤,包括那些不需要任何改变的步骤。该算法适用于可压缩和不可压缩的流动,具体如下:

1. 在新时间步长的第 m 次迭代中,使用二阶,全隐式,三时间层方案进行时间积分,求解以下形式的动量方程,以估计新的时间级解(见第6.3.2.4节)。

$$\frac{3(\rho^{m-1}\boldsymbol{v}^*)-4(\rho\boldsymbol{v})^n+(\rho\boldsymbol{v})^{n-1}}{2\Delta t}+C(\rho^{m-1}\boldsymbol{v}^*)=L(\boldsymbol{v}^*)-G(p^{m-1}) \tag{11.5}$$

其中 $\boldsymbol{v}^*$ 是 $\boldsymbol{v}^m$ 的预测值;需要对其进行修正以加强连续性。由于特定的空间离散方案在这里并不重要,使用符号表示对流通量(C)、扩散通量(L)和梯度算子(G)。注意,在对流项中密度使用前一次外迭代的值;此外,如果黏度取决于温度或其他变量,我们在黏性项中使用前一次迭代的数值。

2. 要求修正后的速度和压力满足下面形式的动量方程:

$$\frac{3(\rho^{m-1}\boldsymbol{v}^m)-4(\rho\boldsymbol{v})^n+(\rho\boldsymbol{v}^{n-1})}{2\Delta t}+C(\rho^{m-1}\boldsymbol{v}^*)=L(\boldsymbol{v}^*)-G(p^m) \tag{11.6}$$

通过公式(11.6)减公式(11.5),我们得到速度和压力修正之后的关系如下:

$$\frac{3}{2\Delta t}[(\rho^{m-1}\boldsymbol{v}^m)-(\rho^{m-1}\boldsymbol{v}^*)]=-G(p')\Rightarrow\rho^{m-1}\boldsymbol{v}'=-\frac{2\Delta t}{3}G(p') \tag{11.7}$$

这里 $\boldsymbol{v}'=\boldsymbol{v}^m-\boldsymbol{v}^*$ 和 $p'=p^m-p^{m-1}$。

3. 离散的连续性方程将不能满足 ρ^m-1 和 v^*a 质量不平衡的结果:

$$\frac{3\rho^{m-1}-4\rho^n+\rho^{n-1}}{2\Delta t}+D(\rho^{m-1}\boldsymbol{v}^*)=\Delta\dot{m} \tag{11.8}$$

4. 要求通过修正后的密度 ρ^* 和速度 v^m 场满足连续性方程:

$$\frac{3\rho^*-4\rho^n+\rho^{n-1}}{2\Delta t}+D(\rho^*\boldsymbol{v}^m)=0 \tag{11.9}$$

这里 ρ^* 是迭代 m 时的密度估计值;最终值将在计算完 T^m 后从状态方程中计算出来。我们引入密度修正 $\rho'=\rho^*-\rho^{m-1}$,并将修正后的密度和速度的乘积展开如下:

$$\rho^*\boldsymbol{v}^m=(\rho^{m-1}+\rho')(\boldsymbol{v}^*+\boldsymbol{v}')=\rho^{m-1}\boldsymbol{v}^*+\rho^{m-1}\boldsymbol{v}'+\rho'\boldsymbol{v}^*+\underline{\rho'\boldsymbol{v}'} \tag{11.10}$$

下划线项是两个修正项的乘积,比其他项更快地趋于零,因此从这里开始就被忽略了。使用公式(11.8)和(11.10),我们可以将公式(11.9)重写为:

$$\frac{3\rho'}{2\Delta t}+\Delta\dot{m}+D(\rho^{m-1}\boldsymbol{v}')+D(\rho'\boldsymbol{v}^*)=0 \tag{11.11}$$

5. 为了从公式(11.11)中得到压力修正方程,我们需要通过压力修正来表达速度和密度修正。对于速度修正,这在公式(11.7)中已经完成:它与压力修正的梯度成正比,在不可压缩流中也是如此。对于密度修正和压力修正之间的关联,我们需要参考状态方程:

$$\rho=f(p,T)\Rightarrow\rho'=\frac{\partial\rho}{\partial p}p'=\frac{\partial f(p,T)}{\partial p}p'=C_\rho p' \tag{11.12}$$

有了这些表达式,我们可以把公式(11.11)改写为所有流速的压力修正方程:

$$\frac{3C_\rho p'}{2\Delta t}+D(C_\rho\boldsymbol{v}^*p')=\frac{2\Delta t}{3}D(G(p'))-\Delta\dot{m} \tag{11.13}$$

6. 在求解上述压力修正方程后,速度、压力和密度被修正,得到 v^m、p^m 和 ρ^*;这些值用于下一步求解能量方程,从中得到更新的温度 T^m。最后,由状态方程 $\rho^m=f(p^m,T^m)$ 计算出新的密度。在进行了足够数量的迭代之后,所有的修正都变得可以忽略不计,我们可以设定 $v^{n+1}=v^m, p^{n+1}=p^m, T^{n+1}=T^m$ 和 $\rho^{n+1}=\rho^m$,然后进入下一个时间步。

在不可压缩流的情况下,压力修正方程(11.13)的左侧成为零,恢复了先前在第 7.2.1 节中引入隐式分步法时的泊松方程。在可压缩流的情况下,压力修正方程(11.13)任何其他输运方程看起来一样:等式左边是变化率和对流项,右边是扩散项和源项。在 SIMPLE 算法中引入同样的修改后,下面将进一步讨论这个方程的性质。

11.2.2 适用于所有流速的 SIMPLE 方法

如第 7.2.2 节所示,隐式分步法与 SIMPLE 的唯一重要区别在于前者修正了瞬态项的速度,而后者则修正了对系数矩阵主对角线有贡献的所有项(瞬态项和部分对流及扩散项)。因此,我们只简要总结了 SIMPLE 方法中扩展到所有流速的步骤。

1. 在新的 m 次外部迭代的第一步中,动量方程用于求解 v^*,而密度、压力和所有流体特性均取自先前的($m-1$ 次)迭代(为清楚起见,省略这里的角标,除非是必要的)。系数矩阵被分成主对角线 A_D 和副对角线部分 A_{OD}:

$$(A_{\mathrm{D}}+A_{\mathrm{OD}})u_i^*=Q-G_i(p^{m-1}) \tag{11.14}$$

其中 G 表示离散的梯度算子;具体的离散方案在这里并不重要,这就是使用符号表示的原因。通过解这个方程得到的速度场 v^{m*} 通常不满足连续性方程;因此密度和压力也需要更新。然而,我们首先引入由于压力修正而产生的速度修正,同时将密度保持在先前的迭代水平。

$$p^*=p^{m-1}+p'$$
$$u_i^{**}=u_i^*+u_i' \tag{11.15}$$

2. 速度和压力修正之间的关系是通过要求修正后的速度和压力满足以下简化版的公式(11.14)而得到的。

$$A_{\mathrm{D}}u_i^{**}+A_{\mathrm{OD}}u_i^*=Q-G_i(p^*) \tag{11.16}$$

现在通过从公式(11.16)中减去公式(11.14),我们得到速度和压力修正之间的关系如下:

$$A_{\mathrm{D}}u_i'=-G_i(p')\Rightarrow u_i'=-(A_{\mathrm{D}})^{-1}G_i(p') \tag{11.17}$$

3. 我们现在转向质量守恒方程。下面两个步骤与刚才描述的隐式分步法中的第 3 和第 4 步相同(假设使用相同的时间积分方案--这里是具有三个时间层次的全隐式方案),因此我们在此不再重复;见公式(11.8)-(11.11)。

4. 密度和压力修正之间的关系与之前相同,参见公式(11.12);速度和压力修正之间的关系由公式(11.17)给出。将这些关系代入公式(11.11)中,可以得到压力修正方程的形式如下:

$$\frac{3C_\rho p'}{2\Delta t}+D(C_\rho v^*p')=D[\rho^{m-1}(A_{\mathrm{D}})^{-1}G(p')]-\Delta\dot{m} \tag{11.18}$$

为了简单起见,我们在这里假设三个速度分量的主对角线系数是相同的;通常情况下是这样的,但如果不是这样,三者的差异就要考虑在内。

通过比较 SIMPLE 的压力修正方程(11.18)和 IFSM 的相应方程(11.13),我们看到只有等式右边的第一项(类似于离散拉普拉斯算子的第一项)是不同的。这是由于速度和压力修正之间的联系不同的表达式,参看 IFSM 的公式(11.7)和 SIMPLE 的公式(11.17)。

11.2.3 压力修正方程的性质

公式(11.12)中的系数 C_ρ 是由状态方程确定的;对于理想气体:

$$C_\rho = \left(\frac{\partial f(p,T)}{\partial p}\right)_T = \frac{1}{RT} \tag{11.19}$$

对于其他气体以及当液体被认为是可压缩的时候,可能需要对导数进行数值计算。因为所有修正均为零,只有中间结果受影响,所以收敛解与该系数无关。重要的是密度和压力修正之间的联系被认为是定性地正确,且这个系数必然会影响该方法的收敛速度,这一点非常重要。

压力修正方程中的系数取决于用于压力修正的梯度和单元面值的近似值。源于速度修正的部分与不可压缩情况下的相同;这要求对压力修正在单元面法线方向上的导数进行近似,其近似方式应与动量方程中的压力项相同。源于密度修正的部分对应于其他守恒方程中的对流通量。这要求对单元面中心的压力修正进行近似;见第 4 章和第 7 章关于各种常用近似的例子。

尽管压力修正方程在外观上与不可压缩流动的压力修正方程相似,但还是存在重要差异。不可压缩方程是离散泊松方程,即系数表示拉普拉斯算子的近似值。在可压缩情况下,有一些代表了事实的贡献:可压缩流中的压力方程包含对流和不稳定项,这也表明它实际上是一个对流波动方程。对于不可压缩的流动,如果在边界处规定了质量通量,则压力可能在一个附加常数内是不确定的。可压缩压力修正方程中对流项的存在使得解是唯一的。

由速度和密度修正产生的项的相对重要性取决于流动的类型。扩散项相对于对流项的阶数为 $1/Ma^2$,因此马赫数是决定性因素。在低马赫数时,拉普拉斯项占主导地位并且覆盖了泊松方程。另一方面,在高马赫数时(高度可压缩流动),对流项占主导地位,反映了流动的双曲线性质。求解压力修正方程就等同于求解密度的连续性方程。因此,压力修正方法会自动适应流动的局部性质,而且同一方法可以应用于整个流动区域,即使它同时包含高马赫数区域和低马赫数区域(例如,钝体绕流)。

通常采用中心差分方法对拉普拉斯进行近似。另一方面,在对流项的近似中,可以像动量方程中的对流项那样使用各种近似方法。如果使用高阶近似,可以使用“延迟修正”方法。在方程的左侧,矩阵是在一阶迎风近似的基础上构建的,而右侧包含高阶近似和一阶迎风近似之间的差值,保证这个方法收敛到属于高阶近似的解;详见 5.6 节。另外,如果网格严重非正交,可以使用延迟修正来简化第 9.8 节所述的压力修正方程。

这些差异以另一种方式反映在压力修正方程中。因为该方程不再是纯泊松方程,中心系数 A_P 不是相邻系数之和的负数。只有当 $\mathrm{div}\, v=0$ 时,才能获得这一特性。另外,虽然不可压缩流的压力修正方程有一个对称的系数矩阵,并允许使用一些特殊的求解器,但在可压缩流的情况下,由于对流项的作用,该方程失去了这个特性。

11.2.4 边界条件

对于不可压缩的流动,通常采用以下边界条件:

- 在入流边界上规定速度和温度;
- 所有标量的法向梯度为零,在对称平面上平行于表面的速度分量为零;这样的表面的法向速度为零;
- 固体表面上的无滑移(相对速度为零)条件、法向应力为零和规定的温度或热流;
- 在出流表面上所有量的规定梯度(通常为零)。

这些边界条件也适用于可压缩流,其处理方式与不可压缩流相同。然而,在可压缩流中,还有其他可能的边界条件:

- 规定的总压力;
- 规定的总温度;
- 规定的流出边界上的流体静压[①];
- 在超音速出流边界,通常规定所有量的梯度为零。

这些边界条件的实施将在下面描述。

11.2.4.1 流入边界上规定的总压力

这些边界条件的实施将借助于图 11.1 对二维域的左侧边界进行描述。

对于理想气体的等熵流动,需要注意总压力可能被定义为:

$$p_t = p\left(1+\frac{\gamma-1}{2}\frac{u_x^2+u_y^2}{\gamma RT}\right)^{\frac{\gamma}{\gamma-1}} \tag{11.20}$$

其中 p 是流体静压,$\gamma = c_p/c_v$。必须规定流动方向;其定义为:

$$\tan\beta = \frac{u_y}{u_x}, \text{i. e. }, u_y = u_x \tan\beta \tag{11.21}$$

这些边界条件可以通过将压力从求解域内部外推到边界来实现,然后借助于公式(11.20)和(11.21)计算边界的速度。这些速度在外部迭代中可以被视为已知。温度可以规定,也可以从总温度中计算出来:

$$T_t = T\left(1+\frac{\gamma-1}{2}\frac{u_x^2+u_y^2}{\gamma RT}\right) \tag{11.22}$$

因为有许多压力和速度的组合都满足公式(11.20),这种处理方法会导致迭代方法收敛缓慢。我们必须酌情考虑压力对流入口速度的影响,接下来介绍一种这样做的方法。

在外部迭代开始时,必须根据公式(11.20)至(11.21)和压力主导值计算入流边界(图 11.1 中的"W"边)的速度;然后在动量方程的外迭代中认为这些速度是固定的。流入处的质量通量取自前面的外部迭代;它们应该满足连续性方程。从动量方程的解 (u_x^*, u_y^*) 计算出一个新的质量通量 $\dot{m}^*$。入流边界上"规定"的速度被用来计算入流处的质量通量。在接下来的修正步骤中,质量通量(包括其在流入边界的值)被修正,并同时保证质量守恒。

---

① 对于不可压缩的流动,流体静压也可以在流入或流出的边界上规定。由于质量通量是流入和流出的压力差的函数,如果在流入和流出边界都规定了压力,就不能规定流入边界的速度。

边界上的质量通量修正与内部控制体积面的质量通量修正的区别在于：在边界上，只有速度（而不是密度）被修正。速度修正是用压力修正来表示的（而不是它的梯度）：

$$u'_{x,w}=\left(\frac{\partial u_x}{\partial p}\right)_w p'_w=C_u p'_w$$
$$u'_{y,w}=u'_{x,w}\tan\beta \tag{11.23}$$

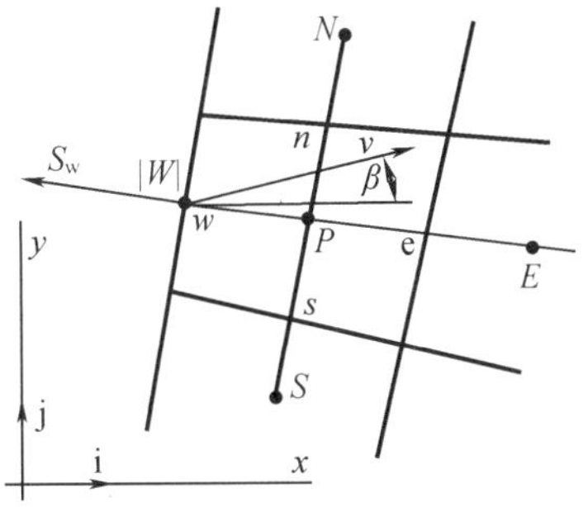

图 11.1　一个规定流向入口边界的控制体

系数 C_u 是借助于公式（11.20）来确定的：

$$C_u=-\frac{\gamma RT^{m-1}}{p_t u_x^{m*}\gamma(1+\tan^2\beta)\left[1+\frac{\gamma-1}{2}\frac{(u_x^*)^2(1+\tan^2\beta)}{\gamma RT^{m-1}}\right]^{\frac{1-2\gamma}{\gamma-1}}} \tag{11.24}$$

质量通量的修正在入流边界被表示为：

$$\dot{m}'_{\mathrm{w}}=[\rho^{m-1}u'_x(S^x+S^y\tan\beta)]_{\mathrm{w}}=[\rho^{m-1}C_u(S^x+S^y\tan\beta)]_{\mathrm{w}}\overline{(p')_{\mathrm{w}}} \tag{11.25}$$

边界处的压力修正 $\overline{(p')}_{\mathrm{w}}$ 是通过从邻近的控制体积的中心外推来表示的，即为 p'_{P} 和 p'_{E} 的线性组合。从上述方程中，我们得到了对边界旁边的控制体积的压力修正方程中的系数 A_{P} 和 A_{E} 的贡献。因为在入流处的密度没有被修正，使得压力修正方程中，所以系数 A_{W} 为零。

在解决了压力修正方程后，对包括入流边界在内的整个域内的速度分量和质量通量进行了修正。修正后的质量通量在收敛误差内满足连续性方程。这些都是用来计算下一次外部迭代的所有传输方程中的系数。入流边界的对流速度由公式（11.20）至（11.21）计算。压力自行调整，使速度满足连续性方程和总压力的边界条件。流入处的温度由公式（11.22）计算，密度由状态方程（11.2）计算。

11.2.4.2　规定的流体静压

在亚音速流动中，通常将出流边界定义为流体静压。这个边界上的压力修正是零（这在压力修正方程中被用作边界条件），但质量通量修正不为零。速度分量是通过从相邻的控制体积中心外推得到的，其方式类似于在同一位置的网格上计算单元面的速度，例如，对于‘E’面和第 m 次外部迭代：

$$v_{n,\mathrm{e}}^*=\overline{(v_n^*)_{\mathrm{e}}}-\Delta V_{\mathrm{e}}\overline{\left(\frac{1}{A_{\mathrm{P}}^u}\right)_{\mathrm{e}}}\left[\left(\frac{\delta p^{m-1}}{\delta n}\right)_{\mathrm{e}}-\overline{\left(\frac{\delta p^{m-1}}{\delta n}\right)_{\mathrm{e}}}\right] \tag{11.26}$$

其中 v_n^* 是流出边界法线方向的速度分量，很容易从求解动量方程得到的笛卡尔分量 u_i^* 和单位外向法向量的已知分量 $v_n^* = v^* \cdot n$ 计算出来。与计算内部单元面处的速度的唯一区别在于,此处的上划线表示从内部单元进行外推,而不是在面两侧的单元格中心之间进行插值。在高流速下,如果出流边界远离下游,通常可以使用简单的迎风格式,即使用单元中心值(节点 P)代替上划线表示的值;W 和 P 的线性外推也很容易在结构网格上实现。

一般来说,由这些速度构建的质量通量不满足连续性方程,因此必须进行修正。如上所述,通常情况下速度和密度都需要修正。速度的修正是:

$$v'_{n,e} = -\Delta V_e \overline{\left(\frac{1}{A_P^u}\right)}_e \left(\frac{\delta p'}{\delta n}\right)_e \tag{11.27}$$

对流(密度)对质量通量修正的贡献将变成零(因为 $\rho'_e = (C_\rho p')_e$,并且因为压力是规定的则有 $p'_e = 0$);然而,尽管规定了压力,但温度不是固定的(它是从内部推算出来的),所以密度的确需要修正。最简单的近似是一阶迎风近似,即取 $\rho'_e = \rho'_p$。质量通量修正为:

$$\dot{m}'_e = (\rho^{m-1} v'_n + \rho' v_n^*)_e S_e \tag{11.28}$$

但仍需注意的是,密度修正不用于修正出流边界处的密度,因为它总是在计算压力和温度后从状态方程中计算出来的。另一方面,质量通量必须使用上述表达式进行修正,因为只有用于推导压力修正方程的修正才能确保质量守恒。因为在收敛时,所有的修正都归零,上述对密度修正的处理与其他近似方法是一致的,不影响解的精度,只影响迭代方案的收敛速度。压力修正方程中边界节点的系数不包含对流项的贡献(由于迎风)—其贡献归于中心系数 A_P。法线方向的压力导数通常近似为:

$$\left(\frac{\delta p'}{\delta n}\right)_e \approx \frac{p'_E - p'_P}{(\boldsymbol{r}_E - \boldsymbol{r}_P) \cdot \boldsymbol{n}} \tag{11.29}$$

按照第 9.8 节和公式(9.66)所述的方法。

因此,与内部控制体处的系数相比,边界附近控制体积的压力修正方程中的系数 A_p 发生了变化。由于压力修正方程中的对流项和指定流体静压的狄利克雷边界条件,它通常比不可压缩流动收敛得更快(其中诺伊曼边界条件通常应用于所有边界并且方程是完全椭圆的)。

11.2.4.3 无反射性和自由流边界

在某些边界区域,可能不知道要应用的具体条件,但压力波和/或冲击应该能够无反射地通过边界。通常,根据规定的自由流压力和温度,用一维理论来计算边界的速度。如果自由流是超音速的,冲击可能会穿过边界,这时就需要区分平行速度分量和法向分量,前者是简单地推算到边界,后者是根据理论计算出来。后者取决于压缩波或膨胀波(Prandtl-Meyer)是否击中边界。压力通常是从内部外推到边界,而法向速度分量是用外推的压力和规定的自由流马赫数计算的。

有许多方案被设计用来产生无反射和自由流边界。它们的推导依赖于通过一维理论计算得到的出流特征;实施则取决于离散化和求解方法。对这些(数值)边界条件的详细讨论可以在 Hirsch(2007)和 Durran(2010)中找到。

如果没有冲击穿过自由流或出口边界,可以在上面列出的地方规定流体静压,并应用强制求解技术(见第 13.6 节)来避免压力波从这些边界反射。这对于捕捉声学压力波的弱可压缩流尤其实用(航空声学或水声学分析);必须避免它们在边界的反射。关于这个主题的更多细节可以在 Perić(2019)中找到。

11.2.4.4 超音速出流

如果出流是超音速流动,则边界处的所有变量必须通过从内部外推获得,即不需要规定边界信息。压力修正方程的处理与规定流体静压的情况类似。然而,由于边界处的压力不是规定的,而是外推的,所以压力修正也需要外推——它不像上述情况那样为零。因为 p'_E 表示为 p'_P 和 p'_W 的线性组合(如果压力梯度可以忽略,也可以设 $p'_E = p'_P$),代数方程中不会出现节点 E,所以 $A_E = 0$。通过边界的质量通量修正近似中出现的节点系数与内部区域的节点系数不同。

下面介绍一些应用压力修正方案来解决可压缩流动问题的例子。更多的例子可以在 11.2.5 示例 Demirdžić 等人(1993),Lilek(1995)和 Riahi 等人(2018)找到。

11.2.5 示例

下面我们给出了圆弧凸块上流动的欧拉方程的求解结果。图 11.2 显示了亚音速、跨音速和超音速条件下的几何形状和马赫数的预测等值线。在亚音速和跨音速情况下圆弧的厚-弦比为 10%,超音速情况下为 4%。指定马赫数 Ma = 0.5(亚音速)、0.675(跨音速)和 1.65(超音速)时都为均匀入口流量。由于求解了欧拉方程,因此黏度设置为零,并且在壁面上规定了滑移条件(流动相切,与对称表面一样)。这些问题是 1981 年一个研讨会的测试案例(见 Rizzi 和 Viviand 1981),经常被用来评估数值方案的准确性。

对于亚音速流动,因为几何形状是对称的,流动是无黏性的,所以流动也是对称的。在整个解域中总压强应该是恒定的,这对评估数值误差很有帮助。在跨音速情况下,在下壁面会有一个冲击。当迎面而来的气流是超音速的,气流到达凸点时会产生一个冲击。这个冲击被上壁反射;它与另一个从凸点的末端发出的冲击相交,在那里会遇到另一个壁面坡度的突然变化。

图 11.3 分别显示了三种情况下沿下壁面和上壁面的马赫数的分布。在最细的网格和亚音速流上求解误差非常小;这可以从网格细化的效果以及出口处两个壁面处的马赫数相同且等于入口值的事实中看出。总压力误差低于 0.25%。在跨音速和超音速情况下,网格细化只影响激波的陡度;这要在三个网格点内求解。如果对所有方程中的所有项都使用中心差分,则激波处的强烈振荡会使求解变得困难。在这里给出的计算中,10% 的 UDS 和 90% 的 CDS 用于减少振荡;从图 11.3 可以看出振荡仍然存在,但仅限于激波附近的两个网格点。值得注意的是,冲击的位置不会随着网格的细化而改变——只有陡度提高了(在许多应用中都能观察到)。所使用的 FV 方法的守恒特性和 CDS 近似的主要作用可能是造成这一特征的原因。

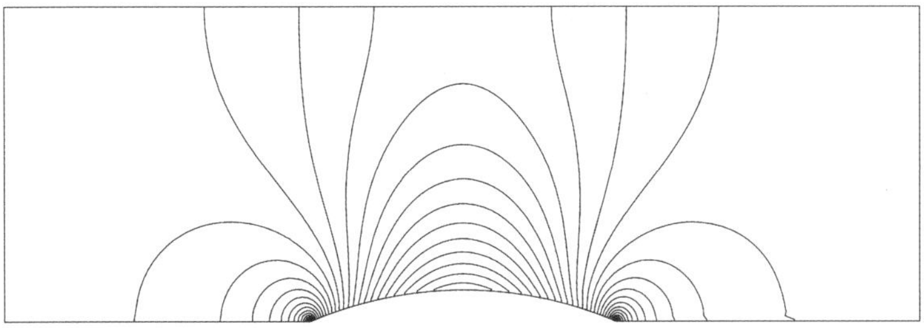

图 11.2 预测无黏流动通过下壁面有圆弧凸起的通道时的马赫数轮廓:Ma_{in} = 0.5 时的亚音速流(上),Ma_{in} = 0.675 时的跨音速流(中),以及 Ma_{in} = 1.65 时的超音速流(下);引自 Lilek(1995)。

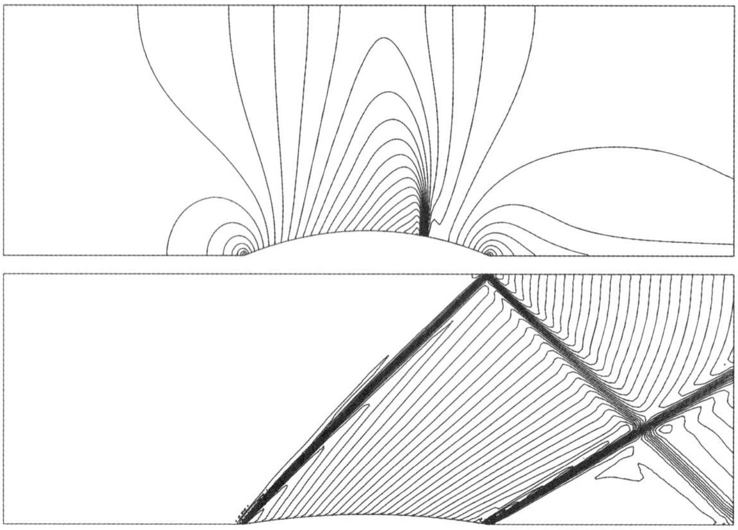

图 11.2(续)

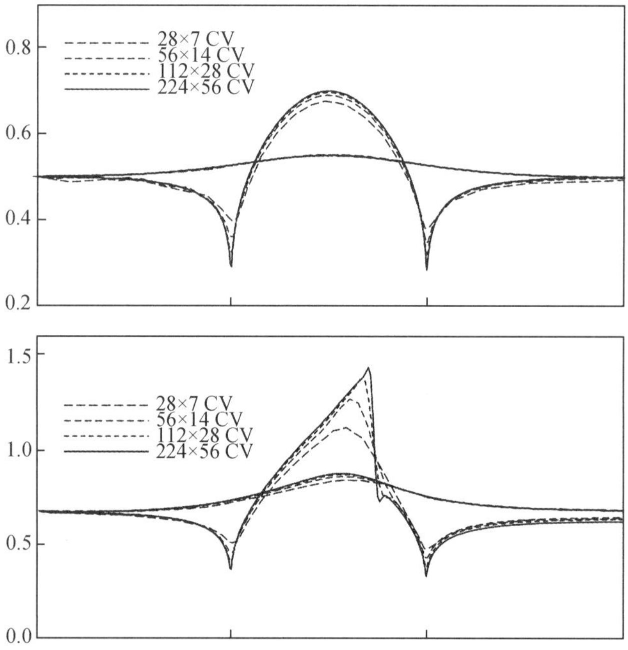

图 11.3 沿下壁和上壁的预测马赫数分布,无黏性流通过下壁有圆弧凸起的通道:$Ma_{in}=0.5$ 的亚音速流(上;95% CDS,5% UDS),$Ma_{in}=0.675$ 的跨音速流(中;90% CDS,10% UDS),$Ma_{in}=1.65$(下;90% CDS,10% UDS)处的超音速流;引自 Lilek(1995)

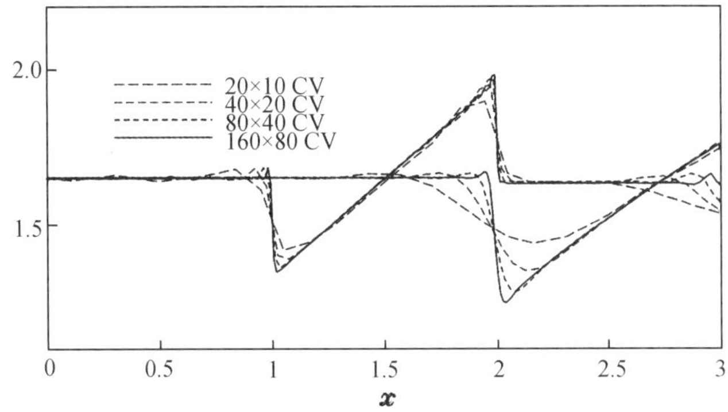

图 11.3(续)

在图 11.4 中,使用所有单元面量的纯 CDS 显示了超音速情况下的马赫数轮廓。

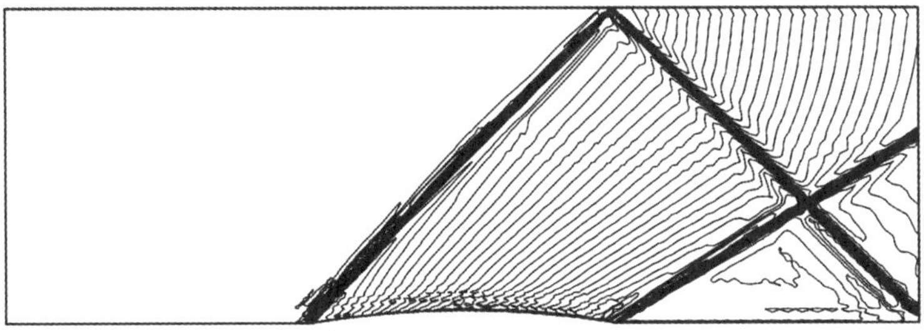

图 11.4 超音速无黏性流通过下壁圆弧凸起通道的预测马赫数轮廓线(160×80CV 网格,100% CDS 离散化);引自 Lilek(1995)。

在这种情况下,均匀网格上系数 A_P 为零;即使在方程中存在冲击且没有扩散项的情况下,延迟修正方法也可以获得纯 CDS 的解。该求解方案包含更多的振荡,但是振荡得到了更好的求解。

下面介绍了将压力修正方法应用于高速流动的另一个应用实例。图 11.5 中显示了几何形状和边界条件。它代表了一个平面、对称的收敛/发散通道的上半部分。在入口处,指定了总压力和焓;在出口处,所有的量都是外推的。黏度设置为零,即求解欧拉方程。使用了五个网格:最粗的有 42×5 个控制体,最细的有 672×80 个控制体。

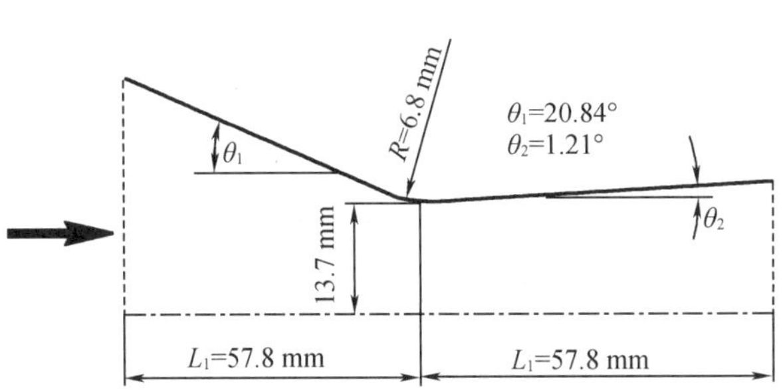

图 11.5 可压缩通道流动的几何形状和边界条件

图 11.6 中显示了恒定马赫数的线条。由于几何形状的变化,流动无法加速,因此在喉部后面会产生冲击波。冲击波从壁面和对称平面反射两次后,通过出口截面出去。

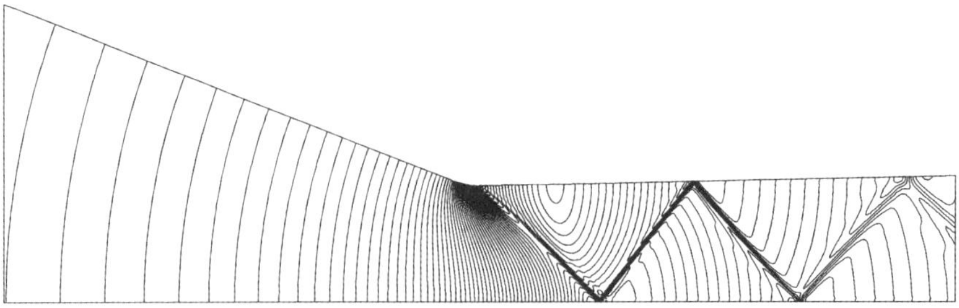

图 11.6　可压缩通道流的马赫数轮廓(从入口处的最小 $Ma=0.22$ 到最大 $Ma=1.46$,步长 0.02);引自 Lilek(1995)。

在图 11.7 中,将计算沿通道壁的压力分布与 Mason 等人(1980)的实验数据进行了比较。所有网格方案上的结果都被展示了出来。在最粗的网格上,解是振荡的;在其他网格上是非常平滑的。如同前面的例子,冲击的位置不随网格的细化而改变,但随着网格的细化,陡度会提高。除了出口附近的网格相对较粗之外,其他地方的数值误差都很低;两个最细的网格上的结果几乎无法区分出来。与实验数据符合得也相当好。

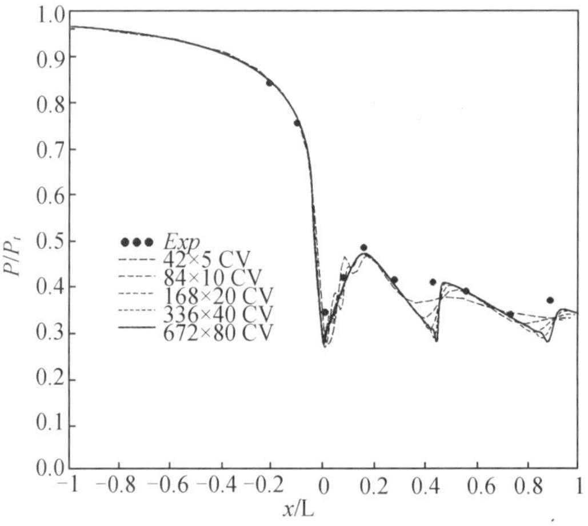

图 11.7　比较预测的(Lilek 1995)和测量的(Mason 等人 1980)沿渠道壁的压力分布的对比

本节介绍的求解方法随着马赫数的增加而趋于快速收敛(除非 CDS 的贡献大到在冲击处出现强烈的振荡;在大多数应用中大约是 90%~95%)。在图 11.8 中显示了该方法在 $Re=100$ 时求解层流不可压缩流的收敛情况,以及在 $Ma=1.65$ 时解决通道中凸起(图 11.4)的超声速流的收敛情况。两种流动使用相同的网格和亚松弛因子。在可压缩情况下收敛速度几乎是恒定的,但在低雷诺数的不可压缩情况下,随着误差减小收敛速度会降低。在非常高的马赫数下,随着网格的细化,计算时间几乎随着网格点的数量线性增加(指数约为 1.1,而在不可压缩流的情况下约为 1.8)。然而,正如我们将在第 12 章中证明的那样,使用多重网格方法可以显著提高椭圆问题方法的收敛性,从而使该方法非常有效。该方法的可压缩形式适用于稳态和非稳态流动问题。

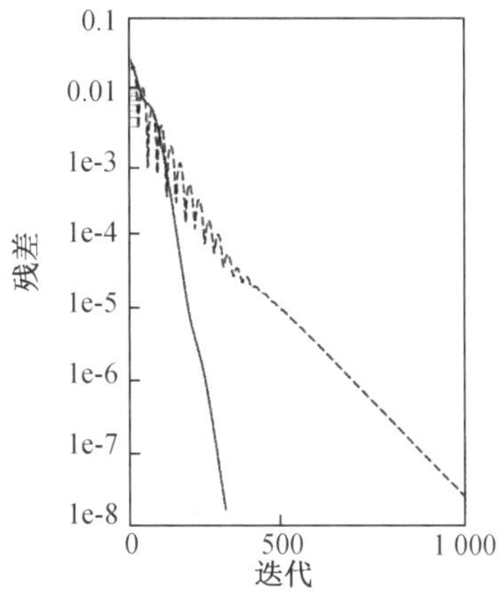

图 11.8 *Re* = 100 时层流和 Ma_{in} = 1.65 时超音速流在通道凸起处的压力修正方法的收敛性（160×80 控制体网格）；引自 Lilek（1995）。

为了达到最终的精确性，我们应该在冲击附近局部进行网格细化，因为该处的剖面斜率会突然发生改变。应用局部网格细化的方法和在何处细化网格的标准将在第 12 章中描述。另外，CDS 和 UDS 的混合应该在局部应用，只在冲击附近，而不是像上述应用那样在全局应用。决定 UDS 和 CDS 混合的位置和数量的标准可以基于解的单调性要求、总变差递减（TVD，见下一节）或其他合适的要求。

11.3 可压缩流计算方法

11.3.1 简介

上述方法是将为计算不可压缩流而设计的方法改编，使其适用于处理可压缩流问题。本书中多次提到，有一些专门用于解决可压缩流的方法。特别是，这些方法可以与第 7 章中描述的人工可压缩性方法结合使用。在本节中，我们将简要介绍其中的一些方法。目的是提供有关这些方法的足够信息，以便与上述方法进行比较。但我们不会详尽地介绍细节信息，不会详细到允许读者根据它们开发代码。开发代码需要单独的书籍；对这种处理方法感兴趣的读者可以参考 Hirsch（2007）和 Tannehill 等人（1977）的文章。

历史上，可压缩流计算方法的发展是分阶段进行的。最初（直到 1970 年左右），只有线性化势流方程被求解。后来，随着计算机能力的提高，人们的兴趣逐渐转移到非线性势流方程上，并在 20 世纪 80 年代，转移到欧拉方程上。在过去的 20 年里，黏性流动或纳维-斯托克斯方程（在大多数情况下是 RANS 方程，因为高雷诺数保证了流动是湍流的）的方法已成为研究的重点。

如果有一个贯穿这些方法的主题，那就是需要认识到方程是双曲型的。因此具有真实性的特征，关于解的信息沿着这些特征以有限的速度传播。另一个本质问题（由特征的存在引起）是可压缩流方程支持冲击波和其他类型的不连续的解。非黏性流动中的不连续性是突出的，但当黏度非零时不连续性的限度是有限的。遵守这些属性是很重要，因此在大多数方法中都会明确考虑到这一点。

这些方法主要应用于飞机、火箭和涡轮叶片的空气动力学。由于速度很高，显式方法需要使用非常小的时间步长，效率很低。此时，隐式方法将发挥作用，且这种隐式方法已经被开发出来。然而，大多数使用的方法是显式的。

11.3.2 不连续性

处理不连续性的需求引发了其他的一些问题。我们已经看到，在试图获得解中任何类型的快速变化时，离散方法可能会产生包含振荡或“摆动”的结果。当使用非耗散离散（基本上包括所有中心差分方案）更容易出现这种情况。一个冲击（或任何其他不连续性）代表了一个快速变化的解的极端情况，因此对离散方法提出了终极挑战。可以证明，当解包含不连续点时，没有任何高于一阶的离散方法可以保证单调的解（Hirsch 2007，第 8.3 节）。由于使用中心差分方法（或其在有限体积方法中的等效方法）可以获得最佳的精度，所以许多现代可压缩流动方法除了在不连续点附近应用特殊迎风方法外，在其他任何地方都使用中心差分。

这些都是在设计可压缩气流的数值方法时必须面对的问题。我们现在以一种非常普遍和表面的方式，来审视为处理这些问题而提出的一些方法。

最早的方案是基于显式方法和中心差分。其中最引人注目的是 MacCormack（2003）的方法（1969 年的重印本），现在该方法仍在使用。为了避免这类方法中冲击处的振荡问题，有必要在方程中引入人工耗散。通常的二阶耗散（相当于普通的黏性）会使解在任何地方变得平滑，因此需要一个对冲击处快速变化更敏感的附加项。四阶耗散项，即包含速度四阶导数的附加项，是最常见的附加项，但也有使用高阶项的。

第一个有效的隐式方法是由 Beam 和 Warming（1978）开发的。他们的方法基于 Crank-Nicolson 方法的近似因式分解，可以认为是第 5 章和第 8 章中提出的 ADI 方法的扩展。与 ADI 方法一样，该方法具有收敛到稳定解的最佳时间步长。再次使用中心差分法需要在方程中加入一个明确的四阶耗散项。

最近，人们对更复杂的迎风格式产生了兴趣。目标始终是产生一个定义明确的不连续点，同时又不对解的平滑部分引入过多的误差。实现此目的的一种方案是 Steger 和 Warming（1981）的通量矢量分割方法，对其提出了许多修改和扩展。其想法是将通量（因为应用是欧拉方程，这意味着动量的对流通量）局部分割成沿着方程的各种特征流动的分量。通常，这些通量沿不同方向流动。然后通过适合其流动方向的迎风方法处理每个通量。由此产生的方法相当复杂，但迎风法在不连续处提供了稳定性和平滑性。

11.3.3 限制器

接下来，我们提到了一类使用限制器来提供平滑和准确求解的方案。其中最早的（也是最容易解释的）是 Boris 和 Book（1973）的通量修正传输（FCT）方法；另见 Kuzmin 等人（2012）。在该方法的一维版本中，可以使用简单的一阶迎风法计算解。可以估计解中的扩散误差（一种方法是使用高阶方案并取差值）。然后从解中减去这个估计的误差（所谓的反扩散步骤），但仅以不产生振荡为限。在 Kuzmin 等人（2012）指出，Zalesak（1979）将 FCT 扩展到多维形式，Parrott 和 Christie（1986）将 FCT 推广到非结构网格的有限元。

更为精细化的方法是基于相似的想法,这种方法通常被称为通量限制器;在第4.4.6节中我们给出了一些替代方法。作为提示,其概念是将进入控制体的守恒量的通量限制在一个不会在该控制体中产生该量的局部最大或最小的水平上。在总变差递减(TVD)格式中,这些方法中最常用的类型之一是减少质量 q 的总变差,其定义是:

$$TV(q^n) = \sum_k |q_k^n - q_{k-1}^n| \tag{11.30}$$

其中 k 是网格点指数,通过限制通过控制体积的量的通量。

这些方法已被证明能够在一维问题中产生清晰的冲击。在多维问题中应用它们的显著方法是在每个方向上使用一维型式。这并不完全令人满意,原因与使不可压缩流动的迎风方法在多个维度上不精准的原因类似;这个问题在第4.7节中讨论过。

TVD格式减少了不连续附近的近似阶数。它们在不连续处本身为一阶,因为这是唯一能保证产生单调解的近似。该方案的一阶性质意味着引入了大量的数值耗散。另一类称为本质无振荡(ENO)的方案已被开发(参见第4.4.6节中的上下文)。它们不要求单调性,而是在不连续附近使用不同的计算单元或形状函数,而不是降低近似的阶数;使用单边模版来避免跨越不连续处的内插。

在加权ENO方案(WENO)中,几个模板被定义并检查由它们产生的振荡;根据检测到的振荡类型,使用权重因子来定义最终的形状函数(通常称为重构多项式)。为了提高计算效率,模板的数量应该少且紧凑,但是为了在保持高阶近似的同时避免振荡,需要在方案中使用大量的邻域。对大气边界层流动和冲击的研究表明,由于WENO方案在大梯度的情况下是耗散的,因此改变平流方案会导致结果发生显著变化。Fu等人(2016,2017)用所谓的"目标ENO方案"的方法来解决这个问题。例如,这些产生优化的高阶(如六阶或八阶)方案具有更低的耗散,冲击附近有更好的表现。

Abgrall(1994)、Liu等人(1994)、Sonar(1997)和Friedrich(1998)等人描述了非结构化自适应网格的复杂非振荡方法。这些方案在隐式方法中很难实现;在显式方法中,它们增加了每个时间步长的计算时间,但精度和缺乏振荡通常可以补偿较高的成本。

最后需要提到的是,尽管多重网格法是为求解椭圆方程而设计的,但它已被成功地应用于可压缩流动问题。

11.3.4 预处理

还要注意的是,刚刚描述的大多数的新方法都是显式的。这意味着可以与它们一起使用的时间步长(或有效等效项)存在限制。像往常一样,限制采用Courant条件的形式,但由于存在声波,它修改后的形式为:

$$\frac{|u \pm c|\Delta t}{\Delta x} < \alpha \tag{11.31}$$

其中 c 是气体中的声速,像往常一样,α 是一个参数,取决于所使用的特定时间推进方法。

对于仅可轻微压缩的流动,即 $Ma = u/c \ll 1$,此条件简化为:

$$\frac{c\Delta t}{\Delta x} < \alpha \tag{11.32}$$

这比Courant条件限制性更强:

$$\frac{u\Delta t}{\Delta x}<\alpha \tag{11.33}$$

这通常适用于不可压缩的流动。因此,可压缩流动的方法在轻微可压缩流动的限制下往往变得非常低效。上面介绍的压力修正方法似乎对于不可压缩和可压缩、稳态和非稳态流动都非常有效。这就是为什么它们大多被用于通用的商业代码中,旨在实现从不可压缩流到高度可压缩流的广泛应用。

还有一些方法最初是为可压缩流开发的,然后扩展到处理所有马赫数的流动。正如第 11.1 节所指出的,控制方程在低马赫数下在数值上变得非常稳定。为了解决这个问题,我们可以使用预处理(这个概念在第 5.3 节中讨论过)。我们简要介绍一下这种方法在两个商业代码中实施的主要思想;更多的细节可以在 Weiss 和 Smith(1995)和 Weiss 等人(1999)中找到。该方法使用了时间导数的预处理,以便适用于不可压缩流;该方法是由 Turkel(1987)首次提出的。考虑了守恒方程组和以压力 p,笛卡尔速度分量 u_i 以及温度 T 为解变量的耦合系统。将这些项与耦合方程组中的时间导数相乘的预处理矩阵 $\boldsymbol{K}$ 定义为:

$$\boldsymbol{K}=\begin{bmatrix} \theta & 0 & 0 & 0 & \dfrac{\partial\rho}{\partial T} \\ \theta u_x & \rho & 0 & 0 & u_x\dfrac{\partial\rho}{\partial T} \\ \theta u_y & 0 & \rho & 0 & u_y\dfrac{\partial\rho}{\partial T} \\ \theta u_z & 0 & 0 & \rho & u_z\dfrac{\partial\rho}{\partial T} \\ \theta h-\delta & \rho u_x & \rho u_y & \rho u_z & h\dfrac{\partial\rho}{\partial T}+\rho c_p \end{bmatrix} \tag{11.34}$$

密度对温度的导数是在恒定压力下取的。对于理想气体,可以得到。

$$\left(\frac{\partial\rho}{\partial T}\right)_p=-\frac{p}{RT} \tag{11.35}$$

并且 δ 设置为 1,而对于不可压缩流体,这两个量都设置为 0。最重要的参数是 θ 被定义为:

$$\theta=\frac{1}{U_r^2}-\frac{\partial\rho/\partial T}{\rho c_p} \tag{11.36}$$

其中 U_r 代表参考速度。选择它以使系统关于对流和扩散时间尺度的特征值保持良好状态,即缩放它们以消除方程的刚性。这是通过限制 U_r 的方式来实现的,它在任何地方的值都不低于局部对流或扩散速度:

$$U_r=\max\left(|\boldsymbol{v}|,\frac{\nu}{\Delta x},\varepsilon\sqrt{\delta p/\rho}\right) \tag{11.37}$$

并且出于数值稳定性的原因选择第三个极限值(特别是由于停滞点/线区的原因;通常被设定为 10^{-3})。x 是基于网格间距的扩散的局部长度尺度。对于可压缩流,U_r 还受到当地声速 c 的限制。

使用有限体积法并进行二阶空间离散,用于将变量插值到单元表面质心的单元中心梯度是有限的,为了避免振荡,采用了 Barth 和 Jespersen(1989)建议的方法。

时间导数的预处理破坏了时间精度，因此该方法仅适用于稳态问题，只有最终解有意义，即：当时间导数变成等于零时，预处理不会造成任何影响。如果需要对瞬态问题进行时间精确的求解，就必须使用双重时间步进。然后，我们从非定常流动的控制方程组开始。它们都有一个相对于“物理时间”的导数项；此外还有一个相对于伪时间的预处理时间导数。对于每个物理时间步，在伪时间中执行几个步骤，直到解停止变化（即在伪时间中达到稳定状态，预设的时间导数归零，并恢复原始方程）。

伪时间的步骤对应于前面描述的连续压力修正方案中的外部迭代。对伪时间的积分采用一阶隐式欧拉方案，因为它允许大的时间步长，而且对伪时间的精度没有要求。当求解瞬时流动问题时，需要根据精度要求选择物理时间步长；使用的方案通常是二阶的，例如，具有三个时间层次的隐式逆向方案或 Crank-Nicolson 方案。

稳态不可压缩流动问题，如第 8 章和第 9 章中提出的问题，如果选择伪时间步长使得库朗数非常大（在 1000 和 10000 之间），则可以使用这种耦合求解器能非常有效地求解。如果规定了较小的时间步长，则该方法不是很有效。商业准则通常提供介于 1 和 10 之间的库朗数的默认值，这很少是最优值。难点是库朗数的最大可用值（通常提供最高效率）是与问题相关的，并且可以变化几个数量级。

上述耦合求解器的效率（对于不可压缩和可压缩流动）很大程度上取决于使用代数多重网格方法（参见第 6 节）来求解线性化耦合方程。更多细节和一些说明性应用示例可以在 Weiss 等人（1999）中找到。

11.4 应用评价

可压缩流文献中包含丰富的应用和论文，可以把高阶方法、大涡模拟和壁面建模等结合起来。我们在此对其中一些进行评论。

Moin 等人（1991 年）是最早开展对可压缩流和标量进行大涡流模拟的工作之一。除了使用动态 SGS 模型（参见第 10. 3. 3. 3 节）外，他们还根据 Favre 滤波（密度加权）变量重新构建了控制方程。正如 Bilger（1975）所指出的，这种平均法“使连续性方程精确，并消除了涉及湍流通量的密度波动的双重关联”。Farve 滤波的变量定义为：

$$\bar{u}_i = \frac{\overline{\rho u_i}}{\bar{\rho}} \tag{11.38}$$

其中上划线表示 RANS 或 LES 平均化。除了存在平均密度和具有时间导数的连续性方程外，得到的控制方程看起来非常像不可压缩的 RANS 或 LES 方程。标准解法是适用的，且衰减各向同性湍流和通道流动的结果良好。Garnier 等人（2009）在第 2. 3. 6 节讨论了 Favre 滤波（注意到大多数作者都使用了这种变量变化），而 Moin 等人（1991）详细介绍了动量和标量方程的发展。

有一个活跃的研究领域是预测喷气发动机排气的噪音。这引入了声学传播和对离散化和边界条件的新约束。Bodony 和 Lele（2008）回顾了使用大涡模拟对喷气机噪声的预测，不过此后已经进行了改进。Brès 等人（2017）使用非结构网格代码将 LES 应用于超音速喷气机。Housman 等人（2017）使用带有混合 RANS/LES 模型的重叠网格（参见第 9. 1. 3 节）来研究喷气机噪声，作为开发静音超音速公务机的重点工作的一部分。Brehm 等人（2017）

使用隐式 LES(参见第 10.3.2 节)和改进的六阶冲击捕获 WENO 方案(第 11.3 节)来研究通过撞击超音速喷气机产生的噪声,作为 NASA 关于发动机噪声屏蔽以减少社区噪声项目的一部分。关于流动产生的声音的预测和高速流动的数值方法的概述文章可以在 Wang 等人(2016)和 Pirozzoli(2011)找到。

最后,我们注意到 Le Bras 等人(2017)在检测壁面边界的可压缩流时,将高阶数值方案(例如六阶收敛方案;见第 3.3.3 节)、基于涡流黏度的 SGS 模型、壁面模型(使用 Reichardt 1951(速度)和 Kader 1981(温度)分析法;参考第 10.3.5.5 节)相结合。

NASA 湍流建模资源(NASA TMR 2019)提供了在可压缩 RANS 方程中嵌入湍流模型的指导。

第 12 章　效率和精度的提高

12.1　简　　介

12.1.1　网格和流量特征的分辨率

本章从数值方法的角度讨论计算效率和准确性。作为介绍，我们简单地研究流动物理学背景下数值解的准确性，即数值解是否准确地代表了流动物理学？清楚地了解模拟的目标很重要；特别是，流物理学究竟是要表现或推导出什么？物理学知识（通过从理论、流动观察、量纲分析等方面获得）帮助我们定义所需的网格分辨率。在第 10 章，我们展示了围绕球体流动的模拟。很明显，对于一个给定的结构，阻力系数对网格的分辨率并不敏感，但是增加一个绊网有很大的影响（减少 50%以上的阻力）。另一方面，当光滑球体周围的网格被细化时，流动分离附近的小涡流的细节发生了变化。例如，如果我们关注的是热传递，那么那里的局部流动变化很可能是我们感兴趣的。显然，我们需要了解模拟在捕获感兴趣的流动物理特性方面的成功率。

预测的流动物理特性会受到网格分辨率的强烈影响。Rayleigh-Benard 对流（限制在两个水平板之间的流体从下方加热）提供了一个示例。在这种流动中，临界瑞利数表示导致从单元传导到对流的转变的初始不稳定性，其波长约为实验或直接数值模拟两板之间间距的两倍。然而，在模拟中，如果网格的分辨率与板间距数量级相同，则无法正确表示初始不稳定性；事实上，使用线性稳定性理论来估计初始波长，我们可能会选择波长的十分之一量级的网格间距。Zhou 等人（2014）研究了对流大气边界层，证明初始不稳定结构的大小和“临界”湍流瑞利数取决于“网格间距而不是流动的自然状态”。实际上，我们在模拟中看到的（或能从模拟中解释的）流动物理学取决于网格对真实流动现象的解析程度；如果分辨率不够，我们看到的就与现实中（自然界或实验中）的情况不同。

Bryan（2007）和 Bryan 等人（2003）提出了网格大小对预测流动物理学影响的准确论证。他们报告了在 LES 模式下使用非流体静力可压缩代码（与 WRF（天气研究和预报）模型中使用的相同求解器）对穿越风暴天气前沿的深层潮湿对流进行的模拟（参见第 10.3.3 节）；该区域沿前缘长 128 km，宽 512 km，高 18 km。对于 20 m/s 的风速穿过前沿，他们在图 12.1 中展示了地面以上 5 km 和模拟 6 h 的垂直速度的结果。结果令人吃惊，上升气流和下降气流（即云层形式）的数量和大小在达到 125 m 之前强烈依赖于网格分辨率；Bryan 用能谱图（图 12.2）表明流动在 125 m 处得到了合理的解析。在该图中，再次令人吃惊的是，对于较大的网格间距，最活跃的涡流的大小是由网格大小而不是流动物理驱动的。事实上，随着网格大小的增加，最有能量的上升气流大小逐渐扩大为网格大小的六倍！对这种情况进行粗略分析，假设在这种情况下对流单元的直径 2 km（基于现场数据），导致对已解决的 LES 来说建议的水平网格分辨率为 O(100-200 m)，这与 Bryan 的详细网格分辨率研究一致;也可参考 Matheu 和 Chung(2014)。

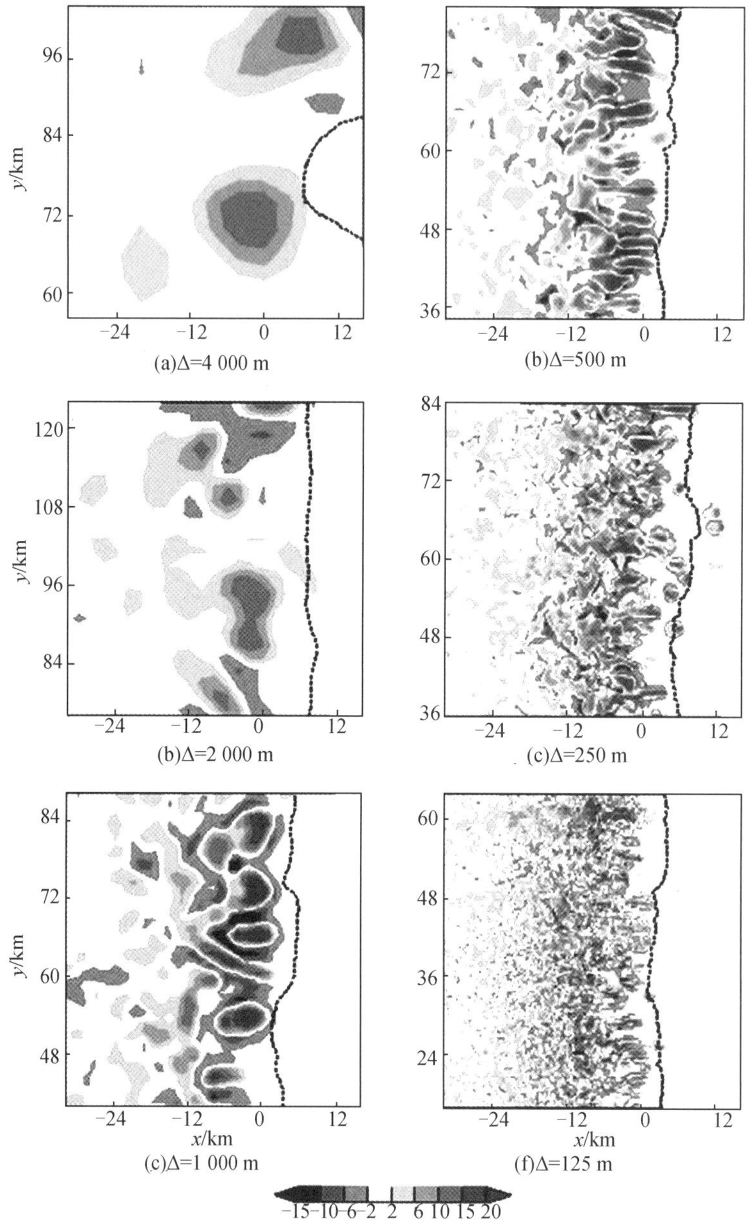

图 12.1　垂直速度(m/s)5 km AGL(地面以上)和 6 h 进入天气前沿模拟的彩色图,显示网格间距( )从 4 km 到 125 m。虚线轮廓标志着地表阵风前沿。由国家大气研究中心的 George Bryan 提供

总而言之,加密和提高模拟的网格通常会提高精度。然而,它也可能导致模拟流动物理特性发生根本性变化。理解预期的流动物理特性可以指导正确的模拟。

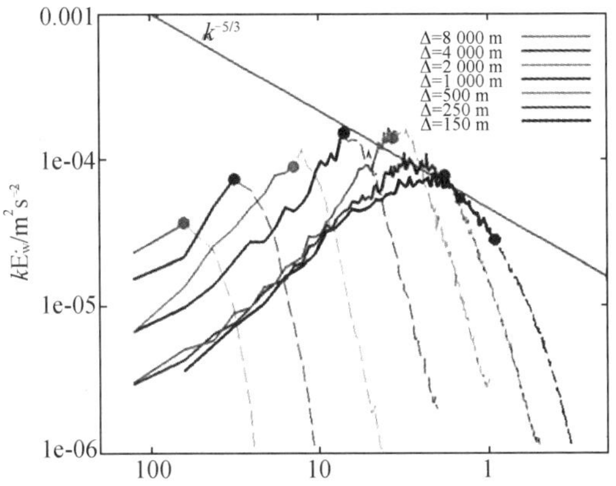

图 12.2　5 km AGL 处的垂直速度谱,在天气前沿模拟中网格间距( )间距从 8 km 到 125 m。这里 κ 是波数。虚线大约在网格间距波长处终止。由国家大气研究中心的 George Bryan 提供

12.1.2　组织

衡量一个求解方法效率的最好方法是达到预期精度所需的计算量。有几种方法可以提高 CFD 方法的效率和准确性;我们将介绍三个非常普遍的方法,可以应用于前面章节中描述的任何解决方案。

12.2　误差分析与估计

在第 2.5.7 节中已经简要地讨论了在流体流动问题的数值解中不可避免的各种类型的误差。这里我们对各种类型的误差进行了更详细的讨论,并讨论如何估计和消除这些误差。代码和模型的验证事宜也将被讨论。

12.2.1　误差描述

12.2.1.1　建模误差

流体流动和相关过程通常由代表基本守恒定律的积分或偏微分方程来描述。这些方程可以被认为是问题的数学模型。虽然纳维-斯托克斯方程可以被认为是精确的,但对于大多数工程感兴趣的流动来说,是不可能求解它们的。如果要直接模湍流,对计算机资源要求非常高;其他现象(如燃烧、多相流、化学过程等)很难准确描述,且不可避免地需要引入建模近似。尽管牛顿定律和傅里叶定律是基于对许多流体的实验观察,但它们本身只是模型。

即使基础数学模型几乎是精确的,流体的一些属性也不能精确地知道。所有的流体属性都十分依赖于温度、物种浓度以及可能的压力;这种依赖性经常被忽视,从而引入了额外的建模误差(例如,对自然对流使用 Boussinesq 近似,在低马赫数的流动中忽视了压缩性效应,等)。

这些方程需要初始和边界条件,这些条件往往难以具体说明。在其他情况下,由于各种原因,我们不得不对它们进行近似处理。通常情况下,本应是无限的求解域被视为有限的,并且应用了人为边界条件。我们常常不得不对求解域入口处的流动以及横向和出口处的边界的流动做出假设。因此,即使控制方程是精确的,在边界所做的近似也会影响解的结果。

最后,几何结构可能难以准确描述;我们常常不得不忽略一些难以生成网格的细节。许多使用结构化或块状结构网格的代码在不简化几何形状的情况下无法应用于非常复杂的问题。

因此,即使我们能够准确地求解方程并指定边界条件,但由于模型假设中的误差,结果也不能准确地描述流动。因此,我们将建模误差定义为实际流量与指定几何形状、流体特性以及初始和边界条件的数学模型的精确解之间的差异。

12.2.1.2 离散化误差

此外,我们很少能够准确地求解控制方程。每种数值方法都会产生近似解,因为必须进行各种近似以获得可以在计算机上求解的代数方程组。例如,在有限体积法中,必须对表面和体积积分、中间位置的变量值和时间积分采用适当的近似。显然,空间和时间离散元素越小,这些近似值就越准确。使用更好的近似值也可以提高准确性;然而,这不是一件小事,因为更精确的近似值更难编程,需要更多的计算时间和存储空间,并且可能难以应用于复杂的几何图形。通常,在编写代码之前选择近似值,因此空间和时间网格分辨率是用户控制精度的唯一参数。

相同的近似值在流动的一部分可能非常准确,但在其他地方则不准确。均匀的间距(无论是在空间上还是在时间上)很少是最佳的,因为流动可能在空间和时间上局部变化很大;在变量变化很小的地方,误差也会很小。因此,对于相同数量的离散元素和相同的近似值,结果中的误差可能相差一个数量级或更多。由于计算量与离散元素的数量成正比,因此它们的正确分布和大小对于计算效率(实现规定精度的成本)至关重要。

我们将离散化误差定义为控制方程的精确解与离散近似的精确解之间的差异。

12.2.1.3 迭代误差

离散过程通常产生一组耦合的非线性代数方程。这些方程通常被线性化,线性化方程也用迭代方法求解,因为直接求解通常成本太高。

任何迭代过程都必须在某个阶段停止。因此,我们必须定义一个收敛标准来决定何时停止该过程。通常,迭代会持续直到残差水平减少到特定数量为止;这相当于将误差减少了类似的数量。

即使求解过程是收敛的并且我们迭代足够长的时间,我们也永远无法获得离散方程的精确解;由于计算机的有限算术精度而导致的舍入误差将提供误差的下限。幸运的是,直到解的误差接近计算机的算术精度,舍入误差才成为问题,这比通常需要的精度要高得多。

我们将迭代误差定义为离散方程的精确解和迭代解之间的差值。尽管这种误差与离散本身无关,但将误差减小到给定大小所付出的努力会随着离散元素数量的增加而增加。因此,必须选择最佳迭代误差水平—与其他误差相比足够小(否则无法评估),但又不能太小(因为成本会比必要的大)。

12.2.1.4 编程与用户误差

人们常说所有计算机代码都有误差,这种说法可能是真的。尝试消除它们是代码开发人员的责任;这是我们将要讨论的一个问题。通过研究代码很难定位编程误差——更好的方法是设计测试问题,在这些问题中可能会出现由错误引起的误差。在将代码应用于常规应用程序之前,必须仔细检查测试计算的结果。应该检查代码是否以预期的速率收敛,误差是否以预期的方式随着离散元素的数量而减少,并且该解是否与通过分析或由另一个代码产生的公认解一致。

代码的一个关键部分是边界条件的实施。必须对结果进行检查,看应用的边界条件是否真的得到满足;发现不满足边界条件的情况是很正常的。Perić(1993)讨论了一个与自然对流中的绝热边界有关的问题。另一个常见的问题来源是紧密耦合项的近似值不一致;例如,在一个静止的气泡中,自由表面上的压力下降必须由表面张力平衡。已知有解析解的简单流动对计算机代码的验证非常有用。例如,可以通过移动内部网格,同时保持边界固定,并使用静止流体作为初始条件来检查使用移动网格的代码;流体应保持静止,不受网格运动的影响。

解的准确性不仅取决于离散方法和代码,也取决于代码的使用者;即使是好的代码,也很容易得到不好的结果!尽管大多数用户的错误导致的误差都属于上述三类中的一类,但重要的是要区分系统性误差和可避免的误差,前者是方法中固有的,后者是由于代码中的错误或不适当或不恰当的使用代码。

许多用户误差是由于输入数据不正确造成的;通常只有在进行了多次计算之后才能发现误差——有时甚至永远找不到!当使用方程的无量纲形式时,经常出现的误差是由于几何缩放或参数选择造成的。另一种用户误差是由于数值网格不佳造成的(网格点分布不适当可能会使误差增加一个数量级或更多,或者根本无法获得解决方案)。

12.2.2 误差估计

每个数值解都含有误差;重要的是要知道这些误差有多大,以及它们的水平在特定的应用中是否可以接受。可接受的误差水平可以有很大的不同。在一个新产品早期设计阶段的优化研究中,只有定性分析和系统对设计变化的反应是重要的,这可能是一个可以接受的误差,但在另一个应用中可能是灾难性的。

因此,知道解对特定应用有多好,与首先获得解一样重要。特别是在使用商业代码时,用户应尽可能集中精力对结果进行仔细的分析和对误差进行估计。这对初学者来说可能是一个很大的负担,但一个有经验的 CFD 从业者会按部就班地这样做。

误差分析应该按照与上面介绍的误差顺序相反的顺序进行。也就是说,首先应该从估计迭代误差(可以在一次计算中完成)开始,然后是离散化误差(需要在不同的网格上至少进行两次计算),最后是建模误差(需要参考数据和可能的多次计算)。其中每一个误差都应该比它前面的一个小一个数量级,否则后面的误差估计将不够准确。

12.2.2.1 迭代误差估计

由于纳维-斯托克斯方程是非线性的,我们有两个迭代循环(图7.6):用于求解特定变量的线性化(也可能是解耦的)方程组的内迭代,和用于更新线性方程组系数和方程右侧系数的外迭代。

从计算效率的角度来看,知道何时停止迭代过程至关重要。对于内部迭代,迭代过多没有意义,因为矩阵系数和方程右侧需要更新很多次,才能正确求解非线性耦合方程组。在大多数情况下,在系数更新之前将残差水平降低一个数量级就足够了;迭代更长的时间不会减少所需的外部迭代次数,而只会导致更长的计算时间。另一方面,如果内部迭代停止得太快,将需要更多的外部迭代,从而再次增加计算工作量。通常,最优值取决于具体的问题。

控制外部迭代更为关键:当矩阵系数和右侧的更新导致解的变化可以忽略不计时,离散的非线性方程得到了适当的求解。根据经验,外部迭代误差(有时也称为收敛误差)应至少比离散误差低一个数量级。迭代到舍入级别是没有意义的;对于大多数工程应用,任何变量中三到四位有效数值相对精度(与参考值相比的误差)已经绰绰有余。

有许多估计这些误差的方法;Ferziger 和 Perić(1996)详细分析了其中的三种方法;也可参见第5.7节。可以证明,除了在迭代的初始阶段,误差的减少率与残差和连续迭代之间的差异减少率相同。这在图8.9中得到了验证:残差准则、连续迭代间的差值准则、估计误差和实际迭代误差的曲线在一些迭代之后都是平行的。注意,对于外迭代,使用线性化方程的当前解和更新的矩阵系数和方程右侧计算的残差是相关的(即在新的内迭代循环开始时计算的残差)。解的相关差值是通过减去两个连续循环的最后一次内迭代的值得到的。

因此,如果知道计算开始时的误差级别(如果从零域开始,就是解本身;如果是粗略但合理的猜测,则略低一些),那么就可以确信,如果残差(或两个迭代之间的差异)的常数已经下降了3-4个数量级,则误差将下降2-3个数量级。这将意味着前两个或三个最重要的数字在进一步的迭代中不会发生变化,因此,解的准确性在0.01-0.1%之内。

上述声明适用于稳态问题的求解。在求解非稳态问题时,迭代误差的估计要复杂一些。在显式方法的情况下,只需要保证压力或压力修正方程求解到足够严格的误差,保证质量守恒方程得到充分满足;将残差减少三个数量级通常就足够了。在隐式方法的情况下,如果时间步长非常小(如LES模拟中的情况),可能不需要对外部迭代要求如此严格的标准,因为解从一个时间步长到另一个时间步长变化不大,因此在每个时间步长内减少三个数量级的残差水平可能是一种过度的行为。在这种情况下,3~5次外迭代可能足以更新非线性和耦合效应。在任何新的应用领域,最好测试改变收敛标准的效果,以确保迭代误差足够小。

一个常见的误差是看连续的迭代之间的差异大小,当它们的差异不超过某个小数字时就停止计算。然而,差异可能很小,因为迭代正在缓慢收敛,而迭代误差可能很大。为了估计误差的大小,我们必须对连续迭代之间的差值进行适当的归一化处理;当收敛缓慢时,归一化系数就会变大(见第5.7节)。另一方面,要求差值的范数下降三到四个数量级通常是一个安全的标准。由于大多数CFD方法中的线性方程求解需要计算残差,最简单的做法是监测它们的范数(绝对值之和或平方之和的平方根)。

在离散误差较大的粗网格上,可以允许较大的迭代误差;精细网格需要更严格的误差。

如果收敛标准是基于残差总和而不是基于每个节点的平均残差，就会自动考虑到这一点，因为总和会随着节点数的增加而增长，从而使收敛标准更加严格。

当一个新的代码被开发出来，或者一个新的功能被添加进来的时候，我们必须毫无疑问地证明求解过程确实收敛了，直到残差达到舍入水平。很多时候，缺乏这样的收敛表明存在错误，特别是在边界条件的实施方面。有时，极限值低于声明的阈值，问题可能不会被注意到。在其他情况下，程序可能更早地停止收敛（甚至发散）。一旦所有的新功能都被彻底测试，就可以回到通常的收敛标准。

此外，如果试图为本质上不稳定的问题（例如，流体绕流圆柱，在某一雷诺数下出现了卡门涡街）获得稳定解，则迭代将不会收敛。因为每次迭代都可以解释为伪时间步长（参见第7.2.2.2节），所以过程很可能不会发散，但残差会无限振荡。如果几何形状是对称的，而稳态对称解不稳定（例如，扩散器或突然膨胀；稳态解—层流和雷诺平均—通常是不对称的，一侧有较大的分离区域），通常会发生这种情况。可以通过减少雷诺数或计算一半几何形状的流动、使用对称边界条件或执行瞬态计算来检查这是否是问题所在。特别是在复杂的几何结构中，流动可能在解域的一小部分是局部不稳定的（例如，在汽车的镜子后面）。在这种情况下，残差可能会下降到通常的收敛水平以下，但如果试图进一步减少残差，它们会在某个阶段开始震荡。通常情况下，不稳定性是非常弱的，如果继续进行非稳态计算，积分量（如力、力矩、总热通量等）在时间上可能没有明显的变化，但稳态计算将不会收敛。

在图12.3和12.4显示的一个例子中，当人们试图计算稳态湍流绕流壁面固定的障碍物时，就可能会出现问题。当试图进行稳态计算时，残差在同一（较高）数值附近振荡，且没有任何减少的迹象。当我们在2 000次迭代后切换到瞬态模拟时，对每个新的时间步长的初始阶段，其残差仍然处于较高水平，没有显示出减少的趋势，但在每个时间步长内，外部迭代很好地收敛：每个时间步长只需5次外部迭代，动量方程的残差就下降了两个数量级以上。显然，由于障碍物后面的尾流是不稳定的，导致流动没有一个稳态解，这可以从非对称的速度向量中看出来。

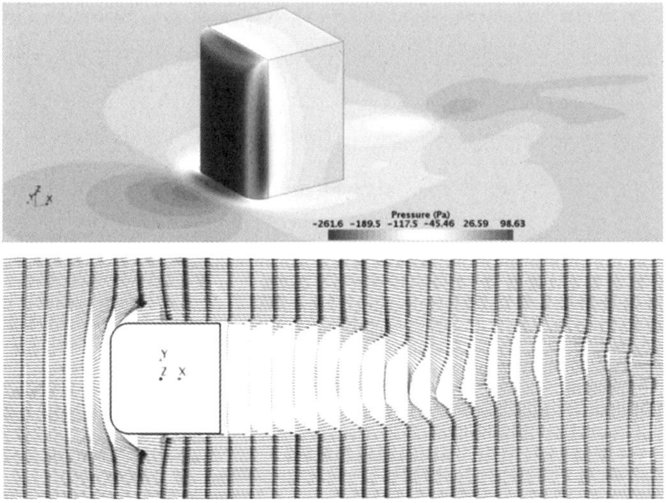

图12.3　模拟壁面固定障碍物周围的流动：来自瞬态模拟的障碍物和底壁的瞬时压力分布（上）和在障碍物中间高度上平行于底部壁面的截面上的速度矢量（下）

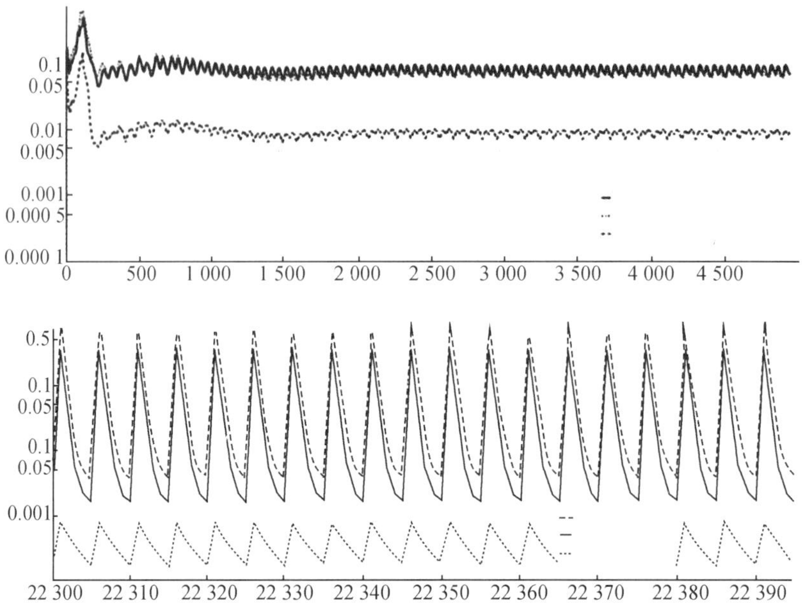

图 12.4　模拟壁面上固定障碍物周围的流动：稳态计算（上）和瞬态模拟（下）中的残差变化

图 12.5 和 12.6 展示了稳态和瞬态模拟中对障碍物的阻力和升力。在稳态计算中，阻力系数在一个值附近振荡，该值远低于瞬态模拟的情况。在这两种情况下，升力都在零附近振荡，但是在稳态计算情况下的幅值几乎比瞬态大了两倍。展示这些图是为了提醒 CFD 代码的用户们：如果稳态计算中的残差开始在高于通常收敛标准的水平上振荡，则控制方程没有解，不应试图从变量的可视化中解释图片，也不应试图对振荡的力求平均。只有切换到瞬态模拟，才能在每个时间步的末尾获得可以从物理上进行解释的控制方程的有效解。力或其他积分参数的振荡既可以求平均（例如，评估平均阻力或传热系数）也可以以其他方式进行处理（例如，获得振荡频率、围绕平均波动的均方根值等）。

当细化网格或从低阶离散方案切换到高阶离散方案时会遇到收敛问题，这种情况并不少见。原因是，当流动的不稳定性较弱时，离散误差可能会引入足够的阻尼（例如，一阶迎风格式的数值扩散）并且迭代可能会收敛到稳态。流动不稳定通常与分离有关，并且只有在网格充分细化后，才会出现小的分离区域（例如，在翼型的吸力侧）。在任何情况下，如果瞬态计算的每个时间步内的外部迭代收敛并且在稳态计算中残差振荡，则流动本质上是不稳定的，应按非稳态计算。如果在瞬态模拟的每个时间步长内，外部迭代没有收敛，原因可能是（i）时间步长过大，（ii）亚松弛系数过高，或（iii）模拟设置存在误差（网格质量、边界条件、流体特性等）。

12.2.2.2　估算离散化误差

只有在比较系统细化的网格上的解时，才能估计出离散误差；详见第 3.11.1.2 和 3.9 节了解更多细节。如前所述，这些误差是由于使用了方程和边界条件中各种项的近似值。对于具有光滑解的问题，近似的质量用阶数来描述，它将近似的截断误差与网格间距联系起来，以一定的幂数来表示；如果空间导数的截断误差与说 $(\Delta x)^p$ 成正比，我们就说近似是 p 阶的。阶数不是对误差大小的直接测量；它表明当间距改变时，误差如何变化。相同量级近似值在特定网格上的误差可能相差一个数量级；另外，低阶的近似值在特定网格上的误差可能比高阶的小。然而，随着间距变小，高阶近似肯定会变得更准确。

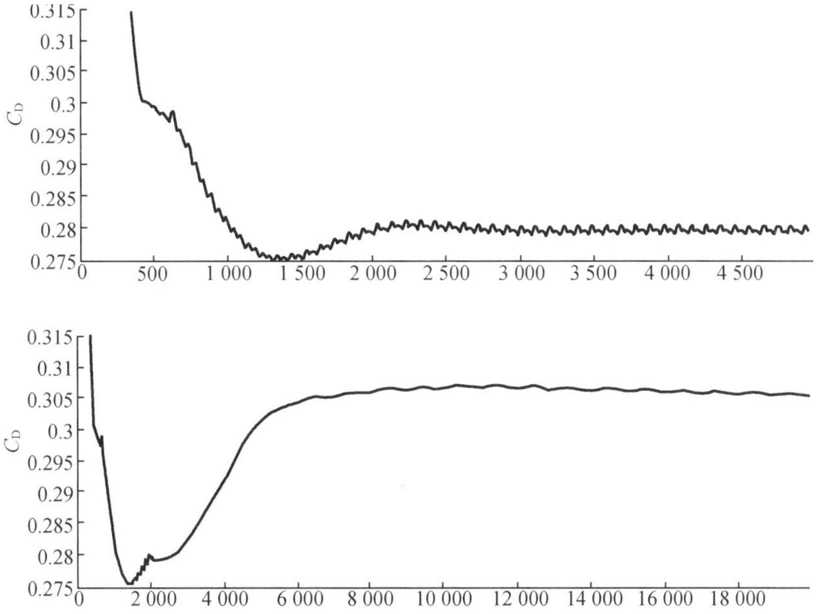

图 12.5　壁面固定障碍物周围流动的模拟：稳态计算（上）和瞬态模拟（下）中阻力系数随迭代的变化

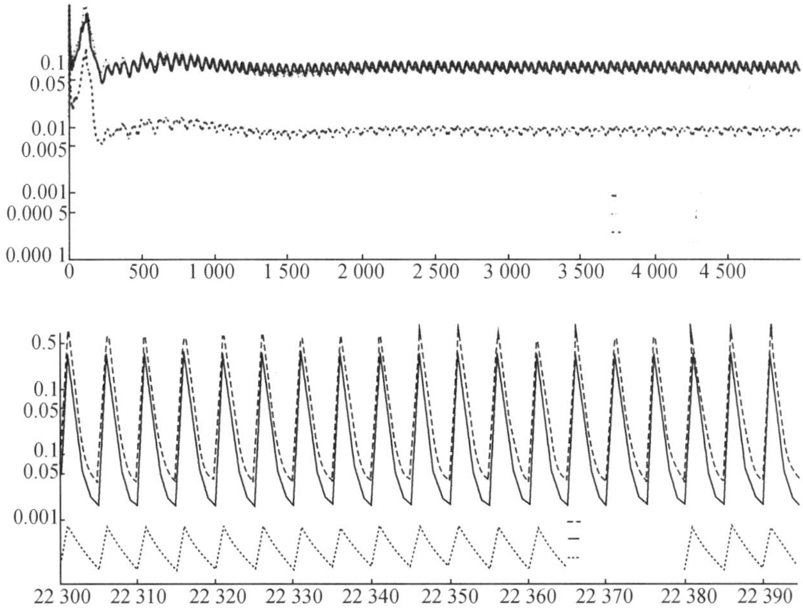

图 12.6　壁面固定障碍物周围流动的模拟：在稳态计算（上图）和瞬态模拟（下图）中，升力系数随迭代的变化

使用泰勒级数展开容易找到更多近似值的阶数。另一方面，不同的项可能使用不同的近似值，所以整个求解方法的阶数可能并不明显（通常是方程中重要项的最精确近似的阶数）。另外，在计算机代码中实现算法的误差可能产生与预期不同的阶数，因此，对于每一类问题,使用实际代码检查方法的阶数是很重要的。

分析结构化网格上离散误差的最好方法是将每个方向的间距减半。然而,这并不总是可能的;在三维计算中,这将导致网格数量增加八倍。依次类推,第三个细化网格的点数是第一个网格的 64 倍,再继续加密的话网格数量可能会达到我们无法接受的水平。另一方面,整个网格上的误差通常不是均匀分布的,所以细化整个网格是没有意义的。此外,当使用具有任意控制体积或元素的非结构网格时,不存在局部坐标方向,元素的细化方式也不同。

重要的是,细化网格是实质性的和系统性的。将一个方向上的节点数量从 112 增加到 128 并不是很有用,除非是在一个具有均匀误差分布和均匀网格的学术问题中;细化后的网格在每个方向上的节点应该比原始网格至少多 50%(或者,网格间距至少应该减少 1.5 倍)。系统细化意味着网格拓扑结构和网格点的相对空间密度在所有网格层次上保持可比性。在不改变节点数的情况下,网格点的不同分布可能导致离散误差的实质性变化。图 8.10 显示了一个例子:在非均匀网格上获得的 $\psi_{\max}$ 结果,在靠近墙壁的地方更细,比在相同节点数的均匀网格上得到的结果要精确一个数量级。两种解都以相同的阶数(第二阶)收敛于相同的与网格无关的解,但误差的大小相差 10 倍或更多(对于节点数相同的网格)!其他有类似结论的例子见图 6.4、6.6 和 8.17。

上面的例子强调了良好的网格设计的重要性。对于实际的工程应用,网格的生成是最耗时的任务;通常很难生成任何网格,更不用说高质量的网格了。一个好的网格应该是尽可能接近正交的(注意正交性在不同的方法中有不同的含义;在有限体积法中,单元面法线和连接相邻单元中心的线之间的角度才是重要的——四面体网格在这个意义上可能是正交的)。在预计有大的截断误差的地方,网格应该是密集的——因此,网格设计者应该知道一些关于解的信息(如第 12.1.1 节中建议的)。这是最重要的准则,最好通过使用局部细化的非结构网格来满足。其他的质量标准取决于所使用的方法(网格的平滑度、纵横度和扩展度等)。关于网格质量衡量的更多细节将在第 12.3 节给出。

估计离散误差的最简单方法是基于理查森外推法,并假定计算可以在足够细的网格上进行,从而得到单调收敛。(如果情况并非如此,那么误差可能比人们预想的要大。)因此,该方法只有在两个最细的网格都足够细,并且误差减少的阶数已知时才是准确的。这个阶数可以依据下面的方程从三个连续网格的结果中计算出来,条件是这三个网格在上述意义上都足够精细(详见 Roache 1994;以及 Ferziger and Perić 1996)。

$$p=\frac{\log\left(\dfrac{\varphi_{rh}-\varphi_{r^2h}}{\varphi_h-\varphi_{rh}}\right)}{\log r} \tag{12.1}$$

其中 r 是网格密度增加的系数(如果间距减半,$r=2$),φ_h 表示平均间距为 h 的网格上的解。估计离散误差为(详见 3.9 节):

$$\varepsilon_h\approx\frac{\varphi_h-\varphi_{rh}}{r^p-1} \tag{12.2}$$

因此,当间距减半时,对于二阶方法来说,一个网格上的解的误差等于该网格和前一个网格上的解差值的三分之一;对于一阶方法来说,误差等于上述之差。

对于图 8.10 中的例子,理查森外推法应用于均匀网格和非均匀网格,导致与网格无关的解决方案的估计值在五个有效数字之内，然而解的误差有一个数量级的差异。

请注意，误差可以针对积分量（阻力、升力等）以及场值进行计算，但对所有的量来说，收敛的阶数可能不一样。对于具有平滑解的问题，如层流，它通常等于理论阶数（如第二阶）。当在复杂的模型（用于湍流、燃烧、两相流等）或方案中使用转换或限制器时，阶次的定义可能很困难。然而，并不绝对需要计算像 p 阶或 Roache（1994）所说的网格收敛指数这样的量；只需显示多数网格（最好是三个）计算感兴趣量的变化就足够了。如果这个变化是单调的，并且差异随着网格的细化而减少，那么我们可以很容易地估计出与网格无关解的位置。当然，应该尽可能使用理查森外推法来估计与网格无关的解。

还要注意的是，网格细化不需要扩展到整个领域。如果估计表明某些区域的误差比其他地方小得多，可以使用局部细化。对于物体周围的流动来说尤其如此，在这种情况下，只需要在物体的附近和尾流中提高分辨率。使用局部网格细化策略的方法总是比那些需要细化整个领域或网格块的方法更有效。对于非结构网格，最粗的网格通常已经包含局部细化。然而，需要注意的是；如果在误差源较大的地方没有细化网格（即大的截断误差），细化的效果可能不大，因为误差受到与变量本身相同的传输过程（对流和扩散）的影响。

值得一提的是，在估计离散误差时有两个原因造成了困难。一个与通常用于计算湍流的壁面函数有关；见第 10.3.5.5 节。在这种情况下，我们并没有在壁面指定唯一边界条件，而是将壁面切应力与壁面旁边的单元中心的速度联系起来，并假定该位置在边界层的对数范围内。对数法通常在受复杂壁面形状影响的流动中（即在壁面法线和壁面切线方向都存在明显梯度时）并不严格有效。当网格被细化时，单元中心在壁面附近的位置发生移动，因此动量方程中的边界条件也会有效地改变；这往往会导致积分量的变化，而这些变化并不符合所使用的离散化方案的预期行为。如果对网格进行细化，使得靠近壁面的单元格的中心落入缓冲层（$5<n^+<30$）这一点尤其正确。如果必须使用壁面函数，应该确保壁面附近所有网格的计算点保持在对数范围内（$n^+>30$）；另一种方法是在所有网格中保持壁面第一个网格层的厚度固定，这样在近壁单元处的 n^+ 保持不变，并且壁面附近的网格仅在切向方向上细化。

当边界层由网格求解时（所谓的“低雷诺数”方法，即近壁单元中心的 $n^+\approx 1$），动量方程采用无滑动条件，这使得边界条件是唯一的。在这种情况下，积分量（力、力矩、传热等）的变化通常更有利于用理查森外推法进行误差估计。但是，必须确保所有网格上的所有近壁单元格的 $n^+<2$。如果 n^+ 值在中间范围内，使用所谓的“$all\text{-}y^+$”版本的壁函数比使用“高雷诺数”版本的壁函数要好，但是还是要确保在使用壁函数时，n^+ 在任何网格中的大部分壁面上都为 30 以上。

与所使用的网格分辨率相关的另一个问题是几何特征的解析，特别是壁面曲率。一个典型的例子是涡轮机叶片的前缘（如船舶螺旋桨、风扇、水或气体涡轮机叶片、风或潮汐涡轮机叶片等）。曲率通常很高，最大和最小压力的位置之间的距离很短，这就要求不仅在壁面法线方向，而且在壁面切线方向都有精细的网格。然而，商业软件中的自动网格生成工具可能无法充分解决前缘曲率，除非在网格生成过程中特别注意（例如，通过指定沿前缘的网格间距，或要求曲率由圆上一定数量的点来解决）。这可能导致前缘变得尖锐，而不是在粗大的网格上变得圆滑。在这种情况下，网格细化实际上导致求解域几何的变化，这又使得一些量的变化不符合预期，从而使理查森外推法的使用变得困难。因此，初始网格已经尽可能地代表求解域的几何形状是重要的。图 12.7 中显示了一个例子。

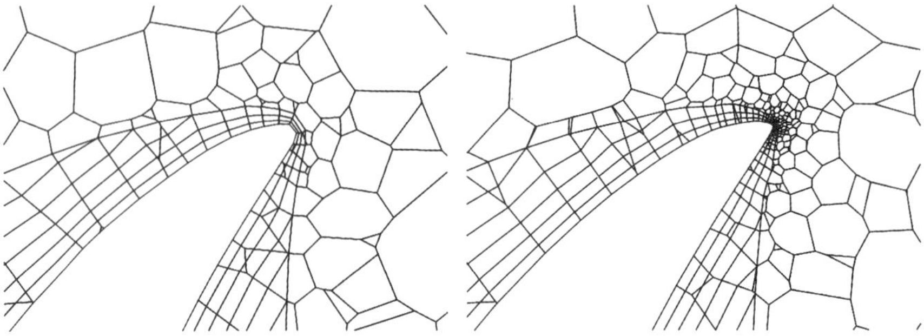

图 12.7　计算网格中螺旋桨叶片前缘的分辨率。在壁面切向的网格太粗(左),导致前缘的粗糙角落,以及通过局部细化的改进(右)

12.2.2.3　估算建模误差

建模误差是最难估计的;要做到这一点,我们需要基于真实流动的数据。在大多数情况下,数据是不可用的。因此,通常只对某些测试案例进行建模误差估计,这些案例有详细和准确的实验数据,或者有准确的模拟数据(例如,大涡流或直接数值模拟数据)。在任何情况下,在将计算与实验进行比较之前,应该分析迭代和离散误差并证明其足够小。在某些情况下,建模和离散误差相互抵消,此时粗网格上的结果可能比细网格上的结果更符合实验数据。因此,实验数据不应该被用来验证代码;必须对结果进行系统分析。只有当证明结果确实收敛向网格无关解,并且离散误差足够小时,才能继续比较数值解和实验数据。

需要注意的是,在试图量化建模误差之前,必须非常谨慎地进行用于估计离散误差的网格无关性研究。如果网格设计不当,一些特征可能在使用的任何一个网格中都不会显示出来,在不同网格上得到的解之间的微小差异可能会导致离散误差较小的结论。这样一来,最细的网格上的模拟结果与实验之间的差异就会被错误地解释为建模误差。对此我们将在第 13.8 节展示一个相关例子。除非网格在尖端涡旋所占据的空间内局部高度细化,否则尖端涡旋空化是无法捕捉的,且涡流核心的低压会被低估。如果在网格依赖性研究中使用的所有网格不能很好地解决尖端涡旋,就不能准确地捕捉核心的低压,推力和扭矩可能仍然看起来收敛得很好,但尖端涡旋空化将被忽略。不应该将忽略的尖端涡流归咎于空化模型,因为当网格被充分地局部细化时结果是相当好的。在其他情况下也会遇到类似的问题,例如,湍流模型被归咎于模拟和实验之间的差异,而其中很大一部分可能是由于网格不完善造成的。大家都知道,网格在壁面法线方向需要精细化,以捕捉边界层的特征,但弯曲的壁面、剪切层、漩涡或二次流动往往需要在局部切线方向上进行细化,没有经验的商业软件用户来说可能并不明确这一点。

重要的是,要记住实验数据也只是近似的,测量和数据处理的误差可能是很大的。它们也可能包含重大的系统误差。然而,它们对于模型的验证是不可缺少的。人们应该只与高精度的实验数据比较计算结果。如果要将实验数据用于验证目的,那么必须对实验数据进行仔细分析。

人们还应该注意到,不同物理量的建模误差是不同的;例如,计算的压力阻力可能与测量值很吻合,但计算的摩擦阻力可能有很大的误差。平均速度的分布有时预测得很好,而湍流量可能低于或高于预测的两倍。为了确保模型的准确性,将结果与各种量进行比较是很重要的。

12.2.2.4 检测编程与用户误差

编程误差是一种难以量化的误差。这些可能是简单的“误差”(不可避免的代码编译输入误差)或严重的算法误差。迭代和离散误差的分析通常可以帮助开发者发现它们,但有些误差可能非常一致,以至于多年来(如果有的话)都没有被发现,特别是在没有确切的参考方案可以比较的情况下。

对结果进行批判性分析对于发现潜在的用户误差至关重要;因此,用户必须具备扎实的流体力学知识,特别是对要解决的问题的扎实知识(参见 12.1.1 节)。即使正在使用的 CFD 代码已在其他流程上进行了验证,用户也可能在设置模拟时出错,因此结果可能会出现严重误差(例如,由于几何图形、边界条件、流动参数等方面的误差)。用户误差可能难以发现(例如,当出现比例误差,计算的流动对应的雷诺数与预期的不同);因此,应该对结果进行严格的评估,如果可能的话,也应该由执行计算以外的人来评估。

12.2.3 CFD 不确定性分析的推荐做法

人们应该区分对新开发的 CFD 代码(或添加到现有代码的新功能)的验证和针对特定问题的已建立代码的验证。

12.2.3.1 CFD 代码的验证

任何新代码或新添加的功能都应进行系统分析,目的是评估离散误差(包括空间和时间),定义收敛标准以确保小的迭代误差,去除尽可能多的“误差”。为此,我们必须选择一组测试案例代表代码可解决的问题范围,并且有足够准确的解(分析的或数值的)。因为要确保方程在指定的边界条件下得到正确求解,所以实验数据并不是衡量数值解质量的最佳方法。算法或编程中的误差可能会通过与估计迭代和离散误差有关的测试,因此需要参考解来定位这些误差。需要注意的是,应设计网格以避免某些项变为零的情况,因为在这种情况下,实施误差可能不会显示出来;因此,即使在简单几何中使用笛卡尔网格,旋转解域以使网格线不与笛卡尔坐标对齐也是有用的(避免单元面处的三个表面矢量分量中的两个为零)。此外,必须确保解独立于相对于坐标系方向的解域方向。

应该首先分析离散中使用的近似值,以确定解收敛到网格(或时间步长)独立解的阶数,这是方程中重要项的最低阶截断误差(但请注意,并非所有项都同等重要——它们的重要性取决于问题)。在某些情况下,可以在边界处使用比在内部使用更低阶的近似值,而不会降低整体阶数。一个例子是对边界处的扩散通量使用单边一阶近似,而在内部使用二阶中心差;整体收敛是二阶的。但是,如果在诺伊曼型边界条件下使用低阶近似可能不正确。

接下来应该分析迭代误差;作为第一步,应该进行计算,继续迭代,直到其水平降低到双精度舍入水平(这需要将残差至少减少 12 个数量级)。必须选择一个有已知稳定解的测试案例。否则,迭代可能会在某个阶段停止收敛,因为迭代可以被解释为伪时间步长,流动本身的不稳定性可能不允许有稳定的解。在雷诺数超过 50 情况下的圆柱绕流就是一个例子。一旦有了给定网格上离散方程的精确解,就可以将其与中间阶段的解进行比较,从而评估迭代误差。误差可以与估计值进行比较,或者如上所述,误差的减少可以与残差的减少或连续迭代之间的差异有关。这有利于建立收敛标准(包括内部迭代,即线性方程求解器,以及外部迭代,即非线性方程的解决)。

应通过比较系统细化的网格和时间步长上的解来分析离散误差。对于结构化或块状结构的网格来说,系统细化是很容易的:比如创建三个不同大小的网格。对于非结构化的网格,这项任务就不那么简单了,但可以创建相对网格大小分布相似但绝对大小不同的网格。在高截断误差的区域,系统性的细化是至关重要的,它作为离散误差的来源,其对流和扩散的方式与因变量本身相同。根据经验,在解的二阶和高阶导数较大的地方,网格必须精细和系统地细化。这通常是在壁面附近以及剪切层和尾流中。

应在至少三个网格上获得迭代误差足够小的解并进行比较;如果网格足够精细以至于单调收敛占优势,则可以通过这种方式估计收敛阶数和离散误差。如果不是这种情况,则需要进一步细化。如果计算出的阶数不是预期的阶数,则说明在离散或编程中出现了错误,必须加以解决。估计的离散误差应与所需的精度进行比较。

必须对与代码所针对的应用程序类似多个测试案例重复此过程,以尝试根除尽可能多的错误来源。只有当对代码产生的结果进行了系统分析并获得了独立于网格和时间步长的解(在离散误差已被可靠估计且足够小的意义上)时,才应该将这些解与分析解或其他参考解进行比较。这是对编程或算法错误的最后检查。将在一个网格上得到的解与参考解进行比较是没有意义的,因为往往有些量会意外地达成一致,或者有些误差会被抵消。

代码验证并不能说明数值准确的解法能代表真实的流动。无论我们使用哪种湍流(或其他)模型,我们都必须确保我们在求解包含模型的方程时是正确的。比较使用相同网格和相同湍流模型但不同代码的不同小组所获得的解,往往比一个小组使用相同的代码但使用不同的湍流模型所得到的解有更大的差异(这是在 90 年代的许多研讨会上得出的结论)。模型的实现方式通常不同,边界条件的处理方式也不相同。这是一个尚未找到令人满意的解决方案的难题。这些差异可能是由于实施上的差异造成的,但是如果使用的模型确实相同,则实现是正确的,而且误差已经被评估和消除—每个代码都应该产生相同的结果,并且差异应该消失。这就是为什么我们强调验证和误差评估的必要性。

12.2.3.2　CFD 结果的验证

CFD 结果的验证包括离散和建模误差的分析;可以假设使用了具有适当收敛标准的验证代码,因此可以排除迭代误差。

影响 CFD 结果准确性的最重要因素之一是数值模拟网格的质量。请注意,即使是质量差的网格,如果足够细化,也应该产生正确的解;这要求投入更多的计算资源。此外,即使是最好的代码也可能在一个差的、不够精细的网格上产生糟糕的结果,如果针对要解决的问题调整网格,则基于更简单和不太准确的近似值的代码可能会产生好的结果。(然而,这通常是让各种误差相互抵消的问题)。离散误差可以通过网格点的合理分布来减少;见图 8.10。

许多商业代码的鲁棒性已经变得足够好,可以在用户可能提供的任何网格上运行。然而,鲁棒性通常是以牺牲准确性为代价的(例如,通过使用迎风近似)。粗心的用户可能不太关注网格质量,从而不费吹灰之力就获得了不准确的解。在网格生成、误差估计和优化方面投入的努力应该与解所需精度水平相关。如果只寻求流动的定性特征,可以接受快速计算的结果,但要以合理的成本获得定量的精确结果,则需要高质量的网格。

在与实验数据进行对比时,需要知道实验结果的不确定性。最好仅将完全收敛的结果(已高度消除迭代和离散误差的结果)与实验数据进行比较,因为这是评估模型效果的唯一方法。实验结果的误差棒通常在所报告的值的两侧延伸。如果离散误差与实验结果误差相比较大,则无从得知所用模型的价值。建模误差的估计是 CFD 中最困难的任务。

在许多情况下,无法得知确切的边界条件,为此必须对边界条件做出假设。例如,物体周围流动的远场条件和入口湍流特性。在这种情况下,必须在相当大的范围内改变关键参数(远场边界的位置、湍流量)以估计解对该因素的敏感性。通常情况下,对于合理的参数值可以获得良好的一致性,但除非实验数据提供了这些参数,否则这只不过是复杂的曲线拟合。这就是为什么必须选择提供所有必要数量的实验数据,并与进行测量的人讨论采取这些数据的重要性。一些湍流模型对入口和自由流湍流水平非常敏感,导致参数的相对较小变化就会导致结果发生很大变化。

如果要研究相同几何形状的多个变体,通常可以依赖对典型代表性案例进行的验证。可以合理地假设相同的网格分辨率和相同的模型将产生与测试用例中相同数量级的离散和建模误差。需要注意的是,虽然在许多情况下确实如此,但可能并非总是如此。因此需要注意。几何形状的变化可能导致出现新的流动现象(分离、二次流动、不稳定等),而使用的模型可能无法捕捉到这些现象。因此,尽管几何形状的变化可能很小,但建模误差可能会从一种情况到另一种情况显著增加(例如,发动机气门周围的流量计算对于一个气门开度可能在 3%以内准确,而对于稍小一点的开度则会出现定性误差;参见 Lilek 等(1991)以获得更详细的描述)。

12.2.3.3 一般性建议

很难定义 CFD 代码和结果验证的严格规则,有时甚至是不切实际的。虽然建议尽可能使用理查森外推法来估计离散误差,但可能难以获得所有问题的结论性的答案(例如,不同数量的阶数可能不同)。正如我们在第 10.3.3.7 节中指出的那样,评估 LES 的模拟质量是一项挑战;Sullivan 和 Patton(2011)提供了 LES 质量评估的详细示例。

许多期刊和专业组织已经制定了自己的规则和指南,用于评估和量化 CFD 求解中的不确定性;例子如下:

- 美国机械工程师协会(ASME)已经制定了验证和确认的标准(https://www.asme.org/products/codes-standards/v-v-20-2009-standards-verification-validation),并定期组织关于这一主题的会议(https://event.asme.org/V-V)[Celik 等人,2008 年从 ASME 的角度总结了这些程序]。
- 美国航空航天学会(AIAA)还制定了 CFD 模拟验证和验证标准(指南:计算流体动力学模拟验证和验证指南(https://doi.org/10.2514/4.472855);AIAA G-077-1998(2002))
- 国际拖车会议(ITTC)发布了一套在海事工程中使用 CFD 的指南(例如,参见 https://ittc.info/media/4184/75-03-01-01.pdf)

理查森外推法是所有误差估计程序的主要成分,但许多此类指南更进一步并在更广泛的意义上评估不确定性。我们不会详细介绍这些指南,但建议在特定应用领域中工作时应遵循这些准则。

当采用几种类型的模型时(针对湍流、两相流、自由表面效应等),可能很难将不同的效

应相互分离。然而,任何定量 CFD 分析中最重要的步骤可以总结为:

- 生成适当结构和贴合度的网格(在流动和壁面曲率快速变化的区域局部细化)。
- 系统地细化网格(非结构化的网格可以有选择地细化:在误差小的地方,不需要细化)。
- 在至少三个网格上计算流量,并对解进行比较(确保迭代误差小);如果收敛不是单调的,再次细化网格。在最细的网格上估计离散误差。
- 如果有的话,将数值解与参考数据进行对比,以估计建模误差。

任何对数值误差的合理估计总比没有好,而且由于数值解总是近似解,人们不得不一直质疑它们的准确性。

许多教育机构提供专业课程或进行不确定性量化研究,特别是 CFD。例如斯坦福大学的 UQLab(http://web. Stanford. edu/group/uq/)或者 von Karman 学院的讲座系列(VKI 讲座系列 STO-AVT-236 关于计算流体力学中的不确定性量化)。CFD 中关于不确定性量化的出版物数量也在迅速增加;最近的例子包括 Bijl 等人(2013)编辑的一本书和 Rakhimov 等人(2018)的一篇论文。

12.3 网格质量与优化

当网格被细化时,离散误差总是减少的,但要可靠地估计这些误差,需要对每个新的应用进行网格细化研究。对一个给定网格点数的网格进行优化,可以比对非优化网格进行系统细化,减少同样多(或更多)的离散误差。因此,重视网格质量就显得尤为重要。

网格优化的目的是提高表面和体积积分的近似精度。这取决于所使用的离散方法;在本节中,我们将讨论影响本书所述方法精度的网格特征。

为了使用线性插值和/或中点法则获得最高精度的对流通量,连接两个相邻的控制体中心的线应该穿过共同面的中心。在某些情况下,特别是当使用块结构网格时,像图 12.8 所示的情况是不可避免的。大多数自动网格生成器都会在突出的角落创建这种网格,因为它们通常在边界上创建六面体或棱镜层,如图 12.9 所示。如果平行于界面的单元很薄,那么在非正交界面(如块状结构的网格或滑动界面)也会产生高非正交性;图 12.9 中也描述了这种情况。为了在不进行自适应的情况下提高精度,应该如图 12.8 所示对网格进行局部细化。这减少了单元面中心 k 与连接节点 C 和 N_k 的直线通过单元面 k' 的点之间的距离。这两个点之间的距离相对于单元格面的大小(例如 $\sqrt{S_k}$),是衡量网格质量的一个标准。对于这个距离过大的单元,应该进行细化,直到 k' 和 k 之间的距离减少到一个可接受的水平。在不符合要求的块状界面上,界面两边的单元格应该有相似的尺寸,长宽比不应该太大,以限制非正交性到可接受的水平。

当连接相邻 CV 中心的线与单元面正交并通过单元面中心时,可获得扩散通量的最大精度。正交性提高了中心差分逼近在单元面法线方向上的导数的精度:

$$\left(\frac{\partial \varphi}{\partial n}\right)_{k'} \approx \frac{\varphi_{N_k}-\varphi_C}{(\boldsymbol{r}_{N_k}-\boldsymbol{r}_C)\cdot \boldsymbol{n}} \tag{12.3}$$

当连接两个单元中心的线与面正交时,该近似在两个单元中心之间的中点处是二阶精确的;即使 k' 不在节点之间的中点时,也可以使用多项式拟合获得高阶近似值。如果非正交性不可忽略,则法向导数的估计需要使用许多节点。这可能会导致收敛问题。

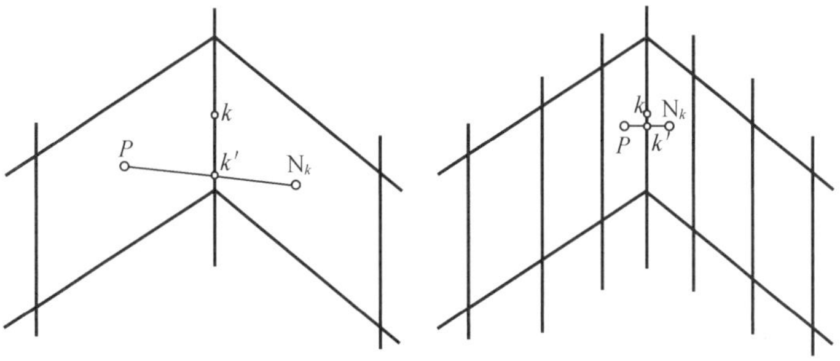

图 12.8 由于 k 和k'之间的距离过大导致网格质量差的例子(左)和通过局部网格细化的改进(右)

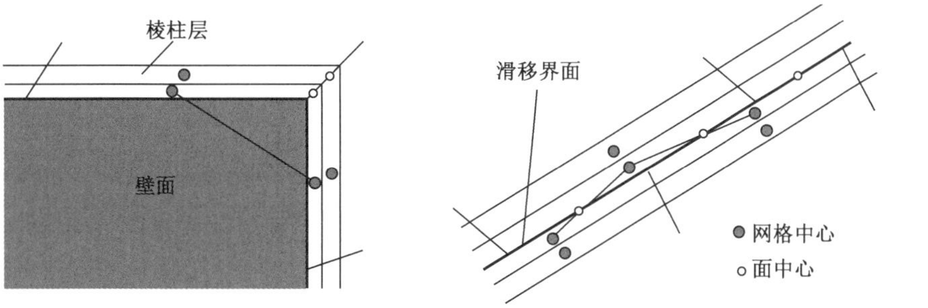

图 12.9 棱镜层绕过尖角(左)和在非对称界面(右)时的高网格非正交性实例

如果 k'不是单元面中心,则 k'处的值表示单元面上的平均值的假设不再是二阶精确。尽管可以进行修正或替代近似,但大多数通用 CFD 代码使用简单的近似,例如(12.3),如果网格属性不利,则精度会大大降低。我们已经在第 9.7.1 节和第 9.7.2 节中表明了如何恢复二阶;对于任意网格也可以获得高阶近似,但这会增加代码的复杂性并降低其稳定性。此外,相比于在相对粗糙和性能较差的网格上使用低阶方法,高阶方法可能导致更不精确的近似。

在大多数有限体积方法中,网格线在控制体角上是否正交并不重要;只有连接相邻控制体中心的线与细胞面法线之间的角度才重要(见图 12.10 中的角度 θ)。四面体网格在这个意义上可以是正交的。远离 0°的角度 θ 会导致大的误差和收敛问题,应该避免这种情况的出现。在图 12.8 所示的情况下,连接相邻控制体中心的线与单元面几乎是正交的,因此 k'处的梯度可以准确计算,但由于 k'与 k 之间的距离很大,表面上积分的通量的精准性很差。

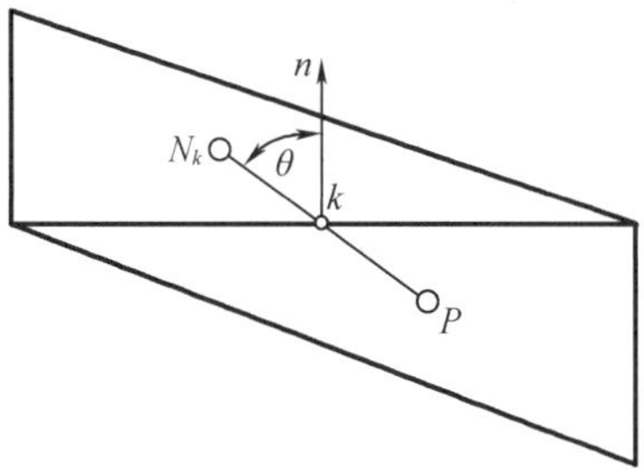

图 12.10 网格非正交性的示例,通过面的法线和连接两侧单元格中心的线之间的角度 θ 来衡量

可能会遇到其他种类的不良的控制体形变。图 12.11 中描述了两种情况。在一种情况下,一个规则的六面体控制体的上表面围绕其法线旋转,使相邻的表面扭曲。在另一种情况下,顶面在它自己的平面内被剪切。这两种特征都是不可取的,应该尽可能地避免。当薄的棱形单元存在于弯曲的壁上时,弯曲就成了问题。这时单元中心点可能会落在单元外,这可能会导致严重的问题。解决方法是增加棱镜层的厚度,或者在壁面切线方向上细化网格,或者二者都采取。

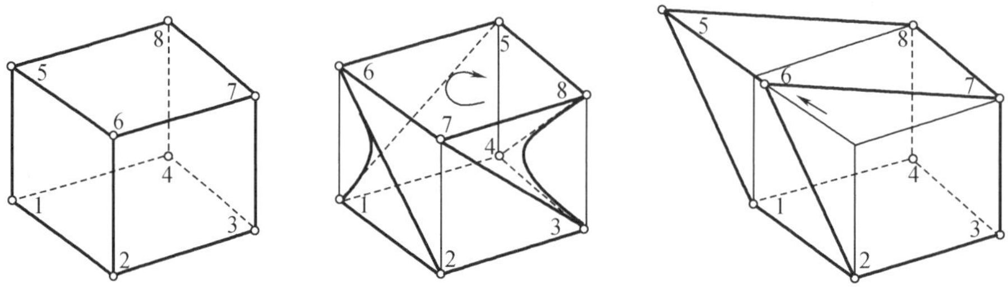

图 12.11　由于单元格扭曲(中)和变形(右)而导致网格质量差的一个例子

求解欧拉方程时,经常使用由二维的三角形和三维的四面体组成的网格。当它们被用来求解纳维-斯托克斯方程时,如果四面体的质量很差,就会出现问题。在两条边界交汇的角落会遇到一个问题;两个边界相交的边缘附近的某些四面体可能只有两个甚至可能只有一个相邻单元(其他单元面位于解域边界中)。然后不可能仅使用来自直接相邻单元的数据来精确的计算梯度(即三个坐标方向上的导数)。如果网格中存在这样的单元格并且使用常规的离散,那么这些单元格处的变量很可能会振荡,并且可能无法获得收敛解。通常的求解是沿边界生成棱镜层(尤其是沿壁面,在壁面法线方向上存在高梯度,如果壁面是弯曲的,也可能在切线方向上)。这样可以保证挨着边界的单元至少有 4 个相邻单元,同时也解决了当四面体靠近壁面太平时导致的高网格非正交性问题,如图 12.12 所示。特别是对于黏性流体和湍流,如果核心网格是三角形或四面体,则靠近壁面处必须有棱柱层。

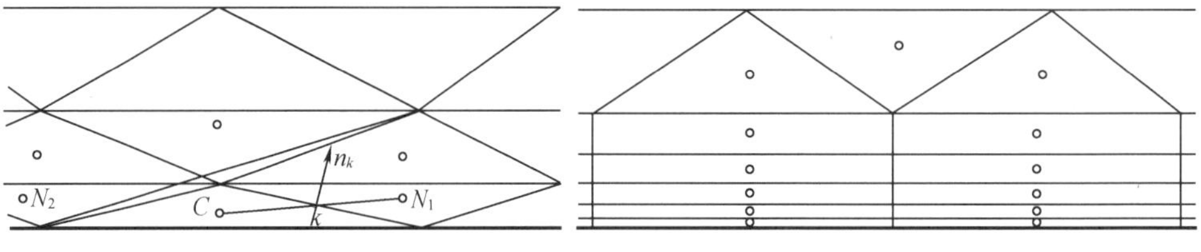

图 12.12　劣质三角形或四面体网格的例子(左)和在边界附近增加棱镜层的补救措施(右)

平坦、扭曲的四面体可能出现的另一个问题是,当所有相邻的单元中心点几乎都落入一个平面时,就很难在这个平面的法线方向上对梯度分量进行近似。这通常也会导致变量震荡和收敛问题。解决方法是在生成四面体网格时强制执行 Delaunay 准则(见第 9.2.2 节),并在需要对平坦的单元壁附近创建棱镜层。

如果计算节点放在控制体的中心点上,由中点法则近似的体积积分是二阶精确的。然而,控制体有时可能会变形,以至于中心点实际上位于控制体之外,应该避免这种情况。网格生成器应该检查它产生的网格,并向用户指出存在问题的单元,除非它能够自动纠正它们。然后用户应该尝试修改控制参数,以达到更好的网格质量。

其中一些问题可以通过细分有问题的单元(可能还有一些周边单元)来避免。不幸的是,在某些情况下,唯一的解决办法是生成一个新的网格。

12.4 计算流动的多重网格方法

几乎所有的迭代求解方法在更细的网格上收敛都比较慢。收敛的速度取决于方法;对于很多方法来说,获得收敛解的外部迭代次数与这个坐标方向上的节点数成线性比例。这种行为与信息在每次迭代中传播有限距离的事实有关,并且为了收敛,信息必须在域中来回传播几次。多重网格方法所需的迭代次数与网格点的数量无关,在 20 世纪 90 年代受到了广泛的关注(见 Brandt 1984;以及 Briggs 等人 2000)。许多作者且包括本书的作者,已经证明了用多重网格方法解决纳维-斯托克斯方程是非常有效的。在各种稳态层流和湍流方面的经验表明,实施多重网格思想可以极大地减少计算工作量(见 Wesseling 1990 的评论文章)。我们在此对作者所使用的方法的一个版本进行了简要的总结;很多其他的变体也是可能的,见专门讨论 CFD 中多重网格方法的国际会议记录,例如 McCormick 1987;以及 Hackbusch 和 Trottenberg(1991)。

在第 5 章中,我们介绍了一种有效求解线性方程组的多重网格方法。我们在那里看到,多重网格方法使用同阶的网格;在最简单的情况下,粗网格是细网格的子集。当分步法或其他显式时间步进方法应用于非稳态流动时,它是求解泊松式压力或压力修正方程的理想方法,因为需要精确求解压力方程;这通常是在复杂几何中的 LES 和 DNS 流动中进行的。另一方面,当使用隐式方法时,线性方程不需要在每次迭代中得到非常精确的解;将残差水平降低一个数量级就足够了,通常可以通过 ILU 或 CG 等基本求解器的几次迭代来实现。更精确的求解不会减少外迭代的次数,但可能会增加计算时间。因此,如果多重网格方法只应用于隐式求解方法中的线性方程组的求解,可获得的加速度是有限的。

对于稳态流问题,我们已经看到隐式求解方法是首选,并且外部迭代的加速非常重要。幸运的是,多重网格方法也可以应用于外部迭代。根据多重网格术语,构成一个外部迭代的操作序列被视为“更平滑”。

在结构网格上稳定流动的有限体积方法的多重网格版本中,每个粗网格的控制体在二维中由下一个更细的网格的四个控制体组成,在三维中由八个控制体组成。最粗的网格通常最先生成,求解过程从在最粗的网格上开始。然后每个控制体又被细分为更细的控制体。在最粗的网格上找到一个收敛的解后,它被内插到下一个更细的网格上以提供起始解。然后开始一个双网格程序。这个过程不断重复,直到达到最细的网格,并在其上得到解。如前所述,这种策略被称为全多重网格方法(FMG)。在间隔为 h 的网格上进行 m 次外部迭代后,短波长的误差分量已经被去除,中间解满足以下公式。

$$A_h^m \boldsymbol{\varphi}_h^m - \boldsymbol{Q}_h^m = \boldsymbol{\rho}_h^m \tag{12.4}$$

其中 ρ_h^m 是第 m 次迭代后的残差矢量。求解过程现在转移到下一个间距为 2h 的粗网格。如前所述,在粗网格上,迭代的成本和收敛速度都更有利,从而使该方法具有效率。

在粗网格上求解的方程应该是细网格方程的平滑版本。通过对范围的仔细选择,可以保证所解方程与先前在该网格上所解方程相同,即系数矩阵是相同的。然而,这些方程现在包含一个附加的源项。

$$\hat{A}_{2h}\hat{\boldsymbol{\varphi}}_{2h}-\hat{\boldsymbol{Q}}_{2h}=\underline{\tilde{A}_{2h}\tilde{\boldsymbol{\varphi}}_{2h}-\tilde{\boldsymbol{Q}}_{2h}-\tilde{\boldsymbol{\rho}}_{2h}} \tag{12.5}$$

如果设置为零,公式(12.5)的左边将代表粗网格方程。右边包含了修正,保证了解是平滑的细网格解,而不是粗网格解本身。附加项是通过平滑("限制")细网格解和残差得到的;它们在粗网格的迭代中保持不变。上述方程左边的所有项的初始值是右边的相应项。如果细网格的残差为零,解将是 $\hat{\varphi}_{2h}=\tilde{\varphi}_{2h}$。

只有当细网格上的残差不为零时,粗网格的近似值才会从其初始值开始改变(因为问题是非线性的,系数矩阵和源项也会改变,这就是为什么这些项带有^符号)。一旦获得粗网格上在一定的容差范围内的解,修正就通过插值("延拓(插值)")转移到细网格上,并添加到现

$$\varphi'=\hat{\varphi}_{2h}-\tilde{\varphi}_{2h} \tag{12.6}$$

有的解 φ_h^m 中。有了这个修正,消除了细网格上的解的大部分低频误差,从而省去了细网格上的大量迭代。这个过程一直持续到细网格上的解被收敛。然后理查森外推法可用于获得下一个更细的网格的改进的起始猜测,并启动一个三级 V 型循环,以此类推。

对于结构网格,通常使用简单的双线性(在二维)或三线性(在三维)插值来将变量值从细网格转移到粗网格,并将修正值从粗网格转移到细网格。尽管可以而且已经使用了更复杂的插值技术,但在大多数情况下,这种简单的技术已经足够了。

将一个变量从一个网格转移到另一个网格的另一个方法是计算该变量在计算它的网格(粗或细)的控制体中心的梯度。第 9 章介绍了一种利用高斯定理计算任意控制体中心的梯度的有效方法。然后很容易利用这个梯度计算附近任何地方的变量值(这相当于线性内插)。对于图 12.13 所示的情况,我们可以通过使用细网格控制体梯度计算的平均值来计算节点 C 的粗网格变量值。

$$\varphi_{\mathrm{C}}=\frac{1}{N_f}\sum_{i=1}^{N_f}\left[\varphi_{F_i}+(\nabla\varphi)_{F_i}\cdot(\boldsymbol{r}_{\mathrm{C}}-\boldsymbol{r}_{F_i})\right] \tag{12.7}$$

其中 N_f 是一个粗网格控制体中的细网格控制体的数量(在结构网格中,二维为 4 个,三维为 8 个)。粗网格控制体不需要知道哪些细网格控制体属于它,它只需要知道有多少个。另一方面,每个细网格控制体(子)知道它属于哪个粗网格控制体(父);它只有一个父节点。

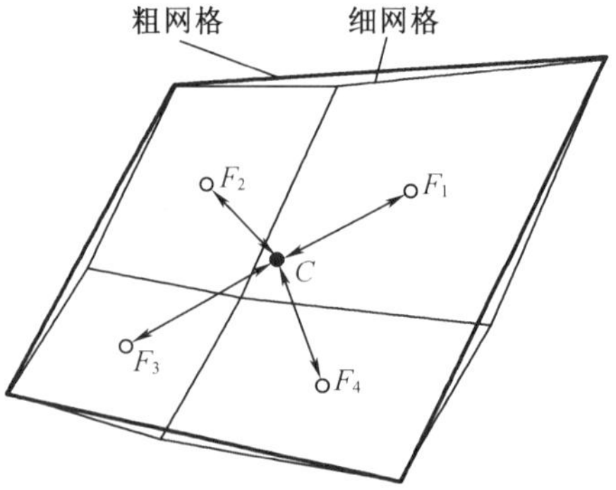

图 12.13　变量从细网格到粗网格的传递,反之亦然

同样地，粗网格的修正也很容易转移到细网格上。我们计算粗网格控制体中心的修正梯度；位于该控制体内的细网格节点的修正是由以下数据计算出来的。

$$\varphi'_{F_i}=\varphi'_C+(\nabla\varphi')_C\cdot(\boldsymbol{r}_{F_i}-\boldsymbol{r}_C) \tag{12.8}$$

这种插值比简单地将粗控制体修正注入其中的所有细控制体更准确（也可以这样做，但延拓（插值）后必须对修正进行平滑处理）。在结构网格上，我们可以很容易地实现其他类型的多项式插值。

在 FV 方法中，可以利用守恒特性将质量通量和残差从细网格转移到粗网格。在二维中，粗网格控制体是由四个细网格控制体组成的，粗网格方程应该是其子细网格控制体方程之和。因此，残差只是简单地在细格控制体上求和，粗网格控制体面上的初始质量通量是细格控制体面上的质量通量之和。在粗网格的计算过程中，质量通量不是用受限的速度来计算的，而是用速度修正来修正的，（前者的精度会比较低，而且修正比变量本身更平滑）。对于通用变量，我们可以这样表达：

$$\widetilde{\varphi}_{k-1}=I_k^{k-1}\varphi_k^m \text{ and } \varphi_k^{m+1}=\varphi_k^m+I_{k-1}^k\varphi'_{k-1} \tag{12.9}$$

其中 I_k^{k-1} 是描述从细网格到粗网格的传递的算子，I_{k-1}^k 是描述从粗网格到细网格的传递的算子；公式（12.7）和（12.8）提供了这些算子的示例。

动量方程中的压力项的处理值得特别一提。因为最初 $\hat{p}=\widetilde{p}$，压力项是线性的，我们可以用 $p'=\hat{p}-\widetilde{p}$ 的差。那么我们就不需要限制压力从细网格到粗网格传递。注意，这不是 SIMPLE 和相关算法的压力修正 p；它是对细网格压力的修正，是基于速度修正 $u'_i=\hat{u}_i-\widetilde{u}_i$。如前所述，初始粗网格质量通量 $\widetilde{\dot{m}}$，是由相应的细网格质量通量相加得到的。只有当速度发生变化时，这些质量通量才会发生变化；我们假设在多重网格循环开始时，细网格的质量通量是守恒的；如果不是，质量不平衡可以包含在粗网格的压力修正方程中。

重要的是要注意边界条件的实施也满足一致性要求。例如，如果对称边界条件是通过设置边界值等于近边界节点的值来实现的，则约束算子不能通过对细网格边界值进行插值来计算 $\widetilde{\varphi}$ 的边界值；它必须在所有内部节点处计算 $\widetilde{\varphi}$，然后对其应用边界条件，即设置对称边界处的 $\widetilde{\varphi}$ 等于邻近边界节点处的 $\widetilde{\varphi}$。如果对 $\widetilde{\varphi}$ 施加边界条件，那么 φ' 在边界节点和下一个边界节点处将不相同，并且 φ' 的梯度将被传递到细的网格。那么细网格上的解就不能收敛到一定的限度。由于处理其他边界条件的不一致，也会出现类似的情况，但我们不会在这里列出所有可能性。重要的是要保证迭代误差可以减少到机器的精度（尽管这个标准在代码投入生产时不会被使用）；如果这点不能实现，那么求解就是有问题的。

其他策略（例如，W 循环）可用于在网格之间循环。通过基于收敛速度来决定从一个网格切换到另一个网格，可以提高效率。最简单的选择是上面描述的 V 循环，每个网格级别上的迭代次数固定。图 12.14 显示了 FMG 方法在每一级典型迭代次数下的 V 型循环的行为。参数的最佳选择取决于具体问题，但它们对性能的影响不如单网格方法那么显著。多重网格方法的详细信息可以在 Hackbusch（2003）的书中找到。

多重网格方法可以应用于非结构网格以及结构网格。在 FV 方法中，通常将细网格控制体连接起来产生粗网格控制体；每个粗控制体的细控制体数量可能不同，具体取决于控制体的形状(四面体、金字塔、棱柱、六面体等)。即使粗网格和细网格没有通过系统细化或粗化相关联,也仍然可以使用多重网格思想——即网格可以是任意的;唯一重要的是解域和边界条件在所有网格层次上都相同,并且粗网格层比细网格层粗得多(否则计算效率不会提高)。然后基于一般插值方法得到约束算子和延伸算子;这种多重网格方法称为代数多重网格方法(参见例如 Raw 1995;和 Weiss 等人 1999)。

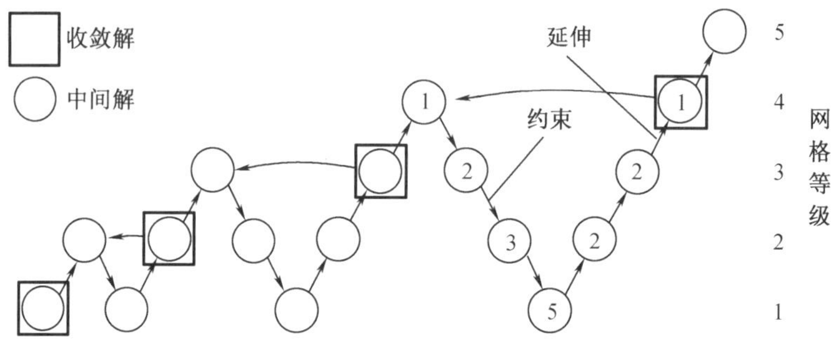

图 12.14　使用 V 循环的 FMG 方案示意图,显示了一个循环中不同阶段的典型外部迭代次数

对于用隐式方法和小时间步长计算非稳态流动,外迭代通常收敛得非常快(每次外迭代的残差减少一个数量级),所以不需要多重网格加速。对于完全椭圆(扩散为主)的问题,节省的成本最多,对于对流为主的问题(欧拉方程),节省的成本最少。当使用五级网格时,稳态问题的典型加速因子在 10 到 100 之间。下面给出一个例子。

当用 k-ε 湍流模型计算湍流时,在多重网格方法的早期循环中,插值可能会产生负的 k 和/或 ε 值;然后必须限制修正以保持正值。在具有可变属性的问题中,这些属性在解域中可能会有几个数量级的变化。方程的这种强烈的非线性耦合可能会导致多重网格方法变得不稳定。最好的办法是只在最细的网格上更新一些量(例如 k-ε 湍流模型中的湍流黏度),并在一个多重网格循环内保持不变。

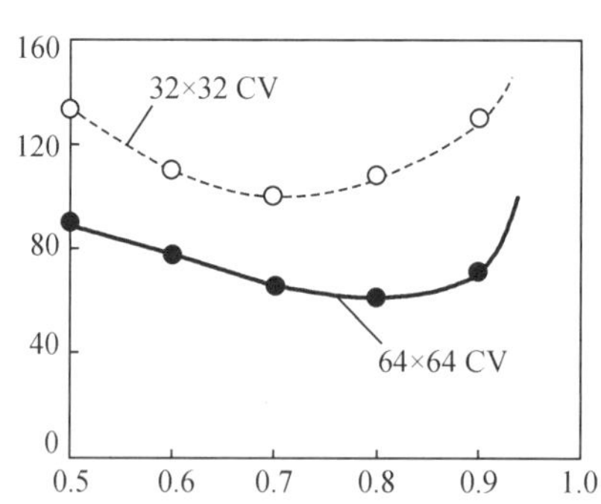

图 12.15　在 Re=1 000 时的顶盖方腔驱动流中,多重网格方法中最细网格上的外部迭代次数关于亚松弛因子 α_u 的函数

在层流的多重网格方法中,亚松弛因素相对不重要;与单一网格方法相比,这些方法对这些参数的敏感性较低。在图 12.15 中,我们展示了在 Re=10 000 时解决顶盖方腔驱动流问题两个网格所需的外部迭代次数与速度的亚松弛因子的相关性(使用压力修正的最佳亚松弛,见第 8.4 节),在 α_u 介于 0.5 和 0.9 之间的范围内,迭代次数的变化约为 30%,而对于单网格方法,变化是 5 到 7 倍(对于更细的网格,变化更大;见图 8.14)。然而,对于湍流、传热等,亚松弛可能会显著影响多重网格方法。

上述全多重网格方法为所有网格提供了解决方案。在所有粗网格上求解的成本约为最细网格求解成本的 30%。如果求解过程是在零场的最细网格上开始的,需要的总工作量要比使用 FMG 方法时多。更精确的初始场所带来的节省的通常超过了获得这些初始场所需的成本。此外,在多数网格上的求解允许评估离散误差,如第 3.9 节所讨论的那样。并为网格细化提供了基础。当达到所需精度时,网格细化过程就可以停止。此外,还可以使用理查森外推法。

上述用于加速外部迭代的多重网格方法可以应用于纳维斯-托克斯方程的任何求解方法。Vanka(1986)将其应用于点耦合求解方法;Hutchinson 和 Raithby(1986)和 Hutchinson 等人(1988)将其与线耦合求解技术一起使用。SIMPLE 类型的方法和分步方法也非常适合多重网格加速;例如,见 Hortmann 等人(1990)、Lilek 等人(1997a)和 Thompson 和 Ferziger(1989)。现在,平滑器的作用由基本算法(如 SIMPLE)承担;线性方程求解器发挥的作用很小。

在表 12.1 中,我们比较了在雷诺数 Re=1000 和 Re=1000 时使用不同求解策略求解二维顶盖方腔驱动流问题所需的外迭代次数。SG 表示初始场为零的单网格方法。PG 表示延拓(插值)方案,即用下一个更粗的网格的解来提供初始场。MG 表示使用 V 型循环的多重网格方法,其中最细的网格具有零初始场。最后,FMG 表示上述的多重网格方法,它可以被认为是 PG 和 MG 方案的组合。

表 12.1 在求解顶盖方腔驱动流问题时,不同版本的求解方法将 L1 残差准则降低四个数量级所需的迭代次数和计算时间($\alpha_u=0.8$,$\alpha_p=0.2$,非均匀网格;对于 PG 和 FMG,CPU 时间包括所有较粗网格的计算时间)

Re	网格量	外迭代次数				CPU 时间			
		SG	PG	MG	FMG	SG	PG	MG	FMG
100	8^2	58	58	58	58	0.3	0.3	0.3	0.3
	16^2	61	51	47	45	0.9	1.2	1.4	1.5
	32^2	156	99	41	41	9.1	7.0	4.0	5.0
	64^2	555	256	40	40	140.8	71.1	13.0	16.9
	128^2	2119	620	40	40	2141.9	702.6	50.9	66.5
	256^2	—	—	40	40	—	—	242.2	293.8
1 000	8^2	124	124	124	124	0.5	0.5	0.5	0.5
	16^2	156	162	123	132	2.2	2.5	2.8	2.9
	32^2	250	288	132	132	14.0	19.2	11.2	13.8
	64^2	433	400	93	73	97.0	120.7	32.0	38.5
	128^2	1 352	725	83	41	1 383.4	851.1	121.5	92.4
	256^2	—	—	83	31	—	—	512.9	278.8

结果表明，对于 $Re=1\ 000$ 的情况，MG 和 FMG 在最细的网格级别上需要的外部迭代次数差不多，一个高质量的初始猜测并没有节省太多计算资源。对于单网格方案来说，节省的数量是很大的：在 128×128 的控制体网格上，迭代次数减少了 3.5 倍。多重网格方法将单网格上的迭代次数减少了 15 倍；这个系数随着网格的细化而增加。从第三个网格开始，MG 和 FMG 方法的迭代次数保持不变，而 SG 的迭代次数增加 4 倍，PG 方案的迭代次数增加 2.5 倍。

对于高雷诺数的流动，情况有一些变化。SG 需要的迭代次数比 $Re=1\ 000$ 时少，除了在粗网格上，使用 CDS 会减缓收敛速度。PG 将迭代次数减少了不到 2 倍。MG 需要的迭代次数大约是 $Re=100$ 时的两倍。然而，随着网格的细化，FMG 变得更有效率−在 256×256 的控制体网格上，所需的迭代次数实际上比 $Re=1\ 000$ 时更少。这是应用于纳维−斯托克斯方程的多重网格方法的典型行为。FMG 方法通常是最有效的方法。

对于三维方腔流动，也获得了与表 12.1 中给出的结果相似的结果；见 Lilek 等人。(1997a) 了解更多细节。

在图 12.16 中，显示了用 $k-\varepsilon$ 模型计算一段管束中的湍流时，湍动能 k 的残差范数（所有控制体上残差绝对值之和）的减少。这些曲线是 MG 和 SG 方法的典型曲线。在实际应用中，将残差减少三到四个数量级通常就足够了。在这里，残差的减少超过了必要的程度，以表明收敛速度不会恶化。计算时间的节省因应用而异：对流主导的流动比扩散主导的流动的计算时间要少。

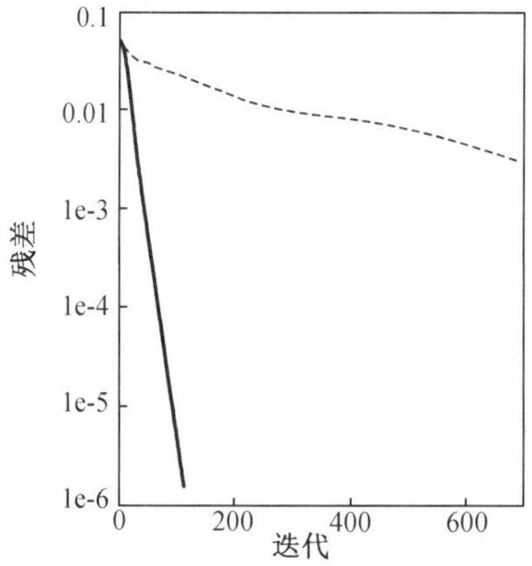

图 12.16　在计算管束段的流动时，减流动能 k 的残差范数的减少；最细的网格有 176×48 控制体，使用了五个级别的多重网格（来自 Lilek 1995 年）

12.5　自适应网格细化（AMR）

12.5.1　自适应网格细化的目的

计算流体动力学从一开始就饱受精确性问题的困扰。许多已发表的结果存在明显的误差。旨在确定模型有效性的测试有时被证明是不可靠的，因为数值误差大于模型的影响。不同组使用不同代码解决相同问题的比较研究表明，使用相同模型的不同代码获得的解之间的差异通常大于使用相同代码和不同模型获得的解之间的差异（Bradshaw 等人，1994；Rodi 等人，1995）。如果模型真的相同，这些差异只能是数值误差或用户误差造成的（由于解释、实现或边界处理的不同，所谓的相同模型变成了不同的模型，这种情况并不罕见）。为了对模型进行有效的比较，估计和减少误差是至关重要的。

第一个要点是误差估计的方法；前面给出的理查森方法是一个不错的选择。在不需要在两个网格上进行计算的情况下，估计误差的方法是比较通过控制体面的通量，这些通量是由解决方案中采用的离散方法和更精确的（高阶）方法产生的。这不如理查森方法准确，但它确实能达到指出何处误差较大的目的。因为高阶近似通常更复杂，所以它只用于在得到基本方法的收敛解后计算通量。例如，我们可以通过特定面两侧的单元中心拟合一个三次多项式，并使用这两个单元中心的变量值和梯度来寻找多项式的系数（见第 4.4.4 节的例子）。假设，如果使用了这种近似，则将获得精确解 Φ，而不是由常规近似得出的解 φ。使用三次拟合（F_k^{Φ}）和线性拟合（F_k^{φ}）计算的通量之间的差异应作为附加源项添加到离散方程中，以恢复“精确”解。如果我们将离散误差 ε^d 和源项 τ（通常称为 tau-误差）定义如下：

$$\varepsilon^d = \Phi - \varphi \text{ and } \tau_{\mathrm{P}} = \sum_k (F_k^{\Phi} - F_k^{\varphi}) \tag{12.10}$$

我们可以得到以下离散误差的估计和 tau-误差之间的联系。

$$A_{\mathrm{P}}\varepsilon_{\mathrm{P}}^{\mathrm{d}} + \sum_k A_k \varepsilon_k^{\mathrm{d}} = \tau_{\mathrm{P}} \tag{12.11}$$

无须求解 ε^d 的方程组，通常只需通过 A_p 对 τ_p 进行归一化处理，并将该量用作离散误差的估计；这相当于从零初始值开始对方程组（12.11）进行一次雅可比迭代。原因是上述分析只是近似的，计算的量与其说是对离散误差的估计，不如说是一个指示。关于这种误差估计方法的更多细节和应用实例，见 Muzaferija 和 Gosman（1997）。关键的一点是，我们现在有了一个在整个流域内逐点定义误差的策略。这一信息可以用来调整网格（即网格），使误差水平更加均匀。本质上，如果特定网格点的误差估计大于规定水平，则该网格单元被标记为细化。

12.5.2 自适应网格细化策略

根据误差估计，可以构建一个标记为细化的网格单元的场图。为了提供缓冲区，细化区域的边界通常会扩展一些余量，这应该是局部网格大小的函数；通常比较明智的做法是拓展二到四个单元格的宽度。

块结构网格要求逐块进行细化；如果不是所有块都被细化，则需要不匹配的界面能力。对于非结构网格，局部细化可以是逐个单元的。否则，可以对要细化的单元进行聚类并定义新的细化网格块，这将在后面进行描述。

目标是使任何地方的误差都小于某个公差 δ，无论是绝对误差 $\|\varepsilon\|$，还是相对误差 $\|\varepsilon/\varphi_{\mathrm{ref}}\|$，其中 φ_{ref} 是用于归一化的代表性变量值。这可以通过使用不同精度的方法来实现，这是常微分方程求解器中常用的方法，但很少这样做。我们也可以在任何地方细化网格，但这很浪费计算资源。更灵活的选择是在误差较大的局部细化网格。有经验的 CFD 代码用户可以在必要的地方生成精细的网格，而在其他地方生成粗糙的网格，这样就可以产

生一个几乎均匀的离散误差分布。当几何形状包含小而重要的突起时,这一点尤其重要,例如汽车上的镜子、船舶和其他船只上的附属物、大房间墙壁上的小入口和出口等。然而,在复杂的几何形状中,很难"手工"进行局部细化;在瞬态流动中,需要细化的区域也可能随时间而变化。因此,如果要以最小的努力达到所需的精度,那么一种自动的、自适应的网格细化方法是必不可少的。例如,C++代码的 Combo 包(Adams 等人,2015)支持块状结构的 AMR 应用。从 Berger 和 Oliger(1984)开始,许多论文都讨论了 AMR;例子包括 Skamarock 等人(1989)和 Thompson 以及 Thompson 和 Ferziger(1989)。

在某些流问题中,网格需要细化的地方很明显,因此自动实现自适应网格细化变得很容易。例如,有冲击的可压缩流(在冲击周围需要细网格,比如,围绕翼型和涡轮机等的流动),自由表面流动(需要细化网格来解决自由表面的问题,如射流破裂、气泡上升、刚体入水、波浪中的船舶等),有空化的流动等。图 12.17 和 12.18 显示了网格适应冲击的例子;将在下一章对适应自由表面和空化区的例子进行介绍。一个合适的误差指示器或估计器会显示初始网格不够精细的其他区域。有时误差估计可能表明,一个变量的误差在某个区域很高,但其他变量可能需要在其他地方进行网格细化;人们可能需要对每个变量和误差水平进行折中或应用加权。这表明,决定在哪里细化网格以及细化到什么程度的问题远非易事;正是由于这个原因,商业 CFD 代码还没有将自适应局部网格细化作为一个标准功能,但已经提出了原型,未来的版本将包括这个功能。

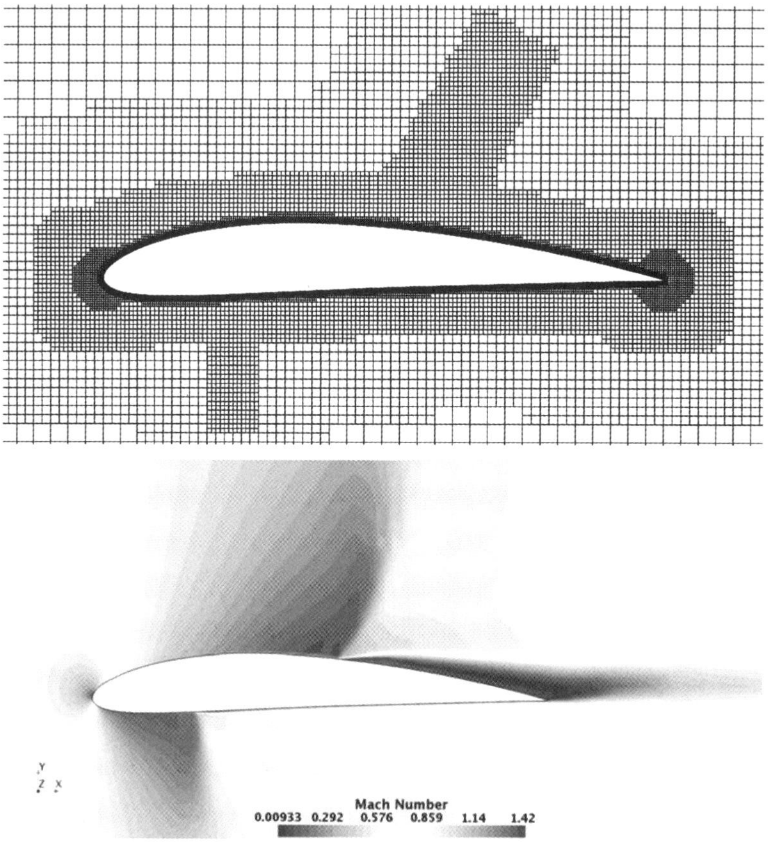

图 12.17　*Ma*=0.8 时机翼周围湍流的初始网格(上)和计算的马赫数等值线(下)

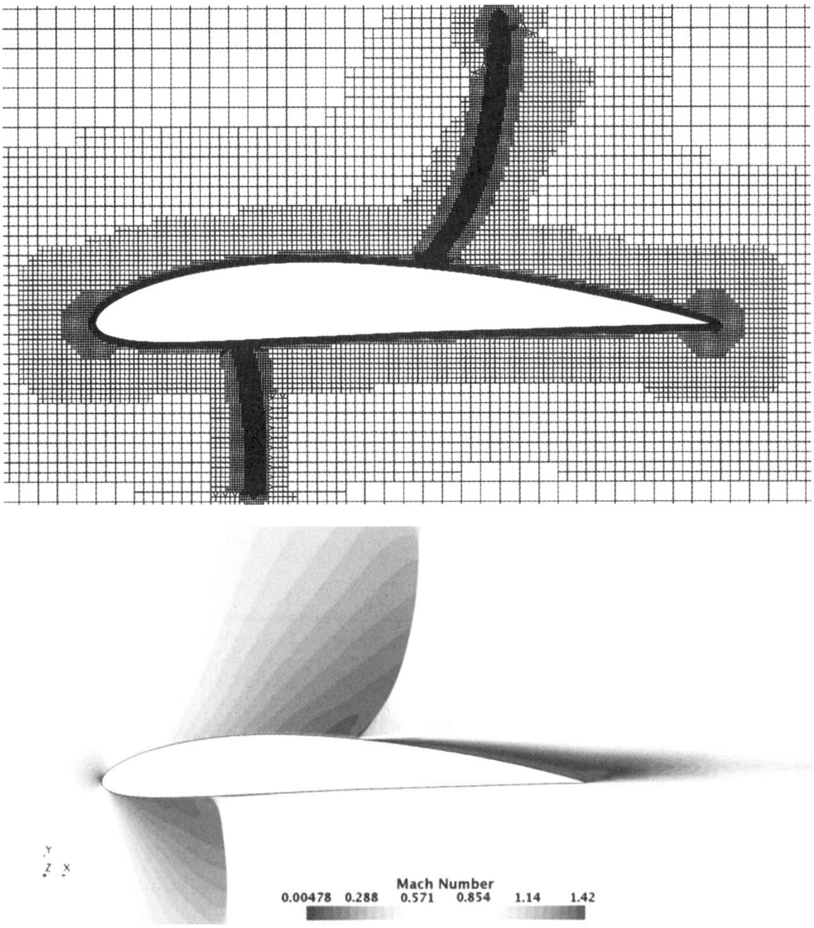

图 12.18 *Ma*=0.8 时翼型周围湍流的冲击适应网格(上)和计算的马赫数等值线(下)

有些作者使用细化界面的粗网格解的边界条件,只在网格的细化部分进行计算。这被称为被动方法,因为网格的未细化部分的解没有被重新计算(见 Berger 和 Oliger 1984)。这一特点使得该方法不适合于椭圆问题,因为任何区域的条件变化都可能影响各个地方的解。允许细化网格解的影响扩散到整个领域的方法被称为主动方法。Caruso 等人(1985)和 Muzaferija(1994)等人已经开发了这样的方法。

一种主动方法(例如 Caruso 等人,1985 年)与被动方法完全一样,但重要的区别在于,当细网格的解被计算出来后,这个程序并没有完成。相反,有必要计算一个新的粗网格的解;该解不是在覆盖整个域的粗网格上计算的解,而是细网格解的平滑版本。为了了解需要什么,假设:

$$\mathcal{L}_h(\varphi_h)=Q_h \tag{12.12}$$

是在大小为 h 的网格上离散化的问题;L 代表算子。为了迫使解在被细化的区域内成为细格解的平滑版本,我们用以下方式取代粗格问题。

$$\mathcal{L}_{2h}(\varphi_{2h})=\begin{cases}\mathcal{L}_{2h}(\widetilde{\varphi}_h), & \text{in the refine dregion}\\ Q_{2h}, & \text{in the remainder of the domain}\end{cases} \tag{12.13}$$

其中，$\widetilde{\varphi}_h$ 是平滑的细网格的解(即它在粗网格上的表示)。然后在粗网格和细网格之间迭代求解，直到迭代误差足够小；通常大约四次迭代就足够了。由于每个网格上的解不需要每次都迭代到最后的公差，这种方法的成本只比被动方法多一点。

在另一种主动方法中(Muzaferija1994；Muzaferija 和 Gosman 1997)，网格被组合成一个单一的全局网格，包括细化的网格以及原始网格的非细化部分。这就需要一种允许具有任意面数的控制体的求解方法。在细化和非细化区域的界面上的控制体比普通控制体有更多的面和相邻单元格；见图 12.19。为了保留 FV 方法的全局守恒特性，细化边界上的非细化控制体的面必须被视为两个(在二维，在三维中为四个)独立的子面，每个子面为两个控制体共有。在离散过程中，子面的处理与两个控制体之间的其他面完全一样。计算机代码需要有一个能够处理这种情况的数据结构，求解器需要能够处理由此产生的不规则矩阵结构。共轭梯度类型的求解器是一个不错的选择；带有高斯-赛德尔平滑器的多网格求解器也可以使用，但有一些限制。数据结构可以通过在单独的数组中存储单元面和单元体积的相关值来进行优化。对于像第 9 章中描述的简单离散化方案来说，这很容易做到：每个单元面都是两个控制体所共有的，所以对于每个面来说，我们需要存储指向邻近控制体的节点、表面矢量分量和矩阵系数的指针。求解流动问题的计算机代码对于局部细化网格和标准网格是相同的；只有预处理器需要调整，以使其能够处理局部细化网格的数据。这类似于对非一致性网格块界面的处理，见第 9.6.1 节。

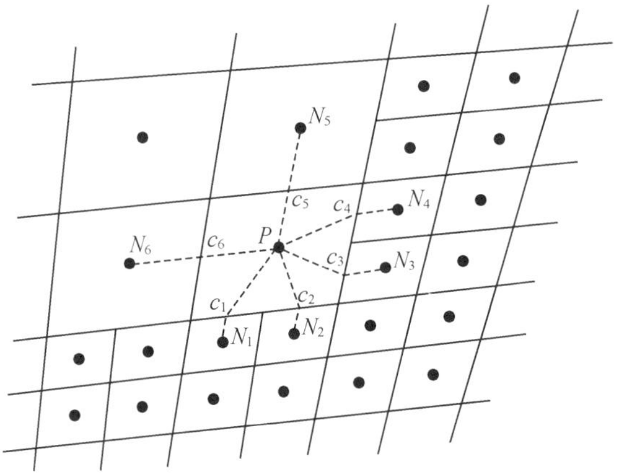

图 12.19 细化界面上的非细化控制体：它与六个相邻控制体(N1，…，N6)有六个共同的面(c1，…，c6)

如果使用 Chimera 网格，代码不需要改变，但每次细化后需要重新定义插值系数和参与插值的结点。

可以根据需要使用尽可能多的网格细化级别；通常至少需要三个级别，但也有使用多达八个级别的情况。自适应网格方法的优点是，由于最细的网格只占区域的一小部分，网格点的总数相对较少，所以计算成本和内存需求都大大降低。此外，它的设计可以使用户不需要是一个专业网格设计师。特别是对于汽车、飞机和轮船等钝体周围的流动，在机体附近和尾流中需要非常精细的网格，但在其他地方可以使用粗的网格，局部网格的细化对于准确和有效的模拟是至关重要的。在第 10.3.4.2 节中介绍了一个用户定义的单元局部网格细化的例子。

最后,这些方法与多重网格方法结合得非常好。嵌套网格可以被看作多重网格中使用的网格;唯一重要的区别是,粗网格在不需要细化的地方提供了足够的精度,最细的网格并不覆盖整个领域。在非细化区域,两种细化程度要求解的方程都是一样的。因为多重网格方法的最大成本是由于在最细的网格上的迭代,所以节省的成本可以非常大,特别是在三维中。更深层次的细节,见 Thompson 和 Ferziger(1989)和 Muzaferija(1994)。

12.6 CFD 中的并行计算

本书第一版于 1996 年出版时,工作站是单处理器计算机。当时已经很清楚,计算能力的进一步提高将需要多个处理器,即并行计算机。现在(2020 年左右)所有的计算机都有多个处理单元(称为内核);工作站通常有大约 36 个内核和 120G 的内存,并有向更大数量发展的趋势。多个工作站可以连接起来形成集群,这些集群可能有数千个内核和数兆字节的内存。与经典的矢量超级计算机相比,这种集群的优势在于可扩展性。它们还使用标准芯片,因此生产成本较低。然而,传统的串行处理设计的算法可能无法在并行计算机上有效运行。

如果并行化是在循环层面上进行的(就像自动并行化编译器那样),阿姆达尔定律就会发挥作用,该定律本质上表明,速度是由代码中效率最低的部分决定的。为了实现高效率,代码中不能被并行化的部分必须非常小。

一个更好的方法是将求解域细分为多个子域,并将每个子域分配给一个处理器。在这种情况下,相同的代码在所有的处理器上运行,在它自己的数据集上运行。因为每个处理器也需要一些驻留在其他子域的数据,所以处理器之间的数据交换和/或存储重叠是必要的。

显式方案相对容易并行化,因为所有的操作都是在前面的时间步骤的数据上进行的。只需要在每一步完成后在相邻子域之间的界面区域交换数据。操作的顺序和结果在一个或多个处理器上都是相同的。该问题最困难的部分通常是求解压力的椭圆泊松方程(然而,见 Sullivan 和 Patton 2008,他们使用二维 $x-y$ 平面分解来解决行星边界层的不可压缩的流动问题)。

隐式方法更难并行化。虽然系数矩阵和源向量的计算只使用“旧”数据,可以有效地并行进行,但线性方程组的求解却不容易并行。例如,高斯消除法,其中每次计算都需要前一次的结果,在并行机器上很难执行。其他一些求解器可以被并行化,在 n 个处理器上执行与单个处理器相同的操作序列,但它们不是效率不高,就是传递费用非常大。我们将描述两个例子。

12.6.1 线性方程组迭代求解器的并行化

红黑高斯-赛德尔方法很适合于并行处理。它在第 5.3.8 节中做了简要描述,包括以交替的方式对两组点进行雅可比迭代。在二维中,节点的颜色如同棋盘上的棋子;因此,对于二维中的五点计算单元,应用于红点的雅可比迭代只使用黑色邻格节点的数据计算新值,反之亦然。这个求解器的收敛特性正是高斯-赛德尔方法的收敛特性,该方法的名字就是由此而来。

对任何一组节点的新值的计算都可以并行进行;所需要的只是上一步的结果。其结果与在单个处理器上完全相同。在相邻子域上工作的处理器之间的交互在每个迭代中发生两次-在每组数据被更新之后。这种局部交互可以与新值的计算重叠。这个求解器只适合与多重网格方法一起使用,因为它本身的效率就很低。

ILU 类型的方法(例如第 5.3.4 节中介绍的 SIP 方法)是递归的,使得并行化不那么简单。在 SIP 算法中,L 和 U 矩阵的元素,见公式(5.41),取决于 W 和 S 节点的元素。在从其邻格获得数据之前,不能开始计算子域上的系数,除了西南角的子域。在二维,最好的策略是将域细分为垂直条纹,即使用一维处理器拓扑结构,然后,L 和 U 矩阵的计算和迭代可以非常有效地并行进行(见 Bastian 和 Horton 1989)。子域 1 的处理器不需要其他处理器的数据,可以立即启动;它沿着其底部或最南端的线路前进。当它计算完最右边节点的元素后,它可以将这些值传递给子域 2 的处理器。当第一个处理器在其下一行开始计算时,第二个处理器可以在其底行进行计算。当第一个处理器到达从下往上的第 n 行时,所有 n 个处理器都处于忙碌状态。当第一个处理器到达顶部边界时,它必须等待最后一个处理器,也就是后面的 n 行,完成计算;见图 12.20。在迭代方案中,需要两个传递。第一次是以刚才描述的方式进行,而第二次本质上是其镜像。

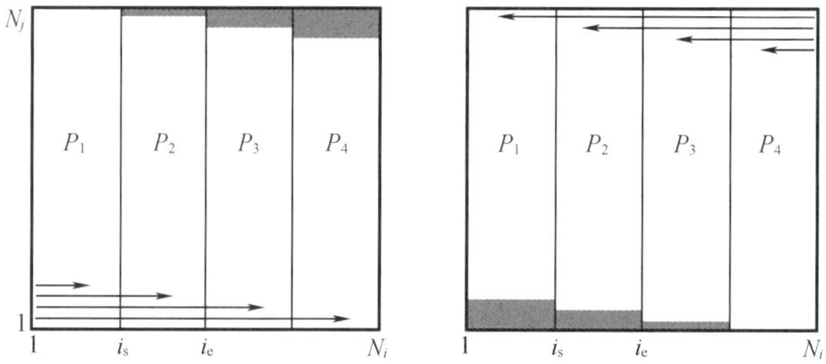

图 12.20 SIP 求解器在前向循环(左)和后向循环(右)中的并行处理;阴影部分是负载不均匀的区域

算法如下:

```
for j=2 to N_j-1 do;
  receive U_E(i_s-1,j),U_N(i_s-1,j) from west neighbor;
  for i=i_s to i_e do;
    calculate U_E(i,j), L_W(i,j), U_N(i,j), L_S(i,j), L_P(i,j);
  end i;
  send U_E(i_e,j), U_N(i_e,j) to east neighbor;
end j;
for m=1 to M do:
  for j=2 to N_j-1 do:
    receive R(i_s-1,j) from west neighbor;
    for i=i_s to i_e do;
      calculate ρ(i,j),R(i,j);
    end i;
    send R(i_e,j) to east neighbor;
  endj;
  forj=N_j-1 to 2 step-1 do:
```

```
    receive δ(i_e+1,j) from east neighbor;
    for i=i_e to i_s step-1 do:
      calculate δ(i,j);
      update variable;
    end i;
    send δ(i_s,j) to west neighbor;
  end j;
end m.
```

问题是这种并行化技术需要大量(细纹路)交互,并且每次迭代的开始和结束都有空闲时间;这些都会降低效率。此外,该方法仅限于结构网格。Bastian 和 Horton(1989)在基于晶片的机器上获得了良好的效率,这些机器的交互与计算速度的比率良好。对于不太有利的比率,该方法的效率会降低。

共轭梯度法(无须预处理)可以直接并行化。该算法涉及一些全局交互(收集部分标量乘积和输出的最终值),但性能几乎与单个处理器上的相同。然而,为了真正有效,共轭梯度法需要一个好的预处理器。因为最好的预处理器是 ILU 类型的(SIP 是一种非常好的预处理器),所以上面描述的问题再次出现。

上述发展表明,并行计算环境需要重新设计算法。在串行机器上表现出色的方法可能几乎无法在并行机器上使用。此外,必须使用新标准来评估方法的有效性。隐式方法的良好并行化需要修改求解算法。在数值运算数量方面的性能可能比串行计算机上的性能差,但如果处理器承载的负载均衡并且交互开销和计算时间适当匹配,则修改后的方法总体上可能更有效。

12.6.2 空间域分解

隐式方法的并行化通常基于数据并行或域分解,可以在空间和时间上执行。在空间域分解中,将解域划分为一定数量的子域;这类似于网格的块结构。在块结构中,过程由解域的几何形状控制,而在域分解中,目标是通过给每个处理器相同的工作量来最大化效率。每个子域分配给一个处理器,但一个处理器可以处理多个网格块;如果是这样,我们可以将所有的网格块视为一个逻辑子域。

如前面所述,必须修改并行机器的迭代过程。通常的方法是将全局系数矩阵 A 拆分为对角线块 A_{ii} 和非对角线块或耦合矩阵 $A_{ij}(i\neq j)$,前者包含连接属于第 i 个子域的节点的元素,后者代表第 i 和 j 块的相互作用。例如,如果将一个正方形二维解域划分为四个子域,并对 CV 进行编号,使每个子域的成员具有连续的索引,则矩阵的结构如图 12.21 所示;此图中使用了五点单元离散。下面描述的方法适用于使用较大计算单元的方案;在这种情况下,耦合矩阵更大。

为了提高效率,内部迭代的迭代求解器应该尽可能少地依赖数据(邻格提供的数据);数据依赖性可能导致漫长的交互和/或闲置时间。因此,全局迭代矩阵的选择是使各区块解除耦合,即 $i=j$ 的 $M_{ij}=0$。子域 i 上的迭代方案为:

$$M_{ii}\varphi_i^m = \boldsymbol{Q}_i^{m-1} - (A_{ii} - M_{ii})\varphi_i^{m-1} - \sum_j A_{ij}\varphi_j^{m-1}(j \neq i) \tag{12.14}$$

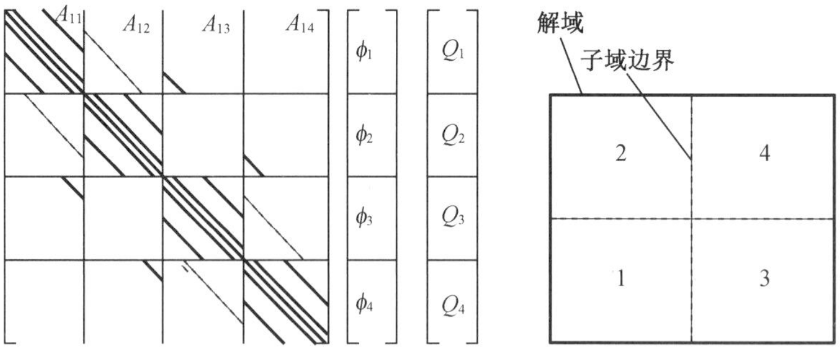

图 12.21 正方形二维解域被细分为 4 个子域时的全局系数矩阵结构

因此,来自相邻子域的数据取自上一次内迭代,并被视为已知的数据;在每次内迭代后进行更新。SIP 求解器很容易适应这种方法。每个对角块矩阵 M_{ij} 以正常方式分解为 L 和 U 矩阵;全局迭代矩阵 $M=LU$ 不是在单处理器情况下发现的。在每个子域上进行一次迭代后,必须交换未知数 φ^m 的更新值,以便在子域边界附近的节点计算残差 ρ^m。

当 SIP 求解器以这种方式并行化时,性能会随着处理器数量的增加而下降;当处理器的数量从 1 增加到 100 时,迭代次数可能会翻倍。但是,如果内部迭代不必非常紧密地收敛,就像第 7 章和第 8 章中描述的隐式方案那样,并行 SIP 可以非常有效,因为 SIP 倾向于在最初的几次迭代中迅速减少误差。特别是如果使用多重网格方法来加速外部迭代,总效率非常高(80%-90%;参见 Schreck 和 Perić1993;以及 Lilek 等人 1995 的示例)。以这种方式并行化的二维流动预测代码可以通过互联网获得;详情见附录。

基于共轭梯度的方法也可以使用上述方法并行化。下面我们介绍一个预处理 CG 求解器的伪代码。我们发现(Seidl 等人,1996),在单处理器或多处理器上,每一次 CG 迭代进行两次预处理扫描,就能获得最佳性能。图 12.22 显示了使用 Neumann 边界条件求解泊松方程的结果,该方程模拟了 CFD 应用中的压力修正方程。如果每次 CG 迭代都进行一次预处理扫描,则收敛所需的迭代次数随着处理器数量的增加而增加。然而,如果每次 CG 迭代有两个或更多的预处理器扫描,那么迭代次数几乎保持不变。然而,在不同的应用中,人们可能会获得不同的行为。

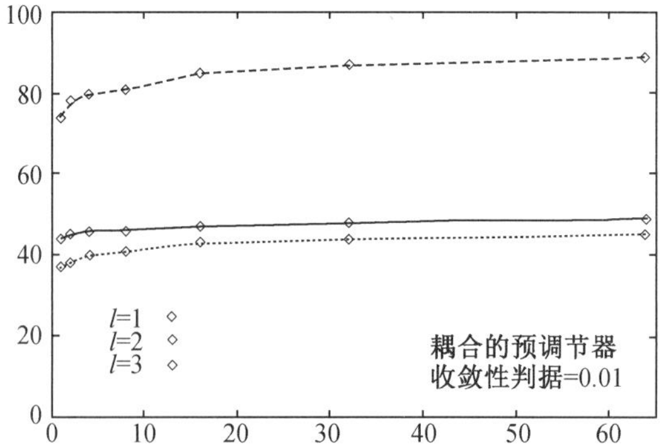

图 12.22 ICCG 求解器的迭代次数与处理器数量的关系(具有 64^3 个控制体的均匀网格,具有诺伊曼边界条件的泊松方程,每次预调节器扫描后的 LC,每次 CG 迭代的 *l* 次扫描,残差规范减少两个数量级;来自 Seidl 1997)

- 初始化设置：$k=0,\varphi^0=\varphi_{in},p^0=Q-A\varphi_{in},p^0=0,s_0=10^{30}$
- 推进计数器：$k=k+1$
- 在每个子域上，求解系统：$Mz^k=\rho^{k-1}$

  LC：沿界面交换 z^k
- 计算：$s^k=\rho^{k-1}\cdot z^k$

GC 收敛和离散 s^k

$$\beta^k=s^k/s^{k-1}$$
$$p^k=z^k+\beta^k p^{k-1}$$

LC：沿着界面交换 p^k

$$\alpha^k=s_k/(p^k\cdot Ap^k)$$

GC 收敛和离散 α^k

$$\varphi^k=\varphi^{k-1}+\alpha^k p^k$$
$$\rho^k=\rho^{k-1}-\alpha^k Ap^k$$

- 重复进行，直到收敛。

为了更新公式(12.14)的右侧，需要来自相邻块的数据。在图 12.21 的例子中，处理器 1 需要来自处理器 2 和 3 的数据。在具有共享内存的并行计算机上，这些数据可由处理器直接访问。当使用具有分布式内存的计算机时(大多数集群都是如此)，处理器之间的交互是必要的。然后每个处理器需要从接口另一侧的一个或多个单元中存储数据。区分局部(LC)和全局(GC)交互是很重要的。

局部交互发生在对相邻块进行操作的处理器之间。它可以同时发生在成对的处理器之间；一个例子是上述考虑的问题中内部迭代的交互。GC 是指从一个“主”处理器的所有块中收集一些信息，并将一些信息反馈给其他处理器。一个例子是通过收集处理器的残差和传递收敛检查的结果来计算残差的范数。有一些交互库可以用于这一目的；现在，信息传递接口(MPI；见 https://www.mpi-forum.org/docs/)是事实上的标准，但其他的如 PVM (Sunderam 1990)或 TCGMSG(Harrison 1991)在过去被使用过，可能仍然可用。这使得代码具有可转移性-在不同的并行计算机上使用 CFD 代码时，通常不需要对其进行调整。

如果分配给每个处理器的单元或计算点的数量(即每个处理器的负载)随着网格的细化而保持不变(这意味着使用更多的处理器)，局部交互时间与计算时间的比例将保持不变。我们说 LC 是完全可扩展的。然而，当处理器数量增加时，GC 时间会增加，与每个处理器的负载无关。随着处理器数量的增加，全局交互时间最终会大于计算时间。因此，GC 是不可扩展的，是大规模并行的限制因素。下面将讨论衡量效率的方法。

12.6.3 时间域的分解

隐式方法通常用于求解稳定流动问题。尽管人们倾向于认为这些方法不适合并行计算，但通过使用时间和空间上的域分解，它们可以被有效地并行化。这意味着多个处理器以不同的时间步长对同一子域同时执行工作。这项技术是由 Hackbusch (1984) 首次提出的。

因为不需要在外部迭代中精确求解任何方程，所以也可以将离散方程中的“旧”变量(即来自先前时间步长的变量)视为未知数。对于两时间层方案，在时间步 n 处解的方程可以写成：

$$A^n\boldsymbol{\varphi}^n+B^n\boldsymbol{\varphi}^{n-1}=\boldsymbol{Q}^n \tag{12.15}$$

因为我们考虑的是隐式方案，所以矩阵和源向量可能取决于新的解，这就是它们带有索引 n 的原因。同时求解多个时间步的最简单的迭代方案是解耦每个时间步的方程，并在必要时使用变量的现有值（即前一次外迭代的值）。这允许人们在当前时间步的解的第一个估计可用时立即开始下一个时间步的计算，即在执行一次外部迭代之后。包含前一个（多个）时间步的信息的外加源项在每次外迭代后被更新，而不是像串行处理那样保持不变。当工作在时间层 t_n 的处理器 k 执行第 m 次外迭代时，工作在时间层 t_{n-1} 的处理器 $k-1$ 正在执行其 $(m+1)$ 次外迭代。则处理器 k 在第 m 次外迭代中要求解的方程组为：

$$(A^n\boldsymbol{\varphi}^n)_k^m=(\boldsymbol{Q}^n)_k^{m-1}-(B^n\boldsymbol{\varphi}^{n-1})_{k-1}^m \tag{12.16}$$

处理器每次外迭代只需要交换一次数据，即线性方程求解器不受影响。当然，与基于空间域分解的方法相比，每次传输的数据要多得多。如果并行处理的时间步数不大于每个时间步的外部迭代次数，则使用滞后的旧值不会导致每个时间步的计算量显著增加。如果并行计算的时间步太多，每个时间步所需的外部迭代次数会增加，效率会降低。在并行序列的最后一个时间步，项 $B^n\varphi^{n-1}$ 包含在源项中，因为它在迭代中不会改变。

图 12.23 显示了在四个时间步上同时求解的两时间层方案的矩阵结构。Burmeister 和 Horton（1991）、Horton（1991）和 Seidl 等人（1996）已经使用了 CFD 问题的时间并行求解方法。该方法也可以应用于多级方案；在这种情况下，处理器必须从多个时间级别发送和接收数据。

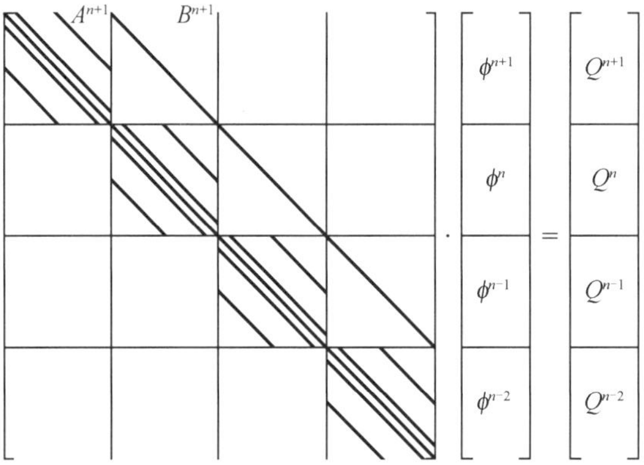

图 12.23　并行计算四个时间步长的全局系数矩阵结构

12.6.4　并行计算的效率

并行程序的性能分析通常通过以下定义的加速因子和效率来衡量：

$$S_n=\frac{T_s}{T_n}$$

$$E_n^{\text{tot}}=\frac{T_s}{nT_n} \tag{12.17}$$

这里 T_s 是单个处理器上最佳串行算法的执行时间，T_n 是使用 n 个处理器的并行化算法的执行时间。一般来说 $T_s \neq T_n$，因为最好的串行算法可能不同于最好的并行算法；其效率不应该基于在单个处理器上执行的并行算法的性能上。

速度提升通常小于 n（理想值），因此效率通常小于 1（或 100%）。但是，在求解耦合非线性方程时，可能会发现在两个或四个处理器上的求解比在 1 个处理器上的求解效率更高，因此，原则上，效率可能高于 100%（当一个处理器求解一个较小的问题时，效率的提高往往是由于更好地利用了现有存储器）。示例如图 12.24 所示。

虽然不是必需的，但处理器通常在每次迭代开始时同步。因为一次迭代的持续时间由控制体数量最多的处理器决定，所以其他处理器会经历一些闲置时间。延迟也可能是由于不同子域中的不同边界条件、邻格的数量不同或更复杂的交互造成的。

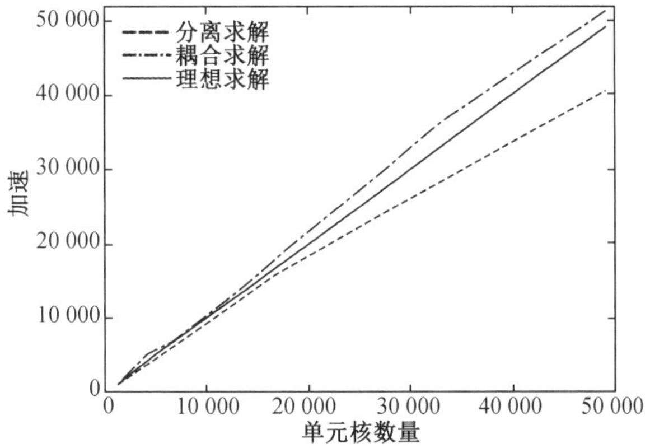

图 12.24 在计算勒芒赛车周围的湍流时，使用 Simcenter STAR-CCM+商业代码中的分离和耦合求解算法以及由 10.2 亿个单元组成的网格，速度提高是所用处理器单元（核）数量的函数

计算时间 T_s 可以表示为：

$$T_s = N^{cv} \tau i_s \tag{12.18}$$

其中，N^{cv} 是控制体的总数，τ 是每个浮点运算的时间，i_s 是达到收敛所需的每个控制体的浮点运算数。对于在 n 个处理器上执行的并行算法，总执行时间包括计算和交互时间：

$$T_n = T_n^{calc} + T_n^{com} = N_n^{cv} \tau i_n + T_n^{com} \tag{12.19}$$

其中 N_n^{cv} 是最大子域中的控制体数量，T_n^{com} 是不能进行计算的总交互时间。将这些表达式插入到总效率的定义中，可以得到：

$$E_n^{tot} = \frac{T_s}{nT_n} = \frac{N^{cv} \tau i_s}{n(N_n^{cv} \tau i_n + T_n^{com})} = \frac{i_s}{i_n} \frac{1}{1 + T_n^{com}/T_n^{calc}} \frac{N^{cv}}{nN_n^{cv}} = E_n^{num} E_n^{par} E_n^{lb} \tag{12.20}$$

该方程不精确，因为每个控制体的浮点运算数不是恒定的（由于算法中的分支以及边界条件仅影响某些控制体的事实）。然而，它足以确定影响总效率的主要因素。这些因素的含义是：

- E_n^{num}—数值效率考虑了由于修改算法以允许并行化，达到收敛所需的每个网格节点的操作数量变化的影响；
- E_n^{par}—并行效率表明在计算无法进行的情况下，信息交互所花费的时间；
- E_n^{lb}—负载均衡效率表明一些处理器由于负载不均而被闲置的影响。

当在时间和空间上执行并行化时，总效率等于时间和空间效率的乘积。

通过测量获得收敛解所需的计算时间,可以轻松确定总效率。并行效率不能直接测量,因为所有外部迭代的内部迭代次数并不相同(除非用户固定)。然而,如果我们在 1 和 n 个处理器上执行一定数量的外部迭代,每次外部迭代的内部迭代次数固定,那么数值效率是统一的,总效率为并行效率和负载均衡效率的乘积。如果通过使所有子域相等来将负载均衡效率降低到统一,则可以获得并行效率。一些计算机具有允许执行操作计数的工具;则可以直接测量数值效率。

对于空间和时间域分解,这三种效率通常都会随着给定网格的处理器数量增加而降低。这种减少是非线性的,并且与问题有关。并行效率尤其受到影响,因为 LC 的时间几乎恒定,GC 的时间增加,而每个处理器的计算时间由于子域大小的减少而减少。对于时间并行化,在相同的问题规模下,当更多的时间步被并行计算时,GC 的时间增加而 LC 和计算时间保持不变。然而,如果处理器数量增加超过某一限制(这取决于每个时间步长所需的外部迭代次数),则数值效率将不成比例地降低。负载均衡的优化通常是困难的,特别是当网格是非结构化的并且采用局部细化时。有一些优化算法,但它们可能比流动计算花费更多的时间!

并行效率可以表示为三个主要参数的函数。

- 据传输的建立时间(称为延迟时间);
- 数据传输率(通常以 Mbytes/s 表示);
- 每个浮点运算的计算时间(通常以 Mflops 表示)。

对于给定的算法和交互模式,可以创建一个模型方程来将并行效率表示为这些参数和域拓扑的函数。Schreck 和 Perić(1993)提出了这样一个模型,并表明可以很好地预测并行效率。人们还可以将数值效率建模为求解算法中的备选方案、求解器的选择和子域的耦合。然而,基于类似流动问题的经验输入是必要的,因为算法的行为是取决于问题。如果求解算法允许可替代的交互模式,这些模型就是有用的;人们可以选择最适合所用计算机的模式。例如,我们可以在每次内迭代后、每隔一次内迭代后或仅在每次外迭代后交换数据。每个共轭梯度迭代可以使用一个、两个或多个预处理器迭代;预调节器迭代可以包括每一步后的局部交互,也可以只在最后进行。这些选项会影响数值效率和并行效率;需要权衡才能找到最优值。

交互频率显然是并行计算的一个重要因素。耦合求解方法(将速度、压力和温度视为单个未知向量)执行的数据交换(LC)比依次求解每个变量的分离方法少五分之一。此外,耦合求解方法通常需要在每次迭代中执行比分离求解器更多的计算操作。尽管交换的数据量大了五倍,但节省的延迟时间和更有利的交互与计算时间的比率,导致耦合求解器通常比隔离求解器具有更高的效率。如图 12.24 所示。耦合求解器表现出超线性性能的情况也更频繁地发生。在这个例子中,由于单元总数超过十亿,单核无法计算;使用的处理器数量最少是 1 024 个(每个内核大约 100 万个单元)。然而,在 48 倍的核心上进行计算(每个核心约 2 万个单元),使用耦合求解器的速度提高 50 倍以上,使用分离求解器的速度提高 40 倍左右。

空间和时间相结合的并行化比纯粹的空间并行化更有效率,因为对于给定的问题大小,效率随着处理器数量的增加而下降。表 12.2 显示了在最大雷诺数为 104 的情况下,使用 32×32×32 的控制体网格,时间步长为 $t=T/200$ 计算具有振荡的顶盖方腔驱动的非稳态三维流动的结果,其中 T 是盖子振荡的周期。当使用 16 个处理器并行计算四个时间步长并将空间域分解为四个子域时,总的数值效率为 97%。如果所有处理器都只用空间或时间分解,则数值效率会下降到 70%以下。

表 12.2 用于计算带有振动的三维顶盖方腔驱动流在空间和时间上各种域分解的数值效率

在空间和时间上的分解 $x \times y \times z \times t$	每个时间步长的平均外部迭代数	每个时间步长的平均内部迭代数	计算频率(%)
1×1×1×1	11.3	359	100
1×2×2×1	11.6	417	90
1×4×4×1	11.3	635	68
1×1×1×2	11.3	348	102
1×1×1×4	11.5	333	104
1×1×1×8	14.8	332	93
1×1×1×12	21.2	341	76
1×2×2×4	11.5	373	97

在许多机器上处理器之间的交互会终止计算。然而,如果交互和计算可以同时进行(这在一些新的并行计算机上是可能的),利用这一点求解算法的许多部分可以被重新安排。例如,当 LC 在求解器中进行时,可以在子域的内部进行计算,这里不需要来自相邻子域的数据。通过时间并行,我们可以在 LC 进行的同时加载新的系数和源矩阵。即使是共轭梯度求解器中的 GC,如果按照 Demmel 等人(1993)的建议重新安排算法,也可以与计算重叠。稳态计算中的收敛检查可以在早期阶段跳过,或者重新安排收敛标准以监测以前迭代的残差水平-可以基于残差减少率的预测决定停止迭代。

Perić 和 Schreck(1995)更详细地分析了交互和计算重叠的可能性,并发现它可以显著提高并行效率。新的硬件和软件有可能允许计算和交互同时发生,因此可以预期能够优化并行效率。并行隐式 CFD 算法的开发者关注的主要问题之一是数值效率。在相同的精度下,并行算法不需要比串行算法多很多计算操作,这一点是至关重要的。

结果表明,并行计算可以有效地应用于 CFD。工作站集群的使用在这方面特别有用,因为几乎所有的用户都可以使用它们,而且代价较大的问题并不是一直都能求解的。现在所有的计算机(PC、工作站和主机)都是多处理器机器;因此在开发新的解决方法时,必须考虑到并行处理。

12.6.5 图形处理器(GPU)和并行处理

图形处理器(GPU)是为交互式游戏而设计的,但已被证明可有效解决流体流动问题。由于 GPU 的不同设计,已经开发出了一种单独的语言(计算统一设备架构—CUDA),该领域的文献也在不断增加。当 GPU 在工作站中用作单处理器(比 CPU 高出 20 倍)时,GPU 提供了惊人的速度,例如,在具有数百个内核的多 GPU 工作站中实现了更大的计算加速。

迄今为止,许多应用程序都来自使用本地软件包链接 GPU 框架的工程;然而,存在更通用的软件。在这里,我们只是想提醒读者注意这个问题并提供一些参考。Khajeh-Saeed 和 Perot(2013)使用 GPU 加速的超级计算机进行了湍流的 DNS,演示了 GPU、MPI 和超级计算机如何连接和优化。我们注意到数值方法的基本算法没有改变,大部分工作都集中在 CUDA 中的编码以及链接和优化工作上。Schalkwijk 等人(2012a)展示了一个在台式电脑上用连接的 GPU 模拟湍流云的气象学例子。他们的侧边栏"移植到 GPU"特别有指导意义。应用程序会将当前代码中速度较慢的部分单独实现 GPU 求解器,从而实现显著的加速(Williams 等人在 2016 年做了一个非结构网格的稀疏线性矩阵压力求解器的 GPU 版本)。一些商业代码也可以链接到 GPU 以加速计算适当的部分。

在自适应非结构网格上使用 CPU 和 GPU 进行复杂流动的计算(涉及湍流、燃烧、多相流等的建模)是一个挑战,如果要获得高的效率,就没有办法绕过它。相对简单的流动问题和结构网格开发的方法中,没有一个是单独针对复杂问题的最佳方法——必须开发更智能的并行化概念,动态适应当前的问题。解算法和数据结构可能都需要重新组织,以促进 CPU 和 GPU 在此类应用中的有效使用。例如,一些在面或体积上的循环可能需要分解成多个循环,一些数据可能需要存储两次(并在特定步骤之间复制),以尽量减少数据的依赖性,并允许计算和交互的并发性。预计在未来的十年里,这一领域将有大量的研究。

第 13 章　专　　题

13.1　简　　介

流体流动可能包含范围广泛的附加物理现象,这些物理现象使该专题远远超出了迄今为止所关注的重点:单相非反应流动。多种类型的物理过程可能发生在流动的流体中, 每种物理过程都可能与气流发生相互作用,从而产生一系列令人惊叹的新现象。这些过程几乎都广泛出现于重要的实际情况中。针对这些现象,计算流体力学方法的应用也取得了不同程度的成功。

可以添加到流体中的最简单元素是标量,例如可溶性化学物质的浓度或温度。标量的存在不影响流体性质的情况已经在前面的章节中讨论过,在这种情况下,我们把此类标量称之为被动标量。在更复杂的情况下,流体的密度和黏度可能会因标量的存在而改变,我们把此类标量称之为活动标量。例如,流体特性可以是关于温度或物质浓度的函数,这一领域被称为传热和传质领域。

在其他情况下,溶解量的存在或流体本身的物理性质会导致流体的应力行为方式与应变率之间不存在简单的牛顿关系(方程 1.9),在某些流体中,黏度成为瞬时应变率的函数,表现为剪切稀化或剪切增稠的非牛顿流体。在更复杂的流体中,应力行为方式由一组附加的非线性偏微分方程决定,因此我们说此类流体是黏弹性的。许多聚合物材料,包括生物材料,都表现出这种行为,从而产生意想不到的流动现象,这是非牛顿流体力学的领域需要额外探究的。

流动过程中可能包含各种类型的界面,这些界面可能是由于流体中存在固体物体而引起的。在简单的情形下,尽管几何形状比较复杂,也可以转换为与实体一起移动的坐标系,并将问题简化为先前讨论过的类型。在其他情形下,可能存在相互运动的物体,此类情形别无选择,这时就必须引入一个移动坐标系。此类情况下一个特别重要且困难的例子是表面是可变形的,液体的表面就是这种类型的例子。

在某些流动过程中,可能存在多相共存的情况,所有可能的相组合都是重要的。固-气类别的情况包括例如大气中的粉尘、流化床和气体流过多孔介质等现象。固-液类别的情况包括浆料(其中液体是连续相)与多孔介质流动。气-液类别的情况包括例如喷雾(气相是连续的)和气泡流(反之亦然)。最后,也可能存在三相流。上述每个案例都有许多子类别。

化学反应可能发生在流动中,同样也有许多个别情况。当反应物质被稀释时,可以假定反应速率是恒定的(但这可能取决于反应温度),反应物质就它们对流动的影响而言基本上是被动标量,这种情况的例子包括大气或海洋中的污染物种类。另一种反应涉及主要物质并释放大量能量,这就是燃烧的情况。还有一个例子是在高速气流中的空气,可压缩性效应可能导致温度大幅升高和气体解离或电离的可能性,此类情形的一个例子是高速气流。

地球物理学和天体物理学也需要求解流体运动方程。除了后面讨论的等离子体效应，这些流动中，新元素的尺度相比于工程流动要大得多，在气象学和海洋学中，旋转和分层对流动行为有很大影响。

最后，我们提到在等离子体（电离流体）中，电磁效应发挥着重要作用。在该领域中，流体运动方程必须与电磁方程（麦克斯韦方程）一起求解，求解的现象和特殊情况的数量巨大。

在本章其余部分，我们将描述处理这些困难中的一些方法，但并非所有。应该指出，本节提到的每个主题都是流体力学的一个重要子专业，并且有大量的文献。下面列出了各个领域的教科书引用。在这里，由于篇幅有限，很难对所有主题进行全面的阐述。

13.2 传热与传质

在传热的三种机制——热传导、辐射和对流——中，对流与流体力学的联系最为密切。这种联系如此强烈，以至于对流传热可以被视为流体力学的一个子领域。稳态热传导由拉普拉斯方程（或与其非常相似的方程）描述，而非稳态热传导由热量方程控制，这些方程很容易通过章节 3、4 和 6 中介绍的方法求解。当流体性质与温度相关时问题会更加复杂，需要使用当前迭代中的温度计算属性并更新温度，重复该过程。使用该方法后，计算收敛速度通常几乎与固定属性计算时几乎相同。

涉及固体表面的辐射与流体力学几乎没有联系（除了具有多种主动传热机制的问题），涉及一些有趣的问题（例如火箭喷嘴和燃烧室中的流动），但流体力学与气体中的辐射传热十分重要。这种组合情形同样出现在天体物理学应用和气象学中，我们不会在这里处理这类问题。但是，如有必要请参阅第 13.7 节。

在层流对流传热中，主要过程是流向的平流（前文称之为对流）和垂直于流动的方向的热传导。当流动是湍流时，层流中传导所起的大部分作用被湍流取代，并由湍流模型表示，该模型在第 10 章中讨论过。在任一种情况下，人们的关注点通常都集中在与固体表面的热能交换上。

如果温差很小（水中小于 5 K 或空气中小于 10 K）而雷诺数很高，则流体特性的变化并不重要，温度表现为被动标量。此类问题可以通过本书前面介绍的方法来处理，因为在这种情况下温度是一个被动标量，因此可以在速度场的计算完全收敛后进行计算，从而使计算任务更加简单。在流动由密度差异驱动的情况下，必须考虑后者，可以借助下面描述的 Boussinesq 近似来完成。

另一个重要的特殊情况是流过光滑形状的物体时发生的热传递，在这种类型的流动中，可以首先计算物体周围的潜在流动，然后使用计算获得的压力分布作为边界层代码的输入来预测热传递。若边界层不与主体分离，则可以使用 Navier-Stokes 方程的边界层简化来计算这些流动（例如参见 Kays 和 Crawford 1978；或 Cebeci 和 Bradshaw 1984）。边界层方程是抛物线方程，可以在现代工作站或个人计算机上在几秒钟内（对于 2D 情况）或一分钟左右（对于 3D 情况）进行求解。本书没有详细介绍计算这些复杂流动的方法（但一般原则在第 3-8 章中找到），感兴趣的读者可以在 Cebeci 和 Bradshaw （1984） 以及 Patankar 和

Spalding (1977) 的文章中找到详细的计算方法。

在一般情况下温度变化的影响是十分显著的,其通过两种方式影响流动:一种情况是通过传输特性随温度的变化,这种影响可能非常大,必须将其考虑在内,但在数值上处理起来并不困难。重要的问题是能量和动量方程现在是耦合的且必须同时求解,幸运的是耦合难度通常不会大,以至于无法以顺序求解的方法来求解方程。在每次外部迭代中,动量方程首先使用从“旧”温度场计算的传输特性求解,迭代并更新属性。这种求解方法与第 10 章中描述的用湍流模型求解动量方程的技术非常相似。

温度变化的另一种影响方式是密度变化与重力相互作用,会产生一种体积力,可以显著改变流动,且可能是流动的主要驱动力。在后一种情况下,我们谈论的是浮力驱动或自然对流。强制对流和浮力效应的相对重要性通过格拉晓夫数和雷诺数之比来衡量,如式(1.33)所定义,如果比值

$$\frac{Gr}{Re^2}=\frac{Ra}{PrRe^2}\ll 1$$

那么自然对流的影响可以忽略不计。在纯浮力驱动的流动中,如果密度变化足够小,则可以忽略垂直动量方程中除体积力之外的所有项的密度变化,这被称之为 Boussinesq 近似,该近似允许通过与不可压缩流动所使用的方法基本相同的方法来求解方程,这在第 8.4 节有一个计算示例。

对于浮力驱动较为重要的流动计算,通常可以通过上述类型的方法进行求解,即速度场的迭代先于温度和密度场的迭代,因为场之间的耦合可能非常强,所以这个过程的收敛速度可能比等温流中的慢。将方程求解为耦合系统会增加收敛速度,但会增加编程复杂性和存储要求,例如参阅 Galpin 和 Raithby (1986)中的例子。耦合的强度还取决于普朗特数,对普朗特数高的流体更强。对于这些流体,耦合求解方法产生的收敛速度比顺序求解方法快得多,然而这种方法仅适用于稳态流动计算。高瑞利数下,浮力驱动的流动变得不稳定并最终变成湍流,即使边界条件是稳定的,不稳定性也可能是由时变边界条件引起的。当需要时间精确的解决方案时,时间步长必须足够小,在这种情况下,解从一个时间步长到另一个时间步长变化不大,分离解算方法(如上文所述)实际上在计算上可能比耦合解算器更有效,因为隐式求解方法每个时间步只需要很少的外部迭代,耦合求解器每次迭代需要更多的计算时间,只有当它可以显著减少所需的迭代次数时才有用,通常仅适用于稳定或弱瞬态流。使用足够小的时间步长,即使是非迭代的时间推进方法,如第 7 章中描述的分数步长方法也可以使用,如 Armfield 和 Street (2005)的一个例子。

在某些应用中,需要考虑固体中的热传导以及相邻流体中的对流,此类问题称为共轭传热问题,需要通过在描述两种传热类型的方程之间迭代来解决,也可以同时求解流体域和固体域的能量方程来解决上述问题。我们在下面描述了需要特别注意的离散步骤,并且还考虑了涂层或隔板太薄而无法通过网格解决,可能对传热计算产生很大的阻力。

分别求解流体域和固体域中的能量方程并在每次外部迭代时更新每个连续体的边界条件,通常效率不高,最好在所有连续体中同时求解能量方程,这要求将固-液界面处的热通量表示为流体和固体中相邻单元中心温度的函数,而不依赖于界面本身的温度信息。我们将在下面描述如何实现这一点。考虑图 13.1 所示的情况,如果假设在流体侧边界层被分解,沿垂直于单元面 k 的直线的温度分布将如图 13.1 右侧所示,为体现一般性,假设固体

和流体中的网格在界面处不匹配,网格被绘制为笛卡尔坐标,以指出即使这样,情况仍然需要特殊处理。如果网格与界面不正交,则同样的方法也适用。

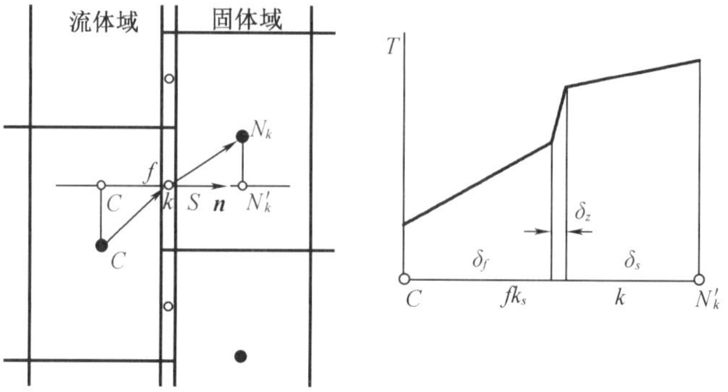

图 13.1　关于具有涂层的固液界面扩散通量的离散,假设界面处为非共形网格

通过以节点 C 和 N_k为中心的单元所共有的面 k 的单位面积热通量,见图 13.1,可以表示为:

$$q_k=\lambda_f\left(\frac{\partial T}{\partial n}\right)_{k_f}=\lambda_z\left(\frac{\partial T}{\partial n}\right)\Bigg|_{k_f}^{k_s}=\lambda_s\left(\frac{\partial T}{\partial n}\right)_{k_s} \tag{13.1}$$

其中 T 是温度,λ 是热导率,n 是垂直于单元面的坐标方向,索引"f""z"和"s"分别表示界面的流体侧、涂层和固体侧(见图 13.1)。涂层通常很薄,因此可以假设电导率 λz 以及整个层的温度梯度是恒定的,对于流体域和固体域,如果界面温度 T_{kf}和 T_{ks}与温度相关,则应当采用热导率。

紧靠墙壁的流体的温度变化总是线性的,如果黏性层没有被解析(即使用壁函数),则必须在以下近似中使用有效热导率。对于线性温度分布,热通量的离散近似为:

$$q_k=\lambda_f\frac{T_{k_f}-T_{C'}}{\delta_f}=\lambda_z\frac{T_{k_s}-T_{k_f}}{\delta_z}=\lambda_s\frac{T_{N'_k}-T_{k_s}}{\delta_s} \tag{13.2}$$

点 C 和 N_k位于面法线 n 上,它们与固体域和流体域的界面距离分别为 δ_f和 δ_s,表示连接单元中心与相界面中心向量的投影,即:

$$\delta_f=(\boldsymbol{r}_k-\boldsymbol{r}_C)\cdot\boldsymbol{n}_k \text{ and } \delta_s=(\boldsymbol{r}_{N_k}-\boldsymbol{r}_k)\cdot\boldsymbol{n}_k \tag{13.3}$$

通过引入热阻系数 α 如下:

$$\alpha_f=\frac{\lambda_f}{\delta_f},\alpha_z=\frac{\lambda_z}{\delta_z},\alpha_s=\frac{\lambda_s}{\delta_s} \tag{13.4}$$

表达式 (13.2) 可以改写为:

$$q_k=\alpha_f(T_{k_f}-T_{C'})=\alpha_z(T_{k_s}-T_{k_f})=\alpha_s(T_{N'_k}-T_{k_s}) \tag{13.5}$$

在这个表达式中,界面温度 T_{kf}和 T_{ks}被消去,得到:

$$q_k=\frac{T_{N'_k}-T_{C'}}{\dfrac{1}{\alpha_f}+\dfrac{1}{\alpha_z}+\dfrac{1}{\alpha_s}} \tag{13.6}$$

通过引入有效热阻系数和有效热导率:

$$\alpha_{\mathrm{eff}}=\frac{1}{\frac{1}{\alpha_f}+\frac{1}{\alpha_z}+\frac{1}{\alpha_s}}=\frac{\lambda_{\mathrm{eff}}}{\delta_f+\delta_z+\delta_s} \tag{13.7}$$

热通量可以简便地表示为：

$$q_k=\alpha_{\mathrm{eff}}(T_{N_k'}-T_{C'})=\lambda_{\mathrm{eff}}\frac{T_{N_k'}-T_{C'}}{\delta_f+\delta_z+\delta_s} \tag{13.8}$$

如果网格是非正交或非共形的，辅助节点处的温度 C 和 Nk 必须通过适当的插值通过节点值来表示。以下近似值与离散过程中使用的其他近似值一致，并且是二阶精度的：

$$T_{C'}=T_C+(\nabla T)_C\cdot(\boldsymbol{r}_{C'}-\boldsymbol{r}_C)\ \text{and}\ T_{N_k'}=T_{N_k}+(\nabla T)_{N_k}\cdot(\boldsymbol{r}_{N_k'}-\boldsymbol{r}_{N_k}) \tag{13.9}$$

辅助节点 C 和 Nk 的坐标很容易获得为（见公式（13.3）和图 13.1）：

$$\boldsymbol{r}_{C'}=\boldsymbol{r}_k-\delta_f\boldsymbol{n}_k\ \text{and}\ \boldsymbol{r}_{N_k'}=\boldsymbol{r}_k+\delta_s\boldsymbol{n}_k \tag{13.10}$$

最后，单位面积的热通量可以表示为（见公式（13.8））：

$$q_k=\alpha_{\mathrm{eff}}(T_{N_k}-T_C)+\underline{\alpha_{\mathrm{eff}}[(\nabla T)_{N_k}\cdot(\boldsymbol{r}_{C'}-\boldsymbol{r}_C)-(\nabla T)_C\cdot(\boldsymbol{r}_{N_k'}-\boldsymbol{r}_{N_k})]} \tag{13.11}$$

为了获得通过单元面的总热通量，需要 q_k 乘以面部区域 S_k。带下划线的术语可以被视为延迟更正，即使用先前迭代的值计算。右边的第一项被隐式处理，即它对矩阵方程的系数有贡献。

如果单元中心和辅助节点之间的距离与到单元面的距离相比较小，即当非正交性适中时，带下划线的项与主项相比较小。当通过面中心的面法线通过单元中心时，它就会消失。在严重非正交性的情况下，可能会导致两种问题：(i)非物理解（过冲或下冲）或(ii)收敛问题。在这种情况下，可以限制下划线的项（或者甚至将其设置为零作为最后的手段），降低了近似的阶数，但可以帮助避免在网格质量无法提高时出现的问题。例如通过完全忽略带下划线的项，可以有效地设置 $T_C=T_C$，这对应于假设单元内的温度恒定（一阶近似）。

注意类似于式 (13.8)经常描述从壁面到环境的热传递的表达式：

$$q_{\mathrm{wall}}=\alpha(T_{\mathrm{wall}}-T_\infty) \tag{13.12}$$

其中 q_{wall}是壁面的热通量，T_{wall} 是壁面温度，T_∞是环境温度，α 是传热系数，实验数据通常以这种形式呈现。许多 *CFD* 代码用户希望计算和可视化内部流动中壁面的传热系数，例如涡轮叶片或热发动机表面，但这非常棘手，因为传热系数不是一个唯一定义的量——只有壁热通量是唯一的（这是人们应该关注的量）。虽然很清楚 T_{wall}应该是局部壁温，但尚不清楚在内部流动中应该使用哪个环境参考温度，因此，α 和 T_∞ 必须总是成对出现。在一些商业代码中，可以从模拟结果中提取出几种不同版本的传热系数，当网格被细化时，一些变化会很大，因此在比较解决方案时必须小心。

我们现在举一个例子，其中主要关注的是外壳中空气的自然对流。我们在第 8.4.1 节中讨论了类似的问题，但在这我们只求解流体域中的能量方程，并规定侧壁的温度，同时在顶部和底部边界使用绝热条件。在这我们考虑空腔周围的实心结构：如图 13.2 所示，顶部和底部墙壁上方的隔热层，以及在侧通道中流动的冷热水，目的是保持几乎恒定的壁温。在实验中很难同时达到恒定的壁温和零热流密度（对应于绝热边界条件），这样的边界条件总是一个近似值，误差通常是未知的，在可能的情况下，应尽量在离关注区域远的地方指定近似的边界条件。

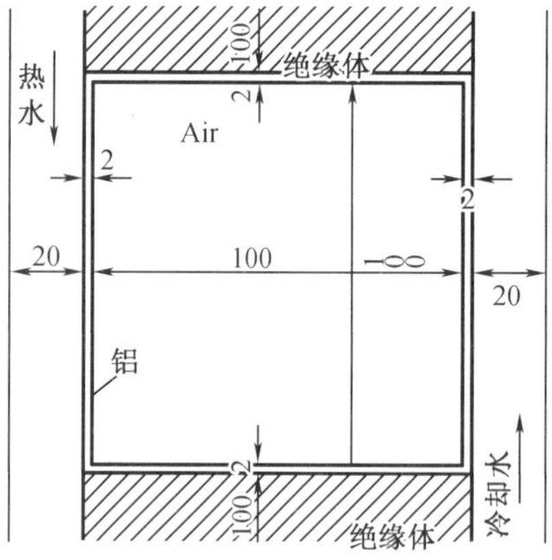

图 13.2 测试用例的几何图形显示了同时求解能量方程的所有固体和流体区域

在这个 2D 示例中,空气占据了尺寸为 100×100 mm 的空腔,它被 2 mm 厚的铝墙包围,左侧壁被温度为 310 K 的热水以 10 m/s 的平均速度在宽 20 mm 通道中向下流动加热。在右侧 300 K 的冷水以平均速度为 10 m/s 在 20 mm 宽的通道中向上流动。充满空气的空腔内的瑞利数约为 1.5×10^{6},意味着气流是层流的,水道中的雷诺数为 200 000,意味着水流是湍流的,对上述情形使用 k-ε 湍流模型进行模拟。假设水没有向外侧壁散失热量,这是一个近似处理,但由于流速相当高,即使一些热量通过另一面壁逸出,传递到气腔的热量也不会受到影响。假设两个保温层的顶部和底部边界没有热量损失,因为保温层的厚度为 100 mm 且材料的热导率非常低(0.036 W/mK,而铝框架的热导率为 237 W/mK),因此预计这种近似对求解结果的影响也很小。对气流的求解域没有设置边界条件—驱动流动的温度是共轭传热解的一部分,仅设置两个进水口的速度和温度作为边界条件。

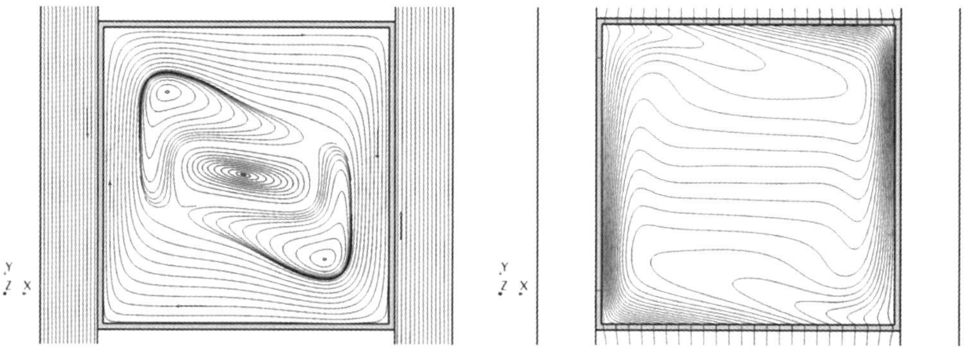

图 13.3 流体域中的流动模式(左)和空气、铝框架和绝缘材料中的温度等值线(右)

为了简化网格生成,使用了跨过所有区域的统一网格,间距为 0.5 mm,出于示例目的,流体区域中的墙壁附近的网格间距几乎足够小,但是从下面给出的结果中可以看出位于绝缘区域中网格太细。迭代求解方法遵循之前概述的用于计算稳态流的步骤:在每次外部迭代中,首先通过求解所有区域的能量方程来更新温度,使用来自先前外部迭代的流体区域中的速度场。然后,在每个流体区域执行 SIMPLE 算法的一个步骤(即依次求解动量方程和压力校正方程),使用更新的温度来确定空气的流体特性。在水的强制流动中,由于温度变化很小,性质保持不变,而空气被视为理想气体,没有使用 Boussinesq 近似:使用状态方程在每次外部迭代中更新所有项的密度,而使用多项式表达式说明黏度随温度的变化。速度、k 和 ε的亚松弛因子为 0.8,压力亚松弛因子为 0.3,温度亚松弛因子为 0.99。执行了大约 500 次外部迭代,所有方程的残差水平降低了 6 个数量级。线性迎风格式(二阶;见第 4.4.5 节)用于对流和扩散项的中心差分格式。带有模拟文件的详细报告可供下载,详情见附录。

图 13.3 显示了流体域的流动模式和温度等值线。空气从热壁上升,然后转向冷壁,释放从热壁收集的热量,然后沿着底壁返回。从图 13.4 所示的速度分布可以看出,在空腔的中心部分的空气几乎是停滞的,在空腔的中心部分(稳定分层区),等温线也几乎是水平的。空气中的等温线以锐角接近铝制框架,将空气与绝缘材料隔开,表明空气和金属框架之间存在显著的热传递;另一方面,在金属和绝缘材料之间,等温线几乎与界面正交,表明这两种材料之间的热交换非常低。上下界面处空气与铝的热交换主要沿框架传导,正如预期的那样,在保温层中温度从热壁到冷壁呈线性变化,不规则变化仅在腔角附近可见。速度和温度在热壁和冷壁附近都有很高的梯度,需要在壁面法线方向上使用精细的网格。

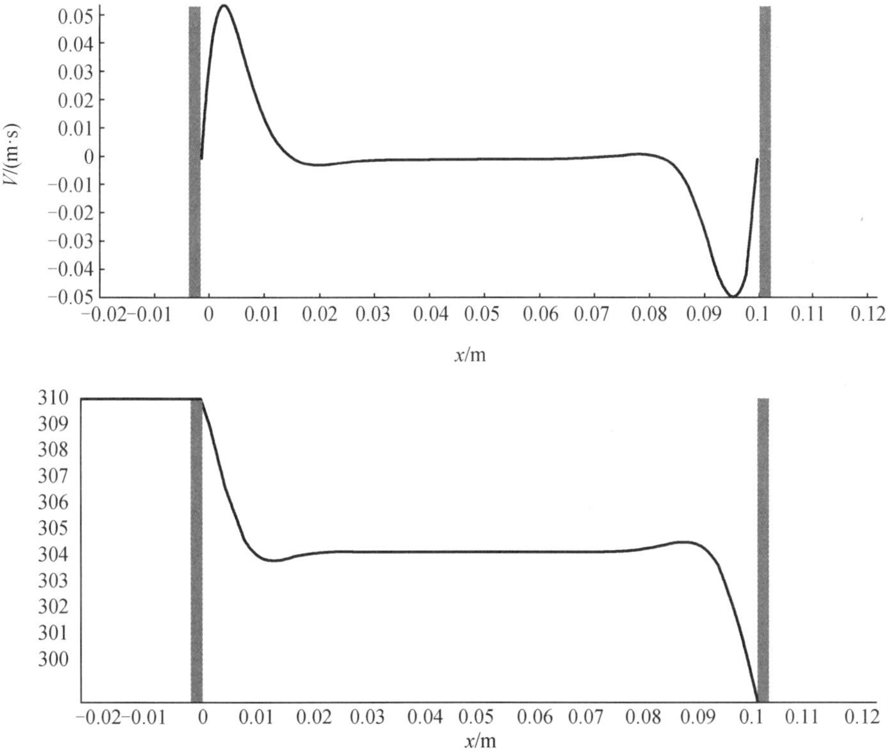

图 13.4　沿中间高度水平切口的剖面图:空气中的垂直速度分量(上)和所有材料的温度(下);灰色条表示空腔壁

观察沿冷热壁的温度是否恒定是很有趣的,图 13.5 显示了沿空气侧热壁的温度变化。它不仅不是恒定的——在中心部分它高于热水温度(310 K)! 人们可能会认为这是求解中出现的一个代码错误。然而仔细观察热水通道的温度变化会发现,水沿两个通道壁加热一点,而在中心部分有一个 310 K 的恒定温度,就像在入口指定的那样。当水在 20 mm 宽的通道中以 10 m/s 的速度流动时,因为求解的能量方程包含黏性热产生的源项,会产生可测量的热量增益,这就是为什么所有流体循环通过测试部分的实验都需要有一个热交换器来带走产生的热量并保持工作温度恒定。因此空气侧热壁中心部分温度略高于约 310 K,超过热壁面温度的 65%。靠近拐角处低 0.3 K,冷热壁温差为 10 K 时,恒温偏差显著,因此在模拟中应该包含尽可能多的实验设置。

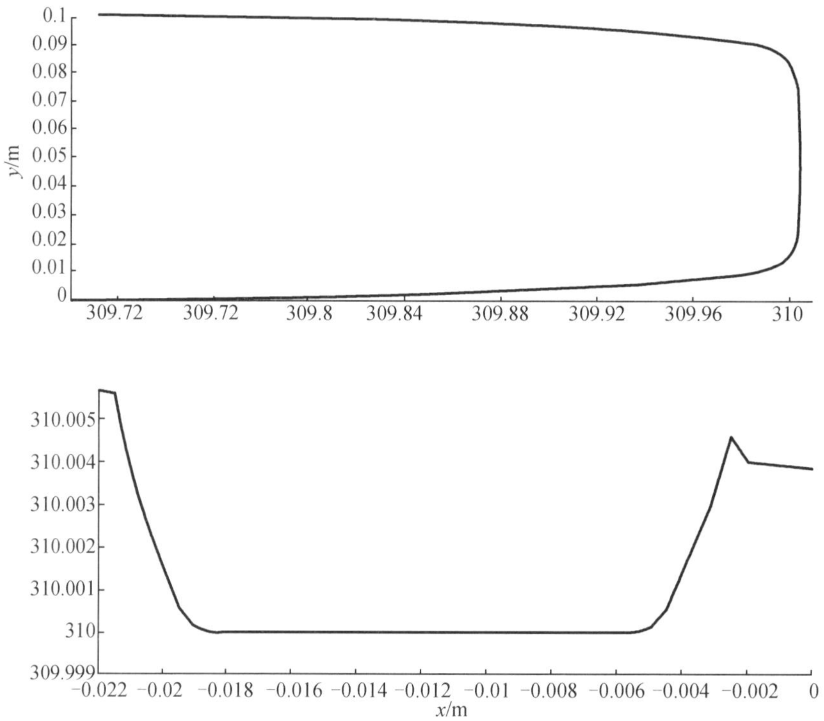

图 13.5　沿空气侧热壁(上)和热水和铝壁中部水平切口(下)的温度分布

在这个例子中气流是层流的,当关注的流动是湍流时,则需要解决近壁层(即使用低 Re 壁处理),如果这无法实现,那么应该确保壁附近的第一个计算点在对数范围内,使得壁函数是合适的。尽管在大多数商业规范中都提供了所谓的“全 $y+$壁面函数”,但该壁面函数只有在一小部分壁面的网格处于中间范围内时才有用,当在大部分墙壁表面上的网格 $y+$值介于 5 和 20 之间时,计算结果可能很差。因而在执行网格依赖性研究时需要考虑这一点:如果更精细的网格落入缓冲区范围内,则连续网格上的解决方案之间的差异可能会增加而不是减少!

13.3　变物性流体流动

虽然我们主要处理的是不可压缩流动,但密度、黏度和其他流体特性一直保留在微分算子中,这便允许使用前面章节中介绍的离散和求解方法来解决具有可变流体特性的问题。

流体性质的变化通常是由温度变化引起的, 压力变化也会影响密度的变化,第 11 章考虑了这种变化。然而在许多情况下,我们在处理可压缩流流动时压力不会发生实质性变化，但温度和/或溶质浓度会导致流体性质发生较大变化，例如减压下的气体流动、液态金属中的流动（晶体生长、凝固和熔化问题等）以及由溶解盐分层的流体的环境流动。

密度、黏度、普朗特数和比热的变化增加了方程的非线性。顺序求解方法可以应用于此类流动，其方式与它们应用于具有可变温度的流动的方式大致相同，在每次外部迭代之后重新计算流体属性，并在下一次外部迭代期间将它们视为已知的。如果属性变化很大，则收敛可能会大大减慢，对于稳定流，多重网格方法可以使得其显著加速，详见 Durst 等人（1992）用于金属有机化学气相沉积问题的应用示例，以及 Kadinski 和 Perić（1996）用于涉及热辐射问题的应用。

对于瞬态流动，特别是当时间步长相对较小时，前面描述的顺序求解方法可能效果很好，因为从一个时间步长到下一个时间步长的求解变化不大。无论如何通常都需要一个时间步长内的外部迭代来更新延迟校正（例如，由于网格非正交性引起的校正）和非线性项（对流通量、流体特性、湍流模型的贡献等），当问题陷入窘境时，每个时间步可能需要更强的亚松弛条件和更多的外部迭代。

大气和海洋中的流动是变密度流动的特殊例子，这个我们稍后讨论。

13.4 动 网 格

在许多应用领域中，由于边界的移动，求解域随时间而变化，运动由外部效应（如活塞驱动的流动）或作为解决方案的一部分的计算确定（例如，在浮动体或飞行体的情况下）。在任何一种情况下，网格都必须移动以适应不断变化的边界，如果坐标系保持固定并使用笛卡尔速度分量，则守恒方程的唯一变化是对流项中相对速度的出现，详见第 1.2 节，我们在这里简要描述如何导出移动网格系统的方程。

首先考虑一维连续性方程：

$$\frac{\partial \rho}{\partial t}+\frac{\partial(\rho v)}{\partial x}=0 \tag{13.13}$$

通过在边界随时间移动的控制体积上积分这个方程，即从 $x_1(t)$ 到 $x_2(t)$，我们得到：

$$\int_{x_1(t)}^{x_2(t)} \frac{\partial \rho}{\partial t}\mathrm{d}x+\int_{x_1(t)}^{x_2(t)} \frac{\partial(\rho v)}{\partial x}\mathrm{d}x=0 \tag{13.14}$$

第二项没有问题，第一项需要使用莱布尼茨规则，因此等式（13.14）变为：

$$\frac{\mathrm{d}}{\mathrm{d}t}\int_{x_1(t)}^{x_2(t)} \rho\mathrm{d}x-\left[\rho_2\frac{\mathrm{d}x_2}{\mathrm{d}t}-\rho_1\frac{\mathrm{d}x_1}{\mathrm{d}t}\right]+\rho_2 v_2-\rho_1 v_1=0 \tag{13.15}$$

导数 $\mathrm{d}x/\mathrm{d}t$ 表示网格（控制体表面）移动的速度，用 v_s 来表示，因此方括号中的项具有类似于涉及流体速度的最后两项的形式，因此我们可以重写方程式（13.14）为：

$$\frac{\mathrm{d}}{\mathrm{d}t}\int_{x_1(t)}^{x_2(t)} \rho\mathrm{d}x+\int_{x_1(t)}^{x_2(t)} \frac{\partial}{\partial x}[\rho(v-v_s)]\mathrm{d}x=0 \tag{13.16}$$

当边界随流体速度移动时，即 $v_s=v$，第二个积分变为零，由拉格朗日质量守恒方程，$\mathrm{d}m/\mathrm{d}t=0$。

则方程（13.15）的三维形式（通过 莱布尼茨法则的 3D 形式得到）给出：

$$\frac{\mathrm{d}}{\mathrm{d}t}\int_V \rho \mathrm{d}V - \int_S \rho \frac{\mathrm{d}\boldsymbol{r}}{\mathrm{d}t} \cdot \boldsymbol{n}\mathrm{d}S + \int_S \rho \boldsymbol{v} \cdot \boldsymbol{n}\mathrm{d}S = 0 \tag{13.17}$$

或者,对上式使用的一下符号表示:

$$\frac{d}{\mathrm{d}t}\int_V \rho \mathrm{d}V + \int_S \rho(\boldsymbol{v} - \boldsymbol{v}_s) \cdot \boldsymbol{n}\mathrm{d}S = 0 \tag{13.18}$$

在第 1.2 节中,我们注意到守恒定律可以通过方程(1.4)将控制质量(系统)转换为控制体积形式,这也推导得到了质量守恒方程,相同的方法可以应用于任何传输方程。

当控制体面随速度 v_s 移动时,第 i 个动量分量守恒方程的积分形式为:

$$\frac{\mathrm{d}}{\mathrm{d}t}\int_V \rho u_i \mathrm{d}V + \int_S \rho u_i(\boldsymbol{v} - \boldsymbol{v}_s) \cdot \boldsymbol{n}\mathrm{d}S = \int_S (\tau_{ij}\boldsymbol{i}_j - p\boldsymbol{i}_i) \cdot \boldsymbol{n}\mathrm{d}S + \int_V b_i \mathrm{d}V \tag{13.19}$$

通过用相对速度 $v-v_s$ 替换对流项中的速度矢量,可以很容易地从固定控制体的相应方程导出标量的守恒方程。

显然如果边界以与流体相同的速度移动,则通过控制体面的质量通量将为零。如果对于所有控制体面都是如此,那么相同的流体会保留在控制体内并成为控制质量(系统),然后我们有流体运动的拉格朗日描述;另一方面,如果控制体不移动,则方程是前面处理过的方程。上述方程中的时间导数在固定网格和动网格中具有不同的含义,尽管它以相同的方式近似。如果控制体不动,时间导数代表守恒量在固定位置的局部变化,记为$\partial\varphi/\partial t$;当控制体移动时,我们用 $\mathrm{d}\varphi/\mathrm{d}t$ 来表示 φ 在空间中移动的位置随时间的变化。在表面控制体与流体速度精确移动的上述极端情况下,时间导数变为总(材料)导数,因为控制体始终包含相同的流体,因此代表控制质量(系统),时间导数含义的这种变化由对流通量解释,对流通量也根据控制体运动而变化。

当网格的运动已知为时间的函数时,Navier-Stokes 方程的求解不会带来新问题:我们只需使用单元面处的相对速度分量计算对流通量(例如质量通量)。然而,当单元面移动时,如果使用网格速度计算质量通量,则不一定能确保质量守恒(以及所有其他守恒量)。例如,考虑具有隐式欧拉时间积分的连续性方程。为了简单起见,我们假设控制体是矩形的,并且流体是不可压缩的并且以恒定速度移动。图 13.6 显示了新旧时间级别的控制体的相对大小,我们还假设网格线(控制体面)以恒定但不同的速度移动,因此控制体的大小随时间增长。

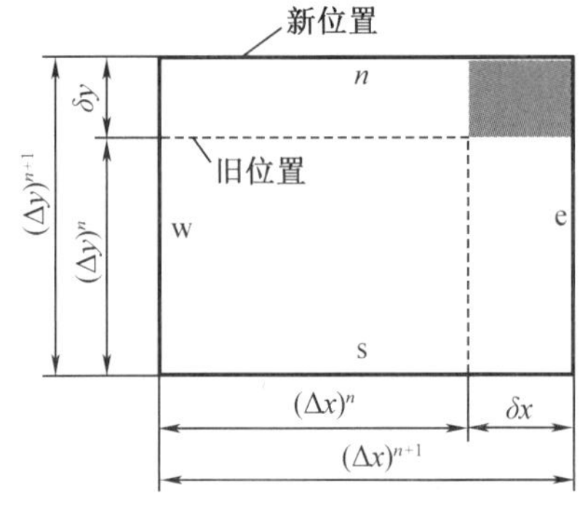

图 13.6　边界处网格速度的不同其大小随时间增加的一个矩形控制体

控制体的离散连续性方程如图 13.6 所示，隐式欧拉方案如下：

$$\frac{\rho[(\Delta V)^{n+1}-(\Delta V)^{n}]}{\Delta t}+\rho[(u-u_s)_{\mathrm{e}}-(u-u_s)_{\mathrm{w}}]^{n+1}(\Delta y)^{n+1}+\rho[(v-v_s)_{\mathrm{n}}-(v-v_s)_{\mathrm{s}}]^{n+1}(\Delta x)^{n+1}=0 \tag{13.20}$$

其中 u 和 v 是笛卡尔速度分量。因为我们假设流体以恒定速度运动，所以上式中流体速度的贡献抵消了——只剩下网格速度的差异：

$$\frac{\rho}{\Delta t}[(\Delta V)^{n+1}-(\Delta V)^{n}]-\rho(u_{\mathrm{s,e}}-u_{\mathrm{s,w}})(\Delta y)^{n+1}-\rho(v_{\mathrm{s,n}}-v_{\mathrm{s,s}})(\Delta x)^{n+1}=0 \tag{13.21}$$

在上述假设下，相对控制体侧的网格速度差异可以表示为（见图 13.6）：

$$u_{\mathrm{s,e}}-u_{\mathrm{s,w}}=\frac{\delta x}{\Delta t},\ v_{\mathrm{b,n}}-v_{\mathrm{s,s}}=\frac{\delta y}{\Delta t} \tag{13.22}$$

通过将这些表达式代入方程式（13.21）中，注意到 $(V)^{n+1}=(xy)^{n+1}$ 和 $(V)^{n}=[(x)^{n+1}-\delta x][(y)^{n+1}-\delta y]$，发现不满足离散的质量守恒方程——存在质量源：

$$\delta\dot{m}=\frac{\rho\delta x\delta y}{\Delta t}=\rho(u_{\mathrm{s,e}}-u_{\mathrm{s,w}})(v_{\mathrm{s,n}}-v_{\mathrm{s,s}})\Delta t \tag{13.23}$$

使用显式欧拉方案获得相同的误差（符号相反）。对于恒定的网格速度，它与时间步长成正比，即一阶离散误差。有人可能认为这不是问题，因为该方案在时间上只是一阶精度的，但人造质量源可能会随着时间的推移而积累并导致严重的问题。如果只有一组网格线移动，或者网格速度在相对的控制体侧相等，则该误差会消失。

上述假设下，Crank-Nicolson 和三时间层隐式格式都完全满足连续性方程，更一般地，当流体和/或网格速度不恒定时，这些方案也可以产生人造质量源。

质量守恒可以通过应用空间守恒定律（SCL）来获得，可以被认为是零流体速度极限下的连续性方程：

$$\frac{\mathrm{d}}{\mathrm{d}t}\int_V \mathrm{d}V-\int_S \boldsymbol{v}_{\mathrm{s}}\cdot\boldsymbol{n}\mathrm{d}S=0 \tag{13.24}$$

该方程描述了当控制体随时间改变其形状和/或位置时的空间守恒。

遵守 SCL 很重要，可以通过考虑恒定密度流体的质量守恒方程（13.18）看出，方程（13.18）可以写成：

$$\frac{\mathrm{d}}{\mathrm{d}t}\int_V \mathrm{d}V-\int_S \boldsymbol{v}_s\cdot\boldsymbol{n}\mathrm{d}S+\int_S \boldsymbol{v}\cdot\boldsymbol{n}\mathrm{d}S=0 \tag{13.25}$$

前两项代表 SCL 加起来为零，参考方程（13.24）。因此，对于具有恒定密度的流体，质量守恒方程简化为：

$$\int_S \boldsymbol{v}\cdot\boldsymbol{n}\mathrm{d}S=0 \text{ or } \nabla\cdot\boldsymbol{v}=0 \tag{13.26}$$

因此重要的是要确保上述两项在离散方程中也被抵消（即由于它们的运动，通过控制体面的体积通量之和必须等于体积变化率）。否则如 Demirdžić 和 Perić（1988）所证明的，人造质量源会被引入，它们可能会随着时间的推移而积累并破坏求解方案。

下面使用隐式的三时间层时间积分方案和 SIMPLE 算法进行说明。Crank-Nicholson 格式的表达式很容易推导出来，隐式 Euler 格式的表达式也是如此；隐式分步法的实现也很简单。在具有移动边界的瞬态流动的情况下，只有当我们知道流动正朝着稳态解发展时使用一阶方案进行时间积分才有意义,就像一些浮体问题(船舶在平静的水中移动:初始位置是船舶和流体都处于静止状态,但在恒定速度下,船舶的纵倾和下沉都会因产生的波浪而改变)。对于空间积分,我们使用中点规则和中心差分方案。

离散的 SCL 方程可以转换为以下形式(见方程(6.25)):

$$\frac{3(\Delta V)^{n+1} - 4(\Delta V)^{n} + (\Delta V)^{n-1}}{2\Delta t} = \left[\sum_k (\boldsymbol{v}_s \cdot \boldsymbol{S})_k\right]^{n+1} \tag{13.27}$$

即对控制体的所有面求和。值得注意的是,连续时间水平上控制体体积之间的差异可以表示为从旧位置移动到新位置时每个控制体面扫过的体积 δVk 之和,见图 13.7,即:

$$(\Delta V)^{n+1} - (\Delta V)^{n} = \sum_k \delta V_k^n \tag{13.28}$$

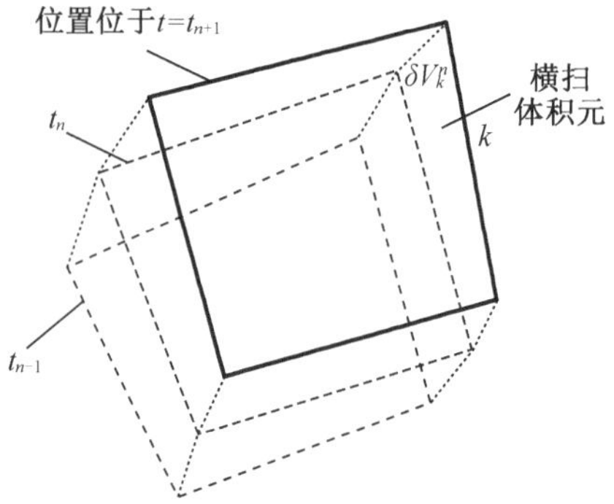

图 13.7 两个时间步长的典型 二维控制体和一个单元面扫过的体积

当在方程式中引入此表达式(13.27)时,得到以下表达式:

$$\frac{3\sum_k \delta V_k^n - \sum_k \delta V_k^{n-1}}{2\Delta t} = \left[\sum_k (v_s \cdot S)_k\right]^{n+1} \tag{13.29}$$

虽然在不同的情况下可以满足上述方程,但可以合理地假设左侧和右侧的和的对应部分应该相等(即在两侧方程中每个面的贡献相等)。在这种假设下相同可以满足 SCL,如果通过单元面的体积通量定义为:

$$\dot{V}_k^{n+1} = [(\boldsymbol{v}_s \cdot \boldsymbol{S})_k]^{n+1} \approx \frac{3\delta V_k^n - \delta V_k^{n-1}}{2\Delta t} \tag{13.30}$$

因此,每个面在一个时间步长上扫过的体积 δV_k 是从两个时间级别的网格位置计算出来的,并用于计算体积通量 V_k^{n+1};因此无须明确定义控制体表面的速度 v_s。

现在可以计算通过一个单元面的质量通量(见公式(13.18)):

$$\dot{m}_k^{n+1} = \left(\int_{S_k} \rho \boldsymbol{v} \cdot \boldsymbol{n} \mathrm{d}S - \int_{S_k} \rho \boldsymbol{v}_s \cdot \boldsymbol{n} \mathrm{d}S\right)^{n+1} \approx (\rho \boldsymbol{v}_i S^i)_k^{n+1} - (\rho_k \dot{V}_k)^{n+1} \tag{13.31}$$

此处$(vi)_k$和 $(S^i)_k$代表流体速度矢量 v 和面 k 处的表面矢量 Sn 的笛卡尔分量。

在每次 SIMPLE 迭代中应满足(在一定公差内)的离散质量守恒方程为:

$$\frac{3(\rho\Delta V)^{n+1} - 4(\rho\Delta V)^{n} + (\rho\Delta V)^{n-1}}{2\Delta t} + \sum_k \dot{m}_k^{n+1} = 0 \tag{13.32}$$

在瞬态 SIMPLE 算法中,新时间级别 t_{n+1}的值通过外部迭代逼近,根据方程(13.31)在每次外部迭代中计算新质量通量的近似值,使用通过求解动量方程获得的主流密度和速度,然后通过对单元面速度(与压力校正的梯度成比例)进行校正来校正质量通量以满足质量守恒方程,并且在可压缩流动的情况下对单元面密度进行校正(这与压力校正成正比)。上述校正遵循章节 7.2.2 和 11.2.1 中描述的步骤,这里不再赘述。

在 3D 求解计算中,计算单元面扫过的体积时必须小心。因为单元面的边缘可能会转动,所以扫描体积的计算需要对图 13.8 中的阴影表面进行三角剖分,然后可以使用第 9.6.4 节中描述的方法计算体积。但由于阴影表面对于两个控制体是通用的,因此必须确保它们以相同的方式对两个控制体进行三角剖分,以确保空间节约。

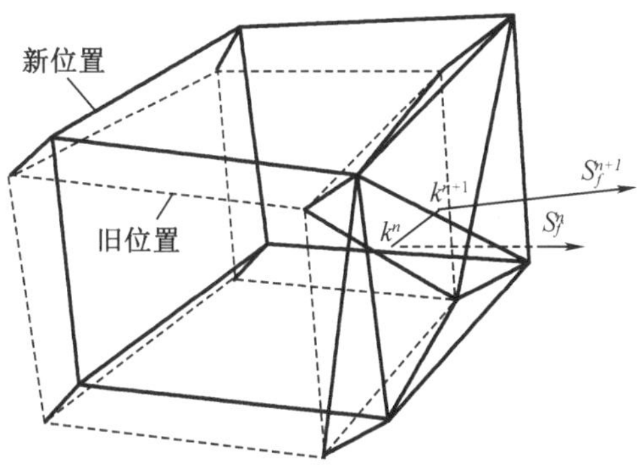

图 13.8　关于计算 3 维控制体的单元面扫过的体积;阴影是相邻控制体共有的表面

由质量守恒方程得出的压力修正方程,除了时间相关项之外与固定网格情况下的形式相同(对于可压缩和不可压缩流动)。如果新时间级别的网格位置已知(例如在活塞驱动的流动中,围绕旋转机械的流动等),通过单元面 $\dot{V}_k^{n+1}$ 的体积通量不依赖于外部迭代计数,而是在每个新的时间步开始时计算一次。然而在网格适应实体结构的位置(流体-结构相互作用)或界面(例如在自由表面的界面跟踪处理中)的情况下,体积通量需要在外部迭代期间与 其他修正一起进行修正,有关详细信息和示例,请参见 Demirdžić和 Perić(1990)。

在可压缩流动的情况下,解域内的质量变化率不为零,不能正式证明 SCL 的特定实现保证守恒,正如上面对不可压缩流动所描述的那样。原因是方程式(13.32)的左侧密度值使用的是单元中心密度值,而在右侧(在单元面质量通量中)使用面的密度值。但是三时间层方案在时间上是二阶的,因此当时间步减半时,任何时间离散误差(影响变化率)都会减少四分之一。网格运动引起的附加误差与固定网格的离散误差具有相同的数量级,且随着时间步的细化以相同的速率减小。

可以证明,对于具有不同形状和体积的解域的封闭系统(没有入口和出口)中的可压缩流,使用上述 SCL 离散时质量是守恒的,下面针对三时间层方案进行了演示。

从离散质量守恒方程(13.32)中,可以通过对所有控制体求和来获得解域中的总质量。通过所有内部单元面的质量通量在此总和中抵消,只剩下通过边界面的质量通量的总和(注意质量通量包含来自流体速度和边界运动的贡献,参见方程(13.31),因此在不透水壁上,质量通量为零,无论是否移动):

$$3M^{n+1} - 4M^n + M^{n-1} = -\sum_{B} \dot{m}_B \qquad (13.33)$$

其中 $\dot{m}_B$ 是通过边界单元面的质量通量，且：

$$M^n = \sum_{\text{all cells}} (\rho\Delta V)^n \tag{13.34}$$

表示时间 t_n 时解域中的质量。

没有流入或流出的封闭系统的情况下，通过边界单元面的质量通量之和等于零。从方程式(13.33)则如下：

$$M^{n+1} = \frac{4M^n - M^{n-1}}{3} \tag{13.35}$$

如果在模拟开始时质量在两个连续的时间水平上是相同的，即如果 $M^n = M^{n-1} = M^0$，则从上面的等式得出 $M^{n+1} = M^0$，即质量将在解域内与网格运动无关。

在一些隐式时间积分方法(所谓的完全隐式格式)中，通量和源项仅在最新的时间级别计算，除了边界附近的任何地方都可以忽略网格运动，此类方法的示例是隐式欧拉方案和三时间层方案，请参见第6章。因为通量是在时间水平 t_{n+1} 计算的，所以我们不需要知道在前一个时间水平 t_n 的网格在哪(或控制体的形状)：这种情况不采用方程(13.19)，我们可以对空间固定的控制体使用常规方程：

$$\frac{\partial}{\partial t}\int_V \rho u_i \mathrm{d}V + \int_S \rho u_i \boldsymbol{v} \cdot \boldsymbol{n}\mathrm{d}S = \int_S (\tau_{ij}\boldsymbol{i}_j - p\boldsymbol{i}_i) \cdot \boldsymbol{n}\mathrm{d}S + \int_V b_i \mathrm{d}V \tag{13.36}$$

这两个方程在变化率和对流项的定义上有所不同：对于空间固定的控制体，对流通量是使用流体速度计算的，时间导数表示空间中固定点的局部变化率(例如控制体中心)；另一方面，对于移动的控制体，对流通量是使用流体和控制体表面之间的相对速度计算的，时间导数表示位置发生变化的体积的变化率。

因为计算表面和体积积分不需要来自先前时间步的解，所以网格不仅可以移动，还可以改变其拓扑结构，即控制体的数量和它们的形状都可以从一个时间步变为另一个时间步。旧解出现的唯一项是不稳定项，它要求必须对一些旧量的新控制体上的体积积分进行近似，如果中点规则用于此目的，我们需要做的就是将旧解决方案内插到新控制体中心的位置。一种可能性是在每个旧控制体的中心计算梯度向量，然后对于每个新的控制体中心，找到一个旧控制体的最近中心并使用线性插值来获得新控制体中心的旧值：

$$\varphi^{\text{old}}_{C^{\text{new}}} = \varphi^{\text{old}}_{C^{\text{old}}} + (\nabla\varphi)^{\text{old}}_{C^{\text{old}}} \cdot (\boldsymbol{r}_{C^{\text{new}}} - \boldsymbol{r}_{C^{\text{old}}}) \tag{13.37}$$

在移动边界附近，我们必须考虑这样一个事实，即边界在时间步长期间移动，要么置换了流体，要么腾出了空间被流体填充。对于小运动，可以通过在近边界控制体中规定质量源或汇来考虑，计算方式与使用边界移动的速度作为流体速度来计算通过边界面的入口或出口质量通量相同。如果控制体在一个时间步中在运动方向上的移动超过其宽度会出现一个问题，新控制体的中心可能位于旧网格之外，因此对于靠近移动壁的网格，可能需要使用动网格和基于近壁区域中移动控制体积的方程，而远离壁的网格运动可以被忽略，如果由于过度变形而导致其性能恶化，则会允许网格重新生成。上述方法的一个例子可以在 Hadžić(2005)的论文中找到，他还对这种方法和使用移动控制体积方程的方法进行了比较，发现两种方法的结果与突然膨胀的管道中活塞驱动流动的实验数据之间有很好的一致性。

许多工程应用需要使用动网格，但是不同的问题需要不同的解决方法。一个重要的例子是涡轮机和混合器常见的转子-定子相互作用：网格的一部分连接到定子并且不移动，而另一部分连接到转子并随之移动。动网格和固定网格之间的界面通常是圆柱面和平面的组合,如果网格在初始时间在界面处匹配,则可以允许网格的旋转部分移动,同时保持边界点“粘合”到固定网格,直到变形变得相当大(不应超过 45°角)。之后边界点向前“跳跃”一个单元格,并在新位置停留一段时间。这种“点击”网格已在这些应用中与常规的结构网格结合使用。

另一种可能性是让动网格沿界面“滑动”而不变形,在这种情况下,网格在界面处不匹配,因此某些控制体的邻面比其他控制体多。然而这种情况完全类似于在具有非共形界面的块结构网格中遇到的情况,并且可以通过第 9.6.1 节中描述的方法来处理,唯一的区别是小区连通性随时间变化,且必须在每个时间步之后重新建立。这种方法比上述方法更灵活, 网格可以是不同种类和/或细度的,界面可以是任意表面。这种方法也可以应用于围绕物体彼此通过、进入隧道或在具有已知轨迹的外壳中移动的流动。所有商业代码都提供此功能,用于模拟涉及多种涡轮机中转子-定子相互作用、船上螺旋桨旋转等的流动。

第三种方法是使用重叠(Chimera)网格。同样一个网格连接到域的固定部分,另一个网格连接到移动体,即使事先不知道运动体的轨迹,当运动体非常复杂,或者当周围域的形状很复杂时(例如,当运动部件的路径无法构建滑动界面时,也可以使用这种方法相交)。固定网格可以覆盖身体运动的整个“环境”,重叠区域随时间变化,每个时间步长后需要重新建立网格之间的关系。除了确保精确保存的困难(如第 9.1.3 节所述)外,这种方法的适用性几乎没有限制(甚至可以解释接近彼此的物体的接触)。

如上所述,相同的方程和离散方法适用于固定网格和动网格,唯一的区别是在固定网格上,网格速度 v_s 显然为零。有时在两个域上使用不同的坐标系可能是有利的,例如可以在一个部分使用笛卡尔速度分量,而在另一个网格上使用极坐标分量,实现这个可能的前提是:(i)由于框架加速度而增加体积力(ii)在界面或重叠区域将矢量分量从一个系统转换为另一个系统。这两个原则上都很容易做到,但编程可能很烦琐。

图 13.9 显示了使用重叠网格将解决方案耦合到连接到船体的固定网格和随螺旋桨旋转的网格上的例子,该船配备了可绕垂直轴旋转的 POD 驱动器,船舶不需要方向舵即可改变推力方向。在本研究中的 POD 是固定的,只有螺旋桨以固定速率旋转,改变船速直到阻力与螺旋桨推力相匹配。在这个例子中固定网格在螺旋桨插入区域的粗度是旋转网格外部的两倍,较大的单元格大小不匹配是不可取的,而两个网格中几乎相等的单元格大小将是最佳的。空间限制不允许我们讨论特定研究的细节,但除了在图 13.9 中显示两个部分的重叠网格外,我们还在图 13.10 中显示了速度和压力等值线。在这里我们要注意轮廓线:在两个网格的活动单元格重叠的区域中,每个轮廓线被表示两次:一次在固定网格的单元格中,一次在旋转网格的单元格中。等值线不可避免地不相同,但如果一切都正确完成,那么误差将很小。在这种特殊情况下,压力和速度等值线匹配得很好。读者可以从本书网站下载有关此模拟的更详细报告,详情见附录。

更简单的方法是使用笛卡尔速度分量,但在固定和移动区域中使用不同的参考,当在与零件一起移动的参考系中观察时,如果流动(例如,旋转)区域中的流动是稳定的,则通常会这样做,运动区域中的方程需要通过参考系运动产生的额外项来扩展,这种方法不能解释运动部件和固定部件之间的相互作用(例如涡轮机械中的叶片通过效应),因此会引入额外的建模误差。如果在界面附近的两个参考系中流动是稳定且轴对称的,则该误差很小,但如果移动部件和固定部件之间的间隙很小,则该误差可能很大。过去此类方法通常与涡粘型湍流模型和稳态分析结合使用,以节省计算时间,然而由于移动部件和固定部件之间的相互作用通常是分析的重要部分,因此可以预期,未来动网格将用于大多数此类应用。

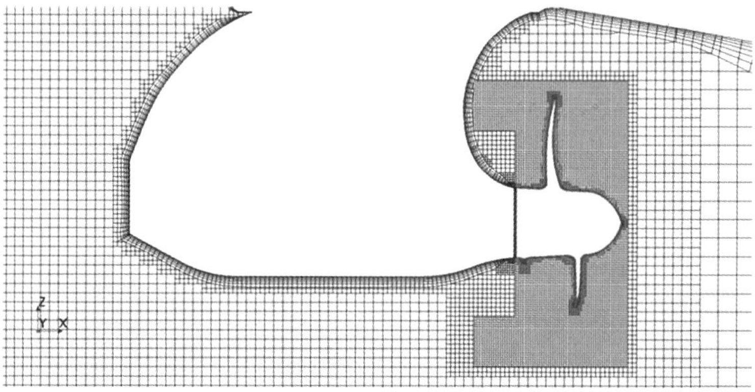

图 13.9 POD 驱动器的全尺寸船舶螺旋桨的纵向截面,显示了连接到螺旋桨的旋转网格和连接到船体的固定网格的重叠

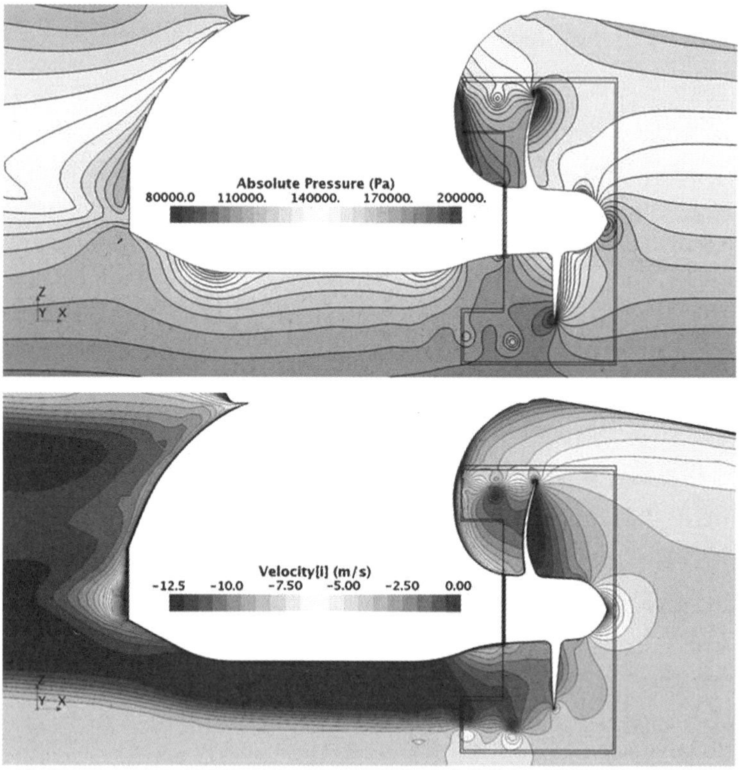

图 13.10 通过螺旋桨的纵向截面中的压力(上)和轴向速度(下)等值线,使用图 13.9 中所示的重叠网格计算

13.5 自由表面流动

自由表面的流动是一类特别难处理的具有移动边界的流动,边界位置仅在初始时间是已知的,在以后的位置必须作为求解方案的一部分来确定,为此必须使用 SCL 和自由表面的边界条件。

在最常见的情况下,自由表面是空气-水边界,也会出现其他液-气表面、液-液界面,如果可以忽略自由表面的相变,则适用以下边界条件:

- 运动学条件要求自由表面是一个突出界面,将两种流体隔开,不允许流体通过,即:

$$[(\boldsymbol{v}-\boldsymbol{v}_s)\cdot\boldsymbol{n}]_{\mathrm{fs}}=0 \text{ or } \dot{m}_{\mathrm{fs}}=0 \tag{13.38}$$

其中"fs"表示自由表面,表明表面处流体速度的法向分量是自由表面速度的法向分量,参见方程 (13.18)。

- 动态条件要求作用在自由表面流体上的力处于平衡状态(自由表面的动量守恒)。意味着自由表面两侧的法向力大小相等且方向相反,而切线方向上的力大小和方向相等:

$$(\boldsymbol{n}\cdot\boldsymbol{T})_1\cdot\boldsymbol{n}+\sigma K=-(\boldsymbol{n}\cdot\boldsymbol{T})_g\cdot\boldsymbol{n}$$

$$(\boldsymbol{n}\cdot\boldsymbol{T})_1\cdot\boldsymbol{t}-\frac{\partial\sigma}{\partial t}=(\boldsymbol{n}\cdot\boldsymbol{T})_g\cdot\boldsymbol{t}$$

$$(\boldsymbol{n}\cdot\boldsymbol{T})_1\cdot\boldsymbol{s}-\frac{\partial\sigma}{\partial S}=(\boldsymbol{n}\cdot\boldsymbol{T})_g\cdot\boldsymbol{s} \tag{13.39}$$

σ 是表面张力,n,t 和 s 是自由表面处的局部正交坐标系 (n, t, s) 中的单位向量(n 是从液体侧观察到的自由表面的外法线,其他两个位于切平面内且相互正交)。角标"l"和"g"分别表示液体和气体,K 是自由表面的曲率,

$$K=\frac{1}{R_t}+\frac{1}{R_s} \tag{13.40}$$

见图 13.11,R_t和 R_s是沿坐标 t 和 s 的曲率半径。表面张力 σ 是表面单元每单位长度受到的力,与自由表面相切。在图 13.11 中,由表面张力引起的力 $f\sigma$ 的大小为 $f\sigma=\sigma\mathrm{d}l$。对于无限小的表面单元 d$S$,当 σ 为常数时,表面张力的切向分量抵消,法向分量可以表示为引起穿过表面的压力跳跃的局部力,如方程式 (13.39)。

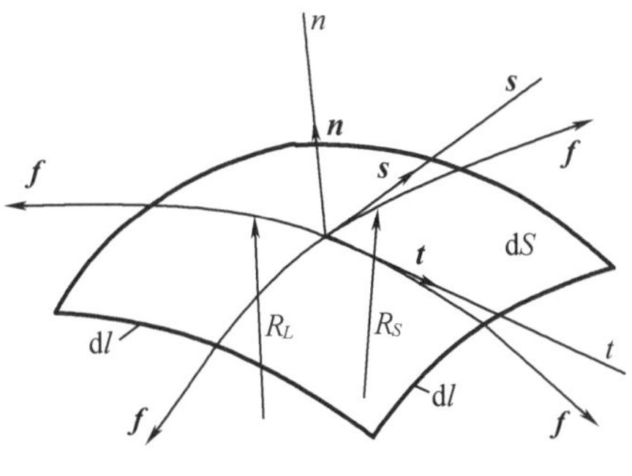

图 13.11 关于自由面边界条件的描述

表面张力是液体的一种热力学性质,取决于温度和其他状态变量,例如化学成分和表面清洁度。如果温差很小,可以将温度与 σ 的关系线性化,使得 $\partial\sigma/\partial T$ 为常数,通常是负号。当温度沿自由表面发生显著变化时,表面张力梯度会产生剪切力,导致流体从热区移动到冷区,这种现象称为马兰戈尼或毛细对流,其重要性由无量纲马兰戈尼数表征:

$$Ma = -\frac{\partial\sigma}{\partial T}\frac{\Delta TL}{\mu K} \tag{13.41}$$

其中 T 是整个计算域的整体温差,L 是表面的特征长度,κ 是热扩散率。

在许多应用中,自由表面的剪切应力可以忽略不计(例如没有明显风的海浪或大型船舶产生的波浪)。法向应力和表面张力的影响也常常被忽略,在这种情况下,动态边界条件简化为 $P_l = P_g$。

上述边界条件的实现并不像看起来那么简单,如果知道自由表面的位置,则问题不大。可以将位于自由表面上的单元面上的质量通量设置为零,计算从外部作用在单元面上的力;如果忽略表面张力,则只剩下压力,问题是自由表面的位置通常不会提前知道,必须作为解决方案的一部分进行计算。因此,可以直接实现自由表面的边界条件之一,另一个必须用于定位表面。自由表面的定位必须迭代完成,大大增加了任务的复杂性,通常只关注界面一侧的流动(通常是液体流动)。然而,在许多应用中必须同时计算界面任一侧的两种流体的流动(例如在液体中移动的气泡的流动或在气体中移动的液滴的流动)。

已经使用了许多方法来寻找自由表面的形状。它们可以分为两大类:

- 将自由表面视为跟随其运动的尖锐界面的方法(界面跟踪方法)。在此类方法中,每次移动自由表面时都会使用和推进边界拟合网格。在必须使用小时间步长的显式方法中,前面讨论的与网格移动相关的问题通常被忽略,例如 Hodges 和 Street (1999) 提出了一种具有移动边界正交网格 FV 分数步法,用于自由表面流 LES。
- 不将界面定义为边界的方法(界面捕获方法)。在一个覆盖了自由表面两侧的流体的固定网格上进行计算,自由表面的形状是通过计算每个近界面单元被部分填充的比例来确定的,这可以通过在初始时间在自由表面引入无质量粒子并跟随它们的运动来实现,这种方法由 Harlow 和 Welsh (1965) 提出,称为 Marker-and-Cell 或 MAC 方法。或者可以求解液相占据的细胞分数的传输方程(流体体积或 VOF 方案,Hirt 和 Nichols 1981)来实现。

还有复合求解方法,所有这些方法可以应用于某些类型的两相流,这将在下一节中讨论。

13.5.1 界面捕获方法

MAC 方法很有吸引力,因为它可以处理像波浪破碎这样的复杂现象,但是计算工作量很大,尤其是在三维空间中,因为除了求解控制流体流动的方程外,还必须跟踪大量标记粒子的运动。

在 VOF 方法中,除了质量和动量的守恒方程外,还需要求解每个控制体积的填充分数 c 的方程,填充 c 的控制体中 $c=1$,在空 c 的控制体中 $c=0$。从连续性方程可以看出,c 的发展变化受输运方程的控制:

$$\frac{\partial c}{\partial t} + \nabla \cdot (c\boldsymbol{v}) = 0 \text{ or } \frac{\partial}{\partial t}\int_V c\mathrm{d}V + \int_S c\boldsymbol{v} \cdot \boldsymbol{n}\mathrm{d}S = 0 \quad (13.42)$$

在不可压缩流动中,这个方程对于 c 和 $1-c$ 的相互转化是不变的,为了在数值方法中确保这一点,必须严格执行质量守恒。

该方法比 MAC 方法更有效,可以应用于包括破碎波在内的复杂的自由表面形状。你该方法下但自由表面轮廓没有明确定义,通常定义为"涂"在一个或多个单元上(类似于可压缩流中的冲击),局部网格细化对于自由表面的准确分辨率很重要,细化标准也很简单:需要细化 $0<c<1$ 的单元格,Raad 和他的同事已经开发了一种称为标记和微元的此类方法(例如参见 Chen 等人 1997)。

上述方法有几种变体,在最初的 VOF 方法(Hirt 和 Nichols 1981)中的方程(13.42)在整个域中求解以找到自由表面的位置,仅求解液相的质量和动量守恒方程,该方法可以计算具有翻转自由表面的流动,但被液相包围的气体没有考虑浮力效应,因此会计算结果与实际不相符。

Kawamura 和 Miyata (1994) 使用方程 (13.42) 计算密度分布函数(密度和体积分数 c 的乘积)并定位自由表面,即 $c=0.5$ 的等高线。液体和气体流动的运动计算是分开进行的,自由表面被视为应用运动学和动态边界条件的边界,由于被自由表面切割而变得不规则的单元需要特殊处理(变量值外推到位于界面另一侧的节点位置)。该方法用于计算船舶和水下物体周围的流动。

或者可将界面两侧的流体视为单一流体,其性质根据每一相的体积分数在空间上变化,即:

$$\begin{aligned} \rho &= \rho_1 c + \rho_2 (1-c) \\ \mu &= \mu_1 c + \mu_2 (1-c) \end{aligned} \quad (13.43)$$

其中下标 1 和 2 表示两种流体(例如液体和气体)。在这种情况下,界面不被视为边界,界面只是流体属性突然变化的位置,因此不需要在界面上规定边界条件。然而方程(13.42)的解决方案意味着运动学条件得到满足,并且动态条件也被隐含地考虑在内。如果自由表面的表面张力很大,它的影响可以作为体积力来解释。

表面张力仅作用在界面区域,即部分填充的单元中。因为在满单元或空单元中,c 的梯度为零,所以表面张力的法向分量可以表示为(连续表面力方法,Brackbill 等人,1992):

$$\boldsymbol{F}_{\mathrm{fs}} = \int_V \sigma \kappa \nabla c \mathrm{d}V \quad (13.44)$$

但是当表面张力效应占主导地位时,就会出现问题,例如直径约为 1 mm 且以非常低的速度移动的液滴或气泡,在这种情况下动量方程中有两个非常大的项(压力项和代表表面张力效应的体积力)必须相互平衡,如果气泡或液滴是静止的,它们是唯一的非零项。由于界面的曲率也取决于 c(注意 c 在界面处的梯度指向界面的法线方向),

$$\kappa = \nabla \cdot n = -\nabla \cdot \left(\frac{\nabla c}{|\nabla c|}\right) \quad (13.45)$$

在任意三维网格上很难确保这两项相同(一项在 p 中是线性的,另一项在 c 中是非线性的),因此它们的差异可能会导致所谓的寄生电流。这些可以通过在二维中使用特殊的离散方法来避免(参见 Scardovelli 和 Zaleski 1999,有关此类特殊方法的一些示例;另请参见

Harvie 等人 2006 的分析),我们目前不知道有一种方法可以完全消除 三维中非结构化任意网格的问题。

这种方法的关键问题是方程(13.42)中对流项的离散,低阶方案(如一阶精确迎风法)涂抹界面并引入两种流体的人工混合,因此首选高阶方案。因为 c 必须满足条件:

$$0 \leqslant c \leqslant 1$$

重要的是要确保该方法不会产生过冲或下冲,幸运的是,可以推导出既保持界面清晰又在其上产生 c 单调分布的方案,有关单调方案的一些示例,请参见 Leonard (1997) 和 Lafaurie 等人。(1994)、Ubbink (1997) 或 Muzaferija 和 Perić(1999) 专门为自由表面流中的界面捕获而设计的方法。在过去的二十年中,已经发布了更多界面捕获或混合方法的变体,我们将在下面进一步提及其中一些,在此仅对 Muzaferija 和 Perić(1999) 的 HRIC 方案(高分辨率界面捕获)进行简要说明。单元面 k 处 c 的对流值表示为迎风和顺风值的混合:

$$c_k = \gamma_k c_{\mathrm{U}} + (1-\gamma_k) c_{\mathrm{D}} \tag{13.46}$$

其中下标 U 和 D 表示面 k 上游和下游的单元中心,见图 13.12。如果 $\gamma k=0.5$,则获得二阶中心差分格式;否则该方案在形式上是一阶准确的。但这里的目的不是对平滑变化函数的单元面中心进行精确插值(如计算速度或其他标量变量的对流值时的情况),而是保留两种不混溶流体之间的尖锐界面,因此近似的顺序并不像在其他传输方程中那样重要。在 HRIC 方案中,混合因子 γk 被确定为解的三个属性的函数:

- 跨界面的 c 变化,基于两个上游和一个下游小区中心的 c 值;
- 局部 CFL 数,估计在一个时间步内界面将移动多远;
- 界面法线(由 c 的梯度定义)和单元面法线之间的角度 θ(见图 13.12)。

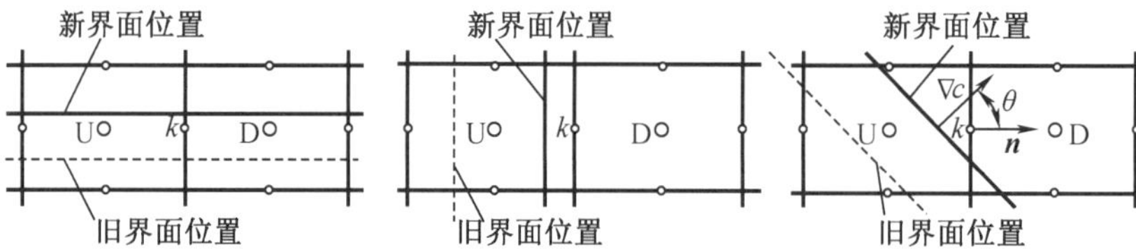

图 13.12　在两个连续时间步长上自由表面相对于单元面 k 的可能取向

界面位置没有明确计算,但假定值 $c=0.5$ 表示自由表面,如果界面与单元面正交($\nabla c \cdot n=0$),则迎风和顺风近似都会给出相同的值,因此分配给 γk 的值并不重要。另一方面,如果界面平行于单元面(向量∇c 和 n 共线),则 CFL 数起着最重要的作用:如果在当前时间步内界面不太可能到达单元面,则流体流过的界面是其下游侧的界面,因此应使用顺风近似。在界面的任意方向的情况下,所有三个因素都可能很重要,详见 Muzaferija 和 Perić(1999)。

因为流体性质在一个界面上可能相差几个数量级,所以在使用插值计算某些量的单元面值时需要小心。压力是最突出的例子,在纯静水压力变化的情况下,斜率与密度成正比,因此它在界面处突然变化,为了正确计算作用在控制体积上的压力,不应跨界面进行插值,而应使用单边外插,参见例如 Vukčevi 等人(2017) 详细描述了一种合适的方法。

图 13.13 显示了界面捕获方法的能力示例,阐述了“溃坝”问题的解决方案,此为计算自由表面流的方法的标准测试用例。阻挡液体的屏障突然被移除,留下一个自由的垂直水

面,当水沿着底面向右移动时,会碰到障碍物且流过它并撞到对面的墙壁上,当水落到障碍物另一侧的地板上时,受限空气由于浮力而向上逸出,数值结果与 Koshizuka(1995 年)等人的实验比较吻合,这个例子展示了计算液相和气相流量的重要性。如果忽略气相,液体会下落而不会受到来自空间受限里空气的任何阻力,从而导致明显不同的运动。这在下一个示例中更为重要,其中表面张力也很重要。

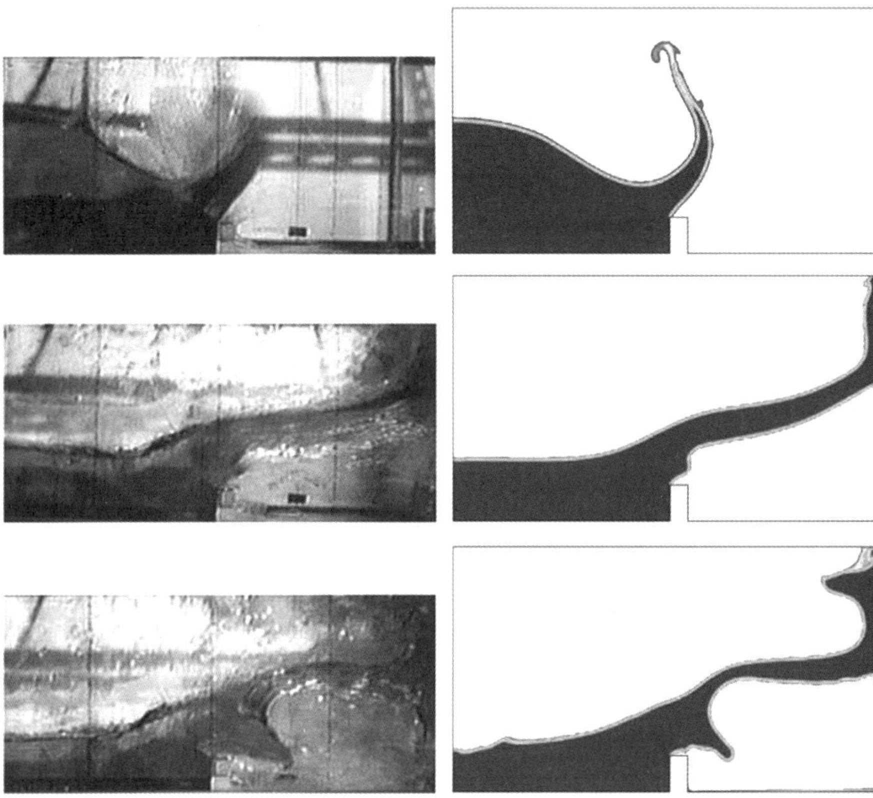

图 13.13　水柱流过障碍物的实验可视化(左)和数值预测(右)的比较(Koshizuka 等人 1995 年的实验;Muzaferija 和 Perić 1999 年的预测)

当气体受困于液体中时,浮力效应总是很重要的,反之亦然,仅当存在高曲率的自由表面或表面张力系数由于温度或浓度梯度沿自由表面变化时,表面张力效应才显著。浮力和表面张力都很重要的一个例子是小气泡的上升,图 13.14 显示了这样一种情况:空气以 1 mm/s 的速度流入直径为 40 mm 的管道的一端(另一端关闭),之后从那里通过直径为 5 mm 的连接管进入更大的容器,容器中装有 45 毫米深的液体,液体密度为 1 500 kg/m^3,黏度为 1 Pa · s,空气密度为 1.18 kg/m^3,黏度为 0.000 018 5 Pa · s,表面张力系数为常数 σ = 0.074 N/m。如果要获得锐利的界面,流体性质的这种巨大变化对数值方法来说是一个巨大的挑战,这里使用了 Muzaferija 和 Perić(1999) 的 HRIC 方案(高分辨率界面捕获),当界面应该是尖锐时,它通常会导致只有一个单元的液体体积分数在 0 和 1 之间,为了更好地解决气泡曲率,使用了自适应网格细化,细化标准是界面的存在(即体积分数在 0.01 和 0.99 之间),并且界面周围的另外两个单元格也被细化,一旦界面到达细化区的末端,需要重新进行网格细化和粗化。因此每十个时间步执行一次网格自适应,当使用并行计算时,这会导致在处理器之间重新分配单元的额外工作(这是现在的规则而不是例外),因为使用了二阶时间离散,所以界面在每个时间步中不允许移动超过三分之一的单元格,以避免过冲和下冲(如果抛物线通过一步,通常会获得这种情况)。如果没有自适应网格细化,则需要在任何时候都可能存在自由表面的任何地方都具有最精细的网格级别,这会将单元数(以及计算时间)增加 10 倍,关于此模拟的更详细的报告可从本书的网站获得,详情见附录。

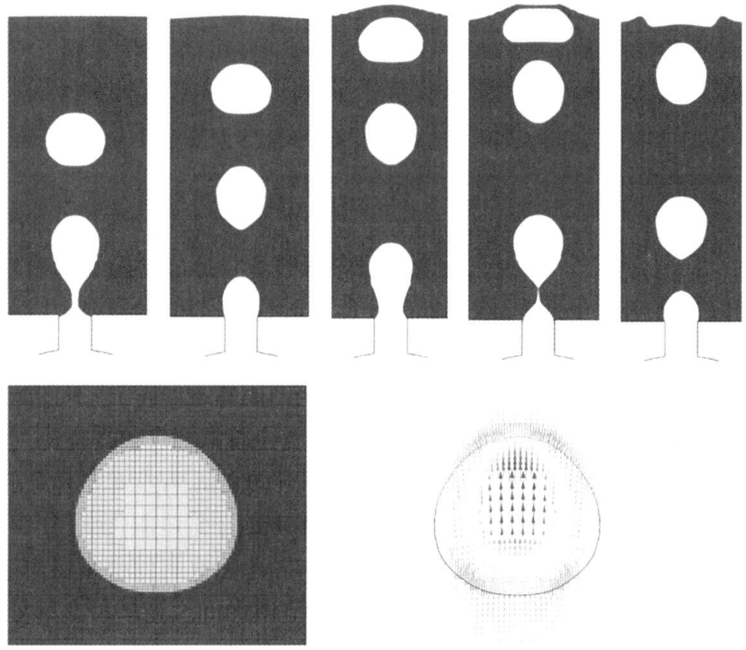

图 13.14　使用 HRIC 方案模拟上升气泡周围的运动和流动:一系列气泡在自由表面上升和破裂(上);蒸气体积分数分布和适应气泡自由表面的网格(左下);气泡内部和外部的气泡轮廓和速度矢量(右下)

另一类界面捕获方法是基于由 Osher 和 Sethian (1988) 引入的水平集公式,表面定义为水平集函数 $\varphi=0$ 的表面,该函数的其他值没有意义,为了使其成为平滑函数,通常将 φ 初始化为与界面的有符号距离,即在任何点的值是与表面上最近点的距离,其符号一侧为正,另一侧为负,允许该函数演变为传输方程的解:

$$\frac{\partial\varphi}{\partial t}+\nabla\cdot(\varphi\boldsymbol{v})=0 \tag{13.47}$$

其中 v 是局部流体速度,并且在任何时候 $\varphi=0$ 的表面是界面,如果函数 φ 变得过于复杂,可以按照上述方式重新初始化。与类似 VOF 的方法一样,但在这里流体特性由 φ 的局部值决定, φ 的符号很重要。

该方法相对于 VOF 方法的明显优势是 φ 在界面上平滑变化,而体积分数 c 在那里不连续。然而当求解体积分数 c 时,它在界面上的逐步变化通常不会保持-该步长被数值近似所掩盖,结果表现为流体属性在界面上经历了平滑的变化。在水平集方法中,流体属性的逐步变化保持不变,因为我们定义:

$$\rho=\rho_l \text{ if } \varphi<0$$

$$\rho = \rho_g \text{ if } \varphi > 0$$

然而这通常会在计算黏性流动时引起问题,因此需要引入一个有限厚度的区域(通常为 1 到 3 个单元宽),在该区域上界面上的属性会发生平滑但快速的变化,这使得解决方案变得类似于来自 VOF 方法的解决方案。

如上所述,计算的 φ 需要不时重新初始化,Sussman(1994)等人建议通过求解以下方程来完成:

$$\frac{\partial \varphi}{\partial \tau} = \text{sgn}(\varphi_0)(1 - |\nabla \varphi|) \tag{13.48}$$

直到达到稳定状态。这保证了 φ 与 φ_0 具有相同的符号和零势位,并满足 $|\nabla \varphi| =$ 的条件。,使其类似于有符号的距离函数。

因为 φ 没有明确出现在任何守恒方程中,所以原始水平集方法没有完全守恒质量,如 Zhang(1998 年)等人所做的那样,质量守恒可以通过使等式(13.48)右侧的局部质量不平衡 $\dot{m}$ 函数来强制执行,求解该方程的频率越高,达到稳定状态所需的迭代次数就越少。当然该方程的频繁求解会增加计算成本,因此需要进行权衡。

已经提出了许多水平集方法,它们在各个步骤的选择上有所不同。Zhang (1998)等人描述了一种这样的方法,他们将其应用于气泡合并和模具填充,包括熔体凝固。他们使用结构化非正交网格上的 FV 方法来求解守恒方程,并使用 FD 方法求解水平集方程,使用 ENO 方案来离散后者中的对流项。Enright (2002)等人描述了一种拉格朗日标记粒子和水平集方法,用于更好的界面捕获。

该方法的另一个版本用于研究火焰传播,在这种情况下,火焰相对于流体传播,这引入了表面会形成尖点的可能性,尖点是表面法线不连续的位置,这将在下面进一步讨论。

更多关于水平集方法的详细细节可以在 Sethian (1996) 和 Osher and Fedkiw (2003) 的书中找到,另见 Smiljanovski (1997)等人和 Reinecke (1999)等人用于火焰跟踪的类似方法的示例。

界面捕获或 VOF 方法是计算自由表面流最广泛使用的方法,它们适用于所有主要的商业和公共代码,并已成功应用于模拟水进入和物体撞击液体表面、围绕船舶和水下物体流动、初级射流破裂、壁面附近的气泡破裂、液滴与壁面的相互作用,下文将进一步简要描述一些应用示例。

13.5.2 界面跟踪方法

在计算淹没体周围的流动时,许多作者将未受扰动的自由表面线性化,这需要引入一个高度函数,它是相对于其未受干扰状态的自由表面高程:

$$z = H(x, y, t) \tag{13.49}$$

然后,运动学边界条件 (13.38) 变为描述高度 H 的局部变化的以下方程:

$$\frac{\partial H}{\partial t} = u_z - u_x \frac{\partial H}{\partial x} - u_y \frac{\partial H}{\partial y} \tag{13.50}$$

可以使用第 6 章中描述的方法对这个方程进行时间积分,自由表面的流体速度可以通过从内部外推或使用动态边界条件(13.39)获得。

这种方法通常与结构网格和显式时间积分结合使用,许多作者使用 FV 方法进行流动计算,FD 方法计算高度方程,并且仅在收敛稳定状态下在自由表面强制执行这两个边界条件(例如参见 1994 年 Farmer 等人)。

Hino (1992)使用了 FV 方法和 SCL 的应用,从而满足每个时间步的所有条件并确保体积守恒。Raithby 等人(1995)、Thé 等人(1994 年)和 Lilek(1995 年)开发了类似的方法,这种类型的一种完全保守的 FV 方法包括以下步骤:

- 使用当前自由表面上的指定压力求解动量方程以获得速度 u_i^*。
- 通过求解压力校正方程,在当前自由表面处使用零压力修正边界条件,在每个控制体中强制执行局部质量守恒(参见第 11.2.4 节)。质量在全局和每个控制体中都是守恒的,但自由表面的规定压力会在那里产生速度校正,因此通过自由表面的质量通量不为零。
- 修正自由表面的位置以强制执行运动边界条件。移动每个自由表面单元面,以便由于其移动而产生的体积通量补偿在上一步中获得的通量。
- 迭代直到不需要进一步调整并且满足连续性方程和动量方程。
- 前进到下一个时间步。

该方法的效率和稳定性的关键问题是自由表面运动的算法,问题是每个自由表面单元面只有一个离散方程,但必须移动大量网格节点,如果要避免波反射和/或不稳定,则必须正确处理自由表面与其他边界(入口、出口、对称、壁)的交叉点。我们将简要描述一种这样的方法,只考虑了两级方案,但该方法可以扩展。

通过移动的自由表面单元面的质量通量为(见公式(13.31)):

$$\dot{m}_{\mathrm{fs}} = \int_{S_{\mathrm{fs}}} \rho \boldsymbol{v} \cdot \boldsymbol{n} \mathrm{d}S - \int_{S_{\mathrm{fs}}} \boldsymbol{v}_s \cdot \boldsymbol{n} \mathrm{d}S \approx \rho(\boldsymbol{v} \cdot \boldsymbol{n})_{\mathrm{fs}}^{\tau} S_{\mathrm{fs}}^{\tau} - \rho \dot{V}_{\mathrm{fs}} \tag{13.51}$$

上标 τ 表示计算量的时间 $(t_n<t_\tau<t_{n+1})$;对于隐式 Euler 方案,$t_\tau = t_{n+1}$;而对于 Crank-Nicolson 方案,$t_\tau = \frac{1}{2}(t)_n + t_{n+1})$。

在自由表面具有规定压力的压力校正方程中得到的质量通量不为零;我们通过置换自由表面来补偿,即:

$$\dot{m}_{\mathrm{fs}} + \rho \dot{V}'_{\mathrm{fs}} = 0 \tag{13.52}$$

从这个方程中,我们得到由于自由表面运动而必须流入或流出控制体的流体体积 V_{fs},我们需要从这个方程中获得位于自由表面上的控制体顶点的坐标,必须小心完成,因此需要特别注意。因为每个单元面只有一个体积流量,但控制体顶点数量更多,所以未知数比方程多。

Thé 等人(1994)建议在与自由表面相邻的层中使用交错的控制体,但仅限于连续性(压力校正)方程。该方法应用于二维中的几个问题并显示出良好的性能,但是它在 3D 中需要对求解方法进行大量调整,见 Thé 等人 (1994) 了解更多详情。

另一种可能性是定义自由曲面下的控制体,而不是通过顶点,而是通过单元面中心,然后通过插入单元面中心位置来定义顶点,如图 13.15 所示用于 2D 结构网格。自由表面单元面扫过的体积为:

$$\delta V'_{\mathrm{fs}} = \frac{1}{2} \Delta x (h_{\mathrm{nw}} + 2h_{\mathrm{n}} + h_{\mathrm{ne}}) \tag{13.53}$$

其中 h 是自由表面标记在一个时间步长内移动的距离,$h_n = h_i$ 而 h_{nw} 和 h_{ne} 是通过线性插值

h_i 和 h_{i-1} 或 h_i 和 h_{i+1} 获得的，将 h_{nw}、h_n 和 h_{ne} 用 h_i、h_{i-1} 和 h_{i+1} 表示，并将上述表达式代入方程（13.52），我们得到了单元面中心 h_i 的位置方程组。在二维中，系统是三对角的，可以直接用第 5.2.3 节的 TDMA 方法求解。在 3D 中系统是块三对角系统，最好由第 5 章中介绍的迭代求解器之一求解。必须在自由表面边缘的控制体顶点处指定"边界条件"。如果不允许边界移动，则 $h=0$。如果允许自由表面的边缘移动，例如，对于开放系统，边界条件应为非反射或"波透射"类型，即不会引起波反射，条件(10.4)是一种合适的可能性。

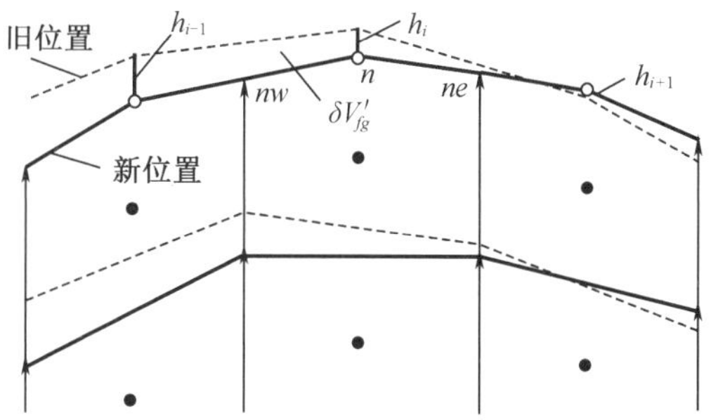

图 13.15　自由曲面下的控制体，其顶点位于自由曲面上，由单元面中心的坐标定义（空心符号）；在时间步长期间被单元面扫过的体积被着色

Lilek（1995）将这种方法应用于结构网格上的 2D 和 3D 问题。当横向边界表面具有不规则形状（例如船体）时，体积 δV_{fs} 的表达式变得复杂，需要在每次外部迭代时迭代求解。

Muzaferija 和 Perić（1997）提出了一种更简单的方法，他们指出，没有必要根据自由表面上单元顶点的几何形状来计算扫掠体积，可以从方程（13.52）获得，位于细胞面中心上方的自由表面标记的位移由高度 h 定义，从已知的体积和单元面面积获得，然后通过插值 h 计算新的顶点位置，产生的扫描体积不准确，需要迭代校正。该方法适用于隐式方案，无论如何在每个时间步都需要外部迭代，图 13.15 中显示的"旧"和"新"位置现在是当前和之前外部迭代的值，每次外部迭代根据方程（13.52）校正扫过体积，在每个时间步结束时，当外部迭代收敛时，所有校正均为零。有关此方法的详细描述及其在任意非结构化 3D 网格上的实现，请参阅 Muzaferija 和 Perić（1997，1999）。

具有自由表面的流动，如明渠流动、绕船流动等，用弗劳德数表征：

$$Fr=\frac{v}{v_w}=\frac{v}{\sqrt{gL}} \tag{13.54}$$

其中 g 是重力加速度，v 是参考速度，L 是参考长度，$\sqrt{gL}$ 是长度为 L 的波在深水中的速度。当 $Fr>1$ 时，流体速度大于波速，称为超临界流动并且波不能向上游传播（就像超音速中可压缩流动的压力波一样）。当 $Fr<1$ 时，波可以向各个方向传播。如果计算自由表面形状的方法没有正确执行，可能会产生小波形式的扰动，并且可能无法获得稳定的解。一种不会在物理上不应该出现波的地方（例如在船前）产生波的方法被称为满足辐射条件。另一种方法在第 13.6 节中描述。

我们在这里展示了一个示例，其中使用并比较了界面跟踪和界面捕获方法。研究了上游基于深度的弗劳德数小于 1 的半圆柱体上方的湍流，流过气缸时可能会变成超临界，在临界流动中，弗劳德数在圆柱上方等于 1，并且流动经历从上游的亚临界（$Fr<1$）到下游的超

临界（$Fr>1$）的过渡。上游水位和流速不能同时独立设定，其中一个量必须适应临界条件（增加流量会导致上游水深增加），这里选择了上游水位与圆柱半径之比为 2.3 的情况，并且根据 Forbes（1988）的结果将入口速度设置为 0.275 m/s。图 13.16 显示了界面跟踪方法中使用的粗网格的初始和最终形状，这种方法的问题是网格需要移动并适应自由表面的形状，这对于任意情况都不容易自动匹配，当表面网格点可以简单地沿垂直方向移动时，解决方案相对容易。然而，解域内的网格必须适应表面网格运动，这对于非结构网格和大变形可能很复杂，在这种特殊情况下使用了块结构的网格，该设计使网格单元在整个求解过程中保持合理的质量。使用代数平滑方法使内部网格适应自由表面的运动，与圆柱体上方和下游的初始形状相比，网格经历了较大的变形。

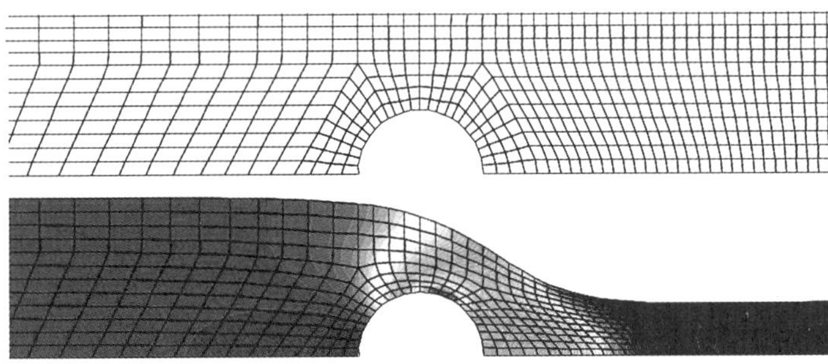

图 13.16 初始(上)和最终(下)最粗网格在界面跟踪方法中用于计算半圆柱体上的临界流量(下图还显示了动态压力分布;二维模型)

使用界面捕获方法和沿壁具有棱镜层的修剪笛卡尔网格计算相同流动，图 13.17 显示了网格和计算的体积分数分布，图 13.18 显示了在使用这两种方法的最细网格上计算的自由表面轮廓，并与 Forbes（1988）的实验数据进行了比较，符合得很好，实际上即使使用图 13.16 中所示的粗网格，自由表面形状的预测也相对较好。在界面捕获法的情况下，如图 13.17 所示水的体积分数在 1 和 0 之间变化的区域大约是 1 个单元宽，在这种情况下，当网格细度变化时，体积分数为 0.5 的等值面的位置也没有太大变化。然而在其他应用中，例如当需要捕获波浪时，结果的网格依赖性可能很大。

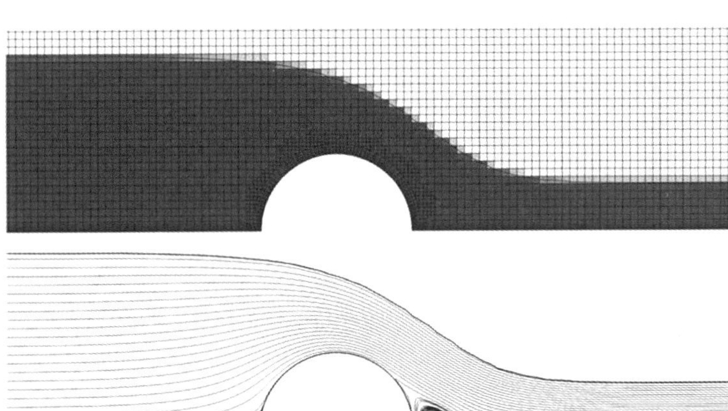

图 13.17 介质网格还显示了水的体积分数和界面位置(上)和预测的流型(下)，使用界面捕获方法计算半圆柱上的临界流动

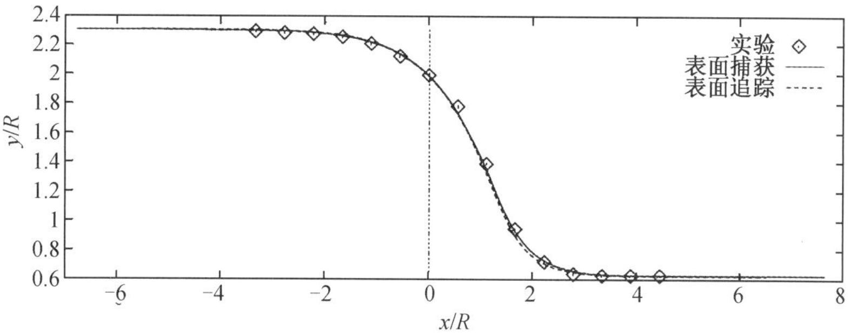

图 13.18　使用界面跟踪和界面捕获方法预测的自由表面形状与 Forbes（1988）的实验数据的比较

13.5.3　混合方法

最后有一些计算两相流的方法不属于上述任何一个类别，这些方法从界面捕获和界面跟踪方法中借用元素，因此我们将它们称为混合方法。其中包括 Tryggvason 和他的同事开发的一种方法，该方法已应用于气泡流，参见 Tryggvason 和 Unverdi（1990）以及 Bunner 和 Tryggvason（1999）。

在这种方法中，流体属性被赋予在垂直于界面的固定数量的网格点上，然后将两相视为具有可变特性的单一流体，如界面捕获方法中一样。为了防止界面被赋值，它也像在界面跟踪方法中一样被跟踪，这是通过使用流动求解器生成的速度场移动标记粒子来完成的。为了保持准确性，添加或移除标记粒子以保持它们之间大致相等的间距，为此建议使用水平集方法作为替代方法，参见 Enright 等人（2002）的粒子水平集方法或 Osher 和 Fedkiw（2003）。在每个时间步之后，重新计算属性。

Tryggvason 和他的同事用这种方法计算了许多流动，包括一些含有数百个水蒸气气泡的水中流动。相变、表面张力以及气泡的合并和分裂都可以用这种方法处理。

Scardovelli 和 Zaleski（1999）报道了类似的混合方法，其中使用了一个附加的单相体积分数方程和界面跟踪。

另一种混合方法以首字母缩写词 PLIC（或 VOF-PLIC）为人所知，意思是分段线性界面构造（Youngs 1982）。一个相的体积分数方程的求解方法与上述界面捕获方法相同，但每个单元中的界面都使用 2D 中的线段和 3D 中的平面进行几何重构，从而将单元就被分为两个部分，分别对应于相的体积分数和界面的法线方向（由体积分数的梯度给出）。Rider 和 Kothe（1998）对类似方法进行了回顾，已经专门为笛卡尔网格开发了一些特殊的方法（例如参见 Weymouth and Yue 2010 和 Qin et al. 2015）。还介绍了 VOF 和水平集方法的组合，例如参见 Sussman（2003）。处理可压缩相时需要特别注意，例如参见 Johnsen 和 Ham（2012）以及 Beig 和 Johnsen（2015）。

与上述方法类似的方法已用于精确模拟详细的自由表面现象，例如碎波中的空气夹带和混合（例如 Deike 等人，2016 年）和使用 DNS 的水力跳跃（Mortazavi 等人，2016 年）。关于射流破裂、上升气泡、壁附近气泡破裂等问题的文献有大量出版物，这些方法已与湍流 的 LES 和 RANS 建模结合使用。

在许多应用中，两种流体之间的界面并不清晰。一个例子是破碎波或水力跳跃，其中存在水和空气形成泡沫混合物的区域，在这种情况下，有必要为两种流体的混合添加一个模型,类似于单相流中的湍流传输模型。可以使用 Deike 等人(2016 年)获得的 DNS 数据开发此类模型。在计算沸腾过程中的热量增加引起的气泡增长以及其他一些具有自由表面的流动时,也需要进行特殊处理。深入每个特定应用算法的细节超出了本书的范围,但大多数使用的方法都与上述方法之一相关。

13.6 强破解

与其尝试构建一个不在边界处反射波的数值方案,不如应用强制求解来实现相同的目标,在这种方法中,人们将 Navier-Stokes(或 RANS)方程的解与参考解混合,参考解通常是平凡解(例如均匀流动或平坦自由表面)、理论解或使用另一种方法获得的解(例如基于势流理论的一种)或不同的边界条件(例如波在没有任何障碍的无限域中传播),混合是通过将源项添加到离散动量方程(如果使用界面捕获方法来计算自由表面流,还可能添加到一相的体积分数方程)中来实现的,形式如下:

$$A_{\mathrm{P}}\varphi_{\mathrm{P}} + \sum_{k} A_k \varphi_k = Q_{\mathrm{P}} - \gamma[\rho V(\varphi - \varphi^*)]_{\mathrm{P}} \tag{13.55}$$

其中 φP^* 代表单元质心处的参考解,源项需要逐渐混合,通过在零(在强制区域的开始处)到其最大值(在解域的边界处)之间改变强制系数 γ 来实现的。通常希望使用在混合区开始时渐近趋于零的变化,例如指数或 $\cos^2$ 变化,注意 γ 不是无量纲系数,单位是[1/s],且最佳值取决于求解问题。

该通用方法已被许多作者用于各种目的,可以在不同名称的文献中找到,具体取决于应用领域(松弛区、阻尼区、海绵层等),我们不会详细介绍该方法的各种变体,该方法的关键是强制系数 γ 的最大值的选择。在大多数出版物中,使用试错法来确定该参数的最佳值,最近 Perić和 Abdel-Maksoud(2018 年)发布了一种方法,该方法允许确定当自由表面波向出口边界衰减时导致反射系数低于目标值的参数范围,最佳值取决于强制区的波长和宽度,较高的值适用于较短的波长,对于自由表面波,1(非常长的海浪)和 100(实验室实验中的短波长)之间的值以及将区域的宽度强制定为 1 到 2 个波长,似乎会产生良好的结果。

如果只想将波推向平缓的自由表面,则逐渐将垂直速度分量推向零就足够了。然而如果想要在入口边界施加这种波,也可以强制所有速度分量,例如朝向 5 阶斯托克斯波(参见例如 Fenton 1985),使用强制超过一个波长而不是仅指定入口处速度和体积分数的理论值的优点是前者将避免上游移动干扰的反射,而后者则不会。此外例如在研究围绕船侧边界的流动时,如果将其视为对称平面,则可以将横向速度分量强制为零,从而避免这些边界的波反射。在研究波浪中船舶周围的流动时,使用强迫求解来避免边界处的波浪反射的一个例子将在第 13.10.1 节中展示。

同样的方法也可用于抑制可压缩流动(气体和液体)中的声压波,以避免从边界反射。在这种情况下,Perić和 Abdel-Maksoud (2018) 的理论也可用于确定 γ 的最佳值,例如为了抑制水中 500 Hz 的声压波动,当强制区为两个波长宽时,γ 的最佳值在 8 000 左右。

如果流动携带涡流,从而难以指定不反映干扰的适当边界条件,也可以使用强制方法来避免 DNS 和 LES 模拟中下游边界的干扰。通过强制流动,例如流向方向的恒定速度和交叉流方向的零速度(这将适用于研究自由流中绕体流动),可以实现从湍流的平滑过渡流到一个均匀的流动,一个简单的出口或指定的压力边界条件即可实现。

13.7 气象学和海洋学应用

大气和海洋是地球上最大规模流动的所在区域,速度可能是每秒几十米,长度尺度很大,所以雷诺数很大。由于这些流动的纵横比非常大(大气和海洋水平数千公里,垂直几公里),大尺度流动几乎是二维的(尽管垂直运动很重要),而流动在小尺度是三维的。地球的自转是大尺度流动的主要驱动力,但在小尺度流动上则不那么重要,分层或密度的稳定变化很重要,主要是在较小的尺度上。在不同尺度上起主导作用的力和现象是不同的。此外需要在不同时间尺度上进行预测,在公众最感兴趣的流动情况下,人们想要预测未来相对较短的一段时间内的大气或海洋状态。在天气预报中,时间尺度是几天,而在海洋中,变化较慢,尺度是几周到几个月,无论哪种情况,都需要一种及时准确的方法。另一个极端是气候研究,它需要在相对较长的时间内预测大气的平均状态,在这种情况下,可以平均化短期时间行为并放宽时间精度要求,但是在这种情况下,必须模拟海洋和大气。根据模拟所需的分辨率(例如,公里或米),通常将方法划分为如何处理湍流,如果流动的 3D 状态很重要,通常会进行大涡模拟;另一方面,对于主要是二维但具有垂直混合的流动,使用具有各种湍流建模风格的 RANS 方法。

计算是在各种不同的长度尺度上完成的,感兴趣的最小区域是具有数百米尺寸的大气边界层或海洋混合层,下一个尺度可以称为盆地尺度,由城市及其周边地区组成,在区域或中尺度上,人们认为一个领域是大陆或海洋的重要组成部分,最后是大陆(或海洋)和全球尺度。在每种情况下,计算资源决定了可以使用的网格点的数量,从而决定了网格的大小,小尺度上出现的现象必须用一个近似模型来表示,即使在最小的感兴趣尺度上,必须进行平均的区域的大小显然也比工程流程中的要大得多。因此,用于表示较小尺度的模型比第 10 章中讨论的工程大涡模拟更重要。

在最大尺度的模拟中无法解析重要结构这一事实要求在许多不同的尺度上进行计算,在每个尺度上,目的是研究特定于该尺度的现象。气象学家区分进行模拟的四到十个尺度(取决于谁进行计数),正如人们所预料的那样,关于这个主题的文献非常丰富,我们甚至无法涵盖已经完成的所有工作。

如前所述,在最大尺度上大气和海洋流动基本上是二维的(尽管有垂直运动的重要影响)。在全球大气或整个海洋盆地的模拟中,当前计算机的能力要求水平方向的网格大小在 10~100 km, 因此在这些类型的模拟中,必须通过近似模型处理诸如锋面(存在于具有不同性质的大量流体之间的区域)等重要结构,以使其厚度足够大,以便网格可以解析它们,这种模型很难构建,且是预测误差的主要来源。

三维运动仅在大气或海洋流动的最小尺度上很重要,同样重要的是要注意,尽管雷诺数很高,但只有最接近地表的大气部分是湍流的,大气边界层通常占据大约 1~3 km 厚的区域,在边界层之上,大气分层并保持层流。同样只有海洋的顶层是湍流的,厚 100~300 m,称为混合层。对这些层进行建模很重要,因为大气和海洋在其中相互作用,它们对大尺度行为的影响非常重要。

这些模拟中使用的数值方法会随着模拟的规模而有所不同。对于最小的大气或海洋尺度的模拟,例如在大气或海洋边界层中,可以使用类似于工程流大涡模拟的方法(参见第10章)。例如沙利文等人(2016年)在极端分辨率(0.39 m)下使用非流体静力学代码研究了夜间稳定分层的大气BL,此LES代码在水平方向上使用谱公式,在垂直方向上使用有限差分,并使用RK3时间推进。Skyllingstad 和 Samelson (2012) 在3 m分辨率下对FV非流体静力LES代码的海洋应用允许检查海洋表面边界层中的锋面不稳定性和湍流混合。区域海洋代码是区域海洋建模系统(ROMS;https://www.myroms.org),它求解流体静力流方程和其他耦合模型,使用预测器(Leapfrog;Sect. 6.3.1.2)和校正器(Adams-Moulton;Sect. 6.2.2)时间步长方案的FV公式。上述模型流体静力学意味着垂直加速度很小,垂直压力梯度和重力平衡。

对于不涉及云的模拟,标准代码就足够了,但是当存在云及其相关的液态水和水蒸气以及冰等时,有必要添加一个微物理包来处理潮湿过程(参见 Morrison 和平托 2005)。这会增加大量额外的偏微分方程来求解,但不会显著改变数值。CM1 代码 (http://www2.mmm.ucar.edu/people/bryan/cm1/) 是这种系统的直接实现,是具有RK3时间推进的可压缩流体的非流体静力学FD代码。此外与许多大气代码一样,它使用5阶或6阶精确平流方案。因为LES在大气建模中发挥着越来越重要的作用,Shi 等人 (2018b, 2018a) 探索了云解析LES代码(如CM1)中使用的亚滤波尺度和子网格尺度模型的准确性(另见 Khani 和 Porté-Agel 2017)。

作为另一个例子,Schalkwijk 等人 (2012a, 2015) 使用图形处理器(GPU) 和荷兰大气大涡模拟 (DALES) 代码 (Heus et al. 2010) 演示了湍流云的生成,这是 Arakawa 上的非流体静力 Boussinseq FD 公式 具有RK3时间推进的C型网格,该代码解决了七个主要的预测变量(即那些由PDE及时推进的变量)。通常针对高分辨率和/或涡流/云分辨率的应用是非静水和LES,而全球大气和海洋模型是静水和RANS,例如参见华盛顿和帕金森(Washington and Parkinson) (2005) 了解气候模型。在全球范围内使用有限体积方法,但专门为球体表面设计的谱方法更为常见,该方法使用球谐函数作为基函数。

选择时间提前方法时,必须考虑对准确性的需求,但同样重要的是要注意波浪现象在气象学和海洋学中都发挥着重要作用。从天气图和卫星照片中熟悉的大型天气系统可以被视为非常大尺度的行波,数值方法不应放大或消除它们,出于这个原因,在这些领域(第6.3.1.2节)使用越级法非常普遍。这种方法对于波浪是二阶准确且中性稳定的。不幸的是,它也是无条件不稳定的(它放大了指数衰减的解),所以它必须是固定的。出于这个原因,Runge-Kutta 方法(第6.2.3节)通常已经取代了它,特别是现在普遍使用三阶实时准确的RK3方案(第6.2.3节)。*

13.8 多相流

工程应用通常涉及多相流;例如由气体或液体流(流化床、含尘气体和浆液)携带的固体颗粒、液体中的气泡(气泡流体和锅炉)或气体中的液滴(喷雾)等。流动经常发生在燃烧系统中,在许多燃烧器中,液体燃料或粉煤作为喷雾喷射。在其他情况下,煤在流化床中燃烧。最后,在工程中也经常遇到具有相变(空化、沸腾、冷凝、熔化、凝固)的多相流。

第13.5节中描述的方法可适用于某些类型的两相流,尤其是两相都是流体的那些。在如上所述这些情况下,两种流体之间的界面被明确处理,一些方法是专门为这种类型的流程设计的。然而与界面处理相关的计算成本将这些方法限制在界面面积相对较小的流动中。

还有其他几种计算两相流的方法,载体或连续相流体总是通过欧拉方法处理,但色散项可以通过拉格朗日或欧拉方法处理。

拉格朗日方法常用于色散项的质量载荷不是很大且色散项的颗粒较小时,含尘气体和一些燃料喷雾是可以应用此方法的流动示例。在这种方法中,色散项由有限数量的粒子或液滴表示,其运动以拉格朗日方式计算,其运动被跟踪的粒子数量通常远小于流体中的实际数量。然后每个计算粒子代表一个数量(或包)的实际粒子,这些被称为聚合法。如果不存在相变和燃烧且载荷较轻,则可以忽略色散项对载流的影响,可以先计算后者,然后注入粒子并使用预先计算的背景流体速度场计算它们的轨迹(这种方法也用于流动可视化;使用无质量点粒子并跟随它们的运动来创建条纹)。这种方法需要将速度场插值到粒子位置,插值方案需要至少与用于时间推进的方法一样准确,准确性还要求选择时间步长,以便粒子在一个时间步长内不会穿过多个单元格。

当色散项的质量负载很大时,必须考虑粒子对流体运动的影响。如果采用聚合法,粒子轨迹和流体流动的计算必须需要同时进行迭代,每个粒子都为其所在单元中的流体贡献动量(以及能量和质量)。需要对粒子之间的相互作用(碰撞、凝聚和分裂)以及粒子与壁之间的相互作用进行建模,对于这些相互交换作用,使用了基于实验的相关性,但不确定性可能相当大,这些问题需要另一本书详细描述,参见 Crowe 等人(1998)的书描述了最广泛使用的方法。

对于大质量载荷和发生相变时,欧拉方法(双流体模型)适用于两个相。在这种情况下,两个相都被视为具有单独的速度场和温度场的连续相,这两个相通过类似于混合欧拉-拉格朗日方法中使用的相互交换作用,一个函数定义了每个单元有多少被每个相占用。Ishii (1975) 和 Ishii and Hibiki (2011) 详细描述了二流体模型的原理。另见 Crowe 等人(1998) 描述了气体粒子和气体液滴流动的一些方法,用于计算这些流动的方法与本书前面描述的方法相似,除了增加了相互作用项和边界条件,当然需要求解两倍的方程。方程系统也比单相流的情况要复杂得多,单相流需要更强的亚松弛和更小的时间步长。

空化是属于两相流的一种重要的现象,需要专门的模型对其进行预测。最广泛使用的方法是使用多相流的均匀模型,即相之间没有滑移(它们共享相同的速度、压力和温度场),并且计算具有可变特性的有效流体的流动。每个相的分布由蒸汽控制体的体积分数决定,为此需要求解一个方程:

$$\frac{\partial}{\partial t}\int_V c_v \mathrm{d}V + \int_S c_v \boldsymbol{v}\cdot\boldsymbol{n}\mathrm{d}S = \int_V q_v \mathrm{d}V \tag{13.56}$$

与自由表面流动的界面捕获方法的相似性是显而易见的,有两个重要区别:(i)空化不一定会导致网格尺度上的相之间的尖锐界面,因此不需要对对流项的特殊离散(可以使用用于其他标量变量的方法)(ii)蒸汽体积分数方程包含源项 q_v 以模拟蒸汽泡的生长和破裂。空化模型源项的推导通常基于 Rayleigh-Plesset 方程,该方程描述了单个蒸汽泡的动力学:

$$R\frac{\mathrm{d}^2R}{\mathrm{d}t^2}+\frac{3}{2}\left(\frac{\mathrm{d}R}{\mathrm{d}t}\right)^2=\frac{p_s-p}{\rho_1}-\frac{2\sigma}{\rho_1 R}-4\frac{\mu_1}{\rho_1 R}\frac{\mathrm{d}R}{\mathrm{d}t} \tag{13.57}$$

这里 R 是气泡半径，t 是时间，p_s 是给定温度下的饱和压力，p 是周围液体中的局部压力，σ 是表面张力系数，ρ_l是液体密度。

惯性项经常被忽略，因为在建模中包含它会显著增加复杂性，而在大多数应用中没有实质性的好处。此外表面张力效应仅对气泡生长的开始很重要(它限制了可以生长的种子气泡的大小——较小的气泡会因表面张力而无法膨胀)。简化的 Rayleigh-Plesset 方程(其中忽略了惯性、表面张力和黏性项)严格来说只对气泡生长阶段有意义，它表示一个渐近解，当周围压力大于饱和压力时，不能求解二次方程，因为此时右侧为负。大多数作者采用的解决这个问题的方法是简单地从压差的绝对值中取平方根并将其符号应用于结果：

$$\frac{\mathrm{d}R}{\mathrm{d}t}=\mathrm{sgn}(p_s-p)\sqrt{\frac{2}{3}\frac{|p_s-p|}{\rho_1}} \tag{13.58}$$

尽管存在这种缺陷，但在大多数实际应用中，使用基于这种近似的模型可以获得相当好的结果。

因为通过这种简化，气泡半径变化率仅取决于局部压力，因此不需要明确地跟踪气泡，对于控制体积中存在的每个气泡，无论其直径和之前的运动历史如何，其生长速率只是流体中局部压力的函数。文献中有几种空化模型的使用方程(13.58)，确定蒸汽体积分数方程中的源项，我们在这里仅简要描述 Sauer (2000) 提出的最广泛使用的模型，参见 Zwart 等人(2004)对另一个类似的模型的研究。

该模型假设初始半径为 R_0 的球形种子气泡存在并均匀分布在液体中，其特征在于每单位体积液体的气泡数为 n_0。因此控制体积中的气泡数量由液体量决定，上述模型参数与液体“质量”有关：众所周知，纯液体(没有任何溶解或游离的气体或固体颗粒)可以承受非常高的拉伸应力，大部分工业液体都含有杂质，参数 n_0 通常取 10^{12} 量级。通过滤波和脱气可以减少甚至避免实验中的空化现象，在模拟中，可对应于将 n_0降低几个数量级。

在上述假设下，任意时刻一个控制体积内的气泡数等于：

$$N=n_0c_1V \tag{13.59}$$

其中 c_l 是控制体积 V 内液体的体积分数。显然 $c_l+c_v=1$，其中 c_v 是蒸汽的体积分数。总蒸气体积等于：

$$V_{\mathrm{v}}=NV_{\mathrm{b}}=N\frac{4}{3}\pi R^3 \tag{13.60}$$

其中 V_b 是一个气泡的体积，R 是局部气泡半径，蒸汽体积分数 c_v 现在可以用 n_0、R 和空化液体的体积分数 c_l表示：

$$c_{\mathrm{v}}=\frac{NV_{\mathrm{b}}}{V}=\frac{4}{3}\pi R^3n_0c_1 \tag{13.61}$$

当蒸汽的体积分数已知时，局部气泡半径可由下式计算：

$$R=\left(\frac{3c_v}{4\pi n_0c_1}\right)^{1/3} \tag{13.62}$$

现在需要使用上述建模框架定义式(13.56)中蒸汽产生或消耗的速率。显然蒸汽产生会导致气泡生长，反之亦然，因此气泡半径变化率是关键参数。另一个参数是控制体积中可以发生空化的液体量。

蒸汽气泡随流移动,因此在任何时刻产生蒸汽的速率可以近似为在给定时间存在于控制体积中的气泡体积变化的速率:

$$q_v \approx \frac{N}{V}\frac{\mathrm{d}V_b}{\mathrm{d}t} = n_0 c_1 \frac{\partial V_b}{\partial R}\frac{\mathrm{d}R}{\mathrm{d}t} = n_0 c_1 4\pi R^2 \frac{\mathrm{d}R}{\mathrm{d}t} \tag{13.63}$$

气泡半径增长的速率可以从方程(13.58)计算,这就完成了空化模型。在 Sauer (2000) 和 Schnerr 和 Sauer (2001) 中可以找到更详细的模型推导。该模型适用于大多数商业和公共 CFD 代码,并已成功应用于研究船舶螺旋桨周围、泵和涡轮机、燃料喷射器和其他设备中的空化流动。一些作者将源项与另一个参数相乘,该参数对增长和崩溃阶段具有不同的值(正或负源项)。

我们使用在开放水域测试条件下螺旋桨周围流动的示例(即螺旋桨以均匀的流动运行,以固定的规定速率旋转)来证明上述空化模型的性能和几个方面误差估计和来自不同来源的误差的相互作用。在开阔水域条件下,可以使用圆周方向的周期性边界条件和旋转参考系来计算单个螺旋桨叶片周围的流动,这降低了计算成本,并允许使用比船舶和方向舵都存在时更精细的网格(在这种情况下,整个螺旋桨必须包括在模拟中,并且连接到螺旋桨的网格必须跟随它,如图 13.9 和 13.10 所示)。该螺旋桨是 2011 年和 2015 年船用推进器研讨会上用作测试用例的螺旋桨(www.marinepropulsors.com),运行条件来自空化测试案例(来自 SVA Potsdam 的 Propeller VP1304,测试案例 2.3.1;有关测试案例和拖曳水池报告的详细描述,请参见工作程序;Heinke 2011)。

使用系统细化的网格没有特殊的局部细化来捕获尖端涡流(参见图 13.19 中的上图)导致空化模式以及推力和扭矩的值在两个最精细的网格上变化不大(差异为 0.1%),导致两个错误的结论:(i)离散误差看起来很小,(ii)建模误差看起来很大,因为在尖端涡流范围内看不到任何空化(见左图在图 13.20 中)。在这些解决方案中,可以使用涡量大小的等值面来识别尖端涡流,如图 13.20 的右图所示。

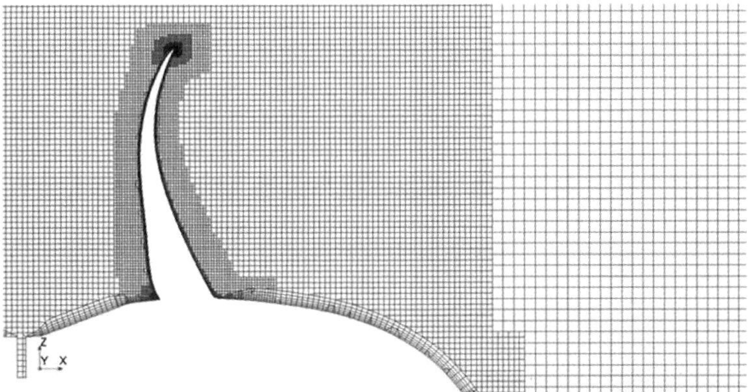

图 13.19 螺旋桨纵向截面中的计算网格:不带(上)和带特殊局部细化以捕获尖端涡流(下)

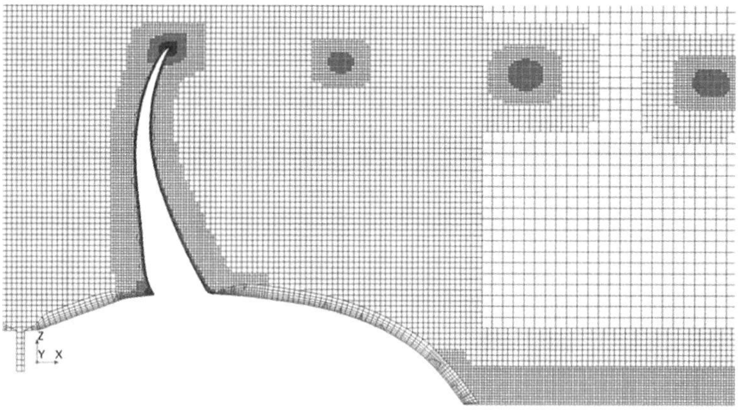

图 13.19(续)

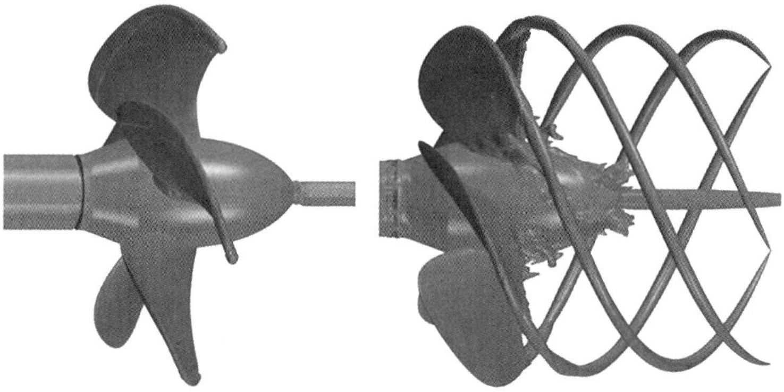

图 13.20　计算的蒸汽体积分数 0.05 等值面,使用没有局部细化的网格,用于尖端涡流捕获和 $k-\omega$ 湍流模型(左)和来自同一解的涡量大小等值面(右)

因此,涡量分布可用于指导尖端涡流内的局部网格细化,使得在涡核中的单元尺寸足够小以解决那里压力和速度的快速变化(小于螺旋桨直径的 1/1 000),如图 13.19 中网格的一个纵向截面所示。这导致尖端涡空化的出现,但在不稳定的 RANS 模拟中,空化区域的结束比局部网格细化结束的时间要早得多,如图 13.21 所示。这是由于高估了叶尖涡内的湍流黏度,这抹去了压力和速度剖面的峰值,导致压力过早升至饱和水平以上。通过切换到 LES,空化区持续到局部网格细化的最后,如图 13.21 所示。亚格子尺度模型的湍流黏度远低于 RANS 模型的湍流黏度。LES 解决方案与图 13.22 中所示的实验观察模式非常吻合。虽然在 LES 和实验中,尖端和轮毂涡流的平均形状和位置都保持稳定,但人们也可以观察到平均形状周围的波动。

尽管本研究中最精细的网格相对精细(单个螺旋桨叶片大约有 1 500 万个单元),但与下一个较粗网格上的解决方案相比,RANS 解决方案没有显著改进。这是这种建模方法的主要缺点之一:一旦离散误差变得小于建模误差,进一步的网格细化不会带来任何好处。使用 LES 网格细化不仅可以减少离散误差,还可以减少需要建模的湍流谱部分,在足够精细的网格水平上,它基本上变成了 DNS 并且湍流黏度变得可以忽略不计。在这个例子中,粗网格上的 LES 会产生脉动的尖端涡流空化,它在延伸到局部网格细化结束和收缩到类似于 RANS 解决方案的程度之间周期性变化。然而一旦网格进一步细化(大约 500 万个单元),空化区就变得稳定了。正如预期的那样下一个改进暴露了尖端和轮毂涡流中更精细的结构。本书网站上提供了一份单独的报告,其中包含有关此模拟的更多详细信息,详情见附录。

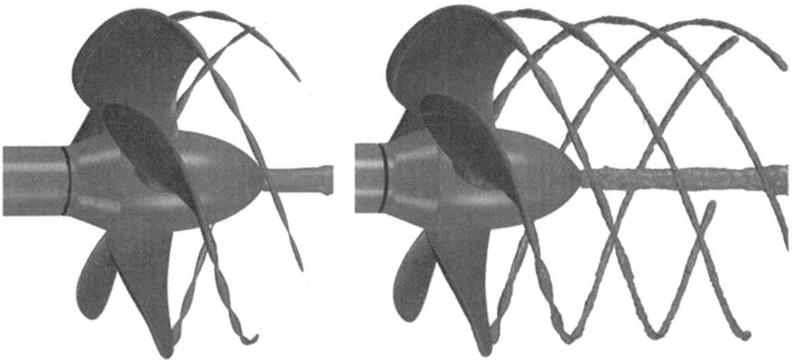

图 13.21　计算出的蒸汽体积分数 0.05 的等值面,使用对尖端涡流捕获和 $k-\omega$ 湍流模型进行局部细化的网格(左)和使用相同的网格但 LES 模拟(右)

(来源:SVA Potsdam)

图 13.22　实验中在两个时刻观察到的空化模式照片,显示了尖端和轮毂涡空化的稳定和波动特征

这个例子还表明在评估离散和建模误差时必须小心,仅仅监测推力和扭矩等一些积分量是不够的,除非人们只对它们感兴趣。当积分停止显著变化时,局部流动特征可能仍远未收敛,尤其是在尾流处(由于高雷诺数时上游影响有限),在这种特殊情况下,解决方案对局部网格细化和湍流模型比对空化模型更敏感,后者的表现出人意料地好,考虑到由方程(13.58)给出的泡沫增长率和压力之间的关系是 Rayleigh-Plesset 方程的一个非常粗略的近似。

13.9　燃　　烧

另一个重要的问题领域涉及燃烧,即具有显著放热化学反应,在其中起着重要作用的流动。一些应用对读者来说应该是显而易见的,一些燃烧器在几乎恒定的压力下运行,因此放热的主要作用是降低密度。在许多燃烧系统中,绝对温度通过火焰增加五到八倍并不罕见,密度以相同的因子减小,在这种情况下,不可能通过前面讨论的 Boussinesq 近似来处理密度差异。在其他系统中(发动机气缸是最常见的例子),压力和密度都有很大的变化。

可以对湍流燃烧流进行直接数值模拟,但仅限于非常简单的情况。需要注意的是,火焰相对于气体的传播速度很少超过 1 m/s(爆炸或爆震除外),这个速度远低于气体中的声速,通常流体速度也远低于声速,然后马赫数远小于一,我们遇到了一种奇怪的情况,即温度和密度变化很大的流动,基本上是不可压缩的。

可以通过求解可压缩运动方程来计算燃烧流动,这已经完成(参见 Poinsot 等人 1991)。问题在于正如我们之前指出的,大多数为可压缩流动设计的方法在应用于低速流动时变得非常低效,从而提高了模拟成本,尤其当化学很简单时,出于这个原因模拟成本变得非常昂贵。然而当包括更现实(因此更复杂)的化学反应时,与化学反应相关的时间尺度范围几乎总是非常大,这要求使用小的时间步长。换句话说在求解方程非常固化的情况下,可以大大消除使用可压缩流动方法的损失。

另一种方法是引入低马赫数近似(McMurtry et al. 1986),一个从描述可压缩流的方程开始,并假设所有要计算的量都可以表示为马赫数中的幂级数,这是一个非奇异扰动理论,因此不需要特别注意。然而结果有些令人惊讶,到最低(零)阶,动量方程简化为压力 $p(0)$ 在任何地方都是恒定的,这是热力学压力,气体的密度和温度与其状态方程有关,连续性方程具有可压缩(变密度)形式并不奇怪,在下一级通常形式的动量方程被恢复,但它们只包含一阶压力的梯度 $p(1)$,它本质上是不可压缩方程中的动态压头。这些方程类似于不可压缩的 Navier-Stokes 方程,可以通过本书中给出的方法求解。

在燃烧理论中,区分了两种理想化的情况。首先,反应物在任何反应发生之前完全混合,我们有预混火焰的情况, 内燃机接近这个极限,在预混燃烧中反应区或火焰以层流火焰速度相对于流体传播。在另一种情况下,反应物同时混合和反应,一种是非预混燃烧。这两种情况截然不同,需要分别处理。当然还有很多情况都不接近这两个极限,它们被称为部分预混,对于燃烧理论的完整论述,建议读者参考 Williams (1985) 的著作。

反应流动的关键参数是流动时间尺度与化学时间尺度的比值,被称为 Damköhler 数,Da。当 Damköhler 数非常大时,化学反应非常快,以至于反应物混合后几乎立即发生,在这个极限内,火焰非常稀薄,据说流动是混合主导的。实际上,如果可以忽略放热的影响,则可以将极限 $Da\to\infty$ 视为涉及被动标量的极限,并且可以使用本章开头讨论的方法。

对于流动几乎总是湍流的实际燃烧器的计算,有必要依靠雷诺平均的纳维-斯托克斯(RANS)方程的解,这种方法以及需要与它一起用于非反应流的湍流模型在第 10 章中进行了描述。当存在燃烧时,有必要求解描述反应物质浓度的附加方程,并包括允许计算反应速率的模型,我们将在本节的其余部分描述其中一些模型。

最明显的方法,即雷诺平均反应流方程的方法是行不通的,原因是化学反应速率是温度的强函数。例如,物质 A 和物质 B 之间的反应速率可由下式给出:

$$R_{\mathrm{AB}}=K\mathrm{e}^{-E_a/RT}Y_{\mathrm{A}}Y_{\mathrm{B}} \tag{13.64}$$

其中 Ea 称为活化能,R 是气体常数,Y_{A} 和 Y_{B} 是两种物质的浓度。Aarhenius 因子 $e^{\left(\frac{-Ea}{RT}\right)}$ 的存在使问题变得困难,它随温度变化如此之快,以至于用其雷诺平均值替换 T 会产生很大的误差。

高 Damköhler 数非预混湍流火焰中,反应发生在薄薄的褶皱火焰区域,对于这种情况已经使用了几种方法,我们将简要介绍其中的两种。尽管它们之间的原理和外表存在显著差异,但它们比看起来更相似。

在第一种方法中,有人认为因为混合是较慢的过程,所以反应速率取决于它发生的速度。在这种情况下,两种物质 A 和 B 之间的反应速率由以下形式的表达式给出:

$$R_{AB}=\frac{Y_A Y_B}{\tau} \tag{13.65}$$

其中 τ 是混合的时间尺度,例如如果使用 k-ε 模型,则 $\tau=k/\varepsilon$;在 k-ω 模型中,$\tau=1/\omega$。已经提出了许多此类模型,其中最著名的可能是 Spalding (1978) 的涡流破裂模型,这种类型的模型通常用于预测工业炉的性能。

另一种非预混燃烧模型是层流小火焰模型。在停滞条件下,非预混火焰会随着时间的推移随着厚度的增加而缓慢衰减。为了防止这种情况发生,火焰上必须有压缩应变,火焰的状态是由这个应变率决定的,或者它更常用的替代品是标量耗散率,χ。然后假设火焰的局部结构仅由几个参数决定;至少需要反应物的局部浓度和标量耗散率,将火焰结构的数据制成表格,然后用查表得到的反应速率与单位体火焰面积的乘积来计算体积反应速率。已经给出了火焰面积方程的多个版本,我们将不在这里提及,只要说这些模型包含描述通过火焰拉伸和火焰面积破坏而增加火焰面积的条件即可。

对于相对于流动传播的预混火焰,小火焰模型的等价物是一种水平集方法。如果假设火焰是某个变量 $G=0$ 的位置,则 G 满足方程:

$$\frac{\partial G}{\partial t}+u_j\frac{\partial G}{\partial x_j}=S_L\left|\nabla G\right| \tag{13.66}$$

其中 S_L 是层流火焰速度,可以证明反应物的消耗率为 $S_L\left|\nabla G\right|$,即可完成模型。在更复杂的模型版本中,火焰速度可能是局部应变率的函数,就像它取决于非预混合火焰中的标量耗散率一样。

最后请注意,有许多影响很难包含在任何燃烧模型中,其中包括点火(火焰的引发)和熄灭(火焰的破坏),湍流燃烧模型目前正在快速发展,没有任何一个领域的目前的对其研究可以保持很长时间,对这个主题感兴趣的读者应该查阅 Peters (2000) 的书。

13.10 流固耦合

流体总是对水下结构施加力(即使没有流动),但到目前为止,我们假设实心壁面是刚性的,我们所说的流固耦合 (FSI) 是指暴露于流体流动的固体的运动或变形,因此流动受到实体壁面运动的影响,因此需要对这两种运动进行耦合模拟。

流固耦合最简单的形式是飞行或浮动刚体的运动,当固体结构也由于流动引起的力而变形时,就会引入下一级的复杂性,我们简要讨论如何模拟这些现象并展示一些说明性示例。

13.10.1 漂浮和飞行体

如果可以认为飞行体或浮体是刚性的,则可以通过求解质心平移和围绕其旋转的常微分方程来模拟其运动:

$$\frac{\mathrm{d}(m\boldsymbol{v})}{\mathrm{d}t}=f \tag{13.67}$$

$$\frac{\mathrm{d}(\boldsymbol{M}\omega)}{\mathrm{d}t}=\boldsymbol{m} \tag{13.68}$$

其中 m 是物体的质量,v 是其质心的速度,f 是作用在物体上的合力,M 是物体相对于全局(惯性)坐标系的惯性矩张量, ω 是物体的角速度,$\boldsymbol{m}$ 是作用在物体上的合力矩。因为在运动过程中,实体会不断改变其相对于全局坐标系的方向,因此必须在每个时间步重新计算其转动惯量。对于除了最简单的实体类型之外的所有体型,这将是非常不切实际的。出于这个原因人们通常使用一个固定在物体质心处的坐标系来求解角运动方程的修正形式,相对于该坐标系,转动惯量不会随着物体的移动而改变(参见,例如, 沙巴纳 2013):

$$\boldsymbol{M}_b\frac{\mathrm{d}\omega}{\mathrm{d}t}+\omega\times\boldsymbol{M}_\mathrm{b}\omega=\boldsymbol{m} \tag{13.69}$$

其中 M_b 代表物体固定(移动)坐标系中的惯性矩张量。

作用在身体上的力总是包括重力和流动引起的压力(垂直于身体表面)和剪切力(与身体表面相切)。此外可能存在与流动无关的外力(例如由体内电机产生的推进力)或取决于流动和身体运动的外力(例如系泊绳产生的力),除了重力(根据定义重力作用在质心,因此不会产生力矩),所有其他力通常都会产生影响物体旋转运动的力矩。

注意,与在载有颗粒的两相流的拉格朗日建模中固体颗粒的运动方程相反,我们不需要考虑包括阻力 f、升力、虚拟质量或其他力,这些力解释了流动产生的特殊效应—身体互动,这些力用于模拟拉格朗日方法中的流体-粒子相互作用,因为网格不会解析单个粒子周围的流动。在这里实体与流之间的相互作用直接在流固界面被考虑在内,因此所有影响都包含在压力和剪切力中。

方程 (13.67) 和 (13.69) 表示每个速度矢量的三个分量(线性和角)的六个 ODE 系统, 因此有人说,如果运动不受任何方式的约束,则运动物体具有六个自由度 (6 DoF),这些方程可以使用第 6 章中描述的方法求解获得新时间级别的 v 和 ω,在流动和实体运动的耦合模拟中,通常在两组方程中使用相同的方法进行时间推进,为了获得物体质心的新位置及其新方向,还必须对下面的一组方程进行积分(它们只是 v 和 ω 的定义):

$$\frac{\mathrm{d}\boldsymbol{r}}{\mathrm{d}t}=v \text{ and } \frac{\mathrm{d}\boldsymbol{\Omega}}{\mathrm{d}t}=\omega \tag{13.70}$$

其中 r 是定义身体质心位置的向量,是定义物体相对于物体固定坐标系的方向的向量。

因为流动引起的力会影响实体运动,而实体位置和方向的变化会影响流动,所以这两个问题是强耦合的(双向)。因此有必要以耦合的方式求解两组动量方程。因为围绕运动物体的流动总是不稳定的,且时间步长不太大,所以使用如图 7.6 所示的顺序求解方法,很容易在外部迭代循环中包含刚体运动方程的解。首先估计新时间步的流场,实体仍处于前一个时间步计算的位置。之后施加作用在实体上的估计力来确定新实体位置的估计(在两种情况下都可以使用亚松弛)。然后将流体区域中的网格调整为新估计的实体位置,并开始下一个外部循环。这些迭代继续进行,直到在新的时间步长的估计流量所产生的力和物体的估计位置的变化都不超过规定的公差。即使使用非迭代时间推进方法来计算流体流量(如第 7.2.1 和 7.2.2 节中描述的 PISO 或分数步法),仍然希望按顺序引入外部迭代循环,以便得到隐式耦合流体流动和实体运动的解决方案,特别是如果密度较小的实体在密度较大的流体中移动时。

以密度为 1 的轻实体为例,它浸没在密度为 1 000 的液体中,假设实体体通过绳索固定在底墙上,并且在模拟开始时,流体和物体都处于静止状态。垂直方向作用在物体上的力是重力 $\rho_b Vg$、浮力 $\rho_l Vg$ 和绳索中的约束力,等于浮力和重力之差, ρ_b 是实体密度,ρ_l 是液体密度,V 是体体积,g 是垂直方向重力分量的大小。如果我们现在剪断绳子,让实体松动,由于浮力大于重力,它会开始向上移动,在显式求解方法的情况下,流体将在第一个时间步中保持静止,因为实体仍处于其旧位置。现在作用在物体上的力只是重力和浮力,导致物体加速度达到一个天文数字,999g(见方程(13.67)):

$$\rho_b V\frac{\mathrm{d}v}{\mathrm{d}t}(\rho_l-\rho_b)V_g\Rightarrow\frac{\mathrm{d}v}{\mathrm{d}t}=\frac{(\rho_l-\rho_b)g}{\rho_b}=999\mathrm{g}$$

这使得实体在第一个时间步移动得太远,然后在第二个时间步骤中,流动将在向下方向上以过大的阻力做出反应,物体运动的第二个时间步长会导致运动方向相反,因为流体阻力大于浮力,以此类推; 结果是振荡发散。通过对流体流动和身体运动的隐式耦合和亚松弛,经过几次外部迭代后,可以在一侧计算的身体加速度与另一侧的重力、浮力和阻力之和之间取得平衡;这个平衡的方程提供了合理的实体运动。

这种模拟中最大的挑战是流体中的计算网格适应实体运动,与规定实体运动的问题相反,在每个新时间步开始时网格只需要调整一次,现在需要在每次外部迭代中执行调整,这增加了对有效解决方案的需求。最广泛使用的方法有两种:重叠网格和网格变形。在第一种方法中,一个网格连接到身体上并随其移动而没有任何变形。网格质量始终保持不变,并且由于网格质量的变化,身体周围的离散误差没有变化,与替代方法的情况一样,缺点是用于在重叠和背景网格上耦合解的插值模板会发生变化,并且需要在每次外部迭代中更新。

网格变形依赖于附加(偏微分或代数)方程的解或网格顶点坐标的某种代数平滑。一种方法是将流体域视为伪固体(具有良好的性质),由实体运动引起的边界顶点的运动被作为位移的狄利克雷边界条件施加,并且通过求解伪固体的动量方程,该位移传播到流体域的体中。通过改变伪固体的属性可以实现这一点,例如靠近实体壁的棱镜层区域几乎像刚体一样移动,而网格变形远离边界。然而初始网格可以通过变形仅针对适度的实体运动(例如船舶在波浪中的运动)进行变形,极端运动可能会导致网格扭曲,使其无法使用。原则上可以在网格质量变差时停止模拟,为给定的实体位置生成一个新网格,将当前和一个或多个旧解插入到新的单元质心上,然后通过将插入的解视为继续模拟初始条件。

我们现在提出两个说明性示例,用于耦合模拟浮体和飞行体的流动和运动。在第一个示例中,我们想要预测船舶以恒定速度在头波中移动时增加的阻力。实际上船舶以(几乎)恒定的推力推进,与平静水面的速度相比,当出现波浪时向前运动的速度会下降;然而拖曳水箱中的实验通常是通过以恒定速度拖曳船模来进行的,需要回答的主要问题是:(i)与平静水中的阻力相比,由于波浪的存在,平均阻力增加了多少(ii)在船上可用功率的情况下,船舶在波浪中可以达到多少速度?

当出现海浪时,网格设计必须稍做改动:在平静的水面上,我们可以在远离船体的各个方向上粗化网格,尤其是前方和侧面,但是对于海浪,我们必须在波传播方向上保持几乎恒定的单元数,在整个区域的垂直方向上也保持恒定的单元数。网格分辨率的变化(特别是当它们突然并导致波形轮廓的分辨率太粗糙时)会导致干扰,之后在整个域中进一步传播。在图 13.23 中,波长的最小分辨率保持不变,而在传入的长波峰不受干扰的展向方向上网格被粗化了。船体是集装箱船的模型(所谓的 KCS-KRISO 集装箱船,这是一艘从未建造过的船,但其模型已在许多拖曳水池中进行了昂贵的测试),大约 7.5 米长,波长等于船长,解域长约 3.3 个波长,宽约 1 个波长。模拟中只包括了一半的流动域,因为没有螺旋桨,并且假设流动关于船舶对称平面对称。允许船舶上下起伏,所有其他运动都被抑制,计算是在连接到船体并以恒定速度(此处为 1.2 m/s)移动的坐标系中执行的。波高 0.2 m,波周期 2.184 s,使用 Fenton (1985) 提出的解决方案将其建模为 Stokes 的 5 阶波。船舶运动是通过使用重叠网格来解释的,自由表面是使用 HRIC 方案捕获的(Muzaferija 和 Perić 1999)。有关此模拟的更多详细信息可以在本书的网页上找到,详情见附录。

为了使解域尽可能小并避免波从边界反射,使用第 13.6 节中提出了强制方法,使用强制系数的 $\cos^2$变化,在距离入口、侧面和出口边界 5 m 的距离内,水的速度和体积分数都被逼向 Fenton (1985) 的理论解,从 0 在边界处开始强制到 10。船舶引起的来波扰动向各个方向传播,但在强制区逐渐消失,RANS 方程的解平滑过渡到理论解,见图 13.23。只有当参考解充分满足 Navier-Stokes 方程时,才能对所有边界施加这种力,否则由于解域内 Navier-Stokes 方程的波传播与理论解之间的不匹配,将出现强制区内的扰动(这将是基于线性理论的理论解的情况,例如长顶基于线性波叠加的不规则波模型)。Stokes 的 5 阶理论是一个非常精确的波浪模型,并且 Navier-Stokes 方程的解(通过数值网格对波长和波高具有足够的分辨率)与该理论非常吻合。

图 13.24 显示了船舶在波浪中运动的两个阶段:当船首深入到来波的波峰时,以及当波峰向船中部移动时船首完全脱离水面,作用在船舶上的力及其运动如图 13.25 所示。虽然剪切力几乎保持不变,但压力在平均值附近有很大的变化,振荡幅度比平均值大 5 倍,这导致电阻在超过三分之一的周期内为负!船舶俯仰±3°,起伏±5.5 cm,运动周期比波浪周期短——1.62 秒对 2.184 秒,这是因为船向海浪移动,这增加了相遇频率,在大约 4 个波周期之后,解变得几乎是周期性的。

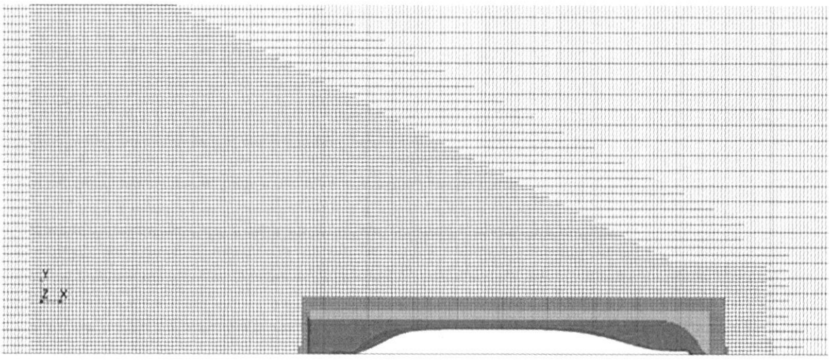

图 13.23　船模型周围未受扰动自由表面的计算网格(上)和计算的瞬时自由表面高程(下)

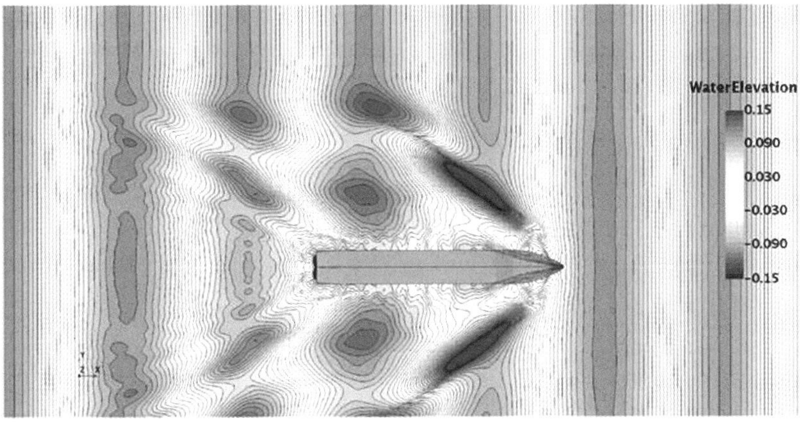

图 13.23(续)

图 13.24　波浪中的船舶运动:潜入波峰(左)并在波峰到达船中前不久弓出水面(右)

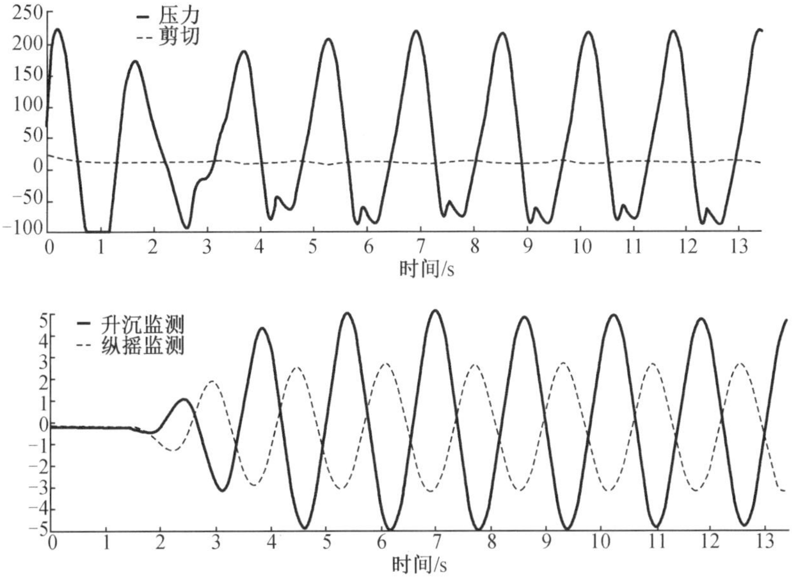

图 13.25　预测的剪切和压力阻力分量(上)以及船舶升沉和纵摇运动(下)的时间变化

第二个例子处理救生艇进水的模拟,当救生艇从海上平台或船舶释放时,首先在空中飞行,然后潜入水中,重新浮出水面并继续漂浮并像普通船一样依靠自身的推进力移动。这里的关键问题是:(i)救生艇内的人员在落水时会经历多大的减速,(ii)救生艇结构在入水时将承受多大的载荷,(iii)救生艇将在何时何地进行潜入水中重新浮出水面?这些问题的答案对于救生艇内人员的生存至关重要:(i)人体不能在太长时间内承受太高的减速;

(ii)入水时负载过大可能会损坏救生艇结构,从而威胁到艇内人员的生命;(iii)如果救生艇下潜过深、下水过晚或位置错误,可能会被坠落物击中或与平台或船舶相撞。

主要问题是所有问题的答案取决于太多的参数,例如:下降高度、波传播方向、波长和波高、救生艇入水的波廓点、风向和风速等。所有这些因素相互影响,因此要查看的组合数量是巨大的,许多效果在模型实验中无法实现,因此最近对仿真模拟研究的兴趣非常高。Mørch (2008, 2009)提出了救生艇进水的首批研究之一,并将模拟结果与有限的实验数据进行了比较,结果表明在相同的波浪传播方向、波长和波高下,进水期间救生艇表面的最大压力可以变化 4 倍,具体取决于 船碰到波浪的地方。

使用重叠网格最容易模拟救生艇进水:在一个域中创建一个网格,例如从一个圆柱体中减去救生艇主体,该圆柱体作为一个刚体与船一起移动,并为环境创建一个单独的网格,它适用于解析波传播,可能包括平台、船舶或任何其他物体。通常救生艇的释放及其在空气中的初始运动是使用更简单的方法来模拟的,使用 CFD 进行的详细模拟从水面上方一定距离开始,方向、线速度和角速度取自其他模拟方法,并作为初始条件。因为救生艇非常重,它周围的气流会很快适应它的运动,而不会引入明显的干扰(与船的重量和初始动量相比,空气中的阻力相对较低)。图 13.26 展示了救生艇进入平静水域的实验研究中的两张照片,清楚地显示了船周围两相流的复杂性。幸运的是,无须解决所有流动特征(如薄水层、它们转变为液滴或重新浮出后尾迹中的泡沫区),即可为上述问题提供相当好的答案。

(来自 Mørch et al. 2008)

图 13.26　救生艇进水实验研究的图片

图 13.27 显示了用于计算图 13.26 所示救生艇周围流量的重叠网格,条件与实验相同。理想情况下,背景网格应该不时地在救生艇向前移动时向前细化并在救生艇后面粗化,但在执行模拟时,该功能在代码中不可用,出于这个原因,背景网格被细化为与连接到救生艇的重叠网格外层中的单元格大小相似的单元格大小,该区域位于救生艇预期移动的较大区域中。此外,还在自由表面周围进行了细化,以便在救生艇进水和重新浮出水面期间捕捉其变形。在这个例子中,救生艇长约 15 m,下落高度为 36 m,下水角为 35°。有关此模拟和类似模拟的更多详细信息,请参见 Mørch 等人(2008 年)和(2009 年)。

在空气中自由落体过程中,因为空气中的阻力不高,救生艇几乎以重力加速度 g 加速。然而当救生艇撞到水面时,它的运动阻力会突然增加,从而导致显著的减速。图 13.28 显示在救生艇内两个位置的加速度相对于重力的变化:一个在前部,一个在后部(零表示加速度等于重力)。在很短的时间内,前面的减速加速度达到 $5g$,与此同时救生艇的后部经历了

3g 的加速度，因为当船头撞水时，船开始绕着它旋转。在大约 0.3 s 内，尾部的加速度从重力方向的 3g 变为相反方向的 6g，总共减速度 9g。这对于正常人来说已经是一个临界值，但在一些实验中测得的减速加速度高达 30g！就算船的结构完好无损，里面也没有人能活下来！！

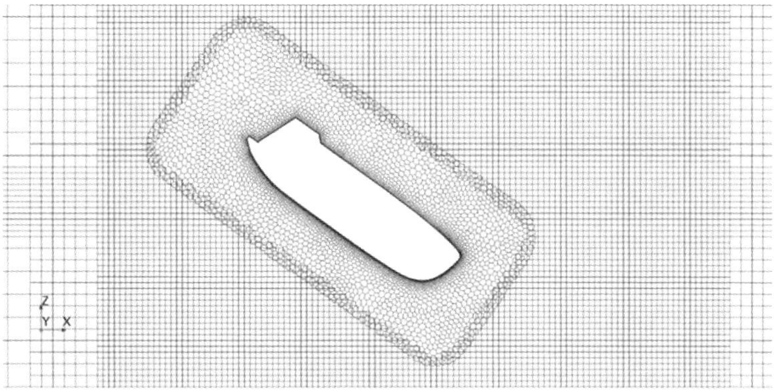

图 13.27　用于模拟救生艇进水的重叠网格

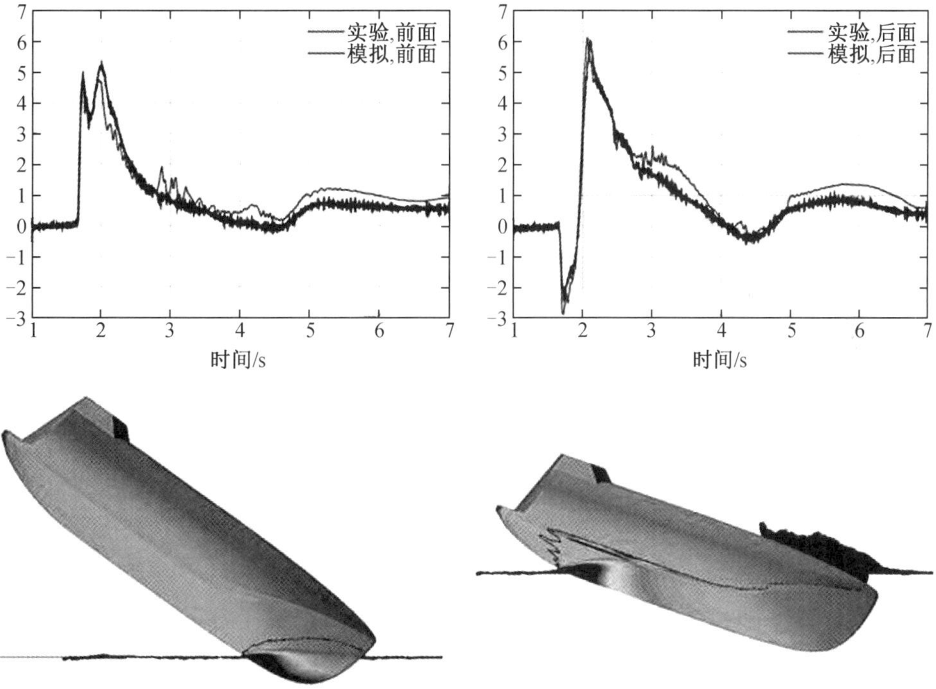

图 13.28　预测的救生艇前后加速度(上)和救生艇表面压力的时间变化和两个时间实例的自由表面变形(下)

从图 13.28 可以看出，模拟和实验之间的一致性相当好，尽管在模拟中使用了相对粗糙的网格(半条船大约 100 万个单元；因为船只能在 x 和 z 方向并围绕 y 轴旋转)且水很平静，应用了对称条件。虽然在所有细节上符合的都不是完美，但入水和重新浮出水面的主要特征都得到了很好的体现，5 s 出现第二次减速，因为在重新浮出水面后，船先跳出水面然后再次着陆，导致约 1g 的减速加速度。

人们可能会认为,船表面的最高压力会在船头触水时记录下来,但事实并非如此。从图13.28可以看出,在未受扰动的自由水面和船体表面的交点处压力最高,并且由于船体轴线和自由表面之间的夹角在进入阶段减小,在此期间压力沿着船体从船头向船尾增加,在船底尾曲开始前的位置获得最高压力,在那个位置死角最小。在此示例中,测量的压力高于5 bar,在不同的条件下可以获得更高的压力。

当船潜入水中时后面会形成一个气腔,因为进入水中的船体会将液体排到一边,当船体向前移动时,液体会回流并关闭空腔,这会在水面上产生很大的水花,船后部的压力载荷也很高。Tregde (2015)研究了气腔的行为,发现在此类模拟中考虑空气可压缩性的影响至关重要,将气相视为不可压缩导致显著低估压力载荷,而如果考虑可压缩性,则与实验的比较非常好。Berchiche 等人(2015)提出了一项广泛的验证研究,其中将自由落体救生艇发射到常规波浪中的 CFD 模拟与实验数据进行了比较。

13.10.2 可变形体

如果与流体流动相互作用的物体可能在流动引起的力下变形,那么复杂性就达到了下一个层次。如果解决方案具有稳定状态(例如当飞机在平静的空气中以恒定速度巡航时,它的机翼向上弯曲并保持在该位置稳定,直到遇到湍流),就可以对流体流动和结构进行一系列独立的模拟。首先计算未变形物体的流体流动,直到它(几乎)收敛到稳定状态,计算出的压力和剪力作为载荷传递给计算结构变形,流体域中的网格然后适应变形的物体并继续计算,直到作用在物体上的力再次收敛。重复该过程,直到流动引起的力和主体变形的变化变得小于规定的限制。通常需要 5 到 10 次迭代,直到获得收敛解。流动和结构变形计算的收敛容差可以在开始时放宽,并在接近收敛状态时收紧。

在刚刚描述的场景中,流动和结构变形的模拟通常由不同的人使用不同的代码进行,流动是使用内部或商业代码计算的,这很可能是基于类似于本书中描述的有限体积方法,而结构变形很可能是使用商业有限元代码计算的。两个模拟团队和代码通过文件交换进行交互:流动团队写出一个文件,其中包含作用在每个墙边界面上的力,而结构团队发回一组边界点的新形体形状或位移。由于网格在流体和固体中通常非常不同,因此需要对解进行插值(也称为"映射")。很多时候甚至两个代码中的几何形状也不相同。例如对于流体流动分析,飞机机翼的表面是相关的壁面边界,然而表面几乎与结构分析无关——它只承受流体载荷,但与结构相关的主体是皮肤下的框架。因此通过模拟沿机翼表面的流体流动计算的载荷必须传递到框架,并且框架的变形(一组离散位置处的位移)需要映射到机翼表面的流体网格顶点。因此,耦合并不像听起来那么简单。

当求解问题是瞬态时,需要在流动和结构计算之间建立更紧密的耦合,每个时间步至少需要发生一次力和位移的交换。然而正如已经提到的刚体运动模拟,显式耦合(其中流动求解器使用冻结体形状完成一个时间步,然后结构求解器使用冻结流动引起的力计算变形)可能不会总是收敛。理想情况下,如果要实现紧密(隐式)耦合,则应在每个时间步的每次外部迭代之后进行交换。这在使用两种不同的代码时很难实现,除非它们是为这种协同仿真而设计的(其中一个代码领先,另一个代码跟随),作者只知道一组可以以这种方式交互的商业代码,它们可以通过内存套接字并发运行并交换数据,因此无须编写任何交换文件。

理想的情况是使用相同的代码计算流体流动和结构变形。有一段时间有限体积方法似乎适用于这两项任务,Demirdžić和 Muzaferija (1994, 1995)提出了一种基于任意多面体控制体积和流体流动和结构变形的二阶离散的有限体积方法,随后发表了一些类似的方法。Demirdžić等人 (1997)证明使用有限体积法计算结构变形可以大大加快使用多重网格法。

然而事实证明,通常用于计算流体流动的二阶离散(积分近似的中点规则、梯度的线性插值和中心差)不足以解决某些结构问题——特别是在特定条件下的薄结构变形(悬臂是一个典型的例子)。Demirdžić(2016)证明了四阶二维有限体积法(基于表面积分的 Simpson 规则近似、三次多项式插值和四阶中心差)在解决悬臂梁问题时既有效又准确。然而开发任意多面体的高阶有限体积方法并不是一项简单的任务,与成熟的结构分析有限元方法相比可能不会带来优势,后者不是对所有结构使用相同的方程,而是对壳、板、膜、梁和通用体积单元使用不同的元(基于不同的理论)。

商业代码的最新趋势是将有限体积流量求解器和有限元结构求解器集成在同一代码中, 在这种情况下,可以在外部迭代层实现无需任何外部交互的紧密耦合,从而可以同时计算流量和结构变形。这种方法的唯一问题是:现在同一个人需要知道如何设置两个模拟,或者耦合模拟的设置必须由两个人组成的团队执行——一个是流体流动专家,另一个是结构方面的专家。正确设置模拟后单个代码用户(可能是第三人)可以轻松执行参数研究,因为为此只需更改几何形状或输入数据。

流固耦合领域广阔,我们不能不谈一些说明性的例子。在工程应用中,人们通常对预测可能导致共振的情况感兴趣,如果流体流动在结构上以接近结构共振频率的频率产生振荡载荷,则结构可能会随着振幅的增加而开始振荡,最终导致失效。对于不同的变形模式(例如弯曲和扭转),某些结构可能具有多个共振频率,需要修改流动或结构,以在明显的流动引起的力振荡的频率与结构的固有频率之间获得足够的差距。

我们在这里简要描述一个耦合模拟流体流动和可变形结构运动的例子,如图 13.29 所示,该测试用例旨在用于验证计算方法,并在 Gomes 等人(2011 年)和戈麦斯和林哈特(2010 年)中进行了详细描述,更多详细信息可在 Internet 上的单独报告中获得;详情见附录。一个 50 mm 长和 0.04 mm 厚的不锈钢薄板附着到一个直径为 22 mm 的刚性圆筒上,在板材的末端附有一个长 10 mm、宽 4 mm 的矩形刚体,圆柱体可以绕其轴线旋转。组件的翼展方向尺寸为 177 mm,它被放置在隧道中测试部分的中心,该隧道具有矩形横截面,尺寸为 240 mm×180 mm,使得组件跨越整个隧道宽度,从而产生名义上的二维流动,使用流速为 1.08 m/s 的非常黏稠的流体(动态黏度 $\mu=0.172\,2$ Pa · s,密度 $\rho=105\,0$ kg/m^3),该流动为层流。

仿真使用的商业代码是 Simcenter STAR-CCM+,其中包括计算刚性部件运动和柔性薄板变形的有限元程序,同时使用常用的有限体积法计算流量。外部迭代的执行方式与流体流动相同,使用 SIMPLE 算法,循环仅通过在结构方面添加一次迭代来扩展,作用在结构上的流体力和结构位移在每次外部迭代后更新。图 13.29 显示了使用的网格,在流体中为多面体,在刚性固体部分为四面体,在柔性薄板中为六面体(4 层),时间步长为 1 ms。

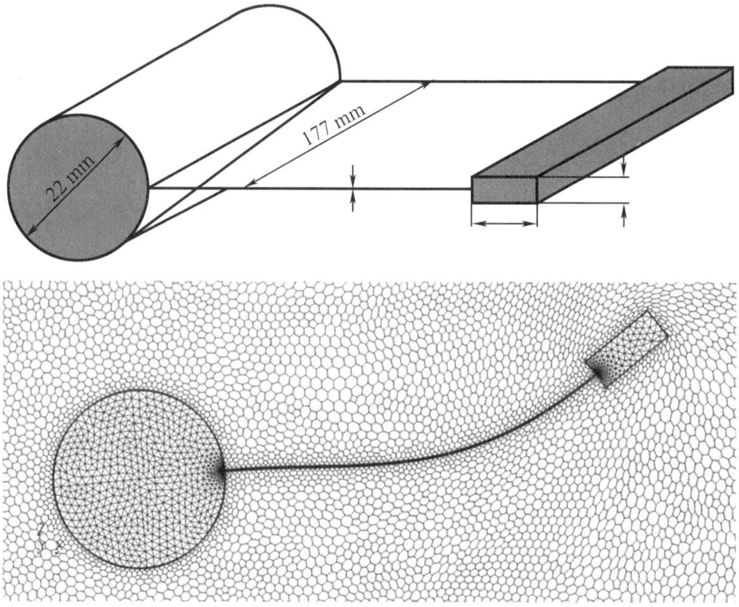

图 13.29　装配体示意图(上)和实体结构中的网格以及周围流体(下)

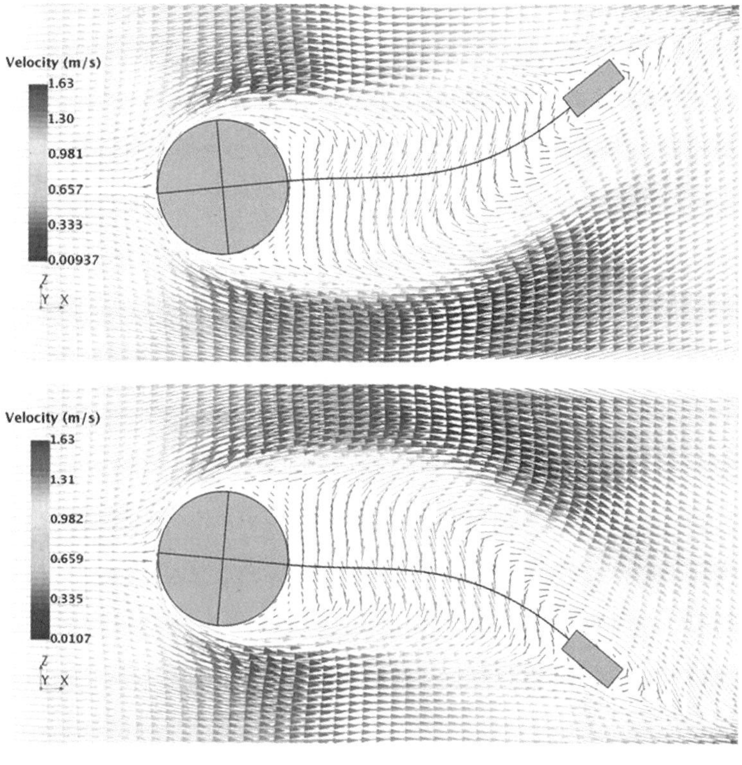

图 13.30　尾体两侧最大位移时结构和速度矢量的预测变形

图 13.30 显示了结构在尾体两个极端位移处的形状和位置,以及结构附近流体中的矢量。模拟从结构与流动对齐开始,随着时间的推移,圆柱体两侧的涡流脱落导致尾体摆动,图 13.31 通过绘制圆柱体的旋转和尾部的横向位移与时间的关系来显示这种发展,干扰呈指数增长,但在 2 秒后建立了周期性状态,振荡周期和振幅与 Gomes 和 Lienhart (2010)发

表的实验数据相当吻合。

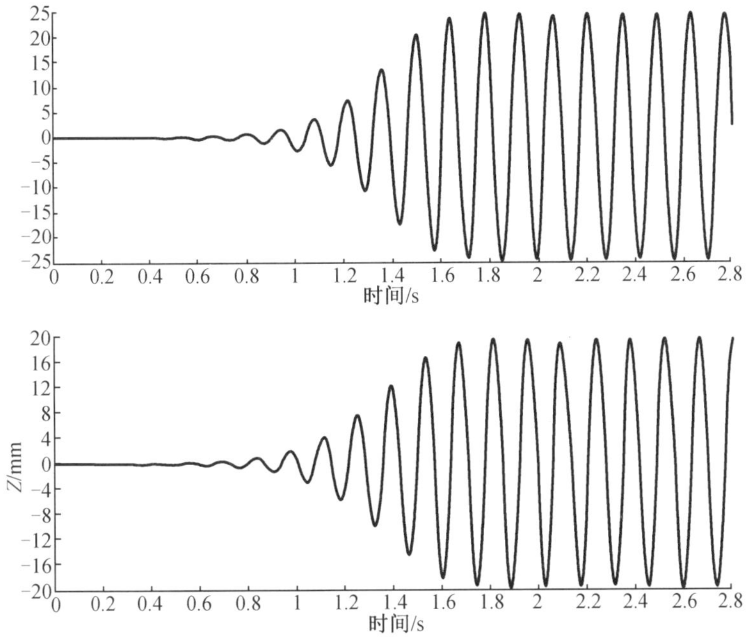

图 13.31 圆柱旋转(上)和尾部垂直位移(下)的预测发展

非定常流固耦合的实际例子有:风力涡轮机叶片周围的流动(参见第 10.3.4.3 节)、帆船帆周围的流动、心脏瓣膜的流动、复合材料制成的螺旋桨周围的流动等。结构的流致振动也会产生噪声,这是研究流固耦合的另一个原因。如果结构在运行中发生了显著的变形(如飞机机翼),那么了解变形有多大很重要,因为在制造过程中必须考虑到这一点。例如,我们可以使用与流量求解器耦合的优化软件来找到飞机机翼的最佳形状,但是因为这应该是在操作载荷下的形状,所以我们需要找到要制造的未变形形状,这样,当机翼在流动引起的力下变形时,它会达到所需的最佳形状。

附录　补充信息

A.1　计算机代码列表及其访问方法

读者可以通过网络获得本书所介绍的一些方法的计算机代码，这些代码不仅非常实用，而且可以作为进一步开发的起点。上述代码会不定时更新，同时会添加新代码，其可以从 www. cfd-peric. de 网站的下载中心获取。

这些还包含用于求解一维和二维一般守恒方程的代码，可用来做第 3 章、第 4 章和第 6 章中的例子。上述代码中使用了若干种对流和扩散项离散以及时间积分的格式，其可用于研究不同格式的基本特征（包括收敛型和离散误差，以及求解器的相对效率），也可用作学生作业的代码基础，比如，可以要求学生修改离散化方案和/或边界条件。

最初的压缩包中提供了几个求解器，包括：

- 一维问题的 TDMA 求解器；
- 求解二维问题（五点格式）的逐行 TDMA 求解器；
- Stone 的 ILU 求解器（SIP），可用于 2D 和 3D 问题（五点和七点格式；3D 版本同样以矢量化形式给出）；
- 采用不完全 Cholesky 方法（ICCG）对二维和三维对称矩阵（五点和七点格式）进行预处理的共轭梯度求解器；
- 用于二维九点格式的 SIP 改进求解器；
- 用于 3D 非对称矩阵问题的 CGSTAB 求解器；
- 使用 Gauss-Seidel、SIP 和 ICCG 作为平滑器的用于二维问题的多网格求解器。

最后还有几个解决流体流动与传热问题的代码。包含以下源代码：

- 用于生成二维笛卡尔网格的代码；
- 用于生成二维非正交结构化网格的代码；
- 用于对二维笛卡尔和非正交网格上的数据进行后处理的代码，它可以在 x=const. 的线上绘制网格、速度矢量、任意数量的轮廓，或在 y=const. 的线上绘制任意数量的黑白或彩色轮廓（输出为 postscript 文件）；
- 针对稳态问题，适用于具有交错排布变量的 2D 笛卡尔网格的 FV 代码；
- 针对稳态或非稳态问题，适用于具有同位排布变量的 2D 笛卡尔网格的 FV 代码；
- 针对将多重网格应用于外部迭代的稳态或非稳态问题，适用于具有同位排布变量的 3D 笛卡尔网格的 FV 代码；
- 针对层流稳态或非稳态流动（包括动网格），适用于具有边界拟合非正交二维网格和同位变量排布的 FV 代码；
- 上述代码既包括使用基于壁面函数的 k-ε 和 k-ω 湍流模型的版本，也包括不使用壁面函数的版本；

- 上述层流代码的多重网格版本(应用于外部迭代的多重网格)。

这些代码是在标准 FORTRAN77 中编程的,并且已经在许多计算机上进行了测试。对于较大的代码,目录中还有说明文件;每套代码中都包含许多注释行,还包括如何使它们适用于 3D 非结构网格的建议。

最后,主目录还包含一个名为 errata 的文件,其中将记录可能发现的错误(如果不是空的,我们希望这个文件非常小)。

A.2 模拟示例的扩展报告

在 9~13 章中,我们简要介绍了几个示例的结果,由于篇幅有限,无法详细描述所有相关数据。读者可以在下载中心下载更详细的 pdf 格式报告(多数情况下,还提供了用于提取结果的数值模拟源文件)。这些示例基于西门子的商业软件 Simcenter STAR-CCM+进行的模拟,读者可以通过改变这些模拟文件中的相关参数(几何形状、流体特性、边界条件、湍流模型等)以研究数值解对网格或时间步长的依赖性。

对于某些示例,还提供了流动特性的动画。

A.3 其他免费 CFD 代码

大家还可以在网络上找到用于 CFD 和网格生成的免费代码,最典型的例子就是 OpenFOAM,我们在这里提到它是因为它已被广泛使用并拥有庞大的用户基础,其每六个月正式发布一次,内部包含许多用于计算不可压缩和可压缩流动的内置模型以及许多附加物理模型,例如多相流、燃烧和固体应力分析。用户可以直接使用它,也可将其作为进一步开发数值方法或物理模型的基础。如需更多信息,请访问 www. openfoam. com。

索　引

D

E

F

G

N

O

P